"十四五"时期国家重点出版物出版专项规划项目
国家出版基金项目

中国东南沿海植被书系

山东植被志

王仁卿　郑培明　王　蕙
张文馨　张淑萍　孙淑霞　◎ 著
刘　建　梁　玉　栾义峰

海峡出版发行集团　福建科学技术出版社
THE STRAITS PUBLISHING & DISTRIBUTING GROUP　FUJIAN SCIENCE & TECHNOLOGY PUBLISHING HOUSE

审图号：鲁SG（2021）026号

图书在版编目（CIP）数据

山东植被志 / 王仁卿等著. —福州：福建科学技术

出版社，2023.11

　（中国东南沿海植被书系）

　ISBN 978-7-5335-7132-0

　I.①山…　Ⅱ.①王…　Ⅲ.①植物志–山东

Ⅳ.①Q948.525.2

中国国家版本馆CIP数据核字（2023）第219922号

书　　名	山东植被志	
	（中国东南沿海植被书系）	
著　　者	王仁卿　郑培明　王　蕙　张文馨　张淑萍	
	孙淑霞　刘　建　梁　玉　栾义峰	
出版发行	福建科学技术出版社	
社　　址	福州市东水路76号（邮编350001）	
网　　址	www.fjstp.com	
经　　销	福建新华发行（集团）有限责任公司	
印　　刷	福州德安彩色印刷有限公司	
开　　本	889毫米×1194毫米　1/16	
印　　张	49	
字　　数	1305千字	
插　　页	4	
版　　次	2023年11月第1版	
印　　次	2023年11月第1次印刷	
书　　号	ISBN 978-7-5335-7132-0	
定　　价	380.00元	

主要编写和调查人员

王仁卿　郑培明　王　蕙　张文馨　张淑萍　孙淑霞　刘　建　梁　玉

栾义峰　李法曾　王　宁　贺同利　吴　盼　刘　潇　崔可宁　张　琨

王泓程　许　赛　张沁媛

其他参加调查和提供资料人员

教师

蔡云飞　葛长字　杜　宁　赵　宏　周长路　闫志佩

研究生

白丰桦　陈怡海　崔　涵　丁　彬　丁秀红　杜远达　付合才　葛秀丽

黄第洲　金飞宇　孔祥龙　李学明　林乐乐　刘丰桦　刘洪祥　刘乐乐

刘　磊　刘一凡　卢鹏林　罗玉洁　任小凰　宋美霞　束华杰　孙明星

谭向峰　孙倩倩　王成栋　王乃仙　杨文军　杨雪莼　尹　达　尹婷婷

衣世杰　于政达　袁义福　袁　熠　张海杰　张君映　张　晴　张　攀

张秀华　张　延　张　杨　张月强　赵　松　赵晓蕾　赵　晶　周大猷

翟艺诺　朱连鑫

本科生

陆　亮（2012 级）　　倪龙麒（2012 级）　　宋彦洁（2012 级）　　田玉兰（2012 级）

汪　洋（2012 级）　　王　玲（2012 级）　　姚　健（2012 级）　　郑亚东（2013 级）

任仲庆（2013 级）　　高洪琪（2013 级）　　雷思聪（2013 级）　　李朝亮（2013 级）

陈　斌（2014 级）　　陈　璐（2014 级）　　陈炎栋（2014 级）　　于　洋（2014 级）

余佳丽（2014 级）　　彭修凡（2016 级）　　刘洪祥（2017 级）　　杨文军（2017 级）

马家乐（2017 级）　　梁雪原（2017 级）　　龚明会（2017 级）　　冯脉宣（2018 级）

卢炜煜（2018 级）　　于　果（2019 级）　　李杭沭（2019 级）　　张春雨（2020 级）

何　磊（2020 级）　　王艺颖（2021 级）　　李明芮（2021 级）

拍摄和提供照片人员

王仁卿　郑培明　王　蕙　崔可宁　孙明星　杜远达　申天琳　袁义福　刘　磊

王　炜　司继跃　张英军　车吉明　庄文选　王寿希　王培忠　栾义峰　于国祥

李东来　李秀启　赵　宏　庄　戈　闫志佩　周长路　欧晓昆　郑玉龙　耿宇鹏

张春雨　葛长字

本书得到以下课题或项目经费支持

▶ 华北地区自然植物群落资源综合考察

▶ 中国植被志（落叶栎林卷）编研

▶ 中国植被志（针叶林卷）编研

▶ 新一代中国植被图编研

▶ 山东青岛森林生态系统国家定位观测站研究经费

▶ 山东省植被生态示范工程技术研究中心研究经费

▶ 青岛市森林和湿地生态研究重点实验室研究经费

▶ 山东大学黄河国家战略研究院研究经费

▶ 山东大学基本科研业务费

"中国东南沿海植被书系"

出版说明

生态文明建设是关系中华民族永续发展的根本大计。党的十八大以来，以习近平同志为核心的党中央，深刻总结人类文明发展规律，将生态文明建设纳入中国特色社会主义"五位一体"总体布局和"四个全面"战略布局，开创了生态文明建设的新局面。

保护生态环境，建设一个天蓝、地绿、水净的美好家园，是全社会共同的愿望。

植被是地球表面最显著的自然特征，在生态系统中有着举足轻重的作用。它是生态系统的主要组成部分及物种基因库，环境多样性与复杂性的指示者，也是人类和其他生物赖以生存、不可替代的物质基础和生活资源。无论是气候、地质地貌，还是土壤、水文，都与植被息息相关。因此，植被是生态保护和建设的基础与标志，一个地区的植被整体状况综合反映了该地区的生态本底。

我国东南沿海地区，地跨暖温带到亚热带再到热带区域数个气候带，热量足，降水丰沛；地处我国地势三大阶梯的最后一级，有五指山脉、南岭山脉、台湾山脉、武夷山脉、泰山山脉等山系，五指山、尖峰岭、鼎湖山、罗浮山、十万大山、玉山、武夷山、戴云山、天目山、云台山、泰山和崂山等名山；我国三大河流——黄河、长江、珠江的出海口也都在此地区，形成了著名的大河三角洲。高异质性的生境，孕育了东南沿海丰富多样的地带性植被类型：温性针叶林、温性针阔叶混交林、暖性针叶林、热性针叶林、落叶阔叶林、常绿落叶阔叶混交林、常绿阔叶林、硬叶林、季雨林、雨林、珊瑚岛常绿林、红树林、竹林、落叶阔叶灌丛、常绿阔叶灌丛、灌草丛、稀树草原，以及非地带性的草甸、沼泽、水生植被、滨海植被，等等。数千年人类生活生产活动，更增加了这一地区植被的多样性和复杂性。

东南沿海地区，涵盖珠三角、长三角和黄三角等我国经济最发达的地区，如何践行"两山论"，加强生物多样性保护，特别是植被的保护，走生态优先、绿色发展之路是一个重大的课题。

显然，深入认识东南沿海地区植被现状至关重要。基于此，我社决定组织出版"中国东南沿海植被书系"。书系采用"志"的形式，力图全面系统地记述东南沿海地区各省（直辖市、自治区）植被类型与分布。邀约一批长期致力于东南沿海各区域植被调查研究的专家学者担任作者。作者团队在主持完成诸多国家级或省部级有关植被生态的课题，以及各区域自然保护地综合科学考察中，积累了丰富的第一手资料，取得了许多重要的原创性研究成果。书系充分反映作者团队对东南沿海地区植被调查研究的最新成果。

　　人不负青山，青山定不负人。我们相信，"中国东南沿海植被书系"的出版，对于东南沿海地区植被资源保护和合理利用，乃至生态环境保护和生态文明建设将起到积极的推动作用。

福建科学技术出版社

2020 年 8 月

前言

应厦门大学李振基教授和福建科学技术出版社的盛情邀请，我们很高兴接受了《中国东南沿海植被书系·山东植被志》的编写任务。

2000年本人和导师周光裕教授共同主编了《山东植被》一书，由山东科学技术出版社出版。该专著对山东植被阶段性研究成果进行了概括总结，填补了山东植被研究的空白，同时对中国植被的研究做了必不可少的补充。《山东植被》在国家和山东的植被生态研究、自然保护区建设和管理、森林和湿地植被恢复、生物多样性保育、生态学教学和人才培养等方面都发挥了重要作用。

《山东植被》出版至今已有22年了，由于《山东植被》所用的资料和数据大多是20世纪90年代以前的，加之当时参与调查的人员少、调查范围受限和技术方法不够规范等因素，因此无论是植被类型的记述，还是植被特征的描述都有很大的局限性，拍摄的高质量照片也很少。从目前来看，该专著已无法满足植被生态学快速发展和社会的需求。1990年以来，影响山东植被的诸多因素都发生了变化，植被类型也随之发生了或多或少变化，而且研究方法和手段不断改善，获得的数据资料巨大，重新编写新的有关山东植被的专著非常有必要，并且也有可能。首先，由于国家和地方政府对生态保护力度加大，植被类型和功能开始朝着生态演替的正向演替进展，山东植被的覆盖率、种类组成、结构和功能等都趋向改善，向好的势头不减。第二，由于经济的快速发展，局部地区的植被破坏也在加剧，有些植被类型正在或者已经消失，最典型的就是山东沿海砂生植被的不断消失，必须尽快记录这些变化。第三，2000年后的20多年来，编写人员先后承担或参加了国家科技基础性工作专项"华北地区自然植物群落资源综合考察（2011—2015）"、"中国植被志（落叶栎林卷）编研（2015—2020）"、"中国植被志（针叶林卷）编研（2020—2025）"、中科院战略先导专项（A类）课题"新一代中国植被图编研（2018—2023）"、"中国大百科全书（第三版）—生态学卷—植被生态学分支（2015—2021）"、"黄河三角洲生态修复（2010—2015）"等10多个国家级课题，以及"山东省生态系统现状总体评估暨生态系统优化与修复重大项目研究（2019—2020）"、"崂山生物多样性调查（2022—2024）"、"山东省省级以上自然保护区科学考察与评估（2017—2023）"、"黄河三角洲国家级自然保护区特色原生植物群落封育区划定与生态监测（2022—2024）"等50多个省部级课题。此外，我们参加了山东昆嵛山国家级自然保护区、山东黄河三角洲国家级自然保护区、青岛崂山省级自然保护区、泰山省级自然保护区、南四湖省级自然保护区等 20 多个国家级和省级自然保护区科考、规划、评审论证，由此重点调查了昆嵛山、崂山、泰山、沂山等重要山地，调查了黄河三角洲、南四湖等重要湿地，对温性针叶林、落叶栎林、盐生草甸、砂生植被等植被类型和珍稀濒危植物进行了重点调查，收集了大量数据资料，发表了相关论文 100 多篇。这些成果为编写有关山东植被的新专著提供了新的素材。第四，新的调查都是按照统一的样地调查规范进行，获得的样地数据科学、规范，与国际接轨，目前已经获得了标准样地（乔木 20m×30m、灌木 5m×5m、草本植物 1m×1m）数据超过 1300 个、照片上万张，几乎涉及所有自然植被类型。这些数据资料之丰富是空前的。第五，随着以国家公园为主体的自然保护地体系建设的展开，植被及其研究成果的社会需求明显增加。基于这些调查研究获得的大量数据资料，我们对山东植被有了新的认识和发现，对山东植被的现状、存在问题、保护和恢复目标与措施也有了新的认识。因此，编写《中国东南沿海植被书系·山东植被志》成为瓜熟蒂落、水到渠成之事。福建科学技术出版社策划的"中国东南沿海植被书系"，将对我国东南沿海地区植被的研究和保护产生积极的推动作用，同时有助于正在开展的全国范围植被资源清查和新一代中国植被图编研工作的完成。

本书用志书的方式记载和反映山东的植被类型，书中列出了 7 个植被型、23 个植被亚型、135 个群系、321 个群丛，第一次较全面系统地记述了山东植被的主要类型，丰富了山东植被的群系和群丛类型记载资料，其中不少群系和群丛是第一次列出。本书对于植被分区、植物资源利用等则涉及不多。考虑到植被既是保护对象，也是其他生物赖以生存的基础，更是生态保护成效的直接反映，自然保护地的建设对于植被类型的数据资料需求非常迫切，所以用专门一章叙述植被的保护与可持续发展。

本书主笔人员分工如下：第一章王仁卿，第二章孙淑霞、王仁卿，第三章张淑萍、王蕙、李法曾，第四章郑培明、王仁卿，第五章郑培明、王仁卿，第六章王蕙、王仁卿，第七章张文馨、王蕙，第八章王蕙、张文馨，第九章郑培明，第十章王蕙，第十一章郑培明，第十二章王仁卿、梁玉、栾义峰、许赛。全书由王仁卿统稿。

参加本书编写和植被调查工作的人员绝大多数是我的博士研究生和硕士研究生，也有众多的本科生，他们现大多已到科研院所、高校或其他行业工作，在此向所有参加过调查和提供资料的人员表示感谢！因时间已久，所列名单难免有遗漏，望各位谅解。

在编写过程中，我们参考了《中国植被》（吴征镒，1980）、《山东植被》（王仁卿、周光裕，2000）、《中国植被地理分布格局》（张新时等，2007）和《中国植被志编研规范》（王国宏等，2021）等重要文献。在此，向这些文献作者表示衷心感谢。特别感谢李振基教授，他的《中国东南沿海植被书系·福建植被志》先期出版，为我们后续志书的编写提供了经验。

对于植被类型不太复杂、地域面积也不算大的山东而言，1300 多个样地资料仍感不足，2 年多的撰写时间感到非常短促，个人能力也有限，因此书中遗漏，甚至错误是难免的，期望同行专家和读者们批评指正！

王仁卿

2022 年 12 月于青岛

目 录

第一章　绪论

植被，意即植物的覆被，是某一地段内所有植物群落的集合（方精云，2020）。植物群落是指一定地段植物有规律的组合。植物群落组成了植被，因而植被是更高层次的概念，但二者有时候也混用和兼用，如森林植被，森林群落；植被调查，植物群落调查等。

植被的涵义可大可小，大到世界植被、亚洲植被、中国植被、新疆植被等，小到县域范围植被、保护区植被，甚至一片林地、一块草地也可以称为植被。本志书记述的是中等尺度区域植被所涵盖的主要植被类型。

一、植被的意义

植被作为地球表面最显著的生命特征，是人类赖以生存、不可替代的物质资源和生活资料，其重要性不言而喻。在建设生态文明国家、倡导绿色发展、建设美丽中国的今天，植被的意义和作用也日益凸显。第一，植被本身既是生物多样性的重要组成部分，也是物种的载体，汇聚了多种生物物种和它们的基因，也为各种动物提供食物来源及丰富多样的栖息地。第二，植被是生态系统功能的主体，是生态系统的初级生产者，为人类提供衣食住行的基本材料，在维持和改善人类生存环境及提供良好生态产品方面也具有不可替代的作用，如固碳、减缓温室效应、防风固沙、保持水土、涵养水源、减轻洪涝灾害等。按照目前的理解，植被提供了丰富多样的生态产品，具有重大的生态价值，在双碳目标和生态产品价值实现方面具有重大作用。第三，植被是国土基本属性的综合反映，不同的气候、土壤和地形条件下发育了不同的植被，不同的植被则反映了不同的综合生态条件。热带雨林（图 1-1-1 至图 1-1-4）、亚热带常绿阔叶林（图 1-1-5、图 1-1-6）、温带落叶阔叶林（图 1-1-7、图 1-1-8）、温带针叶林（图 1-1-9）、寒温带针叶林（图 1-1-10），以及草原（图 1-1-11）、荒漠（图 1-1-12）、苔原（图 1-1-13）等都是在不同气温和降水等综合生态条件下形成的地带性植被类型，而草甸（图 1-1-14）、水生植被（图 1-1-15）、沼泽植被（图 1-1-16）等则反映了土壤湿润或者积水条件下的隐域植被（非地带性植被）类型。从这个意义上讲，不同的植被类型也是不同生境的指示植被（指示植物群落）。第四，植被也体现了国家的生态本底的基本状况，是生态安全的重要标志，在生态保护和恢复、国土空间规划、生态安全等方面有着极其重要的作用。植被既是各自然保护地生态保护和生态恢复的对象，也是生态建设及国土空间利用的重要基础，又是绿水青山的真实所在和美丽中国的具体体现。第五，植被是农林畜牧等初级生产部门的基础和经营对象。第六，作为庇护，植被在军事、自然灾害防御等方面的重要性也显而易见。第七，植被还有文化、休闲、康养等方面的重要功能和作用。因此，为保护和可持续利用植被资源，开展植被研究具有十分重要的科学意义，认识和了解植被及其特征和分布，研究植被形成、维持和变化规律，探讨植被保护与恢复策略都极为重要。

图 1-1-1 西双版纳热带雨林

图 1-1-2 西双版纳雨林中的望天树

图 1-1-3 海南岛热带山地雨林板根、绞杀、附生现象

图 1-1-4　西双版纳热带雨林老茎生花结实现象

图 1-1-5　亚热带常绿阔叶林（台湾）（1）

图 1-1-6　亚热带常绿阔叶林（台湾）（2）

图 1-1-7　温带麻栎林（泰山）

图 1-1-8　温带桦木林（长白山）

图 1-1-9　温带赤松林（昆嵛山）

图 1-1-10　寒温带冷杉林（大兴安岭）

图 1-1-11　呼伦贝尔羊草草原

图 1-1-12　灌木荒漠（新疆）

图 1-1-13 山地苔原（长白山）

图 1-1-14 盐生草甸（黄河三角洲）

图 1-1-15　菹草群落（东平湖）

图 1-1-16　芦苇沼泽群落（新疆）

　　植被分自然植被、栽培植被（图 1-1-17 至图 1-1-20）。无论是自然植被或栽培植被，都体现了植被分布上的地带性特点。在山东省的水热条件下，除了地带性植被落叶阔叶林外，还有温性针叶林、暖温带落叶果树和农作物，但不可能出现大面积人工栽培的其他生物气候带的植被。同时，由于山东地区人类活动历史悠久、频繁，真正的天然植被已不多见，几乎全是次生的植被类型或栽培植被。因此，本书更多的是记录、描述人为干扰下的自然和半自然植被类型。

图 1-1-17 公园栽培植被

图 1-1-18 校园栽培植被

图 1-1-19　向日葵栽培植被

图 1-1-20　小麦栽培植被

二、山东植被概况

根据植被类型、自然条件特点，以及植物区系、植被发展和利用改造等因素的不同，《中国植被》（1980）将中国植被划分为 8 个区域，即寒温带针叶林区域，温带针阔叶混交林区域，暖温带落叶阔叶林区域，亚热带常绿阔叶林区域，热带季雨林、雨林区域，温带草原区域，温带荒漠区域和青藏高原高寒植被区域。山东省属于暖温带落叶阔叶林区域。

山东省北部属于我国暖温带北部落叶栎林亚地带黄海平原栽培植被区的一部分。这一亚地带的主体是鲁西北，包括鲁北平原。与南部亚地带相比，这一亚地带土壤盐渍化或草甸化，没有典型的天然森林植被，温度较低、降水量较小、无霜期较短，以农业植被为优势植被，农作物以两年三熟为主，也有一年两熟的情况。黄河三角洲及其湿地植被是该亚地带的特色，以盐生植物为建群种的灌丛和草甸，形成了黄河三角洲的典型植被，也为鸟类栖息提供了物质条件。山东黄河三角洲国家级自然保护区的建立也反映了黄河三角洲的生态重要性。随着黄河口国家公园的创建，将不断提升这一区域的地位和包括植被在内的生物多样性保护力度。

山东省的南部分别属于中国植被分区中的暖温带南部落叶栎林亚地带的不同植被区，包括胶东丘陵栽培植被区——赤松、麻栎林区，鲁中南山地栽培植被区——油松、麻栎、栓皮栎林区，以及黄淮平原栽培植被区（鲁西南是该植被区的一部分）。山东的地带性植被集中分布于前两个植被区，这两个植被区也是暖温带落叶阔叶林分布的典型区域。

作为中国东南沿海省份，山东植被也具有区域性特色，代表和反映了温带沿海区域的森林、湿地、砂生植被等的特征。

三、山东植被研究简况

（一）山东植被研究简史

各种历史文献中提到山东省内各地的植被情况，如《管子·地员篇》就记载了现代概念的湿地植被，为研究山东植被历史变迁提供了历史依据。

20 世纪早期开始，陆续有国外学者对山东植被进行调查研究，零星描述了山东部分区域的植被情况。

1919 年，德国学者 L. E. T. Loesener 发表 "Prodromus Florae Tsingtauensis" 一文。文中简略提到了山东植被的分布情况，这是目前查到的关于山东植被研究的最早资料。

1922 年，德国学者 A. P. Jacat 发表 "Life Zone and Temperature Condition in Shantung" 一文。文中说明了气象学资料是研究植物区系的基础。其后（1929，1931）又分别研究了济南平原的春季和秋季开花植物，这些报道为研究植物群落的季相提供了资料。

1930 年，日本学者本多静六在演讲稿《山东省林相变化与国运之消长》中，介绍了山东省森林植被的人为破坏情况，并对崂山下清宫一带植被进行了描述。他还说，由于气候条件优越，那里自然生长着典型的亚热带树木红楠，因此植被组成具有亚热带的性质。

特别要指出的是，1931 年德国学者 Brockman–Jerosch 所编的《世界植被类型图》中，将山东省胶州湾沿岸一带的植被作为常绿阔叶林处理。尽管这一划分是不正确的，但胶州湾，特别是崂山一带有常绿阔叶树［如红楠（*Machilus thunbergii*）和山茶（*Camellia japonica*）］的自然分布是事实。

国内学者对山东植被的研究始于 20 世纪早期。新中国成立后，尤其是改革开放之后，山东植被研究得到高度重视，成果丰硕。

李继侗的《青岛森林调查》（1919）是国内学者关于山东森林植被研究最早的文献，文中对青岛森林的历史、现状、类型、改造等都做了较详细的论述，为此后的植被研究提供了很有价值的参考资料。

李顺卿是比较深入系统研究山东植被的第一位中国学者。他曾对崂山的植被进行了研究，在他的《山东崂山植物环象初步观察》（1935）一文中，记述了崂山的自然环境条件与植被的类型，并分析了组成植被的植物区系与周围地区特别是与日本的关系。文中将植被划分为地衣苔藓群落、针叶鞘叶林、针叶阔叶混合中性林、阔叶中性林等，并分别做了简单的描述，对下清宫一带由于小气候条件优越而有利于植被的发育也做了说明。但文中所述针叶林的建群种马尾松（*Pinus massoniana*）应是赤松（*Pinus densiflora*），因为无论是过去记载还是现代分布，崂山地区一直是赤松的集中分布地，赤松林也是崂山区域的地带性针叶林。

周光裕是 1949 年新中国成立以后山东植被研究的引领者和贡献者。周光裕综合了前人的成果，写成《山东植物地理》（1955）一文，记述了山东自然条件概况，并根据植被分异情况和综合自然条件特点，将全省分为 4 个植物区，即胶东区、鲁中南区、鲁西平原区和黄河冲积平原区，并且简要地指出各区的特点、对植被的利用和改造方向。这是最早系统和全面叙述山东植被的论文。尽管该论文资料不详尽，论述也不深入，但却奠定了山东省植被区划及若干自然学科区划的基础。此后的 40 多年间，周光裕带领有关科研人员，开展了一系列山东植被研究工作，涉及植被分类与分区、植被制图、植被组成与结构特征、植被动态与退化、植被保护和利用、植被与生物多样性保护等多个领域，为山东省的自然保护区建设提供了重要的基础资料，也为生态保护和修复提供了科学依据。

2000 年，作为对山东植被研究的阶段性成果总结，王仁卿和周光裕编著了《山东植被》。《山东植被》出版后在山东乃至我国的植被生态研究、自然保护区建设、森林和湿地恢复、生物多样性保育、生态学教学和人才培养等方面都发挥了重要作用。

（二）山东植被的主要研究阶段

1. 描述性的局部调查研究阶段

描述性的研究，是早期山东植被研究采用的方法。这一阶段主要是局部研究，包括黄河三角洲植被调查、崂山植被调查、南四湖植被调查、泰山植被调查等。研究开始于 20 世纪 50 年代。这一时期也发表了多篇调查报告性质的论文。

2. 实验性的大范围数量调查研究阶段

从 20 世纪 80 年代中期到 21 世纪初，相关研究逐渐扩大范围，涉及整个山东地区，并开始实验性的定量研究。鲁开宏、李兴东等最早开始实验性的定量研究：鲁开宏对鲁北盐生草甸獐毛群落生长季动态进行了定位研究，发现土壤盐分变化是獐毛群落动态变化的关键因素（鲁开宏，1987）；李兴东等利用典范分析法对黄河三角洲植物群落与环境因子间的对应关系进行了研究，结果表明，该地区植被的动态变化与土壤、水盐及有机质含量的动态变化显著相关（李兴东，1988）。李相敢（1982）、齐新山（1985）等先后对崂山麻栎林、鲁山油松林等进行了数量分类和生长动态研究。这一时期发表了大量的实验性和数量分类研究的论文。

3. 多尺度针对性的重点研究阶段

21世纪以来，山东大学植被生态学研究团队从多个尺度采用不同的研究方法和技术对山东植被分布格局及影响因素等方面进行研究。本书附录列举了2000年以来山东大学植被生态学研究团队取得的部分研究成果。

山东大学在70多年的植被研究中，培养了一大批本科生、硕士生和博士生，为中国的植被研究和生态建设输送了大批专业人才。中国科学院有关研究所、中国海洋大学、山东师范大学、山东农业大学、曲阜师范大学、鲁东大学、滨州学院、枣庄学院、山东省林业科学研究院等10多个高校、科研院所也从不同角度对山东植被进行了研究，发表了众多论文，其中有关黄河三角洲湿地、植被和生物多样性方面的论文居多。

（三）山东植被的最新研究成果

由于《山东植被》（2000）所用的资料大多是20世纪90年代以前的资料，加之当时参与调查的人员少、调查不规范等，无论是植被类型的记载，还是植被特征的描述都有很大局限性。2000年之后，基于国家需求和生态学科发展要求，山东大学植被生态学研究团队开展了新的系列调查研究，先后承担或参加了国家科技基础性工作专项"华北地区自然植物群落资源综合考察（2011—2015）"、"中国植被志（落叶栎林卷）编研（2015—2020）"、"中国植被志（针叶林卷）编研（2020—2025）"、中科院战略先导专项（A类）课题"新一代中国植被图编研（2018—2023）"、"中国大百科全书（第三版）—生态学卷—植被生态学分支（2015—2021）"、"黄河三角洲生态修复（2010—2015）"等10多个国家级课题，以及"山东省生态系统现状总体评估暨生态系统优化与修复重大项目研究（2019—2020）"、"崂山生物多样性调查（2022—2024）"、"山东省省级以上自然保护区科学考察与评估（2017—2023）"、"黄河三角洲国家级自然保护区特色原生植物群落封育区划定与生态监测（2022—2024）"等50多个省部级课题。此外，参加了山东昆嵛山国家级自然保护区、山东黄河三角洲国家级自然保护区、青岛崂山省级自然保护区、泰山省级自然保护区、南四湖省级自然保护区等20多个国家级和省级自然保护区科考、规划和评审论证，由此重点调查了昆嵛山、崂山、泰山、沂山等重点山地（图1-3-1至图1-3-4），调查了黄河三角洲、南四湖等重要湿地，对温性针叶林、落叶栎林、盐生草甸、砂生植被等植被类型和珍稀濒危植物等进行了重点调查，获得了标准样地（乔木20m×30m，灌木5m×5m，草本植物1m×1m）数据超过1300个、照片上万张，几乎涉及所有自然植被类型。值得一提的是，新的调查都是按照统一的样地调查规范进行（图1-3-5至图1-3-8），样地数据科学、规范、可用，与国际接轨。团队发表了相关论文100多篇。

图 1-3-1　大样地规范调查实地（昆嵛山）

图 1-3-2　大样地规范调查实地（崂山）

图 1-3-3 大样地规范调查实地（泰山）

图 1-3-4 大样地规范调查实地（济南南部山区）

图 1-3-5　大样地规范调查指导（崂山）（1）

图 1-3-6　大样地规范调查指导（崂山）（2）

图 1-3-7　大样地规范调查培训（莱芜）

图 1-3-8　大样地规范调查演练（崂山）

四、山东现状植被及其特征

山东省地处我国暖温带沿海地区，地带性植被是暖温带落叶阔叶林，山东省是中国落叶阔叶林分布的典型区域；因和北亚热带接壤，区系成分比较丰富。但历史上由于人类活动悠久、频繁、严重，原生植被除了在黄河三角洲的新生湿地上有一些分布外，其他地区次生植被和栽培植被占优势，缺少高大茂密的森林植被。从山东植被的现状看，植被保护和恢复重建任务极其重要，且相当艰巨。

（一）现状植被

山东省除了受土壤盐渍化影响的滨海盐土、海滨沙滩、间歇性浸水的沙滩和各种湿地外，其地带性植被是落叶阔叶林（顶极植被），但因受局部自然条件和人类活动影响，很多地方植被演替达不到落叶阔叶林阶段而停留在针叶林阶段，这些植被也属于地带性植被类型。由于长期的人类活动结果，平原地区多为农业植被或者城镇居民区，山地丘陵的天然森林残留不多。

根据 2018 年公布的第九次全国森林资源清查数据，山东省的林地面积 349.34 万 hm²，占全省面积的 22.95%；非林地面积 1172.87 万 hm²，占全省面积的 77.05%。森林面积 266.51 万 hm²，占林地面积的 76.29%，森林覆盖率 17.51%。森林按起源分，天然林面积 10.40 万 hm²，占 3.90%；人工林面积 256.11 万 hm²，占 96.10%。全省森林面积中人工林占绝大多数，仅乔木林中有少量天然林。而地带性的落叶栎林中天然林占比更低，仅占全省森林面积的 0.30%。按类型划分，人工乔木林中针叶林占 20.31%，阔叶林占 76.66%，针阔混交林占 3.03%。

赤松林、油松林和侧柏林属于地带性的温性针叶林，是山东省针叶林中代表性的天然针叶林，其面积占针叶林总面积的 70% 以上。赤松林主要分布在山东半岛的低山丘陵区，是该区面积最大的森林群落，在鲁中南的花岗岩山地上也有广泛栽培。油松（*Pinus tabuliformis*）和侧柏（*Platycladus orientalis*）多见于鲁中南山地丘陵区，其中油松分布在岩浆岩母质的棕壤土区，侧柏分布在石灰岩母质的褐土区。人工栽培的黑松林面积 7.66 万 hm²，远远超过赤松林面积和油松林面积。

山东的阔叶林为典型的落叶阔叶林，由暖温带最常见的落叶阔叶树种组成。构成群落的建群种和优势种主要的科有壳斗科（Fagaceae）、桦木科（Betulaceae）、杨柳科（Salicaceae）、榆科（Ulmaceae）、豆科（Fabaceae）、胡桃科（Juglandaceae）、紫葳科（Bignoniaceae）等。在山地丘陵，主要由麻栎（*Quercus acutissima*）、栓皮栎（*Q. variabilis*）、槲栎（*Q. aliena*）、槲树（*Q. dentata*）、枹栎（*Q. serrata*）、日本桤木（*Alnus japonica*）、辽东桤木（*A. hirsuta*）、枫杨（*Pterocarya stenoptera*）等组成群落的上层；在平原地区，主要由杨属（*Populus*）、柳属（*Salix*）、泡桐属（*Paulownia*）、榆属（*Ulmus*）的几个种组成群落的上层。原生落叶阔叶林在山东早已不复存在，目前存在的都是次生天然林和人工林。次生天然林多为杂木林，面积很小，见于山地丘陵的谷地。阔叶林中，占比最大的是杨树林，接近 63%；其次是刺槐林，接近 10%；栎类只有 4% 左右。

灌丛以天然起源的柽柳灌丛面积最大，最多时曾超过 600 万 hm²，现在约 400 万 hm²，主要分布于渤海湾沿岸的东营、滨州、潍坊等市，黄河三角洲是其典型分布区。其他灌丛由胡枝子属（*Lespedeza*）、绣线菊属（*Spiraea*）等的种类组成。

草地植被分布在山地丘陵上，多是森林破坏后形成的次生植被。由于水土流失而使土层瘠薄，在短时间内尚难自然恢复成森林而保留在草本群落阶段。大面积的天然草地主要分布在沿海的黄河三角洲滨海盐土上，往往形成一望无际的植物群落，盐地碱蓬（*Suaeda salsa*）、芦苇（*Phragmites australis*）、白茅（*Imperata cylindrica*）、獐毛（*Aeluropus sinensis*）等是优势种类。

在湖泊、河流、塘坝等水域中，分布着各种水生植被和沼泽植被，如莲（*Nelumbo nucifera*）、菰（*Zizania latifolia*）、芦苇、眼子菜（*Potamogeton distinctus*）、泽泻（*Alisma orientale*）等组成的植物群落，其中以南四湖等湖区面积最大。

除了上述天然植被，山东广泛分布各类栽培植被，如各种经济林、林粮间作田、玉米和小麦田，以及蔬菜园等。

（二）现状植被基本特征

目前的山东植被具有以下 4 个特征。

1. 地带性和潜在的植被是落叶阔叶林

尽管受长期、频繁、严重的人为活动影响，目前山东占优势的植被是各种栽培植被和次生或人工栽培的针叶林，但从各山地沟谷和局部残存植被和植物种类组成看，山东潜在的自然植被是落叶阔叶林。有一个很好地例证是曲阜市孔林半自然状态的高大麻栎林和黄连木林。

2. 人工林占优势，森林覆盖率低，荒山面积大

长期和广泛的人类活动使得原始的森林植被在山东早已荡然无存，目前占优势的森林植被是各种人工林。山东的实际森林覆盖率只有 17.51%，低于全国平均水平。同时，由于山东荒山植被面积很大，土壤浅薄贫瘠，很多地段裸岩出露，因此森林恢复难度极大，人们称其为"贫瘠山地""困难山地""劣迹山地"，依靠自然之力恢复森林植被几乎不可能。

3. 优势森林植被类型是针叶林，种类组成和结构简单，生态功能低

山东山地丘陵区的主要森林植被类型是针叶林，其面积超过山地丘陵区森林面积的 50%；阔叶林以半自然的人工刺槐林占优势，地带性的落叶栎林仅 4% 左右。山地丘陵区的森林多为幼龄、中龄林，林龄20—50 年不等，60 年以上的中龄、老龄林较少。因此，山地丘陵区的森林植被生态服务功能不高，且容易发生病虫害及火灾等。而在平原地区，主要是以各种杨树为主的人工林，多为经济林，定期砍伐；也有一些种植在河岸、湖岸的杨类和柳类生态林，起着固沙、防风及景观等作用。

4. 外来植物有逐渐增加的趋势

前些年在造林中多使用外来树种，使得目前山东森林植被以外来树种占优势，山地森林中黑松（*Pinus thunbergii*）、刺槐（*Robinia pseudoacacia*）为建群种的森林面积超过 50%。灌木中火炬树（*Rhus typhina*）等种类的面积也有扩大趋势。此外，凤眼莲（*Eichhornia crassipes*）、水花生（*Alternanthera philoxeroides*）、互花米草（*Spartina alterniflora*）等外来入侵种类在湿地植被中也很常见，甚至成为单优群落，危害很大。

第二章　山东植被形成的生态条件

植被的分布与生态条件密切相关。在一定的生态条件下形成一定的植被类型，而一定的植被类型又能反映当地生态条件的综合特点。生态条件包括自然条件和非自然条件，前者如气候、地质地貌、土壤等，后者主要是人类活动的影响，也叫人为条件。自然条件由各种各样的自然要素组成，如地理位置、气候、地质、地貌、水文、土壤等。其中，气候条件对植被的分布起着主导作用，气候条件中的热量（温度）和降水两个因子最为重要，通常称为水热条件，这是植被分布的直接决定因素。山东省地处我国暖温带地区，地带性的植被类型是以落叶栎类为代表的落叶阔叶林。但各地自然条件组合的不同，特别是气候、地形、土壤等条件的差异，导致省内各地的植物区系组成和植被类型有一定的差异，表现出一定的区域分异规律。人为条件指的是各种人类活动对植被的影响。山东省是人类活动历史悠久、影响严重的地区，人类活动对山东植被的影响非常明显，或者起促进作用，或者起破坏作用。前者如植树造林、生态恢复等增加了植被类型和植被覆盖，后者如开矿、修路、城镇建设等对植被造成了毁灭性破坏。此外，人类活动不当引起的外来有害物种入侵对植被的不利影响也不可忽视。

一、地理位置

山东省位于我国东部沿海的暖温带地区，地处黄河下游，地理坐标为北纬 34°22.9′—38°24.0′、东经 114°47.5′—122°42.3′。东西最长约 721.03km，相距 8 个经度；南北最宽约 437.28km，跨越近 4 个纬度。全省陆地面积 15.58 万 km²，约占全国总面积的 1.62%。全省划分为济南、青岛、淄博、枣庄、东营、烟台、潍坊、济宁、泰安、威海、日照、滨州、德州、聊城、临沂、菏泽等 16 个地级市。

山东省的陆地海岸线长达 3290km。全省分半岛和内陆两部分，山东半岛向东突出于渤海及黄海之间（图 2-1-1），隔海与辽东半岛遥遥相对。内陆部分自北向南依次与河北、河南、安徽、江苏四省接壤。

从植被分区上看，山东属于暖温带落叶阔叶林区域，地带性的植被类型是落叶阔叶林。

二、地质地形

（一）地质地形特点

在中国大地构造格局中，山东省是华北台块的组成部分。鲁中南和胶东半岛是台块的隆起部分，称为山东台背斜。表层岩石主要由前震旦纪结晶岩组成。自震旦纪后，地壳长期处于稳定状态，只有在燕山运动中断裂和岩浆活动才强烈起来，由此奠定了现今山东省地势的骨架。鲁西北和鲁西南，在地史中长期是凹陷区，属华北台块中的向斜部分，在地面上覆盖着深厚的冲积层，冲积层不断地向东扩展，使得原来屹立于海中的鲁中南山地、山东半岛与大陆连成了一片（图 2-2-1）。

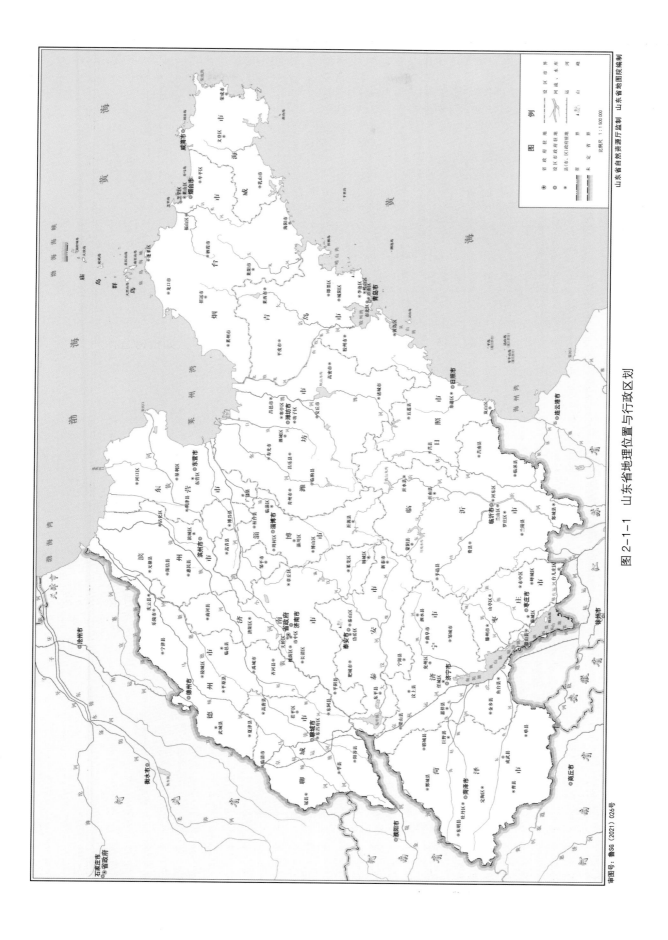

图 2-1-1 山东省地理位置与行政区划

山东省自然资源厅监制 山东省地图院编制

审图号：鲁SG（2021）026号

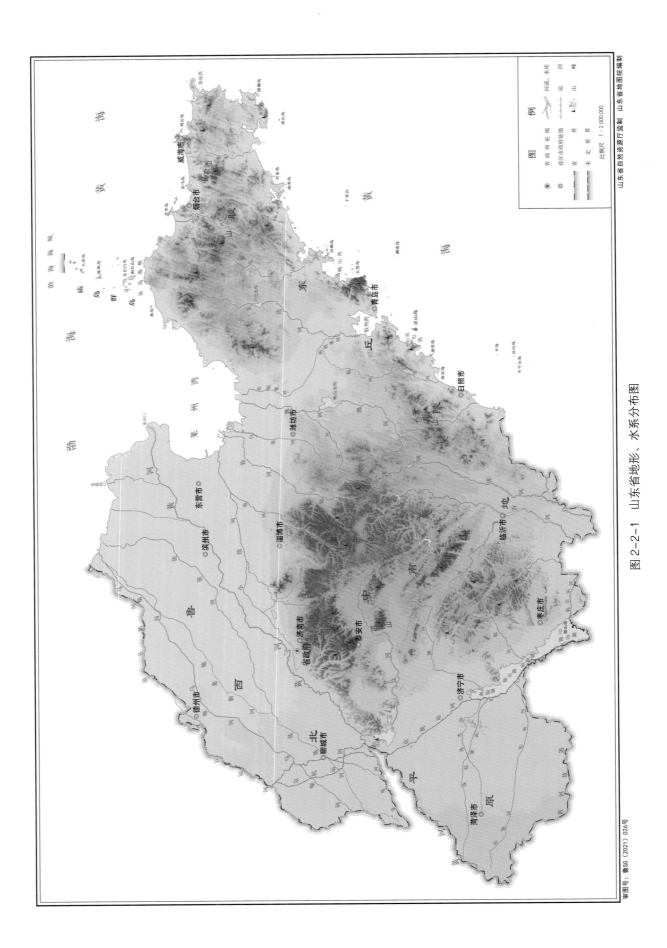

图 2-2-1　山东省地形、水系分布图

审图号：鲁SG（2021）026号

从地势上看，山东省位于我国自西向东、由高到低的三级地势阶梯中的最低的一级。山东地势总的分布特征为中部高四周低，以鲁中南山地丘陵区为最高，其中又以泰山、鲁山、沂山山地为中心。如泰山主峰玉皇顶海拔 1545m，耸立在周围不足千米的山丘之上，为全省最高峰，向四周地势逐渐降低。

山东省的地形（地貌）类型有中山、低山、丘陵、台地、盆地、平原、湖泊、海岸等多种类型。中山（海拔超过 1000m）共 6 座，有泰山、鲁山、沂山、蒙山、徂徕山和崂山。低山（海拔 500—1000m）共 33 座，较著名的有昆嵛山、蓬莱艾山、牙山、招虎山、大泽山、罗山、五莲山、长白山、嵩山、抱犊崮等。丘陵（海拔 200—499m），全省共 58 座，砂石丘陵占 78%、青石丘陵占 22%，前者主要分布在山东半岛和鲁中南地区，后者主要见于鲁中南地区。台地共 5 座，如莒南、临沭等地的台地。盆地共 8 个，如肥城盆地、莱阳盆地、桃村盆地等。平原有山间平原、冲积扇、黄泛平原、黄河三角洲等，其中黄河三角洲最著名。湖泊有南四湖、东平湖、白云湖等天然或人工湖泊。海岸线有泥质海岸（图 2-2-2）、砂质海岸（图 2-2-3）和岩质海岸（图 2-2-4）三种类型。不同地形类型中，平原面积最大，占全省面积的 65.56%。丘陵、低山面积次之，其他地形类型的面积更小。

地质、地形作为影响植被分布的生态因素，主要是通过成土母质影响水热条件再分配及小环境的形成而作用于植物。尽管它们属于间接因素，但是在一定的情况下，常能起到明显的生态效果。

山东省有较大面积的石灰岩山地（青石山），其面积在 47 万 hm² 以上。由于石灰岩具有易溶解和漏水的特点，往往造成土壤干旱缺水，加之人为破坏植被，土层瘠薄，植被类型目前主要是自然或人工的侧柏林及大片的灌草丛。在岩浆岩山地（砂石山），则为赤松林、油松林和各类阔叶林，这说明母岩对植被分布有着重要影响。

在同一时间里山地丘陵区不同坡度、坡向，所直接承受的太阳辐射量有着明显的差别。山地丘陵的南、北坡受太阳直接辐射的年总量不同。相较于北坡，南坡具有温度高、空气相对湿度低和植物蒸腾旺盛的特征。尽管山东省夏季东南季风盛行，使南坡常能承受较多的降水，但山东省的山地海拔大多不高，

图 2-2-2 泥质海岸（黄河三角洲海滩）

图 2-2-3 砂质海岸（黄岛银沙滩）

图 2-2-4 岩质海岸（长岛岩石海岸）

阻挡海洋暖湿气流的作用不显著。一般来说，在山东省的山地丘陵区，光照、热量条件南坡优于北坡，而水分及土壤状况，北坡又好于南坡。这是由于北坡温度低，蒸发弱。植物的分布，在阳坡常为耐干旱贫瘠的麻栎林和灌草丛，而阴坡多为松林和落叶杂木林。"山前橡子（栎树）山后松（赤松等）"，说的就是坡向对植被分布的影响。

（二）三大地貌区

山东省的地貌，根据形成相同、成因相近及地区相连等原则，可以划分为三大地貌区，即鲁中南山地丘陵区，鲁东丘陵区，鲁西、鲁北冲积平原区。

1. 鲁中南山地丘陵区

本区北以小清河、西以东平湖—南四湖一线与鲁西、鲁北平原为界，南至省界与徐州丘陵相接，东以潍河、沭河谷地与鲁东丘陵相连。

鲁中南山地丘陵区，南、西、北三面被冲积平原所包围，全区轮廓像一把柄在南、弧缘在北的扇子，"扇弧"东西宽约300km，其半径南北长约240km。本区地势在全省最高，切割最为强烈，地貌类型比较复杂。区内大部分地面海拔在500m左右，仅有少数山峰海拔在1000m以上。整个地势以中部最高，向四面逐渐降低。泰山、鲁山、沂山一带，是鲁中南山地的脊部，主峰海拔在1000m以上，主要由坚硬的片麻岩、花岗岩和花岗片麻岩组成（俗称砂石山）。泰山兀立于群山之上，海拔1545m，为省内的最高山峰（图2-2-5至图2-2-8）。自泰山、鲁山、沂山地向外，逐渐降低为海拔500m左右的丘陵，其上常有厚层石灰岩覆盖（俗称青石山），有很多崮状地貌（图2-2-9、图2-2-10），还有各种页岩（图2-2-11）。南部的祖徕山海拔1027m，蒙山海拔1155m，鲁山海拔1108m（图2-2-12、图2-2-13）。这些山系都是西北、东南走向，主峰由坚硬的花岗岩构成，抵抗风化的能力强，山势巍峨，险峻之状不亚于泰山。低山丘陵的外侧，是山麓堆积平原。在临朐县山旺镇有沉积岩形成的古化石群（图2-2-14、图2-2-15），形成于1800万年前，是中国唯一、世界罕见的在中新世保存完整、门类齐全、具有重要科学价值的地层古生物化石遗迹，被称为"万卷书"。由于地势总的趋势是自中部向四周逐渐降低，因此发源于鲁中南山地的水系略呈辐射状向四周分流。

图 2-2-5　泰山南天门

图 2-2-6　泰山五岳独尊

图 2-2-7　泰山峰丛险峻

图 2-2-8　泰山登山路

图 2-2-9　枣庄抱犊崮石灰岩山地（崮状地貌）

图 2-2-10　鲁中石灰岩山地（崮状地貌）

图 2-2-11　鲁中山地沉积岩（页岩）

图 2-2-12　鲁山主峰

图 2-2-13　鲁山地貌

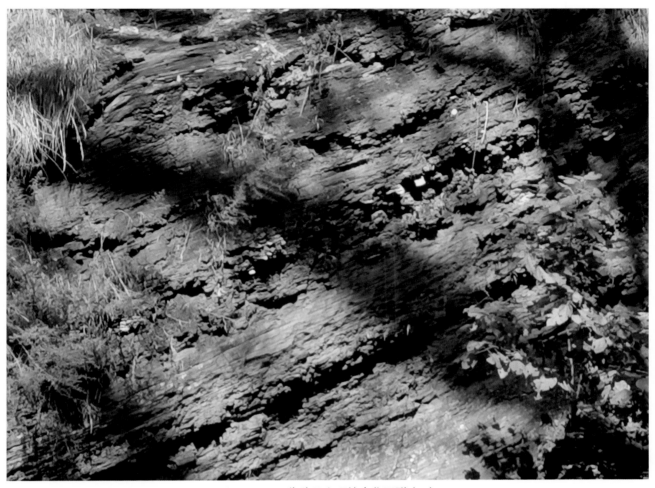

图 2-2-14　临朐县山旺镇古化石群（1）

图 2-2-15　临朐县山旺镇古化石群（2）

本区的森林植被是以落叶栎类为代表的落叶阔叶林和温性针叶林，前者如麻栎林、栓皮栎林，后者如油松林和侧柏林。落叶阔叶林分布普遍。油松林见于泰山、鲁山、沂山等山地的岩浆岩为基质的棕壤上；侧柏林分布在低山丘陵的沉积岩的褐土上。在鲁南地区，有多种亚热带树木正常分布和生长，如樟科（Lauraceae）的山胡椒（*Lindera glauca*）、三桠乌药（*L. obtusiloba*）、黄连木（*Pistacia chinensis*）等；而亚热带的毛竹（*Phyllostachys edulis*）、山茶等已有 60 多年以上的栽培历史。

2. 鲁东丘陵区

本区西以沭河为界，故又称沭东丘陵。大部分地区是由古老的变质岩组成。变质岩经过长期的风化和侵蚀，形成海拔 200—300m 的波状缓丘。只有崂山、昆嵛山、蓬莱艾山、牙山、大泽山等少数由坚硬的花岗岩组成的山岭，突出于群丘之上。崂山最高，海拔 1133m，奇峰异石和云海是崂山的特色（图 2-2-16 至图 2-2-20），素有"泰山虽云高，不如东海崂"之说；次为昆嵛山，海拔 923m，也具有挺拔险峻的山峰和瀑布（图 2-2-21 至图 2-2-23）；其余山地海拔均在 700m 左右。蓬莱艾山、牙山、昆嵛山、大泽山等纵贯于半岛的中部和北部，构成半岛南北水系的分水岭，并对半岛的气温、降水产生一定的影响，使半岛东南部与西北部的气候明显不同，植被也有较大的差异。本区的即墨山西部的马山，有闻名于世的柱状节理石群（图 2-2-24、图 2-2-25），是 1 亿多年前由火山岩浆冷凝收缩而成，是世界柱状节理石群三大奇观之一。鲁东丘陵区内的莱阳盆地，四周为低山丘陵所包围。沿海还有宽窄不等的滨海平原，其中以蓬黄掖平原的面积最大，达 3000km²，是山东省重要的粮食产区。

图 2-2-16　崂山主峰巨峰　　　　　　　　　　图 2-2-17　崂山青蛙石

图 2-2-18　崂山乌龟石

图 2-2-19　崂山奇石和青松

图 2-2-20　崂山山峰和云海

图 2-2-21　冬季昆嵛山

图 2-2-22　昆嵛山绵延山峰

图 2-2-23　昆嵛山瀑布

图 2-2-24　即墨马山柱状节理石群（1）

图 2-2-25　即墨马山柱状节理石群（2）

　　山东黄海（图 2-2-26）、渤海（图 2-2-27），是我国重要的海洋。沿海有许多岛屿，其中最为重要和具有代表性的是渤海海峡之中的庙岛群岛（图 2-2-28），也称长山列岛，由大小 32 个岛屿组成；其余大部分分布在近陆地带，如大管岛（图 2-2-29）、崆峒岛、养马岛、刘公岛、灵山岛、杜家岛等。还有海湾和潟湖，著名的是荣成湾的天鹅湖（图 2-2-30）。

图 2-2-26　黄海（崂山湾碧海蓝天）

图 2-2-27　渤海（黄河三角洲河海交汇处）

图 2-2-28　庙岛群岛

图 2-2-29　黄海海岛（大管岛）

图 2-2-30　荣成湾天鹅湖

本区的森林植被也是以落叶栎类为代表的落叶阔叶林和温性针叶林，典型的阔叶林是麻栎林、栓皮栎林、槲树林等，代表性的温性针叶林是赤松林。在山东半岛南部的崂山等地，自然生长着红楠、山茶等常绿树木，栽培的茶（Camellia sinensis）、毛竹、枫香（Liquidambar formosana）等生长正常。

3. 鲁西、鲁北冲积平原区

本区北、西、南面与河北、河南、安徽等相邻，东以小清河—东平湖—南四湖为界与鲁中南山地丘陵区相接，是以黄河为主冲积作用下形成的黄泛平原。本区地势低洼，海拔一般在 50m 以下，总的地势是自西南向东北倾斜。根据地貌特征，可将本区划分为 3 个地貌区：黄河冲积扇形地、黄河泛滥平原和黄河三角洲。

①黄河冲积扇形地。又称鲁西南平原或湖西平原，夹在黄河故道与现今黄河河道之间，形成三角形的扇状平原。"扇顶"在东明县、兰考县一带，扇面向东倾斜，地表坡降 1/5000，扇形地边缘在东平湖—南四湖一带，海拔较"扇顶"低些。南四湖、东平湖等是本区的代表性地貌类型，分布有各种沼泽和水生植被等湿地植被类型。其余各地的植被主要是栽培植被，尤以水稻（Oryza sativa）最著名，而间作桐粮、速生欧美杨林也是本区的特色。

②黄河泛滥平原。位于黄河河道的北侧，从西南的河南省范县起，到东北的山东省利津县止，形成西南东北向的长方形平原，自西南向东北倾斜，坡降 1/6000—1/5000。平原中黄河故道较多。这些故道一般都是高起的平地和长条状砂质的河槽地。平原中洼地很多，洼地面积可占平原面积的 23%，尤其以徒骇河以北、马颊河两侧洼地最多。洼地多呈碟形，低于平地 1—2m，容易积涝。本区植被主要是栽培植被，乐陵金丝小枣和冬枣是本区的特色。

③黄河三角洲。位于滨州市和东营市境内，呈扇形展开突入渤海（图 2-2-31、图 2-2-32），1855—1988 年，已淤成陆地约 2620km²，微地貌以缓平坡地和河滩高地为主。黄河三角洲的古河道和河汊众多，

图 2-2-31　黄河入海口（1）

图 2-2-32　黄河入海口（2）

组成网状水系；黄河三角洲的洼地很多，如位于甜水沟、宋春荣沟和神仙沟之间的大孤岛、小孤岛洼地；沿海有宽阔的潮滩分布。黄河三角洲按形成时间不同分为近代黄河三角洲、现代黄河三角洲和新黄河三角洲（图 2-2-33）。其中，现代黄河三角洲的顶点在垦利区兴隆街道渔洼村附近，北起挑河，南至宋春荣沟，面积约 2200km^2。黄河三角洲海岸线曾以每年 2—3km 的速度向海推进，每年造地 1000—2000hm^2；20 世纪 80 年代开始调水调沙后，造陆速度明显减缓。

图 2-2-33　新黄河三角洲

平原地区由于人类活动较多，自然植被多是各类草地和水生植被，森林和灌丛不多见。但在新黄河三角洲，可以见到自然分布的旱柳林和大面积的盐生灌丛，主要是柽柳林；而芦苇、盐地碱蓬、白茅、獐毛等形成的草甸植被也很广泛。由于各类湿地植被的存在，加上黄河三角洲国家级保护区的建立，生态条件趋于改善，秋冬季各种鸟类聚集而来。除了常见的大雁、野鸭等种类，多种珍稀鸟类数量也大大增加，如丹顶鹤（*Grus japonensis*）（图 2-2-34）、东方白鹳（*Ciconia boyciana*）（图 2-2-35）、大天鹅（*Cygnus cygnus*）（图 2-2-36）等也很常见。

图 2-2-34 丹顶鹤（*Grus japonensis*）（杨斌拍摄）

图 2-2-35 东方白鹳（*Ciconia boyciana*）（杨斌拍摄）

图 2-2-36　大天鹅（*Cygnus cygnus*）（杨斌拍摄）

三、气候条件

（一）气候特点

山东省的气候，属于暖温带季风气候类型。夏季盛行东南风，炎热多雨。冬季多西北风，寒冷干燥。春季干旱少雨，且多风沙。秋季常出现"秋高气爽"的景象，降水较少。一年之中雨量集中于夏季，且年变率较大。因此，旱涝灾害频频发生，时常"春旱夏涝秋又旱"。从全省的气候大势看，山东半岛与鲁中南山区的热量、降水较为充足，鲁北、鲁西地区稍差，这些特点是与季风变化及地理位置、地形等因素密切相关的。

山东省是季风活动较明显的地区，冬季受西伯利亚、蒙古一带高气压的控制，盛行寒冷干燥的西北风。夏季则受大陆低气压、副热带高气压的影响和来自太平洋、赤道湿气流的控制，盛行湿热的东南风。春、秋季是两种气流交替的过渡时期。山东省位于中纬度，太阳高度角（以济南为代表），从冬至的 29°49′增加到夏至的 76°49′，日照时数从冬至日的 9 小时 39 分增加到夏至日的 14 小时 40 分，这就决定了山东省冬冷夏热的特点。山东省西连大陆、东临黄海，这一地理位置也对省内气候有着显著的影响。由于海水容纳热量的能力大于陆地，当它们接受同等的太阳热量时，海水温度的上升和下降都比陆地来得迟缓，因此春、夏季滨海的气温低于内陆气温，秋、冬季滨海气温高于内陆气温。例如，成山头（滨海）和德州市（内陆）处于近似的纬度，而两地的气候要素却有较大的差异（表 2-3-1）。

表 2-3-1　山东成山头、德州市气候比较

地名	纬度	年平均气温 /℃	气温年较差 /℃	气温日较差 /℃	7月平均最高气温 /℃	1月平均最低气温 /℃	年降水量 /mm	雾日（6—8月）/d
成山头	37°24′	11.6	23.5	4.7	25.6	-2.3	661.0	52
德州市	37°26′	12.9	26.9	9.5	33.5	-5.0	547.5	3

山东省气候条件具有四季分明、光照充足、雨量适中而又雨热同季的特点。所有这些，构成了以落叶阔叶林为代表的典型暖温带植被的生态基础。水热条件在省内分布的趋势表明，年降水量及冬季气温东南高于西北（表 2-3-2）。

表 2-3-2　山东部分地区水热条件

地名	北纬	东经	年平均气温 /℃	1月平均气温 /℃	极端最低气温 /℃	一年中≤0℃天数 /d	年降水量 /mm	年均空气相对湿度 /%	备注
日照市	35°23′	119°12′	12.6	-1.1	-14.2	30.0	946.4	72	东南沿海
青岛市	36°14′	120°28′	12.4	-1.3	-16.4	45.6	790.6	74	山东半岛
泰安市	36°12′	117°06′	12.9	-1.9	-22.4	60.6	725.7	69	鲁中山地
德州市	37°26′	112°42′	12.9	-2.4	-27.0	66.1	547.5	64	鲁西北平原

从表 2-3-2 可以看出，山东半岛及鲁南地区的水热条件较优越，因此植物区系成分较复杂，植被类型也多样。在山东半岛东南和鲁南地区，除了典型的温带植物成分外，还可见到一些亚热带植物成分，如常绿的红楠、山茶，以及落叶的野茉莉（*Styrax japonicus*）、三桠乌药等。这些地区引种茶、毛竹等，已有 60 多年的历史。

（二）光照、热量、降水条件

光照、热量、降水是气候因素中最重要的因子，也是决定和影响植被分布和植物生长最关键的主导生态条件。

1. 光照条件

光照，即太阳辐射，是绿色植物生存的基本条件之一，也是热量的基本来源。植物在生长季节中，如果光照不足，就会影响光合作用。山东省年平均光照时数 2290—2890h，较偏南相邻的安徽、江苏等省的光照时数稍多。全省每年 4—10 月日均光照时数 7h 左右，其中以 5 月份最长，日均光照时数可达 8—9h，这对绿色植物的生长是极为有利的。

2. 热量条件

热量条件是决定植被分布的主导因子之一。山东省的年平均温度为 11—14℃。鲁西南和鲁北平原的平均气温多在 13℃以上，鲁东（山东半岛）和黄河三角洲多在 12℃以下。冬季在 1 月份气温最低，平均气温 -4—-1℃，极端最低气温 -20—-11℃，1958 年 1 月 8 日德州市曾出现 -27℃的低温。夏季在 7 月份气温最高，平均气温 24—27℃，由山东半岛向西温度逐渐增高，1955 年 7 月 24 日德州市曾出现 43.4℃的高温；山东半岛东端气温最低，平均气温在 24℃以下。

全省各地无霜期一般 180—220d，以鲁西南和鲁南的无霜期较长。如以日平均气温 ≥ 5℃以上的时期作为植物生长期，那么省内的植物生长期为 260d 左右；如以日平均气温 ≥ 10℃的持续期作为植物生长活跃期，那么省内的植物生长活跃期为 200d 左右。全省 ≥ 10℃的积温 3800—4600℃。对温带落叶树和温带农作物、果树等的生长来说，热量资源是充足的。

3. 降水条件

降水也是影响和决定植被分布的一个主导因子。山东省年平均降水量 550—950mm。降水量分布的趋势，大致由东南向西北逐渐减少，以鲁东南和鲁南降水量最大，一般在 800—900mm 以上；而鲁西北和黄河三角洲降水量最小，一般在 600mm 以下；其他地区一般为 600—800mm。全年各月的降雨分配，以 6—8 月所占比例最大，各地降水常为 300—600mm，占全年降水的 60%—70%。高温和多雨季节配合，有利于植物生长。但是，3—5 月的降水量各地一般仅为 50—120mm，占全年降水量的 13%—15%；这时，气温回升快，空气湿度小，风力大（即通常所说的干热风），植物蒸腾旺盛，成为植物生长的不利因素。

山东省的降水不仅过于集中，而且经常出现暴雨。暴雨发生在 6 月下旬至 8 月下旬，最大日降水量，鲁中南山区和胶东丘陵区均在 150mm 以上。如 1958 年 6 月 29 日峄县曾出现日降水量 399.6mm 的特大暴雨；1987—2021 年，济南市、潍坊市等地夏季多次出现大到特大暴雨，日降水量超过 50mm 以上，甚至达到 100—300mm。每值暴雨，很容易出现山洪暴发，造成严重的水土流失和水灾。近海的潍北平原，因河水泛滥，经常造成内涝。

山东省内各年由于冷空气的活动和夏季风进退的时间常常不同，从而使各年的降水量也常有较大的差异，多雨年的降水量与少雨年的降水量相差甚大。如济南市 1962 年的降水量为 1160mm，而 1968 年只有 320.7mm，相差 839.3mm。

四、水文条件

（一）水文特点

山东省的水系，总的看来比较发达（图 2-2-1）。山东水域以黄河为界，以北属海河流域，以南属淮河流域。山东省境内自然河流的平均密度每平方公里约 0.7km，有 1000 多条河流的长度超过 50km。黄河是山东的第一大河，自西南向东北横穿鲁西平原（从菏泽市东明县进入山东境内，在东营市垦利区入海），山东段全长 628km，流域面积 1.83 万 km²，惠泽菏泽、济宁、泰安、聊城、济南、德州、滨州、淄博、东营九市。由于黄河水泥沙含量高，河床不断淤积抬升，成为著名的地上河（图 2-4-1、图 2-4-2）。地处黄河故道鲁西南的枣庄市及微山湖区域，潍坊市北部的青州市、寿光市等也在泛黄河流域。这些区域沟壑纵横，河网密布，利于沼泽和水生植被发育。海河流域有徒骇河、马颊河、德惠新河、漳卫河等多条大的河流，其他大型河流还有大汶河、梁济运河、洙赵新河、东鱼河、泗河、韩庄运河、小清河、潍河、大沽河、五龙河等。淮河流域有沂河、沭河、大运河等，水系也很发达。由于山东省的河流主要是依靠天然降水补给，河水流量的大小既受年降水量的制约，也受降水在季节中的分配影响。春季河水干枯断流；夏季河水又漫溢成灾，鲁中山区和半岛的河流源短流急，容易造成山洪暴发。

图 2-4-1 黄河（东营段地上河）

图 2-4-2 黄河（济南段地上河）

山东省的湖泊主要分布在鲁中南丘陵区和鲁西南平原区之间，分为两大湖群——南四湖和北五湖。南四湖（图 2-4-3、图 2-4-4），为全国十大淡水湖之一，总面积 $1266km^2$；北五湖（图 2-4-5、图 2-4-6），以东平湖最大，东平湖总面积 $627km^2$。

图 2-4-3　南四湖（微山湖）

图 2-4-4　南四湖（微山湖及运河）

图 2-4-5　北五湖（东平湖）

图 2-4-6　北五湖（马踏湖）

此外，山东省东临海洋，山东半岛突出于黄海、渤海之间，隔渤海与辽东半岛遥遥相对。海岸线北起鲁冀交界处的漳卫新河河口与河北省相隔，南以鲁苏交界处绣针河河口与江苏省为界。海岸线全长3290km，约占全国海岸线总长的1/6。山东省海域分布于渤海和黄海，以蓬莱角为界，向西属于渤海海域，向东属于黄海海域。在黄海海域中，以山东半岛最东端的成山头为界，分属于北黄海和南黄海海域。山东省黄河口、莱州湾属于粉沙淤泥质海岸，胶东半岛属于山地港湾型海岸，胶州湾以南则属于基岩砂质海岸。山东沿海地区有20多处主要港湾，299个岛屿，各种水生植被和沼泽植被丰富。

水系的发达，成为植被自然分布和农、林、牧、渔业生产的有利因素。新中国成立以来，山东省建了大量的水库，总库容达130亿m³，较著名的水库有峡山水库、岸堤水库、跋山水库、产芝水库等，对于调节工农业用水起到了明显的效果。

（二）三大地貌区地下水运动

山东省地下水运动规律明显受地形、地貌、水文、岩性、构造等因素控制，表现为鲁中南山地丘陵区，鲁东丘陵区，鲁西、鲁北冲积平原区有显著差异。

1. 鲁中南山地丘陵区

鲁中南山地丘陵区，地下水运动条件受其流域系统的制约，每一个单斜断块成为一个独立的水文地质单元，具有相似的补给、径流和排泄条件；每一个单元成为一个完整的流域系统，自地表分水岭到山前明显分为补给径流区和承压排泄区。补给径流区一般为弱富水的古老变质岩，接受大气降水补给后转化为地下水或地表流补给径流区中下部的寒武系和奥陶系含水层。石灰岩分布区浅部裂隙岩溶发育，为地下水渗漏、运移提供良好通道。在山前，岩溶水含水层隐伏于第四纪或埋藏于石炭纪地层下，或与其他弱富水岩层接触，地下径流到此受阻成泉排泄，成为岩溶水的承压排泄区。本区裂隙岩溶发育，常构成良好的储水盆地，是山东省主要大中型工农业供水水源地。本区地下水的补给主要为大气降水和河水补给，尤其河水流经石灰岩的补给具有重要意义，常成为下游岩溶大泉的主要补给源。区内地下水排泄方式有泉水溢出、顶托补给第四系、向地表水泄流。鲁中南山地丘陵区由于岩溶水丰富，往往成为城市供水水源地，但常因其过量开采地下水而引起岩溶塌陷，如泰安市、枣庄市等。

2. 鲁东丘陵区

鲁东丘陵区，广泛分布弱富水的变质岩、岩浆岩和碎屑岩。大气降水是地下水的主要补给源，地下水运动总的特征是就地补给，短途排泄，具有起伏不平的自由水面，与地形基本吻合。地下水往往沿河谷以泉的形式排泄，汇入地表水，因此河谷不仅是地下水的径流区，也是地下水的最终汇集带。本区地下水分水岭与地表水分水岭趋于一致，根据区域地表水分水岭的分布特征，地下水总的流向表现为以下几个主要方面：沿大泽山—蓬莱艾山—昆嵛山东西向分水岭北坡，地下水向北径流入海；沿海阳—即墨—五莲一带，地下水流向东南；沿胶莱盆地，地下水沿盆地周围汇入胶莱河。

3. 鲁西、鲁北冲积平原区

鲁西、鲁北冲积平原区，浅层地下水补给、径流、排泄主要受地形、水系、岩性及古河道带的控制。区内地形平坦，含水砂层颗粒细，水力坡度小，径流缓慢，地下水以垂直补排为主，补给来源有大气降水、侧向径流补给及地表水补给。排泄方式主要表现为垂直蒸发及向马颊河、徒骇河等河道排泄，或通过人工开采排泄。地下水流向 0.1%—0.4% 的水力坡度由西南向东北缓慢运动，浅层水动态变化与气象变化一致。深层承压水补给条件很差，主要接受东南及西南方向的径流补给，水力坡度很小，地下水流向在天然状态下与浅层地下水流向基本一致，但由于大量开采该地下水，使其形成多个区域降落漏斗，水动力条件发生了较大的变化，地下水动态受人工开采的制约。山前冲洪积平原区，含水层岩性以砂砾石为主，水力坡度较大，径流畅通，地下水补给源充足，除得到山区大量侧向补给外，还有隐伏灰岩裂隙岩溶水的顶托补给。

五、土壤条件

　　植物的地理分布，主要与地区的水热条件有着密切的关系。但是，并不能因此就忽视了土壤所起的作用。例如，在棕壤分布区内，常是以松、栎林为主；在褐土分布区内，侧柏林的面积最大，此外还可见到较多的黄栌（*Cotinus coggygria* var. *cinerea*）、鹅耳枥（*Carpinus turczaninowii*）、榆（*Ulmus pumila*）等。在山地粗骨薄层棕壤或粗骨薄层淋溶褐土上，主要植被类型是灌草丛。组成灌草丛的灌木有酸枣（*Ziziphus jujuba* var. *spinosa*）、荆条（*Vitex negundo* var. *heterophylla*），以及绣线菊属、胡枝子属、木蓝属（*Indigofera*）、鼠李属（*Rhamnus*）等的种类；草本植物有野古草（*Arundinella hirta*）、黄背草（*Themeda triandra*）、白羊草（*Bothriochloa ischaemum*）、结缕草（*Zoysia japonica*），以及蒿属（*Artemisia*）、紫菀属（*Aster*）、委陵菜属（*Potentilla*）等的种类。在黄河三角洲等盐碱土区，最常见的乔木和灌木有旱柳（*Salix matsudana*）、柽柳（*Tamarix chinensis*）、枣（*Ziziphus jujuba*）、毛白杨（*Populus tomentosa*）等，草本植物则有盐地碱蓬、獐毛、补血草（*Limonium sinense*）、白茅、芦苇等。这一区域是土壤因素主导植物和植被分布的典型区域，自然植被多属于非地带性植被。

　　土壤是在一定的气候、生物、地形和母质等自然条件影响下形成和发展的，因此一些土壤的分布具有明显的地带性。此外，也有一些土壤的分布没有那么明显的地带性。

（一）地带性土壤

　　山东省的地带性土壤，从东向西有规律地分布着棕壤和褐土两个土类。

　　①棕壤。主要分布于胶东和沭东丘陵区。在这些地区气候湿润温暖，降水量 700—900mm，干燥度小于 1。土壤中易溶性盐类和碳酸盐丢失强烈，全剖面无石灰反应，呈微酸性（pH 6 左右），黏粒及铁锰呈显著的移动积聚。剖面形态，表层以下为棕色淀积层，常有褐色的铁锰胶膜及铁子。这类土壤在山麓平地上，土层深厚，经过耕作熟化之后耕层疏松，通透性良好，可以蓄水保肥，抗旱抗涝。而在山东丘陵区，由于水土流失剧烈，土壤养分和细小颗粒容易流失，常常使土壤浅薄贫瘠（这类土壤被称为棕壤性粗骨土，图 2-5-1），土壤剖面发育不完整（图 2-5-2），因而植被分布稀疏，树木生长也缓慢。

　　②褐土。主要分布在山东省沿胶济、京沪铁路两侧的山前平原地带、鲁中山地及山地中下部的梯田和河谷阶地上。成土母质多为石灰岩、钙质砂页岩，或富含钙质的厚层黄土及黄土堆积物。这些地区属于半湿润型的干旱地带，年降水量 550—650mm，有明显的春旱，干燥度 1.2—1.5。土壤的特征是，在腐殖质层之下，黏化层呈棕色；在较紧实的钙积层中，钙质新生体多以白色假菌丝体或结核形式存在，所

图 2-5-1　棕壤性粗骨土（五莲山麻栎矮林林下）　　　　　图 2-5-2　棕壤剖面图（崂山栎林林下）

以常有石灰反应。山东省内的褐土多具淋溶较强的特点，1—2m 深常无明显的砂浆层。褐土多具壤质和重壤的性质，自然肥力较高，是山东省肥沃土壤之一。但在丘陵地区，因长期的雨水冲刷，水土流失严重，土壤浅薄贫瘠，造林困难（这类山地常被称为困难山地或劣迹山地）。

棕壤和褐土在山东省的垂直分布，常因山体的海拔和所在的地理位置的不同而有所差异。在胶东丘陵区，从山麓到山顶依次出现的是：山麓耕作棕壤（海拔 200m），山区林地棕壤（海拔 700—800m），山地草甸型土。在鲁中南山地区，由山麓到山顶依次出现的是：山麓耕作褐土，山区林地褐土（海拔 200m 以上），山区林地棕壤（高程上界为 1000m 左右），山地草甸型土。在山地丘陵区坡度较陡、植被稀疏的地段，由于地表冲蚀严重，成土的年龄较轻，剖面尚未发育，土壤性质受母岩性质的影响大大地超过了地带性因素的作用。

（二）非地带性土壤

非地带性土壤，也并不是完全不受地带性因素的影响，只是影响的程度较小而已。山东省非地带性土壤主要有山地草甸型土、潮土（浅色草甸土）、盐碱土及砂姜黑土等土类。

①山地草甸型土。山东省山地草甸型土面积不超过 2000hm²，主要分布在省内海拔 800m 以上的山顶坡。

山顶坡具有多雨、低温、空气相对湿度高及多风等气候特点。由于生境湿润，发育草甸植被，相应地发育山地草甸型土。

②潮土。山东省潮土总面积约334万hm²，广泛分布于鲁西北黄河冲积平原区。潮土分布区，地下水位普遍较高，土体下部湿润，故名潮土。根据质地和土层排列情况，潮土又可分为沙土、淤土及两合土三类。沙土多分布在老河道附近，沙粒松散，移动性大，易发生风蚀现象，漏水漏肥；淤土多分布在低洼地段，土质黏重，保水保肥，潜在肥力较高；两合土多分布在平坦地及低平地，土质为中壤及重壤，肥力较高。

③盐碱土。山东省盐碱土约67万hm²。多数为内陆盐碱土，主要分布于鲁西北平原的洼地边缘、河间洼地及黄河沿岸。这些地区地下水位1.5—2.0m，矿化度1—3g/L，盐类组成以氯化物、硫酸盐为主，土壤含盐量0.2%—0.5%，盐分分布的特点为表层重、底层轻。少数为滨海盐碱土，分布于渤海湾沿岸，构成距海约20km的宽带，自胶莱河口向西，包括昌邑、寿光等县（市、区）的北部，以及广饶、利津、垦利、沾化、河口、无棣等县（市、区）的大部分。这些地区的地面高程在7.5m以下，地下水位1.5—2.0m，矿化度大于10g/L，盐碱地土壤含盐量一般为0.5%左右，可达1%—2%（含盐量0.3%的土地多已垦为农田），土壤上下层含盐量均高，主要盐类为氯化钠，占全盐量的80%—90%。黄河三角洲的盐碱土最广泛和典型（图2-5-3），分布着盐生植被。

④砂姜黑土。仅见滨湖地区及鲁南、胶东的低洼地带。这类土壤土质黏重，湿时泥泞，干时坚硬。由于地势低洼，常受季节性积水的影响。

图2-5-3　黄河三角洲盐碱土

六、社会经济条件

在现代，社会和经济条件已经越来越明显地影响和制约植被的形成和分布，它已成为不可忽视的生态条件之一。一般来说，经济发达地区，最初人们对植被的破坏较为常见；随着人们生态意识的提高，保护和可持续利用逐渐占了主导。

（一）社会条件

山东省有 16 个地级市。截至 2020 年 11 月，全省总人口 10152.75 万人。根据有关统计，到 2021 年底，山东省常住人口城镇化率达到 63.94%，城镇人口规模居全国第 2 位。

山东省陆地面积 15.58 万 km²，约占全国总面积的 1.62%，居全国第 19 位。山东省土地利用类型按一级分类共有耕地、园地、林地、牧草地、城乡居民点及工矿用地、交通用地、水域、未利用土地 8 个大类。其中，农用地占土地总面积的 73.61%，建设用地占土地总面积的 15.98%，未利用地占土地总面积的 10.41%。在农用地中，耕地占土地总面积的 47.8%，园地占 6.40%，林地占 8.6%。土地利用特点是垦殖率高，后备资源少。

山东省平均水资源总量为 308.1 亿 m³，仅占全国水资源总量的 1.1%，人均水资源占有量仅 315m³，不足全国人均占有量的 1/6。资源性缺水是山东省水资源供需最明显的自然属性。平均天然径流量 205.1 亿 m³，径流深 129.9mm，全省平均地下水资源量 168.9 亿 m³。

山东省的社会条件，特别是城镇化的加剧，对植被造成了诸多不利的影响。但城镇的绿化，从某些方面弥补了不利影响，增加了植物种类数量和植被覆盖度，城镇的行道树、"四旁"植树也提高了林木覆盖率。

（二）经济条件

山东省经济发达，经济实力强，也是我国发展较快的省份之一。2007 年以来，经济总量稳居全国第 3 位。2020 年，山东省实现生产总值 73129.0 亿元，按可比价格计算，比上年增长 3.6%。2021 年，山东生产总值 83095.9 亿元，按可比价格计算，比上年增长 8.3%。两年平均增长 5.9%。

1. 第一产业

山东是我国的农业大省，耕地率全国最高，农业增加值长期稳居全国第一位。山东不仅栽培植物、饲养畜禽品种资源丰富，而且可利用的野生动植物资源也很丰富。山东省的粮食产量较高，粮食作物种植分夏、秋两季。夏粮主要是冬小麦（*Triticum aestivum*），秋粮主要是玉米（玉蜀黍 *Zea mays*）、甘薯（*Ipomoea batatas*）、大豆（*Glycine max*）、水稻、粟（*Setaria italica* var. *germanica*）、高粱（*Sorghum bicolor*）和小杂粮。其中小麦、玉米、甘薯是山东的三大主要粮食作物。

2. 第二产业

山东的工业发达，工业总产值及工业增加值居全国前三位，特别是大型企业较多，号称"群象经济"。此外，由于山东是中国重要的粮棉油肉蛋奶的产地，因此轻工业，特别是纺织和食品工业相当发达。

3. 第三产业

2020 年，山东省服务业实现增加值 39153.1 亿元，占全省生产总值（GDP）比重为 53.6%，比上年提高 0.8%，对经济增长的贡献率为 55.1%。营业利润增速由负转正，增长 0.7%。新兴行业保持较快增长，高技术服务业营业收入增长 11.5%，其中电子商务服务、研发与设计服务、科技成果转化服务分别增长 27.7%、22.7% 和 19.4%。

七、人类活动

山东省早在公元前数百年，已经明显地表现出天然植被为各种栽培植被，特别是农业植被所代替的趋势。农垦消灭了大面积森林，同时在宅旁、树旁和路边种了一些改善环境和有经济收益的人工林。在潍坊市青州市一带村落附近有各种各样的风水林（障林），这些植被得到了很好的保护。

随着社会进步和科技的发展，人类活动范围逐渐扩大，对自然环境的影响越来越大，也给地球生态环境带来了巨大压力。随着农业活动、城市扩张和交通建设的不断推进，人类活动对植被的影响也越来越显著。人类活动对植被具有双重作用：一方面，人类大肆进行土地开发、伐林开荒、侵占湿地等，对植被覆盖和生长状况产生了严重的负面影响；另一方面，人类在意识到生态环境的重要性后采取退耕还林、退田还湖、改良农田灌溉技术等方式，对植被变化也带来了积极影响。

人类活动对植被带来的最直接的影响，就是破坏作用。人类定居后出现了农业生产，这样就必然将原始的森林植被改造为栽培的农业植被。由于发展农业而砍伐大面积的森林，又由于生活需要而伐木割草，以致在山东省内已无原始的森林群落，即使是天然次生林，其面积也很少。目前，在山东省境内，除黄河三角洲的旱柳林、柽柳灌丛、盐生草甸，西南局部沼泽及湖泊水生植被，以及海滩的砂生植被可以认为是原生性质的植被类型外，其他地区基本上没有原生植被。山东省面积最大的植被是各类人工植被，典型的是各种农业植被，如粮食作物、蔬菜、果树等农作物的植被。经济的快速发展，城镇化的加速，加剧了对森林的破坏。党的十八大以来，以习近平同志为核心的党中央以前所未有的力度抓生态文明建设，加强天然林保护和湿地修复已成为时代主旋律。

应当重视的是，山东省地处黄海之滨，交通方便，又位于暖温带的南部，具有较好的水热条件。省内不仅有一定数量的乡土植物，而且还曾引入不少国内外植物种类。目前省内常用的造林树种刺槐，系 1898 年从德国引入青岛，由于它适应性强、生长迅速、发展很快，成了山东半岛最普遍的落叶阔叶林，因此也有人将山东半岛称为"洋槐半岛"。现在刺槐林是山东省除"四旁"植树外，山区山坡中下部及山沟、黄泛沙地、河漫滩、山麓平原及轻盐土地、海岸冲积沙地及泥滩地最常见的森林植物群落。欧美杨中，加杨（*Populus × canadensis*）最早在 19 世纪中叶引入我国，20 世纪 50 年代和 60 年代初期它是山东省"四旁"植树和平原绿化的主要树种。20 世纪 60—70 年代先后又引进数十个无性系欧美杨，这些欧美杨无性系除了用于"四旁"植树以外，大多是用作营造小片速生丰产林。黑松原产日本，20 世纪初自日本引入，现在主要在胶东丘陵和沭东丘陵的沿海沙滩、鲁中南低山丘陵栽培，也是面积较大的针叶林。紫穗槐（*Amorpha fruticosa*）于 20 世纪 30 年代引入山东，多栽在公路、铁路两侧及庭院内，在鲁中南山区和鲁西北平原也广泛引种。除此之外，引种成功的还有日本落叶松（*Larix kamferi*）等。观赏和行道树木方面，如悬铃木属（*Platanus*）数种也自清代引入，成为城镇最常见的行道树种。在胶东和鲁南部分地区引种的毛竹和茶也已成功，崂山茶甚至成为北方的名茶。在果树中，山东省产量居全国首位的苹果（*Malus pumila*），则系清代末期自国外引入山东，而后才向全国其他地方发展。

有些人工引种的观赏植物及牧草等，它们适应本地的环境以后，就成为逸生种，例如在青岛等地野生的金鸡菊（*Coreopsis basalis*）、矢车菊（*Centaurea cyanus*）、肥皂草（*Saponaria officinalis*）等大量繁殖。又如鸭茅（*Dactylis glomerata*）、无芒雀麦（*Bromus inermis*），现在在许多地方已成为常见的荒坡及道旁杂草。

更有许多植物是人们无意而传播到本地区的，如车前属（*Plantago*）的平车前（*Plantago depressa*）和长叶车前（*Plantago lanceolata*）（均原产欧洲），芒苞车前（*Plantago aristata*）（原产美洲），现均已成为山东的常见杂草。又如千叶蓍（*Achillea millefolium*）、山桃草（*Gaura lindheimeri*）和小蓬草（*Erigeron canadensis*）等，已成山东省常见植物。此外，几十年前，由国外传播到我国南方的喜旱莲子草（*Alternanthera philoxeroides*）和凤眼莲（*Eichhornia crassipes*），20世纪60年代在山东发现，之后以很快的速度散布。外来入侵的互花米草，20世纪90年代引入山东，现在已经成为有害入侵种。2010年后，它在黄河三角洲、胶州湾等地迅速扩大，常常形成单优群落（图2-7-1），明显挤占了芦苇、盐地碱蓬等乡土种类，也破坏了当地的生态系统组成和结构，潜在风险持续增加。

近年，积极主动的生态保护和恢复已见成效。生态恢复、退耕还林、退耕还草、封山育林、植树造林等措施的实施，提高了植被覆盖度。值得一提的是，随着国家对自然保护地的重视，山东省加快了省内自然保护地体系的建设。根据有关数据统计，截至2018年，山东省已拥有各级各类以上自然保护区78个，总面积101.08万hm²。其中，国家级自然保护区7个、面积21.95万hm²，省级自然保护区38个、面积55.04万hm²。这基本形成了布局比较合理、类型比较齐全、具有一定管理水平的自然保护地体系。生态保护和生态修复力度的加大，增加了山东省植被类型，提高了植被覆盖率。

图2-7-1　互花米草（*Spartina alterniflora*）

第三章 山东植物区系与植被种类组成

一、植物区系组成

（一）植物种类组成

组成山东省植被的维管植物包括种以下的分类等级，共有 183 科 897 属 2300 余种。其中除引种栽培及外来物种以外，属于自然分布的有 154 科 616 属 1656 种（以下所述山东省植物总属数、总种数均指自然分布的总属数、总种数）。在这些种类中，有蕨类植物 39 属约 100 种，分别占山东省植物总属数的 6.33% 和总种数的 6.04%；被子植物 574 属约 1551 种，占总属数的 93.18% 和总种数的 93.66%。裸子植物属数、种数虽少，但多是重要的乔木树种。种子植物的属数和种数分别占山东省总属数的 93.67% 和总种数的 93.96%，这说明种子植物在山东植物区系组成中起到决定性的作用。

在种子植物中，含 100 种以上的科有禾本科（Poaceae）和菊科（Asteraceae）。前者虽然是广布全球的科，但在山东出现的大部分是温带性属，总计约有 85 属 155 种；而后者是典型的温带性科，有 44 属 102 种，其中包括 1 个中国特有属。这两个科的属数和种数分别占山东省总属数的 20.94% 和总种数 15.52%。它们在山东各地广泛分布，对植被的种类组成有较大的影响。

含有 61—100 种的科有莎草科（Cyperaceae）、豆科和蔷薇科（Rosaceae）。莎草科是典型的温带性科，有 15 属约 84 种，其中 2 种是山东特有种。豆科有 27 属约 78 种，其中蝶形花亚科数量最多，有 72 种；含羞草亚科和云实亚科分别有 2 种和 4 种，其中 5 种为木本植物。蔷薇科是我国温带地区植物区系和植被组成中的特征种，约有 17 属 60 种，其中 3 种为山东特有种。蔷薇科 17 属中仅 4 属 19 种为草本植物，其他均为木本植物，这些木本植物是山东落叶阔叶林的重要组成成分。

含有 41—60 种的科有百合科（Liliaceae）、唇形科（Lamiaceae）和蓼科（Polygonaceae）。百合科虽然是全球性分布，但以温带和亚热带为主，而山东产的多是温带性属，共有 16 属约 55 种，其中 1 个为中国特有属，3 种为山东特有种。唇形科是温带性科，但现代主要分布中心在地中海和中亚，在山东分布的约 23 属 51 种，其中 1 种为山东特有种。蓼科是温带性科，有 4 属 41 种，其中种类数量最多的是蓼属（Persicaria），共有 31 种，广泛分布于山东全省。

含有 20—40 种的科有伞形科（Apiaceae）、十字花科（Brassicaceae）、毛茛科（Ranunculaceae）、蔷薇科、杨柳科和鳞毛蕨科。伞形科是温带性科，有 22 属 35 种，其中 1 个为中国特有属。十字花科是主产地中海区域的北温带性科，山东分布有 21 属约 35 种。毛茛科也是北温带性科，有 11 属 31 种，其中 2 种为山东特有种。蔷薇科是温带性科，有 15 属 26 种，其中 1 个为中国特有属；这一科中除泡桐属是木本植物外，其他都是草本植物。杨柳科主要分布于温带和亚热带，有 2 属约 20 种，其中 2 种为山东特有种。杨柳科均为木本植物，是山东落叶阔叶林的重要组成成分。蕨类植物中 20 种或 20 种以上的只有鳞毛蕨科，它是温带性科，有 4 属 22 种，其中 5 种是山东特有种；这一类植物是山东省落叶阔叶林林下的常见蕨类植物。

以上所述的 14 个较大科大多是温带性科，共有 795 种，分属于 286 属，占山东总种数的 48.01% 和总属数的 46.43%。其中，有 4 个是中国特有属，占全省特有属数的 50%；有 20 种为山东特有种，占山东特有种数的 51.28%。由此可见，这些较大的科对山东的植被组成起着极其重要的作用。

（二）维管植物属的分布型

根据植物现代地理分布情况，参考吴征镒等关于中国植物区系研究的论点，结合李法曾（1992）和赵善纶等（1997）的研究，可以将山东的全部维管植物按属划分为 15 个分布类型（表 3-1-1）。

表 3-1-1　山东维管植物属的分布类型

序号	分布类型	山东属数	占山东总属数（不包括世界分布）比例 /%	山东种数	占山东总种数（不包括世界分布）比例 /%
1	世界分布	84		457	
2	泛热带分布	101	18.98	207	17.26
3	热带亚洲至热带大洋洲分布	14	2.63	16	1.33
4	热带亚洲至热带非洲分布	9	1.69	14	1.17
5	热带美洲至热带亚洲间断分布	3	0.56	4	0.33
6	旧世界热带分布	14	2.63	22	1.83
7	热带亚洲分布	16	3.01	29	2.42
8	北温带分布	191	35.90	559	46.62
9	东亚和北美间断分布	35	6.58	70	5.83
10	旧世界温带分布	59	11.09	120	10.00
11	温带亚洲分布	12	2.26	29	2.42
12	地中海、西亚至中亚分布	13	2.44	19	1.58
13	中亚分布	2	0.38	2	0.17
14	东亚分布	55	10.34	100	8.34
15	中国特有	8	1.50	8	0.67

注：参考李法曾《山东植物区系》（1992）。

1.世界分布

这一类型山东有 84 属，分属于 48 科。其中，蕨类植物 9 属 8 科。种子植物中，含 5 属以上的科有禾本科、莎草科和蓼科，全部植物含 10 种以上的属有蓼属、薹草属（*Carex*）、堇菜属（*Viola*）、鳞毛蕨属（*Dryopteris*）、藨草属（*Scirpus*）。这一类型的植物多为草本植物，常见的种类除上述各属外，还有卷柏属（*Selaginella*）、画眉草属（*Eragrostis*）、狗尾草属（*Setaria*）、鬼针草属（*Bidens*）、珍珠菜属（*Lysimachia*）、老鹳草属（*Geranium*）、车前属、千里光属（*Senecio*）等，都广泛分布于山东全省各地。此外，还有一些水生和盐生植物，也属于世界分布类型。本类型的木本植物只有悬钩子属（*Rubus*）、鼠李属和槐属（*Styphnolobium*）等，其中除槐（*S. japonicum*）可以长成大树外，其余全是灌木。在山东，本类型中的单型属和少型属有豆瓣菜属（*Nasturtium*）、芦苇属（*Phragmites*）、川蔓藻属（*Ruppia*）、角果藻属（*Zannichellia*），单属科有蕨类植物铁线蕨属。

由于世界分布类型植物在确定植物区系关系和地理分布时的意义不大，所以一般在各分布类型统计和比较分析时都不纳入计算。

2. 泛热带分布

这一类型包括遍布东、西两半球热带地区的属，也有不少属分布到亚热带甚至温带，但其分布中心或原始类型仍在热带范围之内。这一类型在山东省有 101 属，分属于 49 科（包括蕨类植物 11 属 10 科），占山东总属数（不包括世界分布）的 18.98%。其中，草本植物约 84 属，常见的有马兜铃属（*Aristolochia*）、鸭跖草属（*Commelina*）、合萌属（*Aeschynomene*）、鹅绒藤属（*Cynanchum*）、白茅属（*Imperata*）、孔颖草属（*Bothriochloa*）、狗牙根属（*Cynodon*）、裂稃草属（*Schizachyrium*）、狼尾草属（*Pennisetum*）、马唐属（*Digitaria*）等；木本植物较少，仅 17 属，主要有黄檀属（*Dalbergia*）、山矾属（*Symplocos*）、卫矛属（*Euonymus*）、柿属（*Diospyros*）、枣属（*Ziziphus*）、朴属（*Celtis*）、牡荆属（*Vitex*）、南蛇藤属（*Celastrus*）、木防己属（*Cocculus*）等。

这一类型中仅分布于热带、亚热带的号扣草属（*Hexasepalum*）和断节莎属（*Torulinium*），有个别种分布山东。外来种飞蓬属（*Erigeron*）则广泛分布于山东全省。

3. 热带亚洲至热带大洋洲分布

分布在旧世界热带分布区的东翼，其西端有时可到马达加斯加岛，但一般不分布至非洲大陆。在山东，这一类型有 14 属，分属于 13 科，占山东总属数（不包括世界分布）的 2.63%。其中，草本植物 7 属，有结缕草属（*Zoysia*）、伪针草属（*Pseudoraphis*）、旋蒴苣苔属（*Boea*）、通泉草属（*Mazus*）、栝楼属（*Trichosanthes*）、天麻属（*Gastrodia*）等；木本植物 7 属，有臭椿属（*Ailanthus*）、柘属（*Cudrania*）、雀舌木属（*Leptopus*）、猫乳属（*Rhamnella*）、栾属（*Koelreuteria*）等。

4. 热带亚洲至热带非洲分布

分布在旧世界热带分布区的西翼，从热带非洲至印度—马来西亚（主要西部）。有的属也分布到斐济等大西洋岛屿，但不到澳大利亚大陆。在山东，这一类型不多，有 9 属，分属于 4 科，占山东总属数（不包括世界分布）的 1.69%。其中，除杠柳属（*Periploca*）是灌木外，其余均为草本植物，且多是禾本科植物，如荩草属（*Arthraxon*）、菅草属（*Themeda*）、香茅属（*Cymbopogon*）、芒属（*Miscanthus*），另有唇形科的香茶菜属（*Isodon*）等，以及分布于林下溪边的莠竹属（*Microstegium*）。

西瓜属（*Citrullus*）、甜瓜属（*Cucumis*）、葫芦属（*Lagenaria*）、蓖麻属（*Ricinus*）等属植物是引种栽培的这一类型重要经济作物。

5. 热带美洲至热带亚洲间断分布

这一类型包括间断分布于美洲和亚洲温暖地区的热带属，在亚洲可以延伸到澳大利亚东北部或西南太平洋岛屿，但它们的分布中心都限于亚洲、美洲。在山东，这一类型仅 3 属，分属于 3 科，占山东总属数（不包括世界分布）的 0.56%。这一类型的 3 属即苦木属（*Picrasma*）、泡花树属（*Meliosma*），以及蕨类植物金毛狗属（*Cibotium*）。泡花树属有 2 种，仅分布于胶东沿海地区。

在山东，这一类型引种栽培的植物主要有落花生属（*Arachis*）、向日葵属（*Helianthus*）、辣椒属（*Capsicum*）、番茄属（*Lycopersicon*）、万寿菊属（*Tagetes*）、美人蕉属（*Canna*），以及自然迁入的凤眼莲属（*Eichhornia*）的一些种类，主要是经济植物和观赏花卉。

6. 旧世界热带分布

这一类型也称古热带分布，分布在亚洲、非洲和大洋洲地区及其邻近的岛屿。在山东，这一类型有14属，分属于12科，占山东总属数（不包括世界分布）的2.63%。其中，木本植物7属，有吴茱萸属（*Tetradium*）、八角枫属（*Alangium*）、合欢属（*Albizia*），以及林下常见的灌木扁担杆属（*Grewia*）等；草本植物7属，有天门冬属（*Asparagus*）、黄金茅属（*Eulalia*）、细柄草属（*Capillipedium*）、雨久花属（*Monochoria*）、乌蔹莓属（*Causonis*）等。

7. 热带亚洲分布

分布在旧世界热带中心部分，包括印度、斯里兰卡、中南半岛、印度尼西亚、菲律宾等地，东面可到南太平洋岛屿。其分布区的北部边缘达到我国西南、华南及台湾，甚至到达更北地区。这一地区是世界上植物区系成分最丰富的地区之一。在山东，这一类型有16属，分属于13科，占山东总属数（不包括世界分布）的3.01%。其中，木本植物6属：山茶属（*Camellia*）、润楠属（*Machilus*），这两属植物仅在崂山及其近海岛屿有天然分布，这是其分布的北界；山胡椒属（*Lindera*），约有4种，分布于山东半岛沿海地区及鲁中南山区；构属（*Broussonetia*），广布于山东全省各地；等。藤本植物有葛属（*Pueraria*）及常绿的络石属（*Trachelospermum*），常见于山区。草本植物有广泛分布于山东全省山地丘陵的蛇莓属（*Duchesnea*）、百部属（*Stemona*）、石韦属（*Pyrrosia*），以及分布于山东半岛山区的金粟兰属（*Chloranthus*）、骨碎补属（*Davallia*）等。

8. 北温带分布

一般分布于欧洲、亚洲和北美洲温带地区，有些属沿山脉向南延伸到热带山区，甚至可达南半球的温带，但是它们的分布中心或原始类型仍然在北半球的温带。这一类型在山东有191属，分属于67科（包括蕨类植物10属7科），占山东总属数（不包括世界分布）的35.90%。含2属或2属以上的较大科有10科（表3-1-2）。这10个大科共有98属，占本类型属数的51.31%，可见它们在这一类型的区系组成中起到重要作用，尤其是禾本科、菊科、蔷薇科等3个科所含属数占本类型属数的28.80%。

表3-1-2 北温带分布类型在山东较大的科

序号	科名	属数	占本类型属数比例/%
1	禾本科（Poaceae）	25	13.09
2	菊科（Asteraceae）	19	9.95
3	蔷薇科（Rosaceae）	11	5.76
4	十字花科（Brassicaceae）	10	5.23
5	石竹科（Caryophyllaceae）	8	4.19
6	毛茛科（Ranunculaceae）	7	3.66
7	玄参科（Scrophulariaceae）	6	3.14
8	百合科（Liliaceae）	5	2.62
9	伞形科（Apiaceae）	5	2.62
10	兰科（Orchidaceae）	2	1.05
	总计	98	51.31

在山东，这一类型木本植物比较丰富，有36属，其中的松属（*Pinus*）、杨属、柳属、栎属（*Quercus*）、榆属、椴属（*Tilia*）、桑属（*Morus*）、花楸属（*Sorbus*）、桤属（*Alnus*）、鹅耳枥属（*Carpinus*）、槭属（*Acer*）等是组成山东针叶林和阔叶林的主要成分；黄栌属（*Cotinus*）、盐麸木属（*Rhus*）、小檗属（*Berberis*）、胡颓子属（*Elaeagnus*）、蔷薇属（*Rosa*）、绣线菊属（*Spiraea*）、荚蒾属（*Viburnum*）、忍冬属（*Lonicera*）、葡萄属（*Vitis*）等是组成灌丛或林下植物的重要成分。在山东，这一类型的草本植物也丰富多样，有155属，主要有蒿属、风毛菊属（*Saussurea*）、紫菀属、泥胡菜属（*Hemisteptia*）、香青属（*Anaphalis*）、苍耳属（*Xanthium*）、播娘蒿属（*Descurarinia*）、蔊菜属（*Rorippa*）、葶苈属（*Draba*）、葎草属（*Humulus*）、耧斗菜属（*Aquilegia*）、乌头属（*Aconitum*）、白头翁属（*Pulsatilla*）、景天属（*Sedum*）、蝇子草属（*Silene*）、龙牙草属（*Agrimonia*）、委陵菜属、地榆属（*Sanguisorba*）、藁本属（*Ligusticum*）、打碗花属（*Calystegia*）、点地梅属（*Androsace*）、风轮菜属（*Clinopodium*）、薄荷属（*Mentha*）、针茅属（*Stipa*）、野古草属（*Arundinella*）、野青茅属（*Deyeuxia*）、早熟禾属（*Poa*）、拂子茅属（*Calamagrostis*）、碱茅属（*Puccinellia*）、飘拂草属（*Fimbristylis*）、泽泻属（*Alisma*）、百合属（*Lilium*）、舌唇兰属（*Platanthera*）、黄精属（*Polygonatum*）、葱属（*Allium*）等，它们是草丛、草甸和沼泽植被的重要组成成分。

在山东，本类型的北温带和南温带间断分布变型主要有单种属的麻黄属（*Ephedra*）、黑三棱属（*Sparganium*）、无心菜属（*Arenaria*）、柳叶菜属（*Epilobium*）、路边青属（*Geum*）、雀麦属（*Bromus*）、地肤属（*Kochia*）、唐松草属（*Thalictrum*）、臭草属（*Melica*）、野豌豆属（*Vicia*）、柴胡属（*Bupleurum*）、枸杞属（*Lycium*）、越橘属（*Vaccinium*）、蒲公英属（*Taraxacum*）及蕨类植物鳞毛蕨属（*Dryopteris*）等。山东也有间断分布于欧亚和南美洲变型，如看麦娘属（*Alopecurus*）、火绒草属（*Leontopodium*）、猫耳菊属（*Hypochaeris*）等。

在山东，这一类型植物引种栽培的有悬铃木属（*Platanus*），主要作为绿化行道树种。

9. 东亚和北美间断分布

这一类型包括间断分布于东亚和北美洲温带及亚热带地区的属。有些属在亚洲延伸到印度—马来西亚，在美洲延伸至热带。此外，还有个别属出现于南非、澳大利亚或中亚，但它们的分布中心在东亚和北美。在山东，这一类型有35属，分属于23科，占山东总属数（不包括世界分布）的6.58%。其中，木本植物有11属，主要有皂荚属（*Gleditsia*）、梓属（*Catalpa*）、楤木属（*Aralia*）、胡枝子属、五味子属（*Schisandra*）、地锦属（*Parthenocissus*）、蛇葡萄属（*Ampelopsis*）等，它们是山东落叶阔叶林及灌丛的重要成分；草本植物有24属，常见的有乱子草属（*Muhlenbergia*）、败酱属（*Patrinia*）、藿香属（*Agastache*）、落新妇属（*Astilbe*）等。这一类型在山东有12个单型和少型属（表3-1-3），这说明了这一分布类型的古老性。

表3-1-3　东亚和北美间断分布类型在山东的单型和少型属

序号	科名	属名	总种数	山东种数	东亚和北美间断分布类型种数
1	铁角蕨科（Aspleniaceae）	过山蕨属（*Camptosorus*）	2	1	1
2	睡莲科（Nymphaeaceae）	莲属（*Nelumbo*）	2	1	1
3	防己科（Menispermaceae）	蝙蝠葛属（*Menispermum*）	3	1	1
4	虎耳草科（Saxifragaceae）	扯根菜属（*Penthorum*）	3	1	1
5	蓼科（Polygonaceae）	金线草属（*Antenoron*）	3	2	1
6	伞形科（Apiaceae）	珊瑚菜属（*Glehnia*）	1	1	1
7	木樨科（Oleaceae）	流苏树属（*Chionanthus*）	2	1	1
8	紫葳科（Bignoniaceae）	凌霄属（*Campsis*）	2	1	1

续表

序号	科名	属名	总种数	山东种数	东亚和北美间断分布类型种数
9	透骨草科（Phrymaceae）	透骨草属（*Phryma*）	1—2	1	1
10	禾本科（Poaceae）	龙常草属（*Diarrhena*）	1	1	1
11	禾本科（Poaceae）	菰属（*Zizania*）	4	1	2
12	兰科（Orchidaceae）	蜻蜓兰属（*Tulotis*）	3	1	2

在这一类型中，山东有不少引种栽培的外来属，如紫穗槐属（*Amorpha*）、刺槐属（*Robinia*）、山桃草属（*Gaura*）、月见草属（*Oenothera*）、金鸡菊属（*Coreopsis*）、牛膝菊属（*Galinsoga*）、豚草属（*Ambrosia*）等，其中不少植物已成逸生种。

10. 旧世界温带分布

广泛分布于欧、亚两洲的中—高纬度温带和寒带，有个别种延伸到北非及亚洲—非洲热带山地，或达澳大利亚。在山东，这一类型有 59 属，分属于 24 科，占山东总属数（不包括世界分布）的 11.09%。本类型具有北温带区系的一般特征。在地中海占优势的唇形科、伞形科比较发达，分别有 9 属、8 属，这两科所含属数占本类型属数的 28.80%。作为本类型的特征科，柽柳科（Tamaricaceae）也以地中海或地中海—中亚为分布中心，因此本类型也兼有地中海和中亚植物区系的特色。在本类型中，木本植物较少，有 8 属，如丁香属（*Syringa*）、梨属（*Pyrus*）、柽柳属（*Tamarix*）、瑞香属（*Daphne*）等。草本植物 51 属，有旋覆花属（*Inula*）、飞廉属（*Carduus*）、石竹属（*Dianthus*）、石头花属（*Gypsophila*）、筋骨草属（*Ajuga*）、糙苏属（*Phlomoides*）、百里香属（*Thymus*）、野芝麻属（*Lamium*）、益母草属（*Leonurus*）、香薷属（*Elsholtzia*）、岩风属（*Libanotis*）、芨芨草属（*Neotrinia*）、隐子草属（*Cleistogenes*）、鹅观草属（*Roegneria*）、萱草属（*Hemerocallis*），以及单型属白屈菜属（*Chelidonium*）等，它们是山地草丛、草甸或林下植物的重要组成成分。还有单种属的菱属（*Trapa*）、花蔺属（*Butomus*），它们是湖区的重要水生植物。

在山东，有间断分布于地中海、西亚（或中亚）和东亚变型，主要有连翘属（*Forsythia*）、女贞属（*Ligustrum*）、雪柳属（*Fontanesia*）、榉属（*Zelkova*）、毛莲菜属（*Picris*）、鸦葱属（*Takhtajaniantha*）、窃衣属（*Torilis*）等。

此外，山东也有间断分布于欧亚和南部非洲的变型，主要有莴苣属（*Lactuca*）、苜蓿属（*Medicago*）、蛇床属（*Cnidium*）、前胡属（*Peucedanum*）、绵枣儿属（*Barnardia*）等。

11. 温带亚洲分布

主要分布于亚洲温带地区，其分布区一般包括中亚、俄罗斯亚洲部分的南部和东西伯利亚，个别属可以延伸到北美西北部，南界至喜马拉雅山，我国西南、华北至东北，朝鲜和日本北部，有些属至华中、华东的亚热带地区。在山东，这一类型有 12 属，分属于 37 科，占山东总属数（不包括世界分布）的 2.26%。除豆科的锦鸡儿属（*Caragana*）、杭子梢属（*Campylotropis*）是灌木外，其余都是草本植物，主要有米口袋属（*Gueldenstaedtia*）、瓦松属（*Orostachys*）、花旗杆属（*Dontostemon*）、夏至草属（*Lagopsis*）、附地菜属（*Trigonotis*），以及单种的防风属（*Saposhnikovia*）等。

12. 地中海、西亚至中亚分布

分布于现代地中海周围，经过西亚或西南亚至中亚和我国新疆、青藏高原及蒙古高原一带。在山东，这一独特的温带—亚热带分布类型有 13 属，分属于 8 科，占山东总属数（不包括世界分布）的 2.44%。在地中海占优势的十字花科比较发达，山东有 4 属，占本类型总属数的 30.77%。这一类型中，木本植物仅 2 属，即黄连木属（*Pistacia*）、白刺属（*Nitraria*），前者是落叶阔叶林的常见组成成分，后者分布于黄河三角洲的盐土上；草本植物 11 属，有糖芥属（*Erysimum*）、涩芥属（*Strigosella*）、牻牛儿苗属（*Erodium*）、角茴香属（*Hypecoum*）、獐毛属（*Aeluropus*）等。

在山东，本类型有许多引种栽培的植物，如芫荽属（*Coriandrum*）、茴香属（*Foeniculum*）、豌豆属（*Pisum*）、小麦属（*Triticum*）、石榴属（*Punica*）、红花属（*Carthamus*）植物等。

13. 中亚分布

分布于亚洲内陆干旱地区，特别是山区，而一般不见于西亚。在山东，这一类型很少，仅有 2 属，占山东总属数（不包括世界分布）的 0.38%。这一类型的 2 属为诸葛菜属（*Orychophragmus*）、草瑞香属（*Diarthron*）。

此外，还有引种栽培大麻属（*Cannabis*）植物，这一属植物常成为逸生种。

14. 东亚分布

从喜马拉雅山一直分布到日本，其分布区一般东北不超过俄罗斯的阿穆尔州和日本北部至萨哈林岛（库页岛），西南不超过越南北部和喜马拉雅山东部，南最远到菲律宾、苏门答腊岛和爪哇岛，西北一般以我国各类森林的边界为界。它们和温带亚洲成分一些属的分布有时难以区分，但本类型一般分布区比较小，其分布中心不超过喜马拉雅山至日本的范围，几乎都是森林植物区系。在山东，这一类型有 55 属，分属于 32 科，占山东总属数（不包括世界分布）的 10.34%。其中，木本植物 18 属，主要有猕猴桃属（*Actinidia*）、泡桐属、枫杨属（*Pterocarya*）、溲疏属（*Deutzia*）、枳椇属（*Hovenia*）、木通属（*Akebia*）、锦带花属（*Weigela*）、梧桐属（*Firmiana*）、马鞍树属（*Maackia*）、小米空木属（*Stephanandra*）等；草本植物 37 属，主要有桔梗属（*Platycodon*）、党参属（*Codonopsis*）、兔儿伞属（*Syneilesis*）、苍术属（*Atractylodes*）、马兰属（*Kalimeris*）、石荠苎属（*Mosla*）、斑种草属（*Bothriospermum*）、地黄属（*Rehmannia*）、松蒿属（*Phtheirospermum*）、盒子草属（*Actinostemma*）、山麦冬属（*Liriope*）、半夏属（*Pinellia*）及蕨类植物贯众属（*Cyrtomium*）等。

在山东，这一类型有 14 个单种属和 2 种属，它们是侧柏属（*Platycladus*）、芡属（*Euryale*）、刺榆属（*Hemiptelea*）、化香树属（*Platycarya*）、锥果芥属（*Berteroella*）、鸡麻属（*Rhodotypos*）、鸡眼草属（*Kummerowia*）、刺楸属（*Kalopanax*）、女菀属（*Turczaninovia*）、脐草属（*Omphalothrix*）、桔梗属、茶菱属（*Trapella*）、竹叶子属（*Streptolirion*）和射干属（*Belamcanda*）。它们占本类型属数的 25.45%，充分说明了这一类型的古老性。

本类型有 2 个变型，即中国—喜马拉雅山变型和中国—日本变型。前一变型的分布中心集中于我国西南，有时也分布到我国东北和台湾，但不见于日本。在山东，这一变型有 10 属。后一变型的分布中心主要在日本和我国华东，山东有 45 属。由此可见，山东植物区系中的中国—日本变型的属数远较中国—喜马拉雅山变型多，它占 2 个变型总属数的 81.82%。这充分表明山东植物区系和日本植物区系有着较为密切的关系。

15. 中国特有

这一类型是指中国特有，也见于山东的属。在山东，这一类型有 8 属，占山东总属数（不包括世界分布）的 1.50%。除青檀属（*Pteroceltis*）是木本植物外，其他 7 属都是草本植物，即山茴香属（*Carlesia*）、地构叶属（*Speranskia*）、盾果草属（*Thyrocarpus*）、地黄属、假贝母属（*Bolbostemma*）、猬菊属（*Olgaea*）、知母属（*Anemarrhena*）等，其中，青檀属、山茴香属、假贝母属、知母属为单种属。

本类型中没有出现山东特有属，但山东特有种约 39 种，占山东总种数（不包括世界分布）的 3.25%。其中，蕨类植物有 10 种，即山东假蹄盖蕨（*Deparia shandongensis*）、鲁山假蹄盖蕨（*D. lushanensis*）、蒙山粉背蕨（*Aleuritopteris mengshanensis*）、崂山鳞毛蕨（*Dryopteris laoshanensis*）、泰山鳞毛蕨（*D. taishanensis*）、山东贯众（*Cyrtomium shandongense*）、山东鞭叶耳蕨（*Polystichum shandongense*）、山东假瘤蕨（*Phymatopsis shandongensis*）等；被子植物 29 种，有胶东桦（*Betula jiaodongensis*）、五莲杨（*Populus wulianensis*）、泰山盐麸木（*Rhus taishanensis*）、胶东椴（*Tilia jiaodongensis*）、泰山椴（*T. taishanensis*）、山东山楂（*Crataegus shandongensis*）、威海鼠尾草（*Salvia weihaiensis*）、胶东景天（*Sedum jiaodongense*）、山东瓦松（*Orostachys fimbriata* var. *shandongensis*）、青岛老鹳草（*Geranium tsingtauense*）、山东银莲花（*Anemone shikokiana*）、腺毛翠雀（*Delphinium grandiflorum* var. *gilgianum*）、睫毛坚扣草（*Hexasepalum teres*）、泰山母草（*Torenia taishanensis*）、泰山谷精草（*Eriocaulon taishanense*）、泰山韭（*Allium taishanense*）、矮齿韭（*A. brevidentatum*）等。

（三）维管植物属的分布型组成

山东维管植物属的分布按大类划分，各大类的属数如表 3-1-4 所示。

表 3-1-4 山东维管植物各大类属数

序号	分布类型	山东属数	占山东总属数（不包括世界分布）比例 /%	山东种数	占山东总种数（不包括世界分布）比例 /%
1	世界分布	84		457	
2	热带分布	157	29.51	292	24.35
3	温带分布	354	66.54	850	70.89
4	古地中海和泛地中海分布	13	2.44	19	1.58
5	中国特有	8	**1.50**	38	3.17

从表 3-1-4 中可以看到，各类温带成分有 354 属，占山东总属数（不包括世界分布）的 66.54%；所含种数为 850，占山东总种数（不包括世界分布）的 70.89%。这充分说明了温带属在山东植物区系中所起的主导作用。各类热带成分有 157 属，占山东总属数（不包括世界分布）的 29.51%；所含种数为 292，占山东总种数（不包括世界分布）的 24.35%。这说明山东植物区系与热带分布的属数有较密切的联系。古地中海和泛地中海成分有 13 属，占山东总属数（不包括世界分布）的 2.44%。中国特有有 8 属，占山东总属数（不包括世界分布）的 1.50%。

山东植物区系的 616 属 1656 种中，草本植物占 503 属 1344 种，分别占山东总属数和总种数的 81.66% 和 81.16%，也说明山东植物区系属于温带性质。

综上所述，山东植物区系中种子植物起决定性作用，区系性质属于北温带类型。热带成分占较大比例，说明山东植物区系可能起源于古热带，或是古热带植物的孑遗。此外，山东植物区系中有单属科13科，单种属和2种属35属，占山东总属数的5.68%，它们多属第三纪的孑遗植物，这表明山东植物区系的古老性。由于山东省所处的地理位置大多为暖温带的南部，同时又有地史的原因，因此其他各种区系成分也常存在。此外，人们不断引入新的成分，这样就更增加了区系组成的复杂性。

二、植被种类组成

山东的植物区系虽然比较复杂，种类也相当丰富，但是作为植物群落建群种出现的植物种类却并不多。

（一）针叶林区系特征

针叶林属于温性类型，由于山东境内缺乏高山，因此没有天然存在各种自然分布于北方及南方山地的寒温性针叶林，也没有分布于南方的暖性针叶林。虽然现在人工引种了部分寒温性和暖性针叶林树种，但它们多是经过驯化或局限于局部生境中。

松林中自然分布的有赤松林和油松林。赤松分布于日本，朝鲜，我国辽东半岛南部、山东半岛及苏北云台山等地，它是这一地区的特有种，属于中国—日本成分，要求比较温暖湿润的气候条件。在山东省胶东地区的山地丘陵上，赤松分布极为广泛，自山麓至山顶都能生长（图3-2-1、图3-2-2）。关于赤松的起源地有不同的观点：过去有人认为它原产日本，山东的赤松是从日本引入栽培的；也有人认为山东半岛的赤松是原生的。我们从它的生长状况，结合地史和历史资料，认为山东半岛为赤松原产地是无疑的。现在赤松已被引种栽培到鲁中南地区和苏北，生长状况也良好，说明有一定的生态幅度。油松是我国华北—西北特有种，分布区北达大兴安岭南坡，南抵川北大巴山区，西至祁连山，油松比赤松耐寒和耐旱，它在山东分布于鲁中南山地丘陵上，在南麓和山顶都有分布（图3-2-3、图3-2-4）。山东是油松在我国东南部分布的边缘。

图3-2-1 赤松（*Pinus densiflora*）（崂山）

图 3-2-2　赤松林（昆嵛山）

图 3-2-3　油松（*Pinus tabuliformis*）（沂山）

图 3-2-4　油松林（泰山）

　　除了赤松和油松属于山东省的乡土树种外，尚有引自日本的黑松（图3-2-5），成林多见于胶东丘陵区，特别是胶东沿海地区（图3-2-6），但面积都不大。1949年以后引种的华山松（*Pinus armandii*），其幼年林呈零星分布，见于鲁中南和胶东各地。在泰山海拔700 m左右的药乡种植有马尾松，呈小片的人工林，但生长不大好。

图 3-2-5　黑松（*Pinus thunbergii*）花序和球果

图 3-2-6　黑松林（崂山）

　　侧柏是山东侧柏林的唯一建群种，它也是中国—日本成分，为单种属。侧柏在我国的分布除了黑龙江、新疆、西藏等省（自治区）外，几乎全国都存在。它是华北的主要树种，也是平原上仅有的针叶林建群种。侧柏的适应性广，不受土壤条件的限制，甚至能够适应轻度的盐土，在山东省海拔800—900m以下区域都有分布（图3-2-7、图3-2-8）。在平原特别是寺庙和坟茔周围，多有人工栽培的侧柏疏林。

　　此外，其他针叶树种尚有20世纪60年代引入的杉木（*Cunninghamia lanceolata*）、日本落叶松和水杉（*Metasequoia glyptostroboides*），在局部地区也已成林，但它们都有一定的适应范围，并非广泛分布。

图 3-2-7　侧柏（*Platycladus orientalis*）（鲁山）

图 3-2-8 侧柏林（泰山）

（二）阔叶林区系特征

落叶阔叶林是山东的地带性植被，落叶栎林为其最主要类型，它在我国的分布除温带、暖温带以外，还见于热带、亚热带的山地。山东的落叶栎林由栎属各种组成，其中占优势的是麻栎，其次是栓皮栎，此外还有少量的蒙古栎（*Quercus mongolica*）、槲树、枹栎等。除蒙古栎为东亚—东西伯利亚成分外，其余各种都是中国—日本成分。

麻栎广泛分布于胶东和鲁中南山地丘陵的棕壤和平原的褐土化潮土上（图 3-2-9、图 3-2-10），它和松属植物要求相似的生境，特别是土壤条件。此外，栓皮栎也比较多（图 3-2-11、图 3-2-12），它比麻栎耐旱，所以在鲁中南比胶东常见。蒙古栎则只在胶东昆嵛山有成林。其他如槲栎、槲树（图 3-2-13、图 3-2-14）、枹栎等，都少有纯林，多与其他阔叶树形成混交林。

图 3-2-9　麻栎林（围子山）

图 3-2-10　麻栎林（大泽山）

图 3-2-11 栓皮栎（*Quercus variabilis*）（昆嵛山）

图 3-2-12 栓皮栎林（昆嵛山）

图 3-2-13 槲树（*Quercus dentata*）（崂山）

图 3-2-14　椴树林（崂山）

椴属的辽东椴木和日本椴木是分布在山区沟谷旁的森林建群种，这种森林的分布呈狭带状，面积不大，但常见。辽东椴木和日本椴木是中国—日本成分的种，属于孑遗植物，现在主产于北温带。

另一类没有明显建群种的落叶阔叶林通称为混交林或杂木林，多由槭属、榆属、椴属、黄连木属等属植物组成，它们常见于山区的褐土上。主要建群种是元宝槭（*Acer truncatum*），它是西伯利亚和我国华北特有的成分；属于温带亚洲成分的榆也是常见的建群种类。此外，还有椴属 1 种（*Tilia* sp.）、臭椿（*Ailanthus altissima*）等，有时也可以成为共建种。

杨柳科植物自然成林的种类不多，现在多作为平原地区人工造林树种。广泛分布于西北和华北的毛白杨是乡土树种。国外引入的加杨，作为造林树种也很普遍。近年来，大量引进欧美杨，它们是当前营造平原用材林的主要树种。柳属植物最常见的是我国北方特产的旱柳，它是平原上最常见的散生树，但在黄河口的孤岛地区则有天然生长的旱柳林（图 3-2-15、图 3-2-16）。此外，在鲁中一些地区也有人工营造的小面积片林。

目前，山东各地分布最广的树种是刺槐。它在海拔 500—600 m 以下的地方到处可以形成纯林，在一些向阳沟谷中可以分布到海拔 900m 左右的地方。刺槐是原产于北美温带的植物，而山东的刺槐则主要在 19 世纪末由欧洲引入青岛，然后很快发展到山东乃至我国其他地区（图 3-2-17、图 3-2-18）。

图 3-2-15　旱柳（*Salix matsudana*）（黄河三角洲）

图 3-2-16　旱柳林（黄河三角洲）

图 3-2-17　刺槐（*Robinia pseudoacacia*）（黄河三角洲）

图 3-2-18　刺槐林（烟台牟平海滩）

（三）竹林区系特征

　　山东的竹林多分布于南部地区，面积不大。组成竹林的主要建群种是中国—日本成分的淡竹（*Phyllostachys glauca*）（图 3-2-19）。20 世纪 70 年代起，山东引种了部分中国特产的刚竹（*Phyllostachys sulphurea* var. *viridis*）作为建群种，但是刚竹林面积不大。此外，在局部水热条件较好的地方引种原产我国南方的毛竹，加以人工抚育，做好水肥和防寒管理工作，可以成林（图 3-2-20）。

图 3-2-19　淡竹林（崂山）

图 3-2-20　毛竹林（崂山）

（四）灌丛、灌草丛区系特征

灌丛的建群种以胡枝子属植物最为常见，尤其是属于西伯利亚—东亚成分的胡枝子（*Lespedeza bicolor*）。它是荒山上灌丛的主要建群种，也是林下灌木丛的重要组成种类。其他如截叶铁扫帚（*L. cuneata*）、兴安胡枝子（*L. davurica*）、绒毛胡枝子（*L. tomentosa*）等，都是东亚—北美成分，它们有时作为群落的共建种（图3-2-21、图3-2-22）。

我国特产的柽柳在山东盐土地区，如渤海湾沿岸和鲁西北、鲁西南一些地方都形成灌丛，但鲁西北和鲁西南开垦后残留不多，只有渤海湾沿岸的盐土上还保留着大面积的柽柳灌丛（图3-2-23、图3-2-24）。

分布于山东山区的我国特有种连翘（*Forsythia suspensa*）和我国华北、甘肃、四川山地特有的黄栌，都是第三纪孑遗种，它们零星地组成了灌丛，但后者多分布于沉积岩风化的褐土上。

荆条和酸枣都是我国特有的成分，它们也是组成山东各地灌丛的主要灌木种类（图3-2-25、图3-2-26），在全省分布很广。

图3-2-21　胡枝子（*Lespedeza bicolor*）（泰山）

图 3-2-22　胡枝子灌丛（崂山）

图 3-2-23　柽柳（*Tamarix chinensis*）（黄河三角洲）

图 3-2-24　柽柳灌丛（黄河三角洲）

图 3-2-25　荆条（*Vitex negundo* var. *heterophylla*）（崂山）

图 3-2-26　荆条灌丛（泰山）

　　灌草丛中的主要草本植物建群种是黄背草（图 3-2-27、图 3-2-28）、白羊草，这反映出这一类型植被和热带非洲同类植被的关系。因为黄背草在非洲热带稀树草原广泛分布，而在东亚包括我国分布的黄背草则是其直接的衍生物；白羊草是孔颖草属（*Bothriochloa*）中分布于我国的种类，而这一属的种都分布于非洲和亚洲。此外，在山东及我国其他地区普遍分布的白茅是泛热带至亚热带的广布种。

图 3-2-27　黄背草（*Themeda triandra*）（泰山）

图 3-2-28　黄背草灌丛（胶州艾山）

（五）草甸区系特征

　　草甸的建群种以禾本科植物为最多，其中芦苇（图 3-2-29、图 3-2-30）、白茅（图 3-2-31、图 3-2-32）最典型，还有莎草科、豆科、蔷薇科、蓼科等的个别属种。各属的分布类型以世界分布属和北温带分布属为多。碱蓬属（*Suaeda*）的盐地碱蓬在黄河三角洲等盐碱地上很普遍（图 3-2-33、图 3-2-34），其他有早熟禾属、薹草属、盐角草属（*Salicornia*）和蓼属等。北温带分布属主要是禾本科的野古草属、拂子茅属（*Calamagrostis*）、野青茅属，以及委陵菜属、地榆属等属植物。此外，还有泛热带分布的狗牙根属、热带亚洲至热带大洋洲分布的结缕草属，以及地中海、印度至我国分布的獐毛属。

图 3-2-29　芦苇（*Phragmites australis*）（黄河三角洲）

图 3-2-30　芦苇草甸（黄河三角洲）

图 3-2-31　白茅（*Imperata cylindrica*）（黄河三角洲）

图 3-2-32　白茅草甸（黄河三角洲）

图 3-2-33　盐地碱蓬（*Suaeda salsa*）（黄河三角洲）

图 3-2-34　盐地碱蓬盐沼（黄河三角洲）

（六）沼泽和水生植被区系特征

沼泽的建群种主要是禾本科、莎草科、灯心草科、睡莲科、香蒲科（Typhaceae）等世界或温带广布科的一些属种，如灯心草（*Juncus effusus*）广布世界，芦苇和水烛（*Typha angustifolia*）是南北温带的成分，莲（图 3-2-35 至图 3-2-37）、拂子茅（*Calamagrostis epigeios*）、三棱水葱（*Schoenoplectus triqueter*）和小香蒲（*Typha minima*）分布于欧亚温带至亚热带，香蒲（*Typha orientalis*）则是东亚成分。薹草属是世界广布的属，但主产于温带。

图 3-2-35　莲（*Nelumbo nucifera*）（南四湖）

图 3-2-36　莲沼泽（南四湖）（1）

图 3-2-37　莲沼泽（南四湖）（2）

　　水生植被的属种组成不是很丰富，有睡莲科、菱科、金鱼藻科（Ceratophyllaceae）及单子叶植物［泽泻科、眼子菜科、浮萍科、雨久花科（Pontederiaceae）等］的种类。由于水域环境比较一致，水生植物大多数来自世界分布的科属，但建群种的地理成分比较丰富，除浮萍（*Lemna minor*）、品藻（*L. trisulca*）、狸藻（*Utricularia vulgaris*）、毛柄水毛茛（*Batrachium trichophyllum*）、睡莲（*Nymphaea tetragona*）、慈姑（*Sagittaria sagittifolia*）和大茨藻（*Najas marina*）等北温带或欧亚温带的成分外，芡（*Euryale ferox*）、荇菜（*Nymphoides peltata*）（图3-2-38、图3-2-39）、莼等为东亚成分。此外，近年来还引入了各类热带成分，如大薸（*Pistia stratiotes*）。分布于亚洲至大洋洲并达到欧洲的水鳖（*Hydrocharis dubia*）在山东广泛分布。原产热带美洲的凤眼莲也已引种归化。外来物种中，凤眼莲、互花米草（图3-2-40、图3-2-41）、喜旱莲子草（*Alternanthera philoxeroides*）（图3-2-42、图3-2-43）等已经成为入侵种，潜在风险和威胁巨大。

图3-2-38　荇菜（*Nymphoides peltata*）（南四湖）

图 3-2-39　荇菜群落（南四湖）

图 3-2-40　互花米草（*Spartina alterniflora*）（黄河三角洲）

图 3-2-41　互花米草盐沼（黄河三角洲）

图 3-2-42　喜旱莲子草（*Alternanthera philoxeroides*）（南四湖）

图 3-2-43　喜旱莲子草沼泽（南四湖）

三、植物区系与周边区域联系

从山东植被的植物区系组成可知，山东植物区系具有由北亚热带向暖温带过渡的明显特征。同时，以日本成分为特征，山东植物区系呈现出与日本、朝鲜半岛植物区系上的联系。乔木树种如赤松，在我国山东，以及日本、朝鲜半岛均有分布，并作为优势种形成针叶林。

关于山东半岛植物区系与邻近地区植物区系的关系，20 世纪 60 年代以前有关植物分布和植被区划的文献，大多强调山东半岛与辽东半岛在自然条件和植被及植物组成上的一致性，将它们列在同一植被区或其他分区单位中。的确，两半岛都有赤松林分布，也有一些南方的落叶阔叶树，如盐麸木（*Rhus taishanensis*）、漆（*Toxicodendron vernicifluum*）、日本白檀（*Symplocos paniculata*）等，但其他植物区系和植被类型差别较大，它们之间的差异比山东半岛与鲁中南地区之间植物区系和植被类型的差别更大。山东半岛和鲁中南不属于同一植被区，因而现在也把山东半岛和辽东半岛作为不同的植被区对待了。

由于陆地上的连通性和自然条件的相似性，山东半岛与江苏东北部连云港附近的植物区系联系更加紧密，植被类型也相似，赤松林和麻栎林是两地共有的植被类型。灌木如玫瑰（*Rosa rugosa*）、苦参（*Sophora flavescens*）、单叶蔓荆（*Vitex rotundifolia*）等在两地的滨海砂生植被中都常见。

第四章 山东植被分类

一、植被分类原则和依据

（一）分类原则

根据山东植被的基本特征与生境特点，在进行山东植被分类时，本书采用《中国植被》（1980）所用的"植物群落学 – 生态学原则"，即将植物群落的各种基本特征作为植被分类的主要依据，又考虑到生态特征。具体原则如下。

①依据植物种类组成、外貌结构和动态。包括植物区系组成、建群种和优势种及其生活型、群落外貌与结构等，也考虑到演替阶段的不同。

②充分考虑生态条件。气候和地貌等是植被形成的决定因素，但在山东省差异不明显；黄河三角洲的植被属于隐域植被，土壤等条件的差异往往起主导作用。

③分类单位、系统和命名简明扼要。山东植被的类型比较简单，考虑到使用方便，分类单位和系统也尽可能简单明了；山东植被处于同一个大的热量带内，所以植被分类时不考虑植被的地带性问题，群落命名时也不加上地带的名称。

④特殊类型单独处理。山东有一些与地带性植被不相吻合的特殊植被类型，本书做单独处理，例如砂生植被。

⑤栽培植被不再记述。栽培植被与自然植被的特征不同，且变化很快，也不是山东地带植被的主要类型，本书只是在分类中提及，不做详细介绍。

（二）分类依据

根据上述原则，山东植被分类的主要依据如下。

①高级植被分类单位为植被型。划分时，以植物群落的外貌、结构和建群层片的生活型为依据。

②中级植被分类单位为群系。以群落主要层的建群种或优势种及其特征为依据。

③低级植被分类单位为群丛。群丛也是分类的基本单位，主要考虑各个层片优势种的组合。

④生境特征。生境特征，特别是土壤条件的差异，是黄河三角洲湿地植被、滨海砂生植被等隐域植被分类的重要依据。

二、植被分类单位和系统

在《中国植被》（1980）所用的分类系统中，采用的是植被型、群系、群丛 3 个主要单位，并加上辅助级别的多等级分类系统。《中国植被》采用的分类单位如下。

植被型组，如针叶林、阔叶林、草原、荒漠等。

植被型，如落叶阔叶林、温性针叶林等，可加辅助级。

植被亚型，如典型落叶林、典型草甸等。

群系组，如栎林、松林、落叶松林等。

群系，如赤松群系、麻栎群系、芦苇群系等，可加辅助级。

亚群系：如赤松林、赤松 + 阔叶树混交林、赤松 + 其他针叶树混交林等。

群丛组，相似的群丛归并为一个群丛组。

群丛，如芦苇 + 盐地碱蓬群丛等。草原等植被类型经常要划分亚群丛，本书不再划分亚群丛。

在植被类型复杂的情况下，分类等级越多，其可靠性和学术性越强；与此同时，在植被分类时遇到的问题就越复杂，使用也越不方便。在一个大的地区，如一个国家，采用多级制是必要的；对于山东省而言，由于类型简单，没有必要采用复杂的等级。山东植被采用植被型、群系和群丛 3 个主要单位，基本上可以概括和划分山东的主要植被类型。

1. 第一级植被型

植被型是山东植被分类的高级单位。属于同一植被型的群落，其外貌相似，建群种的生活型相同，群落结构相近。根据这些特征，山东植被可分为针叶林、阔叶林、灌丛和灌草丛、草甸、沼泽植被、水生植被、砂生植被 7 个植被型。根据需要补加辅助级植被亚型。

2. 第二级群系

群系是植被分类的中级单位。凡建群种相同或相似的植物群落属于同一个群系，本书不设亚群系。群系是本书描述的主要单位。山东主要群系约 150 个，本书记录了 135 个，如赤松林、麻栎林、旱柳林、柽柳灌丛、芦苇草甸、白茅草甸等。

3. 第三级群丛

群丛是植被分类的基本单位。层片结构相同、各层片的优势种或共建种相同、生境一致的植物群落联合为一个群丛。如柽柳 – 盐地碱蓬群丛、白茅 – 狗尾草群丛等。根据需要补加辅助级群丛组。目前划分的主要群丛有 321 个，如旱柳 – 芦苇群丛、旱柳 – 荻群丛等，估计实际群丛至少在 350 个以上。

三、植被分类系统

根据前述植被分类的原则、依据和单位，山东植被分为针叶林、阔叶林、灌丛和灌草丛、草甸、沼泽植被、水生植被、砂生植被 7 个植被型（不含栽培植被），赤松林、麻栎林、旱柳林、柽柳灌丛、盐地碱蓬草甸、芦苇草甸等 135 个群系，以及 321 个群丛。

分类系统按植被型 / 植被亚型或群系组 / 群系的层次列述如下。

Ⅰ 针叶林（植被型　16 个群系）

一、寒温性针叶林（植被亚型　1 个群系）

日本落叶松林

二、温性针叶林（植被亚型　4 个群系）

1. 赤松林

2. 油松林

3. 黑松林

4. 侧柏林

三、暖性针叶林（植被亚型　1 个群系）

杉木林

四、其他针叶林（多个植被亚型　10 个群系：华山松林、水杉林、红松林、樟子松林、日本花柏林、池杉林、落羽杉林、马尾松林、火炬松林、湿地松林）

Ⅱ 阔叶林（植被型　35 个群系）

一、落叶阔叶林（植被亚型　33 个群系）

1. 麻栎林

2. 栓皮栎林

3. 其他栎林（不同群系组　4 个群系：槲树林、槲栎 + 锐齿槲栎林、枹栎 + 短柄枹栎林、蒙古栎林）

4. 杂木林（不同群系组　16 个群系：水榆花楸林、大果榆 + 朴树林、黄连木林、鹅耳枥林、椴林、槭树林、黄檀林、枫香树林、乌桕林、青檀林、楸树林、化香树林、构林、野茉莉林、山槐林、臭椿林）

5. 刺槐林

6. 杨树林（不同群系组　3 个群系：毛白杨林、欧美杨林、杂交杨林）

7. 旱柳林

8. 其他落叶阔叶林（不同群系组　6 个群系：枫杨林、桤木林、榆林、泡桐林、白蜡树林、杞柳林）

二、竹林（植被亚型　2 个群系）

1. 毛竹林

2. 淡竹林

Ⅲ 灌丛和灌草丛（植被型　27 个群系）

一、落叶阔叶灌丛（植被亚型　19 个群系）

1. 荆条灌丛

2. 酸枣灌丛

  3. 胡枝子灌丛

  4. 花木蓝灌丛

  5. 黄栌灌丛

  6. 绣线菊灌丛

  7. 白檀灌丛

  8. 鹅耳枥灌丛

  9. 盐麸木灌丛

  10. 紫穗槐灌丛

  11. 其他落叶阔叶灌丛（9 个群系：映山红灌丛、榛灌丛、杞柳灌丛、白蜡树灌丛、火炬树灌丛、野蔷薇灌丛、牛叠肚灌丛、溲疏灌丛、扁担杆灌丛）

 二、盐生灌丛（植被亚型　2 个群系）

  1. 柽柳灌丛

  2. 白刺灌丛

 三、常绿阔叶灌丛（植被亚型　2 个群系）

  1. 山茶灌丛

  2. 大叶胡颓子灌丛

 四、灌草丛（植被亚型　4 个群系）

  1. 黄背草灌草丛

  2. 白羊草灌草丛

  3. 其他灌草丛（2 个群系：京芒草灌草丛、野古草灌草丛）

Ⅳ 草甸（植被型　12 个群系）

 一、典型草甸（植被亚型　5 个群系）

  1. 白茅草甸

  2. 荻草甸

  3. 芦苇草甸

  4. 结缕草草甸

  5. 狗牙根草甸

 二、盐生草甸（植被亚型　4 个群系）

  1. 盐地碱蓬草甸

  2. 獐毛草甸

  3. 罗布麻草甸

  4. 补血草草甸

 三、其他草甸（植被亚型　3 个群系）

  1. 狗尾草草甸

  2. 其他（2 个群系：茵陈蒿草甸、假苇拂子茅草甸）

Ⅴ 沼泽植被（植被型　8 个群系）

 草本沼泽（植被亚型　8 个群系）

（一）莎草沼泽（群系组 2个群系）

　　1.灯心草沼泽

　　2.水莎草沼泽

（二）禾草沼泽（群系组 3个群系）

　　1.芦苇沼泽

　　2.菰沼泽

　　3.互花米草沼泽

（三）杂类草沼泽（群系组 3个群系）

　　1.香蒲沼泽

　　2.小香蒲沼泽

　　3.泽泻沼泽

Ⅵ 水生植被（植被型 20个群系）

一、沉水植被（植被亚型 5个群系/群系组）

　　1.黑藻+苦草群落

　　2.金鱼藻群落

　　3.狐尾藻群落

　　4.菹草群落

　　5.眼子菜群落（群系组）

二、漂浮植被（植被亚型 5个群系）

　　1.浮萍群落

　　2.紫萍群落

　　3.槐叶蘋群落

　　4.凤眼莲群落

　　5.大薸群落

三、浮叶扎根水生植被（植被亚型 7个群系）

　　1.睡莲群落

　　2.荇菜群落

　　3.水鳖群落

　　4.菱群落

　　5.芡群落

　　6.莼菜群落

　　7.喜旱莲子草群落

四、挺水植被（植被亚型 3个群系）

　　1.莲群落

　　2.菰群落

　　3.芦竹群落

Ⅶ 砂生植被（植被型 17个群系）

一、草本群落（植被亚型 10个群系）

1. 筛草群落
2. 滨麦群落
3. 粗毛鸭嘴草群落
4. 细枝补血草群落
5. 砂引草群落
6. 珊瑚菜群落
7. 肾叶打碗花群落
8. 白茅群落
9. 月见草群落
10. 芦苇群落

二、灌木群落（植被亚型 5个群系）

1. 单叶蔓荆群落
2. 野生玫瑰群落
3. 柽柳群落
4. 银白杨群落
5. 紫穗槐群落

三、木本群落（植被亚型 2个群系）

1. 黑松群落
2. 刺槐群落

Ⅷ 栽培植被

本书不做介绍。

四、植被主要类型概况

山东植被主要类型见表4-4-1。需要说明的是，本书群丛的分类和命名与《山东植被》（2000）有很大不同，群丛组和群丛的数量都大大增加了。其原因主要是调查季节、调查地点、调查数量、样地大小及调查者不同，造成林下草本层调查记录的种类不同。至于乔木层的种类、灌木层的优势种类、常见的群丛，除了部分新增加的，其余和《山东植被》（2000）大致相同。毫无疑问，随着调查数据的增加和方法的规范与完善，新的群丛还会增加。

表 4-4-1　山东植被主要类型一览表

植被型	群系	主要特征	分布	说明
针叶林（有寒温性针叶林、暖性针叶林、温性针叶林3个植被亚型，主要是温性针叶林）	日本落叶松林（有日本落叶松纯林1个亚群系）	纯林60—80年生，郁闭度0.7—1.0。乔木层主要是日本落叶松（Larix kaempferi），也有华北落叶松（Larix gmelinii var. principis-rupprechtii）混生。灌木层主要种类有迎红杜鹃（Rhododendron mucronulatum）等，草本层有觅叶薹草（Carex siderosticta）、唐松草（Thalictrum aquilegiifolium var. sibiricum）、堇菜属数种（Viola spp.）等	典型群落见于崂山北九水、崂山顶部	人工林，为寒温性针叶林。土壤为花岗岩坡积母质发育的厚层（厚度50cm以上），棕壤，砂壤至轻壤质，pH 5.5
	赤松林（有赤松纯林、赤松+阔叶树混交林、赤松与其他针叶树混交林3个亚群系）	乔木层除赤松（Pinus densiflora）外，还有麻栎（Quercus acutissima）等阔叶树和针叶树。灌木层和草本层的优势种类较丰富。灌木层有胡枝子（Lespedeza bicolor）、山槐（Albizia kalkora）、花木蓝（Indigofera kirilowii）、荆条（Vitex negundo var. heterophylla）、扁担杆（Grewia biloba）、白檀（Symplocos tanakana）、三裂绣线菊（Spiraea trilobata）。草本层以黄背草（Themeda triandra）、大披针薹草（Spodiopogon sibiricus）、地榆（Sanguisorba officinalis）、大披针薹草（Carex lanceolata）、野古草（Arundinella hirta）、长蕊石头花（Gypsophila oldhamiana）等常见。藤本植物有南蛇藤（Celastrus orbiculatus）、木防已（Cocculus orbiculatus）等	在崂山、昆嵛山有典型赤松林分布。鲁中南泰山、沂山等也有分布。典型的赤松+麻栎混交林见于昆嵛山、大泽山、沂山等地	常见于海拔500m以下的阴坡、半阴坡和阳坡。土壤浅或中或厚层土，个别地段厚度接近或超过50cm，土壤为棕壤。pH 5—6。林下常见裸岩出露
	油松林（有油松纯林、油松+阔叶树混交林、油松与其他针叶树混交林3个亚群系）	乔木层主要是油松（Pinus tabuliformis）等阔叶树，有少量的麻栎（Quercus acutissima），以及赤松（Pinus densiflora）等针叶林。刺槐（Robinia pseudoacacia）等阔叶树，灌木层的优势种类是荆条（Vitex negundo var. heterophylla）、胡枝子（Lespedeza bicolor）、花木蓝（Indigofera kirilowii）、大花溲疏（Deutzia grandiflora）、锦带花（Weigela florida）、扁担杆（Grewia biloba）、山槐（Albizia kalkora）、三裂绣线菊（Spiraea trilobata）、郁李（Prunus japonica）、黄栌（Cotinus coggygria var. cinereus）、鹅耳枥（Carpinus turczaninowii）等。草本层以大油芒（Spodiopogon sibiricus）、大披针薹草（Carex lanceolata）、野古草（Arundinella hirta）等最常见。藤本植物常见葛（Pueraria lobata）、南蛇藤（Celastrus orbiculatus）、木防已（Cocculus orbiculatus）等	典型群落见于泰山前部中天门以上北坡、沂山、蒙山、鲁山、徂徕山上部，鲁山中上部等地	见于海拔500—700m以上的阴坡、阳坡。土壤为棕壤，中、厚层土，厚度50cm以上，pH 5—6。枯枝落叶层较发育
	黑松林（有黑松纯林、黑松混交林2个亚群系）	乔木层主要是黑松（Pinus thunbergii），也有赤松（P. densiflora）、油松（P. tabuliformis）等混生，偶见麻栎（Quercus acutissima）、刺槐（Robinia pseudoacacia）等阔叶树。灌木层的优势种类是荆条（Vitex negundo var. heterophylla）、花木蓝（Indigofera kirilowii）、山槐（Albizia kalkora）、胡枝子（Lespedeza bicolor）、郁李（Prunus japonica）、山槐（Carex lanceolata）、野古草（Arundinella hirta）、隐子草（Cleistogenes serotina）、艾（Artemisia argyi）等。草本层有大披针薹草（Carex lanceolata）、野古草（Arundinella hirta）、隐子草（Cleistogenes serotina）、艾（Artemisia argyi）等	分布山东各地，山东半岛沿海最普遍，烟台市、威海市、青岛市、日照市沿海的砂质海滩上都有栽培。沿海上防护林的主要类型	多为人工林，见于海拔500m以下的阴坡、半阴坡和阳坡。土壤为浅、中厚层土，厚度30—50cm

续表

植被型	群系	主要特征	分布	说明
针叶林（有暖性针叶林、温性针叶针叶林、寒温性针叶林 3 个植被亚型，主要是温性针叶林）	侧柏林（有侧柏纯林、侧柏混交林 2 个亚群系）	侧柏林的郁闭度通常不大，多为0.2—0.7。乔木层很少有其他种类混生。林下灌木和草本层的种类稀少。灌木层的优势种类是荆条（Vitex negundo var. heterophylla）、酸枣（Ziziphus jujuba var. spinosa）等，草本层以白羊草（Bothriochloa ischaemum）多见，其他有大披针薹草（Carex lanceolata）等	鲁中南低山丘陵的石灰岩山地到处可见。典型群落见于青檀山、曲阜市孔林	土壤为褐土，薄层，厚度10—60cm不等，但多数不到40cm
	杉木林（有杉木纯林1个亚群系）	杉木林因为栽培时间长，较其他针叶林种类丰富，结构复杂，林下还有杉木（Cunninghamia lanceolata）更新苗。灌木类有胡枝子（Lespedeza bicolor）、三裂绣线菊（Spiraea trilobata）等	昆嵛山有较大面积分布，崂山、泰山等地有零星分布	人工林，栽培于海拔500m以下、避风向阳、土壤深厚且湿润处
	其他针叶林（华山松林、水杉林、红松林、樟子松林、日本落叶松林、池杉林、落羽杉林、马尾松林、火炬松林、湿地松林 10个群系）	群落种类组成和结构都比较简单。乔木层一般是单一种类，灌木层和草本种类因相邻的其他群落不同而异，一般类似于同边的群落	在昆嵛山、崂山、泰山、鲁山、蒙山等地有栽培。其中，崂山的日本花柏林发育较好	多是局部，小面积栽培而成的人工林。土壤条件通常较好
阔叶林（有落叶阔叶林、竹林 2 个植被亚型，以落叶阔叶林为主）	麻栎林（有麻栎纯林、麻栎混交林 2 个亚群系）	群落乔木层、灌木层和草本层 3 个层次明显。组成群落的优势种类主要是麻栎（Quercus acutissima），其他伴生种类还有栓皮栎（Q. variabilis）、赤松（Pinus densiflora）等。灌木层的常见种类除了胡枝子（Lespedeza bicolor）外，还有花木蓝（Indigofera kirilowii）、白檀（Symplocos tanakana）、小叶鼠李（Prunus japonica）、山槐（Albizia kalkora）、青花椒（Zanthoxylum schinifolium）等。草本层的常见种有30余种，主要有矮丛薹草（Carex callitrichos var. nana）、艾（Artemisia argyi）、野古草（Arundinella hirta）、紫花地榆（Sanguisorba officinalis）、黄背草（Themeda triandra）、大油芒（Spodiopogon sibiricus）、荻（Miscanthus sacchariflorus）等	大泽山、泰山、崂山、蒙山、沂山、昆嵛山、牙山等地有典型群落分布。在山东半岛等地有麻栎矮林。曲阜市孔林有高大的半自然麻栎林	多为半自然状态的人工林。土壤为棕壤，粗骨性，地表有石出露
	栓皮栎林（有栓皮栎纯林、栓皮栎混交林 2 个亚群系）	群落可以分出了3个层次。乔木层除了栓皮栎（Quercus variabilis）外，还有麻栎（Q. acutissima）、刺槐（Robinia pseudoacacia）、黄连木（Pistacia chinensis）、赤松（Pinus densiflora）、油松（P. tabuliformis）等。灌木层的常见种类以荆条（Vitex negundo var. heterophylla）、胡枝子（Lespedeza bicolor）、扁担杆（Grewia biloba）、花木蓝（Indigofera kirilowii）等为主，还有山槐（Albizia kalkora）等。草本层的常见种有30余种，主要有矮丛薹草（Carex callitrichos var. nana），以及黄背草（Themeda triandra）、野古草（Arundinella hirta）、射干（Belamcanda chinensis）等。藤本植物有菝葜（Smilax china）、南蛇藤（Celastrus orbiculatus）、扶芳藤（Euonymus fortunei）等	典型群落见于崂山、泰山、昆嵛山、大泽山等地	立地条件中等。土壤为粗骨性棕壤，厚度大于30cm，地表偶尔有岩石出露，枯枝落叶层很薄

续表

植被型	群系	主要特征	分布	说明
阔叶林（有落叶阔叶林、竹林2个植被亚型，以落叶阔叶林为主）	麻栎林	少见纯林。在人为活动影响较小的山地可形成纯林。乔木层伴有栓皮栎（Quercus variabilis）、枹栎（Q. serrata）、槲栎（Q. aliena）等。灌木层有盐肤木（Rhus chinensis）、胡枝子（Lespedeza bicolor）、花木蓝（Indigofera kirilowii）、荆条（Vitex negundo var. heterophylla）等。草本层的种类主要为矮丛薹草（Carex callitrichos var. nana）、油芒（Spodiopogon cotulifer）、白羊草（Bothriochloa ischaemum）等	在各山区都有分布。典型群落都见于崂山下清宫	土壤比较稀薄，多为花岗岩和片麻岩风化后发育的棕壤
	栓皮栎+锐齿槲栎林	槲栎（Quercus aliena）较少形成一的群落，大多与麻栎（Q. acutissima）、栓皮栎（Q. variabilis）、槲树（Q. dentata）或赤松（Pinus densiflora）、油松（P. tabuliformis）等混生	崂山、昆嵛山、莲台山小娄有分布	见于山地阴坡和半阳坡。土壤为粗骨性棕壤。在海拔较高的地方还保留块状纯林或混交林
	枹栎+短柄枹栎林	枹栎（Quercus serrata）和短柄枹栎（Quercus serrata var. brevipetiolata）多成丛生长，种类组成比较简单，伴生种有麻栎（Q. acutissima）、槲树（Q. dentata）、槲栎（Q. aliena），紫椴（Tilia amurensis）等，还有少量赤松（Pinus densiflora）散生其间。灌木层有花木蓝（Indigofera kirilowii）、胡枝子（Lespedeza bicolor）、山槐（Albizia kalkora）、卫矛（Euonymus alatus）等。草本层有矮丛薹草（Carex callitrichos var. nana）、宽叶薹草（Carex siderosticta）、黄青草（Themeda triandra）、地榆（Sanguisorba officinalis）、北柴胡（Bupleurum chinense）等	零星地分布于胶东半岛低海拔的阳坡，如昆嵛山、崂山、正棋山都有分布	见于山地阴坡和半阳坡。土壤为粗骨性棕壤
	蒙古栎林	蒙古栎（Quercus mongolica）一般小片分布，在其他栎林等阔叶林中零星分布。群落组成较其他栎类林简单，乔木层一般只有蒙古栎（Q. mongolica），形成单层林。灌木层有荆条（Vitex negundo var. heterophylla）、胡枝子（Lespedeza bicolor）、小花扁担杆（Grewia biloba var. parviflora）、野蔷薇（Rosa multiflora）等。草本层有矮丛薹草（Carex callitrichos var. nana）、野古草（Arundinella hirta）、黄背草（Themeda triandra）、臭草（Melica scabrosa）等	见于徂徕山、泰山、牙山、鲁山等地	多为人工林。立地条件同麻栎林。土壤为棕壤，厚度大于30cm
	水榆花楸林（水榆花楸为主的杂木林）	群落高度8—15m，乔木层的郁闭度为0.4—0.8。除水榆花楸（Sorbus alnifolia）外，有山槐（Albizia kalkora）、苦木（Picrasma quassioides）、皂荚（Gleditsia sinensis）、臭椿（Ailanthus altissima）、刺楸（Kalopanax septemlobus）、坚桦（Betula chinensis）、白檀（Symplocos tanakana）、溲疏（Deutzia scabra）、胡枝子（Lespedeza bicolor）、三桠乌药（Lindera obtusiloba）、紫珠（Callicarpa bodinieri）、盐肤木（Rhus chinensis）、草本植物常见的有矮丛薹草（Carex callitrichos var. nana）、荻（Miscanthus sacchariflorus）、野古草（Arundinella hirta）等	多见于山东半岛。分布在昆嵛山的这种杂木林最为典型，在正棋山、崂山北九水等地也有分布	常出现在山地的半阴坡和谷地

续表

植被型	群系	主要特征	分布	说明
	大果榆+朴树林（大果榆、小叶朴为主的杂木林）	群落高度5—7m，郁闭度0.6—0.8。乔木层除小叶朴（Celtis bungeana）、山槐（Albizia kalkora）外，大果榆（Ulmus macrocarpa）等。灌木层的优势种类是荆条（Vitex negundo var. heterophylla）、酸枣（Ziziphus jujuba var. spinosa）、胡枝子（Lespedeza bicolor）、扁担杆（Grewia biloba）、一叶萩（Flueggea suffruticosa）、欧李（Cerasus humilis）等。草本植物有矮丛薹草（Carex callitrichos var. nana）、铁线莲（Clematis florida）等	见于莲台山小娄峪林区	常生于山地半阴坡，母岩为石灰岩和页岩，土壤为褐土
阔叶林（有落叶阔叶林、竹林2个植被亚型，以落叶阔叶林为主）	黄连木林（黄连木为主的杂木林）	乔木层主要有栾（Koelreuteria paniculata）、黄连木（Pistacia chinensis）、元宝槭（Acer truncatum），在土层厚的地段还有辽椴（Tilia mandshurica）等。在平缓的地方有楸树（Catalpa bungei）、枫杨（Pterocarya stenoptera）、苦木（Picrasmaquassioides）等；乔木层还有黄檀（Dalbergia hupeana）、山槐（Albizia kalkora）、山胡椒（Lindera glauca）、千金榆（Carpinus cordata）等。灌木层的种类有黄栌（Cotinus coggygria var. cinereus）、卫矛（Euonymus alatus）、扁担杆（Lespedeza bicolor）、扁担杆（Grewia biloba）、山绿柴（Rhamnus brachypoda）、胡枝子（Lespedeza bicolor）、一叶萩（Flueggea suffruticosa）、荆条（Vitex negundo var. heterophylla）、一叶萩（Flueggea suffruticosa）等。藤本植物有南蛇藤（Celastrus orbiculatus）、络石（Trachelospermum jasminoides）、菝葜（Smilax china）等。草本层植物种类有矮丛薹草（Carex callitrichos var. nana）、荩草（Arthraxon hispidus）、蕨（Pteridium aquilinum var. latiusculum）等	在山东半岛各大山地零星分布。典型群落见于抱犊崮和莲台山小娄峪等地。曲阜市孔林有半自然的黄连木林	分布在山地的西坡和西南坡，林下母岩为石灰岩和页岩，土壤为褐土
	鹅耳枥林（鹅耳枥为主的杂木林）	鹅耳枥（Carpinus turczaninowii）一般生长低矮，呈灌丛状，但也可长成高大的乔木，形成小面积的森林。其高度可达20—25m，平均胸径35—50cm，甚至50cm以上。乔木层中除鹅耳枥（C. turczaninowii）外，还有苦木（Picrasma quassioides）、臭椿（Ailanthus altissima）、黄连木（Pistacia chinensis）、千金榆（Carpinus cordata）等。灌木层有黄栌（Cotinus coggygria var. cinereus）、荆条（Vitex negundo var. heterophylla）、胡枝子（Lespedeza bicolor）、绣线菊（Spiraea salicifolia）、扁担杆（Grewia biloba）等。草本植物常见的有矮丛薹草（Carex callitrichos var. nana）、黄背草（Themeda triandra）、野菊花（Dendranthema indicum）等	零星分布。在仰天山上部有高大的鹅耳枥纯林，正棋山也有少量分布	母岩多为石灰岩，土壤为褐土

续表

植被型	群系	主要特征	分布	说明
阔叶林（有落叶阔叶林、竹林、落叶阔叶林2个亚型，以落叶阔叶林为主）	椴林（紫椴、辽椴为主的杂木林）	群落高度6—10m。乔木层以紫椴为主，其次是五角槭（Acer pictum subsp. mono）、辽东桤木（Alnus hirsuta）、赤松（Pinus densiflora）等。灌木层有荚蒾（Viburnum dilatatum）、盐肤木（Rhus chinensis）、胡枝子（Lespedeza bicolor）、照山白（Rhododendron micranthum）、山胡椒（Lindera glauca）、三桠乌药（Lindera obtusiloba）、红果山胡椒（Lindera erythrocarpa）、白檀（Symplocos tanakana）、紫珠（Callicarpa bodinieri）等。草本层常见种类有矮丛臺草（Carex callitrichos var. nana）、宽叶臺草（Carex siderosticta）、野古草（Arundinella hirta）、地榆（Sanguisorba officinalis）、蕨（Pteridium aquilinum var. latiusculum）等。林中还有多种藤本植物，如葛（Pueraria montana var. lobata）、木防己（Cocculus orbiculatus）、南蛇藤（Celastrus orbiculatus）、狗枣猕猴桃（Actinidia kolomikta）等	在胶东半岛东部见于蓬莱艾山、牙山、伟德山、崂山、小珠山等地。典型的椴林见于蓬莱艾山和伟德山。鲁山山地上部也有少量分布	常见于阴坡沟谷。胶东半岛多分布在海拔300—500m，在胶东半岛南部则见于海拔500m以上
	其他杂木林（有槭树林、黄檀林、乌桕林、枫香树林、青檀林、化香树林、野茉莉林、山槐林、臭椿林11个群系）	植物种类组成大多丰富，群落结构可分出乔木层、灌木层和草本层3个层次。有的类型如槭树林、黄檀林、枫香树林等乔木层还有其他种类	这类杂木林多在局部分布，多分布于各大山地丘陵的沟谷地带阴坡、半阴坡。昆嵛山、泰山、崂山、仰天山、大珠山等山地有不同类型分布	多是天然次生林。土壤条件较好，土层厚度多在50cm以上
	刺槐林（有山地刺槐林、平原刺槐林2个亚群系）	林下灌木有荆条（Vitex negundo var. heterophylla）、酸枣（Ziziphus jujuba var. spinosa）、小叶鼠李（Rhamnus parvifolia）、扁担杆（Grewia biloba）、紫穗槐（Amorpha fruticosa）等。草本植物主要是中生或草中生种类，如黄背草（Themeda triandra）、矮丛臺草（Carex callitrichos var. nana）、京芒草（Achnatherum pekinense）等。平原地区的刺槐林结构简单，林下灌木、草本植物稀疏，通常不形成明显的层次	刺槐林相当普遍，是目前面积最大的落叶阔叶林	半自然状态的人工林。土壤棕壤、褐土等，在平原地区多为潮土壤
	毛白杨林	多纯林，或与刺槐（Robinia pseudoacacia）混交，为单层林。林下植物较稀少，灌木一般仅见紫穗槐（Amorpha fruticosa）。林下草本植物以狗尾草（Setaria viridis）、牛筋草（Eleusine indica）、刺儿菜（Cirsium arvense var. integrifolium）、中华苦荬菜（Ixeris chinensis）、节节草（Equisetum ramosissimum）、萹蓄（Polygonum aviculare）等最为常见	主要分布于黄泛平原区	人工林，多为防护林和用材林
	欧美杨林	多为纯林。种类组成和结构简单，多为单层林，缺少灌木层。草本层常见的有马唐（Digitaria sanguinalis）、狗尾草（Setaria viridis）、中华苦荬菜（Ixeris chinensis）、刺儿菜（Cirsium arvense var. integrifolium）等	主要分布于黄泛平原区	人工林，多为用材林

续表

植被型	群系	主要特征	分布	说明
阔叶林（有阔叶林、竹林2个亚植被型，以落叶阔叶林为主）	杂交杨林	种类组成和结构简单，乔木层只有杂交杨，无灌木层，草本层种类常见有马唐（Digitaria sanguinalis）、狗尾草（Setaria viridis）等	分布于平原地区	人工林，多为用材林
	旱柳林（有平原轻盐碱地旱柳林、河漫滩、沙地旱柳林、黄河三角洲旱柳林3个亚群系）	多为纯林。林下灌木偶有紫穗槐（Amorpha fruticosa）、柽柳（Tamarix chinensis）等。草本植物有芦苇（Phragmites australis）、白茅（Imperata cylindrica）、野大豆（Glycine soja）、鸦葱（Takhtajaniantha austriaca）、狗尾草（Setaria viridis）、盐地碱蓬（Suaeda salsa）等	各地零星分布。东营市黄河口新淤滩地有成片分布的旱柳林、章丘区国有黄河林场也有	20世纪50年代前东营市河口区孤岛镇曾有天然林。林下土壤为潮土或轻度盐渍土
	枫杨林	林龄一般在50年以上。林下灌木较少，常见的种类有胡枝子（Lespedeza bicolor）、扁担杆（Grewia biloba）、茅莓（Rubus parvifolius）、卫矛（Euonymus alatus）、小叶鼠李（Stephanandra incisa）等。草本植物主要是喜湿种类，以知风草（Eragrostis ferruginea）、地榆（Sanguisorba officinalis）、拳参（Bistorta officinalis）、扛板归（Persicaria perfoliata）等多见	分布于胶东丘陵和鲁中南山地的山沟和河滩	多见于海拔600m以下沟谷，呈带状分布。土壤为坡积粗骨质壤土，有机质丰富
	其他落叶阔叶林（有柽木林、榆林、泡桐林、白蜡树林、杞柳林5个亚群系）	柽木林组成的种较多，有胡枝子（Lespedeza bicolor）、野蔷薇（Rosa multiflora）、三裂绣线菊（Spiraea trilobata）、地榆（Sanguisorba officinalis）、矮丛薹草（Carex callitrichos var. nana）等。结构复杂，有明显的乔木、灌木和草本层。其他群落种种类和结构简单，通常无灌木层	柽木林多见于山地沟谷，其他群落多见于平原地区	栽培而成
	毛竹林	种类组成和群落结构比较简单，在河谷地带的竹林中，偶尔有散生枫杨（Pterocarya stenoptera）、刺槐（Robinia pseudoacacia）等种类。灌木偶见黄荆条（Vitex negundo var. heterophylla）、花木蓝（Indigofera kirilowii）、野珠兰（Stephanandra chinensis）等。草本植物有水蓼（Persicaria hydropiper）、车前（Plantago asiatica）、刺儿菜（Cirsium arvense var. integrifolium）、鸭跖草（Commelina communis）、狗尾草（Setaria viridis）、鬼针草（Bidens pilosa）、紫花地丁（Viola philippica）、龙牙草（Agrimonia pilosa）、龙葵（Solanum nigrum）、香附子（Cyperus rotundus）等种类	见于平原到海拔700m以下的山谷，河岸阶地等地。典型的毛竹林见于崂山区王哥庄街道姜家村	土层深厚，湿润
	淡竹林	种类组成非常简单，林下灌木常见的有野蔷薇（Rosa multiflora）、郁李（Prunus japonica）、野珠兰（Stephanandra chinensis）、扁担杆（Grewia biloba）等。草本植物有水蓼（Persicaria hydropiper）、鸭跖草（Commelina communis）、车前（Plantago asiatica）、刺儿菜（Cirsium arvense var. integrifolium）、鬼针草（Bidens pilosa）、紫花地丁（Viola philippica）等种类	大多在村落附近及庙宇、公园周围。崂山下清宫、兰陵县铁角山、泰安市大津口、海阳市丛麻禅院、鲁山等地的竹园最著名	土层深厚，湿润

续表

植被型	群系	主要特征	分布	说明
灌丛和灌草丛（有落叶阔叶灌丛、盐生灌丛、常绿阔叶灌丛、灌草丛 4 个植被亚型）	荆条灌丛	群落高度 80—120cm，总盖度 50%—100%。常有酸枣（Ziziphus jujuba var. spinosa）、扁担杆（Grewia biloba）等伴生。草本层常见的有黄背草（Themeda triandra）、白羊草（Bothriochloa ischaemum）、嵩属种（Artemisia sp.）、以及荩草（Arthraxon hispidus）、矮丛薹草（Carex callitrichos var. nana）、南山堇菜（Viola chaerophylloides）、委陵菜（Potentilla chinensis）、结缕草（Zoysia japonica）等	在崂山、泰山、济南市南部山区等山地常形成纯荆条灌丛	分布于海拔 300—400m 低山丘陵。土壤贫瘠处多见
	酸枣灌丛	种类组成相对简单，与落叶阔叶林、针叶林下的灌木和草本植物种类相似，只是有更多耐干旱草的种类，如狗尾草（Setaria viridis）、瓦松（Orostachys fimbriata）、矮丛薹草（Carex callitrichos var. nana）、茵陈嵩（Artemisia capillaris）等	主要分布在各大山地丘陵的中下部、路边、田埂、林地边缘多见。滨州市无棣县旺子村正子岛也有成片分布	多为森林严重退化的标志，土壤干旱贫瘠，多砾石。有酸枣分布的地段靠自然恢复森林植被难度极大
	胡枝子灌丛	常成丛状分布，总盖度 40%—50%，最大可达 90%—100%。伴生灌木植物有绣线菊属数种（Spiraea spp.）、白檀（Symplocos tanakana）、照山白（Rhododendron micranthum）、卫矛（Euonymus alatus）、锦带花（Weigela florida）等。草本层主要有野古草（Arundinella hirta）、矮丛薹草（Carex callitrichos var. nana）、地榆（Sanguisorba officinalis）、北柴胡（Bupleurum chinensis）等	分布各大山地丘陵	常见于山地顶部阴坡的空旷地带。土壤深厚肥沃
	花木蓝灌丛	常成丛小片分布，多为纯群落。群落中花木蓝（Indigofera kirilowii）为主	分布各地低山和丘陵	见于山坡和丘陵上部。一般土壤贫瘠
	黄栌灌丛	群落高度 1—5m，总盖度 70%左右。伴生种类有荆条（Vitex negundo var. heterophylla）、胡枝子（Lespedeza bicolor）、大花溲疏（Deutzia grandiflora）、连翘（Forsythia suspensa）、扁担杆（Grewia biloba）、酸枣（Ziziphus jujuba var. spinosa）等。草本植物主要有矮丛薹草（Carex callitrichos var. nana）、隐子草（Cleistogenes serotina）、黄背草（Themeda triandra）、龙牙草（Agrimonia pilosa）、小蓬草（Erigeron canadensis）等	分布于鲁中南低山丘陵区。济南市龙洞，青州市文殊寺、庙子镇杨集村，以及临朐县石门坊风景区等地都有保存良好的黄栌灌丛	多见于石灰岩山丘地的阳坡。土壤多为褐土
	绣线菊灌丛	主要建群种为华北绣线菊（Spiraea fritschiana）、三裂绣线菊（Spiraea trilobata）、桦叶绣线菊（Spiraea betulifolia）等，伴生植物有黄栌（Cotinus coggygria var. cinereus）、三桠乌药（Lindera obtusiloba）、野蔷薇（Rosa multiflora）、白檀（Symplocos tanakana）、照山白（Rhododendron micranthum）等	主要分布在山东半岛低山丘陵和鲁中南山地	多分布在海拔较低的阴坡或沟谷中

续表

植被型	群系	主要特征	分布	说明
灌丛和灌草丛（有落叶阔叶灌丛、盐生灌丛、常绿阔叶灌丛、灌草丛4个植被亚型）	白檀灌丛	群落高度1—2m，总盖度40%—60%。伴生的灌木有胡枝子（Lespedeza bicolor）、粉团蔷薇（Rosa multiflora var. cathayensis）、荚蒾（Viburnum dilatatum）、天目琼花（Viburnum opulus var. calvescens）、野珠兰（Stephanandra chinensis）、华山矾（Symplocos chinensis）等。草本植物以矮丛薹草（Carex callitrichos var. nana）占优势，还有荻（Miscanthus sacchariflorus）、败酱（Patrinia scabiosifolia）、地榆（Sanguisorba officinalis）等	分布于胶东丘陵的崂山、昆嵛山、大泽山、牙山等地	多在海拔400—600m间的阴坡和半阴坡上
	鹅耳枥灌丛	群落高度多为3—5m，总盖度80%—100%。伴生种类有胡枝子（Lespedeza bicolor）、连翘（Forsythia suspensa）、黄栌（Cotinus coggygria var. cinereus）、卫矛（Euonymus alatus）、大花溲疏（Deutzia grandiflora）等。草本层主要种类有矮丛薹草（Carex callitrichos var. nana）、野古草（Arundinella hirta）、地榆（Sanguisorba officinalis）、唐松草（Thalictrum aquilegifolium var. sibiricum）等	主要分布鲁中南和鲁东丘陵，较典型的群落多见于正棋山	见于低山丘陵的阴坡或半阴坡。土壤为棕壤或褐土
	盐麸木灌丛	伴生种类有黄檀（Dalbergia hupeana）、臭椿（Ailanthus altissima）、刺楸（Kalopanax septemlobus）、郁李（Prunus japonica）、山樱花（Prunus serrulata）、水榆花楸（Sorbus alnifolia）、桦叶绣线菊（Spiraea betulifolia）、白檀（Symplocos tanakana）、荆条（Vitex negundo var. heterophylla）、花木蓝（Indigofera kirilowii）等。草本植物有狼尾花（Lysimachia barystachys）、绶草（Spiranthes sinensis）、星宿菜（Lysimachia fortunei）等	在山东半岛的山地丘陵地带及鲁中南山地沟谷坡地多有分布，如昆嵛山、崂山、蓬莱艾山、牙山等较高山体的阴坡沟谷中有分布	一般散生，不成林。土壤条件较好
	紫穗槐灌丛	常为单种单层纯群落。群落中偶见狗尾草（Setaria viridis）、芦苇（Phragmites australis）、白茅（Imperata cylindrica）、马唐（Digitaria sanguinalis）等草本植物	各地都有分布，沟坡、地堰多见	多为栽培而成的经济灌木林
	映山红灌丛	灌木层高1—2m，总盖度30%—40%，个别地段50%—100%。灌丛伴生牛叠肚（Rubus crataegifoliuse）、白檀（Symplocos tanakana）、桦叶绣线菊（Spiraea betulifolia）、郁李（Prunus japonica）、胡枝子（Lespedeza bicolor）、三桠乌药（Lindera obtusiloba）、三裂绣线菊（Spiraea trilobata）等。草本植物以莎草科（Cyperaceae）、菊科（Asteraceae）、毛茛科（Ranunculaceae）、唇形科（Lamiaceae）等种类为主	胶东丘陵的崂山、昆嵛山、蓬莱艾山、牙山、大泽山、五莲山等地海拔500m以上的阴湿生境多见	土壤条件好，土层深厚，为酸性棕壤

续表

植被型	群系	主要特征	分布	说明
灌丛和灌草丛（有落叶阔叶灌丛、盐生灌丛、常绿阔叶灌丛、灌草丛 4 个植被亚型）	其他落叶阔叶灌丛（有榛灌丛、杞柳灌丛、白蜡树灌丛、火炬树灌丛、野蔷薇灌丛、牛鬃灌丛、漫疏灌丛、扁担杆灌丛 8 个群系）	杞柳灌丛、白蜡树灌丛等种类组成和结构都较简单。其他灌丛的种类相对丰富，如野蔷薇灌丛、牛鬃灌丛、漫疏灌丛、扁担杆灌丛等的组成种类多在10种以上，可以分出灌木层和草本层两个层次	各山地丘陵有分布	多是森林破坏后的次生类型。面积多不大，零星分布。杞柳灌丛、白蜡树灌丛等多为人工经济用灌木林。火炬树是外来植物
	柽柳灌丛	群落高度1—2m，总盖度30%—60%。草本植物有盐蒿（Artemisia halodendron）、灰绿碱蓬（Suaeda glauca）、猪毛菜（Salsola collina）、獐毛（Aeluropus sinensis）、芦苇（Phragmites australis）、白茅（Imperata cylindrica）、野大豆（Glycine soja）等，因土壤盐分不同种类而有所不同	大面积分布于黄河三角洲、渤海、黄海沿岸盐碱地，以及鲁西北内陆沙滩和低洼地的盐碱地上	生长在盐碱地上。最多时全省分布面积达60万hm²
	白刺灌丛	常为单优单层群落。草本植物有碱蓬（Suaeda glauca）、芦苇（Phragmites australis）、獐毛（Aeluropus sinensis）等	零星分布于黄河三角洲，目前已不多见	土壤为中度盐渍土
	山茶灌丛	山茶（Camellia japonica）常和大叶胡颓子（Elaeagnus macrophylla）、黑松（Pinus thunbergii）、刺槐（Robinia pseudoacacia）等伴生，呈丛状分布。群丛中常见藤本植物，如胶东卫矛（Euonymus kiautschovicus）、爬山虎（Parthenocissus tricuspidata）、木防己（Cocculus orbiculatus）、枸杞（Lycium chinense）等。草本植物常见种类为蓬子菜（Galium verum）、市藜（Oxybasis urbica）、野菊（Chrysanthemum indicum）、野艾蒿（Artemisia lavandulaefolia）、狗尾草（Setaria viridis）、芦苇（Phragmites australis）、鹅观草（Elymus kamoji）、茵陈蒿（Artemisia capillaris）、鸭跖草（Commelina communis）、扛板归（Persicaria perfoliata）、酸模叶蓼（Persicaria lapathifolia）等	在长门岩岛南北坡均有分布	土壤较为贫瘠，为粗骨质棕壤
	大叶胡颓子灌丛	在崂山附近的岛屿上常与山茶（Camellia japonica）混生，在陆地的山坡上则与其他种类形成群落。群落总盖度多在60%以上。伴生灌木有青花椒（Zanthoxylum schinifolium）、崂山溲疏（Dautzia glabrata）、三色胡枝子（Lespedeza bicolor）、茅莓（Rubus parvifolius）等。藤本植物有胶东卫矛（Euonymus kiautschovicus）、南蛇藤（Celastrus orbiculatus）等。草本植物有矮丛薹草（Carex callitrichos var. nana）、黄背草（Themeda triandra）、北柴胡（Bupleurum chinensis）等	零星分布于崂山东南麓临海的低山阳坡下部及附近沿海岛屿，鸡鸣岛、灵山岛也有自然分布	生长于水分条件好的阳坡地区

续表

植被型	群系	主要特征	分布	说明
灌丛和灌草丛（有落叶阔叶灌丛、盐生灌丛、常绿阔叶灌丛、灌草丛4个植被亚型）	黄背草灌草丛	群落高度80—100cm，总盖度50%—80%。灌木层以荆条（Vitex negundo var. heterophylla）最多，也有少量的酸枣（Ziziphus jujuba var. spinosa）、胡枝子（Lespedeza bicolor）、百里香（Thymus mongolicus）等。草本层主要是黄背草（Themeda trianda），另有白羊草（Bothriochloa ischaemum）、野青茅（Deyeuxia pyramidalis）、野古草（Arundinella hirta）、蒿属1种（Artemisia sp.）、荩草（Arthraxon hispidus）、隐子草（Cleistogenes serotina）、矮丛薹草（Carex callitrichos var. nana）、翻白草（Potentilla discolor）、结缕草（Zoysia japonica）、中华卷柏（Selaginella sinensis）等	在鲁东丘陵、鲁中南山地丘陵地区都可见到	常见于山地的阴坡、半阴坡或阳坡土壤深厚处。土层厚度30—50cm
	白羊草灌草丛	植物种类较贫乏，群落结构简单，总盖度低，仅20%—40%。灌木层有荆条（Vitex negundo var. heterophylla）、酸枣（Ziziphus jujuba var. spinosa）、小叶鼠李（Rhamnus parvifolia）等。草本层高50—80cm，白羊草（Bothriochloa ischaemum）占绝对优势，还有黄背草（Themeda trianda）、荩草（Arthraxon hispidus）、隐子草（Cleistogenes serotina）、翻白草（Potentilla discolor）、细柄草（Capillipedium parviflorum）、结缕草（Zoysia japonica）等	常见于鲁东丘陵、鲁中南山区阳坡干燥处	海拔200—400m的丘陵上多见。裸岩面积大，土层稀薄。石灰岩山区分布面积最大
	其他灌草丛（有京芒草灌草丛、野古草灌草丛2个群系）	京芒草灌草丛种类组成较简单，伴生植物有荆条（Vitex negundo var. heterophylla）、达乌里胡枝子（Lespedeza dahurica）、荩草（Arthraxon hispidus）、隐子草（Cleistogenes serotina）、翻白草（Potentilla discolor）、兴安胡枝子（L. davurica）、黄背草（Themeda triandra）、结缕草（Zoysia japonica）等	鲁东丘陵、鲁中南山区均有分布	京芒草灌草丛多分布于较干旱贫瘠处，野古草灌草丛分布于土壤稍旱处
草甸（有典型草甸、盐生草甸、其他草甸3个植被亚型）	白茅草甸	以白茅（Imperata cylindrica）为优势种的单优群落。在农田、路边通常有一年生杂草混生。在黄河三角洲，主要分布于土壤含盐量低的地段，伴生种类有芦苇（Phragmites australis）、野大豆（Glycine soja）、鸦葱（Takhtajaniantha austriaca）等	见于山东各地。在平原、山地、农田、路边等都有分布。黄河三角洲海拔3m左右的平地多见	黄河三角洲土壤轻盐渍化的指示植被。土壤一般为轻化潮土
	荻草甸	群落高度通常在1m以上，最高的超过2m。常见伴生种类在10种以上，主要有芦苇（Phragmites australis）、野大豆（Glycine soja）、白茅（Imperata cylindrica）等	见于山东各地。水沟、塘坝边，以及黄河三角洲海拔2m左右的低洼地多见	群落下土壤盐分也较低，可以开荒

续表

植被型	群系	主要特征	分布	说明
草甸（有典型草甸、盐生草甸，其他草甸3个植被亚型）	芦苇草甸	群落高度0.5—2m不等，甚至更高，超过2m，可分出2—3个亚层。在土壤盐分高的地段，伴生种类常有獐毛（Aeluropus australis）等盐生植物，芦苇（Phragmites australis）与盐地碱蓬（Suaeda salsa）常呈带状交替分布；湿润的地段则伴生种类有白茅（Imperata cylindrica），荻（Miscanthus sacchariflorus），野大豆（Glycine soja）等中生性植物	广泛分布于山东各地。黄河三角洲较典型，见于海拔2m左右的低洼连地	土壤水分中等时形成芦苇草甸，土壤水分过饱和时则成为芦苇沼泽
	结缕草草甸	群落高度15—25cm，群落总盖度65%—95%。以结缕草（Zoysia japonica）为建群种，组成群落的植物种类较为贫乏，绝大多数为旱中生或中生性植物种类	分布范围窄小。主要分布于森林或灌丛被破坏后的低山丘陵上部	山东最为典型的草甸类型之一。土壤条件较好
	狗牙根草甸	建群种为狗牙根（Cynodon dactylon），常伴生白茅（Imperata cylindrica）及一年生植物。在地势稍低和积水的地方还有一些湿中生性种类	见于南四湖岸边，沿黄河大堤两侧和沿湖地区	土壤为沼泽化草甸土
	盐地碱蓬草甸	群落高度30—60cm，高的可达80cm。通常只有1—2个层次。种类组成很简单，主要是盐地碱蓬（Suaeda salsa）。偶见盐角草（Salicornia europaea）等。在土壤盐分较低的地段，植物种类明显增加，伴生种类有芦苇（Phragmites australis），獐毛（Aeluropus sinensis），补血草（Limonium sinense），碱蓬（Suaeda glauca）等；偶有散生的柽柳群落，高度30—50cm，个别达70—80cm，由于芦苇（Phragmites australis）等的出现，可明显分出2个层次	主要分布在平均海潮线以上的近海海滩地和其次生裸地，渤海、黄海沿岸的泥质海滩都有分布	分布于海拔小于1.8m的低平洼地。群落下土壤盐分最高，含盐量达1.0%—1.2%，所以也称盐沼群落
	獐毛草甸	群落高度10—20cm，总盖度50%—85%。群落中，除獐毛（Aeluropus sinensis）外，还有盐地碱蓬（Suaeda salsa）、补血草（Limonium sinense）、猪毛蒿（Artemisia scoparia）等；在更适宜獐毛（Aeluropus sinensis）生长的地段，獐毛（A. sinensis）也可以形成单优群落，因此该地段常成为放牧场	见于黄河三角洲及其他滨海地区。多分布于海拔2m左右的低平地	土壤含盐量0.5%—0.9%
	罗布麻草甸	种类较丰富，常见伴生植物有芦苇（Phragmites australis），碱蓬（Suaeda glauca），茵陈蒿（Artemisia capillaris）等	黄河三角洲较多见	多为撂荒后的次生群落
	补血草草甸	种类较丰富，常见伴生植物有獐毛（Aeluropus sinensis），茵陈蒿（Artemisia capillaris）等	黄河三角洲较多见	多为撂荒后的次生群落
	狗尾草群落	一年生群落。常为单优群落，伴生种类有马唐（Digitaria sanguinalis），中华苦荬菜（Ixeris chinensis），刺儿菜（Cirsium arvense var. integrifolium）等	见于各地。撂荒地、路边、空地常见	为伴人植物群落和杂草群落
	其他草甸（有茵陈蒿草甸、假苇拂子茅草甸2个群系）	种类组成简单，常与獐毛群落、罗布麻群落等混生	各地都有分布，多见于撂荒荒地。黄河三角洲有分布	多为次生群落，多局部小片分布

续表

植被型	群系	主要特征	分布	说明
	灯心草沼泽	灯心草（Juncus effusus）为建群种，偶尔可见到泽泻（Alisma orientale）、雨久花（Monochoria korsakowii）等	各地都有分布，多见于池塘边、沟边和常年积水的低洼地	面积一般不大。土壤为沼泽土
	水莎草沼泽	群落高大，总盖度高，常为单优群落	南四湖等湖泊较为常见	常大片出现
沼泽植被（有草本沼泽1个植被亚型，莎草沼泽、禾草沼泽、杂类草沼泽3个群系组）	芦苇沼泽	芦苇（Phragmites australis）为单优势种，生长良好，植株高达3—5m，群落总盖度可达90%以上	在南四湖、东平湖、马踏湖等地典型，在平原积水洼地和黄河三角洲滨海地区也有分布	地表常年积水，水深在1m以下，发育了典型的沼泽土
	菰沼泽	群落外貌黄绿色，群落高1.5—2.5m，群落总盖度30%—80%	南四湖、东平湖等最典型。其他淡水水域也有分布	生长于水深50—80cm的范围内
	互花米草沼泽	常为单优纯群落，偶见芦苇（Phragmites australis）、盐地碱蓬（Suaeda salsa）等	黄河口近海滩涂、胶州湾等有大面积分布	入侵性植物群落，潜在危害大
	香蒲沼泽	多为单优群落，种类不丰富	见于湖泊、池塘、河沟等	常密集生长，是山东最常见的沼泽类型
	小香蒲沼泽	多为单优群落，种类不丰富	各地零星分布，见于湿地。黄河三角洲有小片出现	土壤为沼泽土
	泽泻沼泽	群落伴生雨久花（Monochoria korsakowii）等	各地都有分布，见于积水水域	通常面积很小

续表

植被型	群系	主要特征	分布	说明
	黑藻+苦草群落	黑藻（Hydrilla verticillata）、苦草（Vallisneria natans）最常见，多为共建种或单优种	各地淡水水域较常见	这类群落属于沉水植被，是最典型的水生植被。很少单一分布，常交叉重叠分布。一般分布在水深0.8—1.0m的水域
	金鱼藻群落	常与其他水生植物混生，或出现在扎根植物群落中	不太常见，南四湖有分布	
	狐尾藻群落	常与其他水生植物混生，或出现在扎根植物群落中	不太常见，南四湖有分布	
	菹草群落	常形成单优群落，水富营养化时菹草（Potamogeton crispus）疯长	各地湖泊、池塘常见	
	眼子菜群落	由眼子菜属数种（Potamogeton spp.）组成，如眼子菜（Potamogeton distinctus）、竹叶眼子菜（P. wrightii）等	各地很常见	
水生植被（有沉水植被、漂浮植被、浮叶植被、扎根水生植被、挺水植被4个植被亚型）	浮萍群落	常为单优群落	各地分布，在富营养化的水域集中出现	这类群落属于漂浮植被。植物通常漂浮在水面，可随水流动和随风飘移，也是典型的水生植被。浅水和深水水面都可出现。其中，凤眼莲（Eichhornia crassipes）和大漂（Pistia stratiotes）属于外来植物，竞争力强，已成为危害潜力大的入侵物种
	紫萍群落	常为单优群落	各地分布，在富营养化的水域集中出现	
	槐叶蘋群落	常为单优群落	南四湖等湖泊有零星分布，常混生于挺水植物群落之中	
	凤眼莲群落	常为单优群落	各地水域常见，分布较广	
	大漂群落	常为单优群落	各地水域常见，分布较广	
	睡莲群落	常为单优群落，群落中常有荇菜（Nymphoides peltata）、水鳖（Hydrocharis dubia）、眼子菜（Potamogeton distinctus）等	各地淡水水域常见，以南四湖、东平湖等湖泊最普遍	这类群落属于浮叶群落。植物的根扎于淤泥中，叶片漂浮在水面，也是典型的水生植被。其中，菱（Trapa natans）、芡（Euryale ferox）为自然生长或人工栽培，有本地种和引种。属于外来入侵植物，潜在危险大

续表

植被型	群系	主要特征	分布	说明
水生植被（有沉水植被、漂浮植被、浮叶植被、扎根水生植被、挺水植被4个植被亚型）	荇菜群落	常小片出现。偶与睡莲（Nymphaea tetragona）、浮萍（Lemna minor）等混生	各地淡水水域常见，以南四湖、东平湖等湖泊最普遍	这类群落属于浮叶扎根水生植被。植物的根扎于淤泥中，叶片漂浮在水面，也是典型的水生植被。其中，菱（Trapa natans）、芡（Euryale ferox）为自然生长或人工栽培，有本地种和引种种。喜旱莲子草（Alternanthera philoxeroides）属于外来入侵植物，潜在危险大
	水鳖群落	常小片出现。偶见荇菜（Nymphoides peltata）、水鳖（Hydrocharis dubia）、浮萍（Lemna minor）、喜旱莲子草（Alternanthera philoxeroides）等	各地淡水水域常见，以南四湖、东平湖等湖泊最普遍	
	菱群落	常密集分布。群落中有眼子菜（Potamogeton distinctus）、菹草（Potamogeton cripus）等	各地淡水水域常见，以南四湖、东平湖等湖泊最普遍	
	芡群落	常密集分布。群落中有眼子菜属多种（Potamogeton spp.）、菹草（Potamogeton cripus）等	各地淡水水域常见，以南四湖、东平湖等湖泊最普遍	
	莼菜群落	常小片出现。偶与水鳖（Hydrocharis dubia）、荇菜（Nymphoides peltata）等混生	各地淡水水域常见，以南四湖、东平湖等湖泊最普遍	
	喜旱莲子草群落	常为单优群落。有时也出现芦苇（Phragmites australis）、菰（Zizania latifolia）、睡莲（Nymphaea tetragona）、浮萍（Lemna minor）等	各地淡水水域常见，以南四湖、东平湖等湖泊最普遍	
	莲群落	常为单优群落。群落中常散生荇菜（Nymphoides peltata）、水鳖（Hydrocharis dubia）、浮萍（Lemna minor）、槐叶蘋（Salvinia natans）等，也有眼子菜属数种（Potamogeton spp.）、黑藻（Hydrilla vertillata）、菹草（Potamogeton cripus）等	分布很普遍，各地水域都有，面积大。南四湖、东平湖的连群落最典型	
	菰群落	常为单优群落	分布在湖泊、河道、池塘浅水处或岸边。南四湖、东平湖等湖泊较常见	
	芦竹群落	常为单优群落。芦竹植株高大，可达2—3m，密集丛生	分布在湖泊、河道、池塘浅水处或岸边。南四湖等湖泊分布较多	这类群落属于挺水植被，与沼泽植被相似。其中，芦竹（Arundo donax）为人工引进，有潜在入侵性

续表

植被型	群系	主要特征	分布	说明
砂生植被（有草本群落、灌木群落、木本群落3个植被亚型）	筛草群落	群落总盖度50%—60%。伴生种有肾叶打碗花(Calystegia soldanella)、日本山黧豆(Lathyrus japonicus)、兴安天门冬(Asparagus dauricus)、匐茎苦菜(Ixeris repens)、珊瑚菜(Glehnia littoralis)、粗毛鸭嘴草(Ischaemum barbatum)等	烟台市、威海市、青岛市等地砂质海岸较常见	主要分布在高潮线上缘沙地上，为滨海沙滩裸地上的先锋植物群落
	滨麦群落	群落总盖度超过60%。常为单优群落，偶见筛草（Carex kobomugi）、日本山黧豆（Lathyrus japonicus）、单叶蔓荆（Vitextrifolia rotundifolia）等	威海市、烟台市砂质海岸上多见	分布区地势较平坦，土壤含盐量0.2%左右
	粗毛鸭嘴草群落	粗毛鸭嘴草（Ischaemum barbatum）簇生或呈团状状分布。伴生种类有细枝补血草（Limonium tenellum）、日本山黧豆（Lathyrus japonicus）、肾叶打碗花（Calystegia soldanella）、兴安天门冬（Asparagus dauricus）、兴安胡枝子（Lespedeza davurica）等	威海市、烟台市砂质海岸上有少量分布	分布在距潮间带较远的地势缓平处。土壤含盐量0.15%—0.20%
	细枝补血草群落	细枝补血草（Limonium tenellum）很少单独形成群落，常与日本山黧豆（Lathyrus japonicus）、肾叶打碗花（Calystegia soldanella）等混生	威海市、烟台市砂质海岸上有少量分布	分布在距潮间带较远的地势缓平处。土壤含盐量0.15%—0.20%
	砂引草群落	群落总盖度20%—40%。常与矮生蔓草（Carex pumila）、肾叶打碗花（Calystegia soldanella）、筛草（Carex kobomugi）等混生	各地砂质海岸常见，滨州市贝壳堤岛有成片分布	土壤含盐量0.2%—0.3%
	珊瑚菜群落	在筛草群落的外侧，共建种有珊瑚菜（Glehnia littoralis）、肾叶打碗花（Calystegia soldanella）、日本山黧豆（Lathyrus japonicus）等	20世纪50—90年代，烟台市、威海市砂质海岸上很常见，目前仅少量分布	分布于砂质海岸地势较平坦处。珊瑚菜（Glehnia littoralis）为国家级保护植物
	肾叶打碗花群落	在筛草群落的外侧，共建种有肾叶打碗花（Calystegia soldanella）、日本山黧豆（Lathyrus japonicus）等	烟台市、威海市、日照市等地有少量分布	分布于砂质海岸地势较平坦处
	白茅群落	群落总盖度大，一般在80%以上。有明显的单优群落的特点，与之伴生的只有零星的筛草（Carex kobomugi）、芦苇（Phragmites australis）、日本山黧豆（Lathyrus japonicus）等	威海市、烟台市砂质海岸上多见	距潮间带最远的一个群落。土壤含盐量0.1%
	月见草群落	常为单优群落，偶见芦苇（Phragmites australis）、筛草（Carex kobomugi）、肾叶打碗花（Calystegia soldanella）等	威海市砂质海岸有零星分布	零星分布于沙滩外缘，现已不常见
	芦苇群落	常成片出现，或混生于其他群落中。除芦苇（Phragmites australis）外，还有筛草（Carex kobomugi）、肾叶打碗花（Calystegia soldanella）、滨麦（Leymus mollis）等	烟台市、威海市等地有分布	在积水处和砂丘上都有出现

植被型	群系	主要特征	分布	说明
砂生植被型（有草本群落、灌木群落、木本群落3个植被亚型）	单叶蔓荆群落	群落总盖度70—100%，高度0.5—1.0m。单叶蔓荆（Vitex rotundifolia）占绝对优势，群落稀疏的地段有日本山黧豆（Lathyrus japonicus）、肾叶打碗花（Calystegia soldanella）等	烟台市、威海市、日照市等地砂质海岸分布广泛	海岸带沙地上分布面积最大的天然灌木群落，出现在砂质海岸的外缘和地势较高处
	野生玫瑰群落	玫瑰（Rosa rugosa）是海岸砂生植被重要的建群种。群落种类组成简单，总盖度40%—50%。伴生种类有兴安胡枝子（Lespedeza davurica）、单叶蔓荆（Vitex rotundifolia）、筛草（Carex kobomugi）、滨麦（Leymus mollis）等	烟台市、威海市等地砂质海岸分布较多	分布于距潮间带较近处，呈斑块状分布，土壤含盐量0.2%左右。玫瑰（Rosa rugosa）为国家级保护植物
	柽柳群落	除丁柽柳（Tamarix chinensis），伴生多种砂生植物，如筛草（Carex kobomugi）、砂引草（Tournefortia sibirica）等	威海市荣成市、滨州市贝壳堤岛等地有分布	见于土壤盐分高的地段
	银白杨群落	除银白杨（Populus alba）外，还有单叶蔓荆（Vitex rotundifolia）、筛草（Carex kobomugi）等	威海市等地有分布	见于沙滩外缘距海较远处
	紫穗槐群落	人工栽培，种类单一	威海市、烟台市、青岛市、日照市等地有分布	一般分布在沙滩的外缘，周边为黑松林或农田
	黑松群落	40—50年生的黑松林高达10m以上，群落基本达到郁闭状态。林下除紫穗槐（Amorpha fruticosa）为人工种植的种类外，其他种类都是沙地上常见的植物，如玫瑰（Rosa rugosa）、白茅（Imperata cylindrica）等。此外，还有麻栎（Quercus acutissima）、扁担杆（Grewia biloba）、牛奶子（Elaeagnus umbellata）等进入群落	各地沿海砂质海岸上有分布	砂质海岸上最常见的人工林，是海岸防护林的主要类型。土壤条件明显好于造林之前
	刺槐群落	50—60年生的刺槐林高达15—20m，树胸径20—40cm不等，为单种单层乔木林。乔木层主要是刺槐（Robinia pseudoacacia），也有黑松（P. thunbergii）混生，林下种类较黑松林稍丰富，灌木偶见紫穗槐（Amorpha fruticosa）等，也有较多刺槐（Robinia pseudoacacia）和麻栎（Quercus acutissima）萌生苗	各地沿海砂质海岸都有分布	通常分布在黑松林的外围，距离海岸较近，面积仅次于黑松林，也是砂质海岸常见的人工林

第五章　山东现状植被：针叶林

一、针叶林概况

针叶林是以裸子植物松柏目（Coniferies）的乔木树种为建群种所形成的森林植被总称，主要由云杉属（*Pecia*）、冷杉属（*Abies*）、落叶松属（*Larix*）、松属等的针叶树组成，属寒温带针叶林和温带、亚热带山地针叶林植被类型（图 5-1-1 至图 5-1-4）。针叶林包括各种针叶纯林、针叶混交林和少量针阔叶混交林，其中既有次生天然林，也有粗放经营的人工林。在《中国植被》（1980）分类中，针叶林归为植被型组，其下划分出寒温性针叶林、温性针叶林、暖性针叶林等植被型。本书将针叶林作为植被型记述。

图 5-1-1　典型针叶林（落叶松林）（崂山）

图 5-1-2　典型针叶林（云杉林）（德国）

图 5-1-3 典型针叶林（冷杉林）（德国）

针叶林在我国各地都有分布，但主要见于东部湿润森林区域及西部干旱、半干旱地区的山地中上部，多呈斑块状分布。在山东省，针叶林是分布最广泛的植被类型之一，它主要分布在山东半岛和鲁中南的山地丘陵地区（图5-1-5），多为天然或半天然的次生林。此外，作为海岸的防护林，在沿海的沙滩上也在栽培。根据第九次全国森林资源清查统计，山东省的天然林面积为10.40万 hm²，其中针叶林为6.66万 hm²，约占天然林总面积的64%。

山东省的地带性针叶林属温性常绿针叶林，主要建群种是赤松、油松和侧柏3种。除地带性的种类外，还有从国内外引进的种类，引种成功的有数十种，但成为森林植被建群种类的并不多。引自日本的黑松适应性较强，已成为重要的造林树种，栽培面积较大；同样引自日本的日本落叶松栽培面积也较大。此外，引自日本的日本花柏（*Chamaeoyo parispisifera*），引自北美的火炬松（*Pinus taec*）、湿地松（*Pinus elliotii*），以及引自我国亚热带的马尾松、杉木、水杉（*Metasequoia glyptostroboides*）等多限于局部种植。

赤松林、油松林和侧柏林是山东省针叶中最主要的类型，其面积超过全省针叶林总面积的70%。赤松主要分布在山东半岛的低山丘陵区，赤松林是该区面积最大的天然森林群落。此外在鲁中南的花岗岩山地上也有广泛栽培。油松和侧柏多见于鲁中南山地丘陵区，其中油松分布在岩浆岩母质的棕壤土区，侧柏出现在石灰岩母质的褐土区。

针叶林一般高大挺拔，群落的外貌和结构都较简单。群落的层次分化非常明显，通常能清楚地分出乔木层、灌木层和草本层3个层次，地被层常不发育。乔木层为单层，灌木层和草本层可分出1—2个亚层。山东省的地带性针叶林为常绿针叶林，群落的外貌变化不大，但林下灌木层、草本层的季节变化反映出某些季相特征。

图5-1-4　典型针叶林（赤松林）（崂山）

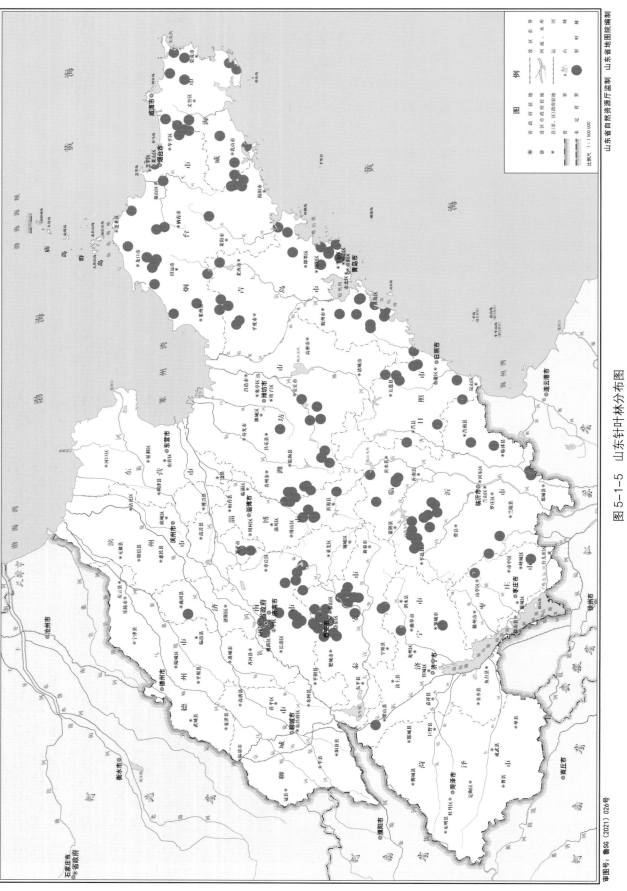

图 5-1-5　山东针叶林分布图

山东省自然资源厅监制　山东省地图院编制

山东省的针叶林目前多为幼龄、中龄林，木材的蓄积量不高，生产力低下，并且病虫害较严重。同时，由于针叶林在山东省多分布在山地丘陵地区坡度大、土层较瘠薄的地段，它们对于涵养水源、防止水土流失等有着重要作用。

本章着重记述赤松林、油松林、黑松林、侧柏林和日本落叶松林 5 个针叶林类型。其他针叶林由于面积小，不那么重要，仅做简要介绍。

二、赤松林

赤松林是山东省地带性的针叶林之一，也是全省面积最大、分布最广、资源最丰富的天然森林群落。赤松树干挺拔、树皮红色，树形美观（图 5-2-1 至图 5-2-3），是用材、观赏、绿化和造林的常用树种。由于虫灾的发生，赤松林的总面积由 20 世纪 70 年代的 26.7 万 hm² 下降到 2019 年的 6 万 hm²，但仍然是面积最大的天然针叶林。

图 5-2-1 赤松（*Pinus densiflora*）大树（昆嵛山）（1）

图 5-2-2 赤松（*Pinus densiflora*）大树（昆嵛山）（2）

图 5-2-3 赤松（*Pinus densiflora*）大树（崂山）

（一）地理分布和生态特征

1. 地理分布

赤松是典型的温性针叶树种，主要分布于中国黑龙江东部、吉林长白山、辽宁中部至辽东半岛、山东胶东地区及江苏东北部云台山，自沿海地带上达海拔 900m 山地均有分布，常组成次生纯林；南京等地有栽培。日本、朝鲜、俄罗斯也有分布。赤松林在其分布区内形成了大面积的天然森林群落。

在中国，赤松的天然分布区是暖温带东部沿海地区，北起辽东半岛东南部，然后经山东半岛向南至江苏的云台山，成为一个南北狭长的地带，山东半岛是其分布中心。赤松分布区的北、西、南面分别为红松（*Pinus koraiensis*）、油松和马尾松所取代。

根据赤松的分布、生长状况、更新能力及地质因素等方面分析，可以断定赤松是山东省的乡土树种，山东省是其原产地之一。在山东半岛，除平原地区外，山地丘陵上到处都可见到赤松的分布（图 5-2-4），它是这地区典型的代表性针叶树。在昆嵛山、崂山、牙山、蓬莱艾山、伟德山、罗山、招虎山、五莲山、大泽山等山地及其周围的丘陵上，赤松的分布最为集中和广泛。20 世纪 70 年代以前，在这些地区都可以见到大面积高大的赤松林。

20 世纪 50—60 年代，由于松毛虫（*Dendrolimus spectabilis*）、松干蚧（*Matsucoocus matsumurae*）的严重危害，赤松林成片死亡，以致目前见到的赤松林多为 30—40 年生的次生幼龄、中龄林，只是在昆嵛山、崂山和大泽山等地尚保留着散生的大树或小面积的成年林，其中昆嵛山的赤松林保护最好、面积也大，是保护区的主要保护对象。除山东半岛外，在鲁中南地区赤松也广泛栽培，并形成较大面积的人工赤松林，在沂山、蒙山、徂徕山、泰山及其他山地丘陵上都可见到人工赤松林。

2. 自然环境

赤松林的天然分布区是山东半岛，气候为暖温带季风气候。由于受海洋的影响，大部分分布区降水较多，热量丰富，完全能满足赤松生长发育的需要。分布区的年平均气温为 11.5—12.5℃，最冷月气温为 -3.7—-1.0℃，极端低温为 -17—-14.5℃，≥ 10℃ 的积温为 3700—4200℃，年平均降水量为 600—950mm，以 6 月、7 月、8 月 3 个月降水量最小，占全年降水量的 60%—70%。冬季一般有一定量的降雪，对保持土壤的湿润起到了一定的作用。分布区的年平均空气相对湿度为 65%—75%，较省内其他地区相对高一些。从气象数据可以看出，赤松分布区的气候特点是温暖湿润，冬少严寒，夏无酷暑，适于赤松的生长和发育。在鲁中南地区，栽培的赤松一般也能正常生长和发育，表明栽培区的气候条件也适于赤松生存。

赤松分布区的地形有丘陵，以及崂山、昆嵛山、牙山等低山或中山山地。

赤松林下的土壤为棕壤，呈酸性或弱酸性。按土层的厚度可分为厚层土、中层土和薄层土。厚层土厚可达 51—100cm，这是典型的棕壤，见于阴坡中下部。这类土壤虽然最适于赤松的生长，但所占比例极少。中层土的厚度为 30—50cm，见于阴坡中上部和下部。这类土占赤松林下土壤的 1/3 左右。虽然赤松种在这类土壤上能正常生长发育，但生长速度缓慢一些。薄层土的厚度在 30cm 以下，土壤剖面发育不全，土中含砾石较多（这类土常被称为粗骨性棕壤或棕壤性粗骨土），有些地段几乎没有土壤，赤松在岩石缝里扎根生长。这类土壤所占比例在 1/2 以上，常出现在山坡上部和山脊部分。赤松在这类土壤中常生长发育不良，表现为树干低矮弯曲，分叉较多。在这类土壤上的赤松林郁闭度也很小，常在 0.5 以下。这 3 类

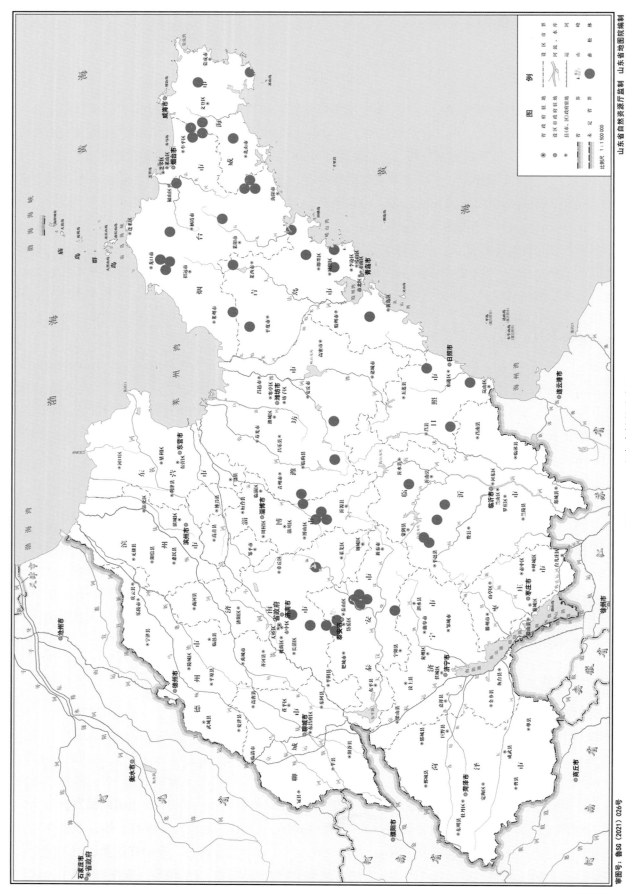

图 5-2-4　山东赤松林分布图

土壤的特征如表 5-2-1 所示。

表 5-2-1　赤松林下土壤基本特征

项目		厚层土	中层土	薄层土
深度		>50cm	30—50cm	<30cm
剖面结构	淋溶层 1	0—20cm	0—5cm	0—3cm
	淋溶层 2	21—40cm	6—20cm	4—10cm
	淀积层	41—100cm	21—50cm	11—30cm
	母质层	100cm 以下	50cm 以下	30cm 以下
pH		5.5—6.5	6.5—7.0	6.5—7.0

3. 生态特征

赤松是阳性针叶树种，适于温暖湿润的气候条件，自然分布范围是沿海地区，在沿海地区生长发育良好。从垂直分布上看，在山东半岛，它可以分布到海拔 900m 左右；在鲁中南山地，在海拔 700m 上下也能正常生长发育。但无论在山东半岛还是鲁中南，均以海拔 500m 以下最适其生长。赤松的更新需要充足的光照。调查表明，在赤松林采伐迹地或郁闭度较小的成年林中，赤松的自然更新能力极强，更新苗很常见；而在郁闭度大的林分中，赤松的更新受到限制或完全不能更新，在林窗之外的密闭处，几乎见不到更新苗。

（二）群落组成

在天然的成年赤松林或赤松 + 阔叶树混交林中，赤松林的种类组成较复杂。据近 10 年的 73 个大样地的调查统计，赤松林的物种总数达到 200 多种。在 20m×20m 的样地中最多记录到的植物种类在 100 种左右，但在次生的幼中龄林中，种类组成常较为简单，在 10m×10m 的样地中约有 30 种。

1. 乔木层

在赤松纯林中，乔木层由赤松组成，偶见栎类等，在混交林中可见到麻栎、栓皮栎、槲树、黄连木、黄檀（*Dalbergia hupeana*）、水榆花楸（*Sorbus alnifolia*）、刺楸（*Kalopanax septemlobus*）、臭椿等阔叶树。在人工混交林中则有黑松、油松、日本落叶松及刺槐等。在山东半岛的赤松林中，还可见到红果山胡椒（*Lindera erythooarpa*）、野茉莉、千金榆（*Carpinus cordata*）、野樱桃（*Prunus piurinervis*）等种类。

2. 灌木层

发育良好的赤松林下灌木层的种类较复杂，尤其在中厚层土上种类更为丰富。较常见的种类有二色胡枝子（*Lespedeza bicolor*）、兴安胡枝子、绒毛胡枝子、截叶铁扫帚、白指甲花（*L. inshanioa*）、三裂绣线菊（*Spiraea trilobata*）、华北绣线菊（*S. fritschiana*）、山槐（*Albizia kalkora*）、花木蓝（*Indigofera kirilowii*）、白檀、野珠兰（*Stephanandra chinensis*）、郁李（*Prunus japonica*）、扁担杆（*Grewia biloba*）、卫矛（*Evonymus alata*）、连翘、照山白（*Rhododendron micranthum*）、盐麸木、山胡椒、荆条、酸枣、锦鸡儿（*Caragana sinica*）、柘树（*Maclura tricuspidata*）、百里香（*Thymus mongolicus*）等。常见的藤本植物有南蛇藤（*Celastrus orbiculatus*）、葛（*Pueraria lobata*）、菝葜（*Smilax china*）、木防己（*Cocculus orbiculatus*）、木通（*Akebia quinata*）、猕猴桃属 1 种（*Actinidia* sp.）等。

3. 草本层

组成草本层的植物也较丰富，优势的种类有黄背草、野古草、结缕草、地榆（*Sanquisorba officinalis*）、长蕊石头花（*Gypsophila oldhamiana*）、石竹（*Dianthus chinensis*）、唐松草（*Thalictrum aquilegifolium* var. *sibiricum*）、委陵菜（*Potentilla chinensis*）、大油芒（*Spodiopogon sibiricus*）、荻（*Miscanthus sacchariflorus*）、隐子草（*Cleistogenes serotina*），以及薹草属数种（*Carex* spp.）、蒿属数种（*Artemisia* spp.）。其他常见种类还有白羊草、丛生隐子草（*Cleistogense caespitosa*）、桔梗（*Platycodon grandiflorus*）、杏叶沙参（*Adenophora petiolata* subsp. *hunanensis*）、玉竹（*Polygonatum odoratum*）、中华卷柏（*Selaginella sinensis*）、瓦松（*Orostachys fimbriata*）等。

（三）群落外貌结构

1. 群落外貌

赤松林为常绿针叶林，群落外观上终年常绿（图 5-2-5 至图 5-2-8）。但群落的下层多为落叶种类，随季节变化而表现出一定的季相特征。如冬季和春季，灌木层、草本层植物都落叶或枯萎，群落内光照充足；而在夏秋季节，灌木和草本植物正处于生长季节，群落茂密，这对于减弱夏季的暴雨对土壤的冲刷是很重要的。由于受虫害影响，加上土壤浅薄，赤松林在多数地段生长不良。

图 5-2-5　赤松林外貌（昆嵛山）（1）

图 5-2-6 赤松林外貌（昆嵛山）（2）

图 5-2-7　赤松林外貌（昆嵛山）（3）

图 5-2-8　赤松林外貌（崂山）

群落的外貌特征与其生活型组成是分不开的。根据调查的样地统计，赤松林的生活型组成中，仍以高位芽占优势，但赤松纯林的高位芽比例要比赤松＋阔叶树混交林低得多。这主要原因是前者乔木层种类组成单一，而后者由于阔叶树的混入，其生活型组成与落叶阔叶林较相似（图 5-2-9 至图 5-2-11）。

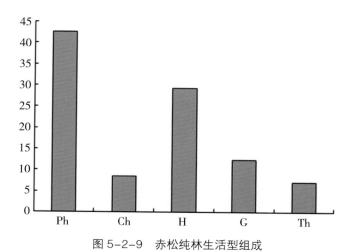

图 5-2-9　赤松纯林生活型组成
Ph. 高位芽；Ch. 地上芽；H. 地面芽；G. 地下芽；Th. 一年生植物

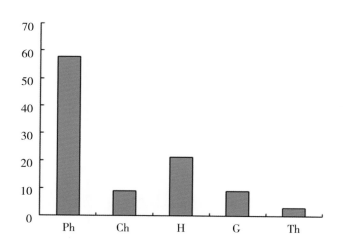

图 5-2-10　赤松 - 麻栎混交林生活型组成
Ph. 高位芽；Ch. 地上芽；H. 地面芽；G. 地下芽；Th. 一年生植物

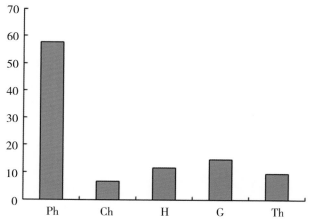

图 5-2-11　落叶阔叶林（黄连木林）生活型组成
Ph. 高位芽；Ch. 地上芽；H. 地面芽；G. 地下芽；Th. 一年生植物

2. 群落结构

中龄林以上或者生长良好的赤松林，群落结构完整，有明显的乔木层、灌木层、草本层（图 5-2-12、图 5-2-13）、地被层。幼龄林和人工林，群落结构较为简单，乔木层通常为单层，且树龄相对较一致，灌木层不发达（图 5-2-14、图 5-2-15）。在赤松混交林中，赤松＋栎林可以分 2 个亚层和层片；其他混交林尽管有阔叶树的存在，仍不能形成复层林，但可分出常绿针叶植物和落叶阔叶植物两个层片。灌木层一般可分为 2—3 个亚层。如在赤松 - 荆条 - 黄背草群落中，灌木上层为荆条，高度达 1.0—1.5m，

图 5-2-12　赤松林灌木层、草本层（崂山北九水）

图 5-2-13　赤松林草本层（崂山北九水）

图 5-2-14　瘠薄处赤松林结构简单（昆嵛山）

图 5-2-15　经人工刈割，赤松林结构简单（沂山）

下层则由花木蓝、兴安胡枝子等组成，高度在 0.5m 左右。草本层通常也可分 2—3 个亚层。在群落中，低矮的大披针薹草（*Carex lanceolata*）等组成草本层的下层；其他高大的草本植物，如黄背草等，组成第一或第二亚层。由于许多赤松林是分布在薄层土上，林下的灌木和草本植物常生长低矮，密度不大，因此灌木层和草本层在林业上常统称为灌草层。赤松林的这种垂直结构特点，在山东的其他森林群落中也经常见到。

（四）群落类型

赤松林是山东省天然针叶林中面积最大的一个群系，包括赤松纯林（图 5-2-16 至图 5-2-20），赤松与麻栎、栓皮栎等形成的赤松 + 阔叶树混交林（图 5-2-21、图 5-2-22），以及一些由人工种植而成的赤松 + 其他针叶树混交林，如赤松 + 油松林、赤松 + 黑松林（图 5-2-23）等。由于这两类混交林都是赤松占优势，或在赤松林的基础上形成的，并且在短期内赤松不会被取代，所以不把它们单独作为其他类型处理。同样，对油松混交林、黑松混交林等也这样处理。从植被分类角度讲，可将赤松纯林、赤松 + 阔叶树混交林、赤松 + 其他针叶树混交林作为 3 个亚群系看待，每个亚群系都可以划分出数个不同的群丛组。

图 5-2-16　赤松纯林（沂山）

图 5-2-17　赤松纯林（崂山）（1）

图 5-2-18　赤松纯林（崂山）（2）

图 5-2-19　赤松纯林（胶东丘陵）

图 5-2-20　赤松纯林（昆嵛山）

图 5-2-21　赤松＋栎类混交林（崂山）

图 5-2-22　赤松＋栎类混交林（昆嵛山）

图 5-2-23　赤松 + 黑松混交林（崂山）

　　2000—2021 年，按照规范要求调查了 73 个样方。根据王国宏等（2020）的分类标准，将赤松林划分为 4 个群丛组和 17 个群丛（表 5-2-2）。

表 5-2-2 赤松林群丛分类简表

群丛组号		Ⅰ	Ⅰ	Ⅰ	Ⅰ	Ⅱ	Ⅱ	Ⅱ	Ⅱ	Ⅱ	Ⅱ	Ⅱ	Ⅱ	Ⅱ	Ⅲ	Ⅲ	Ⅲ	Ⅳ
群丛号		1	2	3	4	5	6	7	8	9	10	11	12	13	14	15	16	17
样地数	L	4	3	11	3	3	8	3	2	2	3	4	2	10	1	8	3	3
狭叶珍珠菜（Lysimachia pentapetala）	7	0	47	22	0	0	0	0	0	0	0	0	0	0	0	0	0	0
早开堇菜（Viola prionantha）	8	0	54	0	0	0	0	0	0	0	0	0	0	0	0	0	0	0
黄瓜菜（Crepidiastrum denticulatum）	7	0	0	24	0	0	0	0	0	0	0	0	0	0	0	0	0	0
酢浆草（Oxalis corniculata）	7	0	71	0	0	0	0	0	0	0	0	0	0	0	0	0	0	0
狗尾草（Setaria viridis）	7	0	0	0	0	0	0	0	0	0	0	0	0	0	0	27	0	0
白羊草（Bothriochloa ischaemum）	7	0	74	0	0	0	0	0	0	0	0	0	0	0	0	0	0	0
马唐（Digitaria sanguinalis）	7	0	75	0	0	0	0	0	0	0	0	0	0	0	0	0	0	0
乳浆大戟（Euphorbia esula）	8	0	36	0	0	0	0	0	0	0	0	0	0	0	0	0	0	0
野菊（Chrysanthemum indicum）	7	0	0	0	27	0	0	0	0	0	0	0	0	0	0	0	0	0
地榆（Sanguisorba officinalis）	8	0	0	0	0	57	0	0	0	0	0	0	0	0	0	0	0	0
龙牙草（Agrimonia pilosa）	8	0	0	0	0	70	0	0	0	0	0	0	0	0	0	0	0	0
华北绣线菊（Spiraea fritschiana）	6	0	0	0	0	74	0	0	0	0	0	0	0	0	0	0	0	0
花木蓝（Indigofera kirilowii）	5	0	0	0	0	0	54	0	0	0	0	0	0	0	0	27	0	0
栓皮栎（Quercus variabilis）	5	0	0	0	0	0	0	78	0	0	0	0	0	0	0	0	0	0
茜草（Rubia cordifolia）	8	0	0	0	0	0	0	0	0	61	0	0	0	0	0	0	0	0
臭草（Melica scabrosa）	8	0	0	0	0	0	0	0	0	82	0	0	0	0	0	0	0	0
路边青（Geum aleppicum）	8	0	0	0	0	0	0	0	0	89	0	0	0	0	0	0	0	0
唐松草（Thalictrum aquilegiifolium var. sibiricum）	8	0	0	0	0	0	0	0	0	68	0	0	0	0	0	0	0	0
小黄紫堇（Corydalis raddeana）	8	32	0	0	0	0	0	0	0	72	0	0	0	0	0	0	0	0
拐芹（Angelica polymorpha）	7	0	0	0	0	0	0	0	0	78	0	0	0	0	0	0	0	0
三裂绣线菊（Spiraea trilobata）	5	0	0	0	0	0	0	0	0	0	81	0	0	0	0	0	0	0
牛筋草（Eleusine indica）	7	0	0	0	0	0	0	0	0	0	81	0	0	0	0	0	0	0
山槐（Albizia kalkora）	3	0	0	0	0	0	0	0	0	0	0	70	0	0	0	0	0	0
麦冬（Ophiopogon japonicus）	7	0	0	0	0	0	0	0	0	0	0	86	0	0	0	0	0	0
刺槐（Robinia pseudoacacia）	3	0	0	0	0	0	0	0	0	0	0	43	0	25	0	0	0	0
披碱草（Elymus dahuricus）	7	0	0	0	0	0	0	0	0	0	0	86	0	0	0	0	0	0
野花椒（Zanthoxylum simulans）	5	0	0	0	0	0	0	0	0	0	0	70	0	0	0	0	0	0
长芒草（Stipa hungeana）	8	0	0	0	0	0	0	0	0	0	0	86	0	0	0	0	0	0
马唐（Digitaria sanguinalis）	8	0	0	0	0	0	0	0	0	0	0	0	70	0	0	0	0	0
杜鹃（Rhododendron simsii）	5	0	0	0	0	0	0	0	0	0	0	0	100	0	0	0	0	0
胡枝子（Lespedeza bicolor）	6	0	0	0	0	0	0	0	0	0	0	0	47	0	0	0	0	0
合欢（Albizia julibrissin）	3	0	0	0	0	0	0	0	0	0	0	0	100	0	0	0	0	0
合欢（Albizia julibrissin）	5	0	0	0	0	0	0	0	0	0	0	0	100	0	0	0	0	0
圆叶牵牛（Ipomoea purpurea）	8	0	0	0	0	0	0	0	0	0	0	0	94	0	0	0	0	0
牵牛（Ipomoea nil）	8	0	0	0	0	0	0	0	0	0	0	0	100	0	0	0	0	0
稗（Echinochloa crus-galli）	7	0	0	0	0	0	0	0	0	0	0	0	100	0	0	0	0	0
盐麸木（Rhus chinensis）	5	0	0	0	0	0	0	0	0	0	0	0	100	0	0	0	0	0
三脉紫菀（Aster ageratoides）	7	0	0	0	0	0	0	0	0	0	0	0	0	63	0	0	0	0
百里香（Thymus mongolicus）	9	0	0	0	0	0	0	0	0	0	0	0	0	0	0	86	0	0
栗（Castanea mollissima）	3	0	0	0	0	0	0	0	0	0	0	0	0	0	13	91	0	0

续表

群丛组号		I	I	I	I	II	II	II	II	II	II	II	II	II	II	III	III	IV
群丛号		1	2	3	4	5	6	7	8	9	10	11	12	13	14	15	16	17
样地数	L	4	3	11	3	3	8	3	2	2	3	4	2	10	1	8	3	3
杜梨（*Pyrus betulifolia*）	5	0	0	0	0	0	0	0	0	0	0	0	0	0	100	0	0	0
香青（*Anaphalis sinica*）	7	0	0	0	0	0	0	0	0	0	0	0	0	0	78	0	0	0
君迁子（*Diospyros lotus*）	3	0	0	0	0	0	0	0	0	0	0	0	0	0	82	0	0	0
茅莓（*Rubus parvifolius*）	6	0	0	0	0	0	0	0	0	0	0	0	0	0	89	0	0	0
黑松（*Pinus thunbergii*）	3	0	0	0	0	0	0	0	0	0	0	0	0	0	0	96	0	0
油松（*Pinus tabuliformis*）	2	0	0	0	0	0	0	0	0	0	0	0	0	0	0	0	81	0
南蛇藤（*Celastrus orbiculatus*）	5	0	0	0	0	0	0	0	0	0	0	0	0	0	0	0	0	47
婆婆针（*Bidens bipinnata*）	8	0	0	18	0	0	0	0	0	0	0	0	0	0	0	0	0	0
小红菊（*Chrysanthemum chanetii*）	8	0	0	0	35	35	0	0	0	0	0	0	0	0	0	0	0	0
野艾蒿（*Artemisia lavandulifolia*）	8	0	0	0	0	52	0	0	0	0	0	0	0	0	0	0	0	0
紫苞鸢尾（*Iris ruthenica*）	8	0	0	0	0	55	0	0	0	0	0	0	0	0	0	0	0	0
芒（*Miscanthus sinensis*）	7	0	0	0	0	35	0	0	0	0	0	0	57	0	0	0	0	0
狭叶珍珠菜（*Lysimachia pentapetala*）	8	0	0	0	0	0	0	0	52	0	0	0	0	0	0	0	0	0
栓皮栎（*Quercus variabilis*）	3	0	0	0	0	0	0	0	60	0	0	0	0	0	0	0	0	37
两型豆（*Amphicarpaea edgeworthii*）	8	0	0	0	0	0	0	0	0	57	57	0	0	0	0	0	0	0
黄花蒿（*Artemisia annua*）	7	0	0	0	0	0	0	0	0	0	0	35	0	0	0	0	0	0
刺槐（*Robinia pseudoacacia*）	5	0	0	0	0	0	0	0	0	0	0	0	0	31	0	0	0	0
油松（*Pinus tabuliformis*）	3	0	0	0	0	0	0	0	0	0	0	0	0	0	0	0	0	41
地榆（*Sanguisorba officinalis*）	7	0	0	0	0	0	0	0	0	0	0	48	0	0	0	0	0	0
小花扁担杆（*Grewia biloba* var. *parviflora*）	5	0	0	0	0	0	21	0	0	0	43	0	0	0	0	0	0	0
黄瓜菜（*Crepidiastrum denticulatum*）	8	0	0	0	0	0	0	0	36	0	0	0	36	0	0	0	0	0
赤松（*Pinus densiflora*）	2	39	0	0	0	0	0	0	0	0	0	0	0	17	0	0	0	0
求米草（*Oplismenus undulatifolius*）	8	0	0	0	0	0	0	0	0	0	0	0	0	21	0	0	0	0
麻栎（*Quercus acutissima*）	3	0	0	0	0	0	24	0	0	0	0	0	0	0	0	0	0	0
鸭跖草（*Commelina communis*）	8	26	0	0	0	0	0	0	0	0	0	0	0	0	0	0	0	0
荆条（*Vitex negundo* var. *heterophylla*）	5	0	0	17	0	0	0	0	0	0	0	0	0	0	0	0	0	0
中华卷柏（*Selaginella sinensis*）	9	0	39	34	0	0	0	0	0	0	0	0	0	0	0	0	0	0
黄背草（*Themeda triandra*）	7	0	0	0	0	0	0	0	0	0	0	0	0	0	0	15	0	0
软枣猕猴桃（*Actinidia arguta*）	3	0	0	0	0	0	0	0	0	0	0	0	0	0	0	0	0	57
蒌蒿（*Artemisia selengensis*）	8	0	0	0	0	0	0	0	0	0	0	0	0	0	0	0	0	57
山楂（*Crataegus pinnatifida*）	3	0	0	0	0	0	0	0	0	0	0	0	0	0	0	0	0	57
油松（*Pinus tabuliformis*）	6	0	0	0	0	0	0	0	0	0	0	0	0	0	0	0	0	57
南蛇藤（*Celastrus orbiculatus*）	8	0	0	0	0	0	0	0	0	0	0	0	0	0	0	0	0	57
白蜡树（*Fraxinus chinensis*）	3	0	0	0	0	0	0	0	0	0	0	0	0	0	0	0	0	57
杜梨（*Pyrus betulifolia*）	6	0	0	0	0	0	0	0	0	0	0	0	0	0	0	0	0	57
赤松（*Pinus densiflora*）	5	0	0	30	0	0	0	0	0	0	0	0	0	0	0	0	0	0
臭椿（*Ailanthus altissima*）	3	0	0	0	0	0	0	0	0	0	0	0	0	0	0	0	0	57
小花扁担杆（*Grewia biloba* var. *parviflora*）	3	0	0	0	0	0	0	0	0	0	0	0	0	0	0	0	0	57
老鹳草（*Geranium wilfordii*）	8	0	0	0	0	0	0	0	0	0	0	0	0	0	0	33	0	0

续表

群丛组号		I	I	I	I	II	II	II	II	II	II	II	II	II	II	III	III	IV
群丛号		1	2	3	4	5	6	7	8	9	10	11	12	13	14	15	16	17
样地数	L	4	3	11	3	3	8	3	2	2	3	4	2	10	1	8	3	3
黄背草（Themeda triandra）	8	0	0	0	0	0	0	0	0	0	0	0	0	0	0	49	0	0
黑松（Pinus thunbergii）	5	0	0	0	0	0	0	0	0	0	0	0	0	0	0	64	0	0
长冬草（Clematis hexapetala var. tchefouensis）	8	0	0	0	0	0	0	0	0	0	0	0	0	0	0	39	0	0
桔梗（Platycodon grandiflorus）	8	0	0	0	0	0	0	0	0	0	0	0	0	0	0	30	0	0
绵枣儿（Barnardia japonica）	8	0	0	0	0	0	0	0	0	0	0	0	0	0	0	35	0	0
白头婆（Eupatorium japonicum）	7	0	0	0	0	57	0	0	0	0	0	0	0	0	0	0	0	0
泰山韭（Allium taishanense）	8	0	0	33	0	0	0	0	0	0	0	0	0	0	0	0	0	0
尖裂假还阳参（Crepidiastrum sonchifolium）	7	0	57	0	0	0	0	0	0	0	0	0	0	0	0	0	0	0
杏叶沙参（Adenophora petiolata subsp. hunanensis）	7	0	0	0	0	0	0	0	0	0	0	0	0	33	0	0	0	0
黑弹树（Celtis bungeana）	5	0	0	0	0	0	0	0	0	0	0	0	0	24	0	0	0	0
麻栎（Quercus acutissima）	2	0	0	0	0	0	39	0	0	0	0	0	0	0	0	0	0	0
石沙参（Adenophora polyantha）	8	0	0	29	0	0	0	0	0	0	0	0	0	0	0	0	0	0
葎草（Humulus scandens）	7	53	0	0	0	0	0	0	0	0	0	0	0	0	0	0	0	0
矮生薹草（Carex pumila）	7	0	0	0	0	0	57	0	0	0	0	0	0	0	0	0	0	0
烟管头草（Carpesium cernuum）	7	0	0	0	0	0	0	0	0	0	0	0	0	44	0	0	0	0
两型豆（Amphicarpaea edgeworthii）	7	0	0	0	0	0	0	0	0	0	0	0	0	44	0	0	0	0
日本安蕨（Anisocampium niponicum）	7	0	0	0	0	0	0	0	0	0	0	0	0	44	0	0	0	0
杠板归（Persicaria perfoliata）	8	0	0	0	0	0	0	0	0	57	0	0	0	0	0	0	0	0
卫矛（Euonymus alatus）	5	49	0	0	0	0	0	0	0	0	0	0	0	0	0	0	0	0
烟管头草（Carpesium cernuum）	9	0	0	0	0	0	57	0	0	0	0	0	0	0	0	0	0	0
鸭跖草（Commelina communis）	7	0	0	0	0	0	0	0	0	0	0	0	0	44	0	0	0	0
刺槐（Robinia pseudoacacia）	2	0	0	0	0	0	0	0	0	0	0	0	0	62	0	0	0	0
小花鬼针草（Bidens parviflora）	8	0	0	0	0	0	0	0	0	0	0	0	0	47	0	0	0	0
蓬子菜（Galium verum）	7	0	0	0	0	0	0	0	0	0	0	0	0	27	0	0	0	0
坚硬女娄菜（Silene firma）	7	0	0	0	0	0	57	0	0	0	0	0	0	0	0	0	0	0
栓翅卫矛（Euonymus phellomanus）	5	0	0	0	0	0	0	0	0	0	0	0	0	54	0	0	0	0
中国繁缕（Stellaria chinensis）	9	0	0	0	0	0	0	0	0	0	70	0	0	0	0	0	0	0
香青（Anaphalis sinica）	8	0	0	42	0	0	0	0	0	0	0	0	0	0	0	0	0	0
鸡腿堇菜（Viola acuminata）	7	0	0	42	0	0	0	0	0	0	0	0	0	0	0	0	0	0
薯蓣（Dioscorea polystachya）	9	0	0	0	0	0	39	0	0	0	0	0	0	0	0	0	0	0
臭椿（Ailanthus altissima）	2	0	0	0	0	0	0	0	0	0	70	0	0	0	0	0	0	0
枹栎（Quercus serrata）	2	0	0	0	0	0	0	0	0	0	70	0	0	0	0	0	0	0
透骨草（Phryma leptostachya subsp. asiatica）	8	0	0	0	0	0	25	0	0	0	0	0	0	0	0	0	0	0
野豌豆（Vicia sepium）	9	0	0	0	0	0	0	0	0	0	70	0	0	0	0	0	0	0
烟管头草（Carpesium cernuum）	8	0	0	0	0	0	0	0	0	0	0	0	0	70	0	0	0	0
接骨木（Sambucus williamsii）	5	0	0	0	0	0	0	0	0	0	0	0	0	70	0	0	0	0
构（Broussonetia papyrifera）	6	0	57	0	0	0	0	0	0	0	0	0	0	0	0	0	0	0
千屈菜（Lythrum salicaria）	7	0	0	0	0	0	0	0	0	0	0	0	0	70	0	0	0	0
卫矛（Euonymus alatus）	4	0	0	0	0	0	0	0	0	0	0	57	0	0	0	0	0	0

续表

群丛组号		I	I	I	I	I	II	II	II	II	II	II	II	II	II	II	III	IV
群丛号		1	2	3	4	5	6	7	8	9	10	11	12	13	14	15	16	17
样地数	L	4	3	11	3	3	8	3	2	2	3	4	2	10	1	8	3	3
委陵菜（*Potentilla chinensis*）	7	0	0	42	0	0	0	0	0	0	0	0	0	0	0	0	0	0
地锦（*Parthenocissus tricuspidata*）	9	0	0	0	0	0	25	0	0	0	0	0	0	0	0	0	0	0
小叶鼠李（*Rhamnus parvifolia*）	6	0	0	0	0	0	0	0	0	0	57	0	0	0	0	0	0	0
小蓬草（*Erigeron canadensis*）	7	0	57	0	0	0	0	0	0	0	0	0	0	0	0	0	0	0
宜昌荚蒾（*Viburnum erosum*）	5	0	0	0	0	0	0	57	0	0	0	0	0	0	0	0	0	0
钩藤（*Uncaria rhynchophylla*）	6	0	0	0	0	0	0	0	0	0	0	70	0	0	0	0	0	0
裂叶堇菜（*Viola dissecta*）	7	0	0	0	0	0	0	0	0	0	0	0	70	0	0	0	0	0
杜梨（*Pyrus betulifolia*）	4	0	0	0	57	0	0	0	0	0	0	0	0	0	0	0	0	0
酸枣（*Ziziphus jujuba* var. *spinosa*）	6	0	0	27	0	0	0	0	0	0	0	0	0	0	0	0	0	0
山樱花（*Cerasus serrulata*）	6	0	0	0	57	0	0	0	0	0	0	0	0	0	0	0	0	0
构（*Broussonetia papyrifera*）	5	0	0	51	0	0	0	0	0	0	0	0	0	0	0	0	0	0
荻（*Miscanthus sacchariflorus*）	8	0	0	0	0	0	0	57	0	0	0	0	0	0	0	0	0	0
长药八宝（*Hylotelephium spectabile*）	8	0	0	0	0	0	0	57	0	0	0	0	0	0	0	0	0	0
玉竹（*Polygonatum odoratum*）	9	0	0	0	0	0	0	57	0	0	0	0	0	0	0	0	0	0
中国繁缕（*Stellaria chinensis*）	7	0	0	0	0	0	0	0	0	70	0	0	0	0	0	0	0	0
荠苨（*Adenophora trachelioides*）	7	0	0	0	0	0	0	0	0	0	0	0	70	0	0	0	0	0
小叶鼠李（*Rhamnus parvifolia*）	4	0	0	0	0	0	0	0	0	70	0	0	0	0	0	0	0	0
钻叶紫菀（*Symphyotrichum subulatum*）	7	0	0	0	0	0	0	0	0	0	0	0	70	0	0	0	0	0
小藜（*Chenopodium ficifolium*）	8	0	0	0	0	0	0	0	70	0	0	0	0	0	0	0	0	0
风花菜（*Rorippa globosa*）	7	0	0	0	0	0	0	0	0	0	0	0	70	0	0	0	0	0
臭檀吴萸（*Tetradium daniellii*）	5	0	0	0	0	0	0	57	0	0	0	0	0	0	0	0	0	0
白英（*Solanum lyratum*）	7	0	0	0	0	0	0	0	0	0	0	0	0	0	0	0	57	0
朴树（*Celtis sinensis*）	3	0	0	0	0	0	0	0	0	0	0	0	0	0	0	0	57	0
荩草（*Arthraxon hispidus*）	8	0	0	38	0	0	0	0	0	0	0	0	0	0	0	0	0	0
卫矛（*Euonymus alatus*）	6	0	0	0	0	0	30	0	0	0	0	0	0	0	0	0	0	0
百里香（*Thymus mongolicus*）	8	0	0	0	0	0	0	0	0	0	0	0	0	0	0	23	0	0
橘草（*Cymbopogon goeringii*）	8	0	0	0	0	0	0	0	0	0	0	0	0	0	0	0	57	0
蓝萼毛叶香茶菜（*Isodon japonicus* var. *glaucocalyx*）	7	0	0	0	0	0	0	0	0	0	0	0	0	0	0	0	57	0
升马唐（*Digitaria ciliaris*）	9	0	0	0	0	0	0	0	0	0	0	0	0	0	0	0	57	0
朴树（*Celtis sinensis*）	5	0	0	0	0	0	0	0	0	0	0	0	0	0	0	0	57	0
蒙古蒿（*Artemisia mongolica*）	7	46	0	0	0	0	0	0	0	0	0	0	0	0	0	0	0	0
求米草（*Oplismenus undulatifolius*）	7	0	0	0	0	0	0	0	0	0	0	0	0	0	0	0	57	0
泰山韭（*Allium taishanense*）	7	0	0	0	0	0	0	0	0	0	0	0	0	0	0	0	57	0
枫杨（*Pterocarya stenoptera*）	3	0	0	0	0	0	0	57	0	0	0	0	0	0	0	0	0	0
大果榆（*Ulmus macrocarpa*）	3	0	0	0	0	0	0	0	0	0	57	0	0	0	0	0	0	0
麻叶风轮菜（*Clinopodium urticifolium*）	7	0	0	0	0	0	0	0	0	0	57	0	0	0	0	0	0	0
鹅绒藤（*Cynanchum chinense*）	7	0	0	0	0	0	0	0	0	0	0	0	70	0	0	0	0	0
大山黧豆（*Lathyrus davidii*）	7	0	0	0	0	0	0	0	70	0	0	0	0	0	0	0	0	0
海仙花（*Weigela coraeensis*）	5	0	0	0	0	57	0	0	0	0	0	0	0	0	0	0	0	0
蒙古蒿（*Artemisia mongolica*）	8	0	0	0	0	0	0	0	0	70	0	0	0	0	0	0	0	0

续表

群丛组号		I	I	I	I	I	II	II	II	II	II	II	II	II	II	III	III	IV
群丛号		1	2	3	4	5	6	7	8	9	10	11	12	13	14	15	16	17
样地数	L	4	3	11	3	3	8	3	2	2	3	4	2	10	1	8	3	3
中华苦荬菜（Ixeris chinensis）	8	0	0	0	0	0	0	0	0	0	0	0	70	0	0	0	0	0
刺儿菜（Cirsium arvense var. integrifolium）	8	0	0	0	0	0	0	57	0	0	0	0	0	0	0	0	0	0
荩草（Arthraxon hispidus）	7	0	57	0	0	0	0	0	0	0	0	0	0	0	0	0	0	0
地锦（Parthenocissus tricuspidata）	5	0	0	0	0	0	0	0	0	0	0	0	70	0	0	0	0	0
蓝刺头（Echinops sphaerocephalus）	7	0	0	0	57	0	0	0	0	0	0	0	0	0	0	0	0	0
水金凤（Impatiens noli-tangere）	7	47	0	0	0	0	0	0	0	0	0	0	0	0	0	0	0	0
变色白前（Vincetoxicum versicolor）	8	0	0	0	0	0	39	0	0	0	0	0	0	0	0	0	0	0
毛樱桃（Prunus tomentosa）	3	0	0	0	0	0	0	0	0	0	57	0	0	0	0	0	0	0
鼠尾粟（Sporobolus fertilis）	7	0	57	0	0	0	0	0	0	0	0	0	0	0	0	0	0	0
茜草（Rubia cordifolia）	7	0	0	0	0	0	0	0	0	0	0	42	0	0	0	0	0	0
金盏银盘（Bidens biternata）	7	0	57	0	0	0	0	0	0	0	0	0	0	0	0	0	0	0
蒙古栎（Quercus mongolica）	2	0	0	0	0	0	0	0	0	70	0	0	0	0	0	0	0	0
芫花（Daphne genkwa）	6	0	0	0	0	0	0	57	0	0	0	0	0	0	0	0	0	0
鸢尾（Iris tectorum）	8	0	0	0	0	57	0	0	0	0	0	0	0	0	0	0	0	0
毛白杨（Populus tomentosa）	3	0	0	0	0	0	0	57	0	0	0	0	0	0	0	0	0	0
宽蕊地榆（Sanguisorba applanata）	7	0	0	0	0	0	0	57	0	0	0	0	0	0	0	0	0	0
泰山前胡（Peucedanum wawrae）	7	0	0	0	0	0	0	57	0	0	0	0	0	0	0	0	0	0
东风菜（Aster scabra）	7	0	0	0	0	57	0	0	0	0	0	0	0	0	0	0	0	0
铁苋菜（Acalypha australis）	8	0	0	0	0	0	0	0	0	0	0	0	70	0	0	0	0	0
毛樱桃（Prunus tomentosa）	5	63	0	0	0	0	0	0	0	0	0	0	0	0	0	0	0	0
水蓼（Persicaria hydropiper）	7	0	0	0	0	0	0	0	0	0	57	0	0	0	0	0	0	0
女贞（Ligustrum lucidum）	3	0	0	0	0	0	0	0	0	0	57	0	0	0	0	0	0	0
白莲蒿（Artemisia stechmanniana）	8	0	0	0	0	57	0	0	0	0	0	0	0	0	0	0	0	0
毛缘宽叶薹草（Carex ciliatomarginata）	9	0	0	0	0	57	0	0	0	0	0	0	0	0	0	0	0	0
丛生隐子草（Cleistogenes caespitosa）	7	0	0	0	57	0	0	0	0	0	0	0	0	0	0	0	0	0
莓叶委陵菜（Potentilla fragarioides）	7	0	0	0	0	0	0	57	0	0	0	0	0	0	0	0	0	0
豚草（Ambrosia artemisiifolia）	8	0	0	0	0	57	0	0	0	0	0	0	0	0	0	0	0	0
迎红杜鹃（Rhododendron mucronulatum）	5	0	0	0	0	57	0	0	0	0	0	0	0	0	0	0	0	0
南蛇藤（Celastrus orbiculatus）	7	0	0	0	0	0	0	0	70	0	0	0	0	0	0	0	0	0
杜梨（Pyrus betulifolia）	3	0	0	0	57	0	0	0	0	0	0	0	0	0	0	0	0	0
水蔓菁（Pseudolysimachion linariifolium subsp. dilatatum）	8	0	0	0	0	0	0	0	0	70	0	0	0	0	0	0	0	0
鹅掌楸（Liriodendron chinense）	5	0	0	0	0	0	0	57	0	0	0	0	0	0	0	0	0	0
金盏银盘（Bidens biternata）	8	0	0	43	0	0	0	0	0	0	0	0	0	0	0	0	0	0
中国繁缕（Stellaria chinensis）	8	0	0	0	0	0	0	0	0	0	57	0	0	0	0	0	0	0
矮桃（Lysimachia clethroides）	7	0	0	0	0	57	0	0	0	0	0	0	0	0	0	0	0	0
南玉带（Asparagus oligoclonos）	7	0	0	0	57	0	0	0	0	0	0	0	0	0	0	0	0	0
地锦（Parthenocissus tricuspidata）	7	0	0	0	57	0	0	0	0	0	0	0	0	0	0	0	0	0

注：表中"L"列表示物种所在的群落层，1—3分别表示大、中、小乔木层，4—6分别表示大、中、小灌木层，7—9分别表示大、中、小草本层。表中其余数据为物种特征值（Φ，%），按递减的顺序排列。Φ≥0.25或Φ≥0.5（p<0.05）的物种为特征种，其特征值分别标记浅灰色和深灰色。

各群丛的种类组成和主要分布地点见表 5-2-3。

表 5-2-3　赤松林群丛统计表

群丛组	群丛	主要种类	主要分布地点	样方号
赤松-灌木-草本植物	赤松-荆条-野青茅	赤松（*Pinus densiflora*）、荆条（*Vitex negundo* var. *heterophylla*）、野青茅（*Deyeuxia pyramidalis*）	山东省药乡林场、徂徕山林场、鲁山	SHD018101，SHD37010，SHD56910，SHD57210
	赤松-荆条-白羊草	赤松（*Pinus densiflora*）、荆条（*Vitex negundo* var. *heterophylla*）、白羊草（*Bothriochloa ischaemum*）、黄瓜菜（*Crepidiastrum denticulatum*）、狗尾草（*Setaria viridis*）、黄背草（*Themeda triandra*）、婆婆针（*Bidens bipinnata*）	泰山	SHD030101，SHD031101，SHD032101
	赤松-荆条-黄背草	赤松（*Pinus densiflora*）、荆条（*Vitex negundo* var. *heterophylla*）、黄背草（*Themeda triandra*）	泰山桃花峪、蒙山、徂徕山、蓬莱艾山、马兀山	SHD035101，SHD036101，SHD037101，SHD038101，SHD040121，SHD291101，SHD293101，SHD331101，SHD37110，SHD63410，SHD65610
	赤松-胡枝子-野古草+大披针薹草	赤松（*Pinus densiflora*）、山槐（*Albizia kalkora*）、胡枝子（*Lespedeza bicolor*）、麻栎（*Quercus acutissima*）、荆条（*Vitex negundo* var. *heterophylla*）、青花椒（*Zanthoxylum schinifolium*）、花木蓝（*Indigofera kirilowii*）、野古草（*Arundinella hirta*）、野菊（*Chrysanthemum indicum*）、地榆（*Sanguisorba officinalis*）、黄背草（*Themeda triandra*）、大披针薹草（*Carex lanceolata*）、求米草（*Oplismenus undulatifolius*）	马兀山、牟平区、蒙阴县	SHD040122，SHD292101，SHD65710
赤松+阔叶乔木-灌木-草本植物	赤松+麻栎-胡枝子-大披针薹草	赤松（*Pinus densiflora*）、麻栎（*Quercus acutissima*）、胡枝子（*Lespedeza bicolor*）、青花椒（*Zanthoxylum schinifolium*）、花木蓝（*Indigofera kirilowii*）、野古草（*Arundinella hirta*）、大披针薹草（*Carex lanceolata*）、中华卷柏（*Selaginella sinensis*）	罗山、招虎山	SHD62910，SHD64610，SHD64910
	赤松+麻栎-麻栎-大披针薹草	赤松（*Pinus densiflora*）、麻栎（*Quercus acutissima*）、小花扁担杆（*Grewia biloba* var. *parviflora*）、大披针薹草（*Carex lanceolata*）、求米草（*Oplismenus undulatifolius*）	泰山、沂山、鲁山、天福山、正棋山	SHD033101，SHD039101，SHD195101，SHD43510，SHD58210，SHD82410，SHD82510
	赤松+麻栎-花木蓝-野古草	赤松（*Pinus densiflora*）、麻栎（*Quercus acutissima*）、花木蓝（*Indigofera kirilowii*）、青花椒（*Zanthoxylum schinifolium*）、野古草（*Arundinella hirta*）、绵枣儿（*Barnardia japonica*）、萱草（*Hemerocallis fulva*）、黄背草（*Themeda triandra*）、大披针薹草（*Carex lanceolata*）、狭叶珍珠菜（*Lysimachia pentapetala*）	昆嵛山、招虎山	SHD289101，SHD306101，SHD64710
	赤松+栓皮栎-胡枝子-大披针薹草	赤松（*Pinus densiflora*）、栓皮栎（*Quercus variabilis*）、胡枝子（*Lespedeza bicolor*）、大披针薹草（*Carex lanceolata*）	昆嵛山、蒙山	SHD305101，SHD333101
	赤松+枹栎-小叶鼠李-两型豆	赤松（*Pinus densiflora*）、枹栎（*Quercus serrata*）、蒙古栎（*Quercus mongolica*）、小叶鼠李（*Rhamnus parvifolia*）、君迁子（*Diospyros lotus*）、两型豆（*Amphicarpaea edgeworthii*）、矮丛薹草（*Carex callitrichos* var. *nana*）、鸭跖草（*Commelina communis*）、求米草（*Oplismenus undulatifolius*）	鲁山	SHD56810，SHD57310
	赤松+榆-小花扁担杆-北京隐子草	赤松（*Pinus densiflora*）、黑弹树（*Celtis bungeana*）、榆（*Ulmus pumila*）、大果榆（*Ulmus macrocarpa*）、小花扁担杆（*Grewia biloba* var. *parviflora*）、北京隐子草（*Cleistogenes hancei*）、大披针薹草（*Carex lanceolata*）	鲁山	SHD50610，SHD50710，SHD57010

群丛组	群丛	主要种类	主要分布地点	样方号
赤松+阔叶乔木－灌木－草本植物	赤松+山槐－胡枝子－针茅	赤松（*Pinus densiflora*）、山槐（*Albizia kalkora*）、胡枝子（*Lespedeza bicolor*）、针茅（*Stipa capillata*）	崂山、昆嵛山	SHD002121，SHD002122，SHD002123，SHD300101
	赤松+合欢－合欢－芒	赤松（*Pinus densiflora*）、合欢（*Albizia julibrissin*）、芒（*Miscanthus sinensis*）、鸭跖草（*Commelina communis*）	槎山	SHD43610，SHD43710
	赤松+刺槐－刺槐－大披针薹草	赤松（*Pinus densiflora*）、刺槐（*Robinia pseudoacacia*）、大披针薹草（*Carex lanceolata*）、求米草（*Oplismenus undulatifolius*）	山东省药乡林场、沂山、蒙山、鲁山、仰天山、罗山	SHD015101，SHD020101，SHD197101，SHD199101，SHD332101，SHD50910，SHD51510，SHD55510，SHD56010，SHD62510
	赤松+栗－杜梨－长蕊石头花	赤松（*Pinus densiflora*）、栗（*Castanea mollissima*）、杜梨（*Pyrus betulifolia*）、长蕊石头花（*Gypsophila oldhamiana*）	马亓山	SHD65510
赤松+其他针叶乔木－灌木－草本植物	赤松+黑松－荆条－野古草	赤松（*Pinus densiflora*）、黑松（*P. thunbergii*）、荆条（*Vitex negundo* var. *heterophylla*）、野古草（*Arundinella hirta*）、黄背草（*Themeda triandra*）	招虎山、老寨山、河山、塔山、龙口市下丁家镇	SHD040123，SHD64310，SHD64410，SHD64510，SHD65310，SHD67310，SHD69810，SHD82710
	赤松+油松－荆条－求米草	赤松（*Pinus densiflora*）、油松（*P. tabuliformis*）、荆条（*Vitex negundo* var. *heterophylla*）、求米草（*Oplismenus undulatifolius*）、野青茅（*Deyeuxia pyramidalis*）、婆婆针（*Bidens bipinnata*）	徂徕山林场、塔山	SHD38410，SHD39010，SHD69610
赤松+油松+阔叶乔木－灌木－草本植物	赤松+油松－南蛇藤－大披针薹草	赤松（*Pinus densiflora*）、油松（*P. tabuliformis*）、栓皮栎（*Quercus variabilis*）、臭椿（*Ailanthus altissima*）、南蛇藤（*Celastrus orbiculatus*）、胡枝子（*Lespedeza bicolor*）、大披针薹草（*Carex lanceolata*）、黄背草（*Themeda triandra*）	昆嵛山、大泽山、鲁山	SHD298101，SHD47510，SHD50510

较 2000 年以前，现有群丛数量增加了 10 个以上。这主要是调查范围的扩大、样地面积的加大等因素所致。但几个主要的群丛差别不是很大。

本书着重描述赤松纯林、赤松＋麻栎混交林。

1. 赤松纯林

根据赤松林主要层和层片各种类组成的不同，生境条件，特别是土壤条件的差异，大致可分为 10 个以上群丛，代表性群丛有赤松－胡枝子－草本植物、赤松－荆条－草本植物等。

（1）赤松－胡枝子－野古草＋大披针薹草群丛

本群落分布较普遍，常见于海拔 500m 以下的阴坡、半阳坡，土壤为中层土、厚层土，厚度常接近或超过 50cm，土壤 pH 5—6。林下通常无裸岩出现，枯枝落叶层发育较好。

乔木层主要是赤松，也有其他阔叶树散生。高度 5—10m，郁闭度 0.6—0.8。这一类型的成年林仅局部地区还有保留，30—40 年生的赤松高度可达 15—20m；其余多为 15—20 年生的中幼龄林。林下灌木和草本层的种类较丰富，根据 10 个 100m² 样地的调查统计结果，约有 80 种。灌木层的优势种类是胡枝子，频度达 100%，盖度 1%—35% 不等；其他较常见种类有荆条、花木蓝等。草本层以野古草、大披针薹草、黄背草等常见。藤本植物有南蛇藤等。本群丛基本特征见表 5-2-4。

表 5-2-4　赤松林群落综合分析表 1

层次	种名	株数 / 德氏多度	高度 /m		盖度 /%
			均高	最高	
乔木层	赤松（*Pinus densiflora*）	158	5.62	10.00	
	山槐（*Albizia kalkora*）	11	5.07	8.70	
	落叶松（*Larix gmelinii*）	6	6.83	8.00	70—80
	其他种类：欧黄栌（*Cotinus coggygria*）、花曲柳（*Fraxinus chinensis* subsp. *rhynchophylla*）、栗（*Castanea mollissima*）	6	5.13	7.80	
灌木层	胡枝子（*Lespedeza bicolor*）	40	0.65	1.20	5—35
	南蛇藤（*Celastrus orbiculatus*）	17	0.63	0.63	30
	华北绣线菊（*Spiraea fritschiana*）	14	0.79	1.20	5—6
	其他种类：刺槐（*Robinia pseudoacacia*）	36	0.92	2.00	1—25
草本层	大披针薹草（*Carex lanceolata*）	Cop^2	0.23	0.30	4—50
	野古草（*Arundinella hirta*）	Cop^2	0.06	0.06	40
	野艾蒿（*Artemisia lavandulifolia*）	Cop^2	0.15	0.15	4
	鸭跖草（*Commelina communis*）	Cop^1	0.13	0.40	1
	金盏银盘（*Bidens biternata*）	Cop^1	0.28	0.28	3
	蛇床（*Cnidium monnieri*）	Cop^1	0.97	0.97	2
	其他种类：糠稷（*Panicum bisulcatum*）、葎草（*Humulus scandens*）、桔梗（*Platycodon grandiflorus*）、马兰（*Aster indicus*）、万寿竹（*Disporum cantoniense*）、杏叶沙参（*Adenophora petiolata* subsp. *hunanensis*）、菊叶委陵菜（*Potentilla tanacetifolia*）、山韭（*Allium senescens*）、拳参（*Bistorta officinalis*）、蒙古蒿（*Artemisia mongolica*）、黄瓜菜（*Crepidiastrum denticulatum*）、东北蛇葡萄（*Ampelopsis glandulosa* var. *brevipedunculata*）、野青茅（*Deyeuxia pyramidalis*）、萱草（*Hemerocallis fulva*）、小花鬼针草（*Bidens parviflora*）、三脉紫菀（*Aster ageratoides*）、华东菝葜（*Smilax sieboldii*）、狭叶珍珠菜（*Lysimachia pentapetala*）	Sp	0.24	0.40	1—25

注：调查时间 2011 年 8 月。调查地点烟台市牟平区昆嵛山、日照市莒县马亓山、临沂市蒙阴县蒙山等。样地编号 SHD040122、SHD292101、SHD65710。海拔 300—800m 不等。

（2）赤松 – 荆条 – 黄背草 + 野青茅群丛

本群落见于山东半岛西部和鲁中南地区，分布于海拔 500m 以下的阳坡和半阳坡。土壤为薄层土、中层土。

本群落的建群种主要是赤松，偶有栓皮栎等。灌木层的优势种是荆条，还有小花扁担杆、胡枝子等。草本层以黄背草、野青茅（*Deyeuxia pyramidalis*）和大披针薹草常见。本群丛基本特征见表 5-2-5、5-2-6。

表 5-2-5　赤松林群落综合分析表 2

层次	种名	株数 / 德氏多度	高度 /m		盖度 /%
			均高	最高	
乔木层	赤松（*Pinus densiflora*）	197	5.50	9.70	40
	更新苗：赤松（*Pinus densiflora*）	1	0.60	0.60	

续表

层次	种名	株数/德氏多度	高度/m 均高	高度/m 最高	盖度/%
灌木层	荆条（*Vitex negundo* var. *heterophylla*）	128	0.95	1.00	20—30
	其他种类：栓皮栎（*Quercus variabilis*）、花曲柳（*Fraxinus chinensis* subsp. *rhynchophylla*）、君迁子（*Diospyros lotus*）	6	0.35	0.70	< 1
草本层	中华卷柏（*Selaginella sinensis*）	Cop^2	0.04	0.05	3—7
	野青茅（*Deyeuxia pyramidalis*）	Cop^1	0.26	0.30	6—20
	黄瓜菜（*Crepidiastrum denticulatum*）	Sp	0.18	0.25	1—24
	泰山前胡（*Peucedanum wawrae*）	Sp	0.20	0.38	1—20
	其他种类：葎叶蛇葡萄（*Ampelopsis humulifolia*）、甘菊（*Chrysanthemum lavandulifolium*）、隔山消（*Cynanchum wilfordii*）、黄花蒿（*Artemisia annua*）、野古草（*Arundinella hirta*）、费菜（*Phedimus aizoon*）、臭草（*Melica scabrosa*）、戟叶堇菜（*Viola betonicifolia*）、阴地堇菜（*Viola yezoensis*）、石沙参（*Adenophora polyantha*）、细叶薹草（*Carex duriuscula* subsp. *stenophylloides*）、北京隐子草（*Cleistogenes hancei*）、马齿苋（*Portulaca oleracea*）、草木樨状黄芪（*Astragalus melilotoides*）、狭叶珍珠菜（*Lysimachia pentapetala*）、豆茶山扁豆（*Chamaecrista nomame*）、泰山韭（*Allium taishanense*）、黄背草（*Themeda triandra*）、婆婆针（*Bidens bipinnata*）、白莲蒿（*Artemisia stechmanniana*）、卷柏（*Selaginella tamariscina*）、女娄菜（*Silene aprica*）、猪毛蒿（*Artemisia scoparia*）、茜草（*Rubia cordifolia*）、香青（*Anaphalis sinica*）、京芒草（*Achnatherum pekinense*）、阿尔泰狗娃花（*Aster altaicus*）	Sol	0.21	0.70	1—10

注：调查时间 2012 年 9 月。调查地点平邑县蒙山龟蒙景区。样方面积 600m^2×1。样地编号 SHD331101：纬度 35.53272°，经度 117.84990°，海拔 505m，坡度 17°，坡向 355°，地形为山坡；森林为人工林；干扰类型为人为干扰，干扰程度轻微；照片编号 SHD331101-1，SHD331101-2，SHD331101-3，SHD331101-4。

表 5-2-6　赤松林群落综合分析表 3

层次	种名	株数/德氏多度	高度/m 均高	高度/m 最高	盖度/%
乔木层	赤松（*Pinus densiflora*）	99	5.37	7.50	25—35
灌木层	荆条（*Vitex negundo* var. *heterophylla*）	719	1.05	1.50	15—60
	栓皮栎（*Quercus variabilis*）	26	1.93	2.30	1—7
	其他种类：构（*Broussonetia papyrifera*）、绣线菊（*Spiraea salicifolia*）、麻栎（*Quercus acutissima*）、小花扁担杆（*Grewia biloba* var. *parviflora*）、刺槐（*Robinia pseudoacacia*）、胡枝子（*Lespedeza bicolor*）、山槐（*Albizia kalkora*）	73	1.00	2.50	1—5
草本层	婆婆针（*Bidens bipinnata*）	Cop^2	0.12	0.16	1—50
	黄背草（*Themeda triandra*）	Cop^2	0.19	0.29	2—75
	中华卷柏（*Selaginella sinensis*）	Cop^1	0.02	0.04	1—30
	黄瓜菜（*Crepidiastrum denticulatum*）	Cop^1	0.29	0.45	5—30

续表

层次	种名	株数/德氏多度	高度/m 均高	高度/m 最高	盖度/%
草本层	其他种类：乳浆大戟（*Euphorbia esula*）、早开堇菜（*Viola prionantha*）、狗尾草（*Setaria viridis*）、尖裂假还阳参（*Crepidiastrum sonchifolium*）、野古草（*Arundinella hirta*）、狭叶珍珠菜（*Lysimachia pentapetala*）、地梢瓜（*Cynanchum thesioides*）、茜草（*Rubia cordifolia*）、求米草（*Oplismenus undulatifolius*）、山葡萄（*Vitis amurensis*）、泰山韭（*Allium taishanense*）、荩草（*Arthraxon hispidus*）、金盏银盘（*Bidens biternata*）、鸡腿堇菜（*Viola acuminata*）、野菊（*Chrysanthemum indicum*）、野青茅（*Deyeuxia pyramidalis*）、北京隐子草（*Cleistogenes hancei*）	Sol	0.17	0.40	1—20

注：调查时间 2012 年 8 月。调查地点泰安市泰山。样方面积 600m² × 2。样地编号 SHD030101-1，SHD035101-2。样地编号 SHD030101-1：纬度 36.25718°，经度 117.01492°，海拔 335m，坡度 8°，坡向 80°，地形为山坡；森林为人工林，干扰类型为人为干扰，干扰程度轻微；照片编号 SHD030101-1，SHD030101-2，SHD030101-3，SHD030101-4；样地编号 SHD035101-2：纬度 36.26978°，经度 117.02075°，海拔 400m，坡度 11°，坡向 210°，地形为山坡；森林为人工林，干扰类型为人为干扰，干扰程度轻微；照片编号 SHD035101-1，SHD035101-2，SHD035101-3，SHD035101-4。

2. 赤松 + 麻栎混交林

赤松 + 麻栎混交林可粗略地分为 3—5 个群丛，如赤松 + 麻栎 – 花木蓝 – 野古草 + 黄背草群丛、赤松 + 麻栎 – 麻栎 + 牛叠肚 – 求米草群丛等。

（1）赤松 + 麻栎 – 花木蓝 – 野古草 + 黄背草群丛

本群丛在山东半岛低山丘陵很常见，多分布于海拔 500m 以下山地的阳坡或半阳坡，土壤为中层土、薄层土，土壤 pH 6.0—6.5，林下常见裸岩出露。群落总盖度 50%—60%，林下光照较好。

乔木层以赤松和麻栎为主，高度多为 3—5m，周边保留的 20—30 年生的赤松大树高 5—10m。灌木层以花木蓝多见，其次是胡枝子等，还可见到萌生的麻栎。草本层的优势种类是野古草和黄背草，其他还有大油芒和大披针薹草等。本群丛基本特征见表 5-2-7。

表 5-2-7　赤松林群落综合分析表 4

层次	种名	株数/德氏多度	高度/m 均高	高度/m 最高	盖度/%
乔木层	赤松（*Pinus densiflora*）	159	2.80	5.50	65
	其他种类：麻栎（*Quercus acutissima*）、山槐（*Larix kaempferi*）	2	1.95	2.10	
灌木层	花木蓝（*Indigofera kirilowii*）	138	0.33	0.34	6—7
	胡枝子（*Lespedeza bicolor*）	36	0.30	0.30	4
	其他种类：芫花（*Daphne genkwa*）	3	0.28	0.28	< 1
草本层	野古草（*Arundinella hirta*）	Cop³	0.60	0.90	60—70
	黄背草（*Themeda triandra*）	Cop³	0.60	0.60	30
	宽蕊地榆（*Sanguisorba applanata*）	Cop¹	0.70	0.70	30
	大油芒（*Spodiopogon sibiricus*）	Cop¹	1.50	1.50	10

续表

层次	种名	株数/德氏多度	高度/m 均高	高度/m 最高	盖度/%
草本层	其他种类：大披针薹草（*Carex lanceolata*）、徐长卿（*Vincetoxicum pycnostelma*）、水蔓菁（*Pseudolysimachion linariifolium* subsp. *dilatatum*）、百里香（*Thymus mongolicus*）、华东蓝刺头（*Echinops grijsii*）、绵枣儿（*Barnardia japonica*）、野鸢尾（*Iris dichotoma*）、狭叶珍珠菜（*Lysimachia pentapetala*）、长冬草（*Clematis hexapetala* var. *tchefouensis*）、桔梗（*Platycodon grandiflorus*）、败酱（*Patrinia scabiosifolia*）	Un	0.27	0.90	1—5

注：调查时间 2012 年 7 月。调查地点烟台市牟平区昆嵛山。样方面积 600m² ×1。样地编号 SHD289101：纬度 37.75762°，经度 121.75697°，海拔 200m，坡度 6°，坡向 115°，地形为山坡；森林为次生林；干扰类型为人为干扰，干扰程度轻微；照片编号 SHD289101-1，SHD289101-2，SHD289101-3，SHD289101-4。

（2）赤松+麻栎–麻栎+牛叠肚–求米草群丛

本群丛见于济南市的山东省药乡林场等地，分布于海拔 700m 左右的半阳坡，土层瘠薄。

乔木层以赤松为主，混生麻栎、刺槐等乔木。灌木层主要有麻栎幼树，以及牛叠肚（*Rubus crataegifolius*）等，草本层以求米草（*Oplismenus undulatifolius*）为主，另有臭草（*Melica scabrosa*）等。本群丛基本特征见表 5-2-8。

表 5-2-8　赤松林群落综合分析表 5

层次	种名	株数/德氏多度	高度/m 均高	高度/m 最高	盖度/%
乔木层	赤松（*Pinus densiflora*）	137	6.41	12.50	30—40
	刺槐（*Robinia pseudoacacia*）	6	9.60	14.50	
	其他种类：麻栎（*Quercus acutissima*）、日本落叶松（*Larix kaempferi*）	4	6.40	10.70	
	更新苗：赤松（*Pinus densiflora*）	1	2.20	2.20	
灌木层	麻栎（*Quercus acutissima*）	50	0.71	1.08	1—15
	牛叠肚（*Rubus crataegifolius*）	42	0.75	0.75	5
	紫珠（*Callicarpa bodinieri*）	15	0.43	0.43	5
	其他种类：刺槐（*Robinia pseudoacacia*）、大花溲疏（*Deutzia grandiflora*）、君迁子（*Diospyros lotus*）、三裂绣线菊（*Spiraea trilobata*）、荆条（*Vitex negundo* var. *heterophylla*）、臭椿（*Ailanthus altissima*）、小花扁担杆（*Grewia biloba* var. *parviflora*）	42	0.55	1.31	0.2—3.0
草本层	求米草（*Oplismenus undulatifolius*）	Cop²	0.13	0.15	3—70
	臭草（*Melica scabrosa*）	Cop²	0.67	0.67	30
	圆基长鬃蓼（*Persicaria longiseta* var. *rotundata*）	Cop¹	0.17	0.20	2—25
	婆婆针（*Bidens bipinnata*）	Cop¹	0.09	0.12	1—40
	石竹（*Dianthus chinensis*）	Cop¹	0.18	0.18	50

续表

层次	种名	株数 / 德氏多度	高度 /m		盖度 /%
			均高	最高	
草本层	其他种类：毛葡萄（*Vitis heyneana*）、风毛菊（*Saussurea japonica*）、野古草（*Arundinella hirta*）、油芒（*Spodiopogon cotulifer*）、萱草（*Hemerocallis fulva*）、透骨草（*Phryma leptostachya* subsp. *asiatica*）、龙牙草（*Agrimonia pilosa*）、阴地堇菜（*Viola yezoensis*）、茜草（*Rubia cordifolia*）、矮丛薹草（*Carex callitrichos* var. *nana*）、黄瓜菜（*Crepidiastrum denticulatum*）、鸦葱（*Takhtajaniantha austriaca*）、鸭跖草（*Commelina communis*）、蓬子菜（*Galium verum*）、太行铁线莲（*Clematis kirilowii*）、紫花地丁（*Viola philippica*）、小花鬼针草（*Bidens parviflora*）、两型豆（*Amphicarpaea edgeworthii*）、山柳菊（*Hieracium umbellatum*）、茜堇菜（*Viola phalacrocarpa*）、杠板归（*Persicaria perfoliata*）、葎草（*Humulus scandens*）、杏叶沙参（*Adenophora petiolata* subsp. *hunanensis*）、藿香（*Agastache rugosa*）、穿龙薯蓣（*Dioscorea nipponica*）、日本安蕨（*Anisocampium niponicum*）、三脉紫菀（*Aster ageratoides*）、白莲蒿（*Artemisia stechmanniana*）、肿足蕨（*Hypodematium crenatum*）、唐松草（*Thalictrum aquilegiifolium* var. *sibiricum*）、野青茅（*Deyeuxia pyramidalis*）、半夏（*Pinellia ternata*）、魁蒿（*Artemisia princeps*）、蒙古蒿（*Artemisia mongolica*）、鹅观草（*Elymus kamoji*）、矮桃（*Lysimachia clethroides*）、烟管头草（*Carpesium cernuum*）	Sol	0.23	1	1—20

注：调查时间 2012 年 7 月。调查地点济南市山东省药乡林场。样方面积 600m² × 2。样方编号 SHD015101-1，SHD020101-2。样地编号 SHD015101-1：纬度 36.20200°，经度 117.06800°，海拔 798m，坡度 19°，坡向 23°，地形为山坡；森林为人工林；干扰类型为人为干扰，干扰程度轻微；照片编号 SHD015101-1，SHD015101-2，SHD015101-3，SHD015101-4。样地编号 SHD020101-2：纬度 36.19534°，经度 117.07159°，海拔 719m，坡度 11°，坡向 96°，地形为山坡；森林为人工林；干扰类型为人为干扰，干扰程度轻微；照片编号 SHD020101-1，SHD020101-2，SHD020101-3，SHD020101-4。

3. 赤松 + 黑松混交林

在山东半岛，20 世纪 50 年代末至 60 年代普遍发生的以松毛虫、松干蚧为主的严重虫灾，致使大片赤松林被毁。为了改造赤松林，在残留的赤松林或是更新后的赤松林中种植黑松，以增加抗性，形成了赤松 + 黑松混交林。此外，人们在赤松林的采伐迹地上种植了人工黑松林，而赤松的天然更新能力极强，过 10—20 年后，赤松又进入乔木层，形成了赤松与黑松共存的混合林。

这种混交林是在原有赤松林的基础上形成的，其群落的特征、分布等特点与赤松林相近，这里不再赘述。

4. 其他混交林

除赤松 + 黑松混交林外，还有人工赤松 + 刺槐混交林、赤松 + 油松混交林等。这些群落面积都不大，分布也不广，多是阶段性的，本书不做记述。

（五）价值及保护发展

赤松林既是山东地带性针叶林类型之一，也是山东省面积最大的天然森林植物群落，至今还没有其他群落能与其相比。长期以来，它不但为人们提供了木材、薪炭及其他林产品，也在涵养水源、保持水土、改善生态环境和提供生态产品等方面发挥了巨大的作用。因此，它是山东植被最重要的类型，必须加以保护，促进发展。

20 世纪五六十年代，由于松干蚧、松毛虫的危害，赤松林大面积死亡，其原因除了赤松本身抗虫害能力较弱外，与林分单一、生态环境的变化、治虫措施不当和抚育管理不善等也有很大关系。《山东植被》（2000）指出："如果将赤松改造为黑松纯林也难以避免遭受虫害的大范围侵袭，用一个种取代另一个种并非最佳策略和途径，纯的黑松林也同样容易发生病虫害，只是时间短尚未表现出来。建立良好的生态系统是改造赤松林的根本措施，是防治虫害的上策。首先应当发展和恢复赤松＋阔叶树混交林。在混交林中，赤松很少受到松干蚧严重危害，这已为事实所证明。"果然不到 20 年，在山东各地的黑松林中发生了大范围严重的松材线虫危害，烟台、威海、青岛等地黑松大面积死亡，不仅降低了森林质量和覆盖率，而且防治费用很大，2020 年之后每年仅砍伐和处理死亡的黑松费用高达上亿元。

目前，在日本、韩国、俄罗斯及我国辽东半岛等地都有保护较好的赤松中老龄林。韩国高丽大学金真水等的研究也表明，赤松具有较高的遗传多样性，在森林育种方面有很大潜力。

从森林质量提升和提高赤松林抗病虫害能力等方面考虑，建议做好以下工作。

①加强保护，建立良好的生态系统。这是改造赤松林的根本措施，也是防治虫害的上策。山东昆嵛山国家级自然保护区的实践表明，加强保护和发展赤松＋栎类混交林，有利于减少赤松林病虫害的发生。

②建立健全病虫害、火灾等预测预报机制。随着信息技术，以及遥感、红外等现代技术的发展，建立全天候、全方位、多功能的病虫害、火灾等预测预报体系已经成为可能。再加上定期、定位的人工监测，完全可能及时预报病虫和火灾等危害，把损失降到最低。

③科学规范治理。病虫害发生后，除非特别严重，可以小范围使用化学方法治虫，以防虫害蔓延外，其他情况下尽可能采用生物措施和人工措施。

④加强对赤松林的抚育管理，提高其抗虫能力。包括适时合理疏伐、剪枝、除去受病虫危害的植株等。

⑤加强对外来入侵物种的防控。外来物种入侵已经是一种新的生态灾害，应特别关注，做好防控工作。

三、油松林

油松是山东的乡土树种，油松林与赤松林一样，也是山东省的代表性针叶林类型，是鲁中南海拔700m 以上山地常见的森林植被类型。赤松分布于温暖湿润的山东东部，油松则出现在稍微干旱的西部。油松在山东的生长情况早有历史记载，《史记》记载秦始皇登泰山时，在步云桥上方避雨于高大油松下，遂封该油松为"五大夫松"爵位。泰山、蒙山、沂山、鲁山、徂徕山等都有古老的油松大树存在。山东省的油松林面积和蓄积量次于赤松林和黑松林，目前约有 2000hm²。

（一）地理分布和生态特征

1. 地理分布

油松是中国特有的针叶树，以油松为建群种的森林植被是温性针叶林中分布最广的植物群落，其北界为华北山地，西南界限为川陕交界的秦巴山区海拔 1000—2000m 的山地。在秦岭山地，油松的分布海拔可达 800—2000m，向东至淮河流域则可以分布于低矮的山地丘陵。在油松分布区的南部和北部，它分别被马尾松和红松所取代。油松林和赤松林被认为是华北地区的代表性针叶林类型。

在山东省，油松主要分布于鲁中南的泰山、徂徕山、蒙山、鲁山和沂山等山地，垂直分布可达海拔 1500m。山东半岛的油松多是 20 世纪 50 年代以后栽培的，或者混杂种子萌发生长的，多为零星分布，或与赤松、黑松形成混交林（图 5-3-1）。

2. 自然环境

油松林分布区的气候为大陆性季风气候，年平均温度 12—14℃，最冷月的温度在 –1.5℃ 以下，积温 4000—4600℃，年降水量 700—900mm，年平均空气相对湿度 60%—70%。实际上由于油松多分布于高海拔处，温度要低于当地的平均气温，降水和空气湿度则大于平均数据。分布地的土壤多为花岗岩母质上发育的棕壤，呈酸性反应；土层厚度 30~110cm 不等，如泰山、沂山一些地段，油松林下的土壤厚达 100cm 以上，这同样说明了油松林的古老。在海拔 700m 以上山地，油松多为次生的自然状态，生长较好，最有代表性的是泰山的油松林。

3. 生态特征

油松较赤松适应性更强，它喜阳、耐干旱瘠薄（图 5-3-2）、病虫害少、生长快、材质优良，是鲁中南山地造林主要树种之一。

油松树干高大挺拔，树形优美，四季常青，具有观赏价值，如泰山著名的迎客松就是油松。但在海拔高处如泰山山顶，由于风大，油松弯曲矮小。在沂山上部，也保留着 200—300 年生的油松大树，其中有 2 株胸径达 50cm 以上，高度约 30m，甚为壮观。在鲁山等山地油松生长也很繁茂（图 5-3-3）。

（二）群落组成

油松林的种类组成较为复杂，67 个样方记录了 150 多种植物，比赤松林略少。

1. 乔木层

油松林的种类组成因群落类型不同而异。纯林较混交林简单。在纯林中，乔木层只有油松；混交林中，常有赤松、黑松、侧柏、刺槐、麻栎、栓皮栎、槲栎、槲树、元宝槭、黄连木、山槐、小叶朴（*Celtis bungeana*）、白蜡树（*Fraxinus chinensis*）、春榆（*Ulmus propinqua*）、辽椴（*Tilia mandshurica*）和蔷薇科的一些种类等，多散生分布，数量较少。在泰山等地的局部地段还混交有日本落叶松、华北落叶松、华山松和红松等。这些混交林也多为同龄或相对同龄单层林，少部分为同龄或异龄复层林。复层林的油松在与刺槐、落叶松混交或在残林中造林情况下处于第二层。

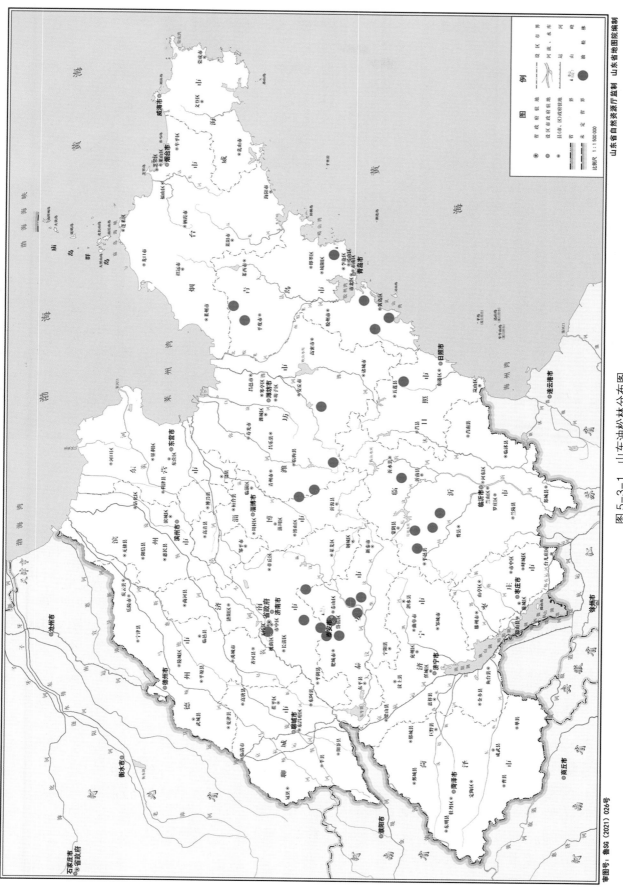

图 5-3-1　山东油松林分布图

图 5-3-2　油松林（泰山）

图 5-3-3　油松（*Pinus tabuliformis*）大树（鲁山）

2. 灌木层

油松林林下灌木种类较丰富，其种类随地区而异，主要有胡枝子属、绣线菊属，以及花木蓝属、连翘属、杜鹃属、黄栌属等的种类。常见种类有胡枝子、美丽胡枝子（*Lespedeza formosa*）、细叶胡枝子（*L. juncea*）、兴安胡枝子、多花胡枝子（*L. floribunda*）、白指甲花、三裂绣线菊、黄栌、照山白、锦带花（*Weigela florida*）、牛奶子（*Elaeagnus umbellate*）、茅莓（*Rubus parvifolius*）、大花溲疏（*Deutzia grandiflora*）、野蔷薇（*Rosa multiflora*）、小花野珠兰、卫矛、连翘、大果榆（*Ulmus macrocarpa*）、扁担杆、小叶鼠李（*Rhamnus parvifolia*）、白檀等。在沟谷潮湿处，有较多的三桠乌药，主要见于鲁南山地。在海拔较低、土壤干燥瘠薄的油松林中，有时也可见到锦鸡儿、截叶铁扫帚和百里香。

3. 草本层

草本层种类也很丰富，以禾本科、菊科、莎草科、蔷薇科的几个属最常见，如菅属（*Themeda*）、野古草属、孔颖草属、莎草属（*Cyperus*）、蒿属、委陵菜属等。常见的种类有黄背草、白羊草、野古草、结缕草、大披针薹草、地榆、翻白草（*Potentilla discolor*）、猪耳朵菜、香薷（*Elsholtzia ciliata*），以及早熟禾属数种（*Poa* spp.）、蒿属数种（*Artemsia* spp.）、桔梗、石竹、山丹（*Lilium pumilum*）、长蕊石头花、中华卷柏、卷柏（*Selaginella tamariscina*）、铃兰、蕨类数种、鸡眼草（*Kummerowia striata*）等。草本层的盖度比灌木层大，达 30%—70%，高 20—40cm。

（三）群落外貌结构

1. 群落外貌

油松林作为常绿针叶林，在外貌上四季常青（图 5-3-4、图 5-3-5）。油松林面积一般不大，多为几公顷至几十公顷。纯林外貌整齐，郁闭度 0.4—0.8 或更大。受人为破坏影响大的低山丘陵地区，高大的油松较少，只见于少数受到人为保护的寺庙附近及名山风景区。较典型的高大油松见于泰山海拔 1200m 左右的对松山、后石坞等地，最大的树龄 200 年以上；沂山海拔 800m 以上也有树龄较大的油松（200 余年）和油松林。

图 5-3-4　油松林外貌（泰山）（1）

图 5-3-5　油松林外貌（泰山）（2）

2. 群落结构

　　由于油松林分布的地区海拔较高，人为活动相对较少，土壤也较为湿润，所以乔木层、灌木层、草本层的垂直结构较完整，可以分 3 个基本层次（图 5-3-6 至图 5-3-8）。乔木层多为单层，由油松或其他伴生种类组成。灌木层可分 1—2 个亚层。草本层一般可以分 2—3 个亚层：高草层、低草层、矮草层。高草层主要有禾本科的黄背草、油芒（*Spodiopogon cotulifer*）、荻和蒿属植物，高度 60—100cm，接近灌木层；低草层主要由地榆、桔梗、野古草等组成，高度 30—50cm；矮草层由大披针薹草等组成，高度在 20cm 以下。地被层出现的频度比赤松林等针叶林大。在土壤潮湿处主要种类是中华卷柏，盖度 30%—50%；湿度稍差处为卷柏，盖度变化大。枯枝落叶层在高大、中老龄油松的林下较发育。

图 5-3-6　油松林结构（泰山）（1）

图 5-3-7　油松林结构（泰山）（2）

图 5-3-8　油松林结构（鲁山）

（四）群落类型

油松林是山东省针叶林中另一个代表群系，包括油松纯林（图 5-3-9 至图 5-3-11）、油松与麻栎等形成的针阔叶混交林（图 5-3-12），以及一些与其他树种（如赤松、黑松、侧柏等）混交的油松＋其他针叶树混交林。这两类混交林油松占优势，或是在油松林的基础上形成的，短期内油松不会被取代。从植被分类角度讲，可将油松纯林、油松＋阔叶树混交林、油松＋其他针叶树混交林作为 3 个亚群系看待，每个亚群系都由数个不同的群丛组成。

图 5-3-9　油松纯林（泰山）（1）

图 5-3-10 油松纯林（泰山）（2）

图 5-3-11　油松纯林（鲁山）

图 5-3-12　油松 + 阔叶树混交林（泰山）

2000—2021 年，按照规范要求调查了 67 个样方。根据王国宏等（2020）的分类标准，将油松林分为 4 个群丛组和 14 个群丛，调查了 12 个主要群丛（表 5-3-1）。

表 5-3-1　油松林群丛分类简表

群丛组号		I	I	I	II	II	II	III	III	III	III	III	IV
群丛号		1	2	3	4	5	6	7	8	9	10	11	12
样地数	L	5	8	3	4	4	2	16	7	6	3	6	3
连翘（Forsythia suspensa）	5	31	0	0	0	0	0	0	0	0	0	0	0
茅莓（Rubus parvifolius）	6	0	54	0	0	0	0	0	0	0	0	0	0
黄背草（Themeda triandra）	7	0	31	0	0	0	0	0	27	0	0	0	0
绵枣儿（Barnardia japonica）	7	0	0	61	0	0	0	0	0	0	0	0	0
牡蒿（Artemisia japonica）	8	0	0	54	0	0	0	0	0	0	0	0	0
大披针薹草（Carex lanceolata）	8	0	0	55	0	0	0	0	0	0	0	0	0
白莲蒿（Artemisia stechmanniana）	7	0	0	41	0	0	0	0	0	0	0	0	0
长蕊石头花（Gypsophila oldhamiana）	7	0	0	59	0	0	0	0	0	0	0	0	0
宽叶野青茅（Deyeuxia arundinacea var. latifolia）	7	0	0	80	0	0	0	0	0	0	0	0	0
低矮薹草（Carex humilis）	8	0	0	64	0	0	0	0	0	0	0	0	0
青花椒（Zanthoxylum schinifolium）	5	0	0	62	0	0	0	0	0	0	0	0	0
中华卷柏（Selaginella sinensis）	9	0	0	0	48	0	0	0	0	0	0	0	0
黑松（Pinus thunbergii）	3	0	0	0	82	0	0	0	0	0	0	0	0
阴地堇菜（Viola yezoensis）	9	0	0	0	54	0	0	0	0	0	0	0	0
赤松（Pinus densiflora）	2	0	0	0	0	57	0	0	0	0	0	0	0
婆婆针（Bidens bipinnata）	8	0	0	0	0	46	0	0	0	0	0	0	0
野菊（Chrysanthemum indicum）	8	0	0	0	32	0	75	0	0	0	0	0	0
刺槐（Robinia pseudoacacia）	3	0	0	0	0	0	0	41	0	0	0	0	0
地榆（Sanguisorba officinalis）	7	0	0	0	0	0	0	0	42	0	0	0	0
鹅耳枥（Carpinus turczaninowii）	3	0	0	0	0	0	0	0	0	87	0	0	0
两型豆（Amphicarpaea edgeworthii）	8	0	0	0	0	0	0	0	0	36	0	0	0
三脉紫菀（Aster ageratoides）	7	0	0	0	0	0	0	0	0	52	0	0	0
水榆花楸（Sorbus alnifolia）	3	0	0	0	0	0	0	0	0	80	0	0	0
小花扁担杆（Grewia biloba var. parviflora）	5	0	0	0	0	0	0	0	0	30	0	0	0
花木蓝（Indigofera kirilowii）	5	0	0	0	0	0	0	0	0	0	71	0	0
郁李（Prunus japonica）	5	0	0	0	0	0	0	0	33	0	56	0	0
卷柏（Selaginella tamariscina）	9	0	0	0	0	0	0	0	0	0	69	0	0
扁担杆（Grewia biloba）	5	0	0	0	0	0	0	0	0	0	77	0	0
鸭跖草（Commelina communis）	7	0	0	0	0	0	0	24	0	0	0	0	0
野花椒（Zanthoxylum simulans）	5	0	0	0	0	0	0	0	32	0	0	0	0
山槐（Albizia kalkora）	5	0	0	0	0	0	0	0	0	0	42	0	0
菝葜（Smilax china）	5	0	0	0	0	0	0	0	0	0	61	0	0
雀儿舌头（Leptopus chinensis）	5	0	0	0	0	0	0	0	0	0	52	0	0
麦冬（Ophiopogon japonicus）	8	0	0	0	0	0	0	0	0	0	73	0	0
穿龙薯蓣（Dioscorea nipponica）	8	0	0	0	0	0	0	0	0	0	69	0	0
蕨（Pteridium aquilinum var. latiusculum）	7	0	0	0	0	0	0	23	0	0	0	0	0
鹅掌楸（Liriodendron chinense）	5	0	0	0	0	0	0	0	0	0	72	0	0

续表

群丛组号		I	I	I	II	II	II	III	III	III	III	III	IV
群丛号		1	2	3	4	5	6	7	8	9	10	11	12
样地数	L	5	8	3	4	4	2	16	7	6	3	6	3
盐麸木（*Rhus chinensis*）	3	0	0	0	0	0	0	0	0	0	57	0	0
荩竹（*Microstegium vimineum*）	8	0	0	0	0	0	0	0	0	0	77	0	0
蒙古蒿（*Artemisia mongolica*）	7	0	0	0	0	0	0	0	0	0	0	0	45
芒（*Miscanthus sinensis*）	7	0	0	39	0	0	0	0	0	0	39	0	0
胡枝子（*Lespedeza bicolor*）	5	0	0	0	0	0	0	0	0	0	40	0	0
麻栎（*Quercus acutissima*）	3	0	0	0	0	0	0	0	43	0	0	0	0
细叶薹草（*Carex duriuscula* subsp. *stenophylloides*）	8	0	0	0	0	0	0	0	41	0	0	0	0
油松（*Pinus tabuliformis*）	2	0	0	0	0	0	0	20	0	0	0	0	0
麻栎（*Quercus acutissima*）	5	0	0	0	0	0	0	0	33	30	0	0	0
小花鬼针草（*Bidens parviflora*）	8	0	0	0	0	0	0	0	0	0	0	0	56
日本安蕨（*Anisocampium niponicum*）	7	0	0	0	0	0	0	0	0	0	0	0	56
大果榆（*Ulmus macrocarpa*）	3	0	0	0	0	0	0	0	0	0	0	0	56
朝鲜鼠李（*Rhamnus koraiensis*）	5	0	0	0	0	0	0	0	0	0	0	0	56
京黄芩（*Scutellaria pekinensis*）	8	0	0	0	0	0	0	0	0	0	0	0	56
南蛇藤（*Celastrus orbiculatus*）	5	0	0	0	0	0	0	31	0	0	0	0	0
泰山韭（*Allium taishanense*）	7	0	0	0	0	0	0	0	0	0	0	0	56
构（*Broussonetia papyrifera*）	4	0	0	0	0	0	0	0	0	0	0	0	56
石韦（*Pyrrosia lingua*）	9	0	0	0	0	0	0	0	0	0	0	0	56
竹叶子（*Streptolirion volubile*）	8	0	0	0	0	0	0	0	0	0	0	0	56
刺槐（*Robinia pseudoacacia*）	5	0	0	0	0	0	0	16	0	0	0	0	0
野青茅（*Deyeuxia pyramidalis*）	8	0	0	0	0	0	0	0	0	0	0	0	56
元宝槭（*Acer truncatum*）	5	0	0	0	0	0	0	0	0	0	0	0	56
牛叠肚（*Rubus crataegifolius*）	6	0	37	0	0	0	0	0	0	0	0	0	0
枹栎（*Quercus serrata*）	6	0	0	0	0	0	0	0	0	0	0	0	56
南蛇藤（*Celastrus orbiculatus*）	6	0	0	0	0	0	0	0	0	0	56	0	0
如意草（*Viola arcuata*）	8	0	0	0	0	0	0	0	0	0	56	0	0
山莓（*Rubus corchorifolius*）	6	0	0	0	0	0	0	0	0	0	56	0	0
毛白杨（*Populus tomentosa*）	2	0	0	0	0	0	0	0	0	0	56	0	0
铁苋菜（*Acalypha australis*）	9	0	0	0	0	0	0	0	0	0	56	0	0
有斑百合（*Lilium concolor* var. *pulchellum*）	7	0	0	0	0	0	0	0	0	0	56	0	0
蓟（*Cirsium japonicum*）	8	0	0	0	0	0	0	0	0	0	56	0	0
薤白（*Allium macrostemon*）	8	0	0	0	0	0	0	0	0	0	56	0	0
萱草（*Hemerocallis fulva*）	7	0	0	0	0	0	0	0	0	37	0	0	0
华北白前（*Vincetoxicum mongolicum*）	8	0	0	0	0	0	0	0	0	37	0	0	0
枹栎（*Quercus serrata*）	3	0	0	56	0	0	0	0	0	0	0	0	0
东风菜（*Aster scabra*）	8	0	0	56	0	0	0	0	0	0	0	0	0
羊草（*Leymus chinensis*）	7	0	0	0	0	0	0	0	0	55	0	0	0
花木蓝（*Indigofera kirilowii*）	6	0	0	0	0	0	0	0	30	0	0	0	0
鹅掌楸（*Liriodendron chinense*）	3	0	0	0	0	0	0	0	0	0	56	0	0

续表

群丛组号		I	I	I	II	II	II	III	III	III	III	III	IV
群丛号		1	2	3	4	5	6	7	8	9	10	11	12
样地数	L	5	8	3	4	4	2	16	7	6	3	6	3
棟（Melia azedarach）	6	0	0	0	0	0	0	0	0	0	56	0	0
日本落叶松（Larix kaempferi）	2	0	0	0	0	0	0	0	0	0	56	0	0
裂叶堇菜（Viola dissecta）	9	0	0	0	0	0	0	0	0	0	56	0	0
烟管头草（Carpesium cernuum）	9	0	0	0	0	0	0	0	0	0	56	0	0
楸（Catalpa bungei）	3	0	0	0	0	0	0	0	0	0	56	0	0
君迁子（Diospyros lotus）	6	0	31	0	0	0	0	0	0	0	0	0	0
楸（Catalpa bungei）	6	0	0	0	0	0	0	0	0	0	56	0	0
鹅掌楸（Liriodendron chinense）	2	0	0	0	0	0	0	0	0	0	56	0	0
麦冬（Ophiopogon japonicus）	7	0	0	0	0	0	0	0	0	64	0	0	0
草木樨（Melilotus officinalis）	7	0	0	0	0	0	0	0	0	59	0	0	0
南蛇藤（Celastrus orbiculatus）	8	0	0	0	56	0	0	0	0	0	0	0	0
狭叶珍珠菜（Lysimachia pentapetala）	8	0	0	0	0	42	0	0	0	0	0	0	0
长冬草（Clematis hexapetala var. tchefouensis）	7	0	0	0	56	0	0	0	0	0	0	0	0
迎红杜鹃（Rhododendron mucronulatum）	5	0	0	0	56	0	0	0	0	0	0	0	0
沙参（Adenophora stricta）	8	0	0	0	0	0	69	0	0	0	0	0	0
直芒草（Orthoraphium roylei）	7	0	0	0	0	0	69	0	0	0	0	0	0
小花扁担杆（Grewia biloba var. parviflora）	6	0	0	0	57	0	0	0	0	0	0	0	0
牵牛（Ipomoea nil）	7	0	0	0	0	0	0	52	0	0	0	0	0
黄花蒿（Artemisia annua）	7	0	34	0	0	0	0	0	0	0	0	0	0
旋覆花（Inula japonica）	8	0	0	0	0	0	0	27	0	0	0	0	0
狭叶珍珠菜（Lysimachia pentapetala）	7	45	0	0	0	0	0	0	0	0	0	0	0
侧柏（Platycladus orientalis）	3	0	0	0	0	0	69	0	0	0	0	0	0
泰山韭（Allium taishanense）	8	0	31	0	0	0	0	0	0	0	0	0	0
缘毛披碱草（Elymus pendulinus）	7	0	0	0	56	0	0	0	0	0	0	0	0
矛叶荩草（Arthraxon lanceolatus）	8	0	0	0	0	0	69	0	0	0	0	0	0
翻白草（Potentilla discolor）	9	0	0	0	0	0	69	0	0	0	0	0	0
小花鬼针草（Bidens parviflora）	9	0	31	0	0	0	0	0	0	0	0	0	0
枹栎（Quercus serrata）	5	0	0	0	56	0	0	0	0	0	0	0	0
求米草（Oplismenus undulatifolius）	7	46	0	0	0	0	0	0	0	0	0	0	0
鬼针草（Bidens pilosa）	7	0	48	0	0	0	0	0	0	0	0	0	0
金盏银盘（Bidens biternata）	9	0	48	0	0	0	0	0	0	0	0	0	0
铁苋菜（Acalypha australis）	7	46	0	0	0	0	0	0	0	0	0	0	0
泽珍珠菜（Lysimachia candida）	9	0	0	0	56	0	0	0	0	0	0	0	0
狗牙根（Cynodon dactylon）	7	0	0	0	56	0	0	0	0	0	0	0	0
毛泡桐（Paulownia tomentosa）	6	0	0	0	56	0	0	0	0	0	0	0	0
低矮薹草（Carex humilis）	9	0	48	0	0	0	0	0	0	0	0	0	0
小花鬼针草（Bidens parviflora）	7	46	0	0	0	0	0	0	0	0	0	0	0
稗（Echinochloa crus-galli）	7	0	60	0	0	0	0	0	0	0	0	0	0
狗尾草（Setaria viridis）	8	0	0	0	0	46	0	0	0	0	0	0	0

群丛组号		I	I	I	II	II	II	III	III	III	III	III	IV
群丛号		1	2	3	4	5	6	7	8	9	10	11	12
样地数	L	5	8	3	4	4	2	16	7	6	3	6	3
油芒（*Spodiopogon cotulifer*）	7	0	0	56	0	0	0	0	0	0	0	0	0
线叶旋覆花（*Inula linariifolia*）	8	0	0	56	0	0	0	0	0	0	0	0	0
黄连木（*Pistacia chinensis*）	5	0	0	0	0	0	0	0	52	0	0	0	0
小花溲疏（*Deutzia parviflora*）	5	0	0	0	0	0	0	0	52	0	0	0	0
长鬃蓼（*Persicaria longiseta*）	7	0	0	0	0	0	0	0	0	0	56	0	0
辽东桤木（*Alnus hirsuta*）	2	0	0	0	0	0	0	0	0	0	56	0	0
北附地菜（*Trigonotis radicans*）	9	0	0	56	0	0	0	0	0	0	0	0	0
尖裂假还阳参（*Crepidiastrum sonchifolium*）	8	34	0	0	0	0	0	0	0	0	0	0	0
辽东桤木（*Alnus hirsuta*）	4	0	0	0	0	0	0	0	0	0	56	0	0
葎草（*Humulus scandens*）	7	0	0	0	0	0	0	42	0	0	0	0	0
委陵菜（*Potentilla chinensis*）	7	0	48	0	0	0	0	0	0	0	0	0	0
小黄紫堇（*Corydalis raddeana*）	7	0	0	0	0	0	0	42	0	0	0	0	0
两型豆（*Amphicarpaea edgeworthii*）	7	0	0	0	0	0	0	42	0	0	0	0	0
三桠乌药（*Lindera obtusiloba*）	4	0	0	0	0	0	0	0	0	56	0	0	0
早开堇菜（*Viola prionantha*）	8	0	46	0	0	0	0	0	0	0	0	0	0
京芒草（*Achnatherum pekinense*）	7	0	41	0	0	0	0	0	0	0	0	0	0
锐齿槲栎（*Quercus aliena* var. *acutiserrata*）	5	0	0	0	0	0	0	0	0	56	0	0	0
阴地蒿（*Artemisia sylvatica*）	7	0	0	0	0	0	0	0	0	56	0	0	0
阴地堇菜（*Viola yezoensis*）	8	0	0	0	0	0	0	0	0	69	0	0	0
花曲柳（*Fraxinus chinensis* subsp. *rhynchophylla*）	3	0	0	0	0	0	0	0	0	37	0	0	0
花曲柳（*Fraxinus chinensis* subsp. *rhynchophylla*）	6	0	0	0	0	0	0	0	0	46	0	0	0
山槐（*Albizia kalkora*）	3	0	0	0	0	0	0	0	50	0	0	0	0
刺槐（*Robinia pseudoacacia*）	6	0	0	0	38	0	0	0	0	0	0	0	0
藜芦（*Veratrum nigrum*）	8	0	0	0	0	0	0	42	0	0	0	0	0
山葡萄（*Vitis amurensis*）	4	0	0	0	0	0	0	28	0	0	0	0	0
薯蓣（*Dioscorea polystachya*）	7	0	0	0	0	0	0	0	0	61	0	0	0
白檀（*Symplocos tanakana*）	5	40	0	0	0	0	0	0	0	0	0	0	0
蒙桑（*Morus mongolica*）	5	0	0	0	0	0	0	0	0	0	0	56	0
球果堇菜（*Viola collina*）	9	0	0	0	0	0	0	0	0	0	0	51	0
酸枣（*Ziziphus jujuba* var. *spinosa*）	5	0	0	0	0	0	0	0	0	0	0	46	0
臭草（*Melica scabrosa*）	8	0	0	0	0	0	0	0	0	0	0	41	0
桑（*Morus alba*）	5	0	0	0	0	0	0	0	0	0	0	56	0
铁苋菜（*Acalypha australis*）	8	0	0	0	0	0	0	28	0	0	0	0	0
臭椿（*Ailanthus altissima*）	5	0	0	0	0	0	0	0	30	0	0	0	0
锐齿槲栎（*Quercus aliena* var. *acutiserrata*）	3	0	0	0	0	0	0	0	0	56	0	0	0
胡枝子（*Lespedeza bicolor*）	6	0	48	0	0	0	0	0	0	0	0	0	0
水榆花楸（*Sorbus alnifolia*）	5	0	0	0	0	0	0	0	0	59	0	0	0
穿龙薯蓣（*Dioscorea nipponica*）	7	0	0	0	0	0	0	0	0	44	0	0	0
白茅（*Imperata cylindrica*）	7	0	48	0	0	0	0	0	0	0	0	0	0

续表

群丛组号		I	I	I	II	II	II	III	III	III	III	III	IV
群丛号		1	2	3	4	5	6	7	8	9	10	11	12
样地数	L	5	8	3	4	4	2	16	7	6	3	6	3
毛葡萄（Vitis heyneana）	5	0	0	0	0	0	69	0	0	0	0	0	0
一叶萩（Flueggea suffruticosa）	6	0	0	56	0	0	0	0	0	0	0	0	0
蒙古栎（Quercus mongolica）	5	0	31	0	0	0	0	0	0	0	0	0	0
酢浆草（Oxalis corniculata）	9	0	0	0	0	0	0	69	0	0	0	0	0
北柴胡（Bupleurum chinense）	7	0	0	0	0	0	0	69	0	0	0	0	0
宽蕊地榆（Sanguisorba applanata）	7	0	0	56	0	0	0	0	0	0	0	0	0
蝙蝠葛（Menispermum dauricum）	7	0	0	0	0	0	0	42	0	0	0	0	0

注：表中"L"列表示物种所在的群落层，1—3分别表示大、中、小乔木层，4—6分别表示大、中、小灌木层，7—9分别表示大、中、小草本层。表中其余数据为物种特征值（Φ，%），按递减的顺序排列。$\Phi \geq 0.25$ 或 $\Phi \geq 0.5$（$p<0.05$）的物种为特征种，其特征值分别标记浅灰色和深灰色。

12个主要群丛的种类组成和主要分布地点见表5-3-2。

表5-3-2　油松林群丛统计表

群丛组	群丛	主要种类	主要分布地区	样方号
油松-灌木-草本植物	油松-荆条-野古草	油松（Pinus tabuliformis）、荆条（Vitex negundo var. heterophylla）、野古草（Arundinella hirta）	泰山、小珠山、茶山、沂水县	SHD007121，SHD007122，SHD49410，SHD71210，SHD83110
	油松-茅莓-野古草	油松（Pinus tabuliformis）、茅莓（Rubus parvifolius）、荆条（Vitex negundo var. heterophylla）、野古草（Arundinella hirta）	莱阳市莱城区、泰山天烛峰、徂徕山林场、九仙山	SHD055101，SHD1104111，SHD1104112，SHD1104113，SHD37710，SHD37810，SHD41510，SHD42110
	油松-牛叠肚-野古草	油松（Pinus tabuliformis）、牛叠肚（Rubus crataegifolius）、盐麸木（Rhus chinensis）、野古草（Arundinella hirta）、鸭跖草（Commelina communis）、黄瓜菜（Crepidiastrum denticulatum）	徂徕山林场、九仙山	SHD37610，SHD41310，SHD41410
油松+其他针叶乔木-灌木-草本植物	油松+黑松-小花扁担杆-求米草	油松（Pinus tabuliformis）、黑松（P. thunbergii）、小花扁担杆（Grewia biloba var. parviflora）、刺槐（Robinia pseudoacacia）、野青茅（Deyeuxia pyramidalis）、求米草（Oplismenus undulatifolius）、狭叶珍珠菜（Lysimachia pentapetala）、狗尾草（Setaria viridis）	蒙山、嵩山、蓬莱艾山	SHD327101，SHD340101，SHD44110，SHD52410
	油松+赤松-荆条-婆婆针	油松（Pinus tabuliformis）、赤松（P. densiflora）、荆条（Vitex negundo var. heterophylla）、婆婆针（Bidens bipinnata）	泰山、徂徕山林场	SHD007123，SHD37410，SHD38410，SHD39010
	油松+侧柏-刺槐-求米草	油松（Pinus tabuliformis）、侧柏（Platycladus orientalis）、刺槐（Robinia pseudoacacia）、荆条（Vitex negundo var. heterophylla）、求米草（Oplismenus undulatifolius）	嵩山、泰山	SHD44610，SHD45210

群丛组	群丛	主要种类	主要分布地区	样方号
油松+阔叶乔木-灌木-草本植物	油松+刺槐-荆条-细叶薹草	油松（*Pinus tabuliformis*）、刺槐（*Robinia pseudoacacia*）、荆条（*Vitex negundo* var. *heterophylla*）、细叶薹草（*Carex duriuscula* subsp. *stenophylloides*）	昆嵛山、泰山、鲁山、蒙山、徂徕山林场、梯子山、沂山、莱芜区雪野街道房干村	SHD016123，SHD019122，SHD020121，SHD028101，SHD033121，SHD033122，SHD033123，SHD200101，SHD329101，SHD330101，SHD38710，SHD55210，SHD59810，SHD59910，SHD60010，SHD79710
	油松+麻栎-麻栎-细叶薹草	油松（*Pinus tabuliformis*）、麻栎（*Quercus acutissima*）、细叶薹草（*Carex duriuscula* subsp. *stenophylloides*）	昆嵛山、沂山、铁橛山	SHD016121，SHD016122，SHD018121，SHD018122，SHD018123，SHD201101，SHD72310
	油松+锐齿槲栎-花曲柳-臭草	油松（*Pinus tabuliformis*）、锐齿槲栎（*Quercus aliena* var. *acutiserrata*）、栓皮栎（*Q. variabilis*）、花曲柳（*Fraxinus chinensis* subsp. *rhynchophylla*）、臭草（*Melica scabrosa*）、野青茅（*Deyeuxia pyramidalis*）	蒙山、塔山	SHD322101，SHD323101，SHD325101，SHD328101，SHD69010，SHD69210
	油松-野花椒-求米草	油松（*Pinus tabuliformis*）、刺槐（*Robinia pseudoacacia*）、鹅耳枥（*Carpinus turczaninowii*）、鹅掌楸（*Liriodendron chinense*）、赤松（*Pinus densiflora*）、盐肤木（*Rhus chinensis*）、牛叠肚（*Rubus crataegifolius*）、野花椒（*Zanthoxylum simulans*）、求米草（*Oplismenus undulatifolius*）、臭草（*Melica scabrosa*）、细叶薹草（*Carex duriuscula* subsp. *stenophylloides*）、野青茅（*Deyeuxia pyramidalis*）	昆嵛山、仰天山	SHD020122，SHD020123，SHD56410
	油松-胡枝子-矮丛薹草	油松（*Pinus tabuliformis*）、五角槭（*Acer pictum* subsp. *mono*）、山桃（*Prunus davidiana*）、水榆花楸（*Sorbus alnifolia*）、日本桤木（*Alnus japonica*）、胡枝子（*Lespedeza bicolor*）、矮丛薹草（*Carex callitrichos* var. *nana*）	泰山、梯子山、塔山、莱芜区雪野街道房干村	SHD023101，SHD45610，SHD45710，SHD55310，SHD69310，SHD81010
油松+赤松+阔叶乔木-灌木-草本植物	油松+赤松-荆条-矮丛薹草	油松（*Pinus tabuliformis*）、赤松（*P. densiflora*）、杜仲（*Eucommia ulmoides*）、刺槐（*Robinia pseudoacacia*）、大果榆（*Ulmus macrocarpa*）、荆条（*Vitex negundo* var. *heterophylla*）、求米草（*Oplismenus undulatifolius*）、野古草（*Arundinella hirta*）、野青茅（*Deyeuxia pyramidalis*）、矮丛薹草（*Carex callitrichos* var. *nana*）	泰山、沂山、大泽山	SHD026101，SHD203101，SHD48110

较 2000 年以前，现在群丛数量增加了 1 倍多。本书着重描述油松纯林。

1. 油松纯林

油松纯林可以分为6—8个群丛，主要有油松－荆条－求米草、油松－荆条－大披针薹草、油松－华北绣线菊－大披针薹草、油松－牛叠肚－野古草等。

（1）油松－荆条－求米草群丛

本群丛分布最普遍，见于海拔300—1000m的阴坡和半阳坡。除油松外，还有刺槐、大果榆等乔木混生，但不形成亚层次或混交林。本群丛基本特征见表5-3-3、表5-3-4。

表5-3-3　油松林群落综合分析表1

层次	种名	株数/德氏多度	高度/m 均高	高度/m 最高	盖度/%
乔木层	油松（*Pinus tabuliformis*）	95	8.80	11.00	
	刺槐（*Robinia pseudoacacia*）	9	8.31	13.50	30—40
	其他种类：大果榆（*Ulmus macrocarpa*）、花楸树（*Sorbus pohuashanensis*）	16	9.73	13.50	
灌木层	荆条（*Vitex negundo* var. *heterophylla*）	77	2.05	2.40	6—12
	雀儿舌头（*Leptopus chinensis*）	153	0.63	0.68	10—20
	牛叠肚（*Rubus crataegifolius*）	750	0.59	0.65	8—20
	其他种类：麻栎（*Quercus acutissima*）、构（*Broussonetia papyrifera*）、三裂绣线菊（*Spiraea trilobata*）、小花扁担杆（*Grewia biloba* var. *parviflora*）、元宝槭（*Acer truncatum*）、胡枝子（*Lespedeza bicolor*）、连翘（*Forsythia suspensa*）、卫矛（*Euonymus alatus*）	164	1.17	2.00	1—7
草本层	求米草（*Oplismenus undulatifolius*）	Cop^2	0.20	0.20	6—60
	细叶薹草（*Carex duriuscula* subsp. *stenophylloides*）	Cop^1	0.15	0.15	15
	日本安蕨（*Anisocampium niponicum*）	Cop^1	0.35	0.35	22
	其他种类：蒙古蒿（*Artemisia mongolica*）、泰山韭（*Allium taishanense*）、竹叶子（*Streptolirion volubile*）、京芩（*Scutellaria pekinensis*）、黄瓜菜（*Crepidiastrum denticulatum*）、小花鬼针草（*Bidens parviflora*）、芦苇（*Phragmites australis*）、狗尾草（*Setaria viridis*）、石韦（*Pyrrosia lingua*）、铁线莲（*Clematis florida*）、蕨（*Pteridium aquilinum* var. *latiusculum*）、内折香茶菜（*Isodon inflexus*）、大丁草（*Leibnitzia anandria*）、小黄紫堇（*Corydalis raddeana*）、两型豆（*Amphicarpaea edgeworthii*）、蝙蝠葛（*Menispermum dauricum*）、白英（*Solanum lyratum*）、野古草（*Arundinella hirta*）、玉竹（*Polygonatum odoratum*）、臭草（*Melica scabrosa*）、马唐（*Digitaria sanguinalis*）	Sol	0.24	0.50	1—8

注：调查时间2012年8月。调查地点泰安市泰山。样方面积600m²×3。样地编号SHD026101-1，SHD028101-2，SHD055101-3。样地编号SHD026101-1：纬度36.27333°，经度117.04361°，海拔444m，坡度23°，坡向221°，地形为山坡；森林为人工林；干扰类型为人为干扰，干扰程度轻微；照片编号SHD026101-1，SHD026101-2，SHD026101-3。样地编号SHD028101-2：纬度36.25877°，经度117.05221°，海拔1096m，坡度26°，坡向135°，地形为山坡；森林为人工林；干扰类型为人为干扰，干扰程度中度；照片编号SHD028101-1，SHD028101-2，SHD028101-3，SHD028101-4。样地编号SHD055101-3：纬度36.2799°，经度117.10017°，海拔698m，坡度35°，坡向175°，地形为山坡；森林为人工林；干扰类型为人为干扰，干扰程度中度；照片编号SHD055101-1，SHD055101-2，SHD055101-3，SHD055101-4。

表 5-3-4　油松林群落综合分析表 2

层次	种名	株数 / 德氏多度	高度 /m 均高	高度 /m 最高	盖度 /%
乔木层	油松（*Pinus tabuliformis*）	233	6.88	12.30	
	水榆花楸（*Sorbus alnifolia*）	32	4.39	6.20	
	刺槐（*Robinia pseudoacacia*）	17	4.27	9.20	30—40
	其他种类：锐齿槲栎（*Quercus aliena* var. *acutiserrata*）、花曲柳（*Fraxinus chinensis* subsp. *rhynchophylla*）、麻栎（*Quercus acutissima*）、鹅耳枥（*Carpinus turczaninowii*）、白檀（*Symplocos tanakana*）、黑松（*Pinus thunbergii*）	26	8.90	5.47	
灌木层	荆条（*Vitex negundo* var. *heterophylla*）	194	0.98	1.25	30—55
	小花扁担杆（*Grewia biloba* var. *parviflora*）	20	0.93	1.80	1—5
	其他种类：三桠乌药（*Lindera obtusiloba*）、野蔷薇（*Rosa multiflora*）、锐齿槲栎（*Quercus aliena*）、水榆花楸（*Sorbus alnifolia*）、麻栎（*Quercus acutissima*）、山楂（*Crataegus pinnatifida*）、鹅耳枥（*Carpinus turczaninowii*）、卫矛（*Euonymus alatus*）、白檀（*Symplocos tanakana*）、栾（*Koelreuteria paniculata*）、迎红杜鹃（*Rhododendron mucronulatum*）、胡枝子（*Lespedeza bicolor*）、连翘（*Forsythia suspensa*）、麦李（*Prunus glandulosa*）、花曲柳（*Fraxinus chinensis* subsp. *rhynchophylla*）、油松（*Pinus tabuliformis*）、花木蓝（*Indigofera kirilowii*）、君迁子（*Diospyros lotus*）、刺槐（*Robinia pseudoacacia*）	82	1.09	2.40	1—8
草本层	求米草（*Oplismenus undulatifolius*）	Cop³	0.40	0.40	55
	三脉紫菀（*Aster ageratoides*）	Cop³	0.40	0.40	60
	其他种类：阴地堇菜（*Viola yezoensis*）、野青茅（*Deyeuxia pyramidalis*）、大披针薹草（*Carex lanceolata*）、地榆（*Sanguisorba officinalis*）、两型豆（*Amphicarpaea edgeworthii*）、蓬子菜（*Galium verum*）、黄瓜菜（*Crepidiastrum denticulatum*）、矛叶荩草（*Arthraxon lanceolatus*）、鸭跖草（*Commelina communis*）、萱草（*Hemerocallis fulva*）、臭草（*Melica scabrosa*）、京芒草（*Achnatherum pekinense*）、露珠草（*Circaea cordata*）、大叶铁线莲（*Clematis heracleifolia*）、阴地蒿（*Artemisia sylvatica*）、穿龙薯蓣（*Discorea nipponica*）、狭叶珍珠菜（*Lysimachia pentapetala*）、甘菊（*Chrysanthemum lavandulifolium*）、婆婆针（*Bidens bipinnata*）、牛膝（*Achyranthes bidentata*）	Cop²	0.26	0.55	1—40

注：调查时间 2012 年 9 月。调查地点平邑县龟蒙景区。样方面积 600m² × 3。样地编号 SHD323101-1，SHD327101-2，SHD330101-3。样地编号 SHD323101-1：纬度 35.5564°，经度 117.84923°，海拔 1083m，坡度 4°，坡向 155°，地形为山坡；森林为人工林；干扰类型为人为干扰，干扰程度轻微；照片编号 SHD323101-1，SHD323101-2，SHD323101-3，SHD323101-4。样地编号 SHD327101-2：纬度 35.54157°，经度 117.85537°，海拔 785m，坡度 16°，坡向 155°，地形为山坡；森林为人工林；干扰类型为人为干扰，干扰程度轻微；照片编号 SHD327101-1，SHD327101-2，SHD327101-3，SHD327101-4。样地编号 SHD330101-3：纬度 35.53643°，经度 117.85198°，海拔 548m，坡度 20°，坡向 225°，地形为山坡；森林为人工林；干扰类型为人为干扰，干扰程度中度；照片编号 SHD330101-1，SHD330101-2，SHD330101-3，SHD330101-4。

（2）油松－荆条－大披针薹草群丛

本群丛见于平度市大泽山等地，分布于海拔300—500m的阴坡。土层瘠薄。

乔木层以油松为主，偶见赤松，林下灌木层主要是荆条，草本层主要是大披针薹草。本群丛基本特征见表5-3-5。

表5-3-5　油松林群落综合分析表3

层次	种名	株数/德氏多度	高度/m 均高	高度/m 最高	盖度/%
乔木层	油松（*Pinus tabuliformis*）	58	8.89	12.00	30—40
	赤松（*P. densiflora*）	2	8.00	16.00	
灌木层	荆条（*Vitex negundo* var. *heterophylla*）	31	1.51	1.70	26—30
	毛榛（*Corylus mandshurica*）	1	2.20	2.20	10
	其他种类：君迁子（*Diospyros lotus*）、葎叶蛇葡萄（*Ampelopsis humulifolia*）、油松（*Pinus tabuliformis*）、毛黄栌（*Cotinus coggygria* var. *pubescens*）、牛叠肚（*Rubus crataegifolius*）、白檀（*Symplocos tanakana*）、华北绣线菊（*Spiraea fritschiana*）、连翘（*Forsythia suspensa*）、栗（*Castanea mollissima*）	83	0.78	1.50	1—3
草本层	大披针薹草（*Carex lanceolata*）	Cop³	0.50	0.50	80
	荻（*Miscanthus sacchariflorus*）	Sol	0.50	0.50	40
	其他种类：野青茅（*Deyeuxia pyramidalis*）、求米草（*Oplismenus undulatifolius*）、四叶葎（*Galium bungei*）、东亚唐松草（*Thalictrum minus* var. *hypoleucum*）、天门冬（*Asparagus cochinchinensis*）、马兜铃（*Aristolochia debilis*）	Sol	0.25	0.55	1—30

注：调查时间2013年10月。调查地点平度市大泽山。样方面积600m²×1。样地编号SHD48110；纬度36.99455°，经度120.03729°，海拔343m，坡度25°，坡向330°，地形为山地；森林为人工林；干扰类型为人为干扰，干扰程度轻微；照片编号SHD48110-1，SHD48110-2，SHD48110-3，SHD48110-4。

（3）油松－华北绣线菊－细叶薹草群丛

本群丛常见于海拔500—700m的阳坡，典型群落见于费县塔山等地，泰山、徂徕山也常见。本群丛基本特征见表5-3-6。

表5-3-6　油松林群落综合分析表4

层次	种名	株数/德氏多度	高度/m 均高	高度/m 最高	盖度/%
乔木层	油松（*Pinus tabuliformis*）	91	3.35	7.50	30—40
	麻栎（*Quercus acutissima*）	11	2.88	4.50	
灌木层	华北绣线菊（*Spiraea fritschiana*）	56	1.11	1.21	15—20
	三桠乌药（*Lindera obtusiloba*）	4	3.60	3.60	30
	其他种类：胡枝子（*Lespedeza bicolor*）、麻栎（*Quercus acutissima*）、锦带花（*Weigela florida*）、卫矛（*Euonymus alatus*）、小花扁担杆（*Grewia biloba* var. *parviflora*）、水榆花楸（*Sorbus alnifolia*）	46	1.39	2.50	2—20

续表

层次	种名	株数/德氏多度	高度/m		盖度/%
			均高	最高	
草本层	细叶薹草（*Carex duriuscula* subsp. *stenophylloides*）	Cop³	0.11	0.11	65—70
	地榆（*Sanguisorba officinalis*）	Cop²	0.19	0.20	25—40
	其他种类：野菊（*Chrysanthemum indicum*）、薯蓣（*Dioscorea polystachya*）、臭草（*Melica scabrosa*）、萱草（*Hemerocallis fulva*）、蕨（*Pteridium aquilinum* var. *latiusculum*）、鸭跖草（*Commelina communis*）、野青茅（*Deyeuxia pyramidalis*）、三脉紫菀（*Aster ageratoides*）、京芒草（*Achnatherum pekinense*）	Cop¹	0.37	0.85	1—40

注：调查时间 2014 年 9 月。调查地点费县塔山。样方面积 600m²×1。样地编号 SHD69010；纬度 35.46148°，经度 118.03819°，海拔 955m，坡度 6°，坡向 210°，地形为山地；森林为人工林；干扰类型为人为干扰，干扰程度中度；照片编号 SHD69010-1，SHD69010-2，SHD69010-3，SHD69010-4。

2. 油松 + 侧柏混交林

在鲁中南山地，还可见到油松 + 侧柏的混交林。出现这种类型的地段，土壤条件一般较差，或为棕壤，或为褐土，油松长势也差。群落组成种类多为当地常见的种类，如荆条、酸枣、胡枝子、求米草等。典型群落见于泰山、嵩山等地。

3. 油松 + 麻栎混交林

油松 + 麻栎林是鲁中南山区常见的群落类型之一，是油松林改造和发展的方向。油松和麻栎的组成比例，与地形位置、人类干扰程度、原有群落类型等有关。群落下的灌木和草本基本植物与油松林相同，差异不大。

4. 其他混交林

此外，还有油松 + 日本落叶松、油松 + 华北落叶松、油松 + 华山松、油松 + 刺槐混交林等小范围分布的混交林，但大多不稳定。

（五）价值及保护发展

油松是较耐干旱的种类，是海拔 400—700m 造林常用树种。在泰山、蒙山、沂山等山地保留小片老龄油松林，这是其他针叶树不多见的。

油松具有优美的树形，观赏价值高，在风景区造林对于改善当地的景观和生态条件具有重要意义。目前油松林的面积并不大，应该适当增加油松林的面积，提高植被类型多样性。

油松纯林易发生病虫害和火灾等，也要适度营造混交林。在海拔 400—700m 的阴坡和中层土以上的阳坡，可与侧柏混交；在较高海拔的地方可与栎类混交；在低海拔处可与刺槐混交。

四、黑松林

黑松原产日本，主要分布于沿海地区，20 世纪初引入山东省。费县塔山林场和青岛市崂山林场是山东省引种黑松最早的地方。黑松有生长快、抗海风和海雾、抗病虫害、适应性较强等特点，所以被广泛栽培，形成大面积黑松林。据调查，2019年山东省人工黑松林面积近8万 hm^2，是仅次于侧柏林的第二大人工林。

（一）地理分布和生态特征

1. 地理分布

黑松从辽东半岛一直到山东、江苏、浙江、福建和台湾等省都有大面积栽培，安徽、湖北等省亦有引种。在山东省，黑松主要种植在山东半岛山地丘陵和沿海沙滩及鲁中南的低山丘陵，以烟台、威海、青岛、临沂、泰安等地种植较广泛（图5-4-1）。在山东沿海的防护林中主要林分都是黑松林。

2. 自然环境

黑松分布范围与赤松、油松相同，其分布区自然环境条件与赤松相似。

3. 生态特征

黑松与赤松、油松的生物学和生态学特性有很大的相似性，它们都是喜光树种，树干粗壮高大较通直（图5-4-2至图5-4-5）；根系穿透力强，有根菌共生，耐干旱瘠薄，不耐潮湿。黑松的生长特点是：早期生长快，树高和胸径连年生长量最高峰比油松来得早，与赤松相当或稍早，高峰值也较大。据在崂山等林场对5株黑松树干解析材料分析，15—22年生树高和胸径连年生长量最高峰都出现在7年左右，变动幅度在5—9年间，树高最大生长量0.60—0.95m，胸径最大生长量0.75—1.20cm。其中一株在15年生时又出现第二次高峰，树高生长量0.7m，胸径生长量0.7cm。

黑松与赤松和油松两个山东的乡土树种相比，抗病虫害能力更强，尤其强于赤松，所以在山东半岛不仅沿海地区有栽培，各山地丘陵也多用黑松造林，其栽培面积不断增加，远远超过赤松和油松。

（二）群落组成

黑松林多在原来的群落基础上栽培，所以种类组成同原有的群落类型基本一致，在种类组成上没有特别之处。根据63个样地的记录统计，种类也接近200种，略少于赤松林，但比油松林多。

（三）群落外貌结构

1. 群落外貌

黑松林外貌上与赤松林、油松林相近（图5-4-6至图5-4-9）。

2. 群落结构

由于黑松林是人工林，因此纯林多，且多为单层林，结构简单，局部地方也有形成异种复层林（图5-4-10至图5-4-13）。在山东半岛和鲁中南山区林中常混生赤松、油松，这种情况多是赤松、油松自然更新后进入乔木层。

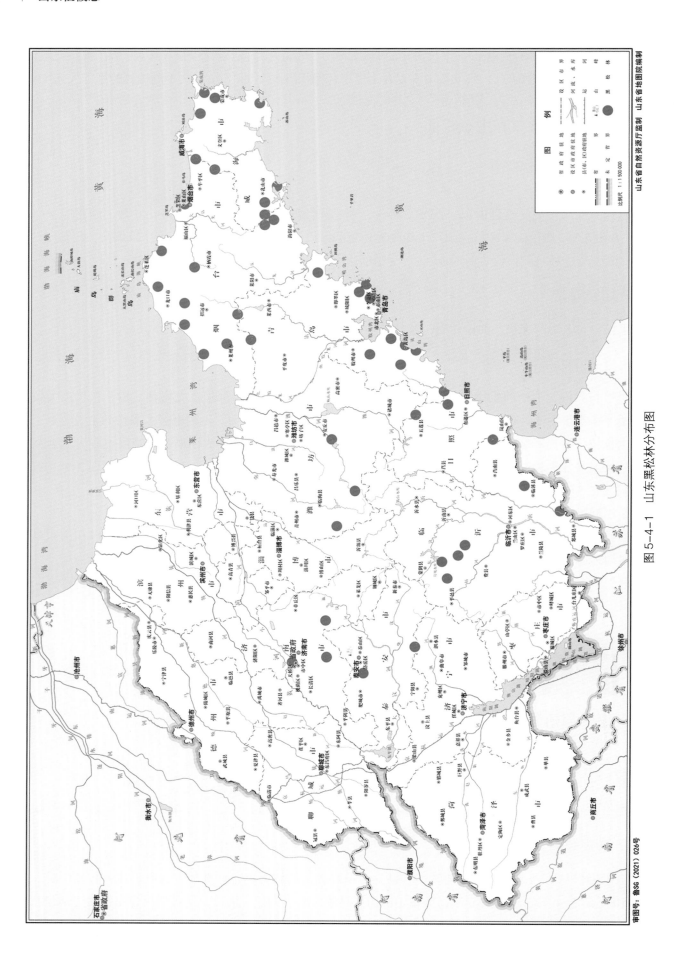

图 5-4-1　山东黑松林分布图

图 5-4-2　黑松（*Pinus thunbergii*）大树（华楼山）（1）

图 5-4-3　黑松（*Pinus thunbergii*）大树（华楼山）（2）

图 5-4-4　黑松（*Pinus thunbergii*）大树（黄岛海防林）

图 5-4-5 黑松（*Pinus thunbergii*）大树（牟平海防林）

图 5-4-6　黑松林外貌（崂山旅游公路边阳坡）

图 5-4-7　黑松林外貌（崂山三标山）

图 5-4-8　黑松林外貌（四舍山）

图 5-4-9　黑松林外貌（威海海防林）

图 5-4-10　黑松林结构（崂山北九水）

图 5-4-11　黑松林结构（华楼山）

图 5-4-12　黑松林结构（毛公山）

图 5-4-13　黑松林结构（牟平海防林）

（四）群落类型

从植被分类角度讲，黑松在山东省境内主要以人工纯林存在，也有混交林。海防林一般都是纯林（图5-4-14），山岭土壤瘠薄处也多是纯林（图5-4-15）。在50年以上的海防林和山地土壤条件较好的地段可以形成混交林（图5-4-16、图5-4-17）。

图 5-4-14　黑松纯林（莱州海防林）

图 5-4-15　黑松纯林（牛山）

图 5-4-16　黑松 + 麻栎混交林（牟平海防林）

图 5-4-17 黑松 + 刺槐混交林（崂山）

2000—2021 年，按照规范要求调查了 63 个样方。根据王国宏等（2020）的分类标准，将黑松林分为 4 个群丛组和 15 个群丛（表 5-4-1）。

表 5-4-1　黑松林群丛分类简表

群丛组号		I	I	I	II	II	II	II	II	III	III	IV	IV	IV	IV	IV
群丛号		1	2	3	4	5	6	7	8	9	10	11	12	13	14	15
样地数	L	1	5	7	6	3	2	3	3	5	6	8	1	4	6	3
酸枣（Ziziphus jujuba var. spinosa）	6	0	20	0	0	0	0	0	0	0	0	0	0	0	0	0
石竹（Dianthus chinensis）	9	83	28	0	0	0	0	0	0	0	0	0	0	0	0	0
商陆（Phytolacca acinosa）	9	100	0	0	0	0	0	0	0	0	0	0	0	0	0	0
龙须菜（Asparagus schoberioides）	9	91	0	0	0	0	0	0	0	0	0	0	0	0	0	0
黄背草（Themeda triandra）	8	89	0	0	0	0	0	0	0	0	0	0	0	0	0	0
北京隐子草（Cleistogenes hancei）	8	0	0	0	88	0	0	0	0	0	0	0	0	0	0	0
牵牛（Ipomoea nil）	8	0	0	0	100	0	0	0	0	0	0	0	0	0	0	0
臭椿（Ailanthus altissima）	5	0	0	0	41	0	0	0	0	0	0	0	0	0	0	0
长蕊石头花（Gypsophila oldhamiana）	8	0	0	0	73	0	0	0	0	0	0	0	0	0	0	0
麻栎（Quercus acutissima）	3	0	0	0	0	42	0	0	0	0	0	0	0	0	0	0
马唐（Digitaria sanguinalis）	8	0	0	0	29	0	0	0	0	0	0	0	0	0	0	0
麻栎（Quercus acutissima）	6	0	0	0	0	0	64	0	0	0	0	0	0	0	0	0
盐麸木（Rhus chinensis）	3	0	0	0	0	0	78	0	0	26	0	0	0	0	0	0
黄檀（Dalbergia hupeana）	3	0	0	0	0	0	92	0	0	0	0	0	0	0	0	0
全叶马兰（Aster pekinensis）	7	0	0	0	0	0	82	0	0	0	0	0	0	0	0	0
山槐（Albizia kalkora）	3	0	0	0	0	0	79	0	0	0	0	0	0	0	0	0
桔梗（Platycodon grandiflorus）	7	0	0	0	0	0	70	0	0	0	0	0	0	0	0	0
小花扁担杆（Grewia biloba var. parviflora）	5	0	0	0	0	0	0	42	0	0	0	0	0	0	0	0
麻栎（Quercus acutissima）	2	0	0	0	0	0	0	0	54	0	0	0	0	0	0	0
狭叶珍珠菜（Lysimachia pentapetala）	8	0	0	0	0	0	0	0	0	51	0	0	0	0	0	0
狗尾草（Setaria viridis）	7	0	0	0	0	0	0	0	0	48	0	0	0	0	0	0
大油芒（Spodiopogon sibiricus）	7	0	0	0	0	0	0	0	0	54	0	0	0	0	0	0
油松（Pinus tabuliformis）	3	0	0	0	0	0	0	0	0	0	0	57	0	0	0	0
鸦葱（Takhtajaniantha austriaca）	8	0	0	0	0	0	0	0	0	0	0	0	76	0	0	0
裂叶堇菜（Viola dissecta）	9	0	0	0	0	0	0	0	0	0	0	0	94	0	0	0
细裂委陵菜（Potentilla chinensis var. lineariloba）	9	0	0	0	0	0	0	0	0	0	0	0	100	0	0	0
黄栌（Cotinus coggygria var. cinereus）	5	0	0	0	0	0	0	0	0	0	0	0	100	0	0	0
百里香（Thymus mongolicus）	9	0	0	0	0	0	0	0	0	0	24	0	0	0	0	0
大丁草（Leibnitzia anandria）	9	0	0	0	0	0	0	0	0	0	0	0	91	0	0	0
薯蓣（Dioscorea polystachya）	9	0	0	0	0	0	0	0	0	0	0	0	89	0	0	0
女娄菜（Silene aprica）	8	0	0	0	0	0	0	0	0	0	0	0	100	0	0	0
蕨（Pteridium aquilinum var. latiusculum）	8	0	0	0	0	0	0	0	0	0	0	0	80	0	0	0
圆柏（Juniperus chinensis）	3	0	0	0	0	0	0	0	0	0	0	0	100	0	0	0
臭草（Melica scabrosa）	8	0	0	0	0	0	0	0	0	0	0	0	89	0	0	0
紫花地丁（Viola philippica）	9	0	0	0	0	0	0	0	0	0	0	0	0	0	24	0
山桃（Prunus davidiana）	5	0	0	0	0	0	0	0	0	0	0	0	0	0	17	0

续表

群丛组号		I	I	I	II	II	II	II	II	III	III	IV	IV	IV	IV	IV
群丛号		1	2	3	4	5	6	7	8	9	10	11	12	13	14	15
样地数	L	1	5	7	6	3	2	3	3	5	6	8	1	4	6	3
猪毛菜（*Kali collinum*）	8	0	0	0	0	0	0	0	0	0	0	0	92	0	0	0
铁苋菜（*Acalypha australis*）	9	0	0	0	0	0	0	0	0	0	0	0	94	0	0	0
四叶葎（*Galium bungei*）	9	0	0	0	0	0	0	0	0	0	0	0	100	0	0	0
小花扁担杆（*Grewia biloba* var. *parviflora*）	4	0	0	0	0	0	0	0	0	0	0	0	100	0	0	0
白莲蒿（*Artemisia stechmanniana*）	8	0	0	0	0	0	0	0	0	0	0	0	93	0	0	0
婆婆针（*Bidens bipinnata*）	9	0	0	0	0	0	0	0	0	0	0	0	78	0	0	0
油芒（*Spodiopogon cotulifer*）	8	0	0	0	0	0	0	0	0	0	0	36	0	0	0	0
狗尾草（*Setaria viridis*）	8	0	0	0	20	0	0	0	0	0	0	0	0	0	0	0
赤松（*Pinus densiflora*）	3	0	0	0	0	0	0	0	0	0	0	0	0	69	0	0
球果堇菜（*Viola collina*）	9	0	0	0	0	0	0	0	0	0	0	28	0	48	0	0
商陆（*Phytolacca acinosa*）	8	0	0	0	0	0	0	0	0	0	0	0	0	70	0	0
泰山韭（*Allium taishanense*）	8	0	0	0	0	0	0	0	0	0	0	0	0	65	0	0
鸭跖草（*Commelina communis*）	7	0	0	0	0	0	0	0	0	0	0	0	0	0	66	0
扁担杆（*Grewia biloba*）	5	0	0	0	0	0	0	0	0	0	0	0	0	0	100	0
细叶薹草（*Carex duriuscula* subsp. *stenophylloides*）	8	0	0	0	0	0	0	0	0	0	0	0	0	0	100	0
黑松（*Pinus thunbergii*）	2	0	0	0	0	0	0	0	0	0	0	0	0	0	56	0
君迁子（*Diospyros lotus*）	3	0	0	0	0	0	0	0	0	0	0	0	0	0	81	0
马蔺（*Iris lactea*）	8	0	0	0	0	0	0	0	0	0	0	0	0	0	81	0
委陵菊（*Chrysanthemum potentilloides*）	7	0	0	0	0	0	0	0	0	0	0	0	0	0	0	100
水芹（*Oenanthe javanica*）	8	0	0	0	0	0	0	0	0	0	0	0	0	0	0	100
求米草（*Oplismenus undulatifolius*）	7	0	0	0	0	0	0	0	0	0	0	0	0	0	0	100
狭叶珍珠菜（*Lysimachia pentapetala*）	7	0	0	0	0	0	0	0	0	0	0	0	0	0	0	92
野花椒（*Zanthoxylum simulans*）	5	0	0	0	0	0	0	0	0	0	0	0	0	0	0	75
针茅（*Stipa capillata*）	8	0	0	0	0	0	0	0	0	0	0	0	0	0	0	100
败酱（*Patrinia scabiosifolia*）	7	0	0	0	0	0	0	0	0	0	0	0	0	0	0	48
黑松（*Pinus thunbergii*）	4	0	0	0	0	0	0	0	0	0	0	0	0	0	0	81
毛樱桃（*Prunus tomentosa*）	5	0	0	0	0	0	0	0	0	0	0	0	0	0	0	70
黄背草（*Themeda triandra*）	7	0	39	0	0	0	0	0	0	0	0	0	0	0	0	0
山槐（*Albizia kalkora*）	5	0	0	0	0	0	0	0	0	0	0	27	0	0	0	0
地榆（*Sanguisorba officinalis*）	7	0	0	0	0	0	55	0	0	0	0	0	0	0	0	0
茅莓（*Rubus parvifolius*）	6	0	0	0	0	0	56	0	0	0	0	0	0	0	0	0
长蕊石头花（*Gypsophila oldhamiana*）	7	0	0	0	0	0	69	0	0	0	0	0	0	0	0	42
黄瓜菜（*Crepidiastrum denticulatum*）	7	0	0	0	0	0	66	0	0	0	0	0	0	0	0	66
麻栎（*Quercus acutissima*）	5	0	0	0	0	0	0	0	0	0	0	0	0	0	0	54
胡枝子（*Lespedeza bicolor*）	5	0	0	0	0	0	0	0	0	0	41	0	0	0	0	54
卷柏（*Selaginella tamariscina*）	9	0	0	0	0	0	0	0	0	0	40	0	0	0	0	46
君迁子（*Diospyros lotus*）	5	0	0	0	0	0	0	0	0	0	0	0	0	0	29	0
酢浆草（*Oxalis corniculata*）	9	0	0	0	20	0	0	0	0	0	0	0	0	54	0	0
翅果菊（*Lactuca indica*）	8	0	0	0	0	0	0	0	0	0	0	0	0	0	0	45

群丛组号		I	I	I	II	II	II	II	II	III	III	IV	IV	IV	IV	IV
群丛号		1	2	3	4	5	6	7	8	9	10	11	12	13	14	15
样地数	L	1	5	7	6	3	2	3	3	5	6	8	1	4	6	3
赤松（*Pinus densiflora*）	2	0	0	0	0	0	0	0	0	0	0	0	0	0	44	72
小红菊（*Chrysanthemum chanetii*）	8	0	0	0	0	0	0	0	0	0	0	0	0	0	35	0
臭草（*Melica scabrosa*）	7	0	0	0	0	0	0	0	0	0	0	0	0	0	44	72
野青茅（*Deyeuxia pyramidalis*）	7	0	0	0	26	0	0	0	0	0	26	0	0	0	0	0
黄瓜菜（*Crepidiastrum denticulatum*）	8	0	0	0	0	0	0	0	0	35	0	0	0	0	47	0
茜草（*Rubia cordifolia*）	8	0	0	0	24	0	0	0	0	0	0	0	0	0	34	0
地榆（*Sanguisorba officinalis*）	8	0	0	0	0	0	0	0	0	0	0	28	0	0	0	0
鸭跖草（*Commelina communis*）	8	0	0	0	0	0	0	0	0	0	0	21	0	0	0	0
北京隐子草（*Cleistogenes hancei*）	7	0	0	0	0	0	0	47	0	0	47	0	0	0	0	47
刺槐（*Robinia pseudoacacia*）	5	0	0	0	28	0	0	37	0	0	0	0	0	0	0	0
求米草（*Oplismenus undulatifolius*）	8	0	0	0	0	0	0	0	0	0	0	20	0	0	43	0
刺槐（*Robinia pseudoacacia*）	3	0	0	0	31	0	0	41	0	0	21	0	0	0	0	0
荆条（*Vitex negundo* var. *heterophylla*）	5	0	0	0	27	0	0	0	0	0	0	0	0	0	27	0
穿龙薯蓣（*Dioscorea nipponica*）	5	0	0	0	0	0	0	0	0	0	0	0	0	0	0	56
扁担杆（*Grewia biloba*）	4	0	0	0	0	0	0	0	0	0	0	0	0	0	0	56
辽椴（*Tilia mandshurica*）	5	0	0	0	0	0	0	0	0	0	0	0	0	0	0	56
蒙古栎（*Quercus mongolica*）	6	0	0	0	0	0	0	0	0	0	0	0	0	0	0	56
铁线莲（*Clematis florida*）	7	0	0	0	0	0	0	0	0	0	0	0	0	0	0	56
五角槭（*Acer pictum* subsp. *mono*）	5	0	0	0	0	0	0	0	0	0	0	0	0	0	0	56
日本花柏（*Chamaecyparis pisifera*）	6	0	0	0	0	0	0	0	0	0	0	0	0	0	0	56
三裂绣线菊（*Spiraea trilobata*）	5	0	0	0	0	0	0	0	0	0	0	0	0	0	0	56
日本花柏（*Chamaecyparis pisifera*）	3	0	0	0	0	0	0	0	0	0	0	0	0	0	0	56
紫丁香（*Syringa oblata*）	5	0	0	0	0	0	0	0	0	0	0	0	0	0	0	56
钩藤（*Uncaria rhynchophylla*）	5	0	0	0	0	0	0	0	0	0	0	0	0	0	0	56
矮丛薹草（*Carex callitrichos* var. *nana*）	8	0	0	0	0	0	0	0	0	0	0	0	0	0	0	56
烟管头草（*Carpesium cernuum*）	7	0	0	0	0	0	0	0	0	0	0	0	0	0	0	56
盐肤木（*Rhus chinensis*）	5	0	0	0	0	0	0	0	0	0	23	0	0	0	0	0
披碱草（*Elymus dahuricus*）	7	0	0	0	0	0	0	0	0	0	0	0	0	0	0	56
结缕草（*Zoysia japonica*）	8	0	0	0	0	0	0	0	0	0	0	45	0	0	0	0
栓皮栎（*Quercus variabilis*）	5	0	0	0	0	0	0	0	0	52	0	0	0	0	0	0
拐芹（*Angelica polymorpha*）	8	0	0	0	0	0	0	0	56	0	0	0	0	0	0	0
豆茶决明（*Senna nomame*）	8	0	0	0	0	0	0	0	0	42	0	0	0	0	0	0
婆婆针（*Bidens bipinnata*）	7	0	0	0	0	0	0	0	0	0	0	0	0	0	47	0
荆条（*Vitex negundo* var. *heterophylla*）	6	0	0	0	0	0	0	0	0	0	0	0	0	0	39	0
鬼针草（*Bidens pilosa*）	7	0	0	0	45	0	0	0	0	0	0	0	0	0	0	0
中华苦荬菜（*Ixeris chinensis*）	9	0	0	0	0	0	0	0	0	0	0	49	0	0	0	0
委陵菜（*Potentilla chinensis*）	8	0	0	0	0	0	0	0	0	0	0	36	0	0	0	0
苦参（*Sophora flavescens*）	5	0	0	33	0	0	0	0	0	0	0	0	0	0	0	0
蛇莓（*Duchesnea indica*）	9	0	0	0	0	0	0	0	0	0	0	32	0	0	0	0

续表

群丛组号		I	I	I	II	II	II	II	II	III	III	IV	IV	IV	IV	IV
群丛号		1	2	3	4	5	6	7	8	9	10	11	12	13	14	15
样地数	L	1	5	7	6	3	2	3	3	5	6	8	1	4	6	3
阴地堇菜（*Viola yezoensis*）	9	0	0	0	0	0	0	0	0	62	0	0	0	0	0	0
中华苣荬菜（*Ixeris chinensis*）	9	0	0	0	0	0	0	0	0	0	0	60	0	0	0	0
长冬草（*Clematis hexapetala* var. *tchefouensis*）	7	0	0	0	0	0	0	0	0	32	0	0	0	0	0	0
中华苣荬菜（*Ixeris chinensis*）	7	0	0	0	0	0	0	56	0	0	0	0	0	0	0	0
春蓼（*Persicaria maculosa*）	8	0	0	0	0	56	0	0	0	0	0	0	0	0	0	0
水榆花楸（*Sorbus alnifolia*）	5	0	0	0	0	0	0	56	0	0	0	0	0	0	0	0
细柄草（*Capillipedium parviflorum*）	7	0	0	0	0	0	0	56	0	0	0	0	0	0	0	0
蒙桑（*Morus mongolica*）	5	0	0	33	0	0	0	0	0	0	0	0	0	0	0	0
西来稗（*Echinochloa crus-galli* var. *zelayensis*）	7	0	0	0	0	0	0	56	0	0	0	0	0	0	0	0
蕨（*Pteridium aquilinum* var. *latiusculum*）	9	0	0	0	56	0	0	0	0	0	0	0	0	0	0	0
铁角蕨（*Asplenium trichomanes*）	8	0	0	0	0	0	0	56	0	0	0	0	0	0	0	0
酸模叶蓼（*Persicaria lapathifolia*）	7	0	0	0	0	56	0	0	0	0	0	0	0	0	0	0
光果田麻（*Corchoropsis crenata* var. *hupehensis*）	8	0	0	0	70	0	0	0	0	0	0	0	0	0	0	0
牛膝（*Achyranthes bidentata*）	7	0	0	0	0	0	0	56	0	0	0	0	0	0	0	0
五月艾（*Artemisia indica*）	7	0	0	0	0	0	0	56	0	0	0	0	0	0	0	0
小叶鼠李（*Rhamnus parvifolia*）	6	0	0	0	0	0	0	56	0	0	0	0	0	0	0	0
萹蓄（*Polygonum aviculare*）	8	0	0	0	0	56	0	0	0	0	0	0	0	0	0	0
蒙古蒿（*Artemisia mongolica*）	7	0	0	0	0	56	0	0	0	0	0	0	0	0	0	0
狗牙根（*Cynodon dactylon*）	9	0	0	0	0	56	0	0	0	0	0	0	0	0	0	0
刺楸（*Kalopanax septemlobus*）	6	0	0	0	0	56	0	0	0	0	0	0	0	0	0	0
芦苇（*Phragmites australis*）	8	0	0	0	0	56	0	0	0	0	0	0	0	0	0	0
葎草（*Humulus scandens*）	8	0	0	0	56	0	0	0	0	0	0	0	0	0	0	0
剑叶金鸡菊（*Coreopsis lanceolata*）	8	0	0	0	0	0	0	0	0	62	0	0	0	0	0	0
女贞（*Ligustrum lucidum*）	3	0	0	0	0	0	0	0	56	0	0	0	0	0	0	0
球果堇菜（*Viola collina*）	8	0	0	0	0	0	70	0	0	0	0	0	0	0	0	0
绿穗苋（*Amaranthus hybridus*）	7	0	0	0	56	0	0	0	0	0	0	0	0	0	0	0
细叶沙参（*Adenophora capillaris* subsp. *paniculata*）	7	0	0	0	0	0	0	70	0	0	0	0	0	0	0	0
桑（*Morus alba*）	3	0	0	0	0	0	0	0	0	56	0	0	0	0	0	0
鹅耳枥（*Carpinus turczaninowii*）	6	0	0	0	0	0	0	70	0	0	0	0	0	0	0	0
紫珠（*Callicarpa bodinieri*）	5	0	0	0	0	0	56	0	0	0	0	0	0	0	0	0
大果榆（*Ulmus macrocarpa*）	5	0	0	0	0	0	0	70	0	0	0	0	0	0	0	0
藜（*Chenopodium album*）	8	0	0	0	43	0	0	0	0	0	0	0	0	0	0	0
白羊草（*Bothriochloa ischaemum*）	7	0	0	0	0	0	0	0	56	0	0	0	0	0	0	0
多腺悬钩子（*Rubus phoenicolasius*）	6	0	0	0	56	0	0	0	0	0	0	0	0	0	0	0
野胡萝卜（*Daucus carota*）	8	0	0	0	0	0	0	0	0	0	0	56	0	0	0	0
桑（*Morus alba*）	5	0	0	0	0	0	0	0	0	0	0	56	0	0	0	0
翻白草（*Potentilla discolor*）	8	0	0	0	0	0	0	70	0	0	0	0	0	0	0	0
枫杨（*Pterocarya stenoptera*）	2	0	0	0	0	0	0	0	56	0	0	0	0	0	0	0
杠板归（*Persicaria perfoliata*）	8	0	0	0	0	0	0	0	0	56	0	0	0	0	0	0

群丛组号		I	I	I	II	II	II	II	II	III	III	IV	IV	IV	IV	IV
群丛号		1	2	3	4	5	6	7	8	9	10	11	12	13	14	15
样地数	L	1	5	7	6	3	2	3	3	5	6	8	1	4	6	3
长蕊石头花（Gypsophila oldhamiana）	7	0	0	0	0	0	0	0	0	0	0	0	0	0	45	0
山杏（Prunus sibirica）	5	0	0	0	0	0	0	0	0	0	0	0	0	0	56	0
卷丹（Lilium lancifolium）	8	0	0	0	0	0	0	0	0	0	0	0	0	0	56	0
白英（Solanum lyratum）	7	0	0	0	0	0	0	0	0	0	0	0	0	0	70	0
黄花菜（Hemerocallis citrina）	8	0	0	0	0	0	0	0	0	0	0	0	0	0	56	0
山葡萄（Vitis amurensis）	4	0	0	0	0	0	0	0	0	0	0	0	0	0	56	0
蛇莓（Duchesnea indica）	8	0	0	0	0	0	0	0	0	0	0	0	0	0	56	0
白花泡桐（Paulownia fortunei）	3	0	0	0	0	0	0	0	0	0	0	0	0	0	47	0
南蛇藤（Celastrus orbiculatus）	4	0	0	0	0	0	0	0	0	0	0	0	0	0	56	0
酸枣（Ziziphus jujuba var. spinosa）	5	0	0	0	0	0	0	0	0	0	0	0	0	0	40	0
葎叶蛇葡萄（Ampelopsis humulifolia）	5	0	0	0	0	0	0	0	0	0	0	0	0	0	70	0
毛葡萄（Vitis heyneana）	6	0	0	0	0	0	0	0	0	0	0	0	0	0	70	0
萝藦（Metaplexis japonica）	7	0	0	0	0	0	0	0	0	0	0	0	0	0	70	0
两型豆（Amphicarpaea edgeworthii）	8	0	0	0	0	0	0	0	0	0	0	0	0	0	32	0
荆条（Vitex negundo var. heterophylla）	3	0	0	0	0	0	0	0	0	0	0	0	0	0	70	0
如意草（Viola arcuata）	9	0	0	0	0	0	0	0	0	0	0	0	0	0	49	0
榆（Ulmus pumila）	3	0	0	0	0	0	0	0	0	0	0	0	0	0	52	0
南蛇藤（Celastrus orbiculatus）	5	0	0	0	0	0	0	0	0	0	0	0	0	0	52	0
萝藦（Metaplexis japonica）	8	0	0	0	0	0	0	0	0	0	0	0	0	0	54	0
麦冬（Ophiopogon japonicus）	8	0	0	0	0	0	0	0	0	0	0	0	0	0	70	0
溲疏（Deutzia scabra）	5	0	0	0	0	0	0	0	0	0	0	0	0	0	70	0
多色苦荬（Ixeris chinensis subsp. versicolor）	8	0	0	0	0	0	0	0	0	0	0	0	0	0	56	0
照山白（Rhododendron micranthum）	5	0	0	0	0	0	0	0	0	0	0	0	0	0	56	0
葎叶蛇葡萄（Ampelopsis humulifolia）	4	0	0	0	0	0	0	0	0	0	0	0	0	0	56	0
卫矛（Euonymus alatus）	5	0	0	0	0	0	0	0	0	0	0	0	0	59	0	0
络石（Trachelospermum jasminoides）	6	0	0	0	0	0	70	0	0	0	0	0	0	0	0	0
野菊（Chrysanthemum indicum）	7	0	0	0	0	0	0	0	0	39	0	0	0	0	0	0
一叶萩（Flueggea suffruticosa）	5	0	0	0	0	0	0	56	0	0	0	0	0	0	0	0
郁李（Prunus japonica）	6	0	0	0	0	0	70	0	0	0	0	0	0	0	0	0
三叶海棠（Malus toringo）	5	0	0	0	0	0	70	0	0	0	0	0	0	0	0	0
百里香（Thymus mongolicus）	8	0	0	0	0	0	70	0	0	0	0	0	0	0	0	0
矮生薹草（Carex pumila）	8	0	0	0	0	0	0	0	56	0	0	0	0	0	0	0
唐松草（Thalictrum aquilegiifolium var. sibiricum）	8	0	0	0	46	0	0	0	0	0	0	0	0	0	0	0
野韭（Allium ramosum）	8	0	0	0	0	0	0	0	0	62	0	0	0	0	0	0
绒毛胡枝子（Lespedeza tomentosa）	6	0	0	38	0	0	0	0	0	0	0	0	0	0	0	0
柘（Maclura tricuspidata）	6	0	0	0	0	0	0	0	56	0	0	0	0	0	0	0
南牡蒿（Artemisia eriopoda）	7	0	0	0	0	0	0	0	0	0	70	0	0	0	0	0
林泽兰（Eupatorium lindleyanum）	7	0	0	0	0	0	70	0	0	0	0	0	0	0	0	0
薯蓣（Dioscorea polystachya）	8	0	0	0	40	0	0	0	0	0	0	0	0	0	0	0
徐长卿（Vincetoxicum pycnostelma）	7	0	0	0	0	0	0	0	0	0	39	0	0	0	0	0

续表

群丛组号		I	I	I	II	II	II	II	II	III	III	IV	IV	IV	IV	IV
群丛号		1	2	3	4	5	6	7	8	9	10	11	12	13	14	15
样地数	L	1	5	7	6	3	2	3	3	5	6	8	1	4	6	3
泰山韭（Allium taishanense）	7	0	0	0	0	0	0	0	56	0	0	0	0	0	0	0
蛇床（Cnidium monnieri）	7	0	0	0	0	0	70	0	0	0	0	0	0	0	0	0
照山白（Rhododendron micranthum）	6	0	0	0	0	0	0	0	56	0	0	0	0	0	0	0
玉竹（Polygonatum odoratum）	8	0	0	0	0	0	0	0	56	0	0	0	0	0	0	0
问荆（Equisetum arvense）	8	0	0	0	0	56	0	0	0	0	0	0	0	0	0	0
牛奶子（Elaeagnus umbellata）	4	0	0	0	0	0	0	0	56	0	0	0	0	0	0	0
婆婆针（Bidens bipinnata）	8	0	0	0	0	0	0	0	0	39	0	0	0	0	0	0
攀倒甑（Patrinia villosa）	8	0	0	0	0	0	0	0	56	0	0	0	0	0	0	0
南牡蒿（Artemisia eriopoda）	8	0	0	0	0	0	0	0	56	0	0	0	0	0	0	0
山樱花（Cerasus serrulata）	6	0	0	0	0	0	0	0	56	0	0	0	0	0	0	0
杜梨（Pyrus betulifolia）	3	0	0	0	0	0	70	0	0	0	0	0	0	0	0	0
一年蓬（Erigeron annuus）	8	0	0	0	38	0	0	0	0	0	0	0	0	0	0	0
黄檀（Dalbergia hupeana）	4	0	0	0	0	0	70	0	0	0	0	0	0	0	0	0

注：表中"L"列表示物种所在的群落层，1—3分别表示大、中、小乔木层，4—6分别表示大、中、小灌木层，7—9分别表示大、中、小草本层。表中其余数据为物种特征值（Φ，%），按递减的顺序排列。Φ≥0.25 或 Φ≥0.5（$p<0.05$）的物种为特征种，其特征值分别标记浅灰色和深灰色。

各群丛的种类组成和主要分布地点见表5-4-2。

表5-4-2　黑松林群丛统计表

群丛组	群丛	主要种类	主要分布地点	样方号
黑松–灌木–草本植物	黑松–刺槐–石竹	黑松（Pinus thunbergii）、刺槐（Robinia pseudoacacia）、酸枣（Ziziphus jujuba var. spinosa）、石竹（Dianthus chinensis）	招远市	SHD63310
	黑松–黑松–黄背草	黑松（Pinus thunbergii）、酸枣（Ziziphus jujuba var. spinosa）、黄背草（Themeda triandra）、石竹（Dianthus chinensis）	大珠山、小珠山、莱州市	SHD48410，SHD48610，SHD49310，SHD61910，SHD62010
	黑松–紫穗槐–黄背草	黑松（Pinus thunbergii）、紫穗槐（Amorpha fruticosa）、荆条（Vitex negundo var. heterophylla）、胡枝子（Lespedeza bicolor）、黄背草（Themeda triandra）	胶州艾山、灵山湾海防林、大乳山、大青山、五彩山、日照市国有大沙洼林场	SHD68310，SHD81610，SHD81910，SHD06310，SHD06410，SHD08010，SHD05710
黑松+阔叶乔木–灌木–草本植物	黑松+刺槐–荆条–北京隐子草	黑松（Pinus thunbergii）、刺槐（Robinia pseudoacacia）、荆条（Vitex negundo var. heterophylla）、花木蓝（Indigofera kirilowii）、北京隐子草（Cleistogenes hancei）	马耳山、钱谷山、茶山、凤仙山	SHD66410，SHD70610，SHD70710，SHD70910，SHD73010，SHD73110
	黑松+刺槐–刺槐–求米草	黑松（Pinus thunbergii）、刺槐（Robinia pseudoacacia）、小花扁担杆（Grewia biloba var. parviflora）、南蛇藤（Celastrus orbiculatus）、求米草（Oplismenus undulatifolius）	崂山、蓬莱艾山、大基山	SHD343101，SHD52310，SHD61610
	黑松+麻栎–刺槐–大披针薹草	黑松（Pinus thunbergii）、麻栎（Quercus acutissima）、刺槐（Robinia pseudoacacia）、大披针薹草（Carex lanceolata）	伟德山、五彩山、岠嵎山	SHD44010，SHD68110，SHD81710

续表

群丛组	群丛	主要种类	主要分布地点	样方号
黑松+阔叶乔木-灌木-草本植物	黑松+麻栎-茅莓-野古草	黑松（*Pinus thunbergii*）、麻栎（*Quercus acutissima*）、茅莓（*Rubus parvifolius*）、野古草（*Arundinella hirta*）	五彩山、莲青山、大乳山	SHD68210, SHD73310, SHD82110
	黑松+山槐-山槐-野古草	黑松（*Pinus thunbergii*）、山槐（*Albizia kalkora*）、黄檀（*Dalbergia hupeana*）、野古草（*Arundinella hirta*）	大珠山	SHD06010, SHD06110
黑松+油松+阔叶乔木-灌木-草本植物	黑松+栓皮栎-胡枝子-芒	黑松（*Pinus thunbergii*）、栓皮栎（*Quercus variabilis*）、油松（*Pinus tabuliformis*）、胡枝子（*Lespedeza bicolor*）、芒（*Miscanthus sinensis*）	蒙山、崂山	SHD335101, SHD340101, SHD349101, SHD352101, SHD354101
	黑松+刺槐-荆条-野古草	黑松（*Pinus thunbergii*）、刺槐（*Robinia pseudoacacia*）、油松（*Pinus tabuliformis*）、荆条（*Vitex negundo* var. *heterophylla*）、野古草（*Arundinella hirta*）、黄背草（*Themeda triandra*）	大泽山、昆嵛山、崂山、大珠山、招虎山、塔山	SHD07410, SHD309101, SHD342101, SHD48310, SHD64210, SHD69910
黑松+其他针叶乔木-灌木-草本植物	黑松+油松-荆条-结缕草	黑松（*Pinus thunbergii*）、油松（*Pinus tabuliformis*）、荆条（*Vitex negundo* var. *heterophylla*）、结缕草（*Zoysia japonica*）	招虎山、铁橛山、莱芜区雪野街道房干村	SHD65010, SHD71810, SHD80110, SHD80210, SHD80310, SHD80410, SHD80710, SHD80810
	黑松+圆柏-荆条-长蕊石头花	黑松（*Pinus thunbergii*）、圆柏（*Juniperus chinensis*）、荆条（*Vitex negundo* var. *heterophylla*）、小花扁担杆（*Grewia biloba* var. *parviflora*）、长蕊石头花（*Gypsophila oldhamiana*）	莱芜区雪野街道房干村	SHD80910
	黑松+赤松-荆条-野古草	黑松（*Pinus thunbergii*）、赤松（*Pinus densiflora*）、荆条（*Vitex negundo* var. *heterophylla*）、野古草（*Arundinella hirta*）	河山、五彩山、塔山	SHD67210, SHD67710, SHD67810, SHD69810
	黑松+赤松-葎叶蛇葡萄-细叶薹草	黑松（*Pinus thunbergii*）、赤松（*Pinus densiflora*）、葎叶蛇葡萄（*Ampelopsis humulifolia*）、细叶薹草（*Carex duriuscula* subsp. *stenophylloides*）、求米草（*Oplismenus undulatifolius*）	沂山	SHD036121, SHD036122, SHD036123, SHD038121, SHD038122, SHD038123
	黑松+赤松-胡枝子-臭草	黑松（*Pinus thunbergii*）、赤松（*Pinus densiflora*）、胡枝子（*Lespedeza bicolor*）、臭草（*Melica scabrosa*）、长芒草（*Stipa hungeana*）	崂山	SHD005121, SHD005122, SHD005123

由于黑松林大多是在赤松林遭受虫害后的迹地上栽培而成，故其群落特征、种类组成都和赤松林很相近。本群丛基本特征见表5-4-3至5-4-6。

表5-4-3　黑松林群落综合分析表1

层次	种名	株数/德氏多度	高度/m		盖度/%
			均高	最高	
乔木层	黑松（*Pinus thunbergii*）	57	8.24	12.40	65
	刺槐（*Robinia pseudoacacia*）	13	5.55	14.50	
	赤松（*Pinus densiflora*）	8	5.89	8.40	
灌木层	盐麸木（*Rhus chinensis*）	20	1.80	1.80	35
	牛叠肚（*Rubus crataegifolius*）	20	1.00	1.00	10

续表

层次	种名	株数/德氏多度	高度/m 均高	高度/m 最高	盖度/%
灌木层	其他种类：刺槐（*Robinia pseudoacacia*）、山槐（*Albizia kalkora*）、黑松（*Pinus thunbergii*）、紫穗槐（*Amorpha fruticosa*）、麻栎（*Quercus acutissima*）、小花扁担杆（*Grewia biloba* var. *parviflora*）、野蔷薇（*Rosa multiflora*）、君迁子（*Diospyros lotus*）、胡枝子（*Lespedeza bicolor*）、花木蓝（*Indigofera kirilowii*）	52	1.04	1.70	3.20
草本层	芒（*Miscanthus sinensis*）	Cop^2	0.35	0.35	48
	鸭跖草（*Commelina communis*）	Cop^2	0.60	0.60	75
	其他种类：法氏早熟禾（*Poa faberi*）、野菊（*Chrysanthemum indicum*）、长蕊石头花（*Gypsophila oldhamiana*）、南牡蒿（*Artemisia eriopoda*）、委陵菜（*Potentilla chinensis*）、月见草（*Oenothera biennis*）、苎麻（*Boehmeria nivea*）、坚硬女娄菜（*Silene firma*）、黄瓜菜（*Crepidiastrum denticulatum*）、錾菜（*Leonurus pseudomacranthus*）、魁蒿（*Artemisia princeps*）、一年蓬（*Erigeron annuus*）、黄背草（*Themeda triandra*）	Sol	0.50	1.10	11.68

注：调查时间 2012 年 8 月。调查地点烟台市牟平区昆嵛山。样方面积 600m^2×1。样地编号 SHD309101：纬度 37.27315°，经度 121.72497°，海拔 177m，坡度 7°，坡向 225°，地形为山坡；森林为人工林；干扰类型为人为干扰，干扰程度轻微；照片编号 SHD309101-1，SHD309101-2，SHD309101-3，SHD309101-4。

表 5-4-4　黑松林群落综合分析表 2

层次	种名	株数/德氏多度	高度/m 均高	高度/m 最高	盖度/%
乔木层	黑松（*Pinus thunbergii*）	138	5.32	8.50	40
	刺槐（*Robinia pseudoacacia*）	2	1.75	2.00	
灌木层	刺槐（*Robinia pseudoacacia*）	39	1.40	1.40	25
	野花椒（*Zanthoxylum simulans*）	15	1.33	1.66	10
	其他种类：黑松（*Pinus thunbergii*）、胡枝子（*Lespedeza bicolor*）、臭椿（*Ailanthus altissima*）	6	0.93	1.20	9
草本层	野青茅（*Deyeuxia pyramidalis*）	Cop^2	0.61	0.75	30
	黄瓜菜（*Crepidiastrum denticulatum*）	Cop^2	0.39	0.67	33.6
	其他种类：败酱（*Patrinia scabiosifolia*）、西来稗（*Echinochloa crus-galli* var. *zelayensis*）、北京隐子草（*Cleistogenes hancei*）、牡蒿（*Artemisia japonica*）、中华苦荬菜（*Ixeris chinensis*）、卷柏（*Selaginella tamariscina*）、长蕊石头花（*Gypsophila oldhamiana*）、糠稷（*Panicum bisulcatum*）、桔梗（*Platycodon grandiflorus*）、野艾蒿（*Artemisia lavandulifolia*）、狗尾草（*Setaria viridis*）、细柄草（*Capillipedium parviflorum*）、早开堇菜（*Viola prionantha*）、鼠尾粟（*Sporobolus fertilis*）、白羊草（*Bothriochloa ischaemum*）、黄背草（*Themeda triandra*）	Sol	0.44	1.02	10.73

注：调查时间 2011 年 9 月。调查地点青岛市崂山。样方面积 600m^2×1。样地编号 SHD343101：纬度 36.09450°，经度 120.52035°，海拔 74m，坡度 20°，坡向 30°，地形为山坡；森林为次生林；干扰类型为人为干扰，干扰程度轻微；照片编号 SHD343101-1，SHD343101-2，SHD343101-3，SHD343101-4。

表 5-4-5　黑松林群落综合分析表 3

层次	种名	株数/德氏多度	高度/m 均高	高度/m 最高	盖度/%
乔木层	黑松（Pinus thunbergii）	34	6.59	10	
	油松（P. tabuliformis）	49	6.56	8.50	60
	其他种类：花曲柳（Fraxinus chinensis subsp. rhynchophylla）、兰考泡桐（Paulownia elongata）	2	4.25	5.50	
灌木层	胡枝子（Lespedeza bicolor）	21	1.00	1.30	13.5
	花木蓝（Indigofera kirilowii）	20	0.80	0.80	5
	其他种类：刺槐（Robinia pseudoacacia）、南蛇藤（Celastrus orbiculatus）、君迁子（Diospyros lotus）、小花扁担杆（Grewia biloba var. parviflora）、葎叶蛇葡萄（Ampelopsis humulifolia）、小叶鼠李（Rhamnus parvifolia）、白蜡树（Fraxinus chinensis）、臭椿（Ailanthus altissima）	62	0.78	1.80	3.30
草本层	白英（Solanum lyratum）	Cop^2	0.40	0.40	35
	阴地堇菜（Viola yezoensis）	Cop^2	0.08	0.10	16.5
	其他种类：五月艾（Artemisia indica）、矮丛薹草（Carex callitrichos var. nana）、求米草（Oplismenus undulatifolius）、牛膝（Achyranthes bidentata）、山莴苣（Lactuca sibirica）、东北堇菜（Viola mandshurica）、芒（Miscanthus sinensis）、魁蒿（Artemisia princeps）、茜草（Rubia cordifolia）、稗（Echinochloa crus-galli）、华北鳞毛蕨（Dryopteris goeringiana）、南牡蒿（Artemisia eriopoda）、长蕊石头花（Gypsophila oldhamiana）、鹅肠菜（Stellaria aquatica）	Sol	0.21	0.53	6.88

注：调查时间 2013 年 10 月。调查地点烟台市蓬莱区艾山。样方面积 600m^2×1。样地编号 SHD52410：纬度 37.42804°，经度 120.77419°，海拔 485m，坡度 16°，坡向 117°，地形为山坡；森林为人工林；干扰类型为人为干扰，干扰程度中度；照片编号 SHD52410-1、SHD52410-2、SHD52410-3、SHD52410-4。

表 5-4-6　黑松林群落综合分析表 4

层次	种名	株数/德氏多度	高度/m 均高	高度/m 最高	盖度/%
乔木层	黑松（Pinus thunbergii）	152	4.29	6.50	
	刺槐（Robinia pseudoacacia）	2	2.25	2.30	65
	盐麸木（Rhus chinensis）	7	3.24	4.50	
灌木层	胡枝子（Lespedeza bicolor）	40	1.70	1.70	30
	山槐（Albizia kalkora）	27	0.50	0.50	10
	其他种类：君迁子（Diospyros lotus）、小花扁担杆（Grewia biloba var. parviflora）、盐麸木（Rhus chinensis）、杜梨（Pyrus betulifolia）、兴安胡枝子（Lespedeza davurica）、荆条（Vitex negundo var. heterophylla）	37	0.98	2.00	2.01
草本层	野古草（Arundinella hirta）	Cop^2	0.47	0.56	20.83
	矮丛薹草（Carex callitrichos var. nana）	Cop^2	0.17	0.18	28.25

续表

层次	种名	株数/德氏多度	高度/m 均高	高度/m 最高	盖度/%
草本层	其他种类：野菊（*Chrysanthemum indicum*）、徐长卿（*Vincetoxicum pycnostelma*）、地榆（*Sanguisorba officinalis*）、芒（*Miscanthus sinensis*）、细叶沙参（*Adenophora capillaris*）、桔梗（*Platycodon grandiflorus*）、蓝刺头（*Echinops sphaerocephalus*）、南牡蒿（*Artemisia eriopoda*）、长蕊石头花（*Gypsophila oldhamiana*）	Sol	0.32	0.72	8.25

注：调查时间 2015 年 8 月。调查地点平度市大泽山。样方面积 600m² × 1。样地编号 SHD07410；纬度 36.99096°，经度 120.04580°，海拔 241m，坡度 5°，坡向 87°，地形为山坡；森林为人工林；干扰类型为人为干扰；干扰程度中度；照片编号 SHD07410-1，SHD07410-2，SHD07410-3，SHD07410-4。

（五）价值及保护发展

20 世纪 50—60 年代，山东原有赤松林、油松林受松毛虫和松干蚧危害严重，而黑松对这两种虫的抗性均优于赤松和油松，更兼黑松幼期生长快、树干通直等优点，所以多用黑松代替赤松造林，使后来黑松林的面积远远超过赤松林和油松林。黑松代替赤松和油松，在快速恢复森林植被方面发挥了很好的作用，尤其在沿海沙滩的防护林营造中起到了先锋树种的作用。在烟台市牟平区等地的 50—60 年林龄沿海防护林中，林下已有麻栎的幼苗（图 5-4-18），也有扁担杆、兴安胡枝子、牛奶子等乡土灌木种类（图 5-4-19），这表明如果黑松林继续演替，有可能在防护林的外围形成麻栎林等阔叶林植被类型。从演替意义讲，保护好沿海的黑松林具有生态、学术等方面的多重价值。

但由于黑松林多为纯林，也同样面临病虫害暴发的问题，最近几年暴发的松材线虫病，也使黑松林遭受严重破坏（图 5-4-20、图 5-4-21），有些地段几乎成为裸地。因此，当务之急是加强病虫害预测预报，尽快改造黑松纯林，以形成混交林。

图 5-4-18　黑松林中的麻栎（*Quercus acutissima*）大树和幼苗（牟平海防林）

图 5-4-19 黑松林下的牛奶子（*Elaeagnus umbellata*）（牟平海防林）

图 5-4-20　遭受松材线虫病危害的黑松林

图 5-4-21　清除遭受松材线虫病危害的黑松病树

五、侧柏林

赤松、油松和侧柏是山东的三大乡土针叶树种，但侧柏更耐贫瘠干旱，是石灰岩山地（青石山）荒山造林的先锋树种。以侧柏属植物为建群种的植物群落，在暖温带落叶阔叶林地区分布很广，但组成这一群系组的只有侧柏林一个群系。

侧柏林广泛分布于华北、西北地区，在山地、丘陵和平原上都能见到。平原地区的侧柏林均系人工栽培，且分布在村边、寺庙旁和一些坟地的周围，形成了华北平原地区的特有景观之一。山区的侧柏林多系天然次生林，只在悬崖和岩石裸露的石质山坡上可以见到一些原生林。

在山东省，侧柏林是面积最大的人工针叶林。据调查，2019年侧柏林面积13万多 hm²，约占针叶林总面积的50%。

（一）地理分布和生态特征

1. 地理分布

山东省是侧柏中心分布区之一，山地、丘陵和平原都可见到侧柏（图 5-5-1）。它是山东省石灰岩山地（青石山）山地的主要造林树种，并构成平原地区的特有景观。侧柏天然林不多见，现存在的多系人工林，林龄50—70年，经过最近20年的植树造林，侧柏林面积大大增加。

年龄较大的侧柏零散地分布于寺庙、公园、村旁和坟地（图 5-5-2、图 5-5-3）。最古老的侧柏见于泰山岱庙（汉柏）、灵岩寺，树龄在2000年以上。泰山前部有老龄侧柏2万余株，树龄在100年以上，树高在10m左右，胸径40cm以上，透迤于盘道两侧。在泰山柏洞，侧柏老林郁闭阴森，是泰山盘道两侧的重要风景区。全国重点文物保护单位孔林，有高大侧柏人工林（已经和麻栎等混交），树高近20m，年龄在200年以上，这一片侧柏林不仅是山东省而且也是全国罕见的壮观的侧柏林（图 5-5-4）。古籍记载的梁山一带的"黑松林"，实际上是侧柏林，因为黑松喜酸性土，不可能在石灰岩地区生长。在青州市庙子镇杨集村的许多村落，都有上百年的老龄侧柏林作为"障林"。枣庄市峄城区青檀山附近有较为茂密的侧柏林。

2. 自然环境

侧柏喜温、喜钙，作为森林植物群落的建群种，它主要分布于海拔600m以下的低山丘陵。虽然岩浆岩和变质岩地区也有栽植，但主要还是分布于沉积岩山地，其中以济南、泰安、临沂、枣庄、潍坊、济宁等地分布较多。侧柏林分布区的土壤以褐土为主，其次为棕壤和石灰性潮土，呈微碱性至微酸性，大部分比较干旱和瘠薄。侧柏极耐干旱贫瘠，甚至在悬崖峭壁上亦能生长。林分通常稀疏，生长缓慢，相当一部分呈疏林状态，郁闭度0.2—0.6，郁闭度在0.7以上生长旺盛的侧柏林很少。

3. 生态特征

山东省目前侧柏林多为幼中龄林，老林较少，所以种类组成、外貌、结构等都比较简单。在土层极为瘠薄甚至大面积岩石裸露的地方，形成了低矮的老龄林。

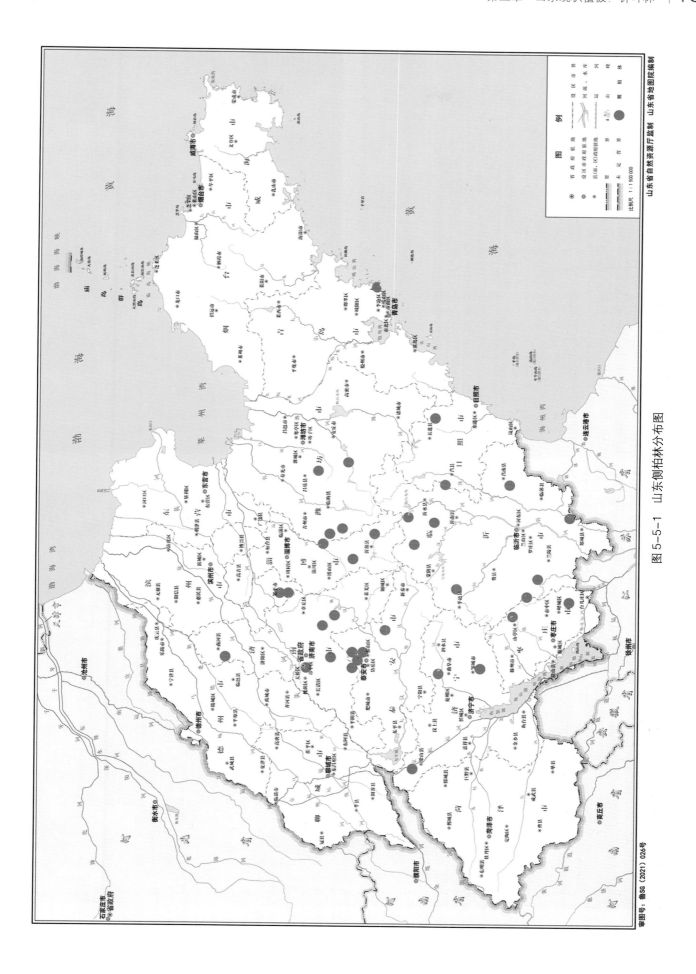

图 5-5-1 山东侧柏林分布图

图 5-5-2　侧柏（*Platycladus orientalis*）大树（曲阜孔林）（1）　　图 5-5-3　侧柏（*Platycladus orientalis*）大树（曲阜孔林）（2）

图 5-5-4　壮观的侧柏林（曲阜孔林）

（二）群落组成

侧柏林组成种类比较少，根据 44 个 20m×30m 样方的调查记录，种类只有 100 多种，是几个针叶林中种类最少的，这也说明了侧柏林分布区生态条件较差。

1.乔木层

乔木层主要是侧柏，大多形成纯林，偶尔混生榆、杨属植物、构（*Brousonetia papyrifera*）、麻栎、大果榆、黄栌、刺槐、臭椿、楝（*Melia azedarach*）、大叶朴（*Celtis koraiensis*）、栾（*Koelreuteria paniculata*）等。

2.灌木层

侧柏林通常没有非常明显的灌木层。灌木层盖度 5%—40% 不等。灌木层不仅盖度小，而且生长低矮，这和侧柏林立地条件差有关。常见的灌木种类有荆条、酸枣、兴安胡枝子、三裂绣线菊、连翘、黄栌、锦鸡儿、小叶鼠李等。

3.草本层

草本植物多为耐旱的种类，盖度 20%—60%。除少数立地条件稍好的侧柏林外，草本植物的种类较贫乏，生长也不甚好。侧柏林的一个突出特点是经常出现卷柏占优势的活地被物层。常见的草本植物有白羊草、黄背草、橘草（*Cymbopogon goeringii*）、隐子草、狗尾草（*Setaria viridis*）、鹅观草、大披针薹草、蒿属数种、中华苦荬菜（*Ixeris chinensis*）、委陵菜、长蕊石头花、女娄菜、紫花地丁、中华卷柏等。

（三）群落外貌结构

1.群落外貌

侧柏林大部分是纯林，也有少数混交林。群落稀疏低矮，是其明显的特征。个别地段因为栽植密，景观上呈现出浓密的外貌（图 5-5-5、图 5-5-6），多数地段外貌上看呈现稀疏的景象，甚至裸岩明显（图 5-5-7、图 5-5-8）。

2.群落结构

侧柏纯林的郁闭度一般较小，多在 0.2—0.6，少数在 0.7 以上，如枣庄市峄城区青檀山的侧柏林（图 5-5-9）。由于侧柏树冠较窄小，多呈尖塔形，林分郁闭度小，林相比较整齐（图 5-5-10）。群落可以分出乔木层、灌木层、草本层和地被层 4 个层次。乔木层除混交林外，多为单一种类、单层结构；灌木层不发达；草本层也较稀疏（图 5-5-11），一般称管草层，可见其生境的恶劣。

图 5-5-5　侧柏林外貌（青檀山）

图 5-5-6　侧柏林外貌（泰山）

图 5-5-7 侧柏林外貌（济南章丘石灰岩山地）

图 5-5-8 侧柏林外貌（济南平阴石灰岩山地）

图 5-5-9 侧柏林结构（青檀山）

图 5-5-10 侧柏林结构（曲阜孔林）

图 5-5-11　侧柏林结构（济南章丘）

（四）群落类型

侧柏分布区的生境条件较一致，因此与其他针叶林相比，侧柏林的群落类型相对比较简单，群丛数量较少，仅分为侧柏纯林和侧柏混交林 2 个亚群系。侧柏纯林常见于石灰岩山地，林相整齐，外貌平坦（图 5-5-12 至图 5-5-14）。侧柏混交林多见于花岗岩山地和土壤条件较好的石灰岩山地，如泰山和枣庄市峄城区青檀山的侧柏混交林（图 5-5-15、图 5-5-16）。

图 5-5-12 侧柏纯林（青檀山）（1）

图 5-5-13 侧柏纯林（青檀山）（2）

图 5-5-14　侧柏纯林（泰山）

图 5-5-15　侧柏混交林（泰山）

图 5-5-16　侧柏混交林（青檀山）

纯林中最主要的是以侧柏和荆条为主的群丛，混交林主要是侧柏、阔叶树形成的群丛。

2000—2021 年，按照规范要求调查了 44 个样方，根据王国宏等（2020）的分类标准，将侧柏林分为 3 个群丛组和 8 个群丛（表 5-5-1）。

表 5-5-1　侧柏林群丛分类简表

群丛组号		I	I	I	I	II	II	II	III
群丛号		1	2	3	4	5	6	7	8
样地数	L	4	10	13	6	2	5	1	3
半夏（*Pinellia ternata*）	8	71	0	0	0	0	0	0	0
葎草（*Humulus scandens*）	7	80	0	0	0	0	0	0	0
小花扁担杆（*Grewia biloba* var. *parviflora*）	5	0	41	0	0	0	0	0	0
刺槐（*Robinia pseudoacacia*）	5	0	34	0	0	0	0	0	0
矮丛薹草（*Carex callitrichos* var. *nana*）	8	0	0	0	47	0	0	0	0
构（*Broussonetia papyrifera*）	3	0	0	0	0	82	0	0	0
北京堇菜（*Viola pekinensis*）	9	0	0	0	0	100	0	0	0
构（*Broussonetia papyrifera*）	6	0	0	0	0	92	0	0	0
木防己（*Cocculus orbiculatus*）	8	0	0	0	0	96	0	0	0
北京隐子草（*Cleistogenes hancei*）	8	0	0	0	0	78	0	0	0
荆条（*Vitex negundo* var. *heterophylla*）	6	0	0	0	0	92	0	0	0
黄背草（*Themeda triandra*）	7	0	0	0	0	67	0	0	0
烟管头草（*Carpesium cernuum*）	9	0	0	0	0	100	0	0	0
刺槐（*Robinia pseudoacacia*）	2	0	35	0	0	0	65	0	0

续表

群丛组号		I	I	I	I	II	II	II	III
群丛号		1	2	3	4	5	6	7	8
样地数	L	4	10	13	6	2	5	1	3
酢浆草（*Oxalis corniculata*）	9	0	0	0	0	0	74	0	0
藜（*Chenopodium album*）	8	0	0	0	0	0	84	0	0
鸭跖草（*Commelina communis*）	8	0	0	0	0	0	62	0	0
胡枝子（*Lespedeza bicolor*）	6	0	0	29	0	0	0	0	0
牛膝（*Achyranthes bidentata*）	8	0	0	0	0	0	75	0	0
黄檀（*Dalbergia hupeana*）	3	0	0	0	0	0	0	100	0
寻骨风（*Isotrema mollissimum*）	9	0	0	0	0	0	0	100	0
中华卷柏（*Selaginella sinensis*）	9	0	0	18	0	0	0	0	0
异叶蛇葡萄（*Ampelopsis glandulosa* var. *heterophylla*）	8	0	0	0	0	0	0	100	0
泰山前胡（*Peucedanum wawrae*）	8	0	0	0	0	0	0	100	0
烟管头草（*Carpesium cernuum*）	8	0	0	0	0	0	0	96	0
狭叶珍珠菜（*Lysimachia pentapetala*）	8	0	0	25	0	0	0	0	0
百里香（*Thymus mongolicus*）	8	0	0	0	0	0	0	100	0
朝阳隐子草（*Cleistogenes hackelii*）	8	0	0	0	0	0	0	100	0
紫马唐（*Digitaria violascens*）	8	0	0	0	0	0	0	100	0
山桃（*Prunus davidiana*）	6	0	0	0	0	0	0	100	0
雀儿舌头（*Leptopus chinensis*）	7	0	0	0	0	0	0	92	0
黄檀（*Dalbergia hupeana*）	5	0	0	0	0	0	0	100	0
鸡桑（*Morus australis*）	3	0	0	0	0	0	0	100	0
杏（*Prunus armeniaca*）	3	0	0	0	0	0	0	100	0
南蛇藤（*Celastrus orbiculatus*）	8	0	0	0	0	0	0	100	0
山葡萄（*Vitis amurensis*）	6	0	0	0	0	0	0	100	0
紫菀（*Aster tataricus*）	7	0	0	0	0	0	0	88	0
山楂（*Crataegus pinnatifida*）	6	0	0	0	0	0	0	100	0
杜梨（*Pyrusbetulifolia*）	3	0	0	0	0	0	0	96	0
长蕊石头花（*Gypsophila oldhamiana*）	7	0	0	0	0	0	0	0	92
白莲蒿（*Artemisia stechmanniana*）	7	0	0	0	0	0	0	0	92
油松（*Pinus tabuliformis*）	3	0	0	0	0	0	0	0	70
线叶蒿（*Artemisia subulata*）	7	0	0	0	0	0	0	0	80
求米草（*Oplismenus undulatifolius*）	7	0	0	0	0	0	0	0	70
荩草（*Arthraxon hispidus*）	7	0	0	0	0	0	0	0	75
赖草（*Leymus secalinus*）	8	0	0	0	0	0	0	0	80
委陵菊（*Chrysanthemum potentilloides*）	8	0	0	0	0	0	0	0	80
茜草（*Rubia cordifolia*）	7	0	0	0	0	0	0	0	59
蒙桑（*Morus mongolica*）	5	0	0	0	0	0	0	0	80
小花鬼针草（*Bidens parviflora*）	8	0	0	0	0	0	0	0	80
矮丛薹草（*Carex callitrichos* var. *nana*）	8	0	0	0	0	0	0	0	80
泰山韭（*Allium taishanense*）	7	0	0	0	0	0	0	0	80
石竹（*Dianthus chinensis*）	7	0	0	0	0	0	0	0	80
薯蓣（*Dioscorea polystachya*）	8	62	0	0	0	0	0	0	0

续表

群丛组号		I	I	I	I	II	II	II	III
群丛号		1	2	3	4	5	6	7	8
样地数	L	4	10	13	6	2	5	1	3
构（*Broussonetia papyrifera*）	5	50	0	0	0	0	50	0	0
桑（*Morus alba*）	5	62	0	0	0	0	0	0	0
一年蓬（*Erigeron annuus*）	7	49	0	0	0	0	0	0	0
黄瓜菜（*Crepidiastrum denticulatum*）	7	0	0	41	0	0	0	0	68
鬼针草（*Bidens pilosa*）	8	0	0	0	0	67	32	0	0
益母草（*Leonurus japonicus*）	7	0	0	0	0	0	42	0	0
侧柏（*Platycladus orientalis*）	2	0	53	0	0	0	0	0	0
求米草（*Oplismenus undulatifolius*）	8	0	35	0	0	0	0	0	0
北京隐子草（*Cleistogenes hancei*）	7	0	0	26	0	0	0	0	0
狗尾草（*Setaria viridis*）	8	0	0	0	0	52	20	0	0
荆条（*Vitex negundo* var. *heterophylla*）	5	0	0	19	0	0	0	0	0
侧柏（*Platycladus orientalis*）	3	0	0	15	27	0	0	0	0
野青茅（*Deyeuxia pyramidalis*）	7	0	34	0	0	0	0	0	0
狗尾草（*Setaria viridis*）	7	0	0	35	0	0	0	0	0
麦冬（*Ophiopogon japonicus*）	8	61	0	0	0	0	0	0	0
紫花地丁（*Viola philippica*）	9	0	0	0	40	0	0	0	0
金盏银盘（*Bidens biternata*）	8	0	0	0	55	0	0	0	0
野菊（*Chrysanthemum indicum*）	7	0	0	47	0	0	0	0	0
牵牛（*Ipomoea nil*）	8	0	0	0	0	0	61	0	0
白英（*Solanum lyratum*）	9	0	0	0	0	0	61	0	0
多花胡枝子（*Lespedeza floribunda*）	6	0	0	0	0	0	34	0	0
薯蓣（*Dioscorea polystachya*）	9	0	0	0	0	0	49	0	0
铁苋菜（*Acalypha australis*）	9	0	0	0	0	0	61	0	0
野韭（*Allium ramosum*）	8	0	0	0	68	0	0	0	0
地构叶（*Speranskia tuberculata*）	8	0	0	0	55	0	0	0	0
鸡眼草（*Kummerowia striata*）	8	0	0	0	63	0	0	0	0
荩草（*Arthraxon hispidus*）	8	0	0	40	0	0	0	0	0
油松（*Pinus tabuliformis*）	2	0	42	0	0	0	0	0	0
狼尾花（*Lysimachia barystachys*）	8	0	42	0	0	0	0	0	0
乌头叶蛇葡萄（*Ampelopsis aconitifolia*）	8	0	0	0	68	0	0	0	0
朴树（*Celtis sinensis*）	5	61	0	0	0	0	0	0	0
赤松（*Pinus densiflora*）	2	0	52	0	0	0	0	0	0
栝楼（*Trichosanthes kirilowii*）	9	0	42	0	0	0	0	0	0
南蛇藤（*Celastrus orbiculatus*）	6	0	42	0	0	0	0	0	0
柘（*Maclura tricuspidata*）	5	68	0	0	0	0	0	0	0
诸葛菜（*Orychophragmus violaceus*）	7	68	0	0	0	0	0	0	0
臭椿（*Ailanthus altissima*）	6	0	0	53	0	0	0	0	0
黄花蒿（*Artemisia annua*）	7	0	0	53	0	0	0	0	0
饭包草（*Commelina benghalensis*）	8	0	0	53	0	0	0	0	0
枸杞（*Lycium chinense*）	5	68	0	0	0	0	0	0	0

续表

群丛组号		I	I	I	I	II	II	II	III
群丛号		1	2	3	4	5	6	7	8
样地数	L	4	10	13	6	2	5	1	3
野蔷薇（*Rosa multiflora*）	8	68	0	0	0	0	0	0	0
麻栎（*Quercus acutissima*）	3	0	0	43	0	0	0	0	0
青花椒（*Zanthoxylum schinifolium*）	6	0	0	46	0	0	0	0	0
远志（*Polygala tenuifolia*）	8	0	0	0	47	0	0	0	0
扶芳藤（*Euonymus fortunei*）	4	68	0	0	0	0	0	0	0
早开堇菜（*Viola prionantha*）	8	0	0	40	0	0	0	0	0
酸枣（*Ziziphus jujuba* var. *spinosa*）	6	0	0	46	0	0	0	0	0
婆婆针（*Bidens bipinnata*）	8	0	0	47	0	0	0	0	0
乌蔹莓（*Cayratia japonica*）	7	68	0	0	0	0	0	0	0
白檀（*Symplocos tanakana*）	6	0	0	0	0	68	0	0	0
白羊草（*Bothriochloa ischaemum*）	8	0	0	0	0	68	0	0	0
南牡蒿（*Artemisia eriopoda*）	8	0	0	0	0	68	0	0	0
侧柏（*Platycladus orientalis*）	6	0	0	0	0	68	0	0	0
黑弹树（*Celtis bungeana*）	6	0	0	0	0	68	0	0	0
糙苏（*Phlomoides umbrosa*）	8	0	0	0	0	68	0	0	0
鹅肠菜（*Stellaria aquatica*）	8	68	0	0	0	0	0	0	0
菝葜（*Smilax china*）	8	0	42	0	0	0	0	0	0
蛇莓（*Duchesnea indica*）	9	61	0	0	0	0	0	0	0
球果堇菜（*Viola collina*）	9	0	39	0	0	0	0	0	0
臭草（*Melica scabrosa*）	7	52	0	0	0	0	0	0	0
虎掌（*Pinellia pedatisecta*）	8	55	0	0	0	0	0	0	0
黄鹌菜（*Youngia japonica*）	7	0	0	0	55	0	0	0	0

注：表中"L"列表示物种所在的群落层号，1—3分别表示大、中、小乔木层，4—6分别表示大、中、小灌木层，7—9分别表示大、中、小草本层。表中其余数据为物种特征值（Φ，%），按递减的顺序排列。$\Phi \geq 0.25$ 和 $\Phi \geq 0.5$（$p<0.05$）的物种为特征种，其特征值分别标记浅灰色和深灰色。

各群丛的种类组成和主要分布地点见表5-5-2。

表5-5-2 侧柏林群丛统计表

群丛组	群丛	主要种类	主要分布地点	样方号
侧柏-灌木-草本植物	侧柏-枸杞-求米草	侧柏（*Platycladus orientalis*）、枸杞（*Lycium chinense*）、扶芳藤（*Euonymus fortunei*）、桑（*Morus alba*）、求米草（*Oplismenus undulatifolius*）	孔林、抱犊崮	SHD36210, SHD36010, SHD42610, SHD36610
	侧柏-荆条-求米草	侧柏（*Platycladus orientalis*）、荆条（*Vitex negundo* var. *heterophylla*）、小花扁担杆（*Grewia biloba* var. *parviflora*）、刺槐（*Robinia pseudoacacia*）、求米草（*Oplismenus undulatifolius*）、大披针薹草（*Carex lanceolata*）	泰山南天门、崂山、徂徕山林场、长白山、鲁山、仰天山	SHD042101, SHD044101, SHD351101, SHD38510, SHD38810, SHD46510, SHD51610, SHD56110, SHD56210, SHD56510

续表

群丛组	群丛	主要种类	主要分布地点	样方号
侧柏–灌木–草本植物	侧柏–小花扁担杆–求米草	侧柏（*Platycladus orientalis*）、荆条（*Vitex negundo* var. *heterophylla*）、小花扁担杆（*Grewia biloba* var. *parviflora*）、构（*Broussonetia papyrifera*）、求米草（*Oplismenus undulatifolius*）、野青茅（*Deyeuxia pyramidalis*）、北京隐子草（*Cleistogenes hancei*）、野古草（*Arundinella hirta*）	佛慧山、莲台山、泰山、抱犊崮、鲁山	SHD004101、SHD009101、SHD052101、SHD046101、SHD047101、SHD048101、SHD049101、SHD053101、SHD051101、SHD45910、SHD42810、SHD51810、LTS001
	侧柏–荆条–北京隐子草	侧柏（*Platycladus orientalis*）、荆条（*Vitex negundo* var. *heterophylla*）、构（*Broussonetia papyrifera*）、酸枣（*Ziziphus jujuba* var. *spinosa*）、北京隐子草（*Cleistogenes hancei*）、大披针薹草（*Carex lanceolata*）、荩草（*Arthraxon hispidus*）	佛慧山、梁山、潭溪山、浮来山	SHD003101、SHD104810、SHD104910、SHD105010、SHD58510、SHD66210
侧柏+阔叶乔木–灌木–草本植物	侧柏+构–荆条–北京隐子草	侧柏（*Platycladus orientalis*）、构（*Broussonetia papyrifera*）、荆条（*Vitex negundo* var. *heterophylla*）、北京隐子草（*Cleistogenes hancei*）	兰陵县	SHD83610、SHD83710
	侧柏+刺槐–荆条–益母草	侧柏（*Platycladus orientalis*）、刺槐（*Robinia pseudoacacia*）、荆条（*Vitex negundo* var. *heterophylla*）、构（*Broussonetia papyrifera*）、益母草（*Leonurus japonicus*）、牛膝（*Achyranthes bidentata*）、京芒草（*Achnatherum pekinense*）、蒙古蒿（*Artemisia mongolica*）	隋姑山、青檀山	SHD73510、SHD73610、SHD73810、SHD85010
	侧柏+黄栌+杜梨–桑–求米草	侧柏（*Platycladus orientalis*）、黄栌（*Cotinus coggygria* var. *cinereus*）、杜梨（*Pyrus betulifolia*）、桑（*Morus alba*）、求米草（*Oplismenus undulatifolius*）	抱犊崮	SHD42710
侧柏+针叶乔木–灌木–草本植物	侧柏+油松–荆条–北京隐子草	侧柏（*Platycladus orientalis*）、油松（*Pinus tabuliformis*）、荆条（*Vitex negundo* var. *heterophylla*）、臭椿（*Ailanthus altissima*）、酸枣（*Ziziphus jujuba* var. *spinosa*）、北京隐子草（*Cleistogenes hancei*）	泰山钓鱼台、彩石溪	SHD008121、SHD008122、SHD021101

以下简要介绍主要群丛。

1. 侧柏纯林

侧柏纯林可以划分为 5—8 个群丛。典型群丛主要特征见表 5-5-3、表 5-5-4。

表 5-5-3 侧柏林群落综合分析表 1

层次	种名	株数/德氏多度	高度/m 均高	高度/m 最高	盖度/%
乔木层	侧柏（*Platycladus orientalis*）	104	6.54	9.50	60
	大果榆（*Ulmus macrocarpa*）	1	2.70	2.70	
灌木层	荆条（*Vitex negundo* var. *heterophylla*）	285	0.57	0.70	20
	雀儿舌头（*Leptopus chinensis*）	30	0.51	0.65	2—10
	连翘（*Forsythia suspensa*）	8	0.75	0.75	5

续表

层次	种名	株数/德氏多度	均高	最高	盖度/%
灌木层	其他种类：鸡桑（*Morus australis*）、小叶鼠李（*Rhamnus parvifolia*）、一叶萩（*Flueggea suffruticosa*）、玉兰（*Yulania denudata*）、欧黄栌（*Cotinus coggygria*）、河北木蓝（*Indigofera bungeana*）	23	0.72	1.27	1—3
草本层	北京隐子草（*Cleistogenes hancei*）	Cop^2	0.26	0.30	3—60
	低矮薹草（*Carex humilis*）	Cop^1	0.12	0.23	3—10
	其他种类：野菊（*Chrysanthemum indicum*）、绵枣儿（*Barnardia japonica*）、荩草（*Arthraxon hispidus*）、黄瓜菜（*Crepidiastrum denticulatum*）、野韭（*Allium ramosum*）、求米草（*Oplismenus undulatifolius*）、尖裂假还阳参（*Crepidiastrum sonchifolium*）、狭叶珍珠菜（*Lysimachia pentapetala*）、狗尾草（*Setaria viridis*）	Sol	0.16	0.35	1—5

注：调查时间2012年7月。调查地点济南市历下区大佛头。样方面积600m²×1。样地编号SHD004101：纬度36.62801°，经度117.02611°，海拔311m，坡度19°，坡向145°，地形为山坡；森林为次生林；干扰类型为人为干扰，干扰程度中度；照片编号SHD004101-1，SHD004101-2，SHD004101-3，SHD004101-4。

表5-5-4　侧柏林群落综合分析表2

层次	种名	株数/德氏多度	均高	最高	盖度/%
乔木层	侧柏（*Platycladus orientalis*）	82	5.96	8.50	75
灌木层	荆条（*Vitex negundo* var. *heterophylla*）	114	0.66	0.82	38—50
	构（*Broussonetia papyrifera*）	52	0.55	0.60	13—28
	其他种类：侧柏（*Platycladus orientalis*）、胡枝子（*Lespedeza bicolor*）、鸡桑（*Morus australis*）、辽东水蜡树（*Ligustrum obtusifolium* subsp. *suave*）、青花椒（*Zanthoxylum schinifolium*）、山楂（*Crataegus pinnatifida*）、酸枣（*Ziziphus jujuba* var. *spinosa*）、梧桐（*Firmiana simplex*）、小花扁担杆（*Grewia biloba* var. *parviflora*）、兴安胡枝子（*Lespedeza davurica*）、紫薇（*Lagerstroemia indica*）	166	0.92	2.40	0.5—15.0
草本层	北京隐子草（*Cleistogenes hancei*）	Cop^1	0.26	0.32	1—20
	早开堇菜（*Viola prionantha*）	Sol	0.10	0.12	1—5
	其他种类：白英（*Solanum lyratum*）、臭草（*Melica scabrosa*）、桔梗（*Platycodon grandiflorus*）、苦苣菜（*Sonchus oleraceus*）、牵牛（*Ipomoea nil*）、茜草（*Rubia cordifolia*）、山麦冬（*Liriope spicata*）、薯蓣（*Dioscorea polystachya*）、狭叶珍珠菜（*Lysimachia pentapetala*）、鸦葱（*Takhtajaniantha austriaca*）、矮丛薹草（*Carex callitrichos* var. *nana*）、黄瓜菜（*Crepidiastrum denticulatum*）	Sol	0.13	0.27	1—3

注：调查时间2014年8月。调查地点莒县浮来山。样方面积600m²×1。样地编号SHD66210：纬度35.59687°，经度118.73156°，海拔227m，坡度2°，坡向90°，地形为山坡；森林为人工林；干扰类型为人为干扰，干扰程度强；照片编号SHD66210-1，SHD66210-2，SHD66210-3，SHD66210-4。

（1）侧柏－黄栌－黄背草群丛

本群丛常见于山地丘陵的阳坡，土层厚30—40cm，立地条件优于侧柏－荆条群落。侧柏年龄超过百年，高度可达6—8m，郁闭度0.8。灌木层的优势种类是黄栌，另有连翘、花木蓝、兴安胡枝子、百里香、酸枣、荆条等。草本层以黄背草多见，其他有矮丛薹草、长蕊石头花、隐子草、蒿属数种等。

（2）其他群丛

其他群丛主要有侧柏－鹅耳枥－大披针薹草、侧柏－一叶萩－大披针薹草等，因面积不大，不大重要，不做详述。

2. 侧柏混交林

侧柏混交林见于各地，以枣庄市山亭区抱犊崮等地的侧柏混交林较为典型。

（1）侧柏＋黄栌＋黄檀－荆条－求米草群丛

本群丛基本特征见表5-5-5。

表5-5-5　侧柏林群落综合分析表3

层次	种名	株数/德氏多度	高度/m 均高	高度/m 最高	盖度/%
乔木层	侧柏（*Platycladus orientalis*）	135	6.56	8.00	
	黄栌（*Cotinus coggygria* var. *cinereus*）	4	6.75	7.00	65
	其他种类：杜梨（*Pyrus betulifolia*）、黄檀（*Dalbergia hupeana*）、鸡桑（*Morus australis*）、杏（*Prunus armeniaca*）	10	6.40	8.00	
灌木层	黄檀（*Dalbergia hupeana*）	91	1.50	1.87	14—21
	桑（*Morus alba*）	39	0.83	1.23	6—11
	其他种类：侧柏（*Platycladus orientalis*）、荆条（*Vitex negundo* var. *heterophylla*）、雀儿舌头（*Leptopus chinensis*）、山槐（*Albizia kalkora*）、山葡萄（*Vitis amurensis*）、山桃（*Prunus davidiana*）、山楂（*Crataegus pinnatifida*）、酸枣（*Ziziphus jujuba* var. *spinosa*）	55	0.49	0.98	1—7
草本层	求米草（*Oplismenus undulatifolius*）	Cop^2	0.16	0.22	3—75
	狗尾草（*Setaria viridis*）	Cop^1	0.44	0.44	25
	其他种类：百里香（*Thymus mongolicus*）、尖裂假还阳参（*Crepidiastrum sonchifolium*）、北京隐子草（*Cleistogenes hancei*）、变色白前（*Vincetoxicum versicolor*）、朝阳隐子草（*Cleistogenes hackelii*）、光果田麻（*Corchoropsis crenata* var. *hupehensis*）、黄瓜菜（*Crepidiastrum denticulatum*）、薯蓣（*Dioscorea polystachya*）、泰山前胡（*Peucedanum wawrae*）、狭叶珍珠菜（*Lysimachia pentapetala*）、寻骨风（*Isotrema mollissimum*）、烟管头草（*Carpesium cernuum*）、一年蓬（*Erigeron annuus*）、异叶蛇葡萄（*Ampelopsis glandulosa* var. *heterophylla*）、益母草（*Leonurus japonicus*）、中华卷柏（*Selaginella sinensis*）、紫马唐（*Digitaria violascens*）、紫菀（*Aster tataricus*）	Sol	0.23	0.66	1—22

注：调查时间2013年8月。调查地点枣庄市山亭区抱犊崮。样方面积600m²×1。样地编号SHD42710：纬度34.98865°，经度117.71766°，海拔466m，坡度45°，坡向259°，地形为山坡；森林为次生林；干扰类型为人为干扰，干扰程度中度；照片编号SHD42710-1、SHD42710-2、SHD42710-3、SHD42710-4。

（2）侧柏 + 麻栎 – 荆条 – 蒿类群丛

本群丛基本特征见表 5-5-6。

表 5-5-6　侧柏林群落综合分析表 4

层次	种名	株数/德氏多度	高度/m 均高	高度/m 最高	盖度/%
乔木层	侧柏（*Platycladus orientalis*）	246	7.51	13.00	40—50
	赤松（*Pinus densiflora*）	23	5.72	7.50	
	麻栎（*Quercus acutissima*）	16	6.69	9.50	
	其他种类：白皮松（*Pinus bungeana*）、刺槐（*Robinia pseudoacacia*）、栓皮栎（*Quercus variabilis*）、油松（*Pinus tabuliformis*）	17	8.79	13.60	
灌木层	荆条（*Vitex negundo* var. *heterophylla*）	269	0.86	1.45	1—45
	胡枝子（*Lespedeza bicolor*）	150	0.67	0.73	1—30
	小花扁担杆（*Grewia biloba* var. *parviflora*）	46	0.86	1.20	1—25
	其他种类：臭椿（*Ailanthus altissima*）、大叶朴（*Celtis koraiensis*）、构（*Broussonetia papyrifera*）、楝（*Melia azedarach*）、栾（*Koelreuteria paniculata*）、蒙桑（*Morus mongolica*）、青花椒（*Zanthoxylum schinifolium*）、桑（*Morus alba*）、山槐（*Albizia kalkora*）、酸枣（*Ziziphus jujuba* var. *spinosa*）、梧桐（*Firmiana simplex*）、绣线菊（*Spiraea salicifolia*）、野花椒（*Zanthoxylum simulans*）、榆（*Ulmus pumila*）、栀子（*Gardenia jasminoides*）	199	0.66	2.00	1—10
草本层	中华卷柏（*Selaginella sinensis*）	Cop³	0.03	0.04	1—80
	北京隐子草（*Cleistogenes hancei*）	Cop³	0.37	0.50	2—96
	求米草（*Oplismenus undulatifolius*）	Cop³	0.13	0.17	4—75
	其他种类：白莲蒿（*Artemisia stechmanniana*）、白羊草（*Bothriochloa ischaemum*）、半夏（*Pinellia ternata*）、大油芒（*Spodiopogon sibiricus*）、地构叶（*Speranskia tuberculata*）、饭包草（*Commelina benghalensis*）、附地菜（*Trigonotis peduncularis*）、狗尾草（*Setaria viridis*）、光果田麻（*Corchoropsis crenata* var. *hupehensis*）、黄背草（*Themeda triandra*）、黄花蒿（*Artemisia annua*）、坚被灯心草（*Juncus tenuis*）、荩草（*Arthraxon hispidus*）、藜（*Chenopodium album*）、马唐（*Digitaria sanguinalis*）、牡蒿（*Artemisia japonica*）、牛膝（*Achyranthes bidentata*）、婆婆针（*Bidens bipinnata*）、茜草（*Rubia cordifolia*）、乳浆大戟（*Euphorbia esula*）、泰山韭（*Allium taishanense*）、铁苋菜（*Acalypha australis*）、透骨草（*Phryma leptostachya* subsp. *asiatica*）、委陵菊（*Chrysanthemum potentilloides*）、狭叶珍珠菜（*Lysimachia pentapetala*）、烟管头草（*Carpesium cernuum*）、矮丛薹草（*Carex callitrichos* var. *nana*）、野艾蒿（*Artemisia lavandulifolia*）、野古草（*Arundinella hirta*）、野菊（*Chrysanthemum indicum*）、野青茅（*Deyeuxia pyramidalis*）、黄瓜菜（*Crepidiastrum denticulatum*）、早开堇菜（*Viola prionantha*）、长冬草（*Clematis hexapetala* var. *tchefouensis*）、中华草沙蚕（*Tripogon chinensis*）	Sol	0.21	0.55	1—70

注：调查时间 2012 年 8 月。调查地点泰安市泰山。样方面积 600m²×4。样地编号 SHD021101-1，SHD044101-2，SHD046101-3，SHD048101-4。样地编号 SHD021101-1：纬度 36.27668°，经度 117.03068°，海拔 465m，坡度 27°，坡向 335°，地形为山坡；森林为人工林；干扰类型为人为干扰，干扰程度中度；照片编号 SHD021101-1，SHD021101-2，SHD021101-3，SHD021101-4。样地编号 SHD044101-2：纬度 36.23498°，经度 117.10107°，海拔 728m，坡度 15°，坡向 95°，地形为山坡；森林为人工林；干扰类型为人为干扰，干扰程度轻微；照片编号 SHD044101-1，SHD044101-2，SHD044101-3，SHD044101-4。样地编号 SHD046101-3：纬度 36.21573°，经度 117.09742°，海拔 308m，坡度 10°，坡向 350°，地形为山坡；森林为人工林；干扰类型为人为干扰，干扰程度中度；照片编号缺失。样地编号 SHD048101-4：纬度 36.20787°，经度 117.10528°，海拔 247m，坡度 7°，坡向 110°，地形为山坡；森林为人工林；干扰类型为人为干扰，干扰程度中度；照片编号 SHD048101-1，SHD048101-2，SHD048101-3，SHD048101-4。

（五）价值及保护发展

侧柏林多为人工林，在曲阜市孔林、枣庄市青檀山、青州市南部山区等有半自然状态的林分。由于立地条件差，侧柏生长缓慢，木材又多扭曲，经济价值不高。但在减缓水土流失、截留降雨、涵养水源、荒山绿化等方面表现出较高的生态价值和社会价值。山东省有 40 万 hm² 石灰岩山地丘陵，大部分比较干旱瘠薄，石灰性反应强烈，能适应这种生境条件的树种非常少。目前还找不到可以代替侧柏的乔木树种，这也是近 20 多年来侧柏林面积增加的原因。作为先锋树种，侧柏还有改善立地条件，为下一阶段群落演替奠定基础的作用。以侧柏林为对象，开展相关的植被动态和演替研究也具有一定学术意义。

六、日本落叶松林

落叶松林在植被分类上属于群系组，包括日本落叶松林、华北落叶松林、长白落叶松林和兴安落叶松林。山东省的落叶松林主要是日本落叶松林，其中也混生华北落叶松。本书重点介绍日本落叶松林。

（一）地理分布和生态特征

1. 地理分布

日本落叶松原产日本本州岛中部及关东山地，由于它生长快，材质较好，欧美各国普遍引种。山东省于 1884 年开始引进日本落叶松，栽植在青岛市崂山林场北九水林区的前后泥洼、四方石、麦石屋一带海拔 700—900m 的山地上，已有 100 余年的历史，根据第九次全国森林资源清查数据，现有落叶松林面积约 1600hm²。现存最大的日本落叶松树龄 80—100 年，在费县塔山林场、崂山林区等地。此外，昆嵛山、泰山、沂山、蒙山等地都有栽培（图 5-6-1），长势良好。

2. 自然环境

典型群落见于崂山北九水至崂顶一带。土壤为花岗岩坡积母质上发育的厚层棕壤土，沙壤至轻壤质，pH 5.5~6.0。由于地势高，降水多、湿度大，冬季经常有大雪，温度也低，所以那里的生境适合日本落叶松的生长。

3. 生态特征

日本落叶松是喜光、耐低温的高大乔木，在原产地可高达 30—35m。适宜生长在湿润、排水和通气良好、土层深厚而肥沃的土壤中。

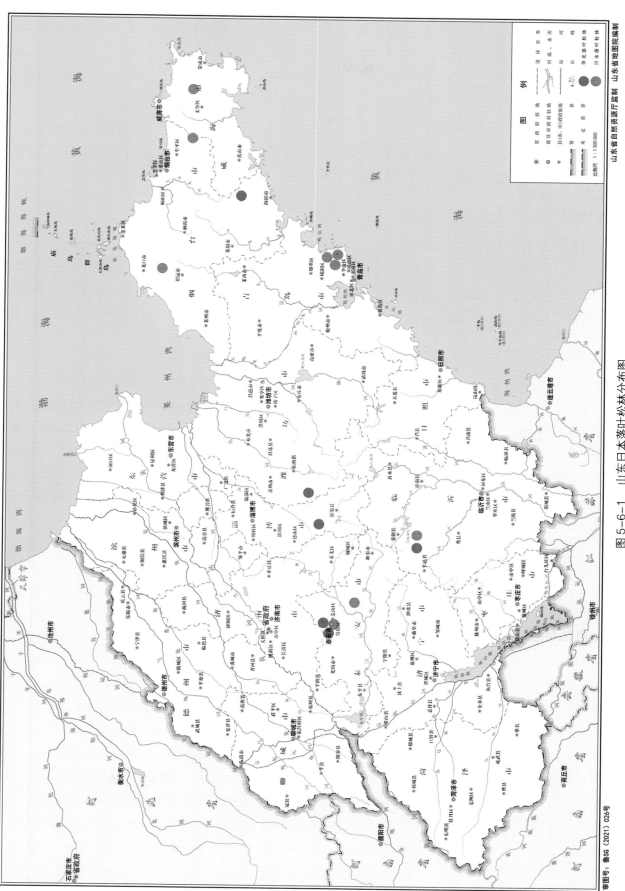

图 5-6-1　山东日本落叶松林分布图

（二）群落组成

1. 乔木层

日本落叶松林多为纯林，其中一部分由于引种时种苗混杂，间有华北落叶松。种类组成较为复杂多样。除了日本落叶松，还零星分布紫椴（*Tilia amurensis*）、水榆花楸、山樱花（*Prunus serrulata*）、辽东水蜡树（*Ligustrum obtusifolium* subsp. *suave*) 等。

2. 灌木层

灌木种类比较丰富，有迎红杜鹃（*Rhododendron mucronulatum*）、天目琼花（*Viburnum opulus* var. *calvescens*）、三桠乌药、卫矛、野蔷薇、茅莓、白檀、绣线菊（*Spiraea salicifolia*）、郁李、胡枝子、牛奶子、小叶鼠李、溲疏（*Deutzia scabra*）、花木蓝、忍冬（*Lonicera japonica*）、荆条等，总数在50种以上，还有蛇葡萄（*Ampelopsis glandulosa*）、木通等藤本植物。

3. 草本层

草本植物特别丰富，主要有地锦（*Parthenocissus tricuspidata*）、东风菜（*Aster scaber*）、东亚唐松草、拐芹（*Angelica polymorpha*）、蕨（*Pteridium aquilinum* var. *latiusculum*）、鹿药（*Maianthemum japonicum*）、毛茛、内折香茶菜（*Isodon inflexus*）、青岛百合（*Lilium tsingtauense*）、求米草、堇菜属数种（*Viola* spp.）、拳参（*Bistorta officinalis*）、唐松草、小黄紫堇（*Corydalis raddeana*）、野胡萝卜（*Daucus carota*），以及薹草属数种、楼斗菜、地榆、玉竹、桔梗、蒿属数种、前胡（*Peucedanum praeruptorum*）、铁线莲属（*Clematis* spp.）、唇形科数种等。经常占优势的种类是莎草科、菊科和禾本科种类，早春占优势的是堇菜科（Violaceae）种类。

（三）群落外貌结构

1. 群落外貌

日本落叶松树干通直挺拔（图5-6-2），平均树高20—30m，最高的接近35m；平均胸径30cm，大的在50cm以上（图5-6-3）。

在崂山，日本落叶松较常见（图5-6-4），以潮音瀑上方海拔900m处的日本落叶松长势尤佳（图5-6-5）。由于是人工林，林龄一致，林冠整齐，群落郁闭度0.7—1.0。

日本落叶松林的季相变化非常明显。春、夏季节，日本落叶松林呈绿色（图5-6-6、图5-6-7）。春季林下光照充足，日本落叶松林下的植物特别丰富，灌木层的五角槭、三桠乌药、迎红杜鹃、郁李等，以及草本层的中华苦荬菜、紫花地丁、珠果黄堇、堇菜属植物等竞相开花（图5-6-8至图5-6-17），使得早春季节林下非常美丽。而秋季叶片呈褐红色（图5-6-18）、林下空旷（图5-6-19），冬季落叶之后树呈灰色或土黄色。

图 5-6-2　日本落叶松（*Larix kamferi*）大树（崂山崂顶）

图 5-6-3　日本落叶松（*Larix kamferi*）大树（崂山北九水）

图 5-6-4　日本落叶松林外貌（崂山北九水）

图 5-6-5 日本落叶松林外貌（崂山潮音瀑上方）

图 5-6-6　春季日本落叶松林（崂山）

图 5-6-7　夏季日本落叶松林（崂山）

图 5-6-8　春季日本落叶松林下的五角槭（*Acer pictum* subsp. *mono*）

图 5-6-9　春季日本落叶松林下的三桠乌药（*Lindera obtusiloba*）

图 5-6-10　春季日本落叶松林下的迎红杜鹃（*Rhododendron mucronulatum*）

图 5-6-11　春季日本落叶松林下的郁李 (*Prunus japonica*)

图 5-6-12　春季日本落叶松林下的中华苦荬菜（*Ixeris chinensis*）

图 5-6-13　春季日本落叶松林下的紫花地丁（*Viola philippica*）

图 5-6-14　春季日本落叶松林下的珠果黄堇（*Corydalis speciosa*）

图 5-6-15　春季日本落叶松林下的早开堇菜（*Viola prion-antha*）

图 5-6-16　春季日本落叶松林下的南山堇菜（*Viola chaero-phylloides*）

图 5-6-17　春季日本落叶松林下的东方堇菜（*Viola orientalis*）

图 5-6-18　秋季日本落叶松林（崂山）

图 5-6-19　晚秋日本落叶松林（崂山）

2. 群落结构

日本落叶松林的结构发育完整，可明显分出乔木、灌木和草本层（图 5-6-20 至图 5-6-22），在局部湿润处地被层也明显，枯枝落叶层发育良好，有利于增加土壤腐殖质。乔木层主要是日本落叶松，可以

图 5-6-20　日本落叶松林结构（鲁山）

图 5-6-21　日本落叶松林结构（崂山）（1）

图 5-6-22　日本落叶松林结构（崂山）（2）

分 1—2 个亚层。由于有其他阔叶种类，可以分出 2—3 层片。灌木层盖度决定于上层的郁闭度：上层郁闭度大时，盖度小；反之，则大。灌木层盖度大多为 50% 左右。草本层也很明显，其盖度同样取决于上层郁闭度，20%—40% 不等。

（四）群落类型

日本落叶松林的群落类型比较简单，可以划分为 1 个群丛组和 3—5 个群丛。其基本特征见表 5-6-1 至表 5-6-3。

表 5-6-1　日本落叶松林群落综合分析表 1

层次	种名	株数/德氏多度	高度/m		盖度/%
			均高	最高	
乔木层	日本落叶松（*Larix kaempferi*）	193	19.92	33.90	30—40
灌木层	卫矛（*Euonymus alatus*）	228	0.17	0.25	8—20
	小米空木（*Stephanandra incisa*）	66	0.65	1.20	3—20
	鸡树条（*Viburnum opulus*）	56	1.70	2.50	10—50

续表

层次	种名	株数/德氏多度	高度/m		盖度/%
			均高	最高	
灌木层	其他种类：紫椴（*Tilia amurensis*）、照山白（*Rhododendron micranthum*）、野蔷薇（*Rosa multiflora*）、水榆花楸（*Sorbus alnifolia*）、蛇葡萄（*Ampelopsis glandulosa*）、山樱花（*Prunus serrulata*）、牛奶子（*Elaeagnus umbellata*）、辽东水蜡树（*Ligustrum obtusifolium* subsp. *suave*）、蜡梅（*Chimonanthus praecox*）、榉树（*Zelkova serrata*）、锦带花（*Weigela florida*）、华北绣线菊（*Spiraea fritschiana*）、垂丝卫矛（*Euonymus oxyphyllus*）、三叶海棠（*Malus toringo*）、花楸树（*Sorbus pohuashanensis*）、枸杞（*Lycium chinense*）	489	0.72	2.00	0.1—20.0
草本层	细柄黍（*Panicum sumatrense*）	Cop³	0.55	1.23	2—72
	中华草沙蚕（*Tripogon chinensis*）	Cop²	0.31	1.06	9
	糙苏（*Phlomoide sumbrosa*）	Cop²	0.31	0.82	5—25
	两型豆（*Amphicarpaea edgeworthii*）	Cop²	0.18	0.35	2—7
	毛缘宽叶薹草（*Carex ciliatomarginata*）	Cop¹	0.04	0.07	1—26
	日本安蕨（*Anisocampium niponicum*）	Cop¹	0.31	0.45	4—25
	大披针薹草（*Carex lanceolata*）	Cop¹	0.15	0.23	2—20
	其他种类：地锦（*Parthenocissus tricuspidata*）、东风菜（*Aster scaber*）、东亚唐松草（*Thalictrum minus*）、拐芹（*Angelica polymorpha*）、蕨（*Pteridium aquilinum* var. *latiusculum*）、狼尾花（*Lysimachia barystachys*）、鹿药（*Maianthemum japonicum*）、毛茛（*Ranunculus japonicus*）、内折香茶菜（*Isodon inflexus*）、青岛百合（*Lilium tsingtauense*）、求米草（*Oplismenus undulatifolius*）、球果堇菜（*Viola collina*）、拳参（*Bistorta officinalis*）、三脉紫菀（*Aster ageratoides*）、唐松草（*Thalictrum aquilegiifolium*）、小黄紫堇（*Corydalis raddeana*）、野胡萝卜（*Daucus carota*）、一年蓬（*Erigeron annuus*）、展枝沙参（*Adenophora divaricata*）	Sol	0.26	0.69	1—15

注：调查时间 2011 年 9 月、2015 年 8 月。调查地点青岛市崂山。样方面积 600m²×4。样地编号 SHD07510、SHD07610、SHD344101、SHD345101。样地编号 SHD07510：纬度 36.18751°，经度 120.61614°，海拔 760m，坡度 5°，坡向 56°，地形为山坡；森林为人工林；干扰类型为人为干扰，干扰程度强；照片编号 SHD07510-1、SHD07510-2、SHD07510-3、SHD07510-4。样地编号 SHD07610：纬度 36.18642°，经度 120.61578°，海拔 772m，坡度 15°，坡向 16°，地形为山坡；森林为人工林；干扰类型为人为干扰，干扰程度中度，照片编号 SHD07610-1、SHD07610-2、SHD07610-3、SHD07610-4。样地编号 SHD344101：纬度 36.10934°，经度 120.61970°，海拔 945m，坡度 10°，坡向 345°，地形为山坡；森林为人工林；干扰类型为人为干扰，干扰程度轻微；照片编号 SHD344101-1、SHD344101-2、SHD344101-3、SHD344101-4。样地编号 SHD345101：纬度 36.11079°，经度 120.61963°，海拔 874m，坡度 5°，坡向 320°，地形为山坡；森林为人工林；干扰类型为人为干扰，干扰程度轻微；照片编号 SHD345101-1、SHD345101-2、SHD345101-3、SHD345101-4。

表 5-6-2　日本落叶松林群落综合分析表 2

层次	种名	株数/德氏多度	高度/m		盖度/%
			均高	最高	
乔木层	日本落叶松（*Larix kaempferi*）	20	12.88	17.80	35—55
灌木层	白檀（*Symplocos tanakana*）	29	1.75	2.60	5—60
	山樱花（*Prunus serrulata*）	50	0.40	1.20	20

续表

层次	种名	株数/德氏多度	高度/m 均高	高度/m 最高	盖度/%
灌木层	其他种类：刺楸（*Kalopanax septemlobus*）、辽椴（*Tilia mandshurica*）、荚蒾（*Viburnum dilatatum*）、锦带花（*Weigela florida*）、辽东水蜡树（*Ligustrum obtusifolium* subsp. *suave*）、三桠乌药（*Lindera obtusiloba*）、水榆花楸（*Sorbus alnifolia*）、小米空木（*Stephanandra incisa*）、元宝槭（*Acer truncatum*）	81	0.83	1.50	0.1—15.0
草本层	山东万寿竹（*Disporum smilacinum*）	Cop²	0.11	0.18	1—15
	华北鳞毛蕨（*Dryopteris goeringiana*）	Cop¹	0.40	0.40	10
	南山堇菜（*Viola chaerophylloides*）	Cop¹	0.13	0.15	1—10
	其他种类：东北南星（*Arisaema amurense*）、宽叶薹草（*Carex siderosticta*）、辽宁堇菜（*Viola rossii*）、龙常草（*Diarrhena mandshurica*）、鹿药（*Maianthemum japonicum*）、山东银莲花（*Anemone shikokiana*）、小黄紫堇（*Corydalis raddeana*）	Sol	0.16	0.40	0.1—5.0

注：调查时间 2012 年 7 月。调查地点烟台市牟平区昆嵛山。样方面积 600m²×1。样地编号 SHD304101：纬度 37.25035°，经度 121.76003°，海拔 776m，坡度 21°，坡向 50°，地形为山坡；森林为人工林；干扰类型为人为干扰，干扰程度轻微；照片编号 SHD304101-1，SHD304101-2，SHD304101-3，SHD304101-4。

表 5-6-3　日本落叶松林群落综合分析表 3

层次	种名	株数/德氏多度	高度/m 均高	高度/m 最高	盖度/%
乔木层	日本落叶松（*Larix kaempferi*）	44	8.86	11.00	30—45
灌木层	牛叠肚（*Rubus crataegifolius*）	30	1.05	1.30	1.5—9.7
	小花扁担杆（*Grewia biloba* var. *parviflora*）	17	0.70	1.00	1—10
	其他种类：刺槐（*Robinia pseudoacacia*）、胡桃（*Juglans regia*）、水榆花楸（*Sorbus alnifolia*）、野蔷薇（*Rosa multiflora*）、栓翅卫矛（*Euonymus phellomanus*）	21	0.95	1.70	0.3—3.5
草本层	求米草（*Oplismenus undulatifolius*）	Cop³	0.19	0.24	30—90
	矮丛薹草（*Carex callitrichos* var. *nana*）	Cop²	0.22	0.22	40
	透骨草（*Phryma leptostachya* subsp. *asiatica*）	Cop¹	0.28	0.55	2—20
	其他种类：地榆（*Sanguisorba officinalis*）、鹅观草（*Elymus kamoji*）、葛（*Pueraria montana*）、狼尾花（*Lysimachia barystachys*）、龙牙草（*Agrimonia pilosa*）、茜草（*Rubia cordifolia*）、拳参（*Bistorta officinalis*）、山麦冬（*Liriope spicata*）、野青茅（*Deyeuxia pyramidalis*）、有斑百合（*Lilium concolor* var. *pulchellum*）、黄瓜菜（*Crepidiastrum denticulatum*）	Sol	0.36	0.70	2—10

注：调查时间 2014 年 7 月。调查地点招远市罗山。样方面积 600m²×1。样地编号 SHD62710：纬度 37.48092°，经度 120.47979°，海拔 577m，坡度 6°，坡向 270°，地形为山坡；森林为人工林；干扰类型为人为干扰，干扰程度轻微；照片编号 SHD62710-1。

（五）价值及保护发展

日本落叶松树干直，材质好，可作建筑用材等。目前日本落叶松林主要用途是作为生态林，它在水源涵养、土壤保持、小气候调节等方面有着重要生态价值。此外，日本落叶松在深秋季节叶片呈淡黄色，群落呈现出秋季的黄色季相，是很好的景观林。在山东，海拔 500m 以上的山区阴坡，可适度发展日本落叶松林。

七、其他针叶林

除了黑松、日本落叶松等树种外，山东省还引进了 10 余种其他针叶树种。其中有些树种在一定的环境条件下，可作为局部区域的造林树种，如水杉、杉木、华山松、红松、樟子松（*Pinus sylvestris* var. *mongolica*）、马尾松、日本花柏、火炬松、湿地松、北美圆柏、池杉、落羽杉、金钱松（*Pseudolarix kaempferi*）、日本柳杉（*Cryptomeria japonica*）等。水杉、白皮松（*pinus bungeana*）、华山松、红松、樟子松、杉木、马尾松、日本花柏和金钱松等在山东特定的生境里有小片林分。此外，日本扁柏（*Chamaecyparis obtusa*）、北美圆柏、柳杉（*Cryptomeria fortunei*）、日本冷杉（*Abies firm*）、雪松（*Cedrus deodara*）、柏木（*Cupressus funebris*）和海岸松（*Pinus nlaritlma*）等也有小面积种植。

以下简单介绍 9 个主要类型。

1. 杉木林

杉木是我国亚热带的速生用材树种。20 世纪 60 年代，昆嵛山林场在老师傅坟附近引种造林成功，目前长势良好，有更新苗和幼树出现（图 5-7-1 至图 5-7-3）。崂山、塔山、泰山等地也有栽培，有些地方作为庭院绿化树种。昆嵛山现有杉木林 60 多 hm^2。根据昆嵛山林场 7 个地点的调查，17—20 年生的杉木林，树高可达 10m 以上，胸径 15—20cm。虽然无论树高还是胸径都较南方地区的小，但还能正常生长，可成为昆嵛山林区新的植被类型。

杉木怕冻、怕旱，只能在低海拔（500m 以下）、避风向阳、土壤深厚湿润处生长。作为小范围有特色的植被类型栽培还是可行的。

图 5-7-1　杉木（*Cuninghamia lanceolata*）（昆嵛山）

图 5-7-2 杉木林结构（昆嵛山）

图 5-7-3　杉木林林下更新苗和幼树（昆嵛山）

2. 华山松林

华山松主要分布于我国亚热带西部山地，如黔、滇山地和秦巴山地。山西等省的一些山地亦有分布。华山松性喜温凉、湿润，常天然分布于阴坡、山顶等气温稍低、湿度较大的地方。

山东省自 20 世纪 50 年代初期开始引种，经过扩大栽培，在胶东昆嵛山、崂山，鲁中南的泰山、蒙山和鲁山等均有栽植，但以泰山（尤其三岔林场）为最多，生长也好。

3. 水杉林

水杉是我国的特有树种，被誉为"活化石"。水杉适应性强，生长迅速，病虫害少，树姿优美，现在山东各地都有栽培，形成小片林。栽植较多的有临沂、烟台、潍坊、泰安、青岛、枣庄、济南等地，菏泽、聊城、德州等地亦有少量栽植。从日照市国有大沙洼林场海边到蒙山龟蒙顶海拔 1100m 处，都可以正常生长。在土层深厚潮湿生境中生长更佳。

4. 红松林

红松原产我国长白山、小兴安岭，以及朝鲜、俄罗斯的远东地区，是珍贵树种。崂山、青岛市中山公园、泰山、蒙山、昆嵛山等地都有小片栽培，但大面积发展受限。

5. 樟子松林

樟子松分布于大兴安岭地区和内蒙古呼伦贝尔市等地，具有抗寒、耐旱、耐瘠薄、生长迅速等特点。山东省 20 世纪 60 年代初开始引种，泰山、崂山、昆嵛山、蒙山林场都有小面积的片林。

6. 日本花柏林

日本花柏原产日本，自然分布于日本本岛和九州海拔 400—800m 的山地上，是日本主要造林树种之一。青岛市中山公园在 1936 年引进，1949 年后扩大栽植，在崂山下宫有小片林。此外，昆嵛山林场和日照等地也有栽培，生长情况尚可。

7. 池杉林和落羽杉林

池杉和落羽杉都是原产北美的速生针叶落叶大乔木，树高一般可达 30m 以上。山东省分别于 20 世纪 50 年代末和 70 年代初由我国南方引进栽培。池杉和落羽杉适于在避风向阳、土壤深厚湿润或雨季积水的低地小范围造林。在昆嵛山等地长势尚可。

8. 马尾松林

马尾松是分布于淮河、秦岭以南的亚热带暖性树种。山东省 20 世纪 40 年代开始零星引种（塔山等地），20 世纪 50 年代中期以后，昆嵛山林场、泰山林场、费县塔山林场、平邑万寿宫林场等进行小片造林。在温暖向阳的立地条件下，可安全越冬，生长量超过赤松和黑松。但是马尾松不耐寒，幼年期针叶常受冻害（如塔山），在山东省发展潜力一般。

9. 火炬松林和湿地松林

火炬松和湿地松是原产北美东南部的速生树种，20 世纪 70 年代崂山、昆嵛山、蒙山、招虎山等地引种栽植，具有速生的特点。在山东栽培面积不大。

第六章　山东现状植被：阔叶林

一、阔叶林概况

阔叶林是指由阔叶树种构成的森林植被，包括常绿阔叶林和落叶阔叶林。前者广泛分布于我国亚热带；后者多见于我国温带和暖温带，主要分布在北京、天津、河北、河南、山西、陕西、山东、江苏、安徽、甘肃、内蒙古等地，以及热带、亚热带山地。山东省地处暖温带南部，是落叶阔叶林的典型分布地区之一，地带性的植被类型是落叶阔叶林，全省山区和平原都有分布，或为自然，或为人工。

在温带和暖温带地区，因冬季严寒，主要分布着以落叶阔叶树种组成的森林群落——落叶阔叶林。这类森林植被的群落结构比热带雨林和亚热带常绿阔叶林简单，组成群落的植物种类也没那么复杂，以壳斗科的栎属、水青冈属（*Fagus*），槭树科槭属，桦木科桦属（*Btula*）等的落叶种类为典型代表。群落中阔叶类乔木冬季完全落叶，灌木除个别常绿或半常绿外也都落叶，草本植物的地上部分多数凋萎，或以种子越冬；在夏季所有种类枝繁叶茂，故又称夏绿林。

落叶阔叶林在北美、欧洲和亚洲的温带地区也有大面积分布（图 6-1-1），其中欧洲的水青冈林和亚洲的桦木林（图 6-1-2）、栎树林，北美的栎树林（图 6-1-3）、槭树林（图 6-1-4 至图 6-1-7）都很著名，特别是秋季树叶呈现的红色和黄色更是引人注目。

图 6-1-1　欧洲落叶阔叶林（桦木林）

图 6-1-2　亚洲落叶阔叶林（桦木林）

图 6-1-3　北美落叶阔叶林（栎树林）

图 6-1-4　北美落叶阔叶林（槭树林）（1）

图 6-1-5　北美落叶阔叶林（槭树林）（2）

图 6-1-6 北美落叶阔叶林（槭树林）（3）

图 6-1-7 北美落叶阔叶林（槭树林）（4）

　　落叶阔叶林最为明显特征之一是随着季节的变化群落季相的更替，即在春、夏、秋、冬季节外貌都不相同。早春时节树木的叶片尚未萌发，林下阳光充足，许多早春开花植物竞相开放，这是落叶林的春季时间结构，即春季季相（图6-1-8至图6-1-11）；夏天，森林郁郁葱葱，一片生机，形成了夏季季相（图6-1-12至图6-1-15）；秋天树木叶片变黄变红，菊花等植物竞相开放，呈现"万山红遍、层林尽染"的景观，这是落叶林最典型的秋季季相（图6-1-16至图6-1-19）；而后，则是万木萧条、雪压枝条的冬季季相（图6-1-20至图6-1-23）。这种季相变化是落叶阔叶林最明显的特征之一。

图6-1-8　栎林春季季相（崂山）（1）

图 6-1-9　栎林春季季相（崂山）（2）

图 6-1-10　栎林春季季相（崂山）（3）

图 6-1-11　栎林春季季相（崂山）（4）

图 6-1-12　栎林夏季季相（崂山）（1）

图 6-1-13　栎林夏季季相（崂山）（2）

图 6-1-14　水青冈林夏季季相（台湾）

图 6-1-15　桦木林夏季季相（长白山）

图 6-1-16　槭树林秋季季相（崂山）

图 6-1-17 栎林秋季季相（泰山）

图 6-1-18　桦木林秋季季相（长白山）（1）

图 6-1-19　桦木林秋季季相（长白山）（2）

图 6-1-20　栎林冬季季相（崂山）

图 6-1-21 栎林冬季季相（泰山）

图 6-1-22 水青冈林冬季季相（德国）（1）

图 6-1-23　水青冈林冬季季相（德国）（2）

落叶阔叶林的群落垂直成层结构明显，可分为乔木层、灌木层和草本层。乔木层以建群种栎类、槭树、桦木等为主，可以分为1—3个亚层（图6-1-24、图6-1-25）。灌木层主要以豆科的胡枝子属和木兰属、蔷薇科的绣线菊属等落叶的种类组成，可以分为1—3个亚层（图6-1-26至图6-1-28）。草本层主要以禾本科的菅草属、野古草属、结缕草属、大油芒属（*Spodiopogon*），莎草科薹草属，蔷薇科委陵菜属，菊科的蒿属等的种类组成，且冬季地上部分全部枯死或以种子越冬。在一些林下灌木层、草本层常分不开，称灌草层（图6-1-29）。在土壤肥沃湿润的地段，林下有苔藓等组成的地被层（图6-1-30），在茂密的阔叶林下有枯枝落叶层（图6-1-31），而且有粗长的藤本植物（层间植物）（图6-1-32、图6-1-33）。

图6-1-24　麻栎林乔木层（五莲山）

图 6-1-25 刺槐林乔木层（泰山）

图 6-1-26　刺槐林灌木层（泰山）

图 6-1-27　栎林灌木层（崂山）

图 6-1-28　槭树林灌木层（泰山）

图 6-1-29　刺槐林灌草层（泰山）

图 6-1-30　沟谷杂木林下地被层（崂山）

图 6-1-31　欧美杨林下枯枝落叶层（崂山）

图 6-1-32　南蛇藤（崂山）（1）

　　《中国植被》（1980）按照建群种的区系性质和
生态特征，将落叶阔叶林分为典型落叶阔叶林、山地
杨桦林和河岸落叶阔叶林 3 个植被亚型。典型落叶阔
叶林是指以壳斗科栎属、桦木科桦木属 (*Betulla*)、槭
树科槭属、榆科榆属、杨柳科杨属和柳属等为优势种
所组成的群落。这类落叶阔叶林是最主要类型，山东
的落叶林属于这一类型。在河谷地带，也有少量以枫
杨为主的河岸落叶阔叶林。

　　山东省的阔叶林为典型落叶阔叶林，由暖温带最
常见的落叶阔叶树种组成。构成群落的建群种和优势
种的主要的科有壳斗科、桦木科、槭树科、杨柳科、
榆科、豆科、胡桃科、紫葳科等。在山地和丘陵，主
要由麻栎、栓皮栎、槲栎、槲树、枹栎、日本桤木、
辽东桤木、枫杨及少量毛白杨等组成群落的上层；在
平原地区，主要由杨属、柳属、泡桐属、榆属的几个
种组成群落的上层。原生落叶阔叶林在山东早已不复
存在，目前存在的都是次生天然林和人工林。次生天
然林多为杂木林，面积很小，见于山地丘陵的谷地。
山东省落叶阔叶林分布区见图 6-1-34。

图 6-1-33　南蛇藤（崂山）（2）

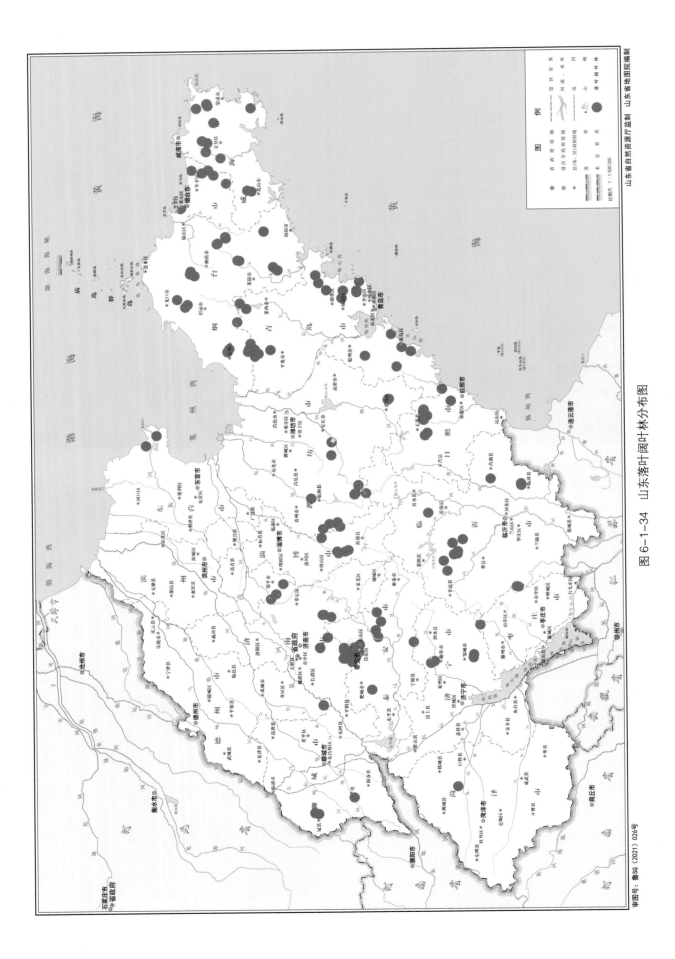

图 6-1-34 山东落叶阔叶林分布图

由于气候和地理位置靠南，山东省落叶阔叶林中的植物成分比较复杂。地质时期和东北地区有联系，在山东的落叶阔叶林中有多种东北区系成分，如蒙古栎、紫椴、辽椴（*Tilia mandshurica*）、辽东桤木、日本桤木、朝鲜槐（*Maackia amurensis*）等。因纬度靠南，和亚热带接近，又有丰富的亚热带区系成分，如黄檀、化香树 (*Platycarya strobilacea*)、苦木（*Picrasma quassioides*）、黄连木、乌桕（*Sapium sebiferum*）、野茉莉、楤木（*Aralia chinensis*）、泡花树（*Meliosma cuneifolia*）等。在崂山等地，还有常绿种类生长，如红楠、山茶等，栽培的落叶和常绿种类更多。灌木中也有多种亚热带成分，如常绿种类有竹叶椒（*Zanthoxylum planispium*）、大叶胡颓子（*Elaegnus macrophylla*）、胶州卫矛等，落叶种类有白棠子树（*Callicarpa dichotoma*）、山胡椒、算盘子等。在枣庄市抱犊崮的杂木林中，山胡椒、黄连木、黄檀、漆树等常作为优势种或建群种出现。

此外，从国外引进的落叶阔叶树种类组成群落的有刺槐、欧美杨（*Populus* spp.）、加杨等，它们组成了山东省面积最大、木材蓄积量最多的落叶阔叶林；尚有其他树种，如青甘杨（*Populus przewalskii*）组成的小片林。

灌木层的优势种有胡枝子属、木蓝属、绣线菊属、梨属（*Prunus*）、枣属、滨藜属（*Atriplex*）、扁担杆属、卫矛属、鼠李属、盐麸木属、黄栌属、鹅耳枥属、溲疏属等的种类。

草本层的优势种类有菅属、孔颖草属、荻属、野古草属、结缕草属、野青茅属、大油芒属、薹草属、蒿属、苦荬菜属（*Ixeris*）、委陵菜属、蛇莓属、黄芪属（*Arstragalus*）、苦参属（*Sophora*）、堇菜属等的种类。种类组成和生长状况依小地形、土壤条件和乔木层的郁闭度有所差异。

落叶阔叶林下的土壤，在山地多为中性到微酸性的棕壤和褐土，偶尔也有偏碱性的褐土；平原地区的土壤多为潮土和沙壤土。一般栎类等多见于酸性土，刺槐、榆、楝、臭椿、柳等生态幅稍广，耐干旱和轻度盐碱，所以到处可见；枫杨、旱柳、日本桤木等通常见于土壤湿度大的沟谷和溪边。

落叶阔叶林是山东省分布广、面积和蓄积量大的森林植被。根据全国第九次森林资源清查数据，全省有天然阔叶林面积 2.03 万 hm²，约占天然林面积（10.40 万 hm²）的 19.52%。其中，栎类林面积约 0.80 万 hm²，约占天然林面积的 7.69%。人工阔叶林面积 109.05 万 hm²，约占人工乔木林面积（142.26 万 hm²）的 76.66%。其中，栎类林面积约 4.60 万 hm²，约占人工乔木林面积的 3.23%，约占人工阔叶林面积的 4.22%；刺槐林面积约 12.50 万 hm²，约占人工乔木林面积的 8.79%，约占人工阔叶林面积的 11.46%；杨类面积约 70.00 万 hm²，约占人工乔木林面积的 49.21%，约占人工阔叶林面积的 64.19%。可以看出，在阔叶林中，目前以杨类为主的用材林是山东面积最大的人工落叶阔叶林。

根据建群种和优势种的不同，山东省的落叶阔叶林可分为栎类林、杂木林、刺槐林、杨树林、旱柳林等几个主要类型。

二、麻栎林

麻栎林是我国栎林中最典型的类型之一，是暖温带落叶阔叶林区域低山和丘陵最主要的落叶阔叶林（中国科学院中国植被图编辑委员会，2007），在亚热带的山地也有分布。山东的落叶栎林中麻栎林是分布面积最大、分布范围最广的，且常与其他落叶阔叶树和针叶树形成混交林，在山东省森林生态系统的结构和功能中发挥着重要的作用，是山东植被中的优势类型和演替顶极类群。山东的麻栎纯林已无原生类群，目前的次生林主要分为 3 种类型：一是森林采伐后萌生形成的次生林。这种类型人为干扰较少，但由于缺少管理，往往树干不粗，林内生物多样性丰富；分布范围广，呈斑块状分布，生长一般。二是麻栎人工林。这种类型往往林相整齐，个体间分布均匀，可长成大树，是优良的用材林，多见于国有林场。三是麻栎矮林。这种类型的林场是重要的蚕业基地，用于放养柞蚕。麻栎因每年刈割而萌生成丛，株高 1—2m，多见于海拔较低的山地丘陵的阳坡，在胶东和鲁中山区均有分布。山东省的山地丘陵区都有麻栎林分布，天然林不到 0.8 万 hm^2，人工林大约 4.6 万 hm^2。

（一）地理分布和生态特征

1. 地理分布

麻栎是我国温带、暖温带和亚热带山地广泛分布的森林树种，尤以暖温带的分布最为典型，可以形成纯林，也常与其他落叶和常绿物种形成混交林。在暖温带区域，麻栎林主要分布在辽东半岛东南部，山东半岛及鲁中南山地丘陵，江苏北部和安徽北部的丘陵，河南西部和太行山山地，河北的燕山，陕西的渭北黄土高原、秦岭和山西南部山地。而在亚热带常绿阔叶林区域，麻栎林主要分布在四川、湖北和江西等地，多见于山地中下部，面积都不大，而且常与栓皮栎混交成林。方精云等人（2009）基于标本记录，将麻栎的县域分布扩展到了云南、贵州、广西、湖南等地，此外在海南、广东和台湾也有零星分布。

在山东省，麻栎林多见于海拔较低的山地丘陵的阳坡，在山东半岛低山丘陵和鲁中南山区均有自然分布和人工林（图 6-2-1）。实际上，除了黄河三角洲和近海平原，山东的其他平原地区也可以自然演替为麻栎林，曲阜市孔林的存在就是很好的例子。

2. 自然环境

麻栎对热量和湿度的要求比较低，是一种生态幅较广的物种（张新时等，2007）。麻栎林分布在年均温 2.2—24.8℃、最冷月份平均温度 −15.9—20.1℃、最热月份平均温度 9.5—29.9℃、年降雨量 409—3495mm、年蒸散量 409—1247mm、植被净初级生产力 108.2—659g/（$m^2 \cdot a$）的范围内（方精云等，2009）。麻栎林下的土壤，在暖温带山地多为棕壤和褐土，在亚热带为黄棕壤和黄褐土，形成这些土壤类型的母质包括花岗岩、石灰岩、石英岩及砂页岩等。

3. 生态特征

麻栎为深根性喜阳物种，对土壤要求不严，一般分布于山地丘陵的阳坡，所以在山东有"山前橡子（栎树）山后松"之说。麻栎有庞大的根系，主根明显且粗大，长可达 5m 以上，有很强的抗旱能力及良好的水土保持和涵养水源功能。麻栎木材坚硬，纹理美观，是著名优良用材树种，可作建筑材料、枕木、车船材料、体育器材等，也可作薪炭材。枯朽木可培养香菇、木耳、银耳等，叶片可饲养柞蚕，壳斗为栲胶原料。

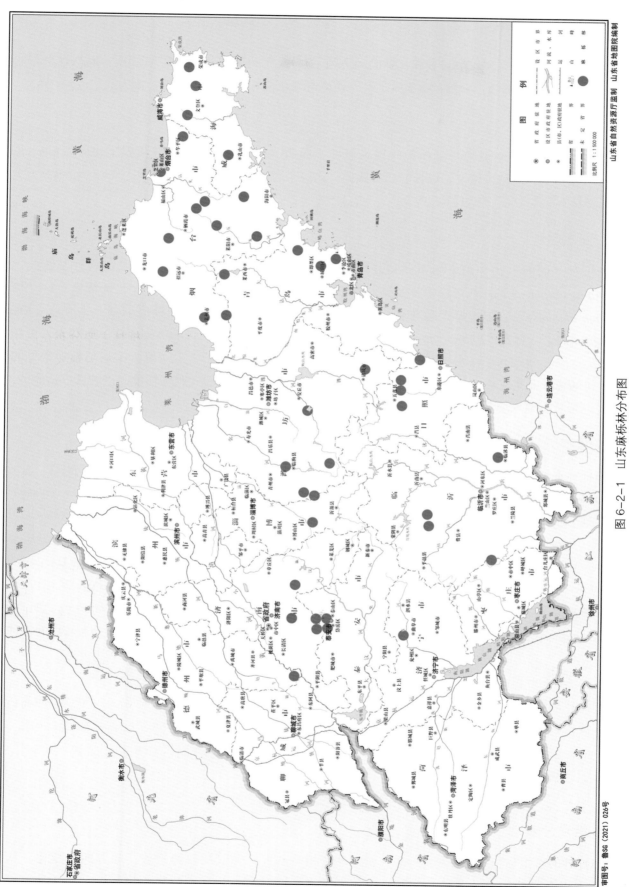

图 6-2-1 山东麻栎林分布图

审图号：鲁SG（2021）026号

（二）群落组成

53 个标准样方的调查，记录到麻栎林的种类约 110 种，少于赤松天然林。这表明：麻栎林分布的生境大多是阳坡，土壤瘠薄；麻栎林多为人工林，种类组成并不丰富。

1. 乔木层

除麻栎纯林外，麻栎常与其他阔叶树种刺槐、槲树、栓皮栎、枹栎、五角槭（*Acer pictum* subsp. *mono*）、黄连木、臭椿，以及常绿针叶树种侧柏、赤松、油松、黑松、日本落叶松（*Larix kaempferi*）等形成混交林。

2. 灌木层

麻栎林下的灌木物种因土壤条件和分布区域有所不同。在鲁中山区，灌木层的物种以雀儿舌头（*Leptopus chinensis*）、小花扁担杆（*Grewia biloba* var. *parviflora*）、荆条、华北绣线菊、构、枸杞（*Lycium chinense*）、连翘、茅莓等为主；而在胶东丘陵地区，灌木层物种以荆条、牛叠肚（*Rubus crataegifolius*）、鸡麻（*Rhodotypos scandens*）、盐麸木、合欢（*Albizia julibrissin*）、野蔷薇、野花椒（*Zanthoxylum simulans*）、一叶萩（*Flueggea suffruticosa*）、胡枝子、卫矛等为主。与林外常见的灌丛种类（酸枣、大花溲疏、花木蓝等）显著不同，荆条由于其对水分和光照等环境因子的良好适应能力，成为暖温带林下灌木层和林外灌丛的优势物种。

3. 草本层

麻栎林下的草本层优势物种以禾本科、菊科、莎草科等的物种为主。在鲁中山区，以求米草、透骨草（*Phryma leptostachya* subsp. *asiatica*）、北京隐子草（*Cleistogenes hancei*）、黄瓜菜（*Crepidiastrum denticulatum*）、饭包草（*Commelina benghalensis*）、野艾蒿（*Artemisia lavandulifolia*）、婆婆针（*Bidens bipinnata*）、京芒草（*Achnatherum pekinense*）、矮丛薹草（*Carex callitrichos* var. *nana*）、二月兰（*Orychophragmus violaceus*）、牛繁缕（*Myosoton aquaticum*）、野菊（*Chrysanthemum indicum*）、变色白前（*Vincetoxicum versicolor*）、垂序商陆（*Phytolacca americana*）为优势物种；而在胶东丘陵地区，则矮丛薹草、野古草、橘草、求米草、低矮薹草（*Carex humilis*）、蕨、垂序商陆、酸模叶蓼（*Persicaria lapathifolia*）、野青茅、芒（*Miscanthus sinensis*）、狗尾草等物种占优势。禾本科的求米草、矮丛薹草是草本层分布较广的物种。

4. 层间植物

麻栎林常见的层间植物有山葛（*Pueraria montana*）、木防己、蛇葡萄（*Ampelopsis glandulosa*）、南蛇藤、菝葜、爬山虎（*Parthenocissus tricuspidata*）、薯蓣（*Dioscorea polystachya*）等。

（三）群落外貌结构

1. 群落外貌

麻栎林的次生林和人工林年龄一致，树木高度相差不大，林冠层较为平整。随着四季变化，从外貌上表现出有规律的季节变化。初春，群落下的光线充足，一些早春植物竞相开放，如各种堇菜、白头翁、三桠乌药、连翘等。夏季，整个群落郁郁葱葱，一片生机，表现出夏绿林的明显特征。秋季，处于乔木层的麻栎叶片开始变黄，继而落叶，显示出秋季季相；在晚秋时节，菊科、桔梗科（Campanulaceae）的许多种类开花结实，为秋季的季相增添了艳丽的色彩。冬季，麻栎叶片部分枯而不落，部分落到地面而形成较厚的枯枝落叶层。麻栎叶片枯而不落，有人认为可以提高麻栎叶片中的养分重吸收能力。不同的麻栎林外貌基本相近，但也因地形、土壤、林龄等表现出不同的外貌（图 6-2-2 至图 6-2-5 ）。

图 6-2-2　麻栎林外貌（泰山）（1）

图6-2-3　麻栎林外貌（泰山）（2）

图6-2-4　麻栎林外貌（泰山）（3）

图 6-2-5　麻栎林外貌（崂山）

2. 群落结构

麻栎林的成层结构明显，可分为乔木层、灌木层和草本层。乔木层主要是麻栎，也有其他阔叶树种（图 6-2-6）。林下灌木层主要由胡枝子属、木兰属、绣线菊属等的种类组成（图 6-2-7、图 6-2-8）；在郁闭度大和土壤贫瘠的地段，灌木层不太发达。草本层主要由禾本科的营草属、野古草属、结缕草属、大油芒属，莎草科的薹草属，蔷薇科的委陵菜属，菊科的蒿属等的种类组成；与灌木层相似，在郁闭度大或者土壤瘠薄、岩石出露的生境下草本层也稀疏（图 6-2-9、图 6-2-10）。

图 6-2-6　麻栎林乔木层（泰山）

图 6-2-7　麻栎林灌木层（五莲山）（1）

图 6-2-8 麻栎林灌木层（五莲山）（2）

图 6-2-9　麻栎林草本层（大泽山）（1）

图 6-2-10　麻栎林草本层（大泽山）（2）

（四）群落类型

山东省的麻栎林主要分布于鲁中南山地和胶东丘陵地区。其中，麻栎纯林在济南市山东省林草种质资源中心（原山东省药乡林场）、莱芜区雪野街道房干村，泰安市彩石溪、天烛峰和徂徕山，青岛市大泽山、崂山，曲阜市孔林，日照市五莲山、九仙山和大青山，淄博市鲁山，烟台市大基山、罗山和老寨山等地均有分布，海拔范围广（100—1000m）（图6-2-11、图6-2-12）。麻栎混交林的类型多样，常与其他阔叶树种刺槐、槲树、栓皮栎、五角槭、黄连木，以及常绿针叶树种侧柏、赤松、油松、黑松、日本落叶松等形成混交林，在泰山、沂山、蒙山、大泽山、崂山、蓬莱艾山、牙山、鲁山等山区有分布（图6-2-13）。在麻栎林的分布区内，麻栎林大多是1949年后抚育而成的中幼林，树高一般多为7—20m。麻栎矮林是分布于山东省和辽宁省的特殊植被类型，尤以山东省最多，主要用于放养柞蚕，由于年年刈割而使树木萌生成丛，形成灌木状矮林（图6-2-14、图6-2-15），俗称"柞岚"。这种矮林如果停止刈割，并加以抚育和管理，可以恢复为麻栎林（张新时等，2007）。在山东省，年龄50年以上的麻栎林多存在于国有林场，年龄30年以下的麻栎林大多是直播种子形成的。麻栎在自然环境中的更新情况不佳，这一方面与麻栎种子易受到昆虫、鼠等的取食有关，另一方面也与干旱和遮阴等环境条件有关。

图6-2-11　麻栎纯林（崂山）

图 6-2-12　麻栎纯林（五莲山）

图 6-2-13　麻栎 – 刺槐混交林（崂山）

图 6-2-14　麻栎矮林（五莲山）（1）

图 6-2-15　麻栎矮林（五莲山）（2）

　　在曲阜市孔林，有年龄数百年的高大麻栎林，它是人工林（图 6-2-16 至图 6-2-19）。林下由于每年刈割灌草，灌木和草本层不发达。

图 6-2-16　麻栎林（曲阜孔林）（1）

图 6-2-17　麻栎林（曲阜孔林）（2）

图 6-2-18　麻栎林（曲阜孔林）（3）

图 6-2-19　麻栎林（曲阜孔林）（4）

　　在以往调查的基础上，2000—2020 年又按照规范要求调查了 53 个样方，根据王国宏等（2020）等的分类标准，将麻栎林分为 3 个群丛组和 12 个群丛（表 6-2-1）。

表 6-2-1　麻栎林群丛分类简表

群丛组号		I	I	II	II	II	II	II	III	III	III	III	III
群丛号		1	2	3	4	5	6	7	8	9	10	11	12
样地数	L	3	6	5	4	4	4	4	13	3	3	2	2
山槐（Albizia kalkora）	3	0	0	82	0	0	0	0	0	0	0	0	0
白颖薹草（Carex duriuscula subsp. rigescens）	8	0	0	80	0	0	0	0	0	0	0	0	0
黑松（Pinus thunbergii）	3	0	0	0	0	73	0	0	0	0	0	0	0
山槐（Albizia kalkora）	6	0	0	0	0	39	0	0	0	0	0	0	0
婆婆针（Bidens bipinnata）	8	0	0	0	0	0	86	0	0	0	0	0	0
牛膝（Achyranthes bidentata）	7	0	0	0	0	0	62	0	0	0	0	0	0
狗尾草（Setaria viridis）	7	0	0	0	0	0	64	0	0	0	0	0	0
藜（Chenopodium album）	7	0	0	0	0	0	52	0	0	0	0	0	0
野菊（Chrysanthemum indicum）	7	0	0	0	0	0	54	0	0	0	0	0	0
狭叶珍珠菜（Lysimachia pentapetala）	8	0	0	0	0	0	42	0	0	0	0	0	0
油松（Pinus tabuliformis）	3	0	0	0	0	0	0	59	0	0	0	0	0
刺槐（Robinia pseudoacacia）	3	0	0	0	0	0	0	0	70	0	0	0	0
栓皮栎（Quercus variabilis）	2	0	0	0	0	0	0	0	0	100	0	0	0
刺槐（Robinia pseudoacacia）	6	0	0	0	0	0	0	0	0	58	0	0	0
日本纤毛草（Elymus ciliaris var. hackelianus）	7	0	0	0	0	0	0	0	0	0	71	0	0
薯蓣（Dioscorea polystachya）	8	0	0	0	0	0	0	0	0	0	58	0	0
紫穗槐（Amorpha fruticosa）	5	0	0	0	0	0	0	0	0	0	42	0	0
鹅肠菜（Stellaria aquatica）	8	0	0	0	0	0	0	0	0	0	71	0	0
葎草（Humulus scandens）	7	0	0	0	0	0	0	0	0	0	64	0	0
刺槐（Robinia pseudoacacia）	5	0	0	0	0	0	0	0	39	0	0	0	0
赤松（Pinus densiflora）	3	0	0	56	56	0	0	0	0	0	0	0	0
花木蓝（Indigofera kirilowii）	6	0	0	42	0	0	0	0	0	0	0	0	0
麻栎（Quercus acutissima）	3	0	0	30	0	0	0	0	0	0	0	0	0
荆条（Vitex negundo var. heterophylla）	5	0	0	0	0	0	38	0	0	0	0	0	0
矮丛薹草（Carex callitrichos var. nana）	8	0	0	0	30	0	0	0	0	0	0	0	0
麻栎（Quercus acutissima）	5	0	0	0	0	0	0	0	22	0	0	0	0
槲树（Quercus dentata）	2	0	0	0	0	0	0	0	0	0	0	0	69
一叶萩（Flueggea suffruticosa）	5	0	0	0	0	0	0	0	0	0	0	0	69
臭椿（Ailanthus altissima）	2	0	0	0	0	0	0	0	0	0	0	0	69
山葡萄（Vitis amurensis）	5	0	0	0	0	0	0	0	0	0	0	0	69
黑弹树（Celtis bungeana）	2	0	0	0	0	0	0	0	0	0	0	0	69
内折香茶菜（Isodon inflexus）	8	0	0	0	0	0	0	0	0	0	0	0	69
变色白前（Vincetoxicum versicolor）	6	0	0	37	0	0	0	0	0	0	0	0	0
枹栎（Quercus serrata）	3	0	0	43	0	0	0	0	0	0	0	0	0
女贞（Ligustrum lucidum）	5	0	0	0	0	0	0	0	46	0	0	0	0
胡枝子（Lespedeza bicolor）	5	0	0	0	0	0	0	51	0	0	0	0	0

续表

群丛组号		I	I	II	II	II	II	II	III	III	III	III	III
群丛号		1	2	3	4	5	6	7	8	9	10	11	12
样地数	L	3	6	5	4	4	4	4	13	3	3	2	2
侧柏（*Platycladus orientalis*）	3	0	0	0	0	0	46	0	0	0	0	0	0
构（*Broussonetia papyrifera*）	5	0	0	0	0	0	51	0	0	0	0	0	0
牛叠肚（*Rubus crataegifolius*）	5	0	0	0	41	0	0	0	0	0	0	0	0
蒙古栎（*Quercus mongolica*）	5	0	0	0	0	0	0	0	46	0	0	0	0
美蔷薇（*Rosa bella*）	5	0	0	0	0	0	0	0	46	0	0	0	0
北京隐子草（*Cleistogenes hancei*）	8	0	50	0	0	0	0	0	0	0	0	0	0
鼠李（*Rhamnus davurica*）	5	0	50	0	0	0	0	0	0	0	0	0	0
早开堇菜（*Viola prionantha*）	8	0	0	0	0	0	51	0	0	0	0	0	0
荆条（*Vitex negundo* var. *heterophylla*）	6	0	37	0	0	0	0	0	0	0	0	0	0
小花鬼针草（*Bidens parviflora*）	8	0	0	0	0	0	69	0	0	0	0	0	0
饭包草（*Commelina benghalensis*）	8	0	0	0	0	0	69	0	0	0	0	0	0
山槐（*Albizia kalkora*）	5	0	40	0	0	0	0	0	0	0	0	0	0
荩草（*Arthraxon hispidus*）	8	0	0	0	0	0	69	0	0	0	0	0	0
枹栎（*Quercus serrata*）	5	0	0	62	0	0	0	0	0	0	0	0	0
小叶梣（*Fraxinus bungeana*）	5	0	0	0	0	0	0	0	26	0	0	0	0
狭叶珍珠菜（*Lysimachia pentapetala*）	7	0	0	0	0	0	0	69	0	0	0	0	0
油松（*Pinus tabuliformis*）	5	0	0	0	0	0	0	69	0	0	0	0	0
刺楸（*Kalopanax septemlobus*）	5	0	0	0	0	0	0	0	0	0	0	69	0
香茶菜（*Isodon amethystoides*）	7	0	0	0	0	0	0	0	0	0	0	69	0
槲栎（*Quercus aliena*）	6	0	0	0	0	0	0	0	0	0	0	69	0
鬼针草（*Bidens pilosa*）	9	0	0	0	0	0	0	0	0	0	0	69	0
水榆花楸（*Sorbus alnifolia*）	4	0	0	0	0	0	0	0	0	0	0	69	0
地榆（*Sanguisorba officinalis*）	7	0	0	0	0	34	0	0	0	0	0	0	0
升麻（*Cimicifuga foetida*）	7	0	0	0	0	0	0	0	0	0	0	69	0
冬青卫矛（*Euonymus japonicus*）	5	0	0	0	0	0	0	0	0	0	0	69	0
宽叶薹草（*Carex siderosticta*）	9	0	0	0	0	0	0	0	0	0	0	69	0
毛杜鹃（*Rhododendron×pulchrum*）	5	0	0	0	0	0	0	0	0	0	0	69	0
荠苨（*Adenophora trachelioides*）	8	0	0	0	0	0	0	0	0	0	0	69	0
槲栎（*Quercus aliena*）	2	0	0	0	0	0	0	0	0	0	0	69	0
三桠乌药（*Lindera obtusiloba*）	5	0	0	0	0	0	0	0	0	0	0	69	0
毛樱桃（*Prunus tomentosa*）	5	0	0	0	0	0	0	0	0	0	0	69	0
圆叶堇菜（*Viola striatella*）	9	0	0	0	0	0	0	0	0	26	0	0	0
有斑百合（*Lilium concolor* var. *pulchellum*）	8	0	0	0	0	0	0	0	0	0	0	69	0
三桠乌药（*Lindera obtusiloba*）	3	0	0	0	0	0	0	0	0	0	0	69	0
黄瓜菜（*Crepidiastrum denticulatum*）	8	0	0	0	0	0	0	0	21	0	0	0	0
矮丛薹草（*Carex callitrichos* var. *nana*）	9	0	0	0	0	0	0	0	0	0	0	69	0
花曲柳（*Fraxinus chinensis* subsp. *rhynchophylla*）	3	0	0	0	0	0	0	0	0	0	0	69	0
蒙古栎（*Quercus mongolica*）	2	0	0	0	0	0	0	0	0	0	0	69	0
大叶铁线莲（*Clematis heracleifolia*）	8	0	0	0	0	0	0	0	0	0	0	69	0

续表

群丛组号		I	I	II	II	II	II	II	III	III	III	III	III
群丛号		1	2	3	4	5	6	7	8	9	10	11	12
样地数	L	3	6	5	4	4	4	4	13	3	3	2	2
矮丛薹草（Carex callitrichos var. nana）	7	0	40	0	0	0	0	0	0	0	0	0	0
长蕊石头花（Gypsophila oldhamiana）	9	0	0	46	0	0	0	0	0	0	0	0	0
蒙古栎（Quercus mongolica）	6	0	0	62	0	0	0	0	0	0	0	0	0
圆叶鼠李（Rhamnus globosa）	5	0	0	62	0	0	0	0	0	0	0	0	0
石竹（Dianthus chinensis）	8	0	0	62	0	0	0	0	0	0	0	0	0

注：表中"L"列表示物种所在的群落层，1—3分别表示大、中、小乔木层，4—6分别表示大、中、小灌木层，7—9分别代表大、中、小草本层。表中其余数据为物种特征值（Φ，%），按递减的顺序排列。Φ ≥ 0.25 或 Φ ≥ 0.5（p < 0.05）的物种为特征种，其特征值分别标记浅灰色和深灰色。

与2000年之前的划分相比，现有群丛类型和种类都明显增加了，其主要原因是样地布局范围和样地数量都增大了。各群丛的种类组成和主要分布地点见表6-2-2。

表6-2-2 麻栎林群丛统计表

群丛组	群丛	主要种类	主要分布地点	样方号
麻栎–灌木–草本植物	麻栎–荆条–求米草	麻栎（Quercus acutissima）、荆条（Vitex negundo var. heterophylla）、求米草（Oplismenus undulatifolius）、矮丛薹草（Carex callitrichos var. nana）	大泽山、鲁山、莱芜区雪野街道房干村	SHD07210，SHD57510，SHD80510
	麻栎–麻栎–黄瓜菜	麻栎（Quercus acutissima）、荆条（Vitex negundo var. heterophylla）、黄瓜菜（Crepidiastrum denticulatum）	泰山、孔林、鲁山、大基山	SHD025101，SHD36810，SHD57910，SHD61810，WLS002，ZQS008
麻栎+针叶乔木–灌木–草本植物	麻栎+赤松–麻栎–白颖薹草	麻栎（Quercus acutissima）、赤松（Pinus densiflora）、白颖薹草（Carex duriuscula subsp. rigescens）、矮丛薹草（Carex callitrichos var. nana）、黄背草（Themeda triandra）	正棋山	ZQS001，ZQS002，ZQS003，ZQS004，ZQS006，ZQS0010
	麻栎+赤松–麻栎–矮丛薹草	麻栎（Quercus acutissima）、赤松（Pinus densiflora）、刺槐（Robinia pseudoacacia）、矮丛薹草（Carex callitrichos var. nana）	山东省药乡林场、沂山、罗山、大青山	SHD013101，SHD198101，SHD62310，SHD66610
	麻栎+黑松–麻栎–矮丛薹草	麻栎（Quercus acutissima）、黑松（Pinus thunbergii）、矮丛薹草（Carex callitrichos var. nana）	南山、老寨山	SHD63910，SHD65110，WLS003，ZQS005
	麻栎+侧柏–荆条–茜草	麻栎（Quercus acutissima）、侧柏（Platycladus orientalis）、荆条（Vitex negundo var. heterophylla）、小花扁担杆（Grewia biloba var. parviflora）、胡枝子（Lespedeza bicolor）、茜草（Rubia cordifolia）	泰山	SHD047101，SHD054101，SHD053101，SHD056101
	麻栎+油松–麻栎–细叶薹草	麻栎（Quercus acutissima）、油松（Pinus tabuliformis）、荆条（Vitex negundo var. heterophylla）、细叶薹草（Carex duriuscula subsp. stenophylloides）	昆嵛山、泰山、嵩山、五莲山	SHD017121，SHD024101，SHD40910，SHD44510

群丛组	群丛	主要种类	主要分布地点	样方号
麻栎+其他阔叶乔木-灌木-草本植物	麻栎+刺槐-麻栎-求米草	麻栎（Quercus acutissima）、刺槐（Robinia pseudoacacia）、荆条（Vitex negundo var. heterophylla）、求米草（Oplismenus undulatifolius）	山东省药乡林场、沂山、五莲山、罗山、大青山、老寨山、苍马山、莱芜区雪野街道房干村	SHD012101，SHD037121，SHD037122，SHD037123，SHD40810，SHD60510，SHD62610，SHD66810，SHD65210，SHD70310，SHD85510，FGC001，FGC002
	麻栎+栓皮栎-麻栎-矮丛薹草	麻栎（Quercus acutissima）、栓皮栎（Quercus variabilis）、荆条（Vitex negundo var. heterophylla）、花木蓝（Indigofera kirilowii）、矮丛薹草（Carex callitrichos var. nana）	嵩山、大泽山、平邑县	SHD039121，SHD44410，SHD48010
	麻栎-构-矮丛薹草	麻栎（Quercus acutissima）、构（Broussonetia papyrifera）、矮丛薹草（Carex callitrichos var. nana）	孔林、正棋山	SHD36310，SHD36910，ZQS009
	麻栎+槲栎-毛樱桃-臭草	麻栎（Quercus acutissima）、槲栎（Quercus aliena）、毛樱桃（Prunus tomentosa）、连翘（Forsythia suspensa）、臭草（Melica scabrosa）、矮丛薹草（Carex callitrichos var. nana）	昆嵛山、塔山	SHD017122，SHD68910
	麻栎+槲栎-小花扁担杆-矮丛薹草	麻栎（Quercus acutissima）、槲栎（Quercus aliena）、小花扁担杆（Grewia biloba var. parviflora）、矮丛薹草（Carex callitrichos var. nana）、求米草（Oplismenus undulatifolius）	大泽山、大基山	SHD07310，SHD61310

以下重点介绍 4 个典型的群丛（组）。

1. 麻栎 – 荆条为主的群丛（组）

本群丛（组）是麻栎纯林中最常见的群丛（组），包括 6—8 个群丛，见于山东半岛的大泽山和鲁中南山地的泰山、鲁山等地。灌木层中荆条占优势，草本层优势种有矮丛薹草、求米草、隐子草、假还阳参（Crepidiastrum lanceolatum）等。本群丛（组）基本特征见表 6-2-3。

表 6-2-3　麻栎林群落综合分析表 1

层次	种名	株数/德氏多度	高度/m		盖度/%
			均高	最高	
乔木层	麻栎（Quercus acutissima）	69	7.27	20.60	90
灌木层	荆条（Vitex negundo var. heterophylla）	33	0.60	0.80	4—32
	麻栎（Quercus acutissima）	11	1.35	1.50	2.8—9.0
	其他种类：刺槐（Robinia pseudoacacia）、大果榆（Ulmus macrocarpa）	4	1.67	1.90	0.72—2.50
草本层	求米草（Oplismenus undulatifolius）	Cop^3	0.16	0.27	15—90
	矮丛薹草（Carex callitrichos var. nana）	Cop^2	0.22	0.27	3—35
	玉竹（Polygonatum odoratum）	Sol	0.18	0.22	3—5
	其他种类：白英（Solanum lyratum）、藜（Chenopodium album）、女娄菜（Silene aprica）、黄瓜菜（Crepidiastrum denticulatum）、阴地蒿（Artemisia sylvatica）	Sol	0.29	0.42	1—5

注：调查时间 2014 年 7 月。调查地点淄博市博山区鲁山。样方面积 600m²×1。样地编号 SHD57510：纬度 36.31384°，经度 118.06030°，海拔 674m，坡度 10°，坡向 164°，地形为山坡；森林为次生林；干扰类型为人为干扰，干扰程度中度；照片编号 SHD57510-1，SHD57510-2，SHD57510-3，SHD57510-4。

2. 麻栎 + 其他阔叶树 − 荆条为主的群丛（组）

本群丛（组）是麻栎混交林中最多见的群丛（组），乔木层除麻栎外，还有栓皮栎、槲树、槲栎、刺槐等，约有 5 个以上群丛，见于山东半岛的西部和鲁中南山地的泰山、鲁山等山地。本群丛（组）基本特征见表 6-2-4 至表 6-2-6。

表 6-2-4　麻栎林群落综合分析表 2

层次	种名	株数 / 德氏多度	高度 /m 均高	高度 /m 最高	盖度 /%
乔木层	麻栎（*Quercus acutissima*）	108	10.50	15.00	
	栓皮栎（*Quercus variabilis*）	18	9.12	12.00	70
	其他种类：赤松（*Pinus densiflora*）、刺槐（*Robinia pseudoacacia*）、槲树（*Quercus dentata*）	13	6.22	10.00	
灌木层	荆条（*Vitex negundo* var. *heterophylla*）	99	0.49	0.70	5—30
	麻栎（*Quercus acutissima*）	140	0.38	0.60	4—30
	山葡萄（*Vitis amurensis*）	33	0.43	0.50	5—30
	其他种类：槲树（*Quercus dentata*）、花木蓝（*Indigofera kirilowii*）、葎叶蛇葡萄（*Ampelopsis humulifolia*）、牛叠肚（*Rubus crataegifolius*）、山槐（*Albizia kalkora*）、栓皮栎（*Quercus variabilis*）、盐麸木（*Rhus chinensis*）、野蔷薇（*Rosa multiflora*）	46	0.24	0.55	0.1—2.5
草本层	矮丛薹草（*Carex callitrichos* var. *nana*）	Cop^3	0.09	0.18	5—80
	鸭跖草（*Commelina communis*）	Cop^1	0.22	0.22	20
	其他种类：鹅绒藤（*Cynanchum chinense*）、茜草（*Rubia cordifolia*）、求米草（*Oplismenus undulatifolius*）、球果堇菜（*Viola collina*）、乳浆大戟（*Euphorbia esula*）、狭叶珍珠菜（*Lysimachia pentapetala*）、萱草（*Hemerocallis fulva*）、烟管头草（*Carpesium cernuum*）、黄瓜菜（*Crepidiastrum denticulatum*）	Sol	0.18	0.63	2—13

注：调查时间 2013 年 10 月、2015 年 8 月。调查地点平度市大泽山。样方面积 600m²×2。样地编号 SHD07210-1，SHD47910-2。样地编号 SHD07210-1：纬度 36.99557°，经度 120.04642°，海拔 265m，坡度 15°，坡向 120°，地形为山坡；森林为人工林；干扰类型为人为干扰，干扰程度轻微；照片编号 SHD07210-1，SHD07210-2，SHD07210-3，SHD07210-4。样地编号 SHD47910-2：纬度 36.99282°，经度 120.04709°，海拔 234m，坡度 10°，坡向 240°，地形为山坡；森林为人工林；干扰类型为人为干扰，干扰程度重度；照片编号 SHD47910-1，SHD47910-2，SHD47910-3，SHD47910-4。

表 6-2-5　麻栎林群落综合分析表 3

层次	种名	株数 / 德氏多度	高度 /m 均高	高度 /m 最高	盖度 /%
乔木层	麻栎（*Quercus acutissima*）	37	11.35	16.00	
	栓皮栎（*Quercus variabilis*）	27	11.19	15.00	40—55
	刺槐（*Robinia pseudoacacia*）	6	9.50	10.00	
	其他种类：油松（*Pinus tabuliformis*）	1	6.00	6.00	

续表

层次	种名	株数/德氏多度	高度/m 均高	高度/m 最高	盖度/%
灌木层	小花扁担杆（*Grewia biloba* var. *parviflora*）	82	0.65	0.68	8
	荆条（*Vitex negundo* var. *heterophylla*）	80	0.50	0.86	5—14
	其他种类：刺槐（*Robinia pseudoacacia*）、葛（*Pueraria montana*）、花木蓝（*Indigofera kirilowii*）、蓇叶蛇葡萄（*Ampelopsis humulifolia*）、麻栎（*Quercus acutissima*）、山槐（*Albizia kalkora*）、栓皮栎（*Quercus variabilis*）、野花椒（*Zanthoxylum simulans*）、紫穗槐（*Amorpha fruticosa*）	148	0.49	1.40	0.8—6.0
草本层	矮丛薹草（*Carex callitrichos* var. *nana*）	Cop³	0.06	0.10	1—85
	求米草（*Oplismenus undulatifolius*）	Cop³	0.06	0.08	15—80
	野菊（*Chrysanthemum indicum*）	Cop²	0.59	0.98	1—50
	黄花蒿（*Artemisia annua*）	Cop¹	0.60	0.60	20
	商陆（*Phytolacca acinosa*）	Cop¹	0.90	0.90	35
	其他种类：白英（*Solanum lyratum*）、尖裂假还阳参（*Crepidiastrum sonchifolium*）、北京隐子草（*Cleistogenes hancei*）、大披针薹草（*Carex lanceolata*）、狗尾草（*Setaria viridis*）、鬼针草（*Bidens pilosa*）、龙牙草（*Agrimonia pilosa*）、萝藦（*Cynanchum rostellatum*）、葎草（*Humulus scandens*）、牵牛（*Ipomoea nil*）、茜草（*Rubia cordifolia*）、球果堇菜（*Viola collina*）、小花鬼针草（*Bidens parviflora*）、野古草（*Arundinella hirta*）、早开堇菜（*Viola prionantha*）	Sol	0.23	0.60	1—15

注：调查时间 2013 年 9 月。调查地点临朐县嵩山。样方面积 600m²×1。样地编号 SHD44410：纬度 36.35697°，经度 118.32833°，海拔 534m，坡度 8°，坡向 85°，地形为山坡；森林为人工林；干扰类型为人为干扰，干扰程度强；照片编号 SHD44410-1，SHD44410-2，SHD44410-3，SHD44410-4。

表6-2-6　麻栎林群落综合分析表4

层次	种名	株数/德氏多度	高度/m 均高	高度/m 最高	盖度/%
乔木层	麻栎（*Quercus acutissima*）	24	8.69	12.50	30—45
	槲树（*Quercus dentata*）	15	9.15	15.80	
灌木层	蓇叶蛇葡萄（*Ampelopsis humulifolia*）	29	0.40	0.50	3—60
	荆条（*Vitex negundo* var. *heterophylla*）	45	0.50	1.12	15—40
	其他种类：胡枝子（*Lespedeza bicolor*）、槲树（*Quercus dentata*）、花木蓝（*Indigofera kirilowii*）、小花扁担杆（*Grewia biloba* var. *parviflora*）、小叶鼠李（*Rhamnus parvifolia*）	33	0.55	1.50	0.1—5.0
草本层	矮丛薹草（*Carex callitrichos* var. *nana*）	Cop³	0.18	0.23	12—82
	求米草（*Oplismenus undulatifolius*）	Cop¹	0.16	0.16	20
	其他种类：牛膝（*Achyranthes bidentata*）、女娄菜（*Silene aprica*）、球果堇菜（*Viola collina*）、乳浆大戟（*Euphorbia esula*）、狭叶珍珠菜（*Lysimachia pentapetala*）、野青茅（*Deyeuxia pyramidalis*）、黄瓜菜（*Crepidiastrum denticulatum*）	Sol	0.27	0.53	2—15

注：调查时间 2015 年 8 月。调查地点平度市大泽山。样方面积 600m²×1。样地编号 SHD07310：纬度 36.99655°，经度 120.04649°，海拔 289m，坡度 30°，坡向 143°，地形为山坡；森林为人工林；干扰类型为人为干扰，干扰程度轻微；照片编号 SHD07310-1，SHD07310-2，SHD07310-3，SHD07310-4。

3. 麻栎 + 针叶树 - 荆条 + 胡枝子等为主的群丛（组）

本群丛（组）也是麻栎混交林中较多见的群丛，包括多个群丛，见于山东半岛东部和鲁中南山地的泰山、沂山等山地。乔木层除麻栎外，还有油松、赤松、黑松等，灌木层有荆条、胡枝子、绣线菊等，草本层有求米草、矮丛薹草等多种。本群丛（组）基本特征见表 6-2-7、表 6-2-8。

表 6-2-7　麻栎林群落综合分析表 5

层次	种名	株数 / 德氏多度	高度 /m 均高	高度 /m 最高	盖度 /%
乔木层	麻栎（*Quercus acutissima*）	99	6.13	11.50	
	油松（*Pinus tabuliformis*）	8	7.73	10.00	
	黑松（*Pinus thunbergii*）	5	8.50	10.50	50—73
	其他种类：栓皮栎（*Quercus variabilis*）、赤松（*Pinus densiflora*）、鸡桑（*Morus australis*）、臭椿（*Ailanthus altissima*）、蒙桑（*Morus mongolica*）、华山松（*Pinus armandii*）	8	5.95	8.50	
灌木层	荆条（*Vitex negundo* var. *heterophylla*）	217	0.77	0.95	4—20
	麻栎（*Quercus acutissima*）	69	1.34	2.30	1—18
	绣线菊（*Spiraea salicifolia*）	33	0.65	0.70	7—8
	其他种类：胡枝子（*Lespedeza bicolor*）、臭椿（*Ailanthus altissima*）、雀儿舌头（*Leptopus chinensis*）、连翘（*Forsythia suspensa*）、大果榆（*Ulmus macrocarpa*）、刺槐（*Robinia pseudoacacia*）、山槐（*Albizia kalkora*）、花曲柳（*Fraxinus chinensis* subsp. *rhynchophylla*）、牛叠肚（*Rubus crataegifolius*）	142	0.78	1.85	1—8
草本层	黄瓜菜（*Crepidiastrum denticulatum*）	Cop^2	0.27	0.47	1—50
	中华卷柏（*Selaginella sinensis*）	Cop^3	0.03	0.03	1—20
	京芒草（*Achnatherum pekinense*）	Cop^3	0.30	0.36	15—56
	求米草（*Oplismenus undulatifolius*）	Cop^1	0.12	0.19	4—18
	其他种类：北京隐子草（*Cleistogenes hancei*）、白莲蒿（*Artemisia stechmanniana*）、白首乌（*Cynanchum bungei*）、变色白前（*Vincetoxicum versicolor*）、地梢瓜（*Cynanchum thesioides*）、鬼针草（*Bidens pilosa*）、黄背草（*Themeda triandra*）、橘草（*Cymbopogon goeringii*）、茜草（*Rubia cordifolia*）、乳浆大戟（*Euphorbia esula*）、四叶葎（*Galium bungei*）、泰山韭（*Allium taishanense*）、委陵菊（*Chrysanthemum potentilloides*）、细叶薹草（*Carex duriuscula* subsp. *stenophylloides*）、狭叶珍珠菜（*Lysimachia pentapetala*）、长蕊石头花（*Gypsophila oldhamiana*）、矮丛薹草（*Carex callitrichos* var. *nana*）、錾菜（*Leonurus pseudomacranthus*）、矮桃（*Lysimachia clethroides*）、酢浆草（*Oxalis corniculate*）、地构叶（*Speranskia tuberculata*）、地榆（*Sanguisorba officinalis*）、黄花蒿（*Artemisia annua*）、内折香茶菜（*Isodon inflexus*）、婆婆针（*Bidens bipinnata*）、球果堇菜（*Viola collina*）、唐松草（*Thalictrum aquilegiifolium* var. *sibiricum*）、透骨草（*Phryma leptostachya* subsp. *asiatica*）、香青（*Anaphalis sinica*）、小花鬼针草（*Bidens parviflora*）、野古草（*Arundinella hirta*）、野韭（*Allium ramosum*）、早开堇菜（*Viola prionantha*）	Sol	0.17	1.60	1—10

注：调查时间 2012 年 8 月。调查地点泰安市泰山。样方面积 600m^2×3。样地编号 SHD024101-1，SHD025101-2，SHD056101-3。样地编号 SHD024101-1：纬度 36.27778°，经度 117.05417°，海拔 485m，坡度 25.5°，坡向 148°，地形为山坡；森林为次生林；干扰类型为人为干扰，干扰程度轻微；照片编号 SHD024101-1，SHD024101-2，SHD024101-3，SHD024101-4。样地编号 SHD025101-2：纬度 36.27403°，经度 117.02732°，海拔 455m，坡度 27°，坡向 345°，地形为山坡；森林为人工林；干扰类型为人为干扰，干扰程度中度；照片编号 SHD025101-1，SHD025101-2，SHD025101-3，SHD025101-4。样地编号 SHD056101-3：纬度 36.28442°，经度 117.09947°，海拔 609m，坡度 5°，坡向 165°，地形为山坡；森林为人工林；干扰类型为人为干扰，干扰程度中度；照片编号 SHD056101-1，SHD056101-2，SHD056101-3，SHD056101-4。

表 6-2-8　麻栎林群落综合分析表 6

层次	种名	株数 / 德氏多度	高度 /m		盖度 /%
			均高	最高	
乔木层	麻栎（Quercus acutissima）	25	15.61	16.00	
	赤松（Pinus densiflora）	11	4.60	6.70	55
	其他种类：油松（Pinus tabuliformis）	2	4.15	4.40	
灌木层	麻栎（Quercus acutissima）	85	0.52	0.80	25—30
	刺槐（Robinia pseudoacacia）	35	0.73	0.90	5—25
	其他种类：胡枝子（Lespedeza bicolor）、槲树（Quercus dentata）	7	0.31	0.32	<1
草本层	透骨草（Phryma leptostachya subsp. asiatica）	Cop¹	0.25	0.30	5—35
	矮丛薹草（Carex callitrichos var. nana）	Cop³	0.18	0.26	1—25
	求米草（Oplismenus undulatifolius）	Cop³	0.10	0.14	1—70
	其他种类：矮桃（Lysimachia clethroides）、油芒（Spodiopogon cotulifer）、野菊（Chrysanthemum indicum）、野古草（Arundinella hirta）、鸦葱（Takhtajaniantha austriaca）、石沙参（Adenophora polyantha）、山柳菊（Hieracium umbellatum）、乳浆大戟（Euphorbia esula）、绵枣儿（Barnardia japonica）、蒙古堇菜（Viola mongolica）、路边青（Geum aleppicum）、龙常草（Diarrhena mandshurica）、魁蒿（Artemisia princeps）、丹参（Salvia miltiorrhiza）、大丁草（Leibnitzia anandria）、臭草（Melica scabrosa）	Sol	0.22	0.60	1—7

注：调查时间 2012 年 7 月。调查地点济南市山东省药乡林场。样方面积 600m² × 1。样地编号 SHD013101：纬度 36.20175°，经度 117.07235°，海拔 781m，坡度 19°，坡向 275°，地形为山坡；森林为人工林；干扰类型为人为干扰，干扰程度强；照片编号缺失。

4. 麻栎矮林

除了以上类型外，在山东广泛分布的另一类型是用于放养柞蚕的麻栎矮林（表 6-2-9）。其总面积约占麻栎林的一半。由于每年刈割，形成灌丛状的植被。如果停止刈割，可以逐渐恢复为乔木林，所以不单独作为一种类型处理。林下的灌木和草本植物种类因所在地不同而异。由于光照充足，灌木和草本物种往往比较丰富，如栖霞市牙山的麻栎矮林中常见酸枣、胡枝子、野花椒、黄花蒿（Artemisia annua）、绵枣儿、狭叶珍珠菜（Lysimachia pentapetala）、鸭跖草、萝藦（Cynanchum rostellatum）、黄背草、黄花蒿等。

表 6-2-9　麻栎矮林群落综合分析表

层次	种名	株数 / 德氏多度	高度 /m		盖度 /%
			均高	最高	
灌木层	麻栎（Quercus acutissima）	69	1.53	1.70	27.75
	刺槐（Robinia pseudoacacia）	37	2.04	3.00	11.75
	其他种类：酸枣（Ziziphus jujuba）、榆（Ulmus pumila）等	14	1.80	2.70	6.50
草本层	橘草（Cymbopogon goeringii）	Cop³	1.28	1.68	88.33
	五月艾（Artemisia indica）	Cop¹	0.78	0.85	10.75
	其他种类：狗尾草（Setaria viridis）、黄背草（Themeda triandra）、黄花蒿（Artemisia annua）、鸡眼草（Kummerowia striata）等	Sol	0.68	1.10	10.20

注：调查时间 2013 年 7 月。调查地点栖霞市牙山。样方面积 100m² × 1。样地编号 SHD54320：纬度 37.17290°，经度 121.13183°，海拔 101m，坡度 8°，坡向 335°，地形为丘陵；森林为次生林；干扰类型为人为干扰，干扰程度强；照片编号 SHD62120-1，SHD62120-2。

（五）价值及保护发展

1. 麻栎林生态价值高，应当大力发展

麻栎作为山东的乡土树种，适应山东的生态条件，成为山东落叶阔叶林的优势建群种，其生态意义大。除了麻栎纯林，麻栎还与其他栎类和松类混交，形成混交林，在保持水土、涵养水源、改善生态环境方面发挥着重大作用；麻栎与松类混交，有利于避免松类纯林病虫害重的弊端。通过营造混交林和改造松类纯林，可增强森林的防护效能，提高病虫害的抗性，提升森林质量。

2. 麻栎林在生态演替和森林恢复方面具有重要的植被生态学意义

山东的气候、地质地貌和土壤等条件，决定了其地带性植被是以落叶栎类为建群种的落叶阔叶林。麻栎林是山东省地带性的落叶阔叶林和顶极群落类型，尽管面积小，但很重要。在植被演替、潜在植被分析、植被恢复的理论基础等研究方面，麻栎林具有重要的植被生态学价值。加强相关的研究，包括植被形成、动态和维持等机制，以及气候变化背景下栎类的生理生态响应、不同群落功能和服务价值评估的研究，可为山东省的生态安全和森林质量提高提供科学依据。

3. 加强麻栎林保护

由于历史原因，麻栎林等落叶阔叶林和其他森林植被破坏严重，目前在崂山、昆嵛山、泰山尚有小面积的栎林生长较好，应当加强保护。此外，曲阜市孔林也有较大面积的麻栎半自然林，也应加强保护，促进其种类组成、结构、功能等方面健康发展。

三、栓皮栎林

栓皮栎林也是我国典型的落叶栎林之一，在山东省栎林中的分布面积仅次于麻栎林。栓皮栎具有很强的抗逆性和较高的经济价值，可形成纯林和混交林。

（一）地理分布和生态特征

1. 地理分布

栓皮栎林主要分布在离海稍远的低山及丘陵地区，在暖温带落叶阔叶林区域的河南、陕西、河北、山西及山东等省的山地丘陵都有分布，亚热带北部、中部也普遍存在，尤其在安徽大别山、河南桐柏山、陕西秦岭等山区都有较大面积的分布。此外，在东部的辽东半岛和西部的云贵高原也有分布。栓皮栎多生长在海拔400—1600m的山区，在西南的亚热带山区可达海拔2500m，在河南、陕西等省，其分布上限与锐齿槲栎（*Quercus aliena* var. *acutiserrata*）相接（《中国植被》，1980；孙鸿烈，2005；张新时等，2007）。栓皮栎林的分布中心是鄂西、秦岭和大别山，山东省已是分布边缘。

在山东省，鲁中南山地的泰山、蒙山、沂山及山东半岛低山丘陵的崂山、昆嵛山、大泽山、牙山等是栓皮栎林的集中分布区（图6-3-1），分布区海拔300—900m。

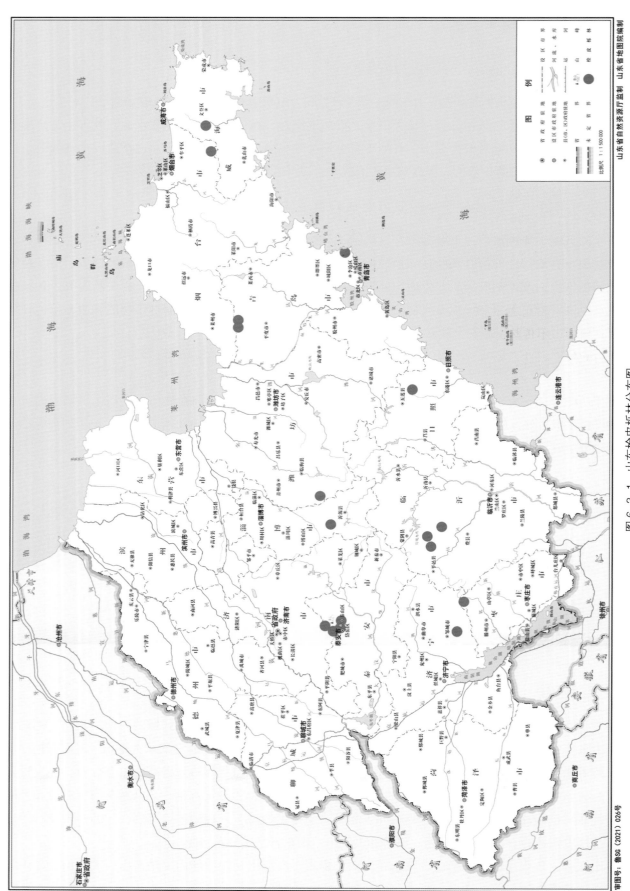

图 6-3-1　山东栓皮栎林分布图

2. 自然环境

栓皮栎分布在年均温 2.6—22.2℃、最冷月份平均温度 –15.9—17.7℃、最热月份平均温度 11.2—29.8℃、年降雨量 397—3495mm、年蒸散量 397—1123mm、植被净初级生产力 108.2—659g/（m² · a）的范围内（方精云等，2009）。

3. 生态特征

栓皮栎对环境条件要求不严，生长较快，与麻栎的分布区域基本重叠。老叶较厚，背面灰白色（图 6-3-2），其叶片与麻栎叶片两面全为绿色的特点明显不同。

栓皮栎树干高大，树皮有裂纹（图 6-3-3），与麻栎很容易区别。其木材用途与麻栎相似。除此之外，栓皮栎可制软木，有不导电、不传热、隔音、不透水、防震、耐酸碱等特性，为国防、轻工及建筑业重要材料。

图 6-3-2 栓皮栎叶片

图 6-3-3 栓皮栎（*Quercus variabilis*）大树（泰山）

（二）群落组成

栓皮栎林的种类组成与麻栎林相似，根据17个标准样地的记录，由50—60种植物组成。群落可以明显分出乔木层、灌木层和草本层3个层次（图6-3-4、图6-3-5）。

乔木层一般无亚层，除纯林外，还常与其他阔叶树种麻栎、槲树、刺槐，针叶树种赤松、油松、黑松、侧柏等形成混交林。灌木层常见种类有荆条、胡枝子、雀儿舌头、白檀、垂丝卫矛（*Euonymus oxyphyllus*）、花曲柳（*Fraxinus chinensis* subsp. *rhynchophylla*）、黄檀、野蔷薇、柘树、小叶朴、鸡桑（*Morus australis*）、连翘、构等种类；林下常见草本植物有求米草、黄瓜菜（*Crepidiastrum denticulatum*）、矮丛薹草、北京隐子草、野古草、黄鹌菜（*Youngia japonica*）、狭叶珍珠菜、野青茅、阴地蒿（*Artemisia sylvatica*）、大油芒、鸭跖草、狗尾草、益母草（*Leonurus japonicus*）等；层间植物以薯蓣较为常见。

图 6-3-4　栓皮栎林（大泽山）

图 6-3-5　栓皮栎林（泰山）

（三）群落外貌结构

群落的外貌和麻栎林基本一样，比较浑圆，郁闭度在 0.5 以上，林冠夏季繁茂（图 6-3-6），也呈现出明显的季节变化。群落结构也较简单。

图 6-3-6　栓皮栎林（泰山）

（四）群落类型

根据 2000 年之后的野外调查，按照栓皮栎林主要层和层片物种的不同，可以将栓皮林分为栓皮栎纯林、栓皮栎混交林 2 个大类（亚群系）。基于 17 个样方的数据，根据王国宏等（2020）的分类标准，将栓皮栎林划分为 4 个群丛组和 6 个群丛（表 6-3-1），其中以栓皮栎 - 荆条群丛和栓皮栎 - 其他阔叶树组成的群丛较典型。

表 6-3-1　栓皮栎林群丛分类简表

群丛组号		I	II	III	III	IV	IV
群丛号		1	2	3	4	5	6
样地数	L	1	3	4	3	3	3
山槐（*Albizia kalkora*）	6	0	79	0	0	0	0
狭叶珍珠菜（*Lysimachia pentapetala*）	8	0	79	0	0	0	0
刺槐（*Robinia pseudoacacia*）	3	0	0	72	0	0	0
委陵菜（*Potentilla chinensis*）	8	0	0	66	0	0	0
鸦葱（*Takhtajaniantha austriaca*）	8	0	0	0	79	0	0
槲树（*Quercus dentata*）	2	0	0	0	79	0	0
麻栎（*Quercus acutissima*）	2	0	0	0	79	0	0
水榆花楸（*Sorbus alnifolia*）	3	0	0	0	0	79	0
水榆花楸（*Sorbus alnifolia*）	5	0	0	0	0	79	0
菝葜（*Smilax china*）	8	0	0	0	0	0	100
白颖薹草（*Carex duriuscula* subsp. *rigescens*）	8	0	0	0	0	0	100
白檀（*Symplocos tanakana*）	3	0	0	0	0	0	100
如意草（*Viola arcuata*）	9	0	0	0	0	0	79
求米草（*Oplismenus undulatifolius*）	9	0	0	0	0	0	79
山麦冬（*Liriope spicata*）	8	0	0	0	0	0	79
五角槭（*Acer pictum* subsp. *mono*）	4	0	0	0	0	0	79
槐（*Styphnolobium japonicum*）	3	0	0	0	0	0	79
盐麸木（*Rhus chinensis*）	8	0	0	0	0	0	79
黑松（*Pinus thunbergii*）	3	0	0	0	0	0	79
华空木（*Stephanandra chinensis*）	5	0	0	0	0	0	79
络石（*Trachelospermum jasminoides*）	8	0	0	0	0	0	79
紫菀（*Aster tataricus*）	8	0	0	0	0	0	79
盐麸木（*Rhus chinensis*）	3	0	0	0	0	0	79
枹栎（*Quercus serrata*）	3	0	0	0	0	0	79
栓皮栎（*Quercus variabilis*）	8	0	0	0	0	0	79
野青茅（*Deyeuxia pyramidalis*）	8	0	0	0	0	0	79
花曲柳（*Fraxinus chinensis* subsp. *rhynchophylla*）	5	0	0	0	0	72	0
荆条（*Vitex negundo* var. *heterophylla*）	5	0	0	56	0	0	0
圆柏（*Juniperus chinensis*）	2	0	0	67	0	0	0
细叶沙参（*Adenophora capillaris* subsp. *paniculata*）	8	0	0	67	0	0	0
臭椿（*Ailanthus altissima*）	5	0	0	67	0	0	0
黄背草（*Themeda triandra*）	7	0	0	67	0	0	0
黄栌（*Cotinus coggygria* var. *cinereus*）	4	0	0	67	0	0	0

注：表中"L"列表示物种所在的群落层，1—3分别表示大、中、小乔木层，4—6分别表示大、中、小灌木层，7—9分别表示大、中、小草本层。表中其余数据为物种特征值（*Φ*，%），按递减的顺序排列。*Φ* ≥ 0.25 或 *Φ* ≥ 0.5（*p* < 0.05）的物种为特征种，其特征值分别标记浅灰色和深灰色。

各群丛的种类组成和主要分布地点见表 6-3-2。

表6-3-2 栓皮栎林群丛统计表

群丛组	群丛	主要种类	主要分布地点	样方号
栓皮栎–灌木–草本植物	栓皮栎–荆条–矮丛薹草	栓皮栎（*Quercus variabilis*）、荆条（*Vitex negundo* var. *heterophylla*）、矮丛薹草（*Carex callitrichos* var. *nana*）	泰山	SHD029101
	栓皮栎–胡枝子–矮丛薹草	栓皮栎（*Quercus variabilis*）、胡枝子（*Lespedeza bicolor*）、槲树（*Quercus dentata*）、矮丛薹草（*Carex callitrichos* var. *nana*）	泰山	SHD029101
栓皮栎+针叶乔木–灌木–草本植物	栓皮栎+油松–刺槐–野青茅	栓皮栎（*Quercus variabilis*）、油松（*Pinus tabuliformis*）、刺槐（*Robinia pseudoacacia*）、野青茅（*Deyeuxia pyramidalis*）	泰山、蒙山、塔山	SHD008123，SHD334101，SHD69110
栓皮栎+其他阔叶乔木–灌木–草本植物	栓皮栎+刺槐–荆条–求米草	栓皮栎（*Quercus variabilis*）、刺槐（*Robinia pseudoacacia*）、荆条（*Vitex negundo* var. *heterophylla*）、求米草（*Oplismenus undulatifolius*）、黄背草（*Themeda triandra*）	鲁山、莲青山	SHD51110，SHD51210，SHD73310，SHD73410
	栓皮栎+麻栎–栓皮栎–矮丛薹草	栓皮栎（*Quercus variabilis*）、麻栎（*Quercus acutissima*）、矮丛薹草（*Carex callitrichos* var. *nana*）、野古草（*Arundinella hirta*）	泰山、嵩山	SHD022101，SHD034101，SHD44410
栓皮栎+针叶、阔叶乔木–灌木–草本植物	栓皮栎–花曲柳–求米草	栓皮栎（*Quercus variabilis*）、水榆花楸（*Sorbus alnifolia*）、日本落叶松（*Larix kaempferi*）、油松（*Pinus tabuliformis*）、花曲柳（*Fraxinus chinensis* subsp. *rhynchophylla*）、求米草（*Oplismenus undulatifolius*）	蒙山、五莲山	SHD337101，SHD339101，SHD40610
	栓皮栎–五角槭–络石	栓皮栎（*Quercus variabilis*）、刺槐（*Robinia pseudoacacia*）、白檀（*Symplocos tanakana*）、黑松（*Pinus thunbergii*）、油松（*Pinus tabuliformis*）、络石（*Trachelospermum jasminoides*）	崂山太清宫	TQG008，TQG012，TQG015

以下重点介绍2个典型的群丛（组）。

1.栓皮栎－荆条为主的群丛（组）

本群丛（组）是栓皮栎纯林最常见的群丛（组），包括4—6个群丛，见于鲁中南山地的泰山、蒙山等地。灌木层以荆条占优势，还有胡枝子、扁担杆、小花木蓝等。在泰山的样地中，栓皮栎幼苗很多，说明更新情况良好。草本层优势种有黄瓜菜、矮丛薹草、求米草、北京隐子草等。本群丛（组）基本特征见表6-3-3、表6-3-4。

表6-3-3 栓皮栎林群落综合分析表1

层次	种名	株数/德氏多度	高度/m 均高	高度/m 最高	盖度/%
乔木层	栓皮栎（*Quercus variabilis*）	57	10.60	14.00	70
	其他种类：油松（*Pinus tabuliformis*）、赤松（*Pinus densiflora*）、槲树（*Quercus dentata*）	2	6.95	9.70	

续表

层次	种名	株数/德氏多度	高度/m 均高	高度/m 最高	盖度/%
灌木层	荆条（*Vitex negundo* var. *heterophylla*）	191	0.50	0.53	5—11
	栓皮栎（*Quercus variabilis*）	133	0.71	0.74	3—4
	其他种类：葎叶蛇葡萄（*Ampelopsis humulifolia*）、槲树（*Quercus dentata*）、胡枝子（*Lespedeza bicolor*）、小花扁担杆（*Grewia biloba* var. *parviflora*）	15	0.62	1.30	0.5—1.0
草本层	求米草（*Oplismenus undulatifolius*）	Cop³	0.13	0.22	1—80
	黄瓜菜（*Crepidiastrum denticulatum*）	Cop³	0.27	0.45	1—70
	矮丛薹草（*Carex callitrichos* var. *nana*）	Cop³	0.34	0.34	30—60
	北京隐子草（*Cleistogenes hancei*）	Cop³	0.42	0.60	1—20
	大披针薹草（*Carex lanceolata*）	Cop¹	0.18	0.18	1—20
	鸦葱（*Takhtajaniantha austriaca*）	Cop¹	0.10	0.15	1—6
	其他种类：白茅（*Imperata cylindrica*）、狭叶珍珠菜（*Lysimachia pentapetala*）、黄瓜菜（*Crepidiastrum denticulatum*）、委陵菊（*Chrysanthemum potentilloides*）、中华卷柏（*Selaginella sinensis*）、乳浆大戟（*Euphorbia esula*）、细叶薹草（*Carex duriuscula* subsp. *stenophylloides*）、橘草（*Cymbopogon goeringii*）、球果堇菜（*Viola collina*）	Sol	0.23	0.59	1—10

注：调查时间 2012 年 8 月。调查地点泰安市泰山。样方面积 600m²×1。样地编号 SHD022101：纬度 36.27806°，经度 117.05111°，海拔 481m，坡度 20°，坡向 191°，地形为山坡；森林为人工林；干扰类型为人为干扰；干扰程度强；照片编号 SHD022101-1，SHD022101-2，SHD022101-3，SHD022101-4。

表 6-3-4　栓皮栎林群落综合分析表 2

层次	种名	株数/德氏多度	高度/m 均高	高度/m 最高	盖度/%
乔木层	栓皮栎（*Quercus variabilis*）	106	6.79	17.50	
	其他种类：油松（*Pinus tabuliformis*）、刺槐（*Robinia pseudoacacia*）、鹅耳枥（*Carpinus turczaninowii*）、花曲柳（*Fraxinus chinensis* subsp. *rhynchophylla*）、山槐（*Albizia kalkora*）	3	5.43	7.70	70—75
灌木层	荆条（*Vitex negundo* var. *heterophylla*）	121	1.10	1.40	15—35
	栓皮栎（*Quercus variabilis*）	31	0.30	0.30	0.5—1.2
	其他种类：小花扁担杆（*Grewia biloba* var. *parviflora*）、君迁子（*Diospyros lotus*）、麻栎（*Quercus acutissima*）、花曲柳（*Fraxinus chinensis* subsp. *rhynchophylla*）、连翘（*Forsythia suspensa*）、刺槐（*Robinia pseudoacacia*）、山槐（*Albizia kalkora*）、小叶鼠李（*Rhamnus parvifolia*）、臭椿（*Ailanthus altissima*）、榆（*Ulmus pumila*）	54	0.85	2.20	0.8
草本层	求米草（*Oplismenus undulatifolius*）	Cop³	0.22	0.35	5—40
	矛叶荩草（*Arthraxon lanceolatus*）	Cop²	0.55	0.55	40
	薯蓣（*Dioscorea polystachya*）	Cop¹	0.10	0.15	2—50

续表

层次	种名	株数/德氏多度	高度/m 均高	高度/m 最高	盖度/%
草本层	其他种类：北京隐子草（*Cleistogenes hancei*）、葛（*Pueraria lobata* var. *montana*）、野古草（*Arundinella hirta*）、蓝叶蛇葡萄（*Ampelopsis humulifolia*）、野青茅（*Deyeuxia pyramidalis*）、甘菊（*Chrysanthemum lavandulifolium*）、华北白前（*Vincetoxicum mongolicum*）、两型豆（*Amphicarpaea edgeworthii*）、透骨草（*Phryma leptostachya* subsp. *asiatica*）、木防己（*Cocculus orbiculatus*）	Sol	0.21	0.55	1—17

注：调查时间 2012 年 7 月。调查地点平邑县蒙山龟蒙景区。样方面积 600m² × 2。样地编号 SHD328101-1，SHD329101-2。样地编号 SHD328101-1：纬度 35.53985°，经度 117.85422°，海拔 701m，坡度 13°，坡向 205°，地形为山坡；森林为人工林；干扰类型为人为干扰，干扰程度轻微；照片编号 SHD328101-1，SHD328101-2，SHD328101-3，SHD328101-4。样地编号 SHD329101-2：纬度 35.53783°，经度 117.85448°，海拔 615m，坡度 19°，坡向 320°，地形为山坡；森林为人工林；干扰类型为人为干扰，干扰程度轻微；照片编号 SHD329101-1，SHD329101-2，SHD329101-3，SHD329101-4。

2.栓皮栎混交林

栓皮栎混交林包括栓皮栎 + 其他阔叶树和栓皮栎 + 针叶树 2 个主要类别（群丛组）。前者以栓皮栎、麻栎等为主，后者以栓皮栎、油松等为主。灌木层有黄檀、荆条、胡枝子、白檀、野蔷薇等，草本层有求米草、矮丛薹草、阴地蒿、鸭跖草、长蕊石头花等。栓皮栎混交林群落基本特征见表 6-3-5、表 6-3-6。

表 6-3-5　栓皮栎林群落综合分析表 3

层次	种名	株数/德氏多度	高度/m 均高	高度/m 最高	盖度/%
乔木层	栓皮栎（*Quercus variabilis*）	15	10.47	13.00	75
	朴树（*Celtis sinensis*）	18	7.00	12.00	
	梾木（*Cornus macrophylla*）	12	7.58	10.00	
	其他种类：李（*Prunus salicina*）、油松（*Pinus tabuliformis*）	5	6.80	8.00	
灌木层	黄檀（*Dalbergia hupeana*）	7	1.44	1.53	2—7
	野蔷薇（*Rosa multiflora*）	9	0.69	1.00	1
	毛樱桃（*Prunus tomentosa*）	6	1.67	1.67	4
	其他种类：桑（*Morus alba*）、朴树（*Celtis sinensis*）、花曲柳（*Fraxinus chinensis* subsp. *rhynchophylla*）、大叶朴（*Celtis koraiensis*）、青花椒（*Zanthoxylum schinifolium*）	13	1.48	3.00	1—4
草本层	求米草（*Oplismenus undulatifolius*）	Cop²	0.14	0.24	2—50
	两型豆（*Amphicarpaea edgeworthii*）	Cop¹	0.28	0.28	35
	阴地蒿（*Artemisia sylvatica*）	Cop¹	0.87	0.93	12—20
	其他种类：三脉紫菀（*Aster ageratoides*）、牛膝（*Achyranthes bidentata*）、薯蓣（*Dioscorea polystachya*）、鸭跖草（*Commelina communis*）、长蕊石头花（*Gypsophila oldhamiana*）、玉竹（*Polygonatum odoratum*）、鸡屎藤（*Paederia foetida*）	Sol	0.23	0.82	1—15

注：调查时间 2013 年 8 月。调查地点五莲县五莲山。样方面积 600m² × 1。样地编号 SHD40610：纬度 35.68685°，经度 119.38943°，海拔 362m，坡度 4°，坡向 160°，地形为山坡；森林为次生林；干扰类型为人为干扰，干扰程度中度；照片编号 SHD40610-1，SHD40610-2，SHD40610-3，SHD40610-4。

表6-3-6　栓皮栎林群落综合分析表4

层次	种名	株数/德氏多度	高度/m		盖度/%
			均高	最高	
乔木层	栓皮栎（*Quercus variabilis*）	60	5.11	7.00	70
	其他种类：油松（*Pinus tabuliformis*）、鹅耳枥（*Carpinus turczaninowii*）	1	5.50	5.50	
灌木层	栓皮栎（*Quercus variabilis*）	93	0.68	0.82	20—65
	麦李（*Prunus glandulosa*）	20	0.85	0.85	10
	胡枝子（*Lespedeza bicolor*）	23	0.89	0.95	2—8
	其他种类：白檀（*Symplocos tanakana*）、小叶鼠李（*Rhamnus parvifolia*）、花曲柳（*Fraxinus chinensis* subsp. *rhynchophylla*）、君迁子（*Diospyros lotus*）、卫矛（*Euonymus alatus*）、牛奶子（*Elaeagnus umbellata*）、栓翅卫矛（*Euonymus phellomanus*）	40	0.65	1.40	2—5
草本层	矮丛薹草（*Carex callitrichos* var. *nana*）	Cop³	0.09	0.12	10—65
	求米草（*Oplismenus undulatifolius*）	Cop¹	0.13	0.28	1—25
	野古草（*Arundinella hirta*）	Cop¹	0.35	0.40	5—20
	臭草（*Melica scabrosa*）	Cop¹	0.23	0.23	15
	透骨草（*Phryma leptostachya* subsp. *asiatica*）	Cop¹	0.65	0.65	20
	其他种类：球果堇菜（*Viola collina*）、拳参（*Bistorta officinalis*）、黄瓜菜（*Crepidiastrum denticulatum*）、萱草（*Hemerocallis fulva*）、玉竹（*Polygonatum odoratum*）、鸭跖草（*Commelina communis*）、薯蓣（*Dioscorea polystachya*）、芒（*Miscanthus sinensis*）、地榆（*Sanguisorba officinalis*）、穿龙薯蓣（*Dioscorea nipponica*）、泰山韭（*Allium taishanense*）、狭叶珍珠菜（*Lysimachia pentapetala*）、有斑百合（*Lilium concolor* var. *pulchellum*）、三脉紫菀（*Aster ageratoides*）、荠苨（*Adenophora trachelioides*）	Sol	0.27	0.65	1—15

注：调查时间2014年9月。调查地点费县塔山。样方面积600m²×1。样地编号SHD69110：纬度35.45494°，经度118.03811°，海拔922m，坡度7°，坡向270°，地形为山坡；森林为次生林；干扰类型为人为干扰，干扰程度轻微；照片编号SHD69110-1，SHD69110-2，SHD69110-3，SHD69110-4。

（五）价值及保护发展

栓皮栎作为山东省第二大落叶栎类型，在山东省的森林植被中占有重要地位。与麻栎相比，栓皮栎根系更强大，更耐干旱瘠薄，抗火力更强，在水土保持、提高森林质量方面具有重要作用，应当加以保护和发展。

在泰山等地的调查发现，栓皮栎林下的更新苗较多，如果保护和管理得当，可以促进栓皮栎林的更新，扩大其分布面积，提高其生态功能。

栓皮栎林在山东植被的组成、构建、进展演替等方面具有重要的作用，应加强物种的生态学、生理学等基础研究，为山东省森林植被的维持和植被修复提供更多的理论依据。

四、其他栎林

除了麻栎林和栓皮栎林，山东还有槲树林、槲栎林、枹栎林等零星分布的栎林，也大多为人工林。它们分布在山东半岛和鲁中南的山地丘陵。

1. 槲树林

槲树林主要分布于河北太行山，河南伏牛山和太行山，陕西秦岭，云南西北部横断山脉及云南中部、东南部。在华北地区至陕西秦岭，主要分布在海拔800—1300m的山坡及山脊地带，一般是在陡坡上呈小面积分布（《中国植被》，1980）。

槲树在山东省各山区都有分布，很少见到纯林，在崂山、大泽山等地偶尔可见小片的纯林，多混生在其他落叶阔叶林中。群落所在地的土壤比较瘠薄，多为花岗岩和片麻岩风化后发育的棕壤。

槲树叶片牙齿状，野外容易辨认（图6-4-1）。树高常在5m以下，树干多弯曲，冠幅密集（图6-4-2）。砍伐后第二年很快萌生幼苗（图6-4-3）。在人为活动影响较小的山地，常伴生有麻栎、枹栎、刺槐等。灌木层有盐麸木、胡枝子、花木蓝、荆条、兴安胡枝子等。草本层主要有矮丛薹草、芒、野青茅等（图6-4-4）。

图6-4-1　槲树（*Quercus dentata*）

图 6-4-2 槲树（*Quercus dentata*）大树（崂山）

图 6-4-3 槲树（*Quercus dentata*）砍伐后萌生的幼苗（崂山）

图 6-4-4　未砍伐槲树林林下灌木、草本植物茂密（崂山）

2. 槲栎 + 锐齿槲栎林

槲栎和锐齿槲栎分布在暖温带落叶阔叶林区域的河南（北部）、山东、陕西、河北、辽宁等省山地，也见于北亚热带常绿阔叶林地区的河南（南部）、湖北、安徽（中南部）等省山地。槲栎在东北部山地针阔叶混交林区中呈零星分布，混杂在以蒙古栎为主的落叶栎林中（《中国植被》，1980）。

槲栎和锐齿槲栎纯林在山东省不多见，多形成混交林。槲栎 + 锐齿槲栎林典型群落见于费县塔山，位于山地阳坡的中上部，海拔 359—750m，坡度 6°—16°，乔木层高度 8m 左右，盖度 80%—85%；灌木层高 45—65cm，优势物种为连翘；草本层高 5—15cm，盖度 1%—50%。此外，崂山等地也有零星分布（图 6-4-5 至图 6-4-8）。

锐齿槲栎可形成小范围纯林。典型锐齿槲栎林见于平邑县蒙山龟蒙景区的山地阳坡中上部，海拔分布较高，960—1000m，坡度 10°左右。锐齿槲栎常与油松形成混交；灌木层高度 1m 以下，盖度 10% 左右，优势物种除了锐齿槲栎小苗，还常见花曲柳；草本层高度 20—30cm，盖度 10%—20%，优势种类为臭草。此外，胶东半岛也有零星分布。锐齿槲栎林群落基本特征见表 6-4-1。

图 6-4-5 　栎栎 + 锐齿栎栎林（崂山）（1）

图 6-4-6　槲栎 + 锐齿槲栎林（崂山）（2）

图 6-4-7　槲栎 + 锐齿槲栎林（蒙山）

图 6-4-8　槲栎 + 锐齿槲栎林（招虎山）

表 6-4-1　锐齿槲栎林群落综合分析表

层次	种名	株数 / 德氏多度	高度 /m 均高	高度 /m 最高	盖度 /%
乔木层	油松（*Pinus tabuliformis*）	37	7.70	12.10	
	锐齿槲栎（*Quercus aliena* var. *acutiserrata*）	19	9.60	12.70	75
	其他种类：水榆花楸（*Sorbus alnifolia*）、鹅耳枥（*Carpinus turczaninowii*）	3	3.60	3.80	
灌木层	花曲柳（*Fraxinus chinensis* subsp. *rhynchophylla*）	23	0.50	0.70	3—5
	锐齿槲栎（*Quercus aliena* var. *acutiserrata*）	16	0.30	0.50	2—7
	其他种类：刺槐（*Robinia pseudoacacia*）、小花扁担杆（*Grewia biloba* var. *parviflora*）、水榆花楸（*Sorbus alnifolia*）、麦李（*Prunus glandulosa*）、野蔷薇（*Rosa multiflora*）、白檀（*Symplocos tanakana*）、三叶海棠（*Malus toringo*）	14	0.60	1.20	0.1—3.5
草本层	薯蓣（*Dioscorea polystachya*）	Cop^2	0.15	0.15	17
	臭草（*Melica scabrosa*）	Sp	0.21	0.28	2—49
	其他种类：鸭跖草（*Commelina communis*）、透骨草（*Phryma leptostachya* subsp. *asiatica*）、阴地堇菜（*Viola yezoensis*）、地榆（*Sanguisorba officinalis*）、三脉紫菀（*Aster ageratoides*）、绵枣儿（*Barnardia japonica*）、两型豆（*Amphicarpaea edgeworthii*）、野青茅（*Deyeuxia pyramidalis*）	Sol	0.17	0.45	0.5—24.0

注：调查时间 2012 年 9 月。调查地点平邑县蒙山龟蒙景区。样方面积 600m^2×1。样地编号 SHD325101：纬度 35.54935°，经度 117.85468°，海拔 962m，坡度 11°，坡向 187°，地形为山坡；森林为人工林；干扰类型为人为干扰，干扰程度轻微；照片编号 SHD325101-1，SHD325101-2，SHD325101-3，SHD325101-4。

3. 枹栎 + 短柄枹栎林

枹栎 + 短柄枹栎林零星分布于山东半岛低海拔的阳坡，如五莲山、昆嵛山、崂山、正旗山等（图 6-4-9 至图 6-4-12），多见于海拔 400m 以下地区。目前较多见的是局部分布的以短柄枹栎为主的群落。短柄枹栎多成丛生长，群落的种类组成比较简单，伴生种有麻栎、槲树、刺槐等，偶见赤松散生其间。

典型群落见于五莲县五莲山，位于阴坡山地的中部，海拔 337m，坡度 7°，人为干扰轻微。乔木层高 10m 左右，盖度 60%—70%；灌木层高 1.1—1.5m，盖度 30%—80%，优势物种有杜鹃（*Rhododendron simsii*）和小米空木（*Stephanandra incisa*）；草本层高 9—65cm，盖度 8%—75%，优势植物有宽叶薹草（*Carex siderosticta*）、求米草和广序臭草（*Melica onoei*）。

图 6-4-9　枹栎 + 短柄枹栎林（五莲山）（1）

图 6-4-10　枹栎 + 短柄枹栎林（五莲山）（2）

图 6-4-11　枹栎 + 短柄枹栎林（五莲山）（3）

图 6-4-12　枹栎 + 短柄枹栎林（崂山）

4. 蒙古栎林

蒙古栎林是栎林中比较耐寒和耐旱的类型，分布范围很广，是中国分布面积最大的一个类型。五台山栎（*Quercus wutaishanica*）和辽东栎（*Quercus liaotungensis*）被认为是蒙古栎的渐变群，是分布在中国西北部的叶片较小和壳斗苞片扁平的类群（*Flora of China*，1999），因此都已归入蒙古栎林。

在山东省，蒙古栎林见于徂徕山、泰山、牙山、鲁山等地，面积都不大，多为人工林（图 6-4-13 至图 6-4-15）。

图 6-4-13　蒙古栎（*Quercus mongolica*）（1）

图 6-4-14　蒙古栎（*Quercus mongolica*）（2）

图 6-4-15 蒙古栎林（鲁山）

五、次生落叶阔叶杂木林

次生落叶阔叶杂木林通常是指由落叶阔叶树组成、建群种和优势种都不明显的温带森林植被，为天然的次生植被类型。由于这一类型的面积多不大，文献中将这一群落类型统称为杂木林。《中国植被》（1980）根据群落的种类组成和生境条件的不同，仅分出 2 个群系。

在山东各地，次生落叶阔叶杂木林虽然面积较小，分布范围却很广泛，无论是在花岗岩山地（砂石山），还是在石灰岩山地（青石山）都可以见到。

植被的分布规律明显地受到生态条件，特别是气候条件的影响和制约；反过来，植被的分布也能清楚地反映出生态条件组合的差异。次生落叶阔叶杂木林是山东省落叶阔叶林中天然分布的主要群落类型之一，它们的分布规律在许多方面较之栎林更能明显地反映出山东省不同地区生态条件的差异。

经过20多年对山东植被的调查，我们对这一植被类型做了重点观察，就群落的种类组成、外貌和结构等基本特征进行了初步分析研究，对群落类型进行了简单的划分，希望为今后的深入研究奠定基础。同时，也对研究中发现的一些问题进行讨论，以引起有关专家、学者对该类型的重视。

山东各地的次生落叶阔叶杂木林在种类组成、群落外貌和结构上都有一定的相似性。同时，我们也注意到次生落叶阔叶杂木林实际上并非没有建群种，只是乔木层的优势种类不十分明显而已。根据在山东的调查，目前至少可划分出15个以上群系。

（一）地理分布和生态特征

1. 地理分布

在山东的山地丘陵地区，这一植被类型面积不大，但到处可见。较典型的次生落叶阔叶杂木林见于枣庄市山亭区抱犊崮、莲台山小娄峪、仰天山、正其山、伟德山、昆嵛山、蓬莱艾山、牙山、崂山、小珠山、泰山、沂山等地。

椴林是次生落叶阔叶杂木林中较为耐寒的类型，喜欢湿润的气候条件。它们在我国温带针叶混交林地区分布较普遍。在山东省虽然也有分布，但多见于山东半岛北部和东部，分布在山地的阴坡中上部，在山东半岛的南部和鲁中南地区则见于阴坡海拔更高的位置。到了鲁南的枣庄市山亭区抱犊崮则有南京椴的分布。稍喜温暖湿润的栾、黄连木、黄檀、枫香树等主要分布于山东半岛和鲁南地区。此外，水榆花楸林多见于山东半岛地区和鲁中南海拔较高的山地，而鹅耳枥林则在鲁中南地区更普遍。

此外，从土壤母质看，青檀（*Pteroceltis tatarinowii*）、鹅耳枥等多见于石灰岩山地的褐土上，水榆花楸、黄檀等多见于花岗岩山地的棕壤上。

从林下植物种类的组成上看，从北到南也有差异。如山胡椒在山东半岛北部生长在灌木层，到了鲁南地区它可出现于乔木亚层。

2. 自然环境

次生落叶阔叶杂木林通常分布在山地阴坡中下部和山谷，所以有时也称这类杂木林为"沟谷杂木林"，海拔一般在350—800m，坡度常大于15°。在山东半岛，林下的土壤条件较好，土层深度常超过50cm，土壤有机质含量较高，可达5%以上。枯枝落叶层发育，厚度为3—10cm，保水蓄水能力强。

落叶阔叶杂木林多生长于沟谷，温度和降水条件通常优于周边其他植被类型。年平均温度12—14℃，年降水量600—900mm。

土壤为棕壤或褐土。发育在花岗岩山地上的土壤为棕壤，土壤呈酸性反应，pH 5.0—5.5；发育在石灰岩母质上的土壤系淋溶褐土，土壤呈弱酸性及中性反应，pH 6—7，土层比较浅薄。

3. 生态特征

组成杂木林的建群种多为温带和暖温带落叶阔叶林的常见乔木，这些乔木多为阳性、喜湿的树种。由于温度、土壤湿度等条件相对优越，因而建群种类多样，所以称其为杂木林。杂木林的乔木层郁闭度较大，多为 0.7—1.0。

（二）群落组成

次生落叶阔叶杂木林的植物种类组成十分丰富，较之落叶栎林的种类组成复杂得多，但个体数量较少，即物种多样性丰富，种的饱和度小。

根据样地调查和其他调查数据初步统计，在各类次生落叶阔叶杂木林中，所包含的维管植物约 500 种，占山东植物区系总种类数量的 1/4 强。从区系性质上看，以北温带成分和东亚成分及旧世界温带成分占优势，表明了次生落叶阔叶杂木林区系组成的温带性质；而热带区系成分也占有较大的比例，又表明了山东的次生落叶阔叶杂木林的过渡特征。

1. 乔木层

乔木层的种类很复杂，较常见的有五角槭、山槐、千金榆（*Carpinus cordata*）、黄连木、苦木、臭椿、楸树（*Catalpa bungei*）、黄檀、野茉莉、鹅耳枥、栾、紫椴、辽椴、蒙椴（*Tilia mongolica*）、黄榆（*Ulmus macrocarpa*）、山胡椒、多花泡花树（*Meliosa myriantha*）、水榆花楸、刺楸，以及栎属、松属的多个种类。

2. 灌木层

灌木层的种类也很复杂，主要有二色胡枝子、三裂绣线菊、扁担杆、荆条、卫矛、紫珠（*Callicarpa bodinieri*）、兴安胡枝子、盐麸木、鹅耳枥、溲疏、山胡椒、三桠乌药、酸枣、叶下珠（*Phyllathus urinaria*）、白檀、锦鸡儿、茅莓、细叶胡枝子、花木蓝、山槐等。

3. 草本层

草本层种类也很丰富，常见的有大披针薹草、宽叶薹草（*Carex siderosricta*）、野古草、蕨、黄精（*Polygonatum sibiricum*）、铁线莲（*Clematis florida*）、前胡、大油芒、地榆，以及堇菜属数种。

4. 层间植物

林中藤本植物丰富，主要有南蛇藤、葛、猕猴桃（*Actinidia kolomikta*）、山葡萄（*Vitis amureusis*）、菝葜（*Smilax odhamia*）、鲇鱼须（*Smilax sieboldii*）、木防己、五叶木通（*Akebia quinata*）、络石（*Trachelospermum jasminoides*）等。

（三）群落外貌结构

次生落叶阔叶杂木林具有典型的季相变化特征，这与其所处的温带季风气候是密切相关的。枣庄市山亭区抱犊崮的次生落叶阔叶杂木林种类多，秋季季相很有特色（图 6-5-1 至图 6-5-4）。

图 6-5-1　秋季次生落叶阔叶杂木林（枣庄抱犊崮）（1）

图 6-5-2　秋季次生落叶阔叶杂木林（枣庄抱犊崮）（2）

图 6-5-3　秋季次生落叶阔叶杂木林（枣庄抱犊崮）（3）

图 6-5-4　秋季次生落叶阔叶杂木林（枣庄抱犊崮）（4）

生活型组成分析表明，高位芽植物占60%以上，其次为地下芽植物，再次为地面芽植物和一年生植物，地上芽植物比例最低（图6-5-5）。林中的藤本植物也很丰富，总计在10种以上。与其他植被类型相比较，次生落叶阔叶杂木林中高位芽的比例最高，基本反映了次生落叶阔叶林的气候特征，属于较典型的落叶阔叶林生活型谱。

次生落叶阔叶杂木林的结构复杂，垂直结构可明显地分出乔木层、灌木层和草本层3个层次。乔木层的高度因群落的类型而异，一般为8—12m，最高超过20m，可分出2—3个亚层。乔木层的盖度通常较大，为80%—100%，达到郁闭状态。灌木层的盖度常较小，高度0.5—2.0m，可分出1—2个亚层。林下的草本层盖度也较小，为30%—70%，优势种不明显，多为湿中生和中生植物，高度不均匀，可分出1—2个或更多的亚层。在一些林地中，地被层发育较好。

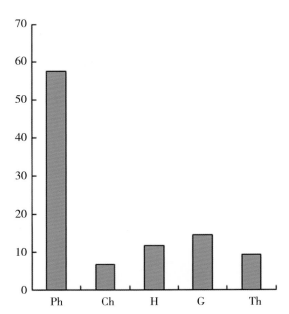

图6-5-5　次生落叶阔叶杂木林生活型谱
Ph.高位芽；Ch.地上芽；H.地面芽；G.地下芽；Th.一年生植物

群落的水平结构也极为明显，主要是小地形的变化引起的，如坡度的变化、土壤深度的变化等。在枣庄市山亭区抱犊崮的次生落叶阔叶杂木林中，除栾、黄连木、元宝槭等建群种外，还有辽椴、南京椴（*Tilia miqueliana*）等，而坡度小处则有漆树、楸树、枫杨等。

（四）群落类型

次生落叶阔叶杂木林的分类，是很困难的，在分类中常将一个群系组作为一个群系处理，这种做法实际上是不合理的。但由于面积太小、分布在局部，因此按照现在规范的大样地调查，往往会被包含在其他群系中。根据我们调查，依据群落主要层优势种的不同和群落分布的差异，山东的次生落叶阔叶杂木林至少可以划分为15个以上群系，归并为10个以上群系（组）。

主要的群系（组）有：以水榆花楸为主的杂木林（水榆花楸林），以大果榆、小叶朴为主的杂木林（大果榆＋朴树林），以黄连木为主的杂木林（黄连木林），以鹅耳枥为主的杂木林（鹅耳枥林），以紫椴、辽椴为主的杂木林（椴林）。除上述5类杂木林外，还有一些杂木林目前难以分类区别，这些杂木林面积很小，常见于沟谷中，种类比较多，优势种常不明显。由槭树、榆、臭椿等组成的杂木林在各地也较为常见，如槭树林、枫香树林、乌桕林、黄檀林、化香树林、青檀林、构林等。

1. 水榆花楸林

以水榆花楸为主的杂木林，多见于山东半岛的东部地区和南部地区，出现在山地的半阴坡和沟谷地带。群落种类组成较为复杂，尤其是灌木层的种类十分丰富。分布在崂山、昆嵛山的这类杂木林最为典型（图6-5-6、图6-5-7）；鲁中南山地，如蒙山的杂木林中也可见到水榆花楸林，种类组成与山东半岛略有不同。这类杂木林群落基本特征见表6-5-1至表6-5-3。

图 6-5-6　水榆花楸林（崂山）

图 6-5-7　水榆花楸林（昆嵛山）

表 6-5-1　水榆花楸林群落综合分析表 1

层次	种名	株数/德氏多度	高度/m		盖度/%
			均高	最高	
乔木层	水榆花楸（*Sorbus alnifolia*）	34	6.13	8.70	
	盐麸木（*Rhus chinensis*）	24	6.11	8.50	
	其他种类：野茉莉（*Styrax japonicus*）、刺槐（*Robinia pseudoacacia*）、麻栎（*Quercus acutissima*）、日本落叶松（*Larix kaempferi*）、油松（*Pinus tabuliformis*）、赤松（*P. densiflora*）	20	7.49	13.00	50
灌木层	小米空木（*Stephanandra incisa*）	82	1.03	1.20	3—28
	菝葜（*Smilax china*）	64	2.05	2.30	5—25
	其他种类：野花椒（*Zanthoxylum simulans*）、水榆花楸（*Sorbus alnifolia*）、胡枝子（*Lespedeza bicolor*）、毛掌叶锦鸡儿（*Caragana leveillei*）、南蛇藤（*Celastrus orbiculatus*）、盐麸木（*Rhus chinensis*）、白檀（*Symplocos tanakana*）、鼠李（*Rhamnus davurica*）、三桠乌药（*Lindera obtusiloba*）、麻栎（*Quercus acutissima*）、郁李（*Prunus japonica*）、青花椒（*Zanthoxylum schinifolium*）	82	1.07	1.70	1—5
草本层	铁线蕨（*Adiantum capillus-veneris*）	Cop²	0.11	0.11	3—40
	求米草（*Oplismenus undulatifolius*）	Cop²	0.12	0.19	1—45
	内折香茶菜（*Isodon inflexus*）	Cop¹	0.58	0.58	19
	矮丛薹草（*Carex callitrichos* var. *nana*）	Cop¹	0.10	0.13	14—19
	菝葜（*Smilax china*）	Cop¹	0.27	0.28	5—17
	其他种类：地榆（*Sanguisorba officinalis*）、桔梗（*Platycodon grandiflorus*）、大油芒（*Spodiopogon sibiricus*）、鹅观草（*Elymus kamoji*）、京芒草（*Achnatherum pekinense*）、唐松草（*Thalictrum aquilegiifolium* var. *sibiricum*）	Sol	0.23	0.32	3—12

注：调查时间 2012 年 9 月。调查地点青岛市崂山。样方面积 600m² × 1。样地编号 SHD358101：纬度 36.16112°，经度 120.62403°，海拔 501m，坡度 15°，坡向 90°，地形为山坡；森林为次生林；干扰类型为人为干扰，干扰程度轻微；照片编号 SHD358101-1，SHD358101-2，SHD358101-3，SHD358101-4。

表 6-5-2　水榆花楸林群落综合分析表 2

层次	种名	株数/德氏多度	高度/m		盖度/%
			均高	最高	
乔木层	水榆花楸（*Sorbus alnifolia*）	72	6.09	9.10	
	栓皮栎（*Quercus variabilis*）	27	6.11	13.70	60
	其他种类：大果榆（*Ulmus macrocarpa*）、日本落叶松（*Larix kaempferi*）、油松（*Pinus tabuliformis*）	24	6.86	9.10	
灌木层	垂丝卫矛（*Euonymus oxyphyllus*）	62	1.03	1.30	15—20
	白檀（*Symplocos tanakana*）	17	1.60	1.60	7
	其他种类：水榆花楸（*Sorbus alnifolia*）、胡枝子（*Lespedeza bicolor*）、三桠乌药（*Lindera obtusiloba*）、连翘（*Forsythia suspensa*）、花曲柳（*Fraxinus chinensis* subsp. *rhynchophylla*）、三叶海棠（*Malus toringo*）、辽东水蜡树（*Ligustrum obtusifolium* subsp. *suave*）	30	0.70	1.20	1—5

续表

层次	种名	株数 / 德氏多度	高度 /m 均高	高度 /m 最高	盖度 /%
灌木层	求米草（*Oplismenus undulatifolius*）	Sp	0.40	0.40	5
	野青茅（*Deyeuxia pyramidalis*）	Sp	0.13	0.13	5
	其他种类：臭草（*Melica scabrosa*）、半夏（*Pinellia ternata*）	Sol	0.59	1.00	1

注：调查时间 2012 年 9 月。调查地点蒙阴县蒙山云蒙景区。样方面积 600m² × 1。样地编号 SHD337101：纬度 35.55622°，经度 117.94162°，海拔 840m，坡度 10°，坡向 217°，地形为山坡；森林为次生林；干扰类型为人为干扰，干扰程度轻微；照片编号 SHD337101-1，SHD337101-2，SHD337101-3，SHD337101-4。

表 6-5-3　水榆花楸林群落综合分析表 3

层次	种名	株数 / 德氏多度	高度 /m 均高	高度 /m 最高	盖度 /%
乔木层	华山松（*Pinus armandii*）	16	7.0	8.4	
	水榆花楸（*Sorbus alnifolia*）	15	4.7	7.9	
	油松（*Pinus tabuliformis*）	15	7.2	8.4	50
	其他种类：麻栎（*Quercus acutissima*）、日本落叶松（*Larix kaempferi*）、三桠乌药（*Lindera obtusiloba*）、辽东水蜡树（*Ligustrum obtusifolium* subsp. *suave*）	23	7.9	11.6	
灌木层	辽东水蜡树（*Ligustrum obtusifolium* subsp. *suave*）	22	1.4	1.4	0.1—10.0
	卫矛（*Euonymus alatus*）	20	0.5	0.5	2—10
	其他种类：三桠乌药（*Lindera obtusiloba*）、花曲柳（*Fraxinus chinensis* subsp. *rhynchophylla*）、水榆花楸（*Sorbus alnifolia*）、锦带花（*Weigela florida*）、华北绣线菊（*Spiraea fritschiana*）、鹅耳枥（*Carpinus turczaninowii*）、连翘（*Forsythia suspensa*）	16	0.9	1.5	0.1—5.0
草本层	细叶薹草（*Carex duriuscula* subsp. *stenophylloides*）	Cop²	0.28	0.28	45
	繁缕（*Stellaria media*）	Cop²	0.07	0.10	13—68
	其他种类：马齿苋（*Portulaca oleracea*）、轮叶八宝（*Hylotelephium verticillatum*）、三脉紫菀（*Aster ageratoides*）、楼斗菜（*Aquilegia viridiflora*）、求米草（*Oplismenus undulatifolius*）、大花老鹳草（*Geranium himalayense*）、野青茅（*Deyeuxia pyramidalis*）、大叶铁线莲（*Clematis heracleifolia*）、路边青（*Geum aleppicum*）、南蛇藤（*Celastrus orbiculatus*）、问荆（*Equisetum arvense*）、林荫千里光（*Senecio nemorensis*）	Sol	0.34	0.83	1—28

注：调查时间 2012 年 9 月。调查地点蒙阴县蒙山云蒙景区。样方面积 600m² × 1。样地编号 SHD338101：纬度 35.54925°，经度 117.94465°，海拔 875m，坡度 3°，坡向 16°，地形为山坡；森林为次生林；干扰类型为人为干扰，干扰程度轻微；照片编号 SHD338101-1，SHD338101-2，SHD338101-3，SHD338101-4。

2. 大果榆 + 朴树林

以大果榆、小叶朴（*Celtis sinen*）为主的杂木林，见于济南市长清区莲台山小娄峪，分布在山地的半阴坡和沟谷地带。土壤基质为石灰岩和页岩，土层浅薄，土壤为褐土。群落种类组成很复杂，乔木层的种类有 10 多种，灌木层以荆条、黄栌等为主，草本层不茂密（图 6-5-8 至图 6-5-10）。有的地段岩石出露。这类杂木林群落基本特征见表 6-5-4。

图 6-5-8 大果榆＋朴树林（莲台山小娄峪）（1）

图 6-5-9　大果榆 + 朴树林（莲台山小娄峪）（2）

图 6-5-10　大果榆 + 朴树林（莲台山小娄峪）（3）

表 6-5-4　大果榆 + 朴树林群落综合分析表

层次	种名	株数 / 德氏多度	高度 /m 均高	高度 /m 最高	盖度 /%
乔木层	侧柏（*Platycladus orientalis*）	115	8.50	11.60	
	大果榆（*Ulmus macrocarpa*）	93	4.40	7.00	
	其他种类：山槐（*Albizia kalkora*）、朴树（*Celtis sinen*）、蒙古栎（*Quercus mongolica*）、栾（*Koelreuteria paniculata*）、臭椿（*Ailanthus altissima*）、黄连木（*Pistacia chinensis*）、槲栎（*Quercus aliena*）、槲树（*Quercus dentata*）、欧黄栌（*Cotinus coggygria*）	153	5.90	12.10	45—70
灌木层	荆条（*Vitex negundo* var. *heterophylla*）	36	0.60	0.90	1—20
	欧黄栌（*Cotinus coggygria*）	28	0.50	0.60	2—10
	小花扁担杆（*Grewia biloba* var. *parviflora*）	25	0.80	1.20	2—40
	其他种类：大果榆（*Ulmus macrocarpa*）、山槐（*Albizia kalkora*）、酸枣（*Ziziphus jujuba* var. *spinosa*）、朴树（*Celtis sinensis*）、臭椿（*Ailanthus altissima*）、葎叶蛇葡萄（*Ampelopsis humulifolia*）、毛葡萄（*Vitis heyneana*）、鸡桑（*Morus australis*）、蒙古栎（*Quercus mongolica*）、南蛇藤（*Celastrus orbiculatus*）、麻栎（*Quercus acutissima*）、构（*Broussonetia papyrifera*）、连翘（*Forsythia suspensa*）	25	0.50	1.10	0.2—5.0
草本层	大披针薹草（*Carex lanceolata*）	Cop²	0.16	0.20	2—124
	北京隐子草（*Cleistogenes hancei*）	Cop¹	0.28	0.40	1—105
	狗尾草（*Setaria viridis*）	Cop¹	0.18	0.25	0.5—61.0
	其他种类：狭叶珍珠菜（*Lysimachia pentapetala*）、雀儿舌头（*Leptopus chinensis*）、矮丛薹草（*Carex callitrichos* var. *nana*）、虎掌（*Pinellia pedatisecta*）、狼尾花（*Lysimachia barystachys*）、油芒（*Spodiopogon cotulifer*）、求米草（*Oplismenus undulatifolius*）、太行铁线莲（*Clematis kirilowii*）、百部（*Stemona japonica*）、尖裂假还阳参（*Crepidiastrum sonchifolium*）、黄瓜菜（*Crepidiastrum denticulatum*）、毛果扬子铁线莲（*Clematis puberula* var. *tenuisepala*）、乳浆大戟（*Euphorbia esula*）、射干（*Belamcanda chinensis*）、变色白前（*Vincetoxicum versicolor*）、烟管头草（*Carpesium cernuum*）、婆婆针（*Bidens bipinnata*）、茜草（*Rubia cordifolia*）、斑叶堇菜（*Viola variegata*）、铁线莲（*Clematis florida*）、地构叶（*Speranskia tuberculata*）、蒙古堇菜（*Viola mongolica*）、葎叶蛇葡萄（*Ampelopsis humulifolia*）、翅果菊（*Lactuca indica*）、桃叶鸦葱（*Scorzonera sinensis*）、裂叶堇菜（*Viola dissecta*）、毛葡萄（*Vitis heyneana*）、绿蓟（*Cirsium chinense*）	Sol	0.17	0.87	0.5—210

注：调查时间 2012 年 7 月。调查地点济南市长清区莲台山。样方面积 600m² × 3。样地编号 SHD007101-1，SHD008101-2，SHD009101-3。样地编号 SHD007101-1：纬度 36.44217°，经度 116.56202°，海拔 281m，坡度 13°，坡向 254°，地形为山坡；森林为人工林；干扰类型为人为干扰，干扰程度中度；照片编号 SHD007101-1，SHD007101-2。样地编号 SHD008101-2：纬度 36.44292°，经度 116.56221°，海拔 311m，坡度 9°，坡向 270°，地形为山坡；森林为人工林；干扰类型为人为干扰，干扰程度强，照片编号 SHD008101-1，SHD008101-2，SHD008101-3，SHD008101-4。样地编号 SHD009101-3：纬度 36.44287°，经度 116.56112°，海拔 264m，坡度 9°，坡向 245°，地形为山坡；森林为人工林；干扰类型为人为干扰，干扰程度轻微；照片编号 SHD009101-1，SHD009101-2，SHD009101-3，SHD009101-4。

3. 黄连木林

以黄连木为主的杂木林见于烟台市牟平区昆嵛山、枣庄市山亭区抱犊崮和济南市长清区莲台山小娄峪等地，分布在山地的半阳坡。林下母岩为石灰岩和页岩，土壤为褐土。在山东半岛的蓬莱艾山、牙山、崂山等山地中也有分布，但面积都不大，大珠山有小片的黄连木林（图6-5-11）。山东境内高大的黄连木林见于曲阜市孔林，系人工林（图6-5-12）。这类杂木林群落基本特征见表6-5-5。

图6-5-11 黄连木林（大珠山）

图 6-5-12　黄连木林（曲阜孔林）

表 6-5-5　黄连木林群落综合分析表

层次	种名	株数 / 德氏多度	高度 /m		盖度 /%
			均高	最高	
乔木层	赤松（*Pinus densiflora*）	21	6.60	7.80	
	黄连木（*Pistacia chinensis*）	7	7.20	11.40	
	麻栎（*Quercus acutissima*）	5	7.20	10.70	60
	其他种类：水榆花楸（*Sorbus alnifolia*）、山樱花（*Prunus serrulata*）、楸（*Catalpa bungei*）、栓皮栎（*Quercus variabilis*）、白檀（*Symplocos tanakana*）、盐麸木（*Rhus chinensis*）	13	5.80	9.60	
灌木层	栓皮栎（*Quercus variabilis*）	25	0.80	1.00	1—2
	花楸树（*Sorbus pohuashanensis*）	20	1.20	2.00	0.5—4.0
	其他种类：郁李（*Prunus japonica*）、麻栎（*Quercus acutissima*）、小花扁担杆（*Grewia biloba* var. *parviflora*）、梣叶槭（*Acer negundo*）、野蔷薇（*Rosa multiflora*）、君迁子（*Diospyros lotus*）、槲栎（*Quercus aliena*）、白檀（*Symplocos tanakana*）、盐麸木（*Rhus chinensis*）、青花椒（*Zanthoxylum schinifolium*）、花木蓝（*Indigofera kirilowii*）、臭椿（*Ailanthus altissima*）、山槐（*Albizia kalkora*）	17	0.90	2.00	0.5—2.0

续表

层次	种名	株数/德氏多度	高度/m 均高	高度/m 最高	盖度/%
草本层	魁蒿（*Artemisia princeps*）	Sp	1.17	1.50	5—40
	野古草（*Arundinella hirta*）	Sp	0.70	0.70	5
	其他种类：法氏早熟禾（*Poa faberi*）、蕨（*Pteridium aquilinum* var. *latiusculum*）、鸭跖草（*Commelina communis*）、矮丛薹草（*Carex callitrichos* var. *nana*）、烟管头草（*Carpesium cernuum*）、垂序商陆（*Phytolacca americana*）、狭叶珍珠菜（*Lysimachia pentapetala*）、矮生薹草（*Carex pumila*）、内折香茶菜（*Isodon inflexus*）	Sp	0.36	0.70	1—6

注：调查时间 2012 年 8 月。调查地点烟台市牟平区昆嵛山。样方面积 600m²×1。样地编号 SHD307101：纬度 37.29636°，经度 121.75561°，海拔 84m，坡度 16°，坡向 295°，地形为山坡；森林为次生林；干扰类型为人为干扰，干扰程度中度；照片编号 SHD307101-1，SHD307101-2，SHD307101-3，SHD307101-4。

4. 鹅耳枥林

以鹅耳枥为主的杂木林，见于潍坊市青州市仰天山（图 6-5-13）和枣庄市山亭区抱犊崮等地，威海市环翠区正棋山也有小片分布，一般分布在半阴坡和沟谷地带。土壤基质在鲁南地区一般为石灰岩、页岩，土层浅薄，土壤为褐土；在半岛地区母岩为花岗岩或片麻岩，土壤为棕壤。群落种类组成很复杂，在不同区域种类组成不同。这类杂木林群落基本特征见表 6-5-6。

图 6-5-13　鹅耳枥林（仰天山）

表6-5-6　鹅耳枥林群落综合分析表

层次	种名	株数/德氏多度	高度/m 均高	高度/m 最高	盖度/%
乔木层	鹅耳枥（*Carpinus turczaninowii*）	42	8.00	12.00	70
	其他种类：元宝槭（*Acer truncatum*）、辽椴（*Tilia mandshurica*）、刺槐（*Robinia pseudoacacia*）、栗（*Castanea mollissima*）	16	11.90	15.00	
灌木层	栾（*Koelreuteria paniculata*）	24	1.50	1.60	8—10
	构（*Broussonetia papyrifera*）	20	1.70	1.80	3—5
	其他种类：侧柏（*Platycladus orientalis*）、荆条（*Vitex negundo* var. *heterophylla*）、臭椿（*Ailanthus altissima*）、麻栎（*Quercus acutissima*）	19	0.90	2.10	0.5—3.0
草本层	络石（*Trachelospermum jasminoides*）	Cop^2	0.11	0.13	30—165
	求米草（*Oplismenus undulatifolius*）	Sp	0.19	0.34	5—103
	其他种类：雀儿舌头（*Leptopus chinensis*）、野菊（*Chrysanthemum indicum*）、紫菀（*Aster tataricus*）、南蛇藤（*Celastrus orbiculatus*）、禾叶山麦冬（*Liriope graminifolia*）、大披针薹草（*Carex lanceolata*）、两型豆（*Amphicarpaea edgeworthii*）、薯蓣（*Dioscorea polystachya*）、长柄山蚂蟥（*Hylodesmum podocarpum*）	Sol	0.31	0.74	1—64

注：调查时间2013年8月。调查地点枣庄市山亭区抱犊崮。样方面积600m² × 1。样地编号SHD43010：纬度34.98694°，经度117.71322°，海拔264m，坡度28°，坡向265°，地形为山坡；森林为次生林；干扰类型为人为干扰，干扰程度轻微；照片编号SHD43010-1，SHD43010-2，SHD43010-3，SHD43010-4。

5. 椴林

以紫椴（图6-5-14）、辽椴为主的杂木树林主要分布在山东半岛的中低山区，常见于阴坡，多分布在海拔300—500m地区。典型的椴林见于崂山区崂山、蓬莱区艾山（图6-5-15至图6-5-17）和荣成市伟德山，博山区鲁山、黄岛区小珠山等地也有分布。

图6-5-14　紫椴（*Tilia amurensis*）

图 6-5-15 辽椴林（崂山）

6-5-16 紫椴林（蓬莱艾山）（1）

图 6-5-17 紫椴林（蓬莱艾山）（2）

椴林群落的郁闭度 0.5—0.8，个别地方达 1.0，群落高度 5—8m。乔木层以紫椴、辽椴数量最多，其次是蒙椴、五角槭、千金榆、赤松等，此外还有山槐、野茉莉、多花泡花树、短柄枹栎等。灌木层种类较多，常见的有荚蒾（*Viburnum dilatatum*）、盐麸木、胡枝子、照山白、三裂绣线菊、华北绣线菊、山胡椒、三桠乌药等。草本层常见种类有矮丛薹草、宽叶薹草、野古草、地榆、蕨等。林中还有多种藤本植物，如葛、木防己、南蛇藤等。

6. 槭树林

槭树在山东很常见，但很少形成纯林，崂山等地偶尔见到小片分布（图 6-5-18、图 6-5-19）。主要种类是五角槭。

图 6-5-18　槭树林（崂山）（1）

图 6-5-19　槭树林（崂山）（2）

7. 黄檀林

黄檀林见于青岛市黄岛区大珠山。有小片纯林，以及多见的灌丛状林（图 6-5-20 至图 6-5-23）。

图 6-5-20　黄檀林（大珠山）（1）

图 6-5-21　黄檀林（大珠山）（2）

图 6-5-22　黄檀林（大珠山）（3）

图 6-5-23　黄檀林（大珠山）（4）

8. 枫香树林

枫香树林为人工林，见于崂山南麓向海的张坡一带（图 6-5-24、图 6-5-25）。乔木高达 20m 以上，胸径 40—50cm，林下多见胶州卫矛、大叶胡颓子、络石等常绿灌木和藤本植物。

图 6-5-24　枫香林（崂山张坡）（1）

图 6-5-25 枫香林（崂山张坡）（2）

9. 乌桕林

乌桕林见于青岛市即墨区笔架山（图 6-5-26 至图 6-5-29）。乔木高达 20—25m，树下的小树和幼苗很多，表明其能够自然更新。目前已经在此地建立了青岛林木种质保护地。

图 6-5-26　乌桕林（笔架山）（1）

图 6-5-27　乌桕林（笔架山）（2）

图 6-5-28　乌桕林（笔架山）（3）

图 6-5-29　乌桕林（笔架山）（4）

10. 青檀林

青檀（图 6-5-30），多见于枣庄市峄城区青檀山（图 6-5-31 至图 6-5-33）、济南市长清区灵岩寺等地，分布地区是石灰岩山地丘陵。青檀的根系很发达，可以扎根于岩石缝中生长。

图 6-5-30 青檀（*Pteroceltis tatarinowii*）

图 6-5-31 青檀林（青檀山）（1）

图 6-5-32　青檀林（青檀山）（2）

图 6-5-33 青檀林（青檀山）（3）

11. 楸树林

楸树是山东很重要的用材树种，多见于山地丘陵区的下部向阳处，或者田边沟堰。烟台市莱山区围子山有生长高大的楸树（图 6-5-34、图 6-5-35），胸径达 50cm 以上。目前已经建立了以楸树种质资源为保护对象的省级自然保护区。

图 6-5-34 楸树（*Catalpa bungei*）（围子山）

图 6-5-35 楸树林（围子山）

12. 化香树林

化香树林见于日照市五莲县五莲山上部的庙宇周围，有小片林。

13. 构林

构林见于泰安市泰安区泰山（图 6-5-36、图 6-5-37）、烟台市牟平区昆嵛山、青岛市平度市大泽山和枣庄市山亭区抱犊崮等地。

图 6-5-36　构（*Brousonetia papyrifera*）

图 6-5-37　构林（泰山）

14. 野茉莉林

野茉莉林见于青岛市崂山区崂山、烟台市牟平区昆嵛山等山地阴坡、半阳坡中下部。

15. 山槐林

山槐林见于青岛市黄岛区大珠山等地。

16. 其他杂木林

在山东还可见到小片的臭椿林等。

（五）价值及保护发展

1. 次生落叶阔叶杂木林在山东植被中的地位

从气候、土壤等自然条件看，山东的地带性植被是落叶阔叶林，但目前天然林面积只有 10.4 万 hm^2，除去赤松、侧柏、栎林等，次生落叶阔叶杂木林面积约有 1.2 万 hm^2，占山东森林面积不到 0.5%。尽管面积很小，但从其种类组成、结构及分布规律等方面看，它们是山东植被中很重要的一个类型。由于它是天然的次生群落，所以更能反映出植被与环境的关系，有助于深入了解山东植被的分布规律及动态特征。

2. 次生落叶阔叶杂木林的保护和发展

次生落叶阔叶杂木林是山东省森林植被中的一个很重要的类型，应当引起重视。其物种多样性较其他阔叶林高，群落结构也较其他阔叶林复杂和典型，类型多，它们的分布规律更能反映出植被与环境之间的关系。它们的形成和发展为研究山东森林植被的恢复及山东植被演替规律提供了极好的实例。这一植被类型尽管面积很小，其经济效益和生态效益也不突出，但其在群落学上和生态学上的重要性是不容忽视的。

六、刺槐林

刺槐林是山东面积最大的落叶阔叶林之一，全部为人工林，个别地方是人工林被采伐后根萌生的次生林。据第九次全国森林资源清查数据，山东省刺槐林面积 12.5 万 hm^2，约占全省人工乔木林面积的 8.8%，约占全省人工阔叶林面积的 11.5%。2000—2020 年对刺槐林进行调查，共设置了 121 个标准样地，是所有群系中设置最多的。

（一）地理分布和生态特征

刺槐原产北美东部的阿巴拉契亚山脉和欧扎克山脉一带，在河流两岸或肥沃的冲积平原上生长特别茂盛。1898 年，首先从德国引入中国青岛，称洋槐、琴槐或鬼子槐。由于适应性强，生长迅速，逐渐从青岛沿胶济铁路向各处发展，并遍及全省（图 6-6-1）。同时，国内其他地区也引种，几乎遍布全国，集中分布区是华北地区。目前，刺槐已经成为华北地区除杨树类之外栽培面积最大的阔叶树种。

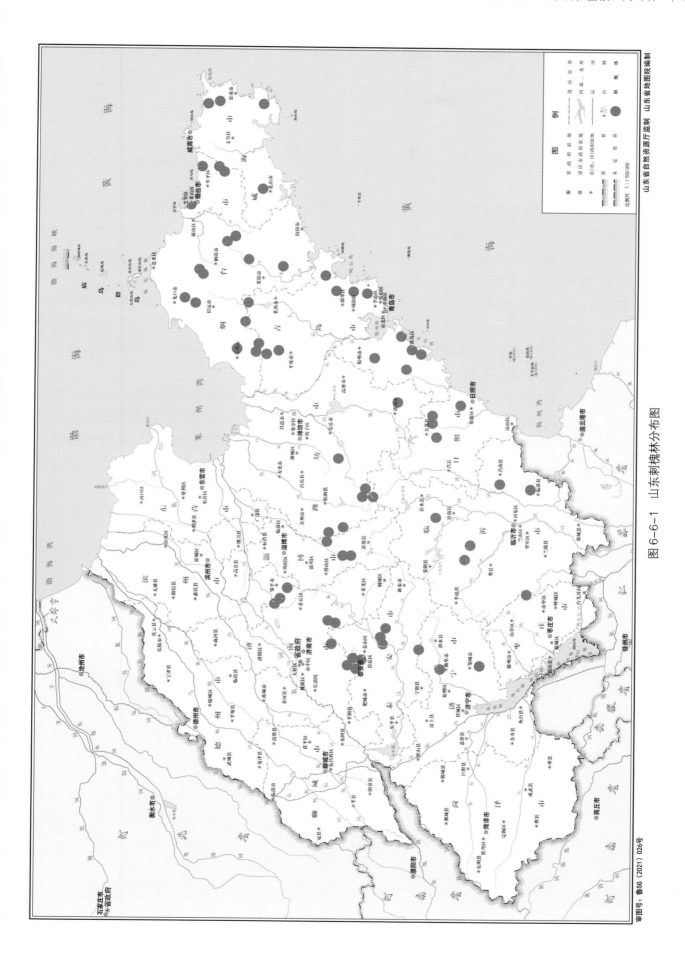

图 6-6-1 山东刺槐林分布图

刺槐是喜光、耐贫瘠的阳性树种，适应性极强，无论是山地还是平原，沿海还是内陆，城市还是乡村，都可以栽培，生长良好。

（二）群落组成

调查刺槐林时设置的样地多达 121 个，且调查范围大，所以记录到的植物种类也多，约有 200 种，90% 以上是草本植物。

乔木层通常只有刺槐一种，偶尔与其混生的种类多是当地的原生树种，如赤松、油松、麻栎、栓皮栎、榆、楝、黄檀等，也有毛白杨、旱柳等。

灌木层的种类也都是其他群落常见的种类，但一般不形成明显的层次。常见的种类有胡枝子、荆条、兴安胡枝子、酸枣和紫穗槐等。

草本层的组成常因土壤条件不同而异。在土壤湿润的地方有野古草、野青茅、唐松草、地榆、鹅观草、龙牙草（*Agrimonia pilosa*）等。在干旱贫瘠的地方，常见大披针薹草、白羊草、荩草（*Arthraxon hispidus*）、隐子草、结缕草、长蕊石头花、青蒿、委陵菜、鬼针草（*Bidens pilosa*）、白头翁等。林下土壤特别瘠薄的地方，百里香、瓦松占优势，往往成片出现。

在滨海沙地，灌木较少，只有人工栽植的紫穗槐等少数种类出现。根据最新的调查，灌木种类已达到 10 多种，多为本地常见的灌木种类，如荆条、扁担杆、兴安胡枝子等，表明其土壤条件的变化已利于植物的生长。草本植物种类变化较大，在含盐量较低的地方，白茅、狗尾草、结缕草、芦苇等占优势。在土壤盐分较高的地方有猪毛菜（*Kali collinum*）、肾叶打碗花（*Calystegia soldanella*）等。

（三）群落外貌结构

由于刺槐林多是人工栽培而成，林龄一致，因此外貌比较整齐，四季变化明显，在开花季节特别壮观。崂山、泰山、黄河三角洲等地的刺槐林面积特别大（图 6-6-2 至图 6-6-5）。

图 6-6-2　刺槐林外貌（前面为黑松林）（四舍山）

图 6-6-3　刺槐林外貌（黄河三角洲孤岛的万亩刺槐林）

图 6-6-4　刺槐林外貌（黄河三角洲）

图 6-6-5　刺槐林外貌（莱西大青山）

　　刺槐林的垂直结构通常不明显，一般分为 3 个层次，即乔木层、灌木层、草本层或灌草层（图 6-6-6 至图 6-6-8），或仅有 2 个层次（图 6-6-9）；在土壤条件好的地段，各个层次明显。乔木层大多为单层同龄林，郁闭度 0.6—1.0 不等。在异龄林中，能形成同种复层林冠，但是不稳定，下层幼树很快进入上层林冠而形成单层林。在山地，其他树种伴生可形成混交林；在平原地区，刺槐与加杨、旱柳等可以混交。

图 6-6-6　刺槐林结构（泰山）（1）

图 6-6-7　刺槐林结构（泰山）（2）

图 6-6-8　刺槐林结构（黄岛）

图 6-6-9　刺槐林结构（黄河三角洲）

（四）群落类型

目前刺槐林多是人工种植而成，分布范围和山东的乡土森林分布区交错，种类组成与当地森林种类组成差异不明显。林下灌木和草本层发育一般，所以刺槐林群系下的分类比较难。目前可以分出山地刺槐林和平原刺槐林2个亚群系：山地刺槐林种类多，结构完整（图6-6-10至图6-6-13）；平原刺槐林种类少，林龄一致，林冠平整，结构不完整，缺少灌木层（图6-6-14至图6-6-17）。

图 6-6-10 山地刺槐林（泰山）（1）

图 6-6-11　山地刺槐林（泰山）（2）

图 6-6-12　山地刺槐林（泰山）（3）

图 6-6-13　山地刺槐林（泰山）（4）

图 6-6-14　平原刺槐林（黄岛）（1）

图 6-6-15　平原刺槐林（黄岛）（2）

图 6-6-16　平原刺槐林（黄河三角洲）（1）

图 6-6-17 平原刺槐林（黄河三角洲）（2）

2000—2021 年，按照规范要求调查了 121 个标准样方。根据王国宏等（2020）的分类标准，刺槐林可分为 3 个群丛组和 17 个群丛（表 6-6-1）。

表 6-6-1　刺槐林群丛分类简表

群丛组号		I	I	I	I	I	I	I	II	II	II	II	II	II	II	III	III	III
群丛号		1	2	3	4	5	6	7	8	9	10	11	12	13	14	15	16	17
样地数	L	2	6	10	6	4	10	7	4	5	11	8	10	3	4	17	10	4
葎草（*Humulus scandens*）	7	60	0	0	0	0	0	0	0	0	0	0	0	0	0	0	0	0
唐松草（*Thalictrum aquilegiifolium* var. *sibiricum*）	7	69	0	0	0	0	0	0	0	0	0	0	14	0	0	0	0	0
求米草（*Oplismenus undulatifolius*）	7	0	0	0	0	0	0	0	80	0	0	0	0	0	0	0	0	0
北京隐子草（*Cleistogenes hancei*）	8	0	0	0	0	0	0	0	52	0	0	0	0	0	0	0	0	0
小花鬼针草（*Bidens parviflora*）	8	0	0	0	0	0	0	0	65	0	0	0	0	0	0	0	0	0
牛膝（*Achyranthes bidentata*）	7	0	0	21	0	0	0	0	38	0	0	0	0	0	0	16	0	0
扁担杆（*Grewia biloba*）	5	0	0	0	0	0	0	0	56	0	0	0	0	0	0	0	0	0
两型豆（*Amphicarpaea edgeworthii*）	8	0	0	0	0	0	0	0	0	38	0	0	0	0	0	0	0	0
葎草（*Humulus scandens*）	8	0	0	0	0	0	0	0	0	41	0	0	0	0	0	0	0	0
藜（*Chenopodium album*）	8	0	0	0	0	0	0	0	0	38	0	0	0	0	0	0	22	0
野古草（*Arundinella hirta*）	7	0	0	0	0	0	0	0	0	40	0	0	0	0	0	0	24	0
鸭跖草（*Commelina communis*）	8	0	0	0	0	0	0	0	0	0	0	0	0	0	0	20	0	0
黄花蒿（*Artemisia annua*）	7	0	0	0	0	0	0	0	0	43	0	0	0	0	0	0	17	0
麻栎（*Quercus acutissima*）	3	0	0	0	0	0	0	0	0	0	60	0	0	0	0	0	0	0
半夏（*Pinellia ternata*）	8	0	0	0	0	0	0	0	0	0	0	0	0	69	0	0	0	0
萝藦（*Metaplexis japonica*）	7	0	0	0	0	0	0	0	0	0	0	0	0	85	0	0	0	0
香椿（*Toona sinensis*）	2	0	0	0	0	0	0	0	0	0	0	0	0	100	0	0	0	0
灰绿藜（*Oxybasis glauca*）	7	0	0	0	0	0	0	0	0	0	0	0	0	73	0	0	0	0
马唐（*Digitaria sanguinalis*）	7	0	0	0	0	0	0	0	0	0	0	0	0	83	0	0	0	0
紫花地丁（*Viola philippica*）	8	0	0	0	0	0	0	0	0	0	0	0	0	81	0	0	0	0
臭椿（*Ailanthus altissima*）	6	0	0	0	0	0	0	0	0	0	0	0	0	68	0	0	0	0
臭椿（*Ailanthus altissima*）	2	0	0	0	0	0	0	0	38	0	0	0	0	53	0	0	0	0
小花扁担杆（*Grewia biloba* var. *parviflora*）	5	0	0	0	0	0	0	0	0	0	0	0	0	0	0	16	0	0
龙牙草（*Agrimonia pilosa*）	8	0	0	0	0	0	0	0	0	0	0	0	0	0	0	0	0	76
赤松（*Pinus densiflora*）	2	0	0	0	0	0	0	0	0	0	0	0	0	0	0	0	0	67
臭草（*Melica scabrosa*）	8	0	0	0	0	0	0	0	0	0	0	0	0	0	0	0	0	35
栓翅卫矛（*Euonymus phellomanus*）	5	0	0	0	0	0	0	0	0	0	0	0	0	0	0	0	0	69
早开堇菜（*Viola prionantha*）	9	0	0	0	0	0	0	0	0	0	0	0	0	0	0	0	0	47
茜草（*Rubia cordifolia*）	7	0	0	0	0	0	0	0	31	0	0	0	0	46	0	0	0	0
鸭跖草（*Commelina communis*）	7	39	21	0	0	0	0	16	39	0	0	0	0	0	0	0	0	0
臭草（*Melica scabrosa*）	7	0	0	27	0	0	0	0	37	0	0	0	0	0	37	0	0	0
荆条（*Vitex negundo* var. *heterophylla*）	5	0	0	0	0	0	0	0	34	0	0	0	0	0	0	0	0	0
求米草（*Oplismenus undulatifolius*）	8	0	0	0	0	0	0	0	0	0	0	0	0	0	0	15	0	0
茜草（*Rubia cordifolia*）	8	0	0	0	0	25	0	0	0	0	0	0	0	0	0	0	0	0
矮丛薹草（*Carex callitrichos* var. *nana*）	8	0	0	0	0	0	0	0	0	0	0	0	0	0	0	0	0	40
刺槐（*Robinia pseudoacacia*）	3	0	0	0	26	35	0	0	0	0	0	0	0	0	0	0	29	0
地榆（*Sanguisorba officinalis*）	8	0	0	0	0	0	0	0	0	0	0	0	0	0	0	0	0	45
球果堇菜（*Viola collina*）	9	0	0	0	0	0	0	0	0	0	0	0	0	0	24	0	0	45
三脉紫菀（*Aster ageratoides*）	7	0	0	0	0	0	0	0	0	0	0	0	0	0	0	0	0	30
狼尾花（*Lysimachia barystachys*）	7	0	0	0	0	0	0	0	0	0	0	0	0	0	0	0	0	59

续表

群丛组号		I	I	I	I	I	I	I	I	II	II	II	II	II	II	III	III	III
群丛号		1	2	3	4	5	6	7	8	9	10	11	12	13	14	15	16	17
样地数	L	2	6	10	6	4	10	7	4	5	11	8	10	3	4	17	10	4
连翘（*Forsythia suspensa*）	5	0	0	0	0	0	0	0	0	0	0	0	0	0	0	0	0	48
毛樱桃（*Prunus tomentosa*）	5	0	0	0	0	0	0	0	0	0	0	0	0	0	0	0	0	70
侧柏（*Platycladus orientalis*）	2	0	0	0	0	0	0	0	0	0	0	0	0	0	0	35	0	0
内折香茶菜（*Isodon inflexus*）	8	0	0	0	0	0	0	0	0	37	0	0	0	0	0	0	0	0
山葡萄（*Vitis amurensis*）	4	0	0	0	0	0	0	0	0	0	0	0	0	0	0	0	0	49
木防己（*Cocculus orbiculatus*）	5	0	0	0	0	0	0	0	0	0	0	0	0	0	0	0	0	49
散血丹（*Physaliastrum kweichouense*）	8	0	0	0	0	0	0	0	0	0	0	0	0	0	0	0	0	49
西北栒子（*Cotoneaster zabelii*）	5	0	0	0	0	0	0	0	0	0	0	0	0	0	0	0	0	49
唐松草（*Thalictrum aquilegiifolium* var. *sibiricum*）	8	0	0	0	0	0	0	0	0	0	0	0	0	0	0	0	26	0
铁线莲（*Clematis florida*）	9	0	0	0	0	0	0	0	0	0	0	0	0	0	0	0	0	49
白茅（*Imperata cylindrica*）	7	0	0	0	0	0	0	0	0	0	0	0	0	0	0	0	0	49
落新妇（*Astilbe chinensis*）	8	0	0	0	0	0	0	0	0	0	0	0	0	0	0	0	0	49
长冬草（*Clematis hexapetala* var. *tchefouensis*）	7	0	0	0	0	0	0	0	0	0	0	0	0	0	0	0	0	49
石沙参（*Adenophora polyantha*）	8	0	0	0	0	0	0	0	0	0	0	0	0	0	0	0	0	49
臭椿（*Ailanthus altissima*）	5	0	0	0	0	0	0	0	0	0	0	28	0	0	0	0	0	0
葛萝槭（*Acer davidii* subsp. *grosseri*）	2	0	0	0	0	0	0	0	0	0	0	0	0	0	0	0	0	49
白檀（*Symplocos tanakana*）	4	0	0	0	0	0	0	0	0	0	0	0	0	0	0	0	0	49
牛叠肚（*Rubus crataegifolius*）	5	0	0	0	0	0	0	0	0	0	0	21	0	0	0	0	0	0
毛果扬子铁线莲（*Clematis puberula* var. *tenuisepala*）	9	0	0	0	0	0	0	0	0	0	0	0	0	0	0	33	0	0
矮丛薹草（*Carex callitrichos* var. *nana*）	9	0	0	0	0	0	0	0	0	0	0	0	0	0	0	33	0	0
刺槐（*Robinia pseudoacacia*）	6	0	0	0	0	0	0	28	0	0	0	0	0	0	0	16	0	0
马唐（*Digitaria sanguinalis*）	8	0	0	0	0	0	0	0	0	0	0	0	0	0	0	41	0	0
春蓼（*Persicaria maculosa*）	8	0	0	0	0	0	0	0	0	0	0	0	0	0	0	32	0	0
老鹳草（*Geranium wilfordii*）	7	60	0	0	0	0	0	0	0	0	0	0	0	0	0	0	0	0
五月艾（*Artemisia indica*）	7	60	0	0	0	0	0	0	0	0	0	0	0	0	0	0	0	0
野菊（*Chrysanthemum indicum*）	8	0	0	0	0	0	0	0	0	0	0	0	40	0	0	0	0	0
绵枣儿（*Barnardia japonica*）	8	0	0	0	0	0	0	0	0	0	0	0	0	0	0	33	0	0
益母草（*Leonurus japonicus*）	7	0	0	0	0	0	0	0	0	0	0	45	0	0	0	0	0	0
荆条（*Vitex negundo* var. *heterophylla*）	6	0	0	0	0	0	0	0	0	0	0	0	0	0	0	21	0	0
婆婆针（*Bidens bipinnata*）	8	0	0	25	0	0	0	38	0	0	0	0	0	0	0	0	0	0
拳参（*Bistorta officinalis*）	7	0	0	0	40	0	0	0	0	0	0	0	0	0	0	0	0	0
蒙桑（*Morus mongolica*）	3	0	0	0	0	0	0	0	49	0	0	0	0	0	0	0	0	0
枫杨（*Pterocarya stenoptera*）	2	0	0	0	0	0	0	0	0	58	0	0	0	0	0	0	0	0
卷柏（*Selaginella tamariscina*）	9	0	0	0	40	0	0	0	0	0	0	0	0	0	0	0	0	0
茜堇菜（*Viola phalacrocarpa*）	8	0	0	0	40	0	0	0	0	0	0	0	0	0	0	0	0	0
芫花（*Daphne genkwa*）	6	0	0	0	0	49	0	0	0	0	0	0	0	0	0	0	0	0
具芒碎米莎草（*Cyperus microiria*）	7	0	0	0	0	49	0	0	0	0	0	0	0	0	0	0	0	0
大麻（*Cannabis sativa*）	7	0	0	0	34	0	0	0	0	0	0	0	0	0	0	0	0	0
荠苨（*Adenophora trachelioides*）	7	0	0	0	0	0	35	0	0	0	0	0	0	0	0	0	0	0
油松（*Pinus tabuliformis*）	2	0	0	0	0	0	0	0	49	0	0	0	0	0	0	0	0	0
紫苞鸢尾（*Iris ruthenica*）	8	0	0	0	40	0	0	0	0	0	0	0	0	0	0	0	0	0

续表

群丛组号		I	I	I	I	I	I	I	I	II	II	II	II	II	II	III	III	III
群丛号		1	2	3	4	5	6	7	8	9	10	11	12	13	14	15	16	17
样地数	L	2	6	10	6	4	10	7	4	5	11	8	10	3	4	17	10	4
野蔷薇（Rosa multiflora）	6	0	0	0	0	0	0	0	0	0	29	0	0	0	0	0	0	0
矮丛薹草（Carex callitrichos var. nana）	7	0	0	0	0	0	0	0	0	0	0	0	0	0	54	0	0	0
侧柏（Platycladus orientalis）	5	0	0	0	0	0	0	0	0	0	0	0	38	0	0	0	0	0
栓皮栎（Quercus variabilis）	6	0	0	38	0	0	0	0	0	0	0	0	0	0	0	0	0	0
内折香茶菜（Isodon inflexus）	7	66	0	0	0	0	0	0	0	0	0	0	0	0	0	0	0	0
栗（Castanea mollissima）	5	0	0	0	0	0	0	0	0	0	0	0	31	0	0	0	0	0
山槐（Albizia kalkora）	5	0	0	27	0	0	0	0	0	0	0	0	0	0	0	0	0	0
旱柳（Salix matsudana）	2	0	0	0	0	0	0	0	0	44	0	0	0	0	0	0	0	0
多色苦荬（Ixeris chinensis subsp. versicolor）	8	0	0	0	0	49	0	0	0	0	0	0	0	0	0	0	0	0
茵陈蒿（Artemisia capillaris）	8	0	0	0	0	49	0	0	0	0	0	0	0	0	0	0	0	0
酢浆草（Oxalis corniculata）	8	0	0	31	0	0	0	0	0	0	0	0	0	0	0	0	0	0
构（Broussonetia papyrifera）	6	0	0	0	0	0	0	0	0	0	0	49	0	0	0	0	0	0
荆芥（Nepeta cataria）	8	70	0	0	0	0	0	0	0	0	0	0	0	0	0	0	0	0
愉悦蓼（Persicaria jucunda）	7	70	0	0	0	0	0	0	0	0	0	0	0	0	0	0	0	0
雀儿舌头（Leptopus chinensis）	6	0	0	0	0	49	0	0	0	0	0	0	0	0	0	0	0	0
小花扁担杆（Grewia biloba var. parviflora）	4	0	0	0	0	0	0	0	0	44	0	0	0	0	0	0	0	0
结缕草（Zoysia japonica）	9	0	0	0	0	49	0	0	0	0	0	0	0	0	0	0	0	0
金盏银盘（Bidens biternata）	8	0	0	0	0	49	0	0	0	0	0	0	0	0	0	0	0	0
桑（Morus alba）	6	0	0	0	0	0	0	0	0	0	0	0	0	47	0	0	0	0
四叶葎（Galium bungei）	9	0	0	0	0	0	0	0	0	44	0	0	0	0	0	0	0	0
光果田麻（Corchoropsis crenata var. hupehensis）	7	0	0	0	0	0	0	0	0	0	0	0	0	0	0	0	0	0
长鬃蓼（Persicaria longiseta）	7	0	0	0	0	0	0	0	0	44	0	0	0	0	0	0	0	0
金盏银盘（Bidens biternata）	7	70	0	0	0	0	0	0	0	0	0	0	0	0	0	0	0	0
小花鬼针草（Bidens parviflora）	9	0	0	0	0	49	0	0	0	0	0	0	0	0	0	0	0	0
龙葵（Solanum nigrum）	7	0	0	0	0	0	0	0	0	0	0	0	0	57	0	0	0	0
蒲公英（Taraxacum mongolicum）	9	0	0	0	0	0	0	0	0	0	0	0	0	57	0	0	0	0
狗尾草（Setaria viridis）	9	0	0	0	0	49	0	0	0	0	0	0	0	0	0	0	0	0
刺蓼（Persicaria senticosa）	8	0	0	0	0	0	0	0	0	44	0	0	0	0	0	0	0	0
苦荬菜（Ixeris polycephala）	9	0	0	0	0	0	0	0	0	44	0	0	0	0	0	0	0	0
苦参（Sophora flavescens）	6	0	0	0	0	49	0	0	0	0	0	0	0	0	0	0	0	0
变色白前（Vincetoxicum versicolor）	8	0	0	0	0	0	0	0	0	44	0	0	0	0	0	0	0	0
一年蓬（Erigeron annuus）	7	0	0	0	0	0	0	0	0	0	0	49	0	0	0	0	0	0
蒲公英（Taraxacum mongolicum）	7	0	0	0	0	0	0	0	0	0	0	0	0	57	0	0	0	0
山胡椒（Lindera glauca）	5	0	0	0	40	0	0	0	0	0	0	0	0	0	0	0	0	0
小画眉草（Eragrostis minor）	7	0	0	0	0	49	0	0	0	0	0	0	0	0	0	0	0	0
葛（Pueraria montana）	9	0	40	0	0	0	0	0	0	0	0	0	0	0	0	0	0	0
华北耧斗菜（Aquilegia yabeana）	7	0	0	0	0	49	0	0	0	0	0	0	0	0	0	0	0	0
早开堇菜（Viola prionantha）	8	0	0	22	0	0	22	0	0	0	0	0	0	0	0	0	0	0
火炬树（Rhus typhina）	5	0	0	0	0	0	0	0	0	0	0	49	0	0	0	0	0	0
藿香（Agastache rugosa）	7	63	0	0	0	0	0	0	0	0	0	0	0	0	0	0	0	0
朝天委陵菜（Potentilla supina）	7	0	0	0	0	0	0	0	0	44	0	0	0	0	0	0	0	0
大花臭草（Melica grandiflora）	7	70	0	0	0	0	0	0	0	0	0	0	0	0	0	0	0	0
猪毛蒿（Artemisia scoparia）	7	0	0	0	0	0	62	0	0	0	0	0	0	0	0	0	0	0

续表

群丛组号		I	I	I	I	I	I	I	II	II	II	II	II	II	III	III	III	III
群丛号		1	2	3	4	5	6	7	8	9	10	11	12	13	14	15	16	17
样地数	L	2	6	10	6	4	10	7	4	5	11	8	10	3	4	17	10	4
鸦葱（*Takhtajaniantha austriaca*）	8	0	31	0	31	0	0	0	0	0	0	0	0	0	0	0	0	0
萱草（*Hemerocallis fulva*）	8	0	40	0	0	0	0	0	0	0	0	0	0	0	0	0	0	0
露珠草（*Circaea cordata*）	7	70	0	0	0	0	0	0	0	0	0	0	0	0	0	0	0	0
丛生隐子草（*Cleistogenes caespitosa*）	7	56	0	0	0	0	0	0	0	0	0	0	0	0	0	0	0	0
圆叶堇菜（*Viola striatella*）	8	0	0	0	0	0	49	0	0	0	0	0	0	0	0	0	0	0
酢浆草（*Oxalis corniculata*）	9	0	0	0	0	0	0	0	0	0	0	0	0	0	0	39	0	0
酸枣（*Ziziphus jujuba* var. *spinosa*）	5	0	0	0	0	0	0	28	0	0	0	0	0	0	0	0	0	0
薯蓣（*Dioscorea polystachya*）	8	0	0	0	0	0	0	0	0	0	0	0	0	0	0	0	19	0
火炬树（*Rhus typhina*）	3	0	0	0	0	0	0	0	0	0	0	0	35	0	0	0	0	0
两型豆（*Amphicarpaea edgeworthii*）	7	0	0	0	0	0	0	0	30	0	0	0	0	0	30	0	0	0
辽东桤木（*Alnus hirsuta*）	2	0	0	0	0	0	0	0	0	0	0	0	0	0	49	0	0	0
圆基长鬃蓼（*Persicaria longiseta* var. *rotundata*）	8	0	0	0	0	0	0	0	0	0	0	0	0	0	49	0	0	0
苦苣菜（*Sonchus oleraceus*）	7	0	0	0	0	0	0	0	0	0	0	0	0	0	49	0	0	0
林木贼（*Equisetum sylvaticum*）	7	0	0	0	0	0	0	0	0	0	0	0	0	0	49	0	0	0
鹅肠菜（*Stellaria aquatica*）	7	0	0	0	0	0	0	0	0	0	0	0	0	0	49	0	0	0
展毛乌头（*Aconitum carmichaelii* var. *truppelianum*）	7	0	0	0	0	0	0	0	0	0	0	0	0	0	49	0	0	0
槲树（*Quercus dentata*）	6	0	0	0	0	0	0	0	0	0	0	0	0	0	49	0	0	0
酸枣（*Ziziphus jujuba* var. *spinosa*）	6	0	0	38	0	0	0	0	0	0	0	0	0	0	0	0	0	0
荩草（*Arthraxon hispidus*）	8	0	0	35	0	0	0	0	0	0	0	0	0	0	0	0	0	0
朝鲜老鹳草（*Geranium koreanum*）	8	0	0	0	0	0	0	0	0	0	0	0	0	0	49	0	0	0
紫羊茅（*Festuca rubra*）	8	0	0	0	0	0	0	0	0	0	0	0	0	0	49	0	0	0
蛇莓（*Duchesnea indica*）	8	52	0	0	0	0	0	0	0	0	0	0	0	0	0	0	0	0
紫穗槐（*Amorpha fruticosa*）	5	0	0	0	0	0	0	0	0	0	0	0	0	0	44	0	0	0
辽东桤木（*Alnus hirsuta*）	5	0	0	0	0	0	0	0	0	0	0	0	0	0	49	0	0	0
苎麻（*Boehmeria nivea*）	9	0	0	0	0	0	0	0	0	0	0	0	0	0	49	0	0	0
狭叶珍珠菜（*Lysimachia pentapetala*）	8	0	0	0	0	0	0	0	0	0	0	0	0	0	0	26	0	0
黑弹树（*Celtis bungeana*）	3	0	0	0	0	0	0	0	0	0	0	32	0	0	0	0	0	0
野花椒（*Zanthoxylum simulans*）	5	0	0	0	0	0	0	0	0	0	0	0	0	0	0	30	0	0
钩藤（*Uncaria rhynchophylla*）	5	0	0	0	0	0	0	0	0	0	0	0	0	0	0	44	0	0
侧柏（*Platycladus orientalis*）	3	0	0	0	0	0	0	0	0	0	0	0	0	0	0	38	0	0
茅莓（*Rubus parvifolius*）	6	0	0	0	0	0	0	0	0	0	0	0	0	0	0	18	0	0
青花椒（*Zanthoxylum schinifolium*）	5	0	0	0	0	0	0	0	26	0	0	0	0	0	0	29	0	0
胡枝子（*Lespedeza bicolor*）	5	0	0	0	0	0	23	0	0	0	0	0	0	0	0	23	0	0
大油芒（*Spodiopogon sibiricus*）	7	0	0	0	0	0	0	0	0	0	0	0	0	0	0	34	0	0
杠板归（*Persicaria perfoliata*）	8	0	0	0	0	0	0	0	0	0	0	0	0	0	0	32	0	0
赤松（*Pinus densiflora*）	3	0	0	0	0	0	0	0	0	0	0	0	0	0	0	31	0	0
山槐（*Albizia kalkora*）	3	0	0	0	0	0	0	0	0	0	0	0	0	0	0	62	0	0
黑松（*Pinus thunbergii*）	3	0	0	0	0	0	0	0	0	0	0	0	0	0	24	29	0	0
蕨（*Pteridium aquilinum* var. *latiusculum*）	8	0	0	0	0	0	36	0	0	0	0	0	0	0	0	25	0	0
一叶萩（*Flueggea suffruticosa*）	5	0	0	0	0	0	0	0	0	0	0	0	0	0	0	44	0	0
长冬草（*Clematis hexapetala* var. *tchefouensis*）	8	0	0	0	0	0	0	0	0	0	0	0	0	0	0	44	0	0

续表

群丛组号		I	I	I	I	I	I	I	I	II	II	II	II	II	II	III	III	III
群丛号		1	2	3	4	5	6	7	8	9	10	11	12	13	14	15	16	17
样地数	L	2	6	10	6	4	10	7	4	5	11	8	10	3	4	17	10	4
丛枝蓼（Persicaria posumbu）	7	0	0	0	0	0	0	0	0	0	0	0	0	0	0	0	44	0
狗尾草（Setaria viridis）	8	0	0	0	0	0	0	0	0	0	0	0	0	0	0	23	24	0
黄背草（Themeda triandra）	7	0	0	0	0	0	0	0	0	0	0	0	0	0	0	0	23	0
君迁子（Diospyros lotus）	3	0	0	0	0	0	0	0	0	0	0	0	0	0	0	19	26	0
麻栎（Quercus acutissima）	5	0	0	0	0	0	0	0	0	34	0	0	0	0	0	0	0	0
麦李（Prunus glandulosa）	5	0	0	0	0	0	0	0	0	0	27	0	0	0	0	0	0	0
小黄紫堇（Corydalis raddeana）	8	0	0	0	0	0	0	0	0	37	0	0	0	0	0	0	0	0
华山松（Pinus armandii）	3	0	0	0	0	0	0	0	70	0	0	0	0	0	0	0	0	0
通泉草（Mazus pumilus）	7	0	0	0	40	0	0	0	0	0	0	0	0	0	0	0	0	0
白羊草（Bothriochloa ischaemum）	7	0	0	0	40	0	0	0	0	0	0	0	0	0	0	0	0	0
接骨木（Sambucus williamsii）	4	0	40	0	0	0	0	0	0	0	0	0	0	0	0	0	0	0
竹叶子（Streptolirion volubile）	8	0	0	0	0	0	0	0	70	0	0	0	0	0	0	0	0	0
卫矛（Euonymus alatus）	4	0	0	0	0	0	0	0	49	0	0	0	0	0	0	0	0	0
糠稷（Panicum bisulcatum）	7	0	0	0	40	0	0	0	0	0	0	0	0	0	0	0	0	0
栾（Koelreuteria paniculata）	3	0	0	0	0	0	0	0	70	0	0	0	0	0	0	0	0	0
莠竹（Microstegium vimineum）	8	0	0	0	0	0	0	0	70	0	0	0	0	0	0	0	0	0
竹叶子（Streptolirion volubile）	7	0	0	0	0	0	0	0	70	0	0	0	0	0	0	0	0	0
白蜡树（Fraxinus chinensis）	3	0	0	0	0	0	0	0	49	0	0	0	0	0	0	0	0	0
青绿薹草（Carex breviculmis）	8	0	0	0	0	49	0	0	0	0	0	0	0	0	0	0	0	0
矮丛薹草（Carex callitrichos var. nana）	8	0	0	0	0	0	0	0	49	0	0	0	0	0	0	0	0	0
硬毛南芥（Arabis hirsuta）	7	63	0	0	0	0	0	0	0	0	0	0	0	0	0	0	0	0
日本安蕨（Anisocampium niponicum）	9	0	40	0	0	0	0	0	0	0	0	0	0	0	0	0	0	0
白莲蒿（Artemisia stechmanniana）	8	0	0	0	0	0	0	0	0	0	0	0	44	0	0	0	0	0
大披针薹草（Carex lanceolata）	8	58	0	0	0	0	0	0	0	0	0	0	0	0	0	0	0	0
日本安蕨（Anisocampium niponicum）	7	0	0	0	0	0	0	0	0	0	0	0	0	0	49	0	0	0
阴地堇菜（Viola yezoensis）	8	56	0	0	0	0	0	0	0	0	0	0	0	0	0	0	0	0
合萌（Aeschynomene indica）	9	0	0	0	0	0	49	0	0	0	0	0	0	0	0	0	0	0
苦荬菜（Ixeris polycephala）	8	0	0	0	40	0	0	0	0	0	0	0	0	0	0	0	0	0
络石（Trachelospermum jasminoides）	7	0	0	0	0	0	0	0	0	0	0	0	44	0	0	0	0	0
禾秆蹄盖蕨（Athyrium yokoscense）	7	56	0	0	0	0	0	0	0	0	0	0	0	0	0	0	0	0
戟叶蓼（Polygonum thunbergii）	7	0	0	0	0	0	0	0	0	0	0	0	0	0	49	0	0	0
益母草（Leonurus japonicus）	9	0	0	0	0	0	0	0	0	0	0	0	0	0	49	0	0	0
早开堇菜（Viola prionantha）	7	0	0	0	0	0	0	0	0	0	0	0	0	0	49	0	0	0
婆婆针（Bidens bipinnata）	7	56	0	0	0	0	0	0	0	0	0	0	0	0	0	0	0	0
北美独行菜（Lepidium virginicum）	7	0	0	0	0	0	0	43	0	0	0	0	0	0	0	0	0	0
牵牛（Ipomoea nil）	7	0	0	0	0	0	0	0	0	39	0	0	0	0	0	0	0	0
龙常草（Diarrhena mandshurica）	7	0	0	0	0	0	0	0	0	0	0	0	0	0	49	0	0	0
紫菀（Aster tataricus）	7	0	0	0	0	0	0	0	0	0	0	0	44	0	0	0	0	0
求米草（Oplismenus undulatifolius）	9	0	0	0	0	0	0	0	0	0	0	0	36	0	0	0	0	0
黑弹树（Celtis bungeana）	4	0	0	0	0	0	0	0	0	0	0	0	44	0	0	0	0	0
山麦冬（Liriope spicata）	8	0	0	0	0	0	0	0	0	0	0	0	28	0	0	0	0	0
铁苋菜（Acalypha australis）	8	0	0	0	29	0	0	0	0	36	23	0	0	0	0	0	0	0
蓝萼毛叶香茶菜（Isodon japonicus var. glaucocalyx）	7	0	0	0	0	0	0	0	0	0	32	0	0	0	0	0	0	0

续表

群丛组号		I	I	I	I	I	I	I	I	II	II	II	II	II	II	II	III	III
群丛号		1	2	3	4	5	6	7	8	9	10	11	12	13	14	15	16	17
样地数	L	2	6	10	6	4	10	7	4	5	11	8	10	3	4	17	10	4
华山松（*Pinus armandii*）	4	0	0	0	0	0	0	0	49	0	0	0	0	0	0	0	0	0
枹栎（*Quercus serrata*）	2	0	0	0	0	0	0	0	0	0	0	0	44	0	0	0	0	0
烟管头草（*Carpesium cernuum*）	7	56	0	0	0	0	0	0	0	0	0	0	0	0	0	0	0	0
蛇莓（*Duchesnea indica*）	7	0	0	0	0	0	0	0	49	0	0	0	0	0	0	0	0	0
如意草（*Viola arcuata*）	8	0	0	0	0	0	0	0	49	0	0	0	0	0	0	0	0	0
地黄（*Rehmannia glutinosa*）	7	0	0	0	40	0	0	0	0	0	0	0	0	0	0	0	0	0
酢浆草（*Oxalis corniculata*）	7	64	0	0	0	0	0	0	0	0	0	0	0	0	0	0	0	0
百里香（*Thymus mongolicus*）	8	0	0	0	40	0	0	0	0	0	0	0	0	0	0	0	0	0
变色白前（*Vincetoxicum versicolor*）	7	0	40	0	0	0	0	0	0	0	0	0	0	0	0	0	0	0
朴树（*Celtis sinensis*）	3	0	0	0	0	0	0	0	0	0	0	35	0	0	0	0	0	0
白颖薹草（*Carex duriuscula* subsp. *rigescens*）	8	0	0	0	0	0	0	0	0	0	0	0	44	0	0	0	0	0
山楂（*Crataegus pinnatifida*）	5	0	0	0	40	0	0	0	0	0	0	0	0	0	0	0	0	0
唐松草（*Thalictrum aquilegiifolium* var. *sibiricum*）	9	0	40	0	0	0	0	0	0	0	0	0	0	0	0	0	0	0
卫矛（*Euonymus alatus*）	6	0	0	0	0	0	44	0	0	0	0	0	0	0	0	0	0	0

注：表中"*L*"列表示物种所在的群落层，1—3分别表示大、中、小乔木层，4—6分别表示大、中、小灌木层，7—9分别表示大、中、小草本层。表中其余数据为物种特征值（*Φ*，%），按递减的顺序排列。*Φ* ≥ 0.25 或 *Φ* ≥ 0.5（*p* < 0.05）的物种为特征种，其特征值分别标记浅灰色和深灰色。

各群丛的种类组成和主要分布地点见表6-6-2。

表6-6-2　刺槐林群丛统计表

群丛组	群丛	主要种类	主要分布地点	样方号
刺槐-灌木-草本植物	刺槐-刺槐-鸭跖草	刺槐（*Robinia pseudoacacia*）、鸭跖草（*Commelina communis*）	山东省药乡林场、鲁山	SHD017101，SHD032122
	刺槐-刺槐-臭草	刺槐（*Robinia pseudoacacia*）、臭草（*Melica scabrosa*）、北京隐子草（*Cleistogenes hancei*）、鸭跖草（*Commelina communis*）	沂山、九仙山、仰天山、鲁山	SHD202101，SHD42210，SHD55810，SHD57610，SHD57810，SHD58310
	刺槐-荆条-臭草	刺槐（*Robinia pseudoacacia*）、荆条（*Vitex negundo* var. *heterophylla*）、臭草（*Melica scabrosa*）	泰山、胶州艾山、大青山、徂徕山林场、鲁山、沂山、铁橛山	SHD041101，SHD06210，SHD06510，SHD37910，SHD38010，SHD38110，SHD38310，SHD58010，SHD60110，SHD72010
	刺槐-刺槐-矮丛薹草	刺槐（*Robinia pseudoacacia*）、矮丛薹草（*Carex callitrichos* var. *nana*）、茜草（*Rubia cordifolia*）	沂山、鲁山、梯子山、莱芜区雪野街道房干村	SHD196101，SHD204101，SHD50810，SHD55010，SHD79810，SHD80610
	刺槐-荆条-鸭跖草	刺槐（*Robinia pseudoacacia*）、荆条（*Vitex negundo* var. *heterophylla*）、鸭跖草（*Commelina communis*）	沂山、鲁山	SHD032123，SHD205101，SHD60810，SHD85610
	刺槐-刺槐-求米草	刺槐（*Robinia pseudoacacia*）、求米草（*Oplismenus undulatifolius*）	鲁山、泰山、大青山、蒙山、徂徕山林场、沂山、蓬莱艾山	SHD032121，SHD043101，SHD06610，SHD326101，SHD38210，SHD51410，SHD60410，SHD60710，SHD63710，SHD66910

续表

群丛组	群丛	主要种类	主要分布地点	样方号
刺槐–灌木–草本植物	刺槐–刺槐–北京隐子草	刺槐（*Robinia pseudoacacia*）、北京隐子草（*Cleistogenes hancei*）	灵山湾海防林、徂徕山林场、沂山、五彩山、莱芜区雪野街道房干村	SHD05810，SHD05910，SHD38610，SHD60210，SHD60310，SHD68010，SHD79910
刺槐+其他阔叶乔木–灌木–草本植物	刺槐+枫杨–刺槐–野古草	刺槐（*Robinia pseudoacacia*）、枫杨（*Pterocarya stenoptera*）、野古草（*Arundinella hirta*）	梯子山、鲁山、铁橛山	SHD55110，SHD57710，SHD58110，SHD72110，SHD72210
	刺槐+麻栎–刺槐–求米草	刺槐（*Robinia pseudoacacia*）、麻栎（*Quercus acutissima*）、求米草（*Oplismenus undulatifolius*）	九仙山、长白山、蓬莱艾山、牙山、沂山、大基山、罗山、南山、大青山	SHD41910，SHD46210，SHD52110，SHD54010，SHD59610，SHD59710，SHD61410，SHD62410，SHD62610，SHD64010，SHD66810
	刺槐+胡桃–刺槐–北京隐子草	刺槐（*Robinia pseudoacacia*）、胡桃（*Juglans regia*）、北京隐子草（*Cleistogenes hancei*）、茜草（*Rubia cordifolia*）	孔林、仰天山、蓬莱艾山、浮来山、钱谷山	SHD109910，SHD36510，SHD55410，SHD56310，SHD63510，SHD63610，SHD66310，SHD70410
	刺槐+枹栎–刺槐–求米草	刺槐（*Robinia pseudoacacia*）、枹栎（*Quercus serrata*）、麻栎（*Quercus acutissima*）、栓皮栎（*Quercus variabilis*）、求米草（*Oplismenus undulatifolius*）	崂山、孔林、正棋山、泰山、大泽山、鲁山、大基山、莱芜区雪野街道房干村	SHD341101，SHD36710，SHD43210，SHD45110，SHD47810，SHD51310，SHD61510，SHD80010，太清宫3，太清宫4
	刺槐+香椿–臭椿–马唐	刺槐（*Robinia pseudoacacia*）、香椿（*Toona sinensis*）、臭椿（*Ailanthus altissima*）、马唐（*Digitaria sanguinalis*）	河口区孤岛万亩刺槐林	SHD028121，SHD028122，SHD028123
	刺槐+辽东桤木–刺槐–臭草	刺槐（*Robinia pseudoacacia*）、辽东桤木（*Alnus hirsuta*）、臭草（*Melica scabrosa*）	山东省药乡林场、泰山、徂徕山林场、大基山	SHD014101，SHD040101，SHD37310，SHD61710
刺槐+针叶乔木–灌木–草本植物	刺槐+油松–刺槐–求米草	刺槐（*Robinia pseudoacacia*）、油松（*Pinus tabuliformis*）、荆条（*Vitex negundo* var. *heterophylla*）、求米草（*Oplismenus undulatifolius*）	泰山	SHD010121，SHD010122，SHD011121，SHD011123
	刺槐+侧柏–刺槐–求米草	刺槐（*Robinia pseudoacacia*）、侧柏（*Platycladus orientalis*）、油松（*Pinus tabuliformis*）、黑松（*Pinus thunbergii*）、赤松（*Pinus densiflora*）、求米草（*Oplismenus undulatifolius*）	泰山、嵩山、长白山、大泽山、大珠山、蓬莱艾山、五彩山、苍马山、凤仙山、青檀山	SHD042101，SHD045101，SHD44210，SHD46310，SHD46410，SHD47610，SHD48510，SHD51910，SHD52310，SHD67910，SHD68110，SHD68410，SHD68510，SHD70210，SHD72810，SHD72910，SHD73710

续表

群丛组	群丛	主要种类	主要分布地点	样方号
刺槐+针叶乔木-灌木-草本植物	刺槐+黑松-荆条-北京隐子草	刺槐（*Robinia pseudoacacia*）、黑松（*Pinus thunbergii*）、油松（*Pinus tabuliformis*）、侧柏（*Platycladus orientalis*）、赤松（*Pinus densiflora*）、荆条（*Vitex negundo* var. *heterophylla*）、北京隐子草（*Cleistogenes hancei*）	崂山、鲁山、沂山、南山、茶山、莲青山	SHD001122，SHD001123，SHD51010，SHD51710，SHD57410，SHD60610，SHD64110，SHD70910，SHD71010，SHD73210
	刺槐+赤松-刺槐-臭草	刺槐（*Robinia pseudoacacia*）、赤松（*Pinus densiflora*）、臭草（*Melica scabrosa*）	仰天山	SHD55510，SHD55610，SHD55710，SHD56010

以下介绍山地刺槐林和平原刺槐林两个亚群系。

1. 山地刺槐林

在山东各山地，刺槐林相当普遍。但土壤类型、结构等差异都较大，有棕壤，也有褐土；土质有的肥沃湿润，有的贫瘠干旱。在林分郁闭度大的地段，枯枝落叶层明显，土壤肥力较高。泰山、昆嵛山、崂山、沂山、鲁山、蒙山等山地都可见到大片的刺槐林。

乔木层的种类以刺槐占优势，也可见到与栎林和松林相同的种类，如麻栎、赤松、油松、黑松等。林下灌木有连翘、胡枝子、扁担杆、野蔷薇、荆条、酸枣、小叶鼠李、兴安胡枝子、紫穗槐等。草本植物主要是中生或旱中生种类，如黄背草、矮丛薹草、鹅观草、荻、野古草、鬼针草、益母草、矮桃（*Lysimachia clethroides*）、泥胡菜（*Hemisteptia lyrata*）、紫花地丁、隐子草、京芒草等。山地刺槐林群落基本特征见表6-6-3至6-6-6。

表6-6-3 山地刺槐林群落综合分析表1

层次	种名	株数/德氏多度	高度/m 均高	高度/m 最高	盖度/%
乔木层	刺槐（*Robinia pseudoacacia*）	272	5.81	17.20	
	麻栎（*Quercus acutissima*）	10	4.40	5.60	10—70
	其他种类：油松（*Pinus tabuliformis*）、槲树（*Quercus dentata*）	3	3.34	3.50	
灌木层	刺槐（*Robinia pseudoacacia*）	128	1.41	1.80	3—50
	连翘（*Forsythia suspensa*）	98	2.45	2.50	35—65
	牛叠肚（*Rubus crataegifolius*）	83	0.73	0.75	12—25
	其他种类：胡枝子（*Lespedeza bicolor*）、小花扁担杆（*Grewia biloba* var. *parviflora*）	16	1.05	1.30	1—5
草本层	葎草（*Humulus scandens*）	Soc	0.33	0.75	10—100
	臭草（*Melica scabrosa*）	Soc	0.70	0.93	10—100
	矮丛薹草（*Carex callitrichos* var. *nana*）	Soc	0.21	0.31	4—100
	狗尾草（*Setaria viridis*）	Cop^3	0.49	0.60	2—70
	求米草（*Oplismenus undulatifolius*）	Cop^3	0.09	0.10	7—64
	牛膝（*Achyranthes bidentata*）	Cop^2	0.47	0.52	6—30
	糠稷（*Panicum bisulcatum*）	Cop^1	0.47	0.80	10—80

续表

层次	种名	株数/德氏多度	高度/m 均高	高度/m 最高	盖度/%
草本层	其他种类：豆茶山扁豆（*Chamaecrista nomame*）、尖裂假还阳参（*Crepidiastrum sonchifolium*）、黄背草（*Themeda triandra*）、狭叶珍珠菜（*Lysimachia pentapetala*）、卷柏（*Selaginella tamariscina*）、茜堇菜（*Viola phalacrocarpa*）、黄瓜菜（*Crepidiastrum denticulatum*）、百里香（*Thymus mongolicus*）、苦苣菜（*Sonchus oleraceus*）、鸭跖草（*Commelina communis*）、铁苋菜（*Acalypha australis*）、野艾蒿（*Artemisia lavandulifolia*）、拳参（*Bistorta officinalis*）、马唐（*Digitaria sanguinalis*）、酸模叶蓼（*Persicaria lapathifolia*）、白羊草（*Bothriochloa ischaemum*）、三脉紫菀（*Aster ageratoides*）、紫苞鸢尾（*Iris ruthenica*）、茜草（*Rubia cordifolia*）、藜（*Chenopodium album*）、两型豆（*Amphicarpaea edgeworthii*）、灰绿藜（*Oxybasis glauca*）、商陆（*Phytolacca acinosa*）、蒙古蒿（*Artemisia mongolica*）、野青茅（*Deyeuxia pyramidalis*）、鹅绒藤（*Cynanchum chinense*）、丹参（*Salvia miltiorrhiza*）、早开堇菜（*Viola prionantha*）、鹅观草（*Elymus kamoji*）、禾叶山麦冬（*Liriope graminifolia*）	Sp	0.35	0.92	1—30

注：调查时间 2011 年 8 月、2014 年 7 月。调查地点临朐县沂山。样方面积 600m²×4。样地编号 SHD196101-1、SHD204101-2、SHD59610-3、SHD60110-4。样地编号 SHD196101-1：纬度 36.18982°，经度 118.68282°，海拔 293m，坡度 40°，坡向 310°，地形为山坡；森林为次生林；干扰类型为人为干扰，干扰程度中度；照片编号 SHD196101-1、SHD196101-2、SHD196101-3、SHD196101-4。样地编号 SHD204101-2：纬度 36.18258°，经度 118.63104°，海拔 584m，坡度 50°，坡向缺失，地形为山坡；森林为次生林；干扰类型为人为干扰；干扰程度轻微；照片编号 SHD204101-1、SHD204101-2、SHD204101-3、SHD204101-4。样地编号 SHD59610-3：纬度 36.19762°，经度 118.61955°，海拔 1006m，坡度 2°，坡向 26°，地形为山坡；森林为次生林；干扰类型为人为干扰，干扰程度中度；照片编号 SHD59610-1、SHD59610-2、SHD59610-3、SHD59610-4。样地编号 SHD60110-4：纬度 36.18828°，经度 118.63328°，海拔 657m，坡度 17°，坡向 86°，地形为山坡；森林为次生林；干扰类型为人为干扰，干扰程度轻微；照片编号 SHD60110-1、SHD60110-2、SHD60110-3、SHD60110-4。

表 6-6-4　山地刺槐林群落综合分析表 2

层次	种名	株数/德氏多度	高度/m 均高	高度/m 最高	盖度/%
乔木层	刺槐（*Robinia pseudoacacia*）	29	9.76	13.10	
	麻栎（*Quercus acutissima*）	16	8.29	11.30	40
	其他种类：臭椿（*Ailanthus altissima*）、楸（*Catalpa bungei*）、栓皮栎（*Quercus variabilis*）、赤松（*Pinus densiflora*）、鹅掌楸（*Liriodendron chinense*）	26	8.10	13.10	
灌木层	紫穗槐（*Amorpha fruticosa*）	56	1.16	1.16	25
	野蔷薇（*Rosa multiflora*）	37	1.32	1.35	15—30
	小花扁担杆（*Grewia biloba* var. *parviflora*）	26	1.48	1.56	3—20
	其他种类：刺槐（*Robinia pseudoacacia*）、郁李（*Prunus japonica*）、君迁子（*Diospyros lotus*）、臭椿（*Ailanthus altissima*）、楸（*Catalpa bungei*）、三桠乌药（*Lindera obtusiloba*）	46	1.24	1.60	1—5
草本层	芒（*Miscanthus sinensis*）	Cop³	0.77	1.00	1—70
	牛膝（*Achyranthes bidentata*）	Cop³	1.40	1.40	80
	矮丛薹草（*Carex callitrichos* var. *nana*）	Cop³	0.80	0.80	30
	魁蒿（*Artemisia princeps*）	Cop²	1.00	1.30	1—10
	麦冬（*Ophiopogon japonicus*）	Cop¹	0.28	0.40	2—100
	芦苇（*Phragmites australis*）	Cop¹	0.90	0.90	20

续表

层次	种名	株数/德氏多度	高度/m 均高	高度/m 最高	盖度/%
草本层	其他种类：鸭跖草（*Commelina communis*）、蛇莓（*Duchesnea indica*）、鹅观草（*Elymus kamoji*）、华东菝葜（*Smilax sieboldii*）、瞿麦（*Dianthus superbus*）、轮叶沙参（*Adenophora tetraphylla*）、烟管头草（*Carpesium cernuum*）、荠苨（*Adenophora trachelioides*）、黄瓜菜（*Crepidiastrum denticulatum*）、泰山前胡（*Peucedanum wawrae*）、内折香茶菜（*Isodon inflexus*）、龙牙草（*Agrimonia pilosa*）、草木樨（*Melilotus officinalis*）	Sol	0.62	1.20	1—20

注：调查时间 2012 年 7 月。调查地点烟台市牟平区昆嵛山。样方面积 600m² × 1。样地编号 SHD290101：纬度 37.28708°，经度：121.75697°，海拔 76m，坡度 5°，坡向 32°，地形为山坡；森林为次生林；干扰类型为人为干扰，干扰程度轻微；照片编号 SHD290101-1，SHD290101-2，SHD290101-3，SHD290101-4。

表 6-6-5　山地刺槐林群落综合分析表 3

层次	种名	株数/德氏多度	高度/m 均高	高度/m 最高	盖度/%
乔木层	刺槐（*Robinia pseudoacacia*）	119	9.43	22.90	40—85
	赤松（*Pinus densiflora*）	10	7.48	10.00	
	其他种类：君迁子（*Diospyros lotus*）、侧柏（*Platycladus orientalis*）	2	6.10	6.20	
灌木层	三裂绣线菊（*Spiraea trilobata*）	80	1.03	1.28	8
	黑弹树（*Celtis bungeana*）	41	0.92	0.92	3—4
	刺槐（*Robinia pseudoacacia*）	23	1.44	1.90	0.56—7.20
	其他种类：牛叠肚（*Rubus crataegifolius*）、槲树（*Quercus dentata*）、荆条（*Vitex negundo* var. *heterophylla*）、小叶鼠李（*Rhamnus parvifolia*）	29	1.03	2.00	0.27—7.00
草本层	鹅观草（*Elymus kamoji*）	Soc	0.36	0.40	5—90
	管花铁线莲（*Clematis tubulosa*）	Cop³	1.20	1.30	10—95
	求米草（*Oplismenus undulatifolius*）	Cop¹	0.15	0.25	1—50
	其他种类：矮丛薹草（*Carex callitrichos* var. *nana*）、耧斗菜（*Aquilegia viridiflora*）、菖蒲（*Acorus calamus*）、茜草（*Rubia cordifolia*）、北京隐子草（*Cleistogenes hancei*）、大油芒（*Spodiopogon sibiricus*）、拐芹（*Angelica polymorpha*）、歪头菜（*Vicia unijuga*）、两型豆（*Amphicarpaea edgeworthii*）、野艾蒿（*Artemisia lavandulifolia*）、唐松草（*Thalictrum aquilegiifolium* var. *sibiricum*）、蕨（*Pteridium aquilinum* var. *latiusculum*）、鸡腿堇菜（*Viola acuminata*）、中国繁缕（*Stellaria chinensis*）、玉竹（*Polygonatum odoratum*）	Sol	0.27	1.00	1—25

注：调查时间 2013 年 10 月。调查地点沂源县鲁山。样方面积 600m² × 2。样地编号 SHD51710-1，SHD57410-2。样地编号 SHD51710-1：纬度 36.28744°，经度 118.04538°，海拔 724m，坡度 18°，坡向 339°，地形为山坡；森林为人工林；干扰类型为人为干扰，干扰程度中度；照片编号 SHD51710-1，SHD51710-2，SHD51710-3，SHD51710-4。样地编号 SHD57410-2：纬度 36.31115°，经度 118.06002°，海拔 710m，坡度 25°，坡向 315°，地形为山坡；森林为次生林；干扰类型为人为干扰，干扰程度中度；照片编号 SHD57410-1，SHD57410-2，SHD57410-3，SHD57410-4。

表 6-6-6　山地刺槐林群落综合分析表 4

层次	种名	株数 / 德氏多度	高度 /m 均高	高度 /m 最高	盖度 /%
乔木层	刺槐（*Robinia pseudoacacia*）	55	5.62	10.30	
	油松（*Pinus tabuliformis*）	6	2.82	3.30	40
	其他种类：枫杨（*Pterocarya stenoptera*）	2	7.30	7.30	
灌木层	连翘（*Forsythia suspensa*）	78	1.50	1.70	15—40
	鼠李（*Rhamnus davurica*）	68	1.10	1.10	7—40
	刺槐（*Robinia pseudoacacia*）	51	1.63	2.50	1—20
	其他种类：杜鹃（*Rhododendron simsii*）、三裂绣线菊（*Spiraea trilobata*）、小花扁担杆（*Grewia biloba* var. *parviflora*）、华北绣线菊（*Spiraea fritschiana*）、荆条（*Vitex negundo* var. *heterophylla*）、牛叠肚（*Rubus crataegifolius*）、胡枝子（*Lespedeza bicolor*）、山楂（*Crataegus pinnatifida*）、白檀（*Symplocos tanakana*）、盐麸木（*Rhus chinensis*）	195	1.03	2.30	1—25
草本层	铁苋菜（*Acalypha australis*）	Soc	0.07	0.09	3—80
	臭草（*Melica scabrosa*）	Soc	0.46	1.10	3—40
	龙须菜（*Asparagus schoberioides*）	Soc	1.10	1.10	90
	野古草（*Arundinella hirta*）	Soc	0.30	0.30	100
	葎草（*Humulus scandens*）	Cop^3	0.28	0.60	1—40
	通泉草（*Mazus pumilus*）	Cop^2	0.35	0.35	20
	茜草（*Rubia cordifolia*）	Cop^2	0.10	0.10	30
	灰绿藜（*Oxybasis glauca*）	Cop^2	0.25	0.48	3—55
	黄花蒿（*Artemisia annua*）	Cop^2	0.70	0.70	20
	商陆（*Phytolacca acinosa*）	Cop^2	1.05	1.20	8—70
	蝙蝠葛（*Menispermum dauricum*）	Cop^2	0.12	0.15	5—35
	其他种类：地黄（*Rehmannia glutinosa*）、野青茅（*Deyeuxia pyramidalis*）、两型豆（*Amphicarpaea edgeworthii*）、苦荬菜（*Ixeris polycephala*）、蕨（*Pteridium aquilinum* var. *latiusculum*）、扛板归（*Persicaria perfoliata*）、长鬃蓼（*Persicaria longiseta*）、黄瓜菜（*Crepidiastrum denticulatum*）、薯蓣（*Dioscorea polystachya*）、地榆（*Sanguisorba officinalis*）	Sp	0.23	0.90	1—30

注：调查时间 2014 年 5 月。调查地点济南市梯子山。样方面积 600m² × 2。样地编号 SHD55010-1，SHD55110-2。样地编号 SHD55010-1：纬度 36.41988°，经度 117.22996°，海拔 613m，坡度 7°，坡向 23°，地形为山坡；森林为次生林；干扰类型为人为干扰，干扰程度轻微；照片编号 SHD55010-1，SHD55010-2，SHD55010-3，SHD55010-4。样地编号 SHD55110-2：纬度 36.41927°，经度 117.22984°，海拔 685m，坡度 13°，坡向 117°，地形为山坡；森林为次生林；干扰类型为人为干扰，干扰程度轻微；照片编号 SHD55110-1，SHD55110-2，SHD55110-3，SHD55110-4。

2. 平原刺槐林

在平原，包括河滩上，刺槐分布也很广。这些地方的土壤一般深厚湿润，有利于刺槐的生长。黄河三角洲的孤岛一带有约 6700 hm² 的刺槐林，被称为"万亩刺槐林"，成为当地独具特色的旅游景点。

黄河三角洲地区分布的刺槐林都是人工林，且刺槐林下的枯落物和根际土壤中含有一定的化感物质，抑制了其他物种的生长，也抑制了刺槐种子的萌发和幼苗的生长，因此刺槐林的物种组成很简单。乔木层通常只有刺槐一种，为单种单层林，偶见栽培的当地乡土树种臭椿、白蜡树、国槐等零星分布于林缘地带。通常缺少灌木层。偶见丛生刺槐、桑（*Morus alba*）、构等在林缘生长。草本植物常见的有 10—12 种，其组成常因土壤条件不同而异：在土壤盐度较高的地方，刺槐林下通常有碱蓬、鹅绒藤（*Cynanchum chinense*）等；在海拔稍高、土壤盐分较低的地方，隐子草、马唐（*Digitaria sanguinalis*）等占优势，甚至达到 100% 盖度，茜草（*Rubia cordifolia*）、鹅绒藤、早开堇菜（*Viola prionantha*）、长萼堇菜、葎草（*Humulus scandens*）、狗尾草、多苞斑种草等也常见，野艾蒿、蒲公英（*Taraxacum mongolicum*）、龙葵（*Solanum nigrum*）、碱蓬、芦苇、薹草、蒙古鸦葱（*Takhtajaniantha mongolica*）等偶见；在林缘土壤盐分低、有机质含量高的地方，可以见到成丛的白茅、荻等。平原刺槐林群落基本特征见表 6-6-7、表 6-6-8。

表 6-6-7　平原刺槐林群落综合分析表 1

层次	种名	株数/德氏多度	高度/m 均高	高度/m 最高	盖度/%	重要值	物候期
乔木层	刺槐（*Robinia pseudoacacia*）	14	8.50	14.00	90.0	1.000	展叶期
草本层	隐子草（*Cleistogenes serotina*）	Soc	0.30	0.40	90.0	0.577	萌芽期
	臭草（*Melica scabrosa*）	Cop[1]	0.40		16.0	0.256	萌芽期
	野艾蒿（*Artemisia lavandulaefolia*）	Sp	0.60		0.7	0.023	萌芽期
	多苞斑种草（*Bothriospermum secundum*）	Sol	0.20		1.2	0.066	萌芽期
	茜草（*Rubia cordifolia*）	Sol	0.10		0.7	0.035	萌芽期
	葎草（*Humulus scandens*）	Sol	0.17		0.7	0.009	萌芽期
	早开堇菜（*Viola prionantha*）	Sol	0.05		0.5	0.019	营养期
	蒲公英（*Taraxacum mongolicum*）	Un	0.30		0.2	0.010	萌芽期
	龙葵（*Solanum nigrum*）	Un	0.03		0.2	0.005	萌芽期

注：1. 调查日期 2010 年 6 月。调查地点东营市河口区孤岛镇东部。样方面积 10m×10m。群落总盖度 100%。
　　2. 2020 年 5 月和 2021 年 11 月重复调查发现，有芦苇（*Phragmites australis*）、白茅（*Imperata cylindrica*）、荻 (*Miscanthus sacchariflorus*)、堇菜属数种（*Viola* spp.）等出现，靠边缘的刺槐林下有较多的白茅（*Imperata cylindrica*）、芦苇（*Phragmites australis*）出现。
　　3. 调查时仅记录建群种和优势种最高数据。

表 6-6-8　平原刺槐林群落综合分析表 2

层次	种类	株数/德氏多度	高度/m 均高	高度/m 最高	盖度/%	重要值	物候期
乔木层	刺槐（*Robinia pseudoacacia*）	14	8.55	14.10	90.0	1.00	展叶期
草本层	隐子草（*Cleistogenes serotina*）	Soc	0.30	0.42	100.0	0.69	展叶期
	茜草（*Rubia cordifolia*）	Un	0.10		2.5	0.04	
	长萼堇菜（*Viola inconspicua*）	Sp	0.07	0.10	1.0	0.03	
	臭草（*Melica scabrosa*）	Sp	0.20	0.30	2.2	0.07	
	青绿薹草（*Carex breviculmis*）	Sp	0.05	0.07	0.7	0.02	
	鹅绒藤（*Cynanchum chinense*）	Un	0.06		0.1	0.02	
	芦苇（*Phragmites australis*）	Sol	0.50	0.70	2.2	0.07	展叶期
	蒙古鸦葱（*Takhtajaniantha mongolica*）	Un	0.05		0.3	0.01	
	碱蓬（*Suaeda glauca*）	Un	0.20		0.2	0.04	展叶期

注：1. 调查日期 2010 年 9 月。调查地点东营市河口区孤岛镇东部，与表 6-6-7 的调查地点略有不同。样方面积 10 m×10 m。群落总盖度 90%。
　　2. 2020 年 5 月和 2021 年 11 月重复调查发现，有芦苇（*Phragmites australis*）、白茅（*Imperata cylindrica*）、荻 (*Miscanthus sacchariflorus*)、堇菜属数种（*Viola* spp.）等出现；靠边缘的刺槐林下有较多的白茅（*Imperata cylindrica*）、芦苇（*Phragmites australis*）出现。
　　3. 调查时仅记录建群种和优势种最高和物候期数据。

（五）价值及保护发展

作为山东省面积最大的落叶阔叶生态林，刺槐林的重要性是不言而喻的。在黄河三角洲地区，刺槐林是面积最大的人工林，成为三角洲地区的氧吧和旅游景观，同时刺槐林吸引了全国各地的蜂农来黄河三角洲放蜂。

①刺槐具有许多优点，如：根系发达，呈网状分布，能固沟护坡，固沙和保持水土，侧根具有大量的固氮根瘤，利于增加土壤中的养分；其枝叶茂密，树冠可以截留降雨，减少地表径流；林下枯枝落叶丰富，吸水量大且极易分解，改良土壤效果好；树形优美，花多而芳香，是优良的蜜源树种，具有良好的观赏价值（图6-6-18至图6-6-20）；能吸附烟尘，吸收有毒的气体，为绿化环境、净化空气的好树种；叶片营养成分高，是家畜的好饲料；生长迅速，成材快，材质坚重，抗冲压、耐腐，可作矿柱、家具、工具把柄、运动器材等；枝条极易燃，火力旺，烟少，是上等薪炭。因此，刺槐已经成为山东省山地、丘陵、河滩、沙地和盐碱地最主要的造林树种。

图6-6-18　美丽的刺槐（*Robinia pseudoacacia*）

图 6-6-19　孤岛万亩刺槐林已成为旅游景点

图 6-6-20　大青山刺槐林已成为旅游景点

②刺槐作为外来树种，目前尚未表现出外来植物的某些入侵特点，所以被广泛栽培。在沿海地区的沙地上，刺槐是用于防风固沙的主要树种，发挥了很好的作用。从植被恢复和群落学角度讲，今后应加强刺槐的生理生态、群落学、演替学等方面的研究，让刺槐在荒山绿化、植被恢复、防风固沙方面发挥更好的作用。

七、杨树林

（一）地理分布和生态特征

杨树为阳性、耐湿或半干旱树种，分布范围极广，遍布华北、西北、东北和华东诸省（自治区、直辖市），南界至长江，北界可达北纬45°左右，垂直分布可达海拔1600m。

杨树林在植被分类上属于群系组，包括毛白杨林、加杨林和杂交的欧美杨林，是山东省平原地区常见的人工林。其中，毛白杨是我国的特产树种，分布于暖温带至北亚热带，以黄河中下游平原较多；毛白杨在山东很常见，但面积都很小。根据第九次全国森林资源清查数据，山东约有70万hm²杨树林，是面积最大的人工林，占人工乔木林面积近50%，占人工阔叶林面积的64%左右。

（二）群落组成

杨树林多为人工林，植物种类组成比较单纯。杨树组成群落的上层，大多为同龄单层林。林下灌木和草本植物都很稀少。灌木偶见紫穗槐等。草本植物有芦苇、鹅观草、知风草（*Eragrostis ferruginea*）、狗尾草、马唐、曲曲芽、刺儿菜等。

（三）群落外貌结构

群落高度通常为8—12m，可分为乔木层和草本层2个层次。杨树组成群落的上层，盖度50%—80%。草本层一般不发达，盖度30%—50%。群落的外貌在春、夏、秋3个季节变化明显：夏季郁郁葱葱；早秋林冠淡黄色、鲜黄色，晚秋时节变为褐色，直至落叶；冬季枝条呈灰色。

（四）群落类型

按照建群种的不同，杨树林分为毛白杨林、欧美杨林和杂交杨林3个群系，群系下不再划分群丛。

1.毛白杨林

毛白杨是山东省的乡土树种，大多用于"四旁"植树和林网造林。现有的毛白杨林多呈小块状分布。除重盐碱地外，各地都有分布，但以位于黄泛平原的菏泽市和聊城市栽植最多。在胶东丘陵和鲁中南山地，除了"四旁"栽植外，在山谷、山麓和河漫滩上亦有栽植。垂直分布于海拔200—1000m。20世纪70年代前，在曹县梁堤头镇、仵楼镇南园村、阎店楼镇赵庄村等处有较大面积的毛白杨大树，树高22—30m、胸径60—80cm。毛白杨片林多呈小块状分布（图6-7-1），几十公顷以上的片林较为少见。

图6-7-1　毛白杨林（平度）

　　毛白杨林多为单层单种林，林下植物较稀少，紫穗槐常见，但一般不形成灌木层。草本植物也极稀少，主要种类有鹅观草、知风草、狗尾草、马唐、牛筋草（*Eleusine indica*）、早熟禾属数种、苦荬菜（*Ixeris polycephala*）、萹蓄（*Polygonum aviculare*）、水蓼（*Persicaria hydropipe*r）、酸模（*Rumex acetosela*）、刺儿菜（*Cirsium arvense* var. *integrifolium*）等。

　　按照栽培生境的不同，毛白杨林可分为黄泛平原栽培类型、河漫滩栽培类型、山地栽培类型等。

2. 欧美杨林、杂交杨林

　　欧美杨是从欧洲黑杨（*Populus nigra*）与美洲黑杨（*P. deltoides*）天然杂交及人工授粉得到的杂交组合中培育出来的各种无性系的统称。其中，加杨最早（19世纪中叶）引入我国。在20世纪50年代和60年代初期，欧美杨是山东省"四旁"植树、平原绿化和用材的主要树种（图6-7-2至图6-7-4）。

图 6-7-2 欧美杨林（曲阜孔林）

图 6-7-3　欧美杨林（南四湖）

图 6-7-4　欧美杨林（东明）

杂交杨类（二倍体、三倍体等）是一个系号众多的组合，是速生树种，例如八里庄杨、二白杨、蒙杨、沂南杨等十几个品系。栽植较多的是八里庄杨，主要作为农田林网、道路、渠道及围村林的绿化树种，片林多呈块状分布，面积数公顷至 10 多公顷不等。山东的杨树林主要是这类人工林。

（五）价值及保护发展

杨树林有多种用途。在平原地区，杨树林主要作为人工经济林，可以定期采伐，用于板材加工。此外，杨树林是平原、湿地（湖边、河边、池塘边等）、道路等生态建设的主要植被类型，如黄河下游岸段，沿黄河两岸的生态廊道建设主要树种是杨树和旱柳、垂杨柳等种类。

八、旱柳林

旱柳是山东省比较常见的乡土阔叶树，适应性较强，全省各地都有栽植，多为散生，片林见于黄河三角洲的黄河故道、新黄河口河滩等地。据文献记载，20 世纪 50 年代孤岛一带还有成片的旱柳林，但目前已不见，只有零星分布或种植。

（一）地理分布和生态特征

旱柳为阳性、耐湿树种，分布范围极广，遍布华北、西北、东北和华东诸省（自治区、直辖市），南界至长江，北界可达北纬 45° 左右，垂直分布可达海拔 1600m。

旱柳在山东省各地都有生长，以大汶河、黄河两岸的河漫滩最为集中，形成片段化林，黄河以北的平原撂荒地亦有小片旱柳林。具体来说，在大汶河两岸的济南市莱芜区，泰安市宁阳县、肥城市、东平县等地，黄河沿岸的济南市长清区、平阴县、济阳区，德州市齐河区等地有分布。在山地多沿山沟两侧散生。在黄河三角洲的黄河故道和新黄河入海口的河两岸分布着面积较大的天然旱柳林（图 6-8-1 至图 6-8-4）。据记载，最多时达到 4000hm²。黄河沿岸的旱柳林大多是人工栽植而成，用于护岸，是黄河下游绿色生态廊道的主要林分。林下土壤多为轻壤土至黏土。

（二）群落组成

旱柳林内植物种类组成比较单纯，当林分郁闭度较大时种类更为稀少。旱柳组成群落的上层，多为同龄单层林。林下灌木主要为紫穗槐。以黄河三角洲的旱柳林为例，旱柳林的植物种类通常不超过 10 种，乔木多为旱柳，偶见杞柳（*Salix integra*），几乎没有灌木，在林缘偶见柽柳。草本植物有荻、芦苇、白茅、野大豆（*Glycine soja*）、狗尾草等。

图 6-8-1　黄河三角洲天然旱柳林（1）

图6-8-2　黄河三角洲天然旱柳林（2）

图6-8-3　黄河三角洲天然旱柳林（3）

图 6-8-4　黄河三角洲天然旱柳林（4）

（三）群落外貌结构

群落高度通常为 5—8m，可分为乔木层和草本层 2 个层次，缺少灌木层。旱柳组成群落的上层，盖度 30%—50% 不等，为同龄单层林，说明其形成的时间相对一致；有时可以看到有少量的旱柳萌生苗，可视作更新层或亚层。草本层通常发达，盖度可达 100%。群落的外貌在春、夏、秋 3 个季节变化明显：夏季郁郁葱葱；秋季淡黄色林冠上点缀着荻花、芦花的白色，较为壮观；冬季呈灰褐色。

（四）群落类型

旱柳林的种类组成和结构很简单，根据其生境的不同，可分为 2—3 个亚群系和 3—4 个群丛，主要有平原轻盐碱地旱柳林，河漫壤土、沙地旱柳林，黄河三角洲旱柳林 3 个亚群系。

以黄河三角洲旱柳林为例，亚群系下可以分为 2—3 个群丛，主要有旱柳 - 荻群丛、旱柳 - 芦苇群丛等。旱柳 - 荻群丛主要分布在大汶流保护站内的新黄河河道两边，呈片状和带状分布；旱柳 - 芦苇群丛分布在新黄河入海口河道积水较多的地段，老黄河故道附近也有分布。两群丛基本特征分别见表 6-8-1、表 6-8-2。

表 6-8-1　旱柳 – 荻群落综合分析表

层次	种名	株数 / 德氏多度	高度 /m		盖度 /%	重要值	物候期
			均高	最高			
乔木层	旱柳（*Salix matsudana*）	19	4.70	6.50	55.0	1.0	萌芽期
草本层	荻（*Miscanthus sacchariflorus*）	Soc	0.80		35.0	0.5	展叶期
	芦苇（*Phragmites australis*）	Cop¹	1.40		14.3	0.3	展叶期
	大戟（*Euphorbia pekinensis*）	Sol	0.50		7.7	0.1	展叶期

注：1. 调查日期 2010 年 6 月、2019 年 8 月、2020 年 11 月。调查地点东营市河口区黄河故道、大汶流。样方面积 4m²×4。群落总盖度 100%。

2. 调查时仅记录建群种和优势种最高数据。

表 6-8-2　旱柳 – 芦苇群落综合分析表

层次	种名	株数 / 德氏多度	高度 /m		盖度 /%	重要值	物候期
			均高	最高			
乔木层	旱柳（*Salix matsudana*）	22	5.20	7.50	60.0	1.0	营养期
草本层	芦苇（*Phragmites australis*）	Soc	1.20	1.80	70.0	0.6	开花期
	荻（*Miscanthus sacchariflorus*）	Sol	1.10		5.0	0.2	花果期
	白茅（*Imperata cylindrica*）	Sp	0.60		1.0		
	野大豆（*Glycine soja*）	Sol					
	狗尾草（*Setaria viridis*）	Sp	0.30				

注：1. 调查日期 2020 年 8 月、2020 年 11 月。调查地点东营市垦利区、河口区大汶流。样方面积 5m²×2，10m²×1。群落总盖度 100%。

2. 调查时仅记录建群种和优势种高度、盖度、重要值和物候期数据。

（五）价值及保护发展

黄河三角洲旱柳林是天然林，尽管面积不大，但具有特殊的生态意义和社会价值：一是在黄河三角洲植被演替研究方面的重要学术价值，二是在黄河三角洲生态保护、旅游观光方面的社会价值。保护好黄河三角洲天然旱柳林，促进其良性发展非常重要。此外，旱柳林也是平原、湿地、道路等生态建设的主要植被类型，具有广泛的发展前景。

九、其他落叶阔叶林

除了以上分布范围较广，或者较为典型的落叶阔叶林外，山东省还有一些较重要或者面积不大的落叶阔叶林。

1. 枫杨林

枫杨亦称枰柳，是山东省山地速生优质阔叶树，在山地丘陵的河谷、溪边和河滩形成块片林，属于河岸落叶林植被亚型，是河岸的天然防护林。

枫杨广泛分布于我国的华北、华中、华东、华南和西南各地，属于亚热带成分。在山东省主要分布于胶东丘陵和鲁中南山地的山沟和河滩，垂直分布可到海拔 850m（蒙山天麻林场），但以海拔 600m 以下居多。土壤为坡积粗骨质壤土，有机质丰富。

目前，山东省的枫杨林集中分布在崂山、昆嵛山、泰山、蒙山、沂山、鲁山等山地的山沟及河溪两旁，多为带状片林（图 6-9-1 至图 6-9-4）。

图 6-9-1　崂山沟谷的枫杨林（1）

图 6-9-2 崂山沟谷的枫杨林（2）

图 6-9-3　崂山沟谷的枫杨林（3）

图 6-9-4　崂山沟谷的枫杨林（4）

枫杨林的群落结构可以分为 3 层：枫杨组成上层林冠，灌木层为第二层，草本植物为第三层。但灌木层、草本层的盖度都不大，其原因与湿生生境有关。林分郁闭度 0.7—1.0。林龄一般在 50 年以上。林下灌木较少，常见的种类有胡枝子、扁担杆、茅莓、卫矛、小野珠兰、野蔷薇等，都是稀疏散生，高度 80—150cm 不等。草本植物主要是喜湿种类，以知风草、矮丛薹草、地榆、拳参、杠板归（*Persicaria perfoliata*）等多见。

2. 桤木林

桤木林是山东省山地沟谷地带常见的河谷森林类型。桤木在山东省有两个种，一是辽东桤木，二是日本桤木。在人工造林时二者常混生在一起。日本桤木生长快，在山东省林业生产上有重大作用，造林面积日益扩大。

辽东桤木和日本桤木分布范围相似，分布区均从我国东北南部沿山东半岛至安徽、江苏。日木亦有分布。在山东的昆嵛山、招虎山、蒙山、崂山等地都有分布。辽东桤木的自然垂直分布较高。

山东省天然日本桤木林大多是沟谷杂木林，与多种阔叶树混生在一起。人工营造的日本桤木林多呈片状分布。

日本桤木林上层由日本桤木组成，林分郁闭度 0.7—1.0。林下植物均为耐阴湿的种类。灌木种类较多，常见的有郁李、胡枝子、绣线菊、大花溲疏、锦带花、连翘、白檀、盐麸木、白棠子树、三桠乌药、扁担杆等。草本植物以矮丛薹草占优势，其他有野古草、矮桃、鸭跖草、荻、地榆、猪耳朵菜、拳参、唐松草、山丹、歪头菜等。在水湿地方可见灯心草、车前（*Plantago asiatica*）、箭头蓼（*Persicaria sagittata*）、水金凤（*Impatiens noli-tangere*）等。此外，尚有多种蕨类植物和华东菝葜等藤本植物。

3. 榆林

榆树是山东省的乡土树种，多栽植于平原地区，常见的有榆、裂叶榆（*Ulmus laciniata*）、大果榆、黑榆（*U. davidiana*）、春榆、榔榆 (*U. parivifolia*) 等，成林的只有榆林等。

4. 泡桐林

泡桐是亚洲东部的特有树种，我国是主产区。我国已有 2000 多年的栽植和利用桐木的历史。山东省泡桐栽植形式主要是鲁西南桐 – 粮间作和作为"四旁"树，也有小面积片状造林，在菏泽、济宁、聊城、泰安等地多见。

5. 白蜡树林

白蜡树林是山东平原地区常见的林型，面积都不大。

6. 杞柳林

杞柳是灌木状小乔木，在平原地区栽培成灌木林，多用于柳编。

十、竹林

竹林为木本状多年生常绿植物群落。竹类为建群种，是在种类组成、外貌和结构、地理分布等方面都不同于森林和灌丛的植被类型，通常作为独立的植被类型处理。

毛竹、刚竹、淡竹等为我国原产，并且是中国竹林的主要建群种类。

山东省地处暖温带，由于水热条件的原因，几乎没有原生竹类，只有淡竹被认为是原生种类，至今已有四五千年栽培史，其他种类则是从南方引种的。据文献记载，山东共有竹种（包括变型在内）12个，属于刚竹属（*Phyllostachys*）和箬竹属（*Indocalamus*），最主要的有淡竹、毛竹、刚竹等种类，但成林面积都不大，大多 0.2—7.0hm^2，个别地块达到 10 余 hm^2。山东省的主要竹林是淡竹林和毛竹林，其中淡竹林是山东省栽植历史最久、面积最大、范围最广的竹林。

（一）群落特征

竹林是由单优势种组成的群落，所以外貌整齐、结构简单，通常只有两层。乔木层为竹类植物，高度 5—10m 不等；下层植物多为草本植物，偶尔有灌木种类。竹林在外貌上是终年常绿的，只有下层植物有明显的季节变化，反映出气候条件的季节差异。

（二）主要类型及分布

在原产地，竹类植物适应性很强，从河谷平原到山地丘陵都有分布。但在山东省，竹林全部分布于具有温暖湿润小气候、土壤肥沃深厚的河滩、谷地、河谷平原等处。

根据《中国植被》（1980）的分类系统，竹林包括温性竹林、暖性竹林和热性竹林 3 个植被型。山东的竹林属于暖性竹林。根据建群种的不同和栽培面积的大小，山东的竹林可简单划分为淡竹林和毛竹林两个群系。

1. 淡竹林

淡竹林主要分布于长江流域各省（自治区、直辖市），向北可到秦岭北坡及山东省，垂直分布一般在 800m 以下。淡竹在山东省多栽植于胶东丘陵和鲁中南山地，山东半岛南部沿海各县（市、区）及沂河、沭河下游各地，烟台市海阳市，青岛市崂山区，胶州市黄岛区，日照市，临沂市兰陵县等地都有很长的栽培历史。其中崂山下清宫、兰陵县苍山街道铁角山村、泰山区大津口乡、海阳市丛麻禅院、历城区柳埠街道等地的竹园最为著名，都有百年以上的栽培历史。这些淡竹林大多分布在村落附近及庙宇、公园周围，多在海拔 500m 以下的沟边、山谷、河漫滩、河岸阶地等土层深厚湿润、向阳避风的地方（图 6-10-1、图 6-10-2）。

图 6-10-1　淡竹林（崂山下宫）（1）

图 6-10-2　淡竹林（崂山下宫）（2）

淡竹林的种类组成和结构非常简单,可分为乔木层和草本层两个层次。乔木层一般只有淡竹;在河谷地带的竹林中,偶尔散生枫杨等种类。林下灌木和草本植物也比较少,常见的灌木有二色胡枝子、野蔷薇、郁李、锦带花、野珠兰、扁担杆等,草本植物有水蓼、鸭跖草、车前、刺儿菜、鬼针草、紫花地丁、龙牙草、龙葵、香附子(Cyperus rotundus)、画眉草等种类。淡竹林群落基本特征见表6-10-1。

表6-10-1 淡竹林群落综合分析表

层次	种名	德氏多度	密度/(株·100m⁻²)	胸径/cm	高度/m 均高	高度/m 最高	盖度/%	生活型	频度/%
乔木层	淡竹(Phyllostachys glauca)	Soc	105—425	4—10	9		11	Ph	100
灌木层	胡枝子(Lespedeza bicolor)	Sp			0.8		1.2	Ph	50
	郁李(Prunus japonica)	Un			0.6			Ph	50
	兴安胡枝子(Lespedeza davurica)	Sp			0.3			Ch	20
	野蔷薇(Rosa multiflora)	Un			1.0			Ph	10
	茅莓(Rubus parvifolius)	Un			0.5			Ph	10
	野珠兰(Stephanandra chinensis)	Un			0.8			Ph	10
	锦带花(Weigela florida)	Un			1.0			Ph	10
	扁担杆(Grewia biloba)	Un			0.6			Ph	10
	荆条(Vitex negundo var. heterophylla)	Un			0.5			Ph	10
草本层	香附子(Cyperus rotundus)	Sol			0.2			G	50
	地榆(Sanquisorba officinalis)	Sol			0.4			H	40
	白茅(Imperata cylindrica)	Sp			0.6			G	20
	黄背草(Themeda triandra)	Sp			0.8			G	20
	小蓬草(Erigerom canadensis)	Sp			0.5			Th	20
	鸭跖草(Commelina communis)	Sp			0.5			Th	20
	刺儿菜(Cirsium arvense var. integrifolium)	Sp			0.2			G	20
	鬼针草(Bidens pilosa)	Sol			0.3			Th	20
	龙葵(Solanum nigrum)	Un			0.4			Th	20
	车前(Plantago asiatica)	Sol			0.1			H	10
	紫花地丁(Viola philippica)	Un			0.1			H	10
	龙牙草(Agrimonia pilosa)	Un			0.3			H	10
	画眉草(Eragrostis pilosa)	Un			0.5			H	10
	狗牙根(Cynodon dactylon)	Sol			0.1			G	10
	紫菀(Aster tataricus)	Un			0.4			H	10
	野古草(Arundinella hirta)	Sp			0.5			G	10

注:1. 调查时间1981—1990年。调查地点烟台市海阳市、济南市、临沂市兰陵县、青岛市崂山。
2. 生活型中Ph表示高位芽,Ch表示地上芽,H表示地面芽,G表示地下芽,Th表示一年生植物。
3. 调查时仅记录建群种和优势种的密度、胸径和盖度数据。

2. 毛竹林

天然毛竹林分布于长江流域各省(自治区、直辖市),向北可到陕西等地,是我国面积最大、分布最广的竹林。从平原到海拔800m的山地都可正常生长。山东省毛竹大部分为20世纪60年代以后从南方引进的,一般淡竹适宜的生境都可以栽培毛竹,但要求环境条件优于淡竹。山东半岛南部沿海各地,如乳山市、海阳市、崂山、黄岛,以及沂河、沭河下游各县(市、区)和日照市等地都有栽培,其中崂山区王哥庄街道姜家村、东港区后村镇邢家沟、岚山区黄墩镇、泰山竹林寺、平邑县蒙山林场、博山区鲁山林场等地的毛竹生长良好(图6-10-3、图6-10-4)。土层深厚、湿润、排水好、向阳避风的地方最适宜毛竹的生长。

图 6-10-3　毛竹林（崂山姜家村）（1）

图 6-10-4　毛竹林（崂山姜家村）（2）

由于山东毛竹林为人工林，其种类组成和群落结构比较简单。乔木层只有毛竹，在河谷地带的竹林中，偶尔散生枫杨、刺槐、杨树等种类。林下灌木和草本植物也非常稀疏，灌木仅有少量的荆条、花木蓝、二色胡枝子、茅莓、野珠兰、兴安胡枝子、扁担杆等，草本植物有黄背草、水蓼、车前、刺儿菜、鸭跖草、广布野豌豆（*Vicia sepium*）、画眉草、狗尾草、鬼针草、紫花地丁、龙牙草、龙葵、香附子等种类。毛竹林群落基本特征见表 6-10-2。

表 6-10-2　毛竹林群落综合分析表

层次	种类	德氏多度	密度 /（株·100m⁻²）	胸径 /cm	高度 /m 均高	高度 /m 最高	盖度 /%	生活型	存在度 /%
乔木层	毛竹（*Phyllostachys edulis*）	Soc	80—135	7—12	7—9	12	70—100	Ph	100
灌木层	荆条（*Vitex negundo* var. *heterophylla*）	Un			0.6	1.2		Ph	10
	花木蓝（*Indigofera kirilowii*）	Sp			0.3			Ph	10
	茅莓（*Rubus parvifolius*）	Un			0.6			Ch	10
	胡枝子（*Lespedeza bicolor*）	Sp			0.6			Ph	40
	扁担杆（*Grewia biloba*）	Sol			0.6			Ph	20
	兴安胡枝子（*Lespedeza davurica*）	Sp			0.2			Ph	40
	野珠兰（*Stephanandra chinensis*）	Un			0.8			Ph	10
	水蓼（*Persicaria hydropiper*）	Cop¹			0.4			G	50
草本层	车前（*Plantago asiatica*）	Sol			0.1			H	40
	鸭跖草（*Commelina communis*）	Sp			0.5			Th	40
	大披针薹草（*Carex lanceolata*）	Sp			0.1			H	20
	水蓼（*Persicaria hydropiper*）	Sp			0.5			G	20
	鬼针草（*Bidens bilosa*）	Sol			0.3			Th	20
	龙葵（*Solanum nigrum*）	Un			0.4			Th	20
	刺儿菜（*Cirsium arvense* var. *integrifolium*）	Sp			0.2			G	20
	白茅（*Imperata cylindrica*）	Sp			0.6			G	20
	地榆（*Sanquisorba officinalis*）	Un			0.4			H	10
	黄背草（*Themeda triandra*）	Sp			0.9			G	10
	野古草（*Arundinella hirta*）	Sp			0.5			G	10
	紫花地丁（*Viola philippica*）	Un			0.1			H	10
	狗牙根（*Cynodon dactylon*）	Sol			0.1			G	10
	香附子（*Cyperus rotundus*）	Sol			0.2			G	10
	画眉草（*Eragrostis pilosa*）	Un			0.5			H	10
	小蓬草（*Erigeram canadensis*）	Sp			0.5			th	10

注：1. 调查时间 2018 年 9 月、2019 年 8 月、2020 年 9 月。调查地点青岛市崂山、日照市。
　　2. 生活型中 Ph 表示高位芽，Ch 表示地上芽，H 表示地面芽，G 表示地下芽，Th 表示一年生植物。
　　3. 调查时仅记录建群种和优势种最高和盖度数据。

（三）价值及保护发展

竹类的地理分布区为热带和亚热带，喜温暖湿润的生态条件。水分和温度是竹类分布和生长的限制因子。在原产区，水分条件的重要性往往大于温度，分布区的降水量一般在 1000mm 以上。降水量小的地方，要进行人工灌溉。原产地年平均气温一般 15—20℃，1 月平均气温 1—8℃，极端最低气温 –3——15℃。

　　山东省冬春季低温时间长（约 2 个月），极端低温在 –17℃以下，降水量小（600—900mm），水热条件均不能满足竹类生长的需要，只有在避风向阳的小环境里竹类才能生长发育。因此，冬季竹类容易受冻，春秋易受干旱威胁。毛竹喜光，但也能耐阴，所以竹林的郁闭度一般较大。山东的生态条件不宜大面积发展竹林，但在公园、庭院等种植竹类可以提高多样性和冬季的绿色景观。对于已经种植成功，且有一定效益的竹园应当加强保护和管理，使其发挥应有的生态、经济和社会效益。

第七章　山东现状植被：灌丛和灌草丛

一、灌丛和灌草丛概况

　　灌丛包括一切以灌木为建群种或优势种所组成的植被，群落高度一般在 5m 以下、总盖度大于 30%。它和森林的区别是除高度不同外，灌丛的建群种多为丛生或簇生的灌木，生活型属中、小高位芽植物，多是中生性的。灌丛不仅包括原生性的类型，也包括那些在各种因素影响下长期存在的较稳定的次生植被。

　　山东省境内的灌丛面积不大，也很零散，但各地几乎都有分布。根据第九次全国森林资源清查数据，山东的天然灌木林 8 万多 hm^2，约占林地面积的 2%；人工经济灌木林 110 多万 hm^2，约占林地面积的 30%。

　　由于山东省人类活动历史悠久，在长期的人类经济活动影响下，原生灌丛分布很少。除了见于黄河三角洲的原生性的柽柳灌丛、沿海沙地的单叶蔓荆群落、长门岩等岛屿的山茶灌丛等少数类型外，其余的灌丛多数为森林遭严重破坏后形成的相对稳定的次生类型，其种类组成与周围的落叶阔叶林有着密切的关系，不仅许多伴生植物就是原森林灌木层和草本层的常见种类，甚至优势种或建群种也是森林中所常见的。

　　按照建群种或优势种的不同，山东省的灌丛和灌草丛可分为 4 种类型（植被亚型）：落叶阔叶灌丛、盐生灌丛、常绿阔叶灌丛和灌草丛。落叶阔叶灌丛以荆条灌丛（图 7-1-1）、酸枣灌丛（图 7-1-2）、胡枝子灌丛（图 7-1-3）、映山红灌丛（图 7-1-4）等分布最广，盐生灌丛以柽柳为主的灌丛（图 7-1-5）面积最大，常绿阔叶灌丛主要有山茶等灌丛（图 7-1-6），只在山东半岛东南的局部分布。灌草丛则以黄背草灌草丛、白羊草灌草丛多见。

图 7-1-1　荆条灌丛（泰山）

图 7-1-2　酸枣灌丛（泰山）

图 7-1-3　胡枝子灌丛（泰山）

图 7-1-4　映山红灌丛（大珠山）

图 7-1-5　柽柳灌丛（黄河三角洲）

图 7-1-6　山茶灌丛（长门岩岛）

落叶阔叶灌丛主要是由冬季落叶的阔叶灌木所组成的植物群落，广泛分布于我国各地的高原、山地丘陵、河谷和平原各种土壤上。山东省的落叶阔叶灌丛系由中温性落叶阔叶灌木所组成，属于温性落叶阔叶灌丛。这类灌丛适应环境能力较落叶阔叶林和温性针叶林强，在暖温带、温带森林区域内，凡干燥、贫瘠、寒冷、流沙等生境条件下森林难以生长之处常被它们所占据。这样的灌丛多为原生类型，栽培的有白蜡树灌丛、紫穗槐灌丛、杞柳灌丛、杠柳灌丛等。此外，当森林屡遭砍伐破坏后，由于生境条件干旱和土壤瘠薄，森林恢复困难，从而形成相对稳定的次生落叶阔叶灌丛，如荆条灌丛、胡枝子灌丛等。这种灌丛只要加以适当保护，大都可以逐渐演替为森林群落。山东省的灌丛多属于此类型，在山地丘陵区分布较广，但面积都不是很大。组成温性落叶阔叶灌丛的植物种类，主要是温带广泛分布的豆科、蔷薇科、木樨科、桦木科、漆树科（Anacardiaceae）、柽柳科等的落叶种类，以及禾本科、莎草科、菊科的草本植物。建群植物主要是胡枝子属、绣线菊属、黄栌属、鹅耳枥属、漆属（Rhus）、白檀属（Symplocos）、蔷薇属、柽柳属等的植物，它们大多是中生或旱中生的种类，分别组成山地中生落叶阔叶灌丛和平原灌丛等。温性落叶阔叶灌丛，群落结构较简单，一般可划分出灌木层和草本层两层，高度多数 1—2m，少数可高达 3m，低的仅 30—40cm。

盐生灌丛主要是柽柳灌丛。它是适应于盐渍土壤而出现的一种盐生灌丛类型，属于亚顶极类型，在渤海沿岸的平原区面积最大。白刺灌丛面积不大，分布也不广。

山东的常绿阔叶灌丛的建群植物，主要是山茶属（Camellia）、胡颓子属（Elaeagnus）等的种类。典型的常绿阔叶灌丛是由热带、亚热带分布的常绿灌丛和部分萌生性的常绿乔木所组成的植物群落。它们广泛分布于我国热带、亚热带地区。山东省的常绿阔叶灌丛，是指少数亚热带的植物种类残存生长于某些特殊的地理环境中所形成的群落，如崂山及其附近沿海岛屿上的山茶灌丛和大叶胡颓子灌丛。它们的生长环境与当地一般的地理环境不同，冬季气温较高、变化缓和，低温冻害期短，降水稍多，空气相对湿度较高，土壤呈酸性，有机质分解好，熟化程度高。因此，在这种独特的环境中，这些常绿阔叶灌丛得以生存下来。与此相适应，建群种在形态结构和生态生理上也不相同：叶革质而厚，背面被毛，栅栏组织由多层细胞组成，海绵组织的细胞数量极少，细胞间隙极其发达；耐阴，光饱和点低，有明显的光合午休现象；靠根、茎、种子进行营养繁殖和有性繁殖。

山东的灌草丛建群种或优势种少，但分布面积较大，石灰岩山地更常见。

二、落叶阔叶灌丛

落叶阔叶灌丛是山东省主要的天然灌丛类型，在山东省各山地丘陵常见，有 20 个以上群系。

（一）荆条灌丛

荆条灌丛是山东最典型和常见的灌丛类型，多是森林植被退化后形成的次生植被。

1. 地理分布和生态特征

本灌丛在华北山地很普遍，也是山东省各山区丘陵及空旷地带最常见的灌丛类型。鲁中南山地丘陵、胶东山地丘陵均有分布，如泰山、崂山、沂山、蒙山、嵩山、大泽山、长白山等低山丘陵（图 7-2-1），多分布于海拔 800m 以下的区域。

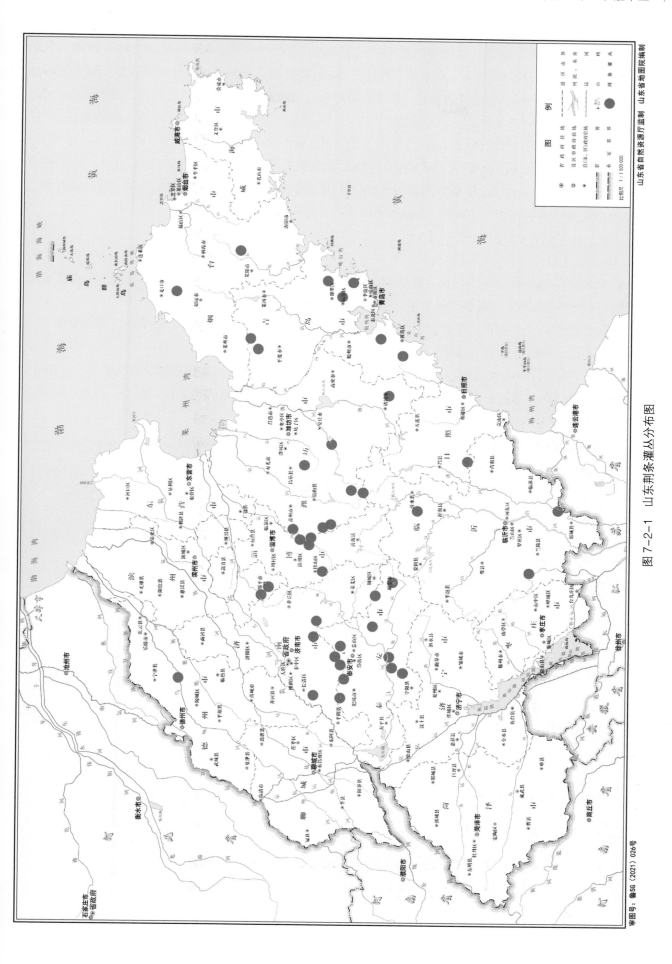

图 7-2-1　山东荆条灌丛分布图

荆条是典型的喜光、耐旱、耐瘠薄的灌木。以荆条为建群种的灌丛，其分布地多是干旱贫瘠的低山丘陵，土壤厚度大多在20cm以下。在土壤厚度大于30cm的地段，荆条的生长比较繁茂，能够起到保土保水的作用。与荆条生态很近似的是酸枣，常常同时出现。"荆棘丛生"就指的是两者的混生。

2. 群落组成

荆条灌丛的种类组成不复杂，一般100m²样地记录的种类有15—20种，多的超过30种。由于调查的样地共有60个，是所有灌丛中最多的，因此统计的种类多达200多种。这些种类与周边落叶阔叶林、针叶林下的灌木和草本植物种类相似，也说明了荆条群落与森林植被的密切关系。

3. 群落外貌结构

荆条灌丛群落的外貌随季节变化。夏季枝叶郁郁葱葱，加上盛开的花朵，格外壮观（图7-2-2至图7-2-5），吸引蜜蜂来采蜜。深秋之后至第二年春天外貌上呈现灰白的景色。

群落结构比较简单。灌木层平均层高约1.0m，盖度约53%，除占显著优势的荆条外，常伴有酸枣、胡枝子、花木蓝、刺槐、三裂绣线菊、茅莓、兴安胡枝子等。

草本层平均层高约0.5m，盖度约57%，常见有北京隐子草、黄背草、中华卷柏、矮丛薹草、白莲蒿、狗尾草、结缕草、白羊草、长蕊石头花、野青茅、橘草、京芒草、野古草、野艾蒿、荩草、马唐、白茅、茜草等。

图7-2-2　荆条灌丛（泰山）（1）

图 7-2-3 荆条灌丛（泰山）（2）

图 7-2-4　荆条灌丛（崂山）（1）

图 7-2-5　荆条灌丛（崂山）（2）

4. 主要群落类型

荆条灌丛的类型比较多样，基于 60 个标准样方的数量分类，荆条群落可分为 2 个群丛组（荆条 + 其他灌木 – 草本植物、荆条 – 草本植物）和 14 个群丛（表 7-2-1）。

表 7-2-1　荆条灌丛群丛分类简表

群丛号		1	2	3	4	5	6	7	8	9	10	11	12	13	14	15
样地数	L	2	4	4	4	10	6	2	3	3	1	4	4	3	7	2
东风菜（Aster scaber）	8	69.7	0	0	0	0	0	0	0	0	0	0	0	0	0	0
矛叶荩草（Arthraxon lanceolatus）	7	79.4	0	0	0	0	0	0	0	0	0	0	0	0	0	0
小叶鼠李（Rhamnus parvifolia）	5	64.2	0	0	0	0	0	0	0	0	0	0	0	0	0	0
苦参（Sophora flavescens）	6	0	100.0	0	0	0	0	0	0	0	0	0	0	0	0	0
纤毛披碱草（Elymus ciliaris）	7	0	64.9	0	0	0	0	0	0	0	0	0	0	0	0	0
猪毛菜（Kali collinum）	8	0	40.6	0	0	0	0	0	0	0	0	0	0	0	0	0
刺槐（Robinia pseudoacacia）	5	0	43.2	0	0	0	0	0	0	0	0	0	0	0	0	0
构（Broussonetia papyrifera）	5	0	0	61.1	0	0	0	0	0	0	0	0	0	0	0	0
蛇莓（Duchesnea indica）	8	0	0	52.4	0	0	0	0	0	0	0	0	0	0	0	0
荩草（Arthraxon hispidus）	8	0	0	48.7	0	24.4	0	0	0	0	0	0	0	0	0	0
酢浆草（Oxalis corniculata）	8	0	0	30.6	0	0	0	0	0	0	0	0	0	0	0	0
金色狗尾草（Setaria pumila）	7	0	0	0	69.7	0	0	0	0	0	0	0	0	0	0	0
茅莓（Rubus parvifolius）	6	0	0	0	83.7	0	0	0	0	0	0	0	0	0	0	0
瓦松（Orostachys fimbriata）	9	0	0	0	51.2	0	0	0	0	0	0	0	0	0	0	0
鬼针草（Bidens pilosa）	8	0	0	0	53.2	0	0	0	0	0	0	0	0	0	0	0
枫杨（Pterocarya stenoptera）	5	0	0	0	52.4	0	0	0	0	0	0	0	0	0	0	0
贼小豆（Vigna minima）	7	0	0	0	52.4	0	0	0	0	0	0	0	0	0	0	0
茵陈蒿（Artemisia capillaris）	8	0	0	0	40.2	0	0	0	0	0	0	0	0	0	0	0
小蓬草（Erigeron canadensis）	7	0	0	0	49.3	0	0	0	0	0	0	0	0	0	0	0
毛马唐（Digitaria ciliaris var. chrysoblephara）	8	0	0	0	0	69.7	0	0	0	0	0	0	0	0	0	0
地肤（Bassia scoparia）	9	0	0	0	0	43.7	0	0	0	0	0	0	0	0	0	0
女娄菜（Silene aprica）	7	0	0	0	0	26.4	0	0	0	0	0	0	0	0	0	0
地锦（Parthenocissus tricuspidata）	8	0	0	0	0	0	48.9	0	0	0	0	0	0	0	0	0
白羊草（Bothriochloa ischaemum）	8	0	0	0	0	0	39.6	0	0	0	0	0	0	0	0	0
绵枣儿（Barnardia japonica）	7	0	0	0	0	0	33.1	0	0	0	0	0	0	0	0	0
鸦葱（Takhtajaniantha austriaca）	8	0	0	0	0	0	0	60.8	0	0	0	0	0	0	0	0
黑松（Pinus thunbergii）	5	0	0	0	0	0	0	54.2	0	0	0	0	0	0	0	0
结缕草（Zoysia japonica）	8	0	0	0	0	0	0	56.1	0	0	0	0	0	0	0	0
芫花（Daphne genkwa）	6	0	0	0	0	0	0	0	80.9	0	0	0	0	0	0	0
亚柄薹草（Carex lanceolata var. subpediformis）	7	0	0	0	0	0	0	0	56.6	0	0	0	0	0	0	0
小花山桃草（Gaura parviflora）	7	0	0	0	0	0	0	0	56.6	0	0	0	0	0	0	0
绣线菊（Spiraea salicifolia）	5	0	0	0	0	0	0	0	0	100.0	0	0	0	0	0	0
香青（Anaphalis sinica）	8	0	0	0	0	0	0	0	0	80.9	0	0	0	0	0	0
牛膝（Achyranthes bidentata）	9	0	0	0	0	0	0	0	0	56.6	0	0	0	0	0	0
栓皮栎（Quercus variabilis）	5	0	0	0	0	0	0	0	0	56.6	0	0	0	0	0	0

群丛号		1	2	3	4	5	6	7	8	9	10	11	12	13	14	15
样地数	L	2	4	4	4	10	6	2	3	3	1	4	4	3	7	2
透骨草（*Phryma leptostachya* subsp. *asiatica*）	8	0	0	0	0	0	0	0	0	56.6	0	0	0	0	0	0
决明（*Senna tora*）	8	0	0	0	0	0	0	0	0	56.6	0	0	0	0	0	0
狼尾草（*Pennisetum alopecuroides*）	7	0	0	0	0	0	0	0	0	72.8	0	0	0	0	0	0
小花鬼针草（*Bidens parviflora*）	9	0	0	0	0	0	0	0	0	71.6	0	0	0	0	0	0
婆婆针（*Bidens bipinnata*）	9	0	0	0	0	0	0	0	0	58	0	0	0	0	0	0
地榆（*Sanguisorba officinalis*）	8	0	0	0	0	0	0	0	0	38.9	0	0	0	0	0	0
中华卷柏（*Selaginella sinensis*）	9	0	0	0	0	0	0	0	0	31.2	0	0	0	0	0	0
胡枝子（*Lespedeza bicolor*）	5	0	0	0	0	0	0	0	0	0	0	30.6	0	0	0	0
猪毛蒿（*Artemisia scoparia*）	8	0	0	0	0	0	0	0	0	0	0	45.2	0	0	0	0
栾（*Koelreuteria paniculata*）	5	0	0	0	0	0	0	0	0	0	0	35.0	0	0	0	0
沙参（*Adenophora stricta*）	8	0	0	0	0	0	0	0	0	0	0	0	69.7	0	0	0
三裂绣线菊（*Spiraea trilobata*）	5	0	0	0	0	0	0	0	0	0	0	0	69.7	0	0	0
大油芒（*Spodiopogon sibiricus*）	7	0	0	0	0	0	0	0	0	0	0	0	69.7	0	0	0
小红菊（*Chrysanthemum chanetii*）	8	0	0	0	0	0	0	0	0	0	0	0	60.7	0	0	0
火炬树（*Rhus typhina*）	5	0	0	0	0	0	0	0	0	0	0	0	54.2	0	0	0
杠柳（*Periploca sepium*）	5	0	0	0	0	0	0	0	0	0	0	0	54.2	0	0	0
黄栌（*Cotinus coggygria* var. *cinereus*）	5	0	0	0	0	0	0	0	0	0	0	0	64.9	0	0	0
侧柏（*Platycladus orientalis*）	5	0	0	0	0	0	0	0	0	0	0	0	36.7	0	0	0
连翘（*Forsythia suspensa*）	5	0	0	0	0	0	0	0	0	0	0	0	31.9	0	0	0
君迁子（*Diospyros lotus*）	5	0	0	0	0	0	0	0	0	0	0	0	0	0	0	0
马兰（*Aster indicus*）	8	0	0	0	0	0	0	0	0	0	0	0	0	0	0	0
薯蓣（*Dioscorea polystachya*）	8	0	0	0	0	0	0	0	0	0	0	0	0	0	20.2	0
野韭（*Allium ramosum*）	7	0	0	0	0	0	0	0	0	0	0	0	0	0	0	0
唐松草（*Thalictrum aquilegiifolium* var. *sibiricum*）	7	0	0	0	0	0	0	0	0	0	0	0	0	0	0	0
蕨（*Pteridium aquilinum* var. *latiusculum*）	7	0	0	0	0	0	0	0	0	0	0	0	0	0	0	0
槲树（*Quercus dentata*）	5	0	0	0	0	0	0	0	0	0	0	0	0	100.0	0	0
灰绿藜（*Oxybasis glauca*）	9	0	0	0	0	0	0	0	0	0	0	0	0	56.6	0	0
红柴胡（*Bupleurum scorzonerifolium*）	7	0	0	0	0	0	0	0	0	0	0	0	0	56.6	0	0
白茅（*Imperata cylindrica*）	7	0	0	0	0	0	0	0	0	0	0	0	0	73.9	0	0
花木蓝（*Indigofera kirilowii*）	6	0	0	0	0	0	0	0	0	0	0	0	0	43.5	0	0
委陵菜（*Potentilla chinensis*）	7	0	0	0	0	0	0	0	0	0	0	0	0	43.0	0	0
龙须菜（*Asparagus schoberioides*）	8	0	0	0	0	0	0	0	0	0	0	0	0	0	52.4	0
雀麦（*Bromus japonicus*）	7	0	0	0	0	0	0	0	0	0	0	0	0	0	52.4	0
柯孟披碱草（*Elymus kamoji*）	7	0	0	0	0	0	0	0	0	0	0	0	0	0	35.6	0
长冬草（*Clematis hexapetala* var. *tchefouensis*）	7	0	0	0	0	0	0	0	0	0	0	0	0	0	33.4	0
桃叶鸦葱（*Scorzonera sinensis*）	9	0	0	0	0	0	0	0	0	0	0	0	0	0	0	0
毛果扬子铁线莲（*Clematis puberula* var. *tenuisepala*）	8	0	0	0	0	0	0	0	0	0	0	0	0	0	0	0

续表

群丛号		1	2	3	4	5	6	7	8	9	10	11	12	13	14	15
样地数	L	2	4	4	4	10	6	2	3	3	1	4	4	3	7	2
穿龙薯蓣（*Dioscorea nipponica*）	7	0	0	0	0	0	0	0	0	0	0	0	0	0	0	100.0
西北栒子（*Cotoneaster zabelii*）	5	0	0	0	0	0	0	0	0	0	0	0	0	0	0	69.7
大画眉草（*Eragrostis cilianensis*）	7	0	0	0	0	0	0	0	0	0	0	0	0	0	0	69.7
丹参（*Salvia miltiorrhiza*）	7	0	0	0	0	0	0	0	0	0	0	0	0	0	0	69.7
多腺悬钩子（*Rubus phoenicolasius*）	5	0	0	0	0	0	0	0	0	0	0	0	0	0	0	69.7
中国繁缕（*Stellaria chinensis*）	7	0	0	0	0	0	0	0	0	0	0	0	0	0	0	69.7
麦李（*Prunus glandulosa*）	5	0	0	0	0	0	0	0	0	0	0	0	0	0	0	69.7
木防己（*Cocculus orbiculatus*）	7	0	0	0	0	0	0	0	0	0	0	0	0	0	0	95.1
两型豆（*Amphicarpaea edgeworthii*）	8	0	0	0	0	0	0	0	0	0	0	0	0	0	0	88.8
蓬子菜（*Galium verum*）	8	0	0	0	0	0	0	0	0	0	0	0	0	0	0	83.0
栗（*Castanea mollissima*）	5	0	0	0	0	0	0	0	0	0	0	0	0	0	0	85.7
一年蓬（*Erigeron annuus*）	7	0	0	0	0	0	0	0	0	0	0	0	0	0	0	59.1
京芒草（*Achnatherum pekinense*）	7	0	56.1	0	0	0	0	0	0	56.1	0	0	0	0	0	0
兴安胡枝子（*Lespedeza davurica*）	6	0	45.5	0	0	0	0	0	0	0	0	0	0	0	0	45.5
烟管头草（*Carpesium cernuum*）	9	0	0	37.9	0	0	0	0	0	0	0	0	0	53.0	0	0
细叶韭（*Allium tenuissimum*）	7	0	0	33.0	0	0	0	0	73.9	0	0	0	0	0	0	0
北京隐子草（*Cleistogenes hancei*）	7	0	0	26.9	0	0	0	0	0	0	0	26.9	0	0	0	0
橘草（*Cymbopogon goeringii*）	7	0	0	0	55.5	0	0	0	55.5	0	0	0	0	0	0	0
中华草沙蚕（*Tripogon chinensis*）	9	0	0	0	0	35.0	62.4	0	0	0	0	0	0	0	0	0
金盏银盘（*Bidens biternata*）	8	0	0	0	0	0	29.4	0	0	64.7	0	0	0	0	0	0
野古草（*Arundinella hirta*）	7	0	0	0	0	0	0	0	51.4	51.4	0	0	0	0	0	0
矮丛薹草（*Carex callitrichos* var. *nana*）	8	0	0	0	0	0	0	0	0	48.9	0	0	48.9	0	0	0
长蕊石头花（*Gypsophila oldhamiana*）	7	0	0	0	0	0	0	0	0	0	68.6	0	0	0	0	0
山槐（*Albizia kalkora*）	5	0	0	0	0	0	0	0	0	0	66.7	0	0	0	0	0
白莲蒿（*Artemisia stechmanniana*）	8	0	0	0	0	0	0	0	0	0	0	0	30.7	30.7	0	0
多花胡枝子（*Lespedeza floribunda*）	5	0	30.8	0	0	0	0	45.4	45.4	0	0	0	0	0	0	0
牵牛（*Ipomoea nil*）	8	0	0	0	0	0	0	0	0	0	0	0	0	0	0	0
盐麸木（*Rhus chinensis*）	5	0	0	0	0	0	0	0	0	0	0	0	0	0	0	0
内折香茶菜（*Isodon inflexus*）	7	0	0	0	0	0	0	0	0	0	0	0	0	0	0	0
桔梗（*Platycodon grandiflorus*）	8	0	0	0	0	0	0	0	0	0	0	0	0	0	0	0
败酱（*Patrinia scabiosifolia*）	8	0	0	0	0	0	0	0	0	0	0	0	0	0	0	0
油松（*Pinus tabuliformis*）	5	0	0	0	0	0	0	0	0	0	0	0	0	0	0	0
黄花蒿（*Artemisia annua*）	7	0	0	0	0	0	0	0	0	0	0	0	0	0	24	0
狗尾草（*Setaria viridis*）	7	0	0	0	0	0	0	0	0	0	0	0	0	0	0	0
青花椒（*Zanthoxylum schinifolium*）	5	0	0	0	0	0	0	0	0	0	0	0	0	0	0	0
播娘蒿（*Descurainia sophia*）	7	0	0	0	0	0	0	0	0	0	0	0	0	0	0	0
狭叶珍珠菜（*Lysimachia pentapetala*）	8	0	0	0	0	0	0	0	0	0	0	0	0	0	0	0
楝（*Melia azedarach*）	5	0	0	0	0	0	0	0	0	0	0	0	0	0	0	0
刺儿菜（*Cirsium arvense* var. *integrifolium*）	8	0	0	0	0	0	0	0	0	0	0	0	0	0	0	0
红花锦鸡儿（*Caragana rosea*）	6	0	0	0	0	0	0	0	0	0	0	0	0	0	0	0

续表

群丛号		1	2	3	4	5	6	7	8	9	10	11	12	13	14	15
样地数	L	2	4	4	4	10	6	2	3	3	1	4	4	3	7	2
地黄（Rehmannia glutinosa）	8	0	0	0	0	0	0	0	0	0	0	0	0	0	0	0
朝鲜鼠李（Rhamnus koraiensis）	5	0	0	0	0	0	0	0	0	0	0	0	0	0	0	0
泰山韭（Allium taishanense）	9	0	0	0	0	0	0	0	0	0	0	0	0	0	0	0
卷柏（Selaginella tamariscina）	9	0	0	0	0	0	0	0	0	0	0	0	0	0	0	0
鼠李（Rhamnus davurica）	5	0	0	0	0	0	0	0	0	0	0	0	0	0	0	0
山东茜草（Rubia truppeliana）	8	0	0	0	0	0	0	0	0	0	0	0	0	0	0	0
求米草（Oplismenus undulatifolius）	8	0	0	0	0	0	0	0	0	0	0	0	0	0	0	0
榆（Ulmus pumila）	5	0	0	0	0	0	0	0	0	0	0	0	0	0	0	0
野青茅（Deyeuxia pyramidalis）	7	0	0	0	0	0	0	0	0	0	0	0	0	0	20.8	0
远志（Polygala tenuifolia）	8	0	0	0	0	0	0	0	0	0	0	0	0	0	0	0
藜（Chenopodium album）	8	0	0	0	0	0	0	0	0	0	0	0	0	0	0	0
长柄女贞（Ligustrum sinense var. luodianense）	5	0	0	0	0	0	0	0	0	0	0	0	0	0	0	0
芒（Miscanthus sinensis）	7	0	0	0	0	0	0	0	0	0	0	0	0	0	0	0
茜草（Rubia cordifolia）	7	0	0	0	0	0	0	0	0	0	0	0	0	0	21.3	0
乳浆大戟（Euphorbia esula）	8	0	0	0	0	0	0	0	0	0	0	0	0	0	0	0
全叶马兰（Aster pekinensis）	8	0	0	0	0	0	0	0	0	0	0	0	0	0	0	0
尖裂假还阳参（Crepidiastrum sonchifolium）	8	0	0	0	0	0	0	0	0	0	0	0	0	0	0	0
野菊（Chrysanthemum indicum）	7	0	0	0	0	0	0	0	0	0	0	0	0	0	0	0
北黄花菜（Hemerocallis lilioasphodelus）	7	0	0	0	0	0	0	0	0	0	0	0	0	0	0	0
苦苣菜（Sonchus oleraceus）	8	0	0	0	0	0	0	0	0	0	0	0	0	0	0	0
鸭跖草（Commelina communis）	8	0	0	0	0	0	0	0	0	0	0	0	0	0	0	0
洽草（Koeleria macrantha）	7	0	0	0	0	0	0	0	0	0	0	0	0	0	0	0
朴树（Celtis sinensis）	5	0	0	0	0	0	0	0	0	0	0	0	0	0	0	0
旋覆花（Inula japonica）	8	0	0	0	0	0	0	0	0	0	0	0	0	0	0	0
苦荬菜（Ixeris polycephala）	9	0	0	0	0	0	0	0	0	0	0	0	0	0	0	0
野艾蒿（Artemisia lavandulifolia）	7	0	0	0	0	0	0	0	0	0	0	0	0	0	0	0
马唐（Digitaria sanguinalis）	8	0	0	0	0	0	0	0	0	0	0	0	0	0	0	0
蝇子草（Silene gallica）	8	0	0	0	0	0	0	0	0	0	0	0	0	0	0	0
野花椒（Zanthoxylum simulans）	5	0	0	0	0	0	0	0	0	0	0	0	0	0	0	0
藿香（Agastache rugosa）	8	0	0	0	0	0	0	0	0	0	0	0	0	0	0	0
黄背草（Themeda triandra）	7	0	0	0	0	0	0	0	0	0	0	0	0	0	0	0
牡蒿（Artemisia japonica）	8	0	0	0	0	0	0	0	0	0	0	0	0	0	0	0
饭包草（Commelina benghalensis）	9	0	0	0	0	0	0	0	0	0	0	0	0	0	0	0
中华结缕草（Zoysia sinica）	8	0	0	0	0	0	0	0	0	0	0	0	0	0	0	0
紫穗槐（Amorpha fruticosa）	5	0	0	0	0	0	0	0	0	0	0	0	0	0	0	0
狗娃花（Aster hispidus）	7	0	0	0	0	0	0	0	0	0	0	0	0	0	0	0
糠稷（Panicum bisulcatum）	7	0	0	0	0	0	0	0	0	0	0	0	0	0	0	0
萱草（Hemerocallis fulva）	7	0	0	0	0	0	0	0	0	0	0	0	0	0	0	0
牛叠肚（Rubus crataegifolius）	5	0	0	0	0	0	0	0	0	0	0	0	0	0	0	0

续表

群丛号		1	2	3	4	5	6	7	8	9	10	11	12	13	14	15
样地数	L	2	4	4	4	10	6	2	3	3	1	4	4	3	7	2
石竹（*Dianthus chinensis*）	8	0	0	0	0	0	0	0	0	0	0	0	0	0	0	0
蒺藜（*Tribulus terrestris*）	8	0	0	0	0	0	0	0	0	0	0	0	0	0	0	0
虎尾草（*Chloris virgata*）	8	0	0	0	0	0	0	0	0	0	0	0	0	0	0	0
圆叶牵牛（*Ipomoea purpurea*）	9	0	0	0	0	0	0	0	0	0	0	0	0	0	0	0
黄连木（*Pistacia chinensis*）	5	0	0	0	0	0	0	0	0	0	0	0	0	0	0	0
绒毛胡枝子（*Lespedeza tomentosa*）	5	0	0	0	0	0	0	0	0	0	0	0	0	0	0	0
长芒草（*Stipa bungeana*）	7	0	0	0	0	0	0	0	0	0	0	0	0	0	0	0
荆条（*Vitex negundo* var. *heterophylla*）	5	0	0	0	0	0	0	0	0	0	0	0	0	0	0	0
蒙古蒿（*Artemisia mongolica*）	7	0	0	0	0	0	0	0	0	0	0	0	0	0	0	0
鸡眼草（*Kummerowia striata*）	8	0	0	0	0	0	0	0	0	0	0	0	0	0	0	0
虱子草（*Tragus berteronianus*）	9	0	0	0	0	0	0	0	0	0	0	0	0	0	0	0
酸枣（*Ziziphus jujuba* var. *spinosa*）	5	0	0	0	0	0	0	0	0	0	0	0	0	0	0	0
绿穗苋（*Amaranthus hybridus*）	8	0	0	0	0	0	0	0	0	0	0	0	0	0	0	0
水蔓菁（*Pseudolysimachion linariifolium* subsp. *dilatatum*）	8	0	0	0	0	0	0	0	0	0	0	0	0	0	0	0
石榴（*Punica granatum*）	5	0	0	0	0	0	0	0	0	0	0	0	0	0	0	0
葎草（*Humulus scandens*）	7	0	0	0	0	0	0	0	0	0	0	0	0	0	0	0
地梢瓜（*Cynanchum thesioides*）	8	0	0	0	0	0	0	0	0	0	0	0	0	0	0	0
鸢尾（*Iris tectorum*）	8	0	0	0	0	0	0	0	0	0	0	0	0	0	0	0
錾菜（*Leonurus pseudomacranthus*）	8	0	0	0	0	0	0	0	0	0	0	0	0	0	0	0
黄瓜菜（*Crepidiastrum denticulatum*）	8	0	0	0	0	0	0	0	0	0	0	0	0	0	0	0
荻（*Miscanthus sacchariflorus*）	7	0	0	0	0	0	0	0	0	0	0	0	0	0	0	0
狗牙根（*Cynodon dactylon*）	7	0	0	0	0	0	0	0	0	0	0	0	0	0	0	0
铁苋菜（*Acalypha australis*）	8	0	0	0	0	0	0	0	0	0	0	0	0	0	0	0
桑（*Morus alba*）	5	0	0	0	0	0	0	0	0	0	0	0	0	0	0	0
光果田麻（*Corchoropsis crenata* var. *hupehensis*）	7	0	0	0	0	0	0	0	0	0	0	0	0	0	0	0
麻栎（*Quercus acutissima*）	5	0	0	0	0	0	0	0	0	0	0	0	0	0	0	0
山葡萄（*Vitis amurensis*）	5	0	0	0	0	0	0	0	0	0	0	0	0	0	0	0
早开堇菜（*Viola prionantha*）	9	0	0	0	0	0	0	0	0	0	0	0	0	0	0	0
马齿苋（*Portulaca oleracea*）	9	0	0	0	0	0	0	0	0	0	0	0	0	0	0	0
香附子（*Cyperus rotundus*）	8	0	0	0	0	0	0	0	0	0	0	0	0	0	0	0
山麦冬（*Liriope spicata*）	8	0	0	0	0	0	0	0	0	0	0	0	0	0	0	0
小花扁担杆（*Grewia biloba* var. *parviflora*）	5	0	0	0	0	0	0	0	0	0	0	0	0	0	0	0
旱柳（*Salix matsudana*）	5	0	0	0	0	0	0	0	0	0	0	0	0	0	0	0
知风草（*Eragrostis ferruginea*）	9	0	0	0	0	0	0	0	0	0	0	0	0	0	0	0
杜梨（*Pyrus betulifolia*）	5	0	0	0	0	0	0	0	0	0	0	0	0	0	0	0
豆茶决明（*Senna nomame*）	8	0	0	0	0	0	0	0	0	0	0	0	0	0	0	0
山楂（*Crataegus pinnatifida*）	5	0	0	0	0	0	0	0	0	0	0	0	0	0	0	0
斑地锦（*Euphorbia maculata*）	9	0	0	0	0	0	0	0	0	0	0	0	0	0	0	0

续表

群丛号		1	2	3	4	5	6	7	8	9	10	11	12	13	14	15
样地数	L	2	4	4	4	10	6	2	3	3	1	4	4	3	7	2
萝藦（Metaplexis japonica）	7	0	0	0	0	0	0	0	0	0	0	0	0	0	0	0
朝天委陵菜（Potentilla supina）	8	0	0	0	0	0	0	0	0	0	0	0	0	0	0	0
狼尾花（Lysimachia barystachys）	8	0	0	0	0	0	0	0	0	0	0	0	0	0	0	0
百里香（Thymus mongolicus）	9	0	0	0	0	0	0	0	0	0	0	0	0	0	0	0
铁线莲（Clematis florida）	8	0	0	0	0	0	0	0	0	0	0	0	0	0	0	0
大果榆（Ulmus macrocarpa）	5	0	0	0	0	0	0	0	0	0	0	0	0	0	0	0
细叶臭草（Melica radula）	7	0	0	0	0	0	0	0	0	0	0	0	0	0	0	0
山桃（Prunus davidiana）	5	0	0	0	0	0	0	0	0	0	0	0	0	0	0	0
白颖薹草（Carex duriuscula subsp. rigescens）	9	0	0	0	0	0	0	0	0	0	0	0	0	0	0	0
龙牙草（Agrimonia pilosa）	8	0	0	0	0	0	0	0	0	0	0	0	0	0	0	0
太行铁线莲（Clematis kirilowii）	7	0	0	0	0	0	0	0	0	0	0	0	0	0	0	0

注：表中"L"列表示物种所在的群落层号，4—6 分别表示大、中、小灌木层，7—9 分别表示大、中、小草本层。表中其余数据为物种特征值（Φ，%），按递减的顺序排列。$\Phi \geq 0.25$ 或 $\Phi \geq 0.5$（$p < 0.05$）的物种为特征种，其特征值分别标记浅灰色和深灰色。

各群丛的种类组成和主要分布地点见表 7-2-2。

表 7-2-2　荆条灌丛群丛统计表

群丛组	群丛	主要种类	主要分布地点	样方号
荆条+其他灌木–草本植物	荆条+绣线菊–京芒草	荆条（Vitex negundo var. heterophylla）、绣线菊（Spiraea salicifolia）、京芒草（Achnatherum pekinense）	泰山	SHD089201，SHD090201，SHD091201
	荆条+花木蓝–长蕊石头花	荆条（Vitex negundo var. heterophylla）、花木蓝（Indigofera kirilowii）、长蕊石头花（Gypsophila oldhamiana）	茶山	SHD71720
	荆条+构–北京隐子草	荆条（Vitex negundo var. heterophylla）、构（Broussonetia papyrifera）、胡枝子（Lespedeza bicolor）、北京隐子草（Cleistogenes hancei）	牛山、兰陵县	SHD109020，SHD109120，SHD83820，SHD83920
	荆条+酸枣–黄背草	荆条（Vitex negundo var. heterophylla）、酸枣（Ziziphus jujuba）、黄背草（Themeda triandra）	牛山、剪云山、神童山、长白山	SHD109220，SHD109320，SHD109420，SHD46920
	荆条+胡枝子–黄背草	荆条（Vitex negundo var. heterophylla）、胡枝子（Lespedeza bicolor）、黄背草（Themeda triandra）、白茅（Imperata cylindrica）、白莲蒿（Artemisia stechmanniana）	历城区	SHD002211，SHD002212，SHD002213
	荆条+兴安胡枝子–北京隐子草	荆条（Vitex negundo var. heterophylla）、兴安胡枝子（Lespedeza davurica）、北京隐子草（Cleistogenes hancei）、女娄菜（Silene aprica）	马亓山	SHD65920，SHD66020
荆条–草本植物	荆条–矛叶荩草	荆条（Vitex negundo var. heterophylla）、矛叶荩草（Arthraxon lanceolatus）	嵩山	SHD44820，SHD44920
	荆条–结缕草	荆条（Vitex negundo var. heterophylla）、结缕草（Zoysia japonica）	诸城市	SHD85720，SHD85820
	荆条–白莲蒿	荆条（Vitex negundo var. heterophylla）、白莲蒿（Artemisia stechmanniana）	沂水县	SHD83220，SHD83320，SHD83520

续表

群丛组	群丛	主要种类	主要分布地点	样方号
荆条-草本植物	荆条-橘草	荆条（*Vitex negundo* var. *heterophylla*）、橘草（*Cymbopogon goeringii*）、狗尾草（*Setaria viridis*）	郯城县	SHD84120，SHD84220，SHD84320，SHD84420
	荆条-矮丛薹草	荆条（*Vitex negundo* var. *heterophylla*）、矮丛薹草（*Carex callitrichos* var. *nana*）、野青茅（*Deyeuxia pyramidalis*）	大泽山、仰天山、潭溪山	SHD48220，SHD56620，SHD58720，SHD58820
	荆条-黄背草	荆条（*Vitex negundo* var. *heterophylla*）、黄背草（*Themeda triandra*）	泰山、神童山、彩山、新泰市、沂水县沙沟镇梓椤峪村	SHD087201，SHD088201，SHD109520，SHD109620，SHD109720，SHD109820，SHD110020，SHD110120，SHD110320，SHD206201
	荆条-白羊草	荆条（*Vitex negundo* var. *heterophylla*）、白羊草（*Bothriochloa ischaemum*）、狗尾草（*Setaria viridis*）	济南市长清区、泰山	SHD001211，SHD001212，SHD081201，SHD082201，SHD084201，SHD086201
	荆条-北京隐子草	荆条（*Vitex negundo* var. *heterophylla*）、北京隐子草（*Cleistogenes hancei*）、茜草（*Rubia cordifolia*）	嵩山、潭溪山、沂山、老寨山、龙口市下丁家镇	SHD44720，SHD58920，SHD59020，SHD61220，SHD65420，SHD82920，SHD83020

不同荆条群丛主要差别是草本层组成不同。本灌丛的基本特征见表 7-2-3 至表 7-2-6。

表 7-2-3　荆条灌丛群落综合分析表 1

层次	种名	株数 / 德氏多度	高度 /m 均高	高度 /m 最高	盖度 /%
灌木层	荆条（*Vitex negundo* var. *heterophylla*）	98	2.15	2.20	5—50
	刺槐（*Robinia pseudoacacia*）	19	2.27	2.80	3—20
	其他种类：火炬树（*Rhus typhina*）、胡枝子（*Lespedeza bicolor*）	7	0.93	1.40	3—5
草本层	野青茅（*Deyeuxia pyramidalis*）	Soc	0.77	1.10	38—100
	薯蓣（*Dioscorea polystachya*）	Cop^2	0.44	0.60	10—55
	黄花蒿（*Artemisia annua*）	Cop^2	0.70	0.70	35
	杠柳（*Periploca sepium*）	Cop^2	0.90	0.90	30
	茵陈蒿（*Artemisia capillaris*）	Cop^2	0.39	0.39	20
	其他种类：绿穗苋（*Amaranthus hybridus*）、龙须菜（*Asparagus schoberioides*）、铁苋菜（*Acalypha australis*）、鸭跖草（*Commelina communis*）、萝藦（*Cynanchum rostellatum*）、葎草（*Humulus scandens*）	Sol	0.50	0.80	2—15

注：调查日期 2014 年 7 月。调查地点临朐县沂山。样方面积 100m^2×1。样地编号 SHD61220：纬度 36.19117°，经度 118.64954°，海拔 384m，坡度 18°，坡向 108°，地形为山坡；森林为次生林；干扰类型为人为干扰，干扰程度轻微；照片编号 SHD61220-1，SHD61220-2，SHD61220-3。

表 7-2-4　荆条灌丛群落综合分析表 2

层次	种名	株数 / 德氏多度	高度 /m 均高	高度 /m 最高	盖度 /%
灌木层	荆条（*Vitex negundo* var. *heterophylla*）	587	1.00	1.45	20—90
	其他种类：酸枣（*Ziziphus jujuba* var. *spinosa*）	1	0.45	0.45	1

续表

层次	种名	株数/德氏多度	高度/m 均高	高度/m 最高	盖度/%
草本层	白羊草（*Bothriochloa ischaemum*）	Cop³	0.27	0.42	15—90
	猪毛菜（*Kali collina*）	Cop²	0.23	0.24	30—50
	黄背草（*Themeda triandra*）	Cop²	0.69	0.69	40
	其他种类：女娄菜（*Silene aprica*）、狗尾草（*Setaria viridis*）、茵陈蒿（*Artemisia capillaris*）、鬼针草（*Bidens pilosa*）、地梢瓜（*Cynanchum thesioides*）、绵枣儿（*Barnardia japonica*）、鸡眼草（*Kummerowia striata*）、全叶马兰（*Aster pekinensis*）、狭叶珍珠菜（*Lysimachia pentapetala*）、金盏银盘（*Bidens biternata*）、石竹（*Dianthus chinensis*）、早开堇菜（*Viola prionantha*）、婆婆针（*Bidens bipinnata*）、一年蓬（*Erigeron annuus*）、中华卷柏（*Selaginella sinensis*）、茜草（*Rubia cordifolia*）、牡蒿（*Artemisia japonica*）、马唐（*Digitaria sanguinalis*）、矮丛薹草（*Carex callitrichos* var. *nana*）、野古草（*Arundinella hirta*）	Sol	0.13	0.46	1—10

注：调查日期 2012 年 8 月。调查地点泰安市泰山。样方面积 100m²×2。样地编号 SHD081201-1，SHD086201-2。样地编号 SHD081201-1：纬度 36.25833°，经度 117.01930°，海拔 319m，坡度 7°，坡向 195°，地形为山坡；森林为次生林；干扰类型为人为干扰，干扰程度强；照片编号 SHD081201-1，SHD081201-2，SHD081201-3。样地编号 SHD086201-2：纬度 36.25528°，经度 117.02500°，海拔 361m，坡度 6°，坡向 188°，地形为山坡；森林为次生林；干扰类型为人为干扰，干扰程度中度；照片编号缺失。

表 7-2-5　荆条灌丛群落综合分析表 3

层次	种名	株数/德氏多度	高度/m 均高	高度/m 最高	盖度/%
灌木层	荆条（*Vitex negundo* var. *heterophylla*）	80	0.89	1.20	34—67
	其他种类：兴安胡枝子（*Lespedeza davurica*）、刺槐（*Robinia pseudoacacia*）、酸枣（*Ziziphus jujuba* var. *spinosa*）	3	0.36	0.65	1—3
草本层	矮丛薹草（*Carex callitrichos* var. *nana*）	Soc	0.08	0.08	90
	马唐（*Digitaria sanguinalis*）	Cop¹	0.18	0.20	20—25
	荻（*Miscanthus sacchariflorus*）	Cop¹	0.15	0.15	20
	其他种类：狗尾草（*Setaria viridis*）、远志（*Polygala tenuifolia*）、地梢瓜（*Cynanchum thesioides*）、小蓬草（*Erigeron canadensis*）、马兰（*Aster indicus*）、委陵菜（*Potentilla chinensis*）、白莲蒿（*Artemisia stechmanniana*）、茵陈蒿（*Artemisia capillaris*）、山东茜草（*Rubia truppeliana*）、百里香（*Thymus mongolicus*）	Sol	0.16	0.40	2—15

注：调查日期 2013 年 10 月。调查地点平度市大泽山。样方面积 100m²×1。样地编号 SHD48220：纬度 36.98251°，经度 120.06704°，海拔 167m，坡度 15°，坡向 270°，地形为山坡；森林为次生林；干扰类型为人为干扰，干扰程度轻微；照片编号 SHD48220-1，SHD48220-2，SHD48220-3。

表 7-2-6　荆条灌丛群落综合分析表 4

层次	种名	株数/德氏多度	高度/m 均高	高度/m 最高	盖度/%
灌木层	荆条（*Vitex negundo* var. *heterophylla*）	50	1.65	2.00	90—100
	兴安胡枝子（*Lespedeza davurica*）	13	0.40	0.40	5
	其他种类：刺槐（*Robinia pseudoacacia*）、酸枣（*Ziziphus jujuba* var. *spinosa*）、榆（*Ulmus pumila*）、臭椿（*Ailanthus altissima*）	9	1.43	2.10	2—10

续表

层次	种名	株数 / 德氏多度	高度 /m 均高	高度 /m 最高	盖度 /%
草本层	北京隐子草（Cleistogenes hancei）	Cop¹	0.39	0.53	22—26
	雀麦（Bromus japonicus）	Sp	0.38	0.45	2—15
	其他种类：黄背草（Themeda triandra）、播娘蒿（Descurainia sophia）、野艾蒿（Artemisia lavandulifolia）、鹅观草（Elymus kamoji）、茜草（Rubia cordifolia）	Sol	0.43	0.67	1—8

注：调查日期 2013 年 10 月。调查地点龙口市下丁家镇。样方面积 100m² × 1。样地编号 SHD48220：纬度 37.54789°，经度 120.52450°，海拔 183m，坡度 8°，坡向 204°，地形为山坡；森林为次生林；干扰类型为人为干扰，干扰程度中度；照片编号缺失。

酸枣的生态习性与荆条的生态习性相近，只是更耐干旱瘠薄。在野外经常可以看到酸枣和荆条混生，"荆棘丛生""披荆斩棘"说明了这两种植物的特点和关系。本灌丛基本特征见表 7-2-7 至表 7-2-9。

表 7-2-7　荆条 + 酸枣灌丛群落综合分析表 1

层次	种名	株数 / 德氏多度	高度 /m 均高	高度 /m 最高	盖度 /%
灌木层	荆条（Vitex negundo var. heterophylla）	794	0.47	0.60	50—80
	酸枣（Ziziphus jujuba var. spinosa）	191	0.50	0.66	20—40
	多花胡枝子（Lespedeza floribunda）	47	0.18	0.22	2—8
	其他种类：苦参（Sophora flavescens）、兴安胡枝子（Lespedeza davurica）、刺槐（Robinia pseudoacacia）	78	0.30	0.50	2—15
草本层	京芒草（Achnatherum pekinense）	Cop²	0.59	0.80	10—60
	黄背草（Themeda triandra）	Cop¹	1.05	1.20	10—35
	狗尾草（Setaria viridis）	Cop¹	0.54	0.80	5—25
	其他种类：鬼针草（Bidens pilosa）、茜草（Rubia cordifolia）、纤毛鹅观草（Elymus ciliaris）、猪毛菜（Kali collinum）	Sp	0.51	1.10	1—25

注：调查日期 2015 年 8 月。调查地点昌乐县隋姑山。样方面积 100m² × 2。样地编号 SHD85120，SHD85220。样地编号 SHD85120：纬度 36.5524°，经度 118.8802°，海拔 254m，坡度 10°，坡向 149°，地形为山坡；森林为人工林；干扰类型为人为干扰，干扰程度强；照片编号 SHD85120-1，SHD85120-2，SHD85120-3，SHD85120-4。样地编号 SHD85220：纬度 36.56372°，经度 118.87062°，海拔 230m，坡度 10°，坡向 148°，地形为山坡；森林为次生林；干扰类型为人为干扰，干扰程度强；照片编号 SHD85220-1，SHD85220-2，SHD85220-3，SHD85220-4。

表 7-2-8　荆条 + 酸枣灌丛群落综合分析表 2

层次	种名	株数 / 德氏多度	高度 /m 均高	高度 /m 最高	盖度 /%
灌木层	酸枣（Ziziphus jujuba var. spinosa）	59	1.40	1.50	20—40
	茅莓（Rubus parvifolius）	45	0.20	0.30	2—5
	荆条（Vitex negundo var. heterophylla）	29	1.15	1.40	3—10
	其他种类：榔榆（Ulmus parvifolia）、花木蓝（Indigofera kirilowii）	7	1.10	1.50	1—5
草本层	北京隐子草（Cleistogenes hancei）	Cop³	0.59	0.70	15—80
	白莲蒿（Artemisia stechmanniana）	Cop²	0.50	0.65	1—50
	野艾蒿（Artemisia lavandulifolia）	Cop¹	0.80	0.80	30

续表

层次	种名	株数/德氏多度	高度/m 均高	高度/m 最高	盖度/%
草本层	其他种类：薯蓣（*Dioscorea polystachya*）、葎草（*Humulus scandens*）、直立百部（*Stemona sessilifolia*）、刺儿菜（*Cirsium arvense* var. *integrifolium*）、丹参（*Salvia miltiorrhiza*）、荩草（*Arthraxon hispidus*）、鸡眼草（*Kummerowia striata*）、黄背草（*Themeda triandra*）、地梢瓜（*Cynanchum thesioides*）、远志（*Polygala tenuifolia*）、中华卷柏（*Selaginella sinensis*）、矮丛薹草（*Carex callitrichos* var. *nana*）、委陵菜（*Potentilla chinensis*）、狗尾草（*Setaria viridis*）	Sol	0.28	0.60	1—15

注：调查日期 2014 年 7 月。调查地点淄博市淄川区潭溪山。样方面积 100m²×1。样地编号 SHD59120：纬度 36.53654°，经度 118.17133°，海拔 285m，坡度 11°，坡向 6°，地形为山坡；森林为次生林；干扰类型为人为干扰，干扰程度强；照片编号 SHD59120–1，SHD59120–2，SHD59120–3，SHD59120–4。

表 7-2-9　荆条 + 酸枣灌丛群落综合分析表 3

层次	种名	株数/德氏多度	高度/m 均高	高度/m 最高	盖度/%
灌木层	胡枝子（*Lespedeza bicolor*）	123	0.60	0.75	5—25
	酸枣（*Ziziphus jujuba* var. *spinosa*）	93	1.25	1.50	7—35
	荆条（*Vitex negundo* var. *heterophylla*）	41	1.55	2.00	10—25
	其他种类：臭椿（*Ailanthus altissima*）、青花椒（*Zanthoxylum schinifolium*）、小花扁担杆（*Grewia biloba* var. *parviflora*）	4	1.93	2.50	1—6
草本层	北京隐子草（*Cleistogenes hancei*）	Cop³	0.65	0.85	1—40
	野艾蒿（*Artemisia lavandulifolia*）	Cop¹	0.33	0.60	1—5
	其他种类：鬼针草（*Bidens pilosa*）、牵牛（*Ipomoea nil*）、黄花蒿（*Artemisia annua*）、葎草（*Humulus scandens*）、錾菜（*Leonurus pseudomacranthus*）、薯蓣（*Dioscorea polystachya*）、藜（*Chenopodium album*）、荩草（*Arthraxon hispidus*）	Sp	0.47	1.60	1—25

注：调查日期 2015 年 7 月。调查地点肥城市牛山。样方面积 100m²×1。样地编号 SHD108920：纬度 36.25972°，经度 116.72917°，海拔 160m，坡度 23°，坡向 30°，地形为山坡；森林为次生林；干扰类型为人为干扰，干扰程度中度；照片编号 SHD108920–1，SHD108920–2，SHD108920–3，SHD108920–4。

5. 价值及保护发展

荆条灌丛是森林破坏后的次生植被类型，在土壤保持、防止水土流失等方面具有重要作用，应该加强保护，促进其向森林方向演替。另外，荆条是很好的蜜源植物，荆条蜜的营养价值很高。在干旱贫瘠山地，荆条也是一种重要的资源植物。

（二）酸枣灌丛

酸枣灌丛也是山东常见的灌丛类型之一。荆条灌丛为集中成片分布，而酸枣灌丛多是零星和片段化分布。

1. 地理分布和生态特征

本灌丛在华北山地丘陵分布很普遍。在山东省各山区丘陵、空旷地带和路边很常见。由于酸枣比荆条更耐干旱贫瘠，所以比荆条分布更广（图 7-2-6）。

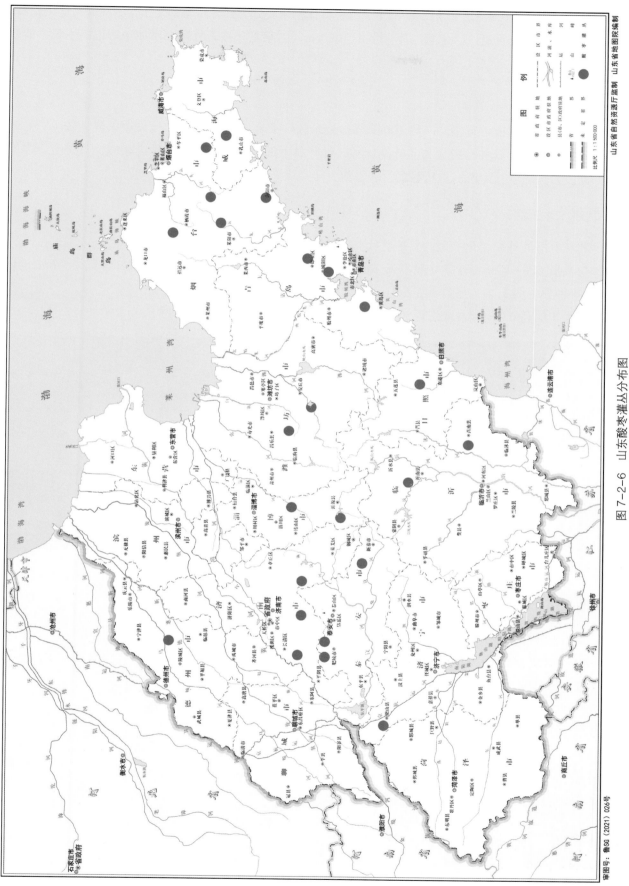

图 7-2-6　山东酸枣灌丛分布图

　　酸枣是典型的喜光、耐旱、耐瘠薄的灌木，抗逆性比荆条更强，其分布地多是干旱、贫瘠的低山丘陵，与荆条的分布区重叠而且更广。土壤厚度大多不到 20cm。它甚至在裸岩缝隙、田埂地堰也能生长，能起到保土保水的作用。

2. 群落组成

　　酸枣灌丛的种类组成不复杂，一般 100m² 样地记录的种类有 15—20 种。由于调查的样地较少，总的记录种类不到 100 种。其种类组成与落叶阔叶林、针叶林下的灌木和草本植物种类相似，只是有更多耐干旱的种类，如狗尾草、瓦松、矮丛薹草、茵陈蒿、知风草等。

3. 群落外貌结构

　　酸枣灌丛群落的外貌变化不大，只是夏秋季呈现出深绿色外貌。

　　灌木层高度 0.5—1.2m，盖度一般不到 20%，除占显著优势的酸枣外，还有扁担杆、鼠李（*Rhamnus davurica*）等种类（图 7-2-7 至图 7-2-10）。

　　草本层平均层高 0.2—0.4m，盖度 50%—70%，常见狗尾菜、蒿类等耐旱种类。

图 7-2-7　酸枣灌丛（泰山）（1）

图 7-2-8　酸枣灌丛（泰山）（2）

图 7-2-9　酸枣灌丛（泰山）（3）

图 7-2-10　酸枣灌丛（泰山）（4）

4. 群落类型

酸枣灌丛的类型较荆条简单，可分为 2 个群丛组（酸枣 + 其他灌木 – 草本植物、酸枣 – 草本植物），约 10 个群丛。

不同酸枣群丛的差别主要是草本层组成不同。本群丛基本特征见表 7-2-10 至表 7-2-13。

表 7-2-10　酸枣灌丛群落综合分析表 1

层次	种名	株数 / 德氏多度	高度 /m		盖度 /%
			均高	最高	
灌木层	酸枣（*Ziziphus jujuba* var. *spinosa*）	90	1.20	1.70	6—20
	小花扁担杆（*Grewia biloba* var. *parviflora*）	60	1.50	1.60	6—8
	其他种类：山葡萄（*Vitis amurensis*）、小叶鼠李（*Rhamnus parvifolia*）	22	1.02	1.40	2—5
草本层	白莲蒿（*Artemisia stechmanniana*）	Cop¹	0.32	0.45	4—30
	黄花蒿（*Artemisia annua*）	Cop²	0.56	0.90	2—24
	橘草（*Cymbopogon goeringii*）	Cop¹	0.82	1.20	7—20
	狗牙根（*Cynodon dactylon*）	Cop³	0.25	0.25	60
	长蕊石头花（*Gypsophila oldhamiana*）	Cop¹	0.39	0.70	1—20
	其他种类：狗尾草（*Setaria viridis*）、鼠尾草（*Salvia japonica*）、瓦松（*Orostachys fimbriata*）、矮丛薹草（*Carex callitrichos* var. *nana*）、茵陈蒿（*Artemisia capillaris*）、知风草（*Eragrostis ferruginea*）	Sol	0.33	0.80	1—12

注：调查日期 2013 年 10 月。调查地点烟台市蓬莱区艾山。样方面积 100m²×1。样地编号 SHD52620；纬度 37.44661°，经度 120.78010°，海拔 306m，坡度 4°，坡向 10°，地形为山坡；森林为次生林；干扰类型为人为干扰，干扰程度中度；照片编号 SHD52620-1，SHD52620-2，SHD52620-3。

表 7-2-11 酸枣灌丛群落综合分析表 2

层次	种名	株数/德氏多度	高度/m 均高	高度/m 最高	盖度/%
灌木层	酸枣（*Ziziphus jujuba* var. *spinosa*）	129	0.99	1.20	27—38
	刺槐（*Robinia pseudoacacia*）	13	1.70	1.80	5—8
	其他种类：麻栎（*Quercus acutissima*）、紫穗槐（*Amorpha fruticosa*）	19	1.35	1.45	3—10
草本层	狗尾草（*Setaria viridis*）	Cop^2	0.74	0.85	40—65
	黄背草（*Themeda triandra*）	Cop^2	1.30	1.30	60
	橘草（*Cymbopo gongoeringii*）	Cop^1	1.03	1.20	15
	五月艾（*Artemisia indica*）	Cop^1	0.83	1.20	8—15
	其他种类：马唐（*Digitaria sanguinalis*）、瓦松（*Orostachys fimbriata*）、知风草（*Eragrostis ferruginea*）	Sol	0.61	0.90	2—10

注：调查日期 2013 年 10 月。调查地点栖霞市牙山。样方面积 100m^2×1。样地编号 SHD54220：纬度 37.17352°，经度 121.13247°，海拔 97m，坡度 4°，坡向 345°，地形为丘陵；森林为次生林；干扰类型为人为干扰，干扰程度强；照片编号 SHD54220-1，SHD54220-2，SHD54220-3。

表 7-2-12 酸枣灌丛群落综合分析表 3

层次	种名	株数/德氏多度	高度/m 均高	高度/m 最高	盖度/%
灌木层	多花胡枝子（*Lespedeza floribunda*）	280	0.17	0.20	10—30
	酸枣（*Ziziphus jujuba* var. *spinosa*）	142	0.40	0.50	10—50
	荆条（*Vitex negundo* var. *heterophylla*）	59	0.37	0.60	5—15
	其他种类：花木蓝（*Indigofera kirilowii*）、华北绣线菊（*Spiraea fritschiana*）、火炬树（*Rhus typhina*）、苦参（*Sophora flavescens*）、兴安胡枝子（*Lespedeza davurica*）、榆（*Ulmus pumila*）	116	0.48	1.30	1—10
草本层	黄背草（*Themeda triandra*）	Cop^1	0.91	1.20	10—25
	野艾蒿（*Artemisia lavandulifolia*）	Cop^1	0.38	0.60	1—50
	狗尾草（*Setaria viridis*）	Sol	0.50	0.70	1—10
	其他种类：白羊草（*Bothriochloa ischaemum*）、白英（*Solanum lyratum*）、翅果菊（*Lactuca indica*）、地梢瓜（*Cynanchum thesioides*）、地榆（*Sanguisorba officinalis*）、鬼针草（*Bidens pilosa*）、蒺藜（*Tribulus terrestris*）、藜（*Chenopodium album*）、萝藦（*Cynanchum rostellatum*）、马唐（*Digitaria sanguinalis*）、米口袋（*Gueldenstaedtia verna*）、茜草（*Rubia cordifolia*）、石竹（*Dianthus chinensis*）、小蓬草（*Erigeron canadensis*）、鸦葱（*Takhtajaniantha austriaca*）、早开堇菜（*Viola prionantha*）、竹灵消（*Vincetoxicum inamoenum*）	Sol	0.24	0.80	1—10

注：调查日期 2015 年 8 月。调查地点安丘市。样方面积 100m^2×2。样地编号 SHD84720-1，SHD84820-2。样地编号 SHD84720-1：纬度 36.38651°，经度 119.12904°，海拔 158m，坡度 10°，坡向 275°，地形为山坡；森林为次生林；干扰类型为人为干扰，干扰程度强；照片编号 SHD84720-1，SHD84720-2，SHD84720-3。样地编号 SHD84820-2：纬度 36.38667°，经度 119.13128°，海拔 170m，坡度 11°，坡向 92°，地形为山坡；森林为次生林；干扰类型为人为干扰，干扰程度强；照片编号 SHD84820-1，SHD84820-2，SHD84820-3。

表 7-2-13　酸枣灌丛群落综合分析表 4

层次	种名	株数 / 德氏多度	高度 /m		盖度 /%
			均高	最高	
灌木层	酸枣（*Ziziphus jujuba* var. *spinosa*）	151	0.69	1.26	1—75
	荆条（*Vitex negundo* var. *heterophylla*）	219	0.58	0.77	10—45
	红花锦鸡儿（*Caragana rosea*）	10	0.32	0.45	1
草本层	白羊草（*Bothriochloa ischaemum*）	Cop^3	0.30	0.75	15—60
	荩草（*Arthraxon hispidus*）	Cop^2	0.20	0.21	15—30
	其他种类：阿尔泰狗娃花（*Aster altaicus*）、蒙古蒿（*Artemisia mongolica*）、远志（*Polygala tenuifolia*）、中华草沙蚕（*Tripogon chinensis*）、猪毛菜（*Kali collinum*）	Sol	0.12	0.20	3—10

注：调查日期 2011 年 7 月。调查地点济南市长清区。样方面积 100m^2×1。样地编号 SHD001213：纬度 36.45856°，经度 116.74664°，海拔 91m，坡度 10°，坡向 190°，地形为丘陵；森林为人工林；干扰类型为人为干扰，干扰程度强；照片编号 SHD001213-1、SHD001213-2、SHD001213-3、SHD001213-4。

5. 价值及保护发展

酸枣灌丛是植被退化和土壤干旱贫瘠的指示植物群落，具有一定的防止水土流失等生态作用。自然状态下这种植被很难恢复为森林植被。对于酸枣灌丛类型，主要采用人工造林等方式，促进其向森林方向演替。另外，酸枣也是很好的蜜源植物，酸枣蜜的营养价值很高。在干旱贫瘠山地，酸枣也是一种重要的资源植物。

（三）胡枝子灌丛

胡枝子灌丛（群系组）的建群种包括胡枝子属的多种植物，但以胡枝子最普遍，其他种类大多不形成群落。以下着重介绍胡枝子灌丛。

1. 地理分布和生态特征

胡枝子灌丛主要分布在华北山地顶部及土壤较肥沃的阴坡和沟谷，也是山东省较为常见的灌丛，从平原到海拔 1500m 的山顶都有分布。胡枝子灌丛也是土壤条件良好的指示植物群落，生长地段自然恢复森林的潜力大。本类型分布很广泛，在鲁中南山地丘陵、胶东山地丘陵区均有分布，如泰山、昆嵛山、大珠山、小珠山、鲁山、沂山、罗山、马亓山、河山、茶山等（图 7-2-11），在无林地段群聚成丛，与森林或草丛镶嵌分布。

2. 群落组成和外貌结构

胡枝子灌丛的种类组成很复杂，在 16 个标准样地中记录到 110 多种植物，大多是中生或者喜湿的种类，这与荆条灌丛、酸枣灌丛多由耐干旱种类组成明显不同。

胡枝子灌丛常呈丛状分布，平均灌层高约 1m，最高可达 1.5—2m。群落总盖度 40%—50%，最大可达 90%—100%，灌木层常伴有荆条、花木蓝、华北绣线菊、牛叠肚、白檀、小叶鼠李、鼠李、山槐、连翘、朝鲜鼠李（*Rhamnus koraiensis*）、一叶萩等。

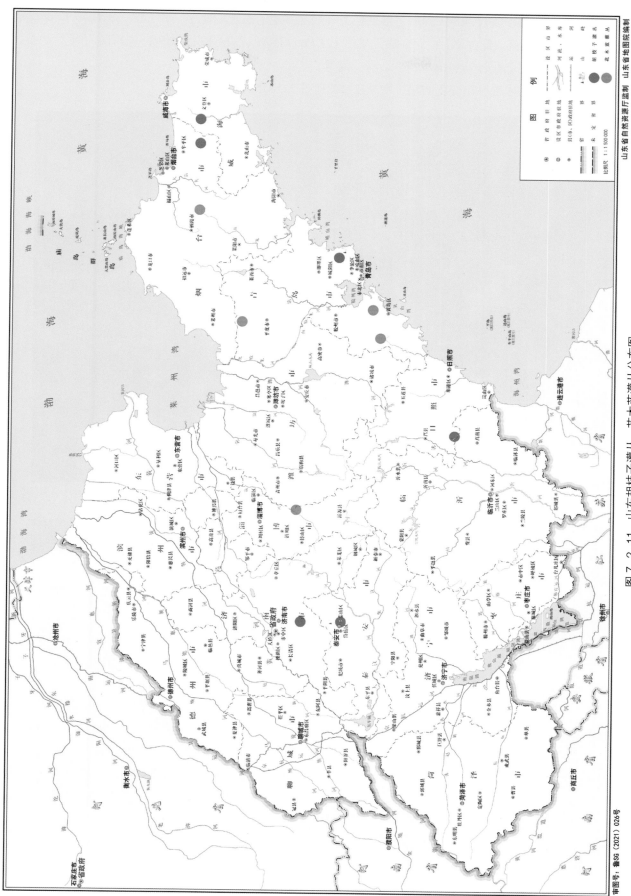

图 7-2-11　山东胡枝子灌丛、花木蓝灌丛分布图

　　草本层高 0.5—0.7m，盖度 40%—60%，常见种类有矮丛薹草、芒、大油芒、野青茅、叉分蓼（*Koenigia divaricata*）、黄背草、葛、野古草、白茅、法氏早熟禾（*Poa faberi*）、白莲蒿、地榆、北京隐子草、拳参、长蕊石头花、三脉紫菀（*Aster ageratoides*）、野艾蒿等。

　　胡枝子群落夏季和秋季季相变化明显（图 7-2-12 至图 7-2-15）。

图 7-2-12　胡枝子灌丛夏季季相（1）

图 7-2-13　胡枝子灌丛夏季季相（2）

图 7-2-14 胡枝子灌丛秋季季相（1）

图 7-2-15 胡枝子灌丛秋季季相（2）

3. 群落类型

胡枝子灌丛的类型不多，基于 16 个标准样方的数量分类，可分为 2 个群丛组（胡枝子 + 其他灌木 – 草本植物、胡枝子 – 草本植物）和 6 个群丛（表 7-2-14）。

表 7-2-14　胡枝子灌丛群丛分类简表

群丛号		1	2	3	4	5	6
样地数	L	1	1	2	7	2	3
叉分蓼（*Koenigia divaricata*）	7	0	0	100	0	0	0
朝鲜老鹳草（*Geranium koreanum*）	7	0	0	100	0	0	0
山罗花（*Melampyrum roseum*）	7	0	0	100	0	0	0
芒（*Miscanthus sinensis*）	7	0	0	77.5	0	0	0
鼠李（*Rhamnus davurica*）	5	0	0	77.5	0	0	0
油芒（*Spodiopogon cotulifer*）	7	0	0	0	82.2	0	0
木防己（*Cocculus orbiculatus*）	5	0	0	0	82.2	0	0
宽蕊地榆（*Sanguisorba applanata*）	7	0	0	0	72.5	0	0
黑松（*Pinus thunbergii*）	5	0	0	0	72.5	0	0
大油芒（*Spodiopogon sibiricus*）	7	0	0	0	77.5	0	0
早开堇菜（*Viola prionantha*）	8	0	0	0	0	0	79.1
小花扁担杆（*Grewia biloba* var. *parviflora*）	5	0	0	0	0	0	79.1
胡枝子（*Lespedeza bicolor*）	5	0	0	0	0	0	0
老鹳草（*Geranium wilfordii*）	7	0	0	0	0	0	0
葎草（*Humulus scandens*）	8	0	0	0	0	0	0
林荫千里光（*Senecio nemorensis*）	7	0	0	0	0	0	0
路边青（*Geum aleppicum*）	7	0	0	0	0	0	0
地榆（*Sanguisorba officinalis*）	8	0	0	0	0	0	0
唐松草（*Thalictrum aquilegiifolium* var. *sibiricum*）	7	0	0	0	0	0	0
瞿麦（*Dianthus superbus*）	8	0	0	0	0	0	0
酸模（*Rumex acetosa*）	8	0	0	0	0	0	0
白檀（*Symplocos tanakana*）	5	0	0	0	0	0	0
绣线菊（*Spiraea salicifolia*）	5	0	0	0	0	0	0
矮丛薹草（*Carex callitrichos* var. *nana*）	8	0	0	0	0	0	0
蓬子菜（*Galium verum*）	8	0	0	0	0	0	0
败酱（*Patrinia scabiosifolia*）	8	0	0	0	0	0	0
狼尾花（*Lysimachia barystachys*）	7	0	0	0	0	0	0
沙参（*Adenophora stricta*）	7	0	0	0	0	0	0
黄芦木（*Berberis amurensis*）	5	0	0	0	0	0	0
紫菀（*Aster tataricus*）	7	0	0	0	0	0	0
白莲蒿（*Artemisia stechmanniana*）	8	0	0	0	0	0	0
歪头菜（*Vicia unijuga*）	8	0	0	0	0	0	0
三脉紫菀（*Aster ageratoides*）	7	0	0	0	0	0	0

续表

群丛号		1	2	3	4	5	6
样地数	L	1	1	2	7	2	3
野艾蒿（*Artemisia lavandulifolia*）	7	0	0	0	0	0	0
连翘（*Forsythia suspensa*）	5	0	0	0	0	0	0
小叶鼠李（*Rhamnus parvifolia*）	5	0	0	0	0	0	0
球果堇菜（*Viola collina*）	9	0	0	0	0	0	0
拳参（*Bistorta officinalis*）	7	0	0	0	0	0	0
萱草（*Hemerocallis fulva*）	7	0	0	0	0	0	0
风毛菊（*Saussurea japonica*）	8	0	0	0	0	0	0
华北绣线菊（*Spiraea fritschiana*）	5	0	0	0	0	0	0
鸡腿堇菜（*Viola acuminata*）	8	0	0	0	0	0	0
桔梗（*Platycodon grandiflorus*）	7	0	0	0	0	0	0
绵枣儿（*Barnardia japonica*）	8	0	0	0	0	0	0
南牡蒿（*Artemisia eriopoda*）	8	0	0	0	0	0	0
牛叠肚（*Rubus crataegifolius*）	5	0	0	0	0	0	0
石竹（*Dianthus chinensis*）	8	0	0	0	0	0	0
水榆花楸（*Sorbus alnifolia*）	4	0	0	0	0	0	0
小红菊（*Chrysanthemum chanetii*）	8	0	0	0	0	0	0
长蕊石头花（*Gypsophila oldhamiana*）	8	0	0	0	0	0	0
锦带花（*Weigela florida*）	5	0	0	0	0	0	0
宽叶山蒿（*Artemisia stolonifera*）	7	0	0	0	0	0	0
莓叶委陵菜（*Potentilla fragarioides*）	8	0	0	0	0	0	0
南山堇菜（*Viola chaerophylloides*）	7	0	0	0	0	0	0
地锦（*Parthenocissus tricuspidata*）	6	0	0	0	0	0	0
朝鲜鼠李（*Rhamnus koraiensis*）	5	0	0	0	0	0	0
垂丝卫矛（*Euonymus oxyphyllus*）	5	0	0	0	0	0	0
辽宁堇菜（*Viola rossii*）	7	0	0	0	0	0	0
长冬草（*Clematis hexapetala* var. *tchefouensis*）	7	0	0	0	0	0	0
木槿（*Hibiscus syriacus*）	5	0	0	0	0	0	0
野青茅（*Deyeuxia pyramidalis*）	7	0	0	0	0	0	0
辽东水蜡树（*Ligustrum obtusifolium* subsp. *suave*）	5	0	0	0	0	0	0
法式早熟禾（*Poa faberi*）	7	0	0	0	0	0	0
花木蓝（*Indigofera kirilowii*）	5	0	0	0	0	0	0
合欢（*Albizia julibrissin*）	5	0	0	0	0	0	0
拐芹（*Angelica polymorpha*）	7	0	0	0	0	0	0
华东菝葜（*Smilax sieboldii*）	7	0	0	0	0	0	0
蓝萼毛叶香茶菜（*Isodon japonicus* var. *glaucocalyx*）	7	0	0	0	0	0	0
球序韭（*Allium thunbergii*）	7	0	0	0	0	0	0
葎叶蛇葡萄（*Ampelopsis humulifolia*）	5	0	0	0	0	0	0

续表

群丛号		1	2	3	4	5	6
样地数	L	1	1	2	7	2	3
蒙古蒿（*Artemisia mongolica*）	7	0	0	0	0	0	0
野菊（*Chrysanthemum indicum*）	8	0	0	0	0	0	0
黄瓜菜（*Crepidiastrum denticulatum*）	8	0	0	0	0	0	0
费菜（*Phedimus aizoon*）	8	0	0	0	0	0	0
白屈菜（*Chelidonium majus*）	7	0	0	0	0	0	0
百里香（*Thymus mongolicus*）	9	0	0	0	0	0	0
马唐（*Digitaria sanguinalis*）	8	0	0	0	0	0	0
女娄菜（*Silene aprica*）	8	0	0	0	0	0	0
臭椿（*Ailanthus altissima*）	5	0	0	0	0	0	0
蕨（*Pteridium aquilinum* var. *latiusculum*）	7	0	0	0	0	0	0
中华卷柏（*Selaginella sinensis*）	9	0	0	0	0	0	0
蛇莓（*Duchesnea indica*）	8	0	0	0	0	0	0
玉竹（*Polygonatum odoratum*）	8	0	0	0	0	0	0
茜草（*Rubia cordifolia*）	8	0	0	0	0	0	0
山东茜草（*Rubia truppeliana*）	7	0	0	0	0	0	0
茅莓（*Rubus parvifolius*）	6	0	0	0	0	0	0
黄背草（*Themeda triandra*）	7	0	0	0	0	0	0
内折香茶菜（*Isodon inflexus*）	7	0	0	0	0	0	0
花曲柳（*Fraxinus chinensis* subsp. *rhynchophylla*）	5	0	0	0	0	0	0
茵陈蒿（*Artemisia capillaris*）	7	0	0	0	0	0	0
忍冬（*Lonicera japonica*）	5	0	0	0	0	0	0
鸢尾（*Iris tectorum*）	7	0	0	0	0	0	0
卵叶鼠李（*Rhamnus bungeana*）	6	0	0	0	0	0	0
野古草（*Arundinella hirta*）	7	0	0	0	0	0	0
麻栎（*Quercus acutissima*）	5	0	0	0	0	0	0
扶芳藤（*Euonymus fortunei*）	5	0	0	0	0	0	0
卫矛（*Euonymus alatus*）	5	0	0	0	0	0	0
野蔷薇（*Rosa multiflora*）	5	0	0	0	0	0	0
耧斗菜（*Aquilegia viridiflora*）	7	0	0	0	0	0	0
花楸树（*Sorbus pohuashanensis*）	5	0	0	0	0	0	0
三裂绣线菊（*Spiraea trilobata*）	5	0	0	0	0	0	0
铁苋菜（*Acalypha australis*）	8	0	0	0	0	0	0
糙苏（*Phlomoides umbrosa*）	7	0	0	0	0	0	0
黄花蒿（*Artemisia annua*）	8	0	0	0	0	0	0
鹅耳枥（*Carpinus turczaninowii*）	5	0	0	0	0	0	0

续表

群丛号		1	2	3	4	5	6
样地数	L	1	1	2	7	2	3
南蛇藤（Celastrus orbiculatus）	5	0	0	0	0	0	0
山槐（Albizia kalkora）	5	0	0	0	0	0	0
鸭跖草（Commelina communis）	7	0	0	0	0	0	0
一叶萩（Flueggea suffruticosa）	5	0	0	0	0	0	0
栓翅卫矛（Euonymus phellomanus）	5	0	0	0	0	0	0
鸦葱（Takhtajaniantha austriaca）	8	0	0	0	0	0	0
刺槐（Robinia pseudoacacia）	5	0	0	0	0	0	0
牵牛（Ipomoea nil）	7	0	0	0	0	0	0
西北栒子（Cotoneaster zabelii）	5	0	0	0	0	0	0
播娘蒿（Descurainia sophia）	7	0	0	0	0	0	0
杜仲（Eucommia ulmoides）	5	0	0	0	0	0	0
多腺悬钩子（Rubus phoenicolasius）	6	0	0	0	0	0	0
荆条（Vitex negundo var. heterophylla）	5	0	0	0	0	0	0
藜（Chenopodium album）	8	0	0	0	0	0	0

注：表中"L"列表示物种所在的群落层，4—6分别表示大、中、小灌木层，7—9分别表示大、中、小草本层。表中其余数据为物种特征值（Φ，%），按递减的顺序排列。$\Phi \geqslant 0.25$ 或 $\Phi \geqslant 0.5$（$p < 0.05$）的物种为特征种，其特征值分别标记浅灰色和深灰色。

各群丛的种类组成和主要分布地点见表7-2-15。

表7-2-15　胡枝子灌丛群丛统计表

群丛组	群丛	主要种类	主要分布地点	样方号
胡枝子+灌木–草本植物	胡枝子+连翘–矮丛薹草	胡枝子（Lespedeza bicolor）、连翘（Forsythia suspensa）、绣线菊（Spiraea salicifolia）、矮丛薹草（Carex callitrichos var. nana）	泰山玉皇顶	SHD083201
	胡枝子+华北绣线菊–叉分蓼	胡枝子（Lespedeza bicolor）、华北绣线菊（Spiraea fritschiana）、牛叠肚（Rubus crataegifolius）、叉分蓼（Koenigia divaricata）	昆嵛山	SHD311201，SHD313201
胡枝子–草本植物	胡枝子–拳参	胡枝子（Lespedeza bicolor）、拳参（Bistorta officinalis）	泰山玉皇顶	SHD085201
	胡枝子–大油芒	胡枝子（Lespedeza bicolor）、牛叠肚（Rubus crataegifolius）、花木蓝（Indigofera kirilowii）、大油芒（Spodiopogon sibiricus）	小珠山	SHD49720，SHD49820，SHD49920，SHD50020，SHD50120，SHD50220，SHD50320
	胡枝子–矮丛薹草	胡枝子（Lespedeza bicolor）、矮丛薹草（Carex callitrichos var. nana）	鲁山、罗山	SHD58420，SHD63020
	胡枝子–野青茅	胡枝子（Lespedeza bicolor）、野青茅（Deyeuxia pyramidalis）、蕨（Pteridium aquilinum var. latiusculum）	沂山、罗山、茶山	SHD61020、SHD63120，SHD71620

本群丛基本特征见表 7-2-16 至表 7-2-17。

表 7-2-16　胡枝子灌丛群落综合分析表 1

层次	种名	株数/德氏多度	高度/m 均高	高度/m 最高	盖度/%
灌木层	胡枝子（*Lespedeza bicolor*）	206	0.93	1.10	3—50
	连翘（*Forsythia suspensa*）	36	1.55	1.70	2—17
	其他种类：绣线菊（*Spiraea salicifolia*）	40	0.65	0.65	4
草本层	野艾蒿（*Artemisia lavandulifolia*）	Cop¹	0.50	0.75	5—40
	矮丛薹草（*Carex callitrichos* var. *nana*）	Cop²	0.28	0.35	1—80
	林荫千里光（*Senecio nemorensis*）	Cop²	0.75	0.75	40
	老鹳草（*Geranium wilfordii*）	Cop²	0.45	0.38	20—40
	地榆（*Sanguisorba officinalis*）	Cop²	0.13	0.13	20
	其他种类：路边青（*Geum aleppicum*）、葎草（*Humulus scandens*）、蓬子菜（*Galium verum*）、瞿麦（*Dianthus superbus*）、酸模（*Rumex acetosa*）、唐松草（*Thalictrum aquilegiifolium* var. *sibiricum*）、紫菀（*Aster tataricus*）	Sol	0.26	0.45	1—15

注：调查日期 2012 年 8 月。调查地点泰安市泰山玉皇顶。样方面积 100m²×1。样地编号 SHD083201：纬度 36.25687°，经度 117.10268°，海拔 1526m，坡度 0°，坡向 120°，地形为山坡；森林为次生林；干扰类型为人为干扰，干扰程度轻微；照片编号 SHD083201-1，SHD083201-2，SHD083201-3。

表 7-2-17　胡枝子灌丛群落综合分析表 2

层次	种名	株数/德氏多度	高度/m 均高	高度/m 最高	盖度/%
灌木层	胡枝子（*Lespedeza bicolor*）	10	1.25	1.30	2.5—7.0
	葛（*Pueraria montana* var. *lobata*）	84	0.68	0.70	84—91
	其他种类：木防己（*Cocculus orbiculatus*）、华北绣线菊（*Spiraea fritschiana*）、鼠李（*Rhamnus davurica*）、野花椒（*Zanthoxylum simulans*）	18	0.93	1.30	1.4—4.0
草本层	大油芒（*Spodiopogon sibiricus*）	Sol	1.10	1.20	1—3
	地榆（*Sanguisorba officinalis*）	Sol	1.30	1.30	3
	野青茅（*Deyeuxia pyramidalis*）	Sol	0.60	0.60	2
	其他种类：华东早熟禾（*Poa faberi*）	Un	0.80	0.80	0.5

注：1. 调查日期 2013 年 10 月。调查地点青岛市黄岛区小珠山。样方面积 100m²×1。样地编号 SHD49620：纬度 35.95933°，经度 120.09940°，海拔 410m，坡度 25°，坡向 135°，地形为山坡；森林为次生林；干扰类型为人为干扰，干扰程度中度；照片编号 SHD49620-1，SHD49620-2，SHD49620-3，SHD49620-4。

2. 样地外种类还有野菊（*Chrysanthemum indicum*）。

4. 价值及保护发展

胡枝子灌丛是森林退化或者破坏后形成的次生植被类型，多分布在土壤条件肥沃湿润的地段，是土壤条件较好的指示植物群落。如果加强保护，这一群落类型很容易自然恢复为森林植被。所以对这种群落类型要加以特别关注和保护。胡枝子的花美丽，花期也长，是很好的观赏植物。

（四）花木蓝灌丛

1. 地理分布和生态特征

花木蓝灌丛比较常见，多零星分布在山东的山地丘陵区（图 7-2-11），青岛市大珠山、小珠山、大泽山和茶山，淄博市南部丘陵，烟台市栖霞市牙山和蓬莱区艾山等地的花木蓝灌丛较典型，面积都不大。其分布地的生境条件较好，介于荆条灌丛、酸枣灌丛与胡枝子灌丛之间。

2. 群落组成和外貌结构

种类组成不复杂，一般 100m² 样地记录的种类有 10—15 种。常见的除花木蓝外，还有胡枝子、兴安胡枝子、荆条、小叶鼠李、小花扁担杆等灌木，以及知风草、矮丛薹草、黄背草等草本植物。

花木蓝灌丛灌木层平均层高 0.6—0.8m，总盖度一般低于 40%。群落结构比较简单。花木蓝灌丛的群落色泽随着季节变化，夏季紫红色的花絮很漂亮。

3. 群落类型

花木蓝灌丛可以分为 2 个群丛组和 4—6 个群丛。本群丛基本特征见表 7-2-18 和表 7-2-19。

表 7-2-18　花木蓝灌丛群落综合分析表 1

层次	种名	株数 / 德氏多度	高度 /m 均高	高度 /m 最高	盖度 /%
灌木层	花木蓝（*Indigofera kirilowii*）	151	0.45	0.61	4—17
	兴安胡枝子（*Lespedeza davurica*）	36	0.30	0.42	2—4
	胡枝子（*Lespedeza bicolor*）	22	0.50	0.50	25
	其他种类：荆条（*Vitex negundo* var. *heterophylla*）、小花扁担杆（*Grewia biloba* var. *parviflora*）、小叶鼠李（*Rhamnus parvifolia*）、麦李（*Prunus glandulosa*）、河北木蓝（*Indigofera bungeana*）、酸枣（*Ziziphus jujuba* var. *spinosa*）、青花椒（*Zanthoxylum schinifolium*）、山槐（*Albizia kalkora*）	93	0.96	1.83	2—18
草本层	白莲蒿（*Artemisia stechmanniana*）	Cop¹	0.30	0.57	1—6
	白羊草（*Bothriochloa ischaemum*）	Soc	1.08	1.13	10—15
	黄背草（*Themeda triandra*）	Cop³	0.70	0.92	11—14
	荔枝草（*Salvia plebeia*）	Soc	0.36	0.36	2
	唐松草（*Thalictrum aquilegiifolium* var. *sibiricum*）	Soc	0.19	0.19	6
	小红菊（*Chrysanthemum chanetii*）	Cop¹	0.09	0.11	1
	野古草（*Arundinella hirta*）	Cop¹	0.48	0.55	13—23
	野青茅（*Deyeuxia pyramidalis*）	Cop¹	0.61	0.80	12—45
	錾菜（*Leonurus pseudomacranthus*）	Soc	0.65	0.65	30
	长蕊石头花（*Gypsophila oldhamiana*）	Cop¹	0.48	0.63	6—40
	中华卷柏（*Selaginella sinensis*）	Cop¹	0.04	0.06	1—6
	矮丛薹草（*Carex callitrichos* var. *nana*）	Cop²	0.22	0.28	20—60

层次	种名	株数/德氏多度	高度/m 均高	高度/m 最高	盖度/%
草本层	其他种类：北京隐子草（*Cleistogenes hancei*）、地榆（*Sanguisorba officinalis*）、桔梗（*Platycodon grandiflorus*）、龙须菜（*Asparagus schoberioides*）、茜草（*Rubia cordifolia*）、石竹（*Dianthus chinensis*）、徐长卿（*Vincetoxicum pycnostelma*）、鸦葱（*Takhtajaniantha austriaca*）、野艾蒿（*Artemisia lavandulifolia*）、长冬草（*Clematis hexapetala* var. *tchefouensis*）	Sol	0.40	0.75	1—32

注：1. 调查日期 2013 年 8 月。调查地点平度市茶山。样方面积 100m² × 2。样地编号 SHD71320-1，SHD71420-2。样地编号 SHD71320-1：纬度 36.93371°，经度 119.98259°，海拔 457m，坡度 7°，坡向 255°，地形为山坡；森林为次生林；干扰类型为人为干扰，干扰程度中度；照片编号 SHD71320-1，SHD71320-2。样地编号 SHD71420-2：纬度 36.93143°，经度 119.98110°，海拔 371m，坡度 6°，坡向 186°，地形为山坡；森林为次生林；干扰类型为人为干扰，干扰程度强；照片编号 SHD71420-1，SHD71420-2，SHD71420-3。

2. 样地外种类还有委陵菜（*Potentilla chinensis*）、牵牛（*Ipomoea nil*）、野韭（*Allium ramosum*）、百里香（*Thymus mongolicus*）、远志（*Polygala tenuifolia*）、鸢尾（*Iris tectorum*）、北柴胡（*Bupleurum chinense*）、猪毛蒿（*Artemisia scoparia*）。

表 7-2-19　花木蓝灌丛群落综合分析表 2

层次	种名	株数/德氏多度	高度/m 均高	高度/m 最高	盖度/%
灌木层	花木蓝（*Indigofera kirilowii*）	178	0.81	1.00	10—40
	小叶鼠李（*Rhamnus parvifolia*）	24	0.78	0.85	3—16
	小花扁担杆（*Grewia biloba* var. *parviflora*）	35	1.38	1.80	3—7
	其他种类：山槐（*Albizia kalkora*）、朝鲜鼠李（*Rhamnus koraiensis*）、胡枝子（*Lespedeza bicolor*）、青花椒（*Zanthoxylum schinifolium*）	36	1.31	1.80	3—7
草本层	知风草（*Eragrostis ferruginea*）	Cop¹	1.31	1.40	15—35
	矮丛薹草（*Carex callitrichos* var. *nana*）	Cop¹	0.29	0.35	16—25
	黄背草（*Themeda triandra*）	Cop¹	0.69	0.75	12—30
	北京隐子草（*Cleistogenes hancei*）	Cop¹	0.49	0.52	7—25
	白莲蒿（*Artemisia stechmanniana*）	Cop¹	0.39	0.40	7—30
	其他种类：黄花蒿（*Artemisia annua*）、桔梗（*Platycodon grandiflorus*）、橘草（*Cymbopogon goeringii*）、龙牙草（*Agrimonia pilosa*）、芒（*Miscanthus sinensis*）、茜草（*Rubia cordifolia*）、委陵菜（*Potentilla chinensis*）、西来稗（*Echinochloa crus-galli* var. *zelayensis*）、球果堇菜（*Viola collina*）、蓝刺头（*Echinops sphaerocephalus*）、稗（*Echinochloa crus-galli*）、泥胡菜（*Hemisteptia lyrate*）	Sp	0.80	1.50	3—20

注：调查日期 2013 年 10 月。调查地点栖霞市牙山。样方面积 100m² × 1。样地编号 SHD54120：纬度 37.24250°，经度 121.02373°，海拔 339m，坡度 19°，坡向 143°，地形为山坡；森林为次生林；干扰类型为人为干扰，干扰程度中度；照片编号 SHD54120-1，SHD54120-2，SHD54120-3。

（五）黄栌灌丛

1. 地理分布和生态特征

黄栌灌丛属于山地中生落叶阔叶灌丛，是一种森林被破坏后所形成的较稳定的次生植被类型，在山东省低山丘陵区都有分布（图 7-2-16），但更多见于石灰岩山丘地的阳坡，有的地方面积很大，有的地方零星分布。济南市龙洞和红叶谷、青州市文殊寺和庙子镇杨集村、临朐县石门坊、淄博市南部山区丘陵，都有生长良好的黄栌灌丛。灌丛下的土壤多为褐土。

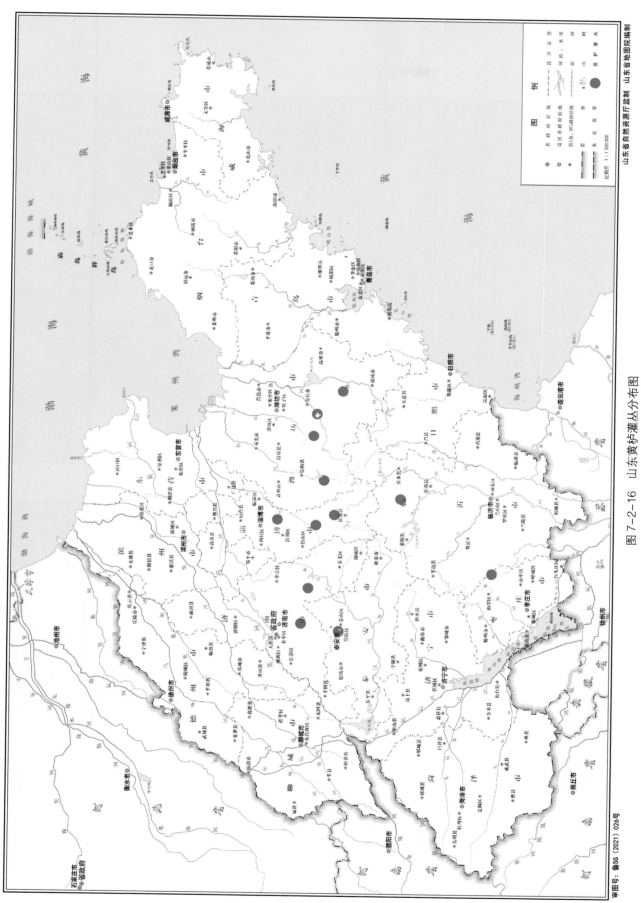

图 7-2-16 山东黄栌灌丛分布图

在青州市、临朐县等地，本灌丛常以"风水林"的形式存在于山区村落的周边，使得本群落保存较好。同时，黄栌在秋季叶片会变红，成为当地美丽的自然景观。济南红叶谷、临朐石门坊、泰山的红叶（图7-2-17至图7-2-20），也都是以黄栌为主的自然景观，为当地的旅游胜地。

图 7-2-17　黄栌灌丛（济南红叶谷）（1）

图 7-2-18　黄栌灌丛（济南红叶谷）（2）

图 7-2-19　黄栌灌丛（济南红叶谷）（3）

图 7-2-20　黄栌灌丛（泰山）

2. 群落组成和外貌结构

这里以青州市庙子镇杨集村的黄栌灌丛为例说明。本群落具有成层性，可以分为灌木层和草本层。灌木层又可明显地分为灌木层Ⅰ和灌木层Ⅱ两个亚层。灌丛中，枯枝落叶不多，地衣、苔藓和蕨类植物不常见。灌丛第一亚层几乎由黄栌组成，高度 1—5m，平均 2.5m，盖度 50%—70%；偶见鹅耳枥、侧柏、大果黄榆等。第二亚层高度一般在 0.1—2.0m，平均 1.2m，盖度在 30%—40%；主要种类有荆条、胡枝子、河北木蓝（*Indigofera bungeana*）、大花溲疏、三裂绣线菊、雀儿舌头、连翘、扁担杆、酸枣、柘桑、叶底珠（*Flueggea suffruticosa*）、小叶鼠李等，常有黄栌幼苗出现。

草本层高度一般低于 0.7m，平均 0.25m；盖度 0—90% 不等，平均 30% 左右。主要植物种有凸脉薹草、隐子草、黄背草、铁线莲（*Clematis florida*）、荠苨（*Adenophora trachelioides*）、猬菊（*Olgaea lomonossowii*）、亚洲岩风（*Libanotis sibirica*）、艾蒿（*Artemisia argyi*）、大戟（*Euphobia pekinensis*）、龙牙草（*Agrimonia pilosa*）、小蓬草、丹参（*Salvia miltiorrhiza*）、唐松草、矮桃、米口袋（*Gueldenstaedtia verna*）等。此外，还有藤本植物，如萝藦科（Asclepiadaceae）的杠柳（*Periploca sepium*）、萝藦（*Cynanchum rostellatum*），以及葡萄科（Vitaceae）的毛葡萄（*Vitis heyneana*）、野葡萄（*Vitis acstriota*）等。

赵鸣（1990）对灌木层Ⅰ、灌木层Ⅱ和草本层的种群密度进行回归分析得出，灌木层Ⅰ的黄栌密度与灌木层Ⅱ的灌木密度、草本植物密度均呈负相关，灌木层Ⅱ的灌木密度与草本植物密度关系较小。其中，灌木层Ⅰ的黄栌密度与草本植物密度呈显著负相关，相关系数为 −0.5731（$\alpha < 0.01$）。用中点四分法测量下层的主要灌木种群分布格局，结果发现荆条、胡枝子和河北木蓝为集群分布，雀儿舌头、扁担杆和三裂绣线菊呈随机分布，连翘呈均匀分布。草本层中，大多数草本植物表现出明显的集群分布，只是程度不同而已。

对黄栌灌丛优势种类与环境关系的多元线性回归分析说明，黄栌幼苗盖度与光照因子、土壤水分因子关系较大，黄栌下的灌木和草本植物都与三维环境因子呈不同程度的正相关，其中草本植物与环境因子的关系较显著，特别是草本植物与土壤因子的关系尤为显著；在灌木种中，荆条与光照因子呈显著正相关，与胡枝子呈负相关，扁担杆与有机质呈显著正相关；草本植物中，突脉薹草与光强度呈负相关，与土壤水分呈显著正相关，与土壤有机质呈极显著正相关，荠苨与有机质呈显著正相关。

生理生态研究表明，黄栌要求生长在光照和土壤水分条件较好的地方。只要条件允许，在山地阳坡就可以栽培黄栌，作为水土保持林和风景林。

3. 群落类型

黄栌群系可以划分为 2 个群丛组和 4 个群丛，典型样地设于安丘市青云山。本群丛基本特征见表 7-2-20。

表 7-2-20　黄栌灌丛群落综合分析表

层次	种名	株数 / 德氏多度	高度 /m 均高	高度 /m 最高	盖度 /%
灌木层	黄栌（*Cotinus coggygria* var. *cinereus*）	11	0.78	1.20	4—15
	榆（*Ulmus pumila*）	5	0.60	0.60	5
	其他种类：酸枣（*Ziziphus jujuba* var. *spinosa*）、荆条（*Vitex negundo* var. *heterophylla*）	6	0.30	0.30	2—3

续表

层次	种名	株数/德氏多度	高度/m 均高	高度/m 最高	盖度/%
草本层	苍耳（*Xanthium strumarium*）	Cop[1]	0.80	0.80	20
	狗尾草（*Setaria viridis*）	Cop[1]	0.62	0.85	1—70
	马唐（*Digitaria sanguinalis*）	Cop[3]	0.60	0.80	40—80
	小蓬草（*Erigeron canadensis*）	Cop[1]	0.80	0.90	10—40
	其他种类：翅果菊（*Lactuca indica*）、黄花蒿（*Artemisia annua*）、鸡眼草（*Kummerowia striata*）、蒙古蒿（*Artemisia mongolica*）、雀稗（*Paspalum thunbergii*）、茵陈蒿（*Artemisia capillaris*）、猪毛菜（*Kali collinum*）	Sol	0.47	1.40	1—10

注：调查日期2015年8月。调查地点安丘市青云山。样方面积100m²×1。样地编号SHD84620：纬度36.38629°，经度119.12948°，海拔167m，坡度2°，坡向268°，地形为山坡；森林为次生林；干扰类型为人为干扰，干扰程度强；照片编号SHD42320-1，SHD42320-2，SHD42320-3。

4. 价值及保护发展

黄栌群落是鲁中南山区分布很广的一种灌丛植被，是森林植被破坏或者退化后形成的次生类型。其分布地的土壤条件一般，自然恢复为森林植被的难度很大，可以通过自然恢复和人工措施促进其向森林方向演替。

黄栌群落秋季叶片变为红色，群落所在地的景观为红色，呈现出"霜叶红于二月花"的景象。随着生态旅游的拓展，黄栌形成的红叶景观已经成为重要的旅游资源。

（六）绣线菊灌丛

绣线菊为主的灌丛（群丛组），主要分布在山东半岛低山丘陵和鲁中南山地，是落叶阔叶林或针阔叶混交林遭受破坏后形成的次生灌丛。所在地土壤为沙质棕壤、粗骨棕壤或淋溶褐土，土层瘠薄，枯枝落叶稀少。在烟台市艾山、牙山、昆嵛山等地都有较典型的绣线菊分布，崂山、泰山等地也常见（图7-2-21、图7-2-22），但面积一般不大。

绣线菊灌丛多分布在海拔较低的阴坡或沟谷中，主要建群种为华北绣线菊和三裂绣线菊。灌木层高度多在0.8—2.0m，盖度为40%—60%，伴生植物有多花野蔷薇、白檀、照山白、盐麸木、连翘、胡枝子、花木蓝等。

草本植物种类以野古草、黄背草、矮丛薹草、鹅观草、荩草、隐子草等为主，另有地榆、北柴胡、委陵菜、桔梗、翻白草、百里香等。

图7-2-21　绣线菊灌丛（崂山）（1）

图 7-2-22　绣线菊灌丛（崂山）（2）

（七）白檀灌丛

白檀灌丛分布于胶东丘陵的崂山和昆嵛山，以及大泽山、牙山，鲁中南山地的蒙山、泰山、鲁山等地，多分布在海拔 400—600m 的阴坡和半阴坡上，面积一般不大。

灌丛周围多为落叶阔叶林或针叶林，如麻栎林、栓皮栎林、落叶松林等。灌木层高度 1—2m，盖度 40%—60%，伴生的灌木种类较多，以胡枝子、多花蔷薇、荚蒾（*Viburnum dilatatum*）、野珠兰、华山矾（*Symplocos chinensis*）等多见，另有三桠乌药、锦带花、盐麸木、卫矛、郁李、茅莓、绣线菊、照山白等。草本层高度 20—40cm，盖度 40%—50%，群落中突脉薹草占优势，此外尚有荻、地榆、拳参、唐松草、歪头菜（*Vicia unijuga*）、矮桃、白头婆（*Eupatorium japonicum*）、前胡等，藤本植物有葛藤、菝葜等。

由于白檀灌丛的生境条件好，土壤深厚，大多数地段已经改造为人工林。白檀经常作为灌木出现在林下灌木层。

（八）鹅耳枥灌丛

鹅耳枥灌丛多分布于山东省中部由石灰岩母质组成的低山丘陵（青石山区），也是次生的天然灌丛。在山东半岛的低山丘陵也有分布，但一般面积不大，较典型的群落见于威海市正棋山。

鹅耳枥灌丛分布于阴坡或半阴坡，在青石山区常与分布于阳坡的黄栌灌丛相对应。青州市王坟镇、庙子镇杨集村等地的障林和济南市龙洞附近的鹅耳枥群落都属于这一类型。组成本群落的植物种类多，群落盖度大，群落下土层深厚，枯枝落叶层发达，这些反映出群落的生境条件优越。

群落高度多为 3—5m，总盖度 80%—100%，建群种为鹅耳枥，伴生种类有胡枝子、连翘、黄栌、卫矛、三裂绣线菊等。草本层盖度 30%—50%，主要种类有矮丛薹草、野古草、大油芒、野青茅、地榆、唐松草等，还有南蛇藤、牛尾菜（*Smilax riparia*）、山葡萄等藤本植物。

本灌丛的正向演替方向是森林群落，只要保护得当，就有可能演替为森林。实际上，在青州市仰天山就有高大的鹅耳枥林。

（九）盐麸木灌丛

盐麸木在山东半岛的山地丘陵地带及鲁中南山地多有分布，一般散生，不成林。本灌丛分布在一些落叶阔叶林和针叶林的边缘，常在谷底部出现。昆嵛山、崂山、蓬莱艾山、牙山、五莲山等山地常见到小片的盐麸木灌丛。

盐麸木灌丛群落高度 3—5m。与其伴生的种类有黄檀、臭椿、刺楸、辽椴、野樱桃、水榆花楸等。在崂山，尚有君迁子（*Diospyros lotus*）、野茉莉、小叶朴等。此外，还有山槐、楝等。伴生的灌木，在土层深厚肥沃湿润的地方，郁李、桦叶绣线菊（*Spiraea betulifolia*）、二色胡枝子、卫矛、连翘、大花溲疏（*Deutzia grandiflora*）、三桠乌药、白檀等最为常见；在土壤较干燥贫瘠的地方，荆条、花木蓝、酸枣、截叶铁扫帚、扁担杆等常见。

草本植物中，常见大油芒、狼尾花（*Lysimachia barystachys*）、大叶铁线莲（*Clematis heracleifolia*）、野古草、大披针薹草（*Carex lanceolata*）、唐松草、威灵仙、荻、星宿菜（*Lysimachia fortunei*）等，较干燥处可见

黄背草、长蕊石头花、委陵菜、北柴胡等。藤本植物有菝葜、南蛇藤、胶州卫矛、蝙蝠葛（*Menispermum dahuricum*）等。

本群丛基本特征见表7-2-21。

表 7-2-21　盐麸木灌丛群落综合分析表

层次	种名	株数/德氏多度	高度/m 均高	高度/m 最高	盖度/%
灌木层	盐麸木（*Rhus chinensis*）	103	1.01	1.10	40—90
	荆条（*Vitex negundo* var. *heterophylla*）	31	0.75	1.00	5—10
	花木蓝（*Indigofera kirilowii*）	10	0.40	0.40	2
	其他种类：八角枫（*Alangium chinense*）、木通（*Akebia quinata*）、野蔷薇（*Rosa multiflora*）、槲树（*Quercus dentata*）、野花椒（*Zanthoxylum simulans*）、白棠子树（*Callicarpa dichotoma*）	18	0.86	1.20	1—10
草本层	荻（*Miscanthus sacchariflorus*）	Cop¹	1.14	1.30	15—20
	低矮薹草（*Carex humilis*）	Sp	0.30	0.30	5
	其他种类：地榆（*Sanguisorba officinalis*）、唐松草（*Thalictrum aquilegiifolium* var. *sibiricum*）、野古草（*Arundinella hirta*）、长蕊石头花（*Gypsophila oldhamiana*）、猪毛蒿（*Artemisia scoparia*）、木通（*Akebia quinata*）、大花金鸡菊（*Coreopsis grandiflora*）、木防己（*Cocculus orbiculatus*）、狗尾草（*Setaria viridis*）、狭叶珍珠菜（*Lysimachia pentapetala*）、藿香（*Agastache rugosa*）、荩草（*Arthraxon hispidus*）、小赤麻（*Boehmeria spicata*）、翅果菊（*Lactuca indica*）、透骨草（*Phryma leptostachya* subsp. *asiatica*）	Sol	0.85	1.45	5

注：调查日期2013年8月。调查地点五莲县九仙山。样方面积100m²×1。样地编号SHD42320：纬度35.41370°，经度119.22450°，海拔0m，坡度5°，坡向99°，地形为山坡；森林为次生林；干扰类型为人为干扰，干扰程度轻微；照片编号SHD42320-1，SHD42320-2，SHD42320-3。

（十）紫穗槐灌丛

紫穗槐灌丛为人工灌丛，广泛分布于山东各地，山地丘陵和平原、海滩都有栽培，多为经济用途和防护用途。本群丛基本特征见表7-2-22。

表 7-2-22　紫穗槐灌丛群落综合分析表

层次	种名	株数/德氏多度	高度/m 均高	高度/m 最高	盖度/%
灌木层	紫穗槐（*Amorpha fruticosa*）	87	0.70	0.80	50.75
草本层	苇状羊茅（*Festuca arundinacea*）	Cop²	0.13	0.15	35.00
	萝藦（*Cynanchum rostellatum*）	Cop¹	0.17	0.26	9.50

注：调查日期2014年7月。调查地点莱州市。样方面积100m²×1。样地编号SHD62120：纬度37.38250°，经度119.92194°，海拔0m，坡度0°，坡向缺失，地形为平原；森林为次生林；干扰类型为人为干扰，干扰程度强；照片编号SHD62120-1，SHD62120-2。

（十一）其他灌丛

除了以上 10 类常见的灌丛，还有一些较重要的灌丛，多在局部地区分布。

1. 映山红灌丛

映山红灌丛主要分布在胶东丘陵海拔 500m 以上的阴湿环境中。分布地降水量大，空气相对湿度较高。土壤条件好，为酸性棕壤土，崂山、昆嵛山、牙山、蓬莱艾山、大泽山、五莲山等山地的阴湿处土层深厚，枯枝落叶层厚，有机质含量高。周围为针叶林或落叶阔叶林且发育良好，林下灌木和草本植物茂盛，种类较多。

映山红灌木层高 1—3m，丛生成簇，分枝较多，盖度 20%—50%。环境阴湿，映山红叶片小、革质、半常绿，长势良好（图 7-2-23 至图 7-2-26）。灌丛中其他灌木多为一些耐阴湿的种类，如牛叠肚、白檀、桦叶绣线菊、郁李、胡枝子、水蜡（*Ligustrum sinense*）、三桠乌药、三裂绣线菊等。草本植物也很丰富，以莎草科、菊科、毛茛科、唇形科等的植物为主，如薹草属数种、紫菀、白头翁（*Pulsatilla chinensis*）、尖萼耧斗菜（*Aquilegia oxysepala*）、桔梗、蒿属、前胡、铁线莲属数种（*Clematis* spp.）及唇形科数种等。

图 7-2-23　映山红灌丛（崂山）（1）

图 7-2-24 映山红灌丛（崂山）（2）

图 7-2-25 映山红灌丛（崂山）（3）

图 7-2-26 映山红灌丛（崂山）（4）

2. 榛灌丛

由榛（*Corylus heterophylla*）、毛榛（*Corylus mandshurica*）等形成的灌丛，见于崂山等地，常分布在沟谷地带，在崂山北九水的蔚竹庵附近有成片分布，群落高 2—5m，总盖度 50%—80%，伴生的灌木有短柄枹、胡枝子、紫珠、三裂绣线菊、野珠兰、盐麸木等，草本植物有矮丛薹草、拳参、青岛百合（*Lilium tsingtauense*）、野古草、羊乳（*Codonopsis lanceolata*）、穿龙薯蓣（*Dioscorea nipponica*）、地榆等。

3. 杞柳灌丛

杞柳又名簸箕柳、棉柳、筐柳，为落叶灌木，呈丛状生长，有时呈 3—5m 高的小乔木，常作为人工经济灌木林栽植，用于柳编。在鲁西北、西南平原，较集中的产地在菏泽市、聊城市、德州市，以及沂河、沭河、泗河、汶河沿岸，多栽在河滩、台田边缘、路旁、渠旁，以及低山山沟、溪旁土壤湿润处。

4. 白蜡树灌丛

白蜡树系落叶乔木，高可达 15m，在山东省多作为编条或者木杆用灌丛经营，所以呈丛状生长。白蜡树在山东省各地都有栽培，以鲁西及鲁北平原的黄河故道沙滩和胶东大沽河沿岸，鲁南低山丘陵、河道两岸及土壤深厚的梯田边缘多见，多为"四旁"片段栽植，少有大片纯林。白蜡树是编制筐篓、家具、农具及其他精美工艺品的主要原材料，而且白蜡树根系密集，固土能力强，兼有保持水土、防风固沙和保护地堰的效能，可适当发展。

5. 火炬树灌丛

火炬树系落叶灌木或乔木，原产北美等地，20 世纪 70 年代从国外引进，用于荒山绿化和景观造林，形成大片的灌木林或条带状林，在山东各山地丘陵区都可见到（图 7-2-27）。由于火炬树的适应能力特别强，与乡土树种相比更具有竞争性。对于火炬树是否可广泛用于造林和绿化还有争议，所以在应用时需谨慎。

图 7-2-27　火炬树灌丛（四舍山）

6. 野蔷薇灌丛

野蔷薇灌丛在各山地常见，面积都不大。本群丛基本特征见表 7-2-23。

表 7-2-23　野蔷薇灌丛群落综合分析表

层次	种名	株数 / 德氏多度	高度 /m		盖度 /%
			均高	最高	
灌木层	野蔷薇（Rosa multiflora）	52	1.43	1.50	48.67
	胡枝子（Lespedeza bicolor）	11	1.60	1.80	32.00
	其他种类：紫穗槐（Amorpha fruticosa）、茅莓（Rubus parvifolius）、木防己（Cocculus orbiculatus）、菝葜（Smilax china）	11	1.10	1.70	1.15
草本层	细柄草（Capillipedium parviflorum）	Cop¹	1.10	1.30	28.33
	野青茅（Deyeuxia pyramidalis）	Cop¹	0.90	1.20	20.00
	其他种类：楼斗菜（Aquilegia viridiflora）、茜草（Rubia cordifolia）、葎草（Humulus scandens）、油芒（Spodiopogon cotulifer）、马唐（Digitaria sanguinalis）、鸭跖草（Commelina communis）、蓝萼香茶菜（Isodon japonicus var. glaucocalyx）、三脉紫菀（Aster ageratoides）、欧洲千里光（Senecio vulgaris）、两型豆（Amphicarpaea edgeworthii）	Sol	0.49	1.40	6.50

注：调查日期 2013 年 10 月。调查地点青岛市黄岛区小珠山。样方面积 100m² × 1。样地编号 SHD50420：纬度 35.95917°，经度 120.09833°，海拔 396m，坡度 13°，坡向 135°，地形为山坡；森林为次生林；干扰类型为人为干扰，干扰程度轻微；照片编号 SHD50420-1，SHD50420-2，SHD50420-3。

7. 牛叠肚灌丛

牛叠肚在山东分布很广，多见于林缘、沟坡、路边等，面积都不大。本群丛基本特征见表 7-2-24。

表 7-2-24　牛叠肚灌丛群落综合分析表

层次	种名	株数 / 德氏多度	高度 /m		盖度 /%
			均高	最高	
灌木层	牛叠肚（Rubus crataegifolius）	320	0.61	0.75	56.25
	刺槐（Robinia pseudoacacia）	5	0.40	0.50	2.50
	其他种类：荆条（Vitex negundo var. heterophylla）、栓翅卫矛（Euonymus phellomanus）	3	1.25	1.50	2.50
草本层	小黄紫堇（Corydalis raddeana）	Cop²	0.30	0.46	30.00
	求米草（Oplismenus undulatifolius）	Cop¹	0.24	0.28	21.00

续表

层次	种名	株数/德氏多度	高度/m 均高	高度/m 最高	盖度/%
草本层	其他种类：野古草（*Arundinella hirta*）、四叶葎（*Galium bungei*）、酸模叶蓼（*Persicaria lapathifolia*）、拐芹（*Angelica polymorpha*）、葎草（*Humulus scandens*）、鸭跖草（*Commelina communis*）、两型豆（*Amphicarpaea edgeworthii*）、刺蓼（*Persicaria senticosa*）、蕨（*Pteridium aquilinum* var. *latiusculum*）	Sol	0.39	0.65	16.86

注：调查日期2014年8月。调查地点青岛市黄岛区铁橛山。样方面积100m²×1。样地编号SHD72620；纬度35.88537°，经度119.83764°，海拔430m，坡度5°，坡向310°，地形为山坡；森林为次生林；干扰类型为人为干扰，干扰程度轻微；照片编号SHD72620-1，SHD72620-2，SHD72620-3。

8. 溲疏灌丛

溲疏适应性很强，在各地常见，常成簇出现，形成灌丛，在土壤瘠薄处也可生长。本群丛基本特征见表7-2-25。

表7-2-25　溲疏灌丛群落综合分析表

层次	种名	株数/德氏多度	高度/m 均高	高度/m 最高	盖度/%
灌木层	大花溲疏（*Deutzia grandiflora*）	79	0.92	1.20	1—75
	牛叠肚（*Rubus crataegifolius*）	126	0.83	0.85	10—65
	其他种类：刺槐（*Robinia pseudoacacia*）、胡枝子（*Lespedeza bicolor*）、麻栎（*Quercus acutissima*）、黑松（*Pinus thunbergii*）、臭椿（*Ailanthus altissim*）、锦带花（*Weigela florida*）	31	1.12	1.40	1—10
草本层	禾叶山麦冬（*Liriope graminifolia*）	Cop¹	0.58	0.58	30
	茜草（*Rubia cordifolia*）	Soc	0.12	0.12	5
	矮丛薹草（*Carex callitrichos* var. *nana*）	Cop³	0.23	0.28	50—100
	野青茅（*Deyeuxia pyramidalis*）	Cop²	0.86	1.20	10—100
	茵陈蒿（*Artemisia capillaris*）	Cop¹	0.32	0.32	25
	其他种类：杠板归（*Persicaria perfoliata*）、绿穗苋（*Amaranthus hybridus*）、蒙古蒿（*Artemisia mongolica*）、黄瓜菜（*Crepidiastrum denticulatum*）、黄花蒿（*Artemisia annua*）、臭草（*Melica scabrosa*）、中华卷柏（*Selaginella sinensis*）、铁苋菜（*Acalypha australis*）、马兰（*Aster indicus*）、早开堇菜（*Viola prionantha*）	Sp	0.25	0.39	8—12

注：调查日期2014年7月。调查地点临朐县沂山。样方面积100m²×1。样地编号SHD60920；纬度36.20200°，经度117.06800°，海拔798m，坡度19°，坡向23°，地形为山坡；森林为次生林；干扰类型为人为干扰，干扰程度轻微；照片编号SHD015101-1，SHD015101-2，SHD015101-3，SHD015101-4。

9. 扁担杆灌丛

扁担杆在各地很常见，多出现在林下灌木层中，偶尔也可形成小面积灌丛（图7-2-28、图7-2-29）。本群丛基本特征见表7-2-26。

图 7-2-28　扁担杆（*Grewia biloba*）（泰山）

图 7-2-29　扁担杆（*Grewia biloba*）落叶和果后期

表 7-2-26　扁担杆灌丛群落综合分析表

层次	种名	株数/德氏多度	高度/m		盖度/%
			均高	最高	
灌木层	小花扁担杆（*Grewia biloba* var. *parviflora*）	131	2.99	6.80	6—30
	酸枣（*Ziziphus jujuba* var. *spinosa*）	30	1.50	1.60	5—48
	华北落叶松（*Larix gmelinii* var. *principis-rupprechtii*）	46	1.00	1.00	12
	其他种类：臭椿（*Ailanthus altissim*）、茅莓（*Rubus parvifolius*）、胡枝子（*Lespedeza bicolor*）	24	2.20	2.40	1—20
草本层	黄花蒿（*Artemisia annua*）	Cop[1]	0.96	1.55	4—40
	青蒿（*Artemisia caruifolia*）	Cop[1]	0.35	0.35	20
	矮丛薹草（*Carex callitrichos* var. *nana*）	Cop[1]	0.26	0.36	15—38
	知风草（*Eragrostis ferruginea*）	Cop[1]	1.45	1.50	18—20
	长蕊石头花（*Gypsophila oldhamiana*）	Cop[1]	0.24	0.30	2—35
	其他种类：橘草（*Cymbopogon goeringii*）、萝藦（*Cynanchum rostellatum*）、茜草（*Rubia cordifolia*）、沙参（*Adenophora stricta*）、石刁柏（*Asparagus officinalis*）、五月艾（*Artemisia indica*）、野菊（*Chrysanthemum indicum*）、小蓬草（*Erigeron canadensis*）	Sol	0.47	0.68	1—6

注：调查日期 2013 年 10 月。调查地点烟台市蓬莱区艾山。样方面积 100m²×1。样地编号 SHD52520；纬度 37.44675°，经度 120.77967°，海拔 293m，坡度 17°，坡向 211°，地形为山坡；森林为次生林；干扰类型为人为干扰，干扰程度中度；照片编号 SHD52520-1，SHD52520-2，SHD52520-3。

10. 山胡椒灌丛等

除以上描述的灌丛类型外，在山东省还有山胡椒灌丛（枣庄抱犊崮、昆嵛山）、牛奶子灌丛（胶东低山丘陵）、锦鸡儿灌丛（鲁中南山地）、卫矛灌丛（胶东丘陵）、天目琼花灌丛（昆嵛山、崂山、泰山）、构灌丛等几个自然的次生灌丛类型，面积都不大，分布范围也很小。

三、盐生灌丛

盐生灌丛（植被亚型）是山东省最重要的天然灌丛之一，主要分布在渤海沿岸盐碱地、鲁西北内陆沙滩和低洼的盐碱地上，黄河三角洲的盐生柽柳灌丛最有代表性。这一类型的灌丛在山东主要是柽柳灌丛和白刺灌丛。20 世纪 70 年代至 90 年代，在山东省垦利区北部还可以见到小面积的白刺灌丛，但现在已不多见了。本书仅介绍柽柳灌丛。

1. 地理分布和生态特征

柽柳为落叶灌木或小乔木，生于盐碱土的草地、滩涂、海滨沙地、沙漠等，具泌盐组织，具抗盐、抗旱、耐淹的特性，为典型的泌盐植物，是黄河三角洲自然分布最广的耐盐碱灌木。天然柽柳灌丛在区内盐碱地上多呈块状或带状分布，疏密不均，林相不整齐。

在山东垦利、河口、利津、昌乐、胶州、阳信、茌平、高唐、莘县、巨野、定陶等县（市、区）分布较多（图 7-3-1）。其中，黄河三角洲有大片天然柽柳林，面积 2 万多 hm²；其他地区多为人工栽植或天然生长的柽柳，零星分散。在黄海沿岸海滩也有少量柽柳分布，如日照市滨海海滩上有低矮的柽柳林，青岛市崂山的仰口、威海市荣成海滩，也有少量柽柳零星分布，多不成林。

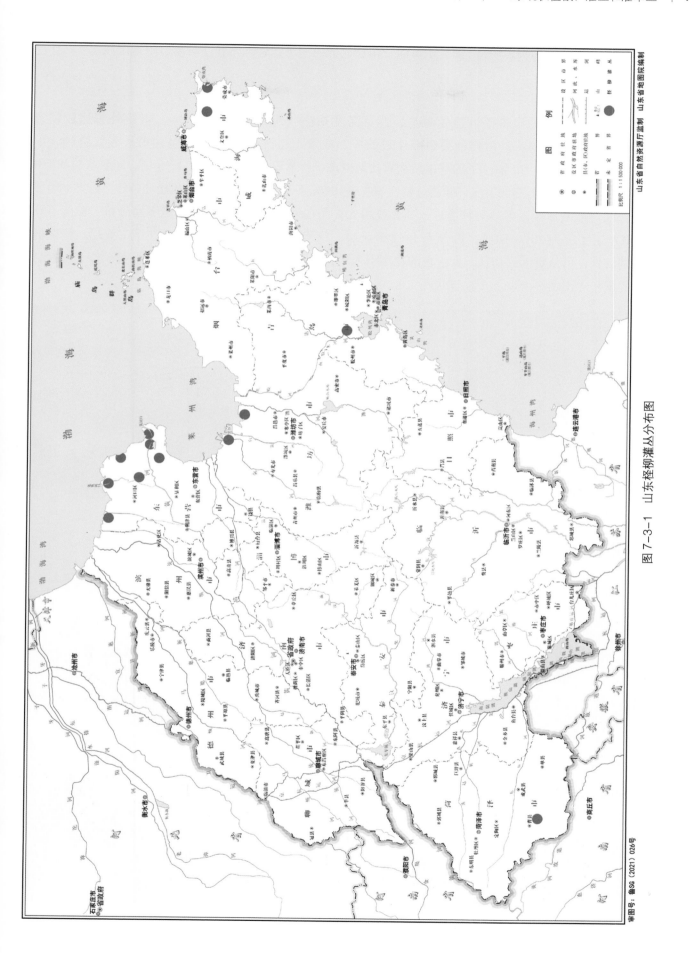

图 7-3-1　山东杞柳灌丛分布图

山东省最典型的两片柽柳林分别见于黄河三角洲北部的一千二管理站和新黄河口附近区域。

2.群落组成和外貌结构

柽柳灌丛是典型的温带落叶盐生灌丛，群落高度 0.8—2.5m，个别超过 3m。群落外貌比较整齐（图 7-3-2 至图 7-3-4），植物种类组成比较简单，通常不超过 10 种。柽柳是建群种和优势种，形成单优群落（图 7-3-5）。灌丛下的草本植物有盐地碱蓬、芦苇等。群落可分为 2—3 层，即灌木层和 1—2 个草本层，柽柳组成群落的上层。群落总盖度 30%—100% 不等，取决于微地形和盐分条件。地势平坦、土壤盐分相对低的地段，芦苇等种类进入，盖度增大；而在近海的区域，柽柳多呈零星分布，盖度不到 50%。草本层盖度为 20%—40%，可分为 1—2 个亚层，芦苇在第一亚层，盐地碱蓬在第二亚层。柽柳群落的花期较长，可从春天到初秋，紫红色的花序引人注目（图 7-3-6）。秋季叶片变为棕黄，整个外貌呈现秋季的景色（图 7-3-7）。

图 7-3-2　柽柳灌丛外貌（黄河三角洲）（1）

图 7-3-3　柽柳灌丛外貌（黄河三角洲）（2）

图 7-3-4　柽柳灌丛外貌（黄河三角洲）（3）

图 7-3-5　柽柳灌丛结构（黄河三角洲）

图 7-3-6　柽柳（*Tamarix chinensis*）

图 7-3-7　秋季柽柳灌丛（黄河三角洲）

3. 群落类型

柽柳灌丛种类组成和结构都很简单，可分为近海平原柽柳灌丛、内陆平原柽柳灌丛2个群系组，6—8个群丛。

（1）近海平原柽柳灌丛

本群系组主要分布在黄河三角洲、胶州湾和莱州湾等地的近海平原，有4个典型群丛，即柽柳群丛、柽柳 – 芦苇群丛、柽柳 – 盐地碱蓬群丛、柽柳 – 獐毛群丛等。这些群丛主要区别是林下草本植物种类组成不同，反映的是微地形和土壤盐分、水分的变化。有些平坦地段，柽柳甚至形成了纯的群落，灌丛下没有其他草本植物种类。

① 柽柳群丛。本群丛几乎全部为柽柳，见于昌邑市近海滩涂和黄河三角洲一千二林场。本群丛基本特征见表7-3-1。

表 7-3-1 柽柳灌丛群落综合分析表

层次	种名	株数 / 德氏多度	高度 /m		盖度 /%
			均高	最高	
灌木层	柽柳（Tamarix chinensis）	23	1.79	1.97	10—50
草本层	狗尾草（Setaria viridis）	Cop^2	0.52	0.64	10—70
	小藜（Chenopodium ficifolium）	Cop^2	0.30	0.40	10—40
	其他种类：灰绿藜（Oxybasis glauca）、芦苇（Phragmites australis）、萝藦（Cynanchum rostellatum）	Sol	0.41	0.81	1—50

注：调查日期2011年10月。调查地点昌邑市。样方面积100m²×1。样地编号SHD59220；纬度37.09208°，经度119.35825°，海拔5m，坡度0°，坡向缺失，地形为平原；森林为原始林；干扰程度无；照片编号SHD59220-1，SHD59220-2，SHD59220-3。

② 柽柳 – 芦苇群丛。一般分布在土壤盐分稍低、土壤湿度较大的地段，在新旧黄河口地区都很普遍。柽柳和芦苇是群落的优势种类，伴生的种类有12—15种。本群丛基本特征见表7-3-2。

表 7-3-2 柽柳 – 芦苇灌丛群落综合分析表

层次	种名	频度 /%	德氏多度	高度 /cm		盖度 /%	物候期
				均高	最高		
灌木层	柽柳（Tamarix chinensis）	100	Cop^3	100	132	25—60	花果期
	芦苇（Phragmites australis）	82	Cop^3	56	140	3—50	开花期
	盐地碱蓬（Suaeda salsa）	67	Cop^2	40	45	10—65	花果期
	猪毛蒿（Artemisia scoparia）	33	Cop^1	59	76	15—35	花果期
	狗尾草（Setaria viridis）	33	Sol	40	45	2—5	结实期
	白茅（Imperata cylindrica）	25	Sol	46	60	3—30	营养期
草本层	假苇拂子茅（Calamagrostis pseudophragmites）	17	Sol	115	130	5—40	花果期
	碱菀（Tripolium pannonicum）	17	Sp	36	60	1	花果期
	长裂苦苣菜（Sonchus brachyotus）	8	Sp	15	15	1	花果期
	荻（Miscanthus sacchariflorus）	8	Sp	70	70	1	花果期
	鹅绒藤（Cynanchum chinense）	8	Sp	13	13	1	果期
	野大豆（Glycine soja）	8	Sp	15	15	1	果期
	碱蓬（Suaeda glauca）	8	Un	26	26	1	花果期
	牡蒿（Artemisia japonica）	8	Sp	45	45	1	花果期

注：1. 调查日期2011年9月。调查地点东营市垦利区。样方面积100m²×3。
2. 样地外种类还有中亚滨藜（Atriplex centralasiatica）、草木樨（Melilotus officinalis）。

③柽柳 – 盐地碱蓬群丛。一般分布在土壤盐分高、湿度大的地段，在黄河三角洲很普遍。柽柳和盐地碱蓬是群落的优势种类。植物种类较简单，且植物高度变化不明显，多见于盐分高的平坦地段。本群丛基本特征见表7-3-3至表7-3-5。

表 7-3-3　柽柳 – 盐地碱蓬灌丛群落综合分析表 1

| 层次 | 种名 | 频度 /% | 德氏多度 | 高度 /cm | | 盖度 /% | 物候期 |
				均高	最高		
灌木层	柽柳（Tamarix chinensis）	100	Cop³	130	> 200	25—30	花期
	白刺（Nitraria tangutorum）	10	Un	10	16	< 1	果期
草本层	盐地碱蓬（Suaeda salsa）	100	Cop³	16	34	20—30	营养期
	獐毛（Aeluropus sinensis）	50	Cop¹	25	48	5—10	花期
	芦苇（Phragmites australis）	82	Cop²	47	94	5—10	营养期
	碱蓬（Suaeda glauca）	31	Sp	14	25	< 1	营养期

注：调查日期 2012 年 9 月。调查地点东营市河口区。样方面积 4m² × 16。

表 7-3-4　柽柳 – 盐地碱蓬灌丛群落综合分析表 2

| 层次 | 种类 | 株数 / 德氏多度 | 高度 /cm | | | 盖度 /% | 重要值 |
			均高	最高	最低		
灌木层	柽柳（Tamarix chinensis）	5	66.7	83.3	53.3	14.7	1.00
草本层	芦苇（Phragmites australis）	Sp	16.7	19.0	15.0	1.0	0.29
	盐地碱蓬（Suaeda salsa）	Cop1	46.0	50.0	40.0	41.3	0.72

注：调查日期 2011 年 9 月。调查地点东营市河口区。样方面积 4m² × 16。

表 7-3-5　柽柳 – 盐地碱蓬灌丛群落综合分析表 3

| 层次 | 种名 | 株数 / 德氏多度 | 高度 /m | | 盖度 /% |
			均高	最高	
灌木层	柽柳（Tamarix chinensis）	1120	0.91	1.05	25—60
草本层	盐地碱蓬（Suaeda salsa）	Cop²	0.40	0.45	10—65
	芦苇（Phragmites australis）	Cop¹	1.04	1.40	10—50
	其他种类：荻（Miscanthus sacchariflorus）、假苇拂子茅（Calamagrostis pseudophragmites）、碱蓬（Suaeda glauca）、碱菀（Tripolium pannonicum）	Sol	0.66	1.30	2—40

注：调查日期 2011 年 9 月。调查地点东营市垦利区黄河三角洲。样方面积 100m² × 2。样地编号 SHD212201-1，SHD213201-2。样地编号 SHD212201-1：纬度 37.77477°，经度 119.15597°，海拔 0m，坡度 0°，坡向缺失，地形为平原；森林为次生林；干扰类型为人为干扰，干扰程度轻微；照片编号 SHD212201-1，SHD212201-2，SHD212201-3。样地编号 SHD213201-2：纬度 36.19534°，经度 117.07159°，海拔 5m，坡度 0°，坡向缺失，地形为平原；森林为次生林；干扰类型为人为干扰，干扰程度轻微；照片编号缺失。

④柽柳 – 獐毛群丛。见于黄河三角洲一千二管理站区域内，分布地段地形变化大，土壤盐分高。柽柳和獐毛是群落的优势种类，也有芦苇、补血草（Limonium sinense）、盐地碱蓬等 5—7 种植物出现。本群丛基本特征见表7-3-6。

表 7-3-6　柽柳 - 獐毛灌丛群落综合分析表

层次	种名	频度 /%	德氏多度	高度 /cm		盖度 /%	物候期	说明
				均高	最高			
灌木层	柽柳（*Tamarix chinensis*）	100	Cop³	150	> 200	30—40	花期	
草本层	獐毛（*Aeluropus sinensis*）	90	Cop³	15—20	25	15—25	花期	片状分布
	芦苇（*Phragmites australis*）	60	Cop²	30—50	100	10	营养期	
	盐地碱蓬（*Suaeda salsa*）	30	Cop¹	10—20	40	20	营养期	
	补血草（*Limonium sinense*）	20	Sol	30—40	50	5	花　期	

注：调查日期 2012 年 9 月。调查地点东营市河口区。样方面积 4m² × 6。

（2）内陆平原柽柳灌丛

本群系组主要分布在内陆地区，菏泽市、聊城市、德州市等地都有分布，可分为 2—3 个群丛。灌丛下的种类以田间杂草的优势种多见，如马唐、鹅观草、鳢肠（*Eclipta prostrata*）等。本群丛基本特征见表 7-3-7。

表 7-3-7　内陆平原柽柳灌丛群落综合分析表

层次	种名	株数 / 德氏多度	高度 /m		盖度 /%
			均高	最高	
灌木层	柽柳（*Tamarix chinensis*）	50	1.59	1.80	5—50
草本层	纤毛鹅观草（*Elymus ciliaris*）	Cop²	1.20	1.20	50
	马唐（*Digitaria sanguinalis*）	Cop¹	0.27	0.30	10—40
	其他种类：稗（*Echinochloa crus-galli*）、齿果酸模（*Rumex dentatus*）、春蓼（*Persicaria maculosa*）、碱蓬（*Suaeda glauca*）、鳢肠（*Eclipta prostrata*）、芦苇（*Phragmites australis*）、毛连菜（*Picris hieracioides*）、女菀（*Turczaninovia fastigiata*）、苘麻（*Abutilon theophrasti*）、香附子（*Cyperus rotundus*）、茵陈蒿（*Artemisia capillaris*）、猪毛蒿（*Artemisia scoparia*）	Sol	0.65	1.40	1—20

注：调查日期 2015 年 7 月。调查地点曹县。样方面积 100m² × 1。样地编号 SHD102620；纬度 34.81600°，经度 115.57736°，海拔 38m，坡度 0°，坡向缺失，地形为平原；森林为次生林；干扰类型为人为干扰，干扰程度强；照片编号 SHD102620-1，SHD102620-2，SHD102620-3。

4. 价值及保护发展

柽柳灌丛作为山东省面积最大的天然原生性灌丛，从植被生态学和植物地理学角度来讲都有重要的学术价值，需要加以保护，并对其形成、维持机理等方面进行长期研究。按照现有的土壤条件，柽柳灌丛是分布区的亚顶极群落，反映盐渍化程度高的土壤条件和微地形变化，也是难得的植被演替和生态系列研究对象。

柽柳的抗盐碱能力强，一般插穗在含盐量 0.7% 的盐碱地中能够正常发芽生长，带根的苗木能在含盐量 0.8% 的盐碱地上生长，成年植株能耐 1.2% 的重盐土。柽柳是泌盐植物，盐分能从根透过，再从枝叶中分泌出来，因而是一种典型的泌盐、耐盐灌木，所以能够在黄河三角洲地区广泛分布，其生态意义也是很明显的。在利用柽柳营造盐碱地灌木林、道路绿化等方面，应用也很广泛。

　　杞柳的枝条坚韧，有弹性，能用来编筐篓，以往一般作为编条林或薪炭林经营。在保护区内则是作为一种植被类型而加以保护。同时，由于杞柳的花序粉红色、花期长、树形较为优美，秋季橙黄色的叶片也非常好看，常被作为绿化树种在黄河三角洲和内陆平原地区广泛应用，因此杞柳的社会价值和文化价值也很高。

　　杞柳具有很高的热值，作为薪炭材具有很好的发展前景，可以在保护区外加以开发利用。杞柳花期长，是良好的蜜源植物。

四、常绿阔叶灌丛

　　常绿阔叶灌丛是亚热带的植被类型，在亚热带地区很普遍。山东属于暖温带区域，没有典型的常绿阔叶灌丛分布，但在崂山南部向海山坡和周围的岛屿上，有山茶灌丛、大叶胡颓子灌丛等常绿阔叶灌丛出现。

（一）山茶灌丛

1.地理分布和生态特征

　　山茶属亚热带常绿阔叶树种，在距今几千万年前的第三纪，曾在我国大面积分布。到了第四纪，由于几次冰期的反复更迭，气温下降，亚热带植物大多退到秦岭以南。山茶在我国北方也大多绝迹，仅在山东崂山沿海一带，至今仍天然分布着山茶灌丛。

　　在青岛，山茶因为其盛花期是在冬季的12月至翌年3月，所以被称为"耐冬"或"耐春"。山茶花很漂亮（图7-4-1），盛花时满树花开，蔚为壮观（图7-4-2）。青岛市已将山茶作为市花。

　　崂山沿海地区和岛屿上，包括大管岛、小管岛、长门岩、千里岩、狮子岛、潮连岛、女儿岛等过去都有较多山茶生长，后因人为的破坏，山茶数量急剧减少。目前除崂山南麓临海的悬崖峭壁上有零星生长的野生山茶外，陆地上只有寺庙内栽培的山茶大树，岛屿上只有长门岩、千里岩、大管岛尚有自然状态的山茶。其中长门岩岛最多，形成北方少见的常绿阔叶灌木群落。

图 7-4-1　山茶（*Camellia japonica*）

图 7-4-2　山茶灌丛（花期）

长门岩岛是崂山沿海的一个小岛，位于北纬 36°10′47″，东经 120°56′48″，距海岸最近点 11.5 海里，分南北二岛：南岛海拔 34.5m，面积 0.07km²，岩石裸露，土层瘠薄，只有草本植物，无树木生长；北岛海拔 84.7m，面积 0.16km²，坡度较陡，土壤为棕壤、平均厚 20—40cm、呈酸性（pH 3.4—5.9）。该岛气候属暖温带季风气候，年均温 12.4℃，年降水量 639.0mm，冬季较温暖，变幅小，全年的空气相对湿度较高，尤其冬、春季的温度较陆地高，湿度大。这样特殊的地理位置和气候条件，使山茶得以生存并繁衍下来。

2. 群落组成和外貌结构

长门岩岛上山茶现不到 400 丛 600 多株，多呈灌丛状，各个坡向均有分布，覆盖率约占全岛面积的 3%。山茶不连续成片，呈小面积斑块分布。受海风影响，山茶树冠呈半球形或顺坡向偏斜，贴近地面生长（图 7-4-3、图 7-4-4）。

山茶多与大叶胡颓子混生，还有小叶朴（*Celtis bungeana*）、红楠等，以及人工栽培的黑松、刺槐等乔木树种散生于群落中。藤本植物有胶东卫矛（*Euonymus kiautschovicus*）、中华枸杞、木防己、金银花（*Lonicera japonica*）、野蔷薇等。草本植物种类较丰富，以禾本科、菊科和百合科植物为主，主要优势种有荻、芦苇、野艾蒿、野菊、金针菜（*Hemerocallis citrina*）等，近海处还有滨海前胡（*Peucedanum maritinus*）。另有蕨类植物全缘贯众（*Cyrtomium falcatum*），多生于岩石缝中。

图 7-4-3 山茶灌丛（长门岩岛）（1）

图 7-4-4　山茶灌丛（长门岩岛）（2）

3. 群落类型

长门岩岛的山茶灌丛大致分为 3 个群丛。

（1）山茶 + 大叶胡颓子群丛

本群丛分布于北岛南坡海拔 40m 以上的陡坡，山茶和大叶胡颓子伴生，呈丛状分布，盖度 26%—65%。群丛中常见藤本植物，如胶东卫矛、爬山虎、木防己、枸杞等。草本植物盖度 30%—70%，常见种类有蓬子菜（*Galium verum*）、野菊、野艾蒿、市藜（*Oxybasis urbica*），还有狗尾草、芦苇、鹅观草（*Elymus komoji*）、茵陈蒿（*Artemisia capillaris*）、山莴苣（*Lactuca sibirica*）、鸭跖草、杠板归、酸模叶蓼、薯芋（*Diosoorea batatas*）、龙葵等。

（2）黑松 + 刺槐 – 山茶 + 大叶胡颓子群丛

本群丛分布在北岛南坡东侧海拔 50—70m 地段，为人工种植黑松和刺槐后形成的半自然状态的群落，木本植物盖度达 70%—90%，郁闭度高。黑松生长茂盛，已对山茶形成遮蔽。刺槐生长繁殖很快，在黑松和山茶之间或其边缘形成密集、丛生状态的幼林。山茶处在下层，并有大叶胡颓子伴生。草本层种类主要有荻、野艾蒿、市藜等，还有茵陈蒿、芦苇、金针菜、麦冬（*Ophiopogon japonicus*）、小根蒜（*Allium macrostemon*）、鹅观草、山莴苣、中华苦荬菜、杠板归等。

（3）刺槐 – 山茶群丛

本群丛为半人工群落，南北坡均有分布，总盖度 60%—90%，建群种是刺槐，山茶只是零星分布，生长在岩石裸露的石缝中。刺槐自然繁殖很快，但受海风海雾影响，树梢常枯死，不成林，密集成灌丛状。林下及林间草本植物繁多，生长繁茂，主要有荻、鹅观草、野艾蒿等，还有黄背草、雀麦（*Bromus japonicus*）、狗尾草、大画眉草（*Eragrostis cilianensis*）、野菊、中华苦荬菜、鬼针草、小根蒜、麦冬、萝摩（*Netaplexis japonica*）等。

4. 价值及保护发展

山东属于暖温带区域，没有典型的常绿阔叶灌丛分布。但在崂山及附近岛屿有山茶、大叶胡颓子等常绿阔叶灌丛出现，这一现象引起了国内外植物地理学家的关注。这种特殊小生境下的植被分布特征，对植被地理等方面的研究很有意义。根据资料，崂山及其附近沿海岛屿是野生山茶在我国分布的最北边缘。山茶的存在，对研究山东的植物区系分布和北方野生山茶种的原产地，具有十分重要的意义。由于长门岩岛特殊的地位，建立自然保护区受到一定限制，但当地居民对山茶已经做了很好的保护，使得长门岩岛的山茶得以持续发展。

（二）大叶胡颓子灌丛

大叶胡颓子为半常绿阔叶灌木（图 7-4-5），属亚热带成分，在山东省分布较少。以大叶胡颓子为建群种的灌丛多零星分布于崂山南麓张坡一带低山阳坡下部及附近沿海岛屿上（图 7-4-6）。另外，在荣成市鸡鸣岛、黄岛区灵山岛上也有自然分布。

大叶胡颓子喜生长于水分条件好、土层深厚、有机质含量较高的山坡上，高度 1.5—3.0m，盖度 25%—60%。在崂山附近的岛屿上常与山茶混生，在陆地的山坡上则与其他种类形成群落。与其伴生的灌木有青花椒、竹叶椒、崂山溲疏（*Dautzia glabrata*）、二色胡枝子、芫花（*Daphne genkwa*）、柘、茅莓、构等。藤本植物有胶东卫矛、络石（*Trachelospermum jasminoides*）、五叶木通、木防己、南蛇藤等。草本植物有矮丛薹草、黄背草、北柴胡、黄芩（*Scutellaria baicalensis*）、长蕊石头花、芦苇、鹅观草、茵陈蒿、山莴苣、鸭跖草、杠板归等。

图 7-4-5　大叶胡颓子（*Elaegnus macrophylla*）　　　　图 7-4-6　大叶胡颓子灌丛（崂山）

五、灌草丛

　　灌草丛是《中国植被》（1980）分类系统中的植被类型之一，广泛分布于热带和暖温带森林地区。它以中生或旱生的多年生草本植物为建群种，其中散生有灌木种类的植物群落，是森林或灌丛破坏后形成的次生植被。

　　由于其分布区内的生境条件大多都很差，短期内难以由灌草丛演替为森林或灌丛植被，所以在一个相当长的时期内灌草丛是一种相对稳定的植被类型。

　　在山东省，灌草丛植被是分布范围广、面积较大的天然植被类型之一，主要集中在鲁中南山地丘陵和鲁东丘陵区。

鲁东丘陵区灌草丛植被下的土壤多为棕壤，是由火成岩风化生成的森林土，无石灰反应，呈微酸性或中性，pH 5.5—7.0；鲁中南山地丘陵区的灌草丛植被下的土壤，除有一部分为棕壤外，绝大多数为石灰岩山地上形成的褐土，呈中性或微酸性，pH 7.0—7.5，由于含有较多的石灰成分，因而呈现较为强烈的石灰反应。

山东省的灌草丛在石灰岩山地（青石山）更普遍，总面积超过 60 万 hm²。这一类型不仅在山东植被中占有重要地位，而且对于全省，特别是石灰岩山区生态环境的改善和植被恢复与重建等也具有重大影响。

组成灌草丛植被的植物种类并不丰富，建群种或优势种仅集中于几种植物，主要的草本植物种类为黄背草和白羊草，灌木层为荆条和酸枣。此外，在少数地方还有以绣线菊等为优势种组成的灌草丛。

根据调查样地的统计，构成灌草丛的植物中，双子叶植物有 45 种，单子叶植物有 18 种，蕨类植物有 1—2 种。种类最多的为禾本科、豆科、菊科和蔷薇科的植物，其他各科仅有 1—2 种。其中草本植物有近 40 种，常见于草本层的有 20 种。灌木种类以荆条、酸枣、胡枝子、河北木蓝等最常见。

从生态习性看，组成灌草丛的建群种类多为旱中生或中生的类型。其中中生的种类多是分布区森林植被中常见的，如黄背草、野古草、大披针薹草等。这表明了灌草丛植被同森林植被有着不可分割的联系。从区系性质分析，组成灌草丛的植物种类大都是温带植物，这与森林植被是一致的。

灌草丛的外貌特征因建群种的不同和季节的变化而呈现不同的景观。一般来说，灌草丛植被的外貌取决于群落的草本层。在水肥条件优越的地方，灌木种类丰富，表现出以灌木为主的季相特征。生长旺季及早春，各类植物的花竞相开放，使灌草丛的外貌绚丽多姿，甚为壮观。而秋冬则是较为荒凉的季相特征。

灌草丛植被的群落高度一般为 70—110cm，基本上可分出灌木层和草本层两个层次。灌木层常因人为刈割变得低矮、稀疏。草本层可划分出 2—3 个亚层，人为干扰严重的地方一般变得较为低矮，一旦干扰减轻就会恢复草本层的高度。在水平结构方面，受表面岩石、土层厚度及水分状况的影响表现出不均匀性。草本层盖度 10%—90% 不等，灌木层的郁闭度同环境条件的优劣密切相关。

在灌草丛植被中，禾草灌草丛是最主要的。这一类灌草丛是指以黄背草或白羊草等禾本科草本植物为建群种的灌草丛。它是目前灌草丛植被中分布面积最大的一类，主要分布于鲁中南山区和鲁东丘陵区（图7-5-1）。

以黄背草为建群种的灌草丛在山东全省各地均有分布。以白羊草为建群种的灌草丛，主要分布于鲁中南山区，而灌木则以酸枣、荆条为优势种。以黄背草为建群种的灌草丛，生境条件较好。以白羊草为建群种的灌草丛，分布在水分条件较差的地方。

（一）黄背草灌草丛

以黄背草为建群种的灌草丛在山东全省各地均有分布，灌木以酸枣、荆条为优势种。群落高度为80—120cm，总盖度 70%—80%，生境条件较好（图 7-5-2 至图 7-5-5）。

本群落的建群种为黄背草，在数量上黄背草也占优势。与黄背草伴生的灌木主要有荆条、酸枣，常见的草本植物还有野古草等。可分为荆条 – 黄背草和三裂绣线菊 – 黄背草两个主要群丛。

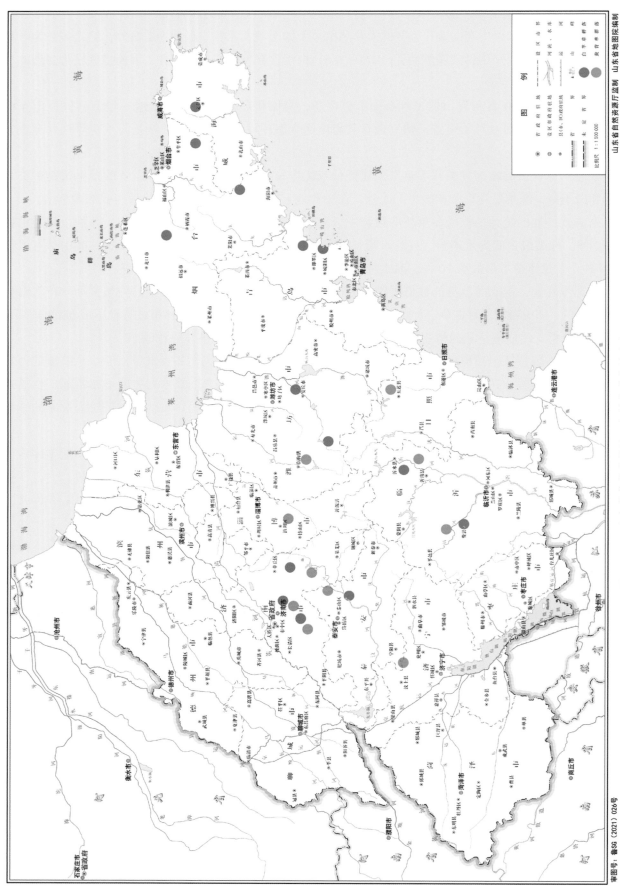

图 7-5-1　山东黄背草灌草丛、白羊草灌草丛分布图

图 7-5-2 黄背草灌草丛（泰山）（1）

图 7-5-3　黄背草灌草丛（泰山）（2）

图 7-5-4　黄背草灌草丛（泰山）（3）

图 7-5-5　黄背草灌草丛（胶州艾山）

1. 荆条—黄背草群丛

本群丛是花岗岩和石灰岩山区分布较广的群落类型之一，在鲁东丘陵、鲁中南山地丘陵都可见到。常见于山地的阴坡或半阴坡，阳坡土壤深厚处也有斑块状零星分布。群落下的土壤条件较好，土层厚度30—50cm，土壤含水率（7—9月）15%—20%，有机质2%—4%。裸岩面积一般为15%以下。群落一般高度为80—100cm，总盖度大于50%，最高可达80%以上。灌木层中以荆条最多，也有少量的酸枣、胡枝子、百里香等。草本层可分为2—3个亚层，第一亚层主要是黄背草，还有白羊草、野青茅、野古草和蒿属植物；第二亚层高度20—40cm，组成种类有荩草、隐子草等；第三亚层高度在20cm以下，以矮丛薹草为主，还有南山堇菜（*Viola chaerophylloides*）、委陵菜、翻白草、结缕草等。本群丛基本特征见表7-5-1。

本群落的立地条件较好，土壤肥厚湿润，通过封山或人工造林，可以恢复灌丛或森林植被。

表 7-5-1　黄背草灌草丛群落综合分析表 1

层次	种名	德氏多度	高度 /m 均高	最高	盖度 /%
灌木层	荆条（*Vitex negundo* var. *hetelophylla*） 酸枣（*Ziziphus jujuba* var. *spinosa*） 兴安胡枝子（*Lespedeza davurica*） 小叶鼠李（*Rhamnus microphylla*） 扁担杆（*Grewia biloba*） 百里香（*Thymus mongolicus*）	Cop[1]	0.90—1.20	1.50	5—20

续表

层次	种名	德氏多度	高度 /m		盖度 /%
			均高	最高	
草本层	黄背草（*Themeda triandra* var. *japonica*）	Soc	1.00	1.30	70
	野古草（*Arundinella hirta*）	Cop¹	0.27	0.70	10
	其他种类：白莲蒿（*Artemisia stechmanniana*）、野青茅（*Deyeuxia pyramidalis*）、宽隐子草（*Cleistognes hacklii* var. *nakaii*）、荩草（*Arthraxon hispidus*）、翻白草（*Potentilla discolor*）、南山堇菜（*Viola chaerophyloides*）、结缕草（*Zoysia japonica*）、大披针薹草（*Carex lanceolata*）	Sol	0.65	1.40	1—20

注：调查日期 1996 年 8 月。调查地点莱阳市、栖霞市、青州市，以及济南市莱芜区、历城区等地。样方面积 16m² × 4。

2. 三裂绣线菊 – 黄背草群丛

本群丛面积较小，分布也不广，典型群落见于青州市庙子镇北富旺村海拔 400m 左右的阴坡，土层厚度 50cm 以上，土壤含水率（7—9 月）12%—18%，有机质含量高于 4%。群落高度 80—150cm，总盖度大于 70%。灌木层中主要有三裂绣线菊，间有少量荆条、大花溲疏、连翘等。草本层的种类较多，优势种是黄背草、野古草、结缕草和中华卷柏。本群丛基本特征见表 7-5-2。

表 7-5-2　黄背草灌草丛群落综合分析表 2

层次	种名	德氏多度	高度 /m		盖度 /%
			均高	最高	
灌木层	三裂绣线菊（*Spiraea trilobata*）	Cop¹	1.2	1.8	10
	荆条（*Vitex negundo* var. *hetelophylla*）	Cop¹	1.0	1.5	8
	大花溲疏（*Dautzia grandiflora*）				
	酸枣（*Ziziphus jujuba* var. *spinosa*）				
	兴安胡枝子（*Lespedeza davurica*）				
	连翘（*Forstthia suspensa*）				
	毛叶丁香（*Syringa pubecense*）				
	胡枝子（*Lespedeza bicolor*）				
草本层	黄背草（*Themeda triandra* var. *japonica*）	Soc	0.8—1.0	1.2	70
	野古草（*Arundinella hirta*）				
	其他种类：隐子草（*Cleistogenes serotina*）、结缕草（*zoysia japonica*）				

注：调查日期 1996 年 8 月。调查地点青州市庙子镇北富旺村北部。样方面积 16m² × 2。

本群落立地条件较好，如果实行封山或人工造林，有可能恢复为灌丛或森林。

（二）白羊草灌草丛

以白羊草为建群种的灌草丛，主要分布于鲁中南山区，济南市、泰安市、临沂市等地都有广泛分布。灌木以酸枣、荆条为优势种。分布在水分条件较差的地方，草本层高度一般为 30—80cm，盖度通常小于 50%（图 7-5-6、图 7-5-7）。

图 7-5-6 白羊草灌草丛（千佛山）（1）

图 7-5-7 白羊草灌草丛（千佛山）（2）

本群落的建群种为白羊草，在数量上以白羊草占优势为特征，广泛分布于鲁中南山地丘陵地区。组成群落的灌木主要是荆条和酸枣。可分为荆条－白羊草群丛、荆条＋酸枣－白羊草群丛两个主要群丛。

1. 荆条－白羊草群丛

本群丛是鲁东丘陵区分布面积较大的群落类型。常见于山地的阳坡或半阳坡，尤其在海拔 200—400m 的丘陵上多见。生境特点是裸岩面积大，多在 30% 以上。群丛下的土壤干燥瘠薄，土层厚度 15cm 左右，土壤含水率（7—9 月）6%—10%，有机质含量 1%—3%。群落特征是植物种类贫乏，结构简单，群落总盖度低，只有 20%—40%。草本层高 50—80cm，白羊草占绝对优势，在土壤稍深厚的地方可见到黄背草，此外还有荩草、隐子草、翻白草、细柄草（*Capillipedium parviflorum*）、结缕草、米口袋等。灌木层以荆条为主，还有酸枣、小叶鼠李、兴安胡枝子、百里香等。

本群系立地条件较差，群落总盖度低，应禁止放牧和割草，同时人工种树种草，促进群落的进展演替。

2. 荆条＋酸枣－白羊草群丛

本群丛是石灰岩山区分布面积最大的群落类型。生境特征较荆条－白羊草群丛更差。群落中白羊草占绝对优势，荆条、酸枣稀疏分布于其间，其他种类有小叶鼠李、锦鸡儿、百里香、荩草、隐子草、翻白草等。本群丛基本特征见表 7-5-3。

表 7-5-3　白羊草灌草丛群落综合分析表

层次	种名	德氏多度	高度 /m		盖度 /%	说明
			均高	最高		
灌木层	荆条（*Vitex negundo* var. *hetelophylla*） 酸枣（*Ziziphus jujuba* var. *spinosa*） 兴安胡枝子（*Lespedeza davurica*） 小叶鼠李（*Rhamnus microphylla*） 扁担杆（*Grewia biloba*） 百里香（*Thymus mongolicus*） 大果榆（*Ulmus macrocarpa*） 河北木蓝（*Indigofera bungeana*）	Cop[1]	0.9—1.0	1.5	10	
草本层	白羊草（*Bothrichloa ischaeumu*）	Soc	0.5—0.7	1.0	30	
	黄背草（*Themeda triandra* var. *japonica*）	Sp	0.8—1.0	1.2	5	
	其他种类：野古草（*Arundinella hirta*）、隐子草（*Cleistogenes serotina*）、荩草（*Arthraxon hispidus*）、翻白草（*Potentilla discolor*）、结缕草（*Zoysia japonica*）、大披针薹草（*Carex lanceolata*）、狗尾草（*Setaria viridis*）、米口袋（*Gueldenstaedtia multiflora*）				10	个别地段盖度大于 50%

注：调查日期 2012 年 9 月。调查地点青州市南部山区、济南市南部山区。样方面积 16m² × 2。

（三）其他禾草灌草丛

本类型包括多个群系，建群种主要为京芒草、野古草和荻等。在该类灌草丛中出现的灌木主要有荆条、河北木蓝、一叶萩和胡枝子等。较典型的群系为京芒草群落和野古草群落。前者的主要群丛为荆条 + 河北木蓝 – 京芒草群丛，后者的主要群丛为荆条 + 一叶萩 – 野古草群丛。

第八章 山东现状植被：草甸

一、草甸概况

草甸是以多年生中生、旱中生及湿中生草本植物为建群种和优势种的非地带性或隐域植被类型，在水分适中（包括降水、地下水、雪融水等不同来源水）的条件下形成、发育。草原则是分布在温带地区干旱、半干旱区的地带性植被。草甸在我国青藏高原东部、温带山地上部、平原及海滨都有分布。现在，国际上将草原和草甸统称为草地，以及相应的草地生态系统。草甸的类型非常多样，在《中国植被》（1980）中，草甸被分为一个草甸植被型组和一个草甸植被型，进一步又被划分为典型草甸、高寒草甸、沼泽草甸和盐生草甸4个植被亚型。本书将草甸定义为植被型，包括典型草甸和盐生草甸2个主要植被亚型，以及其他草甸1个植被亚型。

组成草甸的植物种类非常丰富，建群种类就有70多种，禾本科、蔷薇科、莎草科、菊科、豆科、藜科（Chenopodiaceae）等的种类多，建群种和优势种也多，并且起着重要作用。草甸植被的结构比较复杂，外貌也变化多样。其中，东北平原的五花草甸最为典型，在鲜花盛开和果实累累的夏秋时节最为壮观（图8-1-1至图8-1-4）。

图 8-1-1 五花草甸外貌（呼伦贝尔）

图 8-1-2　五花草甸景观（呼伦贝尔）

图 8-1-3　夏季五花草甸（呼伦贝尔）（1）

图 8-1-4　夏季五花草甸（呼伦贝尔）（2）

　　草甸植被是重要的自然资源，具有丰富的生物多样性。分布广泛、类型众多的草甸植被是我国重要的天然牧场和割草场。

　　典型草甸和盐生草甸2个植被亚型为山东省主要的草甸植被，在山东各地都有分布。

　　在山东的草甸中，面积最大的是盐生草甸，主要分布于鲁北滨海盐土区的渤海湾沿岸。渤海湾向内陆延伸5—10km的地带，多是在黄河三角洲区域内泥质海滩和潮土上，常受海潮的侵袭。由于其地下水位高，矿化度大，而且土壤含盐量达0.4%—1.0%，土壤的盐渍化限制了更多植物的分布和生长，使得耐盐碱的植物发展成为盐生草甸。

　　黄河三角洲的典型草甸有白茅草甸、荻草甸等类型。盐生草甸由耐盐的湿中生类植物组成，分布在温带内陆和沿海平原地区，在黄河三角洲有大面积分布，典型的盐生草甸是盐地碱蓬草甸、獐毛草甸等。盐生草甸具有以下群落学特点：植物种类贫乏，藜科、禾本科植物多见，常为单优群落，如盐地碱蓬草甸；建群种类通常为盐生植物或泌盐植物，具有旱生植物的特征；群落的分布及生长状况同土壤的水盐动态密切相关，群落中常有一些零星的灌木种类如柽柳、白刺（*Nitraria tangutorum*）等出现；群落的结构简单，高度30—60cm不等，层片结构发育较好，使得外貌和季相变化明显；盐生草甸的生产力不高。

　　草甸拥有丰富多样的自然资源，在经济建设中发挥着重要作用。从生态意义上讲更是重要，包括生物多样性保护、生态服务和生态产品提供、生态安全保障等多个方面。因而，对草甸植被的研究、保护和恢复具有重要的生态、学术和经济意义。

　　本章着重记述典型草甸和盐生草甸两个植被亚型及其以下的群系和群丛。

二、典型草甸

（一）结缕草草甸

　　结缕草草甸是以结缕草为建群种，并以在数量上和功能上占优势为特征。其分布于山东省低山丘陵地带，分布范围广（图8-2-1），但面积都不大，很少超过100m²，主要分布在森林或灌丛被破坏后的低山丘陵上部。这些地方土壤湿润肥沃，其原因是结缕草草甸群落密度大、盖度高，加之结缕草的根系发达，盘根错节，保土保水能力强。

　　本群系可以分为2—3个群丛，包括以结缕草为主的纯群落，以及与其他种类混生的群落。通常分布于海拔150—500m的低山丘陵上部和平缓处。生长旺季，群落的外貌以结缕草绿色叶层及花序为背景，秋季叶片变黄，呈现出秋季季相（图8-2-2）。

　　组成结缕草草甸群落的植物种类较为贫乏，16个1m²样方中共出现8种，平均每个样方出现3—5种。这些种类绝大多数为耐旱植物，如黄背草、狗尾草等。结缕草属多年生草本植物，地下横走茎极为发达，具有耐干旱、瘠薄的特点，并且耐践踏，再生能力强，因此在不少地方可以出现以结缕草为单一优势种和建群种的纯群落。群落高度15—25cm，总盖度为65%—100%。

　　本群丛基本特征见表8-2-1。

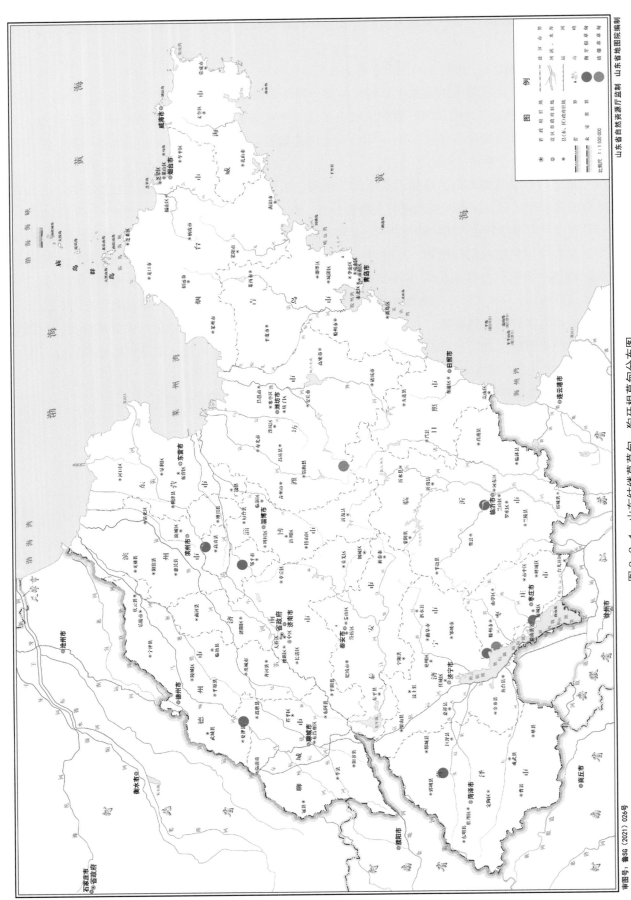

图 8-2-1　山东结缕草草甸、狗牙根草甸分布图

图 8-2-2　秋季结缕草草甸（胶州艾山）

表 8-2-1　结缕草草甸群落综合分析表

种名	频度 /%	德氏多度	盖度 /%	高度 /cm		物候期
				均高	最高	
结缕草（*Zoysia japonica*）	100	Soc	90	12	20	花期
百里香（*Thymus mongolicus*）	12	Cop^2	<5	10	16	花期
马唐（*Digitaria sangunalis*）	6	Sp	<1	15	18	花期
石竹（*Dianthus chinensis*）	18	Sp	<5	21	30	花期
中华苦荬菜（*Ixeris chinensis*）	50	Sp	<1	10		花期
地锦（*Parthenocissus tricuspidata*）	12	Sol	<1	5		花期
早熟禾（*Poa annua*）	6	Sp		15		营养期
矮丛薹草（*Carex callitrichos* var. *nana*）	56	Cop^1	5	10		营养期
狗尾草（*Setaria viridis*）	25	Sp	<5	18	36	营养期

注：1. 调查日期 1991 年 8 月。调查地点沂南县。样方面积 1m^2×16。
　　2. 调查时仅记录建群种和优势种盖度与最高数据。

（二）狗芽根草甸

　　狗牙根草甸以狗牙根（*Cynodon dactylon*）为优势种，主要分布于湖泊岸边和沿黄河大堤两侧地段，在山东半岛沿海地区的海滩上也有零星分布（图 8-2-1），对于湖岸、海岸、河岸防护具有重要的意义。

　　根据 18 个样方的统计，约有植物 40 种，多为湿中生和中生植物。基于 18 个样方的数量分类，狗牙根群落可分为 2 个群丛组（狗牙根 + 禾草、狗牙根 + 其他草本植物）和 5 个群丛（表 8-2-2）。

表 8-2-2　狗牙根草甸群丛分类简表

群丛号	1	2	3	4	5
样地数	3	2	4	2	7
茵陈蒿（*Artemisia capillaris*）	100	0	0	0	0
牛筋草（*Eleusine indica*）	78.4	0	0	0	0
西来稗（*Echinochloa crus-galli* var. *zelayensis*）	78.4	0	0	0	0
田旋花（*Convolvulus arvensis*）	78.4	0	0	0	0
虎尾草（*Chloris virgata*）	68.1	0	0	0	0
婆婆针（*Bidens bipinnata*）	0	100	0	0	0
地锦（*Parthenocissus tricuspidata*）	0	86.6	0	0	0
苍耳（*Xanthium strumarium*）	0	73.4	0	0	0
小蓬草（*Erigeron canadensis*）	0	76.4	0	0	0
尖裂假还阳参（*Crepidiastrum sonchifolium*）	0	0	66.7	0	0
中华苦荬菜（*Ixeris chinensis*）	0	0	66.7	0	0
苦苣菜（*Sonchus oleraceus*）	0	0	57.7	0	0
草木樨（*Melilotus officinalis*）	0	0	0	86.6	0
芦苇（*Phragmites australis*）	0	0	0	0	39.1
刺儿菜（*Cirsium arvense* var. *integrifolium*）	0	0	0	0	45.2
葎草（*Humulus scandens*）	0	0	0	0	0
狗尾草（*Setaria viridis*）	0	0	0	0	0
鹅绒藤（*Cynanchum chinense*）	0	0	0	0	0
白茅（*Imperata cylindrica*）	0	0	0	0	0
马唐（*Digitaria sanguinalis*）	0	0	0	0	0
野大豆（*Glycine soja*）	0	0	0	0	0
早开堇菜（*Viola prionantha*）	0	0	0	0	0
芒（*Miscanthus sinensis*）	0	0	0	0	0
长裂苦苣菜（*Sonchus brachyotus*）	0	0	0	0	0
补血草（*Limonium sinense*）	0	0	0	0	0
萝藦（*Metaplexis japonica*）	0	0	0	0	0
一年蓬（*Erigeron annuus*）	0	0	0	0	0
地梢瓜（*Cynanchum thesioides*）	0	0	0	0	0
合被苋（*Amaranthus polygonoides*）	0	0	0	0	0
柯孟披碱草（*Elymus kamoji*）	0	0	0	0	0
茜草（*Rubia cordifolia*）	0	0	0	0	0
翅果菊（*Lactuca indica*）	0	0	0	0	0
野黍（*Eriochloa villosa*）	0	0	0	0	0
绿穗苋（*Amaranthus hybridus*）	0	0	0	0	0
鳢肠（*Eclipta prostrata*）	0	0	0	0	0
狗牙根（*Cynodon dactylon*）	0	0	0	0	0
齿果酸模（*Rumex dentatus*）	0	0	0	0	0
地肤（*Bassia scoparia*）	0	0	0	0	0
鬼针草（*Bidens pilosa*）	0	0	0	0	0

注：表中数据为物种特征值（Φ，%），按递减的顺序排列。$\Phi \geq 0.25$ 或 $\Phi \geq 0.5$（$p < 0.05$）的物种为特征种，其特征值分别标记浅灰色和深灰色。

各群丛的种类组成和主要分布地点见表 8-2-3。

表 8-2-3　狗牙根草甸群丛统计表

群丛	主要种类	主要分布地点	样方号
狗牙根+狗尾草	狗牙根（*Cynodon dactylon*）、狗尾草（*Setaria viridis*）	高唐县、菏泽市	SHD74130，SHD74230，SHD75930
狗牙根+苍耳	狗牙根（*Cynodon dactylon*）、苍耳（*Xanthium strumarium*）	新薛河人工湿地	SHD187301，SHD194301
狗牙根+刺儿菜	狗牙根（*Cynodon dactylon*）、狗尾草（*Setaria viridis*）、刺儿菜（*Cirsium arvense* var. *integrifolium*）、鹅绒藤（*Cynanchum chinense*）	新薛河人工湿地、邹平市	SHD098301，SHD77130，SHD77230，SHD77330
狗牙根+草木樨	狗牙根（*Cynodon dactylon*）、草木樨（*Melilotus officinalis*）、葎草（*Humulus scandens*）、鹅绒藤（*Cynanchum chinense*）	高青县	SHD76730，SHD76830
狗牙根+长裂苦苣菜	狗牙根（*Cynodon dactylon*）、长裂苦苣菜（*Sonchus brachyotus*）	大芦湖	SHD39930，SHD40330，SHD40430，SHD76430，SHD76530，SHD76930，SHD77030

构成群落的建群种为狗牙根，常为单优群落，偶尔有其他种类伴生，并有一些一年生的植物和湿中生植物出现。

本群落主要分布于济宁市微山县独山湖东岸、昭阳湖东西两岸、微山湖北端的东西两岸的平缓地带，是在湖水退落的岸边发展起来的植物群落。群落分布区的地势极为平缓，自然景观单纯，沿着湖边呈数米宽的带状分布。

群落所在地的土壤为沼泽化草甸土，土壤 pH 7.5，地下水位较浅、一般在 50cm 以内，而且受人类活动的影响较少，因而植物生长茂盛。群落总盖度可达 90% 以上。其中狗牙根构成群落的背景，其盖度可达 75%—100%。盛花季节，在绿色的背景上点缀花序而形成黄绿色的群落外貌。群落的另一优势种为牛毛毡（*Eleocharis acicularis*），在地形稍低和积水的地方还有沼泽荸荠（*Eleocharis palustris*）、水莎草（*Cyperus serotinus*）和荇菜等喜湿植物存在群落中。本群丛基本特征见表 8-2-4。

表 8-2-4　狗牙根草甸群落综合分析表

种名	频度 /%	德氏多度	高度 /cm		盖度 /%	物候期
			均高	最高		
狗牙根（*Cynodon dactylon*）	100	Soc	15	17	75	花期
牛毛毡（*Eleocharis acicularis*）	66	Cop^2	6	10	5	营养期
沼泽荸荠（*Eleocharis palustris*）	16	Un	7	12	3	营养期
水莎草（*Cyperus serotinus*）	16	Un	13	16	<1	营养期
灯心草（*Juncus effusus*）	16	Un	12	16	<1	营养期
伴生种类：						
荇菜（*Nymphoides peltata*）						营养期
眼子菜（*Potamogeton distinctus*）						营养期

注：调查日期 1996 年 8 月。调查地点微山县微山湖北岸。样方面积 1m^2×6。群落总盖度 60%—90%。

（三）白茅草甸

白茅草甸在山东各地都有分布（图 8-2-3），其中黄河三角洲的面积大，比较典型。

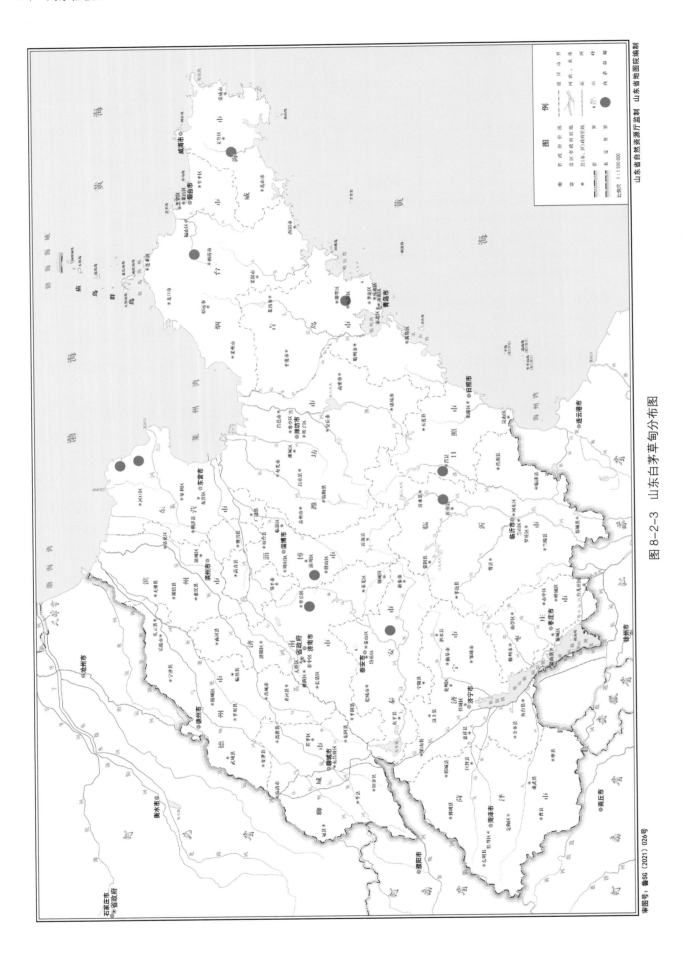

图 8-2-3 山东白茅草甸分布图

1.地理分布和生态特征

白茅为禾本科根茎类禾草，茎直立，高60—100cm，分布于非洲、亚洲西部，在我国北方各地广泛分布。白茅的适应力极强，在土壤肥沃的地段常形成单优群落。在山东各地的山区、平原、河滩、海滨都可见到（图8-2-4、图8-2-5），在山坡平坦地段、沟边和路边常见。白茅喜光也耐阴，喜肥也耐瘠薄，能在各种土壤中生长。

图8-2-4 白茅草甸（黄河三角洲）（1）

图8-2-5 白茅草甸（黄河三角洲）（2）

　　在黄河三角洲，白茅草甸主要分布在土壤含盐量低于 0.6% 的地段，常常形成以白茅为优势物种的单优群落。"看草开荒"，"草"即白茅，说明有白茅分布的地点含盐量低，可以开荒种地了。除白茅外，还有芦苇、野大豆等伴生。在黄河三角洲保护区范围内，大汶流管理站和一千二管理站有集中成片的分布（图 8-2-6、图 8-2-7）。20 世纪 50—70 年代，在黄河三角洲地区可以见到大面积的白茅草甸，后来由于开垦农田以及石油产业的发展，大面积的白茅草甸已不多见，目前只是零星、片段化出现。

图 8-2-6　白茅草甸（黄河三角洲大汶流管理站）

图 8-2-7　白茅草甸（黄河三角洲一千二管理站）

2. 群落组成和外貌结构

白茅草甸分布的地段土壤盐渍化轻且养分相对充足，因而植物种类也比较丰富，在所调查的 14 个样方中记录了 40 多种，平均每个样方出现 5—10 种，在草甸群落中种类最丰富。群落中除了白茅，其他种类还有荻、芦苇、罗布麻（Apocynum venetum）、野大豆、茵陈蒿、大蓟等；有些地段偶见柽柳、盐地碱蓬、獐毛等，表明周边土壤盐分略高。

白茅草甸高度 50—100cm，群落总盖度 50%—100%，较为均匀。群落可分为 2 个草层，但层次界限不明显。草层下的枯立物较为丰富，显示群落下土壤的有机质含量较高。Shannon-Wiener 多样性指数的变化范围为 0.73—1.67，Simpson 多样性指数的变化范围为 0.41—0.77，Pielou 均匀度指数的变化范围为 0.66—0.86。由于本群落类型的总盖度高、土壤盐分低，地上生产力平均为 200—500g/m²。

本群落类型的季相变化明显。初春，由于上一年枯立物的存在，群落呈褐色；4 月末，群落开始转绿，呈草绿色；生长旺季，群落的外貌以白茅绿色叶层为背景，其中点缀一些开着白色的花序，草丛中的白茅占绝对的优势；到了 8 月份，群落中的白茅进入盛花期，花序呈白色，整个群落外貌由白色的花序和深绿色的叶层组成，群落外貌主要表现为白色景观；10 月末，群落地上部分枯死，呈现灰褐色外貌。

3. 群落类型

基于 14 个样方的数量分类，白茅草甸可分为 4 个群丛组和 6 个群丛（表 8-2-5）。

表 8-2-5 白茅草甸群丛分类简表

群丛号	1	2	3	4	5	6
样地数	1	3	2	4	3	1
地锦（*Parthenocissus tricuspidata*）	0	79.1	0	0	0	0
戟叶堇菜（*Viola betonicifolia*）	0	79.1	0	0	0	0
苍耳（*Xanthium strumarium*）	0	77.5	0	0	0	0
婆婆针（*Bidens bipinnata*）	0	77.5	0	0	0	0
刺儿菜（*Cirsium arvense* var. *integrifolium*）	0	63.2	0	0	0	0
狗牙根（*Cynodon dactylon*）	0	0	83.7	0	0	0
白茅（*Imperata cylindrica*）	0	0	0	0	0	0
狗尾草（*Setaria viridis*）	0	0	0	0	0	0
虎尾草（*Chloris virgata*）	0	0	0	0	0	0
苦苣菜（*Sonchus oleraceus*）	0	0	0	0	0	0
两型豆（*Amphicarpaea edgeworthii*）	0	0	0	0	0	0
马唐（*Digitaria sanguinalis*）	0	0	0	0	0	0
双穗雀稗（*Paspalum distichum*）	0	0	0	0	0	0
铁苋菜（*Acalypha australis*）	0	0	0	0	0	0
香附子（*Cyperus rotundus*）	0	0	0	0	0	0
野大豆（*Glycine soja*）	0	0	0	0	0	0
一年蓬（*Erigeron annuus*）	0	0	0	0	0	0
萝藦（*Metaplexis japonica*）	0	0	0	0	0	0
葎草（*Humulus scandens*）	0	0	0	0	0	0
金色狗尾草（*Setaria pumila*）	0	0	0	0	0	0
芦苇（*Phragmites australis*）	0	0	0	0	0	0
小蓬草（*Erigeron canadensis*）	0	0	0	0	0	0
旋覆花（*Inula japonica*）	0	0	0	0	0	0
阴地堇菜（*Viola yezoensis*）	0	0	0	0	0	0
早开堇菜（*Viola prionantha*）	0	0	0	0	0	0
鹅绒藤（*Cynanchum chinense*）	0	0	0	0	0	0
假苇拂子茅（*Calamagrostis pseudophragmites*）	0	0	0	0	0	0
罗布麻（*Apocynum venetum*）	0	0	0	0	0	0
獐毛（*Aeluropus sinensis*）	0	0	0	0	0	0
长裂苦苣菜（*Sonchus brachyotus*）	0	0	0	0	0	0
柽柳（*Tamarix chinensis*）	0	0	0	0	0	0
碱蓬（*Suaeda glauca*）	0	0	83.7	0	0	0
碱菀（*Tripolium pannonicum*）	0	0	0	0	0	0
茼蒿（*Glebionis coronaria*）	0	0	0	0	0	0
地肤（*Bassia scoparia*）	0	0	0	0	0	0
猪毛蒿（*Artemisia scoparia*）	0	0	0	0	0	0
盐地碱蓬（*Suaeda salsa*）	0	0	0	0	0	0

续表

群丛号	1	2	3	4	5	6
样地数	1	3	2	4	3	1
蒙古鸦葱（*Takhtajaniantha mongolica*）	0	0	0	0	0	0
野艾蒿（*Artemisia lavandulifolia*）	0	0	0	0	0	0
补血草（*Limonium sinense*）	0	0	0	0	0	0
白莲蒿（*Artemisia stechmanniana*）	0	0	0	0	0	0
播娘蒿（*Descurainia sophia*）	0	0	0	0	0	0
西来稗（*Echinochloa crus-galli* var. *zelayensis*）	0	0	0	0	0	0
茵陈蒿（*Artemisia capillaris*）	0	0	0	0	0	0
稗（*Echinochloa crus-galli*）	0	0	0	0	0	0
牛鞭草（*Hemarthria sibirica*）	0	0	0	0	0	0
蒙古蒿（*Artemisia mongolica*）	0	0	0	0	0	0
纤毛披碱草（*Elymus ciliaris*）	0	0	0	0	0	0
中华苦荬菜（*Ixeris chinensis*）	0	0	0	0	0	0
牛筋草（*Eleusine indica*）	0	0	0	0	0	0
藜（*Chenopodium album*）	0	0	0	0	0	0
牵牛（*Ipomoea nil*）	0	0	0	0	0	0

注：表中数据为物种特征值（Φ，%），按递减的顺序排列。$\Phi \geqslant 0.25$ 或 $\Phi \geqslant 0.5$（$p < 0.05$）的物种为特征种，其特征值分别标记浅灰色和深灰色。

　　白茅草甸包括白茅纯群落，以及白茅与其他种类组成的群落。各群丛的种类组成和主要分布地点见表 8-2-6。

表 8-2-6　白茅草甸群丛统计表

群丛	主要种类	主要分布地点	样方号
白茅（群丛组1）	白茅（*Imperata cylindrica*）	黄河三角洲	SHD237301，SHD238301，SHD275301
白茅+芦苇（群丛组2）	白茅（*Imperata cylindrica*）、芦苇（*Phragmites australis*）、香附子（*Cyperus rotundus*）	寿光市	SHD86830
白茅+狗牙根（群丛组2）	白茅（*Imperata cylindrica*）、狗牙根（*Cynodon dactylon*）	新薛河人工湿地、大芦湖	SHD192301，SHD40130
白茅+野大豆（群丛组3）	白茅（*Imperata cylindrica*）、野大豆（*Glycine soja*）、盐地碱蓬（*Suaeda salsa*）、芦苇（*Phragmites australis*）	黄河三角洲	SHD251301，SHD260301，SHD263301，SHD265301
白茅+苍耳（群丛组4）	白茅（*Imperata cylindrica*）、苍耳（*Xanthium strumarium*）、狗尾草（*Setaria viridis*）	新薛河人工湿地	SHD096301，SHD190301，SHD193301
白茅+长裂苦苣菜（群丛组4）	白茅（*Imperata cylindrica*）、长裂苦苣菜（*Sonchus brachyotus*）	惠民县	SHD77830

　　白茅纯群落在河沟边、山坡平缓处等都常见。在黄河三角洲则分布于离海岸较远、海拔 3m 左右的缓平坡地。群落下的土壤为轻度盐化至中性。群落的优势种明显，通常只有白茅1种，主要的群丛有白茅群丛、白茅 + 芦苇群丛、白茅 + 狗牙根群丛、白茅 + 野大豆群丛等。

　　本群丛基本特征见表 8-2-7 至表 8-2-11。

表 8-2-7　白茅草甸群落综合分析表

种名	株数 / 德氏多度	高度 /m		盖度 /%
		均高	最高	
白茅（*Imperata cylindrica*）	Cop²	0.60	1.20	20—100
野大豆（*Glycine soja*）	Cop²	0.45	0.70	1—80
猪毛蒿（*Artemisia scoparia*）	Cop¹	0.32	0.52	1—50
盐地碱蓬（*Suaeda salsa*）	Cop¹	0.38	0.65	1—45
补血草（*Limonium sinense*）	Cop¹	0.32	0.40	2—35
狗尾草（*Setaria viridis*）	Cop¹	0.55	1.06	1—30
碱菀（*Tripolium pannonicum*）	Cop¹	0.40	0.40	2
其他种类：芦苇（*Phragmites australis*）、獐毛（*Aeluropus sinensis*）、鹅绒藤（*Cynanchum chinense*）、假苇拂子茅（*Calamagrostis pseudophragmites*）、罗布麻（*Apocynum venetum*）、长裂苦苣菜（*Sonchus brachyotus*）、碱蓬（*Suaeda glauca*）、金色狗尾草（*Setaria pumila*）、野艾蒿（*Artemisia lavandulifolia*）、蒙古鸦葱（*Takhtajaniantha mongolica*）、茼蒿（*Glebionis coronaria*）	Sp	0.64	1.50	1—20

注：1. 调查时间 2011 年 9 月。调查地点东营市黄河三角洲。样方面积 100m² × 7。样地编号 SHD237301-1，SHD238301-2，SHD251301-3，SHD260301-4，SHD263301-5，SHD265301-6，SHD275301-7。

　　2. 群落中偶见柽柳（*Tamarix chinensis*）。

表 8-2-8　白茅 + 芦苇草甸群落综合分析表 1

种名	频度 /%	德氏多度	高度 /cm		盖度 /%	物候期
			均高	最高		
白茅（*Imperata cylindrica*）	94	Cop³—Soc	60	120	5—100	花果期
芦苇（*Phragmites australis*）	71	Sp	75	150	1—15	开花期
荻（*Miscanthus sacchariflorus*）	20	Sp	70	120	1—5	花果期
狗尾草（*Setaria viridis*）	34	Sp	25	30	1—30	结实期
野大豆（*Glycine soja*）	26	Sp	45	70	1—20	花果期
金色狗尾草（*Setaria pumila*）	20	Sp	64	119	1—15	花果期
盐地碱蓬（*Suaeda salsa*）	20	Sp	38	65	1—45	花果期
鹅绒藤（*Cynanchum chinense*）	17	Sol	46	60	1—6	果期
长裂苦苣菜（*Sonchus brachyotus*）	17	Sp	77	120	1—15	花果期
猪毛蒿（*Artemisia scoparia*）	17	Sp	32	52	1—50	花果期
补血草（*Limonium sinense*）	11	Sp	32	40	2—35	开花期
碱蓬（*Suaeda glauca*）	9	Sp	42	45	8—29	花果期
獐毛（*Aeluropus sinensis*）	9	Sp	6	27	10—12	营养期
蓬蒿（*Chrysanthemum coronarium*）	6	Sol	13	13	1—5	果后期
碱菀（*Tripolium pannonicum*）	3	Sp	40	40	20	花果期
罗布麻（*Apocynum venetum*）	3	Un	30	30	3	花果期
蒙古鸦葱（*Takhtajaniantha mongolica*）	3	Sol	8	8	3	果后期
茼蒿（*Glebionis coronaria*）	3	Sol	32	32	7	果后期
野艾蒿（*Artemisia lavandulaefolia*）	3	Sp	110	110	10	花果期

注：1. 调查日期 2011 年 9 月。调查地点东营市垦利区。样方面积 100m² × 7。群落总盖度 100%。

　　2. 样地外种类还有柽柳（*Tamarix chinensis*）、荻（*Miscanthus sacchariflorus*）、青蒿（*Artemisia caruifolia*）、中华苦荬菜（*Ixeris chinensis*）、蓟（*Cirsium japonicum*）、狗娃花（*Aster hispidus*）、草木樨（*Melilotus officinalis*）、华北鳞毛蕨（*Dryopteris goeringiana*）等。

表 8-2-9　白茅 + 芦苇草甸群落综合分析表 2

种名	频度 /%	德氏多度	高度 /cm		盖度 /%	重要值
			均高	最高		
白茅（*Imperata cylindrica*）	100	Soc	45.2	75.3	75	0.70
芦苇（*Phragmites australis*）	40	Sp		40.0	2.0	0.15
罗布麻（*Apocynum venetum*）	20	Un	52.0	52.0	<1.0	0.02
荻（*Miscanthus sacchariflorus*）	20	Sol	25.2	25.2	2.0	0.01
野大豆（*Glycine soja*）	20	Sol	4.3	4.5	2.0	0.01
鹅绒藤（*Cynanchum chinensis*）	40	Sp		9.4	1.0	0.01
大蓟（*Cirsium japonicum*）	20	Un	7.8	7.8	<1.0	0.05
茵陈蒿（*Artemisia capillaris*）	20	Un	8.0	8.0	<1.0	0.05

注：1. 调查日期 2010 年 6 月。调查地点东营市河口区。样方面积 1m² × 5。群落总盖度 80%。
　　2. 样地外有柽柳（*Tamarix chinensis*）等种类。
　　3. 调查时仅记录建群种和优势种均高数据。

表 8-2-10　白茅 + 荻草甸群落综合分析表

种名	频度 /%	德氏多度	高度 /cm		盖度 /%	重要值	物候期
			均高	最高			
白茅（*Imperata cylindrica*）	100.0	Soc	47.00	61.00	69.5	0.582	花果期
荻（*Miscanthus sacchariflorus*）	12.5	Sol	10.00	17.10	6.3	0.032	花果期
罗布麻（*Apocynum venetum*）	25.0	Sp	14.00	17.00	2.0	0.018	
芦苇（*Phragmites australis*）	37.5	Sol	29.00	43.00	1.5	0.050	花果期
野大豆（*Glycine soja*）	12.5	Un	10.00	12.00	0.4	0.010	果期
小香蒲（*Typha minima*）	12.5	Sol	11.00	11.50	1.9	0.020	
大蓟（*Cirsium japonicum*）	25.0	Un	11.00	17.00	0.8	0.010	
碱蓬（*Suaeda glauca*）	25.0	Un	15.00		0.1	0.024	
盐地碱蓬（*Suaeda salsa*）	12.5	Sp	6.00	8.00	0.1	0.013	花果期
狗尾草（*Setaria viridis*）	50.0	Cop¹	14.00	22.00	1.4	0.060	果期
羊草（*Leymus chinensis*）	25.0	Cop¹	9.00	14.00	3.8	0.060	
獐毛（*Aeluropus sinensis*）	12.5	Sp	2.00	3.00	0.1	0.010	
狗娃花（*Aster hispidus*）	12.5	Un	4.00	5.00	0.3	0.010	
苣荬菜（*Sonchus wightianus*）	12.5	Un	4.00	5.00	0.1	0.010	
金色狗尾草（*Setaria pumila*）	25.0	Cop¹	9.00	17.00	3.8	0.052	
海州蒿（*Artemisia fauriei*）	12.5	Un	2.00		0.1	0.010	
鹅绒藤（*Cynanchum chinensis*）	25.0	Un	4.00	5.00	0.2	0.010	
旋花（*Calystegia sepium*）	12.5	Sol	1.00		0.6	0.010	
虎尾草（*Chloris virgata*）	12.5	Sol	2.00	3.00	0.6	0.010	

注：1. 调查日期 2010 年 9 月。调查地点东营市河口区。样方面积 1m² × 8。群落总盖度 85%。
　　2. 调查时仅记录建群种和优势种最高、物候期数据。

表 8-2-11 白茅 + 獐毛草甸群落综合分析表

种名	频度 /%	德氏多度	高度 /cm		盖度 /%	物候期
			均高	最高		
白茅（Imperata cylindrica）	100	Cop¹	28	36	50—70	花期
獐毛（Aeluropus sinensis）	67	Cop¹	19	28	15—25	花期
盐地碱蓬（Suaeda salsa）	15	Sp	14	17	<5	营养期
蒙古鸦葱（Takhtajaniantha mongolica）	10	Sol	12	19	<5	营养期
野大豆（Glycine soja）	30	Sol	24	32	<5	营养期
苦荬菜（Ixeris polycephala）	20	Sp	10	14	<1	营养期
芦苇（Phragmites australis）	14	Sp	54	98	<1	花期
罗布麻（Apocynum venetum）	10	Sp	21	27	<1	营养期
稗（Echinochloa crus-galli）	12	Sp	15	21	<1	营养期
狗尾草（Setaria viridis）	60	Sp	17	19	<1	营养期
虎尾草（Chloris virgata）	30	Sp	13	17	<1	营养期

注：调查日期 1990 年 8 月。调查地点东营市垦利区。样方面积 1m² × 8。群落总盖度 90%。

4. 价值及保护发展

白茅为根茎类禾草，地下根茎发达，有利于固沙保土和有机质积累。本群落分布的地段，土壤盐分一般不到 0.6%，土壤有机质含量也高。白茅分布的地段大多已被开垦为农田，导致这一群落类型大大减少。从植被类型多样性和生态保护的角度讲，保护好这一植被类型具有重要的生态意义。从生态演替角度讲，如果白茅草甸保持自然状态，其未来的演替方向应该是灌丛，直到森林植被。在黄河三角洲地区种植的刺槐等乔木能够正常生长，这也从另一方面显示了这一地区潜在的植被演替方向。但在人为干扰强烈的状况下，黄河三角洲近海区域自然演替为灌丛或森林的可能性不大。如果能够在一些区段保留一定面积的白茅草甸进行长期观测，对于研究演替规律很有意义。

此外，白茅的地下根茎含有较多的淀粉和糖分，可以食用。在饥荒时期，白茅根曾经被大量采挖用来充饥，起到了救荒的作用。白茅根还是常用的中药，性寒味甘，可用于止血、清热补肺等。因此，白茅草甸的生态、经济、社会价值都很高。

（四）荻草甸

1. 地理分布和生态特征

荻为禾本科根茎类多年生高大禾草，喜湿润、肥沃的土壤。其茎秆直立，高可达 1.0—2.5m。8—10 月开花结果。分布于东北、华北、西北等地，在山东省分布也很普遍，日本、朝鲜等也有分布。通常生于山坡草地、平原、河岸和沟边，是重要的护坡护岸植物，经常形成单优势种荻草甸。在山东，荻草甸分布于东营市等地（图 8-2-8）。在黄河三角洲地区，荻草甸分布也很广泛，尤以大汶流、一千二两个管理站范围内常见。

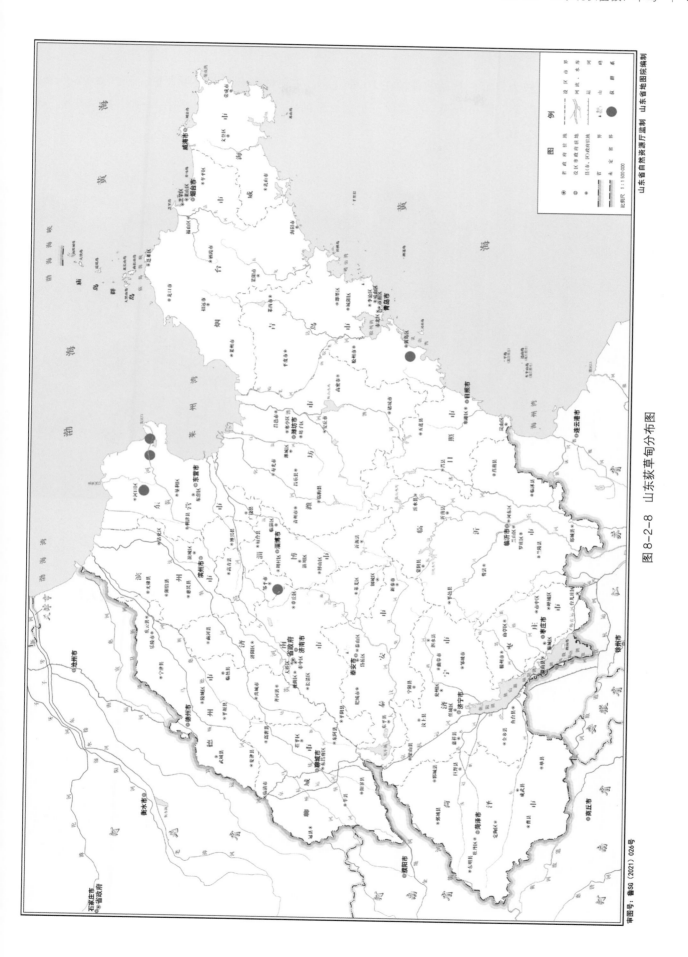

审图号：鲁SG（2021）026号

图 8-2-8 山东荻草甸分布图

2.群落组成和外貌结构

本群落的种类组成较为丰富，常见的种类在 10 种以上，主要种类有芦苇、野大豆、苦苣菜（*Sonchus oleraceus*）、狗尾草、白茅、罗布麻等。在黄河三角洲靠近河岸的地段，荻常出现在旱柳林下，或者二者混生（图 8-2-9、图 8-2-10）。

图 8-2-9　荻草甸与旱柳林相邻（黄河三角洲）（1）

图 8-2-10　荻草甸与旱柳林相邻（黄河三角洲）（2）

群落高度通常在 1m 以上，最高的超过 2m，可分出 2—3 个亚层。群落的外貌变化较大，春夏之交时节，茂密的荻群落一片葱绿；秋季，白色的花序似云海，人称"荻海飘荡""荻海秋色"；晚秋季节，荻的叶色棕红，与白色的花序相伴，在傍晚日落之时观望，"荻海"和落日余晖交际，蔚为壮观，是黄河口区域引人注目的植被景观（图 8-2-11）。

图 8-2-11 秋季荻草甸（黄河三角洲）

3. 群落类型

荻草甸分布于新旧黄河口平坦地带的土壤湿润肥沃处。群落优势种明显，通常形成荻单优群落。群系以下的类型比较简单，可分为2—3个群丛组和4—6个群丛，主要的有荻群丛、荻＋芦苇群丛、荻＋白茅群丛等。

荻草甸群丛在黄河三角洲保护区大汶流管理站入口正东的路边，形成单优群落（图8-2-12）。荻＋芦苇群丛分布在土壤湿润地段，种类组成较丰富，除荻外，还有野大豆、白茅、鹅绒藤、罗布麻、芦苇、节节草等；在大汶流管理站区域，荻常与旱柳伴生，是旱柳林下的优势草本植物，形成高草层。本群落可以分为高草层、矮草层等2—3个亚层。荻＋白茅群丛分布在地形稍高、土壤肥沃的地段，种类组成也较丰富，通常也可分为2—3个亚层。

图 8-2-12　荻草甸单优群落（黄河三角洲）

本群丛基本特征见表 8-2-12 至表 8-2-14。

表 8-2-12 荻 + 芦苇草甸群落综合分析表 1

种名	频度 /%	德氏多度	高度 /cm		盖度 /%	物候期
			均高	最高		
荻（*Miscanthus saccharifloru*）	90	Cop³	200	225	30—100	花果期
芦苇（*Phragmites australis*）	80	Cop¹	163	245	5—35	开花期
长裂苦苣菜（*Sonchus brachyotus*）	70	Cop¹	68	100	3—15	花果期
野大豆（*Glycine soja*）	70	Sp	65	100	3—30	果期
白茅（*Imperata cylindrica*）	30	Cop¹	68	80	4—65	营养期
罗布麻（*Apocynum venetum*）	20	Sp	71	80	8—10	花果期
茵陈蒿（*Artemisia capillaris*）	20	Cop¹	58	70	10	花果期
蓟（*Cirsium japonicum*）	10	Un	60	60	2	花果期
猪毛蒿（*Artemisia scoparia*）	10	Un	45	45	5	花果期
草木樨（*Melilotus officinalis*）	10	Un	70	70	20	花果期

注：1. 调查日期 2011 年 9 月。调查地点东营市垦利区。样方面积 100m²×2。群落总盖度 100%。

2. 样地外种类还有旱柳（*Salix matsudana*）、碱菀（*Tripolium pannonicum*）、柽柳（*Tamarix chinensis*）、野艾蒿（*Artemisia lavandulifolia*）、青蒿（*Artemisia caruifolia*）、钻叶紫菀（*Symphyotrichum subulatum*）、金色狗尾草（*Setaria pumila*）、碱蓬（*Suaeda glauca*）。

表 8-2-13 荻 + 芦苇草甸群落综合分析表 2

种名	频度 /%	德氏多度	高度 /cm		盖度 /%	物候期
			均高	最高		
荻（*Miscanthus sacchariflorus*）	100	Cop³	173	195	30—80	花果期
芦苇（*Phragmites australis*）	60	Cop²	150	170	25—50	开花期
长裂苦苣菜（*Sonchus brachyotus*）	40	Cop¹	89	102	5—50	花果期
野大豆（*Glycine soja*）	60	Cop¹	87	115	15—80	果期
鹅绒藤（*Cynanchum chinense*）	60	Cop¹	95	150	15—40	果期
碱菀（*Tripolium pannonicum*）	40	Sp	54	60	2—10	花果期
狗尾草（*Setaria viridis*）	20	Sol	50		3	结实期
金色狗尾草（*Setaria pumila*）	20	Sol	64		5	花果期
白茅（*Imperata cylindrica*）	20	Cop¹	57		20	营养期
假苇拂子茅（*Calamagrostis pseudophragmites*）	20	Cop³	173		70	花果期
罗布麻（*Apocynum venetum*）	20	Sol	110		10	花果期
刺儿菜（*Cirsium arvense* var. *integrifolium*）	20	Cop¹	110	110	20	果后期
草木樨（*Melilotus officinalis*）	20	Cop¹	94	94	45	花果期

注：1. 调查日期 2011 年 9 月。调查地点东营市垦利区。样方面积 100m²×1。群落总盖度 100%。

2. 样方外种类还有柽柳（*Tamarix chinensis*）、野艾蒿（*Artemisia lavandulifolia*）、车前（*Plantago asiatica*）、地肤（*Bassia scoparia*）、虎尾草（*Chloris virgata*）等。

3. 调查时仅记录建群种和优势种最高数据。

表 8-2-14　荻 + 白茅草甸群落综合分析表

种名	频度 /%	德氏多度	高度 /cm		盖度 /%	重要值	说明
			均高	最高			
荻（*Miscanthus sacchariflorus*）	100	Soc	132.0	150.0	64.6	0.582	
苣荬菜（*Sonchus wightianus*）	20	Sol	106.0	116.0	15.0	0.032	
野大豆（*Glycine soja*）	80	Sol	90.0	141.0	9.2	0.018	
细齿草木樨（*Melilotus dentata*）	40	Sol		120.0	6.5	0.050	
白茅（*Imperata cylindrica*）	40	Sol		84.0	8.5	0.010	
猪毛蒿（*Artemisia scoparia*）	60	Sp	52.0	105.0	3.8	0.020	
碱蓬（*Suaeda glauca*）	40	Sol		76.0	1.3	0.010	
鹅绒藤（*Cynanchum chinensis*）	20	Sp	30.0	40.0	2.0	0.024	
罗布麻（*Apocynum venetum*）	40	Sp		110.0	2.8	0.013	
狗尾草（*Setaria viridis*）	20	Cop¹	20.0	30.0	15.0	0.060	
大蓟（*Cirsium japonicum*）	20	Sp	40.0	50.0	2.0	0.060	
小香蒲（*Typha minima*）	20	Sol	85.0	93.0	10.0	0.010	靠近旅游区，伴生植物明显增多
节节草（*Equisetum ramosissimum*）	60	Cop¹	40.0	50.0	6.8	0.010	
葎草（*Humulus scandens*）	20	Sp	32.0	37.0	0.5	0.010	
猪毛菜（*Kali collina*）	20	Sp	30.0	35.0	2.0	0.052	

注：1. 调查日期 2010 年 9 月。调查地点东营市河口区。样方面积 1m² × 8。群落总盖度 80%—100%。

　　2. 调查时仅记录建群种和优势种均高数据。

4. 价值及保护发展

荻是一种多用途草，是优良的防沙护坡护岸植物，在山东省山地丘陵和平原都常见，尤以黄河三角洲地区湿润肥沃的土壤上更常见，是一种土壤良好的指示植物。荻草甸作为一种植被景观也很有特色，尤其是在深秋季节，荻花序形成一片白茫茫的"荻海"，很是壮观，深受游人的喜欢。荻在景观营造、生物质能源开发、生产纸浆等方面有很好的利用前景。

（五）芦苇草甸

1. 地理分布和生态特征

芦苇草甸广泛分布于山东省的平原和沟谷、河谷地带，常形成纯群落。在黄河三角洲、南四湖、东平湖等湖泊近岸边也有分布（图 8-2-13）。这一类型是山东省分布范围和面积最大的草甸。芦苇也时常在浅水处生长，与沼泽类型难以区分。

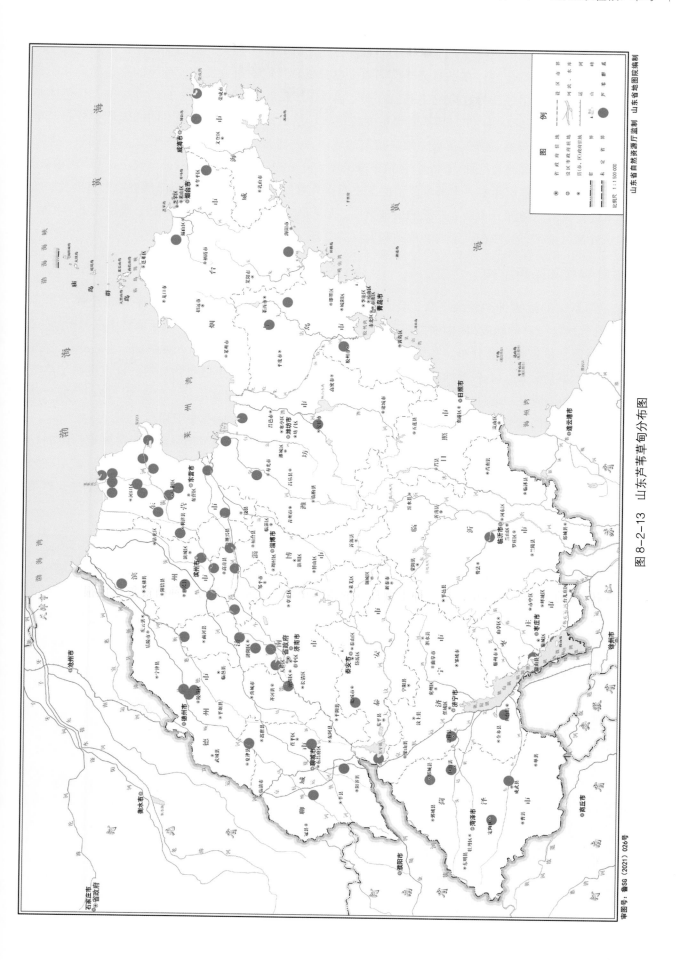

图 8-2-13 山东芦苇草甸分布图

芦苇为禾本科多年生高大禾草，地下根茎非常发达，为世界广布种类，生态类型多样。其生长于江河湖泊、塘坝、沟渠和低洼地，在平原、沙漠等地区也常见。我们的研究发现，芦苇的染色体变异非常复杂，有整倍性和非整倍性变异，染色体基数有 $3x$、$4x$、$5x$、$6x$、$7x$、$8x$、$10x$、$11x$、$12x$ 等，染色体组有 $2n=24$，36，48，96，38，44 等，其基因组也变化很大。这也说明了芦苇能在不同的生境中分布及形态千变万化的原因。芦苇既是草甸植被、沼泽植被的建群种，也是沙丘植被的优势种，还是湖泊、池塘等岸边优势挺水植物群落的常见种。因此，在植被分类中，芦苇的分类地位和位置很难确定，《中国植被》（1980）将其划分在禾草沼泽中。本书将芦苇群落主要作为草甸植被类型介绍，沼泽植被中也有提及。

芦苇草甸是黄河三角洲分布最为广泛的植被类型，无论是近海滩涂，还是黄河岸边，或是沟渠、水库、塘坝等浅水处都可见到，其中在一千二管理站和大汶流管理站最普遍。

2. 群落组成和外貌结构

组成芦苇草甸的植物种类较为丰富，在调查的 49 个样方中共出现了 60 多种，平均每个样方出现20—30种。在土壤盐分高的地段，伴生种类常有獐毛、盐地碱蓬等盐生植物，尤其在滩涂或者中度盐碱地带，芦苇与盐地碱蓬常呈带状交替分布。在有短期积水的地段，伴生有荆三棱（*Bolboschoenus yagara*）等湿生性禾草；在土壤盐分低、不太湿润的地段则有白茅、荻、野大豆等中生性植物分布。这也说明了芦苇的广布性和较强的适应性。此外，在土壤干旱地段，芦苇生长得低矮，呈匍匐状，称之为"芦草"或"矮茎芦苇"。芦苇草甸高度 0.5—2.0m 不等，甚至更高，超过 2m，可分为 2—3 个亚层。

芦苇草甸的外貌随着季节变化而变化。初春，芦苇开始萌发，到 5 月中下旬呈现淡绿色外貌；到 7—8 月初开花之前，整个群落呈现葱绿色的外貌（图 8-2-14）；至 8 月下旬芦苇花期开始，群落外貌由淡紫红色花序、花穗和深绿色的叶层组成，红绿相间，随风起伏（图 8-2-15）；10 月中下旬到 11 月，芦苇花序呈白色，呈现出"芦花飘荡""芦花飘絮"的景观（图 8-2-16）。

图 8-2-14　夏季芦苇草甸（黄河三角洲）

图 8-2-15　初秋芦苇草甸（黄河三角洲）

图 8-2-16　秋季芦苇草甸（黄河三角洲）

芦苇和盐地碱蓬还呈斑块状或条带状出现，芦苇多的地段土壤盐分较低，盐地碱蓬多的地段土壤盐分较高，反映了土壤盐分和水分的变化。春季和秋季，绿色的芦苇和红色的盐地碱蓬相映，也是常见的植被景观（图 8-2-17）。

图 8-2-17　芦苇草甸（重盐碱土分布芦苇）（黄河三角洲）

3. 群落类型

基于 49 个样方的数量分类，芦苇草甸可分为 10 个群丛，包括芦苇群丛、芦苇 + 盐地碱蓬群丛、芦苇 + 獐毛群丛、芦苇 + 荻群丛、芦苇 + 金色狗尾草群丛等（表 8-2-15）。

表 8-2-15　芦苇草甸群丛分类简表

群丛号	1	2	3	4	5	6	7	8	9	10
样地数	3	2	5	7	2	2	7	13	5	3
莠竹（*Microstegium vimineum*）	71.6	0	0	0	0	0	0	0	0	0
野大豆（*Glycine soja*）	49.9	0	0	0	0	0	0	0	0	0
矛叶荩草（*Arthraxon lanceolatus*）	52.9	0	0	0	0	0	0	0	0	0
葎草（*Humulus scandens*）	38.9	0	0	0	0	0	0	0	0	0
绿穗苋（*Amaranthus hybridus*）	0	68.8	0	0	0	0	0	0	0	0
牛鞭草（*Hemarthria sibirica*）	0	68.8	0	0	0	0	0	0	0	0

续表

群丛号	1	2	3	4	5	6	7	8	9	10
样地数	3	2	5	7	2	2	7	13	5	3
通泉草（*Mazus pumilus*）	0	68.8	0	0	0	0	0	0	0	0
附地菜（*Trigonotis peduncularis*）	0	68.8	0	0	0	0	0	0	0	0
稷（*Panicum miliaceum*）	0	92.8	0	0	0	0	0	0	0	0
稗（*Echinochloa crus-galli*）	0	75.8	0	0	0	0	0	0	0	0
田旋花（*Convolvulus arvensis*）	0	0	61.2	0	0	0	0	0	0	0
芒（*Miscanthus sinensis*）	0	0	61.2	0	0	0	0	0	0	0
狗牙根（*Cynodon dactylon*）	0	0	61.2	0	0	0	0	0	0	0
鳢肠（*Eclipta prostrata*）	0	0	48.9	0	0	0	0	0	0	0
苘麻（*Abutilon theophrasti*）	0	0	36.1	0	0	0	0	0	0	0
女菀（*Turczaninovia fastigiata*）	0	0	0	51.4	0	0	0	0	0	0
水蓼（*Persicaria hydropiper*）	0	0	0	40	0	0	0	0	0	0
具芒碎米莎草（*Cyperus microiria*）	0	0	0	36.8	0	0	0	0	0	0
齿果酸模（*Rumex dentatus*）	0	0	0	36.8	0	0	0	0	0	0
藜（*Chenopodium album*）	0	0	0	36.8	0	0	0	0	0	0
小蓬草（*Erigeron canadensis*）	0	0	0	30.9	0	0	0	0	0	0
日本毛连菜（*Picris japonica*）	0	0	0	25.7	0	0	0	0	0	0
中华苦荬菜（*Ixeris chinensis*）	0	0	0	0	0	0	51.4	0	0	0
钻叶紫菀（*Symphyotrichum subulatum*）	0	0	0	0	0	0	44.5	0	0	0
盐地碱蓬（*Suaeda salsa*）	0	0	0	0	0	0	0	40.6	0	0
獐毛（*Aeluropus sinensis*）	0	0	0	0	0	0	0	0	43.7	0
鬼针草（*Bidens pilosa*）	0	0	0	0	0	0	0	0	0	80.2
升马唐（*Digitaria ciliaris*）	0	0	0	0	0	0	0	0	0	80.2
香蒲（*Typha orientalis*）	0	0	0	0	0	0	0	0	0	80.2
毛连菜（*Picris hieracioides*）	0	0	0	0	0	0	0	0	0	80.2
苣荬菜（*Sonchus wightianus*）	0	0	0	0	0	0	0	0	0	75.3
刺儿菜（*Cirsium arvense* var. *integrifolium*）	0	0	0	0	0	0	0	0	0	56.6
荻（*Miscanthus sacchariflorus*）	0	0	0	0	0	0	0	0	0	52.9
圆叶牵牛（*Ipomoea purpurea*）	0	0	0	0	0	0	0	0	0	0
牡蒿（*Artemisia japonica*）	0	0	0	0	0	0	0	0	0	0
马齿苋（*Portulaca oleracea*）	0	0	0	0	0	0	0	0	0	0
五叶地锦（*Parthenocissus quinquefolia*）	0	0	0	0	0	0	0	0	0	0
曼陀罗（*Datura stramonium*）	0	0	0	0	0	0	0	0	0	0
白菜（*Brassica rapa* var. *glabra*）	0	0	0	0	0	0	0	0	0	0
茵陈蒿（*Artemisia capillaris*）	0	0	0	0	0	0	0	0	0	0
毛马唐（*Digitaria ciliaris* var. *chrysoblephara*）	0	0	0	0	0	0	0	0	0	0

续表

群丛号	1	2	3	4	5	6	7	8	9	10
样地数	3	2	5	7	2	2	7	13	5	3
野艾蒿（*Artemisia lavandulifolia*）	0	0	0	0	0	0	0	0	0	0
白莲蒿（*Artemisia stechmanniana*）	0	0	0	0	0	0	0	0	0	0
合被苋（*Amaranthus polygonoides*）	0	0	0	0	0	0	0	0	0	0
牛筋草（*Eleusine indica*）	0	0	0	0	0	0	0	0	0	0
滨藜（*Atriplex patens*）	0	0	0	0	0	0	0	0	0	0
苦苣菜（*Sonchus oleraceus*）	0	0	0	0	0	0	0	0	0	0
西来稗（*Echinochloa crus-galli* var. *zelayensis*）	0	0	0	0	0	0	0	0	0	0
马胞瓜（*Cucumis melo* var. *agrestis*）	0	0	0	0	0	0	0	0	0	0
黄花蒿（*Artemisia annua*）	0	0	0	0	0	0	0	0	0	0
萝藦（*Metaplexis japonica*）	0	0	0	0	0	0	0	0	0	0
播娘蒿（*Descurainia sophia*）	0	0	0	0	0	0	0	0	0	0
虎尾草（*Chloris virgata*）	0	0	0	0	0	0	0	0	0	0
蒙古鸦葱（*Takhtajaniantha mongolica*）	0	0	0	0	0	0	0	0	0	0
草木樨（*Melilotus officinalis*）	0	0	0	0	0	0	0	0	0	0
鹅绒藤（*Cynanchum chinense*）	0	0	0	0	0	0	0	23.5	0	0
碱蓬（*Suaeda glauca*）	0	0	0	0	0	0	0	0	0	0
白茅（*Imperata cylindrica*）	0	0	0	0	0	0	0	0	0	0
猪毛蒿（*Artemisia scoparia*）	0	0	0	0	0	0	0	0	0	0
细柄黍（*Panicum sumatrense*）	0	0	0	0	0	0	0	0	0	0
狗尾草（*Setaria viridis*）	0	0	0	0	0	0	0	0	0	0
婆婆针（*Bidens bipinnata*）	0	0	0	0	0	0	0	0	0	0
三棱水葱（*Schoenoplectus triqueter*）	0	0	0	0	0	0	0	0	0	0
大车前（*Plantago major*）	0	0	0	0	0	0	0	0	0	0
小苦荬（*Ixeridium dentatum*）	0	0	0	0	0	0	0	0	0	0
香附子（*Cyperus rotundus*）	0	0	0	0	0	0	0	0	0	0
马唐（*Digitaria sanguinalis*）	0	0	0	0	0	0	0	0	0	0
长裂苦苣菜（*Sonchus brachyotus*）	0	0	0	0	0	0	0	24.7	0	0
纤毛披碱草（*Elymus ciliaris*）	0	0	0	0	0	0	0	0	0	0
金色狗尾草（*Setaria pumila*）	0	0	0	0	0	0	0	0	0	0
茼蒿（*Glebionis coronaria*）	0	0	0	0	0	0	0	0	0	0
狗娃花（*Aster hispidus*）	0	0	0	0	0	0	0	0	0	0
柯孟披碱草（*Elymus kamoji*）	0	0	0	0	0	0	0	0	0	0
地锦（*Parthenocissus tricuspidata*）	0	0	0	0	0	0	0	0	0	0
酸模叶蓼（*Persicaria lapathifolia*）	0	0	0	0	0	0	0	0	0	0
通奶草（*Euphorbia hypericifolia*）	0	0	0	0	0	0	0	0	0	0

续表

群丛号	1	2	3	4	5	6	7	8	9	10
样地数	3	2	5	7	2	2	7	13	5	3
旱柳（*Salix matsudana*）	0	0	0	0	0	0	0	0	0	0
两型豆（*Amphicarpaea edgeworthii*）	0	0	0	0	0	0	0	0	0	0
芦苇（*Phragmites australis*）	0	0	0	0	0	0	0	0	0	0
小藜（*Chenopodium ficifolium*）	0	0	0	0	0	0	0	0	0	0
苍耳（*Xanthium strumarium*）	0	0	0	0	0	0	0	0	0	0
车前（*Plantago asiatica*）	0	0	0	0	0	0	0	0	0	0
打碗花（*Calystegia hederacea*）	0	0	0	0	0	0	0	0	0	0
野胡萝卜（*Daucus carota*）	0	0	0	0	0	0	0	0	0	0
菟丝子（*Cuscuta chinensis*）	0	0	0	0	0	0	0	0	0	0
补血草（*Limonium sinense*）	0	0	0	0	0	0	0	0	0	0
地肤（*Bassia scoparia*）	0	0	0	0	0	0	0	0	0	0
委陵菜（*Potentilla chinensis*）	0	0	0	0	0	0	0	0	0	0
雀麦（*Bromus japonicus*）	0	0	0	0	0	0	0	0	0	0
芦竹（*Arundo donax*）	0	0	0	0	0	0	0	0	0	0
假苇拂子茅（*Calamagrostis pseudophragmites*）	0	0	0	0	0	0	0	0	0	0
罗布麻（*Apocynum venetum*）	0	0	0	0	0	0	0	0	0	0
拟金茅（*Eulaliopsis binata*）	0	0	0	0	0	0	0	0	0	0
平车前（*Plantago depressa*）	0	0	0	0	0	0	0	0	0	0
全叶马兰（*Aster pekinensis*）	0	0	0	0	0	0	0	0	0	0
猪毛菜（*Kali collina*）	0	0	0	0	0	0	0	0	0	0
泥胡菜（*Hemisteptia lyrata*）	0	0	0	0	0	0	0	0	0	0
萹蓄（*Polygonum aviculare*）	0	0	0	0	0	0	0	0	0	0
青蒿（*Artemisia caruifolia*）	0	0	0	0	0	0	0	0	0	0
碱菀（*Tripolium pannonicum*）	0	0	0	0	0	0	0	0	0	0
蛇床（*Cnidium monnieri*）	0	0	0	0	0	0	0	0	0	0
蓟（*Cirsium japonicum*）	0	0	0	0	0	0	0	0	0	0
京芒草（*Achnatherum pekinense*）	0	0	0	0	0	0	0	0	0	0
旋覆花（*Inula japonica*）	0	0	0	0	0	0	0	0	0	0
牵牛（*Ipomoea nil*）	0	0	0	0	0	0	0	0	0	0
茼蒿（*Glebionis coronaria*）	0	0	0	0	0	0	0	0	0	0
柽柳（*Tamarix chinensis*）	0	0	0	0	0	0	0	0	0	0

注：表中数据为物种特征值（Φ，%），按递减的顺序排列。$\Phi \geqslant 0.25$ 或 $\Phi \geqslant 0.5$（$p < 0.05$）的物种为特征种，其特征值分别标记浅灰色和深灰色。

芦苇草甸分为5个群丛组，即芦苇组、芦苇禾草组、芦苇萝藦组、芦苇碱蓬组、芦苇蒿类组，10个群丛。各群丛的种类组成和主要分布地点见表8-2-16。

表 8-2-16　芦苇草甸群丛统计表

群丛	主要种类	主要分布地点	样方号
芦苇 （群丛组 1）	芦苇（Phragmites australis）	黄河三角洲、无棣县、商河县	SHD255301，SHD259301，SHD271301，SHD78130，SHD78330，SHD78430，SHD78530
芦苇 + 狗牙根 （群丛组 2）	芦苇（Phragmites australis）、狗牙根（Cynodon dactylon）	高唐县、茌平区、东昌府区	SHD73930，SHD74030，SHD74730，SHD74830，SHD75730
芦苇 + 狗尾草 （群丛组 2）	芦苇（Phragmites australis）、狗尾草（Setaria viridis）	莱西市姜山镇湿地、定陶区、郓城县、巨野县、鱼台县、大芦湖	SHD06730，SHD101930，SHD102330，SHD104630，SHD104730，SHD107730，SHD40230
芦苇 + 矛叶荩草 （群丛组 2）	芦苇（Phragmites australis）、矛叶荩草（Arthraxon lanceolatus）	新薛河人工湿地	SHD110301，SHD124301，SHD128301
芦苇 + 稷 （群丛组 2）	芦苇（Phragmites australis）、稷（Panicum miliaceum）	新薛河人工湿地	SHD104301，SHD171301
芦苇 + 白茅 （群丛组 2）	芦苇（Phragmites australis）、白茅（Imperata cylindrica）、荻（Miscanthus sacchariflorus）、獐毛（Aeluropus sinensis）等	黄河三角洲、大芦湖	SHD256301，SHD40030
芦苇 + 萝藦 （群丛组 3）	芦苇（Phragmites australis）、萝藦（Cynanchum rostellatum）	新薛河人工湿地	SHD149301，SHD155301
芦苇 + 盐地碱蓬 （群丛组 4）	芦苇（Phragmites australis）、盐地碱蓬（Suaeda salsa）、獐毛（Aeluropus sinensis）等	黄河三角洲、高青县	SHD215301，SHD216301，SHD231301，SHD242301，SHD243301，SHD249301，SHD262301，SHD269301，SHD276301，SHD279301，SHD280301，SHD288301，SHD76630
芦苇 + 长裂苦苣菜 （群丛组 5）	芦苇（Phragmites australis）、长裂苦苣菜（Sonchus brachyotus）、蒙古鸦葱（Takhtajaniantha mongolica）等	黄河三角洲、惠民县、商河县、陵城区	SHD281301，SHD284301，SHD78030，SHD78630，SHD79430
芦苇 + 黄花蒿 （群丛组 5）	芦苇（Phragmites australis）、黄花蒿（Artemisia annua）、茵陈蒿（Artemisia capillaris）、马唐（Digitaria sanguinalis）等	少海国家湿地公园、阳谷县鲁运河支渠	SHD81330，SHD81430，SHD99630

　　除了芦苇群丛常见外，芦苇 + 盐地碱蓬群丛、芦苇 + 白茅 + 荻群丛等也很常见，都是黄河三角洲较为常见的群落类型，分布在土壤盐分较高的滩涂地段，时常有一定的淹水。其他类型多见于湖泊边和其他湿地。

本群丛基本特征见表 8-2-17 至表 8-2-25。

表 8-2-17　芦苇 + 盐地碱蓬草甸群落综合分析表 1

种名	频度 /%	德氏多度	高度 /cm		盖度 /%	物候期
			均高	最高		
芦苇（*Phragmites australis*）	100	Cop³—Soc	145	295	50—100	花果期
萝藦（*Metaplexis japonica*）	40	Sp	53	75	5	花果期
盐地碱蓬（*Suaeda salsa*）	33	Cop¹	41	65	3—40	花果期
长裂苦苣菜（*Sonchusbrac hyotus*）	28	Sp	58	108	1—60	花果期
鹅绒藤（*Cynanchum chinense*）	23	Cop¹	60	102	1—40	果期
碱蓬（*Suaeda glauca*）	17	Cop¹	57	93	1—75	花果期
碱菀（*Tripolium pannonicum*）	16	Cop¹	74	105	3—30	花果期
罗布麻（*Apocynum venetum*）	16	Sp	70	110	1—35	花果期
狗尾草（*Setaria viridis*）	15	Sp	69	121	1—45	结实期
刺儿菜（*Cirsium arvense* var. *integrifolium*）	14	Sp	59	120	4—20	果后期
野大豆（*Glycine soja*）	12	Sp	86	142	1—20	果期
白茅（*Imperata cylindrica*）	12	Cop¹	62	95	2—75	营养期
猪毛蒿（*Artemisia scoparia*）	11	Cop¹	52	90	5—35	花果期
补血草（*Limonium sinense*）	7	Sp	41	110	3—30	开花期
西来稗（*Echinochloa crus-galli* var. *zelayensis*）	4	Sp	78	92	2—35	花果期
草木樨（*Melilotus officinalis*）	4	Soc	93	120	6—40	花果期
金色狗尾草（*Setaria pumila*）	3	Sp	38		1—10	花果期
苣荬菜（*Sonchuswigh tianus*）	3	Cop¹	83	100	10—60	花果期
假苇拂子茅（*Calamagrostis pseudophragmites*）	3	Sol	115	120	5—6	花果期
蒙古鸦葱（*Takhtajaniantha mongolica*）	3	Sp	12	21	1—10	果后期
獐毛（*Aeluropus sinensis*）	3	Sp	21	26	15—95	营养期
蓟（*Cirsium japonicum*）	1	Un	35	35	5	花果期
狗娃花（*Aster hispidus*）	1	Sp	21	21	2	果后期
藨草（*Scirpus triqueter*）	3	Cop¹	55	60	10	花果期
牡蒿（*Artemisia japonica*）	1	Sol	37	37	2	花果期
蓬蒿（*Chrysanthemum coronarium*）	1	Sol	78		8	果后期
青蒿（*Artemisia caruifolia*）	1	Sol	66		< 1	果后期
茼蒿（*Glebionis coronaria*）	1	Sol	15		4	果后期
鳢肠（*Eclipta prostrata*）	1	Sol	21		1	花果期

注：1. 调查日期 2011 年 9 月。调查地点东营市垦利区。样方面积 1m² × 15。群落总盖度 85%。

　　2. 样方外种类还有柽柳（*Tamarix chinensis*）、苘麻（*Abutilon theophrasti*）、荻（*Miscanthus sacchariflorus*）、葎草（*Humulus scandens*）、打碗花（*Calystegia hederacea*）、一年蓬（*Erigeron annuus*）、中亚滨藜（*Atriplex centralasiatica*）、地肤（*Bassia scoparia*）。

　　3. 调查时仅记录建群种和优势种盖度数据。

表 8-2-18　芦苇 + 盐地碱蓬草甸群落综合分析表 2

种名	频度 /%	德氏多度	高度 /cm		盖度 /%	物候期
			均高	最高		
芦苇（Phragmites australis）	100	Cop^2	162	180	25—85	花果期
盐地碱蓬（Suaeda salsa）	90	Cop^1	60	90	7—50	花果期
碱蓬（Suaeda glauca）	80	Sp	68	120	2—40	花果期
鹅绒藤（Cynanchum chinense）	40	Sol	28	42	1—10	果期
狗尾草（Setaria viridis）	30	Sp	66	70	5—10	结实期
金色狗尾草（Setaria glauca）	20	Cop^1	59	60	1—20	花果期
西来稗（Echinochloa crus-galli var. zelayensis）	20	Sp	65	73	1—5	花果期
长裂苦苣菜（Sonchus brachyotus）	10	Un	12		1	花果期

注：1. 调查日期 2011 年 9 月。调查地点东营市垦利区。样方面积 100m^2×2。群落总盖度 100%。

　　2. 样方外种类还有罗布麻（Apocynum venetum）、碱菀（Tripolium pannonicum）、柽柳（Tamarix chinensis）、猪毛蒿（Artemisia scoparia）、茼蒿（Glebionis coronaria）。

　　3. 调查时仅记录建群种和优势种最高数据。

表 8-2-19　芦苇 + 獐毛草甸群落综合分析表 1

种名	频度 /%	德氏多度	高度 /cm		盖度 /%	物候期
			均高	最高		
芦苇（Phragmites australis）	100	Cop^1	123	130	8—40	开花期
獐毛（Aeluropus sinensis）	100	Cop^2	26	30	25—90	营养期
鹅绒藤（Cynanchum chinense）	100	Sol	38	45	1—7	果期
盐地碱蓬（Suaeda salsa）	60	Cop^1	35	45	3—40	花果期
碱蓬（Suaeda glauca）	60	Sol	87	120	2—5	花果期
长裂苦苣菜（Sonchus brachyotus）	40	Sol	32	43	3—10	花果期
狗尾草（Setaria viridis）	20	Cop^1	42		35	结实期
补血草（Limonium sinense）	20	Cop^1	15		15	开花期
猪毛蒿（Artemisia scoparia）	20	Sol	80		5	花果期

注：1. 调查日期 2011 年 9 月。调查地点东营市垦利区。样方面积 100m^2×1。群落总盖度 80%。

　　2. 样地外种类还有草木樨（Melilotus officinalis）。

　　3. 调查时仅记录建群种和优势种最高数据。

表 8-2-20　芦苇 + 獐毛草甸群落综合分析表 2

种名	频度 /%	德氏多度	高度 /cm		盖度 /%	物候期
			均高	最高		
芦苇（Phragmites australis）	100	Cop^2	48	150	75	营养期
獐毛（Aeluropus sinensis）	67	Cop^1	25	36	20	花期
白茅（Imperata cylindrica）	21	Cop^1	35	44	5	营养期
盐地碱蓬（Suaeda salsa）	30	Cop	18	26	10	营养期
蒙古鸦葱（Takhtajaniantha mongolica）	5	Sol	14	20	<5	营养期
滨蒿（Artemisia scoparia）	2	Sol	12	18	<5	营养期
结缕草（Zoysia japonica）	5	Sol	12	21	<5	花期

续表

种名	频度 /%	德氏多度	高度 /cm 均高	高度 /cm 最高	盖度 /%	物候期
荆三棱（*Bolboschoenus yagara*）	1	Un	16	26	<1	果期
碱蓬（*Suaeda glauca*）	7	Sp	15	24	<1	营养期
莎草（*Cyperus rotundus*）	12	Sp	12	18	<1	营养期
荻（*Miscanthus saachariflorus*）	13	Sp	44	110	<1	花期

注：调查日期 1990 年 8 月。调查地点东营市河口区。样方面积 1m² × 8。群落总盖度 80%。

表 8-2-21　芦苇 + 獐毛草甸群落综合分析表 3

种名	德氏多度	高度 /m 均高	高度 /m 最高	盖度 /%
獐毛（*Aeluropus sinensis*）	Cop³	0.26	0.30	25—95
芦苇（*Phragmites australis*）	Cop²	1.23	1.30	8—40
盐地碱蓬（*Suaeda salsa*）	Cop¹	0.35	0.40	3—40
狗尾草（*Setaria viridis*）	Cop¹	0.42	0.42	35
补血草（*Limonium sinense*）	Cop¹	0.15	0.15	15
其他种类：长裂苦苣菜（*Sonchus brachyotus*）、鹅绒藤（*Cynanchum chinense*）、碱蓬（*Suaeda glauca*）、猪毛蒿（*Artemisia scoparia*）	Sol	0.50	0.80	2—15

注：调查日期 2013 年 9 月。调查地点东营市垦利区黄河三角洲。样方面积 100m² × 1。样地编号 SHD283301：纬度 38.07835°，经度 118.80890°，海拔 2m，坡度 0°，地形为平原；森林为次生林；干扰类型为人为干扰，干扰程度轻微；照片编号 SHD283301-1。

表 8-2-22　芦苇 + 金色狗尾草草甸群落综合分析表

种名	频度 /%	德氏多度	高度 /cm 均高	高度 /cm 最高	盖度 /%	物候期
芦苇（*Phragmites australis*）	100	Cop²	43	53	15—35	花果期
金色狗尾草（*Setaria pumila*）	80	Cop³	55	64	30—45	花果期
西来稗（*Echinochloa crus-galli* var. *zelayensis*）	60	Cop¹	32	38	10—45	花果期
白茅（*Imperata cylindrica*）	20	Cop³	25		25	营养期

注：1. 调查日期 2011 年 9 月。调查地点东营市垦利区。样方面积 100m² × 1。群落总盖度 90%。
　　2. 调查时仅记录建群种和优势种最高数据。

表 8-2-23　芦苇 + 长裂苦苣菜草甸群落综合分析表

种名	频度 /%	德氏多度	高度 /cm 均高	高度 /cm 最高	盖度 /%	物候期
芦苇（*Phragmites australis*）	100	Cop¹	97	128	15—90	开花期
长裂苦苣菜（*Sonchus brachyotus*）	90	Cop²	78	114	10—80	花果期
鹅绒藤（*Cynanchum chinense*）	90	Sp	47	70	1—35	果期
补血草（*Limonium sinense*）	30	Sp	27	45	3—10	开花期
碱蓬（*Suaeda glauca*）	20	Sp	51	57	5—8	花果期
狗尾草（*Setaria viridis*）	20	Sp	43	64	1—10	结实期

续表

种名	频度 /%	德氏多度	高度 /cm		盖度 /%	物候期
			均高	最高		
罗布麻（*Apocynum venetum*）	20	Sol	31	46	4—5	花果期
碱菀（*Tripolium pannonicum*）	10	Cop¹	90		15	花果期
欧亚旋覆花（*Inula britanica*）	10	Cop¹	98		25	果期
蓬蒿（*Chrysanthemum coronarium*）	10	Sol	32		5	果后期
蒙古鸦葱（*Takhtajaniantha mongolica*）	10	Cop³	10		15	果后期
猪毛蒿（*Artemisia scoparia*）	10	Sp	47		1	花果期
小香蒲（*Typha minima*）	10	Un	75		2	果后期

注：1. 调查日期 2011 年 9 月。调查地点东营市垦利区。样方面积 100m²×2。群落总盖度 95%。
2. 样方外种类还有盐地碱蓬（*Suaeda salsa*）。
3. 调查时仅记录建群种和优势种最高数据。

表 8-2-24　芦苇 + 补血草草甸群落综合分析表

种名	德氏多度	高度 /m		盖度 /%
		均高	最高	
补血草（*Limonium sinense*）	Cop³	1.10	1.10	30
芦苇（*Phragmites australis*）	Cop²	1.69	2.10	7—20
草木樨（*Melilotus officinalis*）	Cop²	1.20	1.20	40
苦苣菜（*Sonchus oleraceus*）	Cop²	0.83	1.00	10—20
其他种类：白茅（*Imperata cylindrica*）、碱蓬（*Suaeda glauca*）、鹅绒藤（*Cynanchum chinense*）、长裂苦苣菜（*Sonchus brachyotus*）、刺儿菜（*Cirsium arvense* var. *integrifolium*）、罗布麻（*Apocynum venetum*）、狗尾草（*Setaria viridis*）、猪毛蒿（*Artemisia scoparia*）、萝藦（*Cynanchum rostellatum*）、碱菀（*Tripolium pannonicum*）、青蒿（*Artemisia caruifolia*）、牡蒿（*Artemisia japonica*）、野大豆（*Glycine soja*）、蓟（*Cirsium japonicum*）	Sp	0.68	1.21	0.5—10

注：调查日期 2011 年 9 月。调查地点东营市垦利区黄河三角洲。样方面积 100m²×3。样地编号 SHD215301-1，SHD216301-2，SHD256301-3。

表 8-2-25　芦苇 + 黄花蒿草甸群落综合分析表

种名	德氏多度	高度 /m		盖度 /%
		均高	最高	
芦苇（*Phragmites australis*）	Cop¹	1.19	1.30	26—218
黄花蒿（*Artemisia annua*）	Cop¹	0.79	0.94	12—132
其他种类：碱蓬（*Suaeda glauca*）、长裂苦苣菜（*Sonchus brachyotus*）、狗娃花（*Aster hispidus*）、小蓬草（*Erigeron canadensis*）	Sol	0.55	2.40	2—93

注：调查日期 2011 年 9 月。调查地点胶州市少海国家湿地公园。样方面积 100m²×1。样地编号 SHD81330；纬度 36.23408°，经度 120.10353°，海拔 -1m，坡度 0°，地形为平原；森林为次生林；干扰类型为人为干扰，干扰程度强；照片编号 SHD81330-1，SHD81330-2。

4. 价值及保护发展

芦苇草甸具有极高的生态价值、经济价值、社会价值，保护意义重大。

（1）芦苇具有很高的生态价值

芦苇的适应性强，生态型多，各种生境都可以生长。芦苇草甸是山东各地，特别是黄河三角洲最为常见的植被类型。其生态价值很高。首先，从植被类型多样性方面讲，芦苇可以成为单优群落的建群种，也可与旱柳、柽柳、盐地碱蓬、荻、獐毛等形成群落，显示出强大的适应能力。其次，从群落动态方面看，芦苇草甸既是沿河岸、河滩最早出现的先锋群落，也是海岸到内陆生态序列中的重要类型，可反映出土壤盐分降低的土壤生境。而在淡水充足的地段，芦苇又可以成为沼泽的建群种，或者挺水植物群落的建群种。此外，由于芦苇的叶、叶鞘、茎、根状茎和不定根都具有通气组织，所以它对净化污水能起到重要的作用，可以用于污水净化，常用于生态岛建设等。

（2）芦苇草甸具有很高的生态修复价值

从生态恢复和重建意义上讲，芦苇是湿地修复最常用的植物种类。近 20 多年来，山东黄河三角洲国家级自然保护区通过生态调水、盐碱地治理等，在保护区内恢复了大面积的湿地，使得芦苇草甸的面积大大增加，改善了保护区的生态环境质量。

（3）芦苇草甸具有保护和提高生物多样性的价值

稀疏、低矮、淡水充足的芦苇草甸还是鸟类栖息、觅食的地点。东方白鹳、野鸭等种类多在有芦苇的湿地生境中生存，特别是芦苇＋盐地碱蓬群落，由于其错落有致、疏密不一，正好适合鸟类栖息和觅食，有些鸟类如丹顶鹤甚至可以芦根为食。

（4）芦苇草甸具有很高的社会、经济和文化价值

芦苇开花的季节，白色的花序特别漂亮，芦花飘荡成为一道靓丽的景观。芦苇茎秆坚韧，纤维含量高，曾经是造纸业中不可多得的原材料；芦苇也是农村建房、建蔬菜大棚等的常用材料，还可用于草编等。

因此，保护和恢复芦苇草甸是生态恢复的重要任务。近二三十年来，山东省在芦苇草甸恢复方面做了很多富有探索性的工作，成效非常明显。这也是各地湖泊、水库、塘坝、河流等生境鸟类不断增加的重要原因。

随着生态修复的进行，芦苇草甸的面积不断扩大，如何高效地利用芦苇草甸，以及进行相关产品开发，是今后需要研究的重大课题。

三、盐生草甸

（一）盐地碱蓬草甸和碱蓬草甸

盐地碱蓬草甸是盐生草甸中群落下土壤盐分含量最高的一类，主要分布在平均海潮线以上的近海滩地和次生裸地，渤海沿岸、黄海沿岸的泥质海滩都有分布。此外，碱蓬也常与盐地碱蓬混生，或者单独形成小片群落，本书对其仅做简略描述。

盐地碱蓬草甸在黄河三角洲到处可见，或成片，或呈斑块状和带状。在国家保护区内的一千二管理站、黄河口管理站和大汶流管理站都有大面积的盐地碱蓬分布，其他海滨潮滩区域和内陆盐碱含量高的土壤上也很常见（图 8-3-1）。

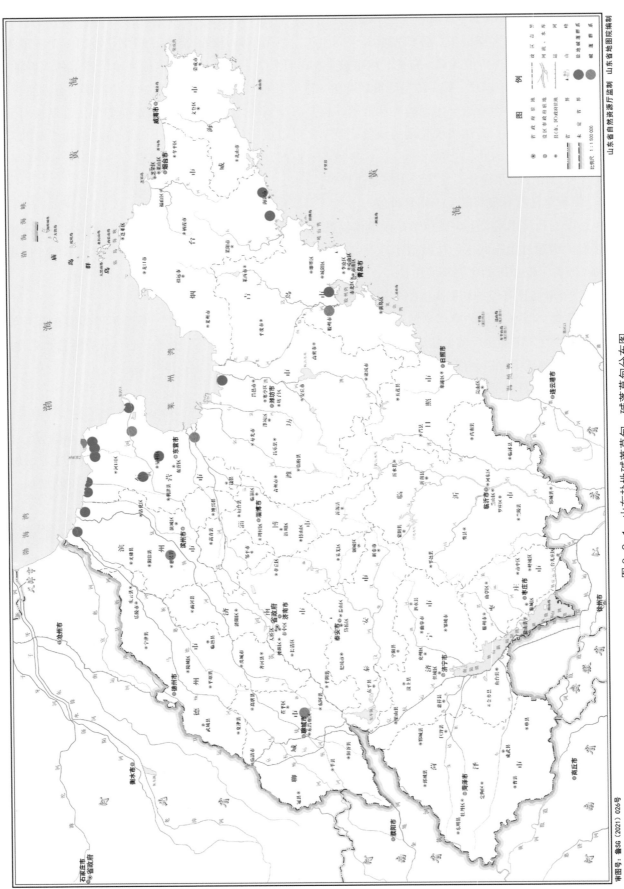

图 8-3-1 山东盐地碱蓬草甸、碱蓬草甸分布图

1. 地理分布和生态特征

盐地碱蓬也称翅碱蓬，俗称黄须菜，为一年生草本植物，茎直立、分枝，高 20—60cm，个别可到 80—100cm。盐地碱蓬为肉质盐生植物，植株具有典型的盐生结构，含红色色素。幼苗时和成熟后植株呈紫红色或红色（图 8-3-2、图 8-3-3），如果是大片分布，远远看去就像铺在地上的红地毯，所以在辽河口、黄河口地区称之为"红地毯"（图 8-3-4）。盐地碱蓬特别耐盐，是黄河三角洲淤泥质潮滩的先锋植物和重盐碱土的指示植物，弃耕地 2—3 年后即有盐地碱蓬出现。据测定，盐地碱蓬灰分含量高达 33.83%，Na^+ 含量 7.73%，K^+ 含量 1.91%，Ca^{2+} 含量 1.17%；水提取液成分中 Cl^- 含量 14.55%，SO_4^{2-} 含量仅 3.40%。盐地碱蓬植株内的化学成分反映了其耐盐的生态特征。

图 8-3-2　盐地碱蓬（*Suaeda salsa*）幼苗（黄河三角洲）（1）

图 8-3-3 盐地碱蓬（*Suaeda salsa*）幼苗（黄河三角洲）（2）

图 8-3-4 一片盐地碱蓬（*Suaeda salsa*）呈现"红地毯"景观（黄河三角洲）

　　黄河三角洲地势平坦，可以见到灰白色的盐霜裸地斑块和龟裂，盐地碱蓬草甸呈明显的带状或圆圈状分布（图 8-3-5）。因地形变化导致的水分变化，时常与芦苇群落交替分布（图 8-3-6）。盐地碱蓬群落土壤基质为河、海冲积物，由于长期受到海潮浸渍，土壤湿度大，含盐量高达 0.9%—3.0%，所以在近海滩涂处分布的盐地碱蓬群落也可划归为盐沼类型。

图 8-3-5　盐地碱蓬（*Suaeda salsa*）圆圈状分布（黄河三角洲）

图 8-3-6　盐地碱蓬（*Suaeda salsa*）与芦苇（*Phragmites australis*）交互出现（黄河三角洲）

盐地碱蓬分布的滩涂地段，各类底栖动物如贝类、蟹类等经常出现，所以也常常是鸟类如黑嘴鸥（*Larus saundersi*）、丹顶鹤等觅食的地段（图 8-3-7）。

图 8-3-7　鸟类常在盐地碱蓬草甸觅食

2. 群落组成和外貌结构

盐地碱蓬草甸的种类组成不太复杂，以盐地碱蓬为单优势种的群落，分布在滩涂和重盐碱地带，面积很大，种类组成很简单，主要是盐地碱蓬，偶见盐角草（*Salicornia europaea*）等（图 8-3-8、图 8-3-9）。在土壤盐分降低的地段，植物种类明显增加，伴生种类有芦苇、獐毛、补血草、碱蓬等，偶有散生的柽柳、白刺等。

图 8-3-8　盐地碱蓬（*Suaeda salsa*）为主的群落（黄河三角洲）（1）

图 8-3-9　盐地碱蓬（*Suaeda salsa*）为主的群落（黄河三角洲）（2）

　　本群落高度 30—60cm，高的可达 80cm。通常只有 1—2 个层次，盐分低的地段由于芦苇等的出现，可明显分出 2 个层次。

　　群落的外貌在不同地段和季节有所变化：在土壤黏重、干燥、含盐量较高的地段，盐地碱蓬分布稀疏，生长得低矮，分枝少，群落外貌呈紫红色；在水分多且盐分相对低的平坦地段，植株生长得好，为深绿色，呈丛生状，植株高大。通常到 9 月之后，盐地碱蓬叶片变为红色，整个群落外貌也为红色，状如红色地毯，构成了群落的秋季季相。

3.群落类型

　　盐地碱蓬草甸可以分为 3—4 个群丛组和 4—6 个群丛，主要有盐地碱蓬群丛、盐地碱蓬＋芦苇群丛、盐地碱蓬＋獐毛群丛等。

　　单优势种的盐地碱蓬群丛，几乎全是盐地碱蓬，分布在滩涂和盐分含量高的地段；盐地碱蓬＋芦苇群丛分布的地段地形起伏，时有积水，种类明显增加；盐地碱蓬＋獐毛群丛分布在土壤盐分含量稍低、地势较平坦的内陆地带，种类更多。

　　本群丛基本特征见表 8-3-1 至表 8-3-5。

表 8-3-1　盐地碱蓬草甸群落综合分析表

种名	频度/%	德氏多度	高度/cm		盖度/%	物候期	说明
			均高	最高			
盐地碱蓬（Suaeda salsa）	100	Cop³	13	16	10—70	营养期	滩涂
碱蓬（Suaeda glauca）	80	Sp	15	18	5	营养期	
芦苇（Phragmites australis）	5	Sp	13		1	营养期	低湿处
蒙古鸦葱（Takhtajaniantha mongolica）	6	Un	11		<1	营养期	平坦处
补血草（Limonium sinense）	8	Un	14		<1	营养期	平坦处
盐角草（Salicornia europaea）	1	Un	15		<1	营养期	滩涂
獐毛（Aeluropus sinensis）	5	Sp	10		<1	花期	平坦处

注：1. 调查日期 1990 年 8 月。调查地点东营市河口区。样方面积 1m²×12。群落总盖度 10%—70%。
　2. 样地外种类还有碱菀（Tripolium pannonicum）、柽柳（Tamarix chinensis）、野艾蒿（Artemisia lavandulifolia）、青蒿（Artemisia caruifolia）、钻叶紫菀（Symphyotrichum subulatum）、金色狗尾草（Setaria pumila）、碱蓬（Suaeda glauca）。
　3. 调查时仅记录建群种和优势种最高数据。

表 8-3-2　盐地碱蓬＋芦苇草甸群落综合分析表 1

种名	频度/%	德氏多度	高度/cm		盖度/%	物候期
			均高	最高		
盐地碱蓬（Suaeda salsa）	100	Cop³	43	80	8—90	花果期
芦苇（Phragmites australis）	29	Sp	69	130	1—35	开花期
假苇拂子茅（Calamagrostis pseudophragmites）	11	Cop²	107	120	7—20	花果期
碱菀（Tripolium pannonicum）	9	Sol	52	80	5—10	花果期
蔍草（Schoenoplectus triqueter）	7	Sol	26	40	2—6	花果期
獐毛（Aeluropus sinensis）	7	Cop¹	12	15	15—60	营养期
猪毛蒿（Artemisia scoparia）	4	Sol	29	30	5—7	花果期
碱蓬（Suaeda glauca）	4	Cop²	55	60	20	花果期
蓬蒿（Glebionis coronaria）	2	Sol	15		2	果后期
狗尾草（Setaria viridis）	2	Sol	45		1	结实期
鳢肠（Eclipta prostrata）	2	Sol	12		5	花果期

注：1. 调查日期 2011 年 9 月。调查地点为东营市垦利区。样方面积 1m²×9。群落总盖度 95%。
　2. 分布地为弃耕地，样地外种类还有柽柳（Tamarix chinensis）、长裂苦苣菜（Sonchus brachyotus）、中亚滨藜（Atriplex centralasiatica）、具芒碎米莎草（Cyperus microiria）、委陵菜（Potentilla chinensis）、盐角草（Salicornia europaea）。
　3. 调查时仅记录建群种和优势种最高数据。

表 8-3-3　盐地碱蓬＋芦苇草甸群落综合分析表 2

种名	频度/%	德氏多度	高度/cm		盖度/%	物候期
			均高	最高		
芦苇（Phragmites australis）	87	Cop¹	87	160	1—60	开花期
盐地碱蓬（Suaeda salsa）	80	Cop²	51	60	25—65	花果期
碱蓬（Suaeda glauca）	40	Sol	70	103	5—20	花果期
獐毛（Aeluropus sinensis）	20	Cop³	21	25	50—70	营养期
狗尾草（Setaria viridis）	20	Sol	38	52	2—5	结实期

续表

种名	频度 /%	德氏多度	高度 /cm		盖度 /%	物候期
			均高	最高		
中亚滨藜（*Atriplex centralasiatica*）	13	Sp	43	48	4—55	花果期
柽柳（*Tamarix chinensis*）	13	Sol	32	100	1—10	果后期
野大豆（*Glycine soja*）	13	Sol	8	13	1—13	果期
虎尾草（*Chloris virgata*）	7	Sol	35		< 1	花果期
猪毛蒿（*Artemisia scoparia*）	7	Sol	24		1	花果期

注：1. 调查日期 2011 年 9 月。调查地点东营市垦利区。样方面积 1m² × 3。群落总盖度 70%。

2. 样地外种类还有灰绿藜（*Oxybasis glauca*）、茼蒿（*Glebionis coronaria*）、补血草（*Limonium sinense*）、狗娃花（*Aster hispidus*）、长裂苦苣菜（*Sonchus brachyotus*）、罗布麻（*Apocynum venetum*）。

3. 调查时仅记录建群种和优势种最高数据。

表 8-3-4　盐地碱蓬 + 獐毛草甸群落综合分析表 1

种名	频度 /%	德氏多度	高度 /cm		盖度 /%	物候期
			均高	最高		
盐地碱蓬（*Suaeda salsa*）	100	Cop²	40	45	30—65	花果期
獐毛（*Aeluropus sinensis*）	100	Cop¹	13	21	10—55	营养期
芦苇（*Phragmites australis*）	80	Sol	25	42	2—10	开花期
碱蓬（*Suaeda glauca*）	20	Sol	16		3	花果期

注：1. 调查日期 2011 年 9 月。调查地点东营市垦利区。样方面积 100m²。群落总盖度 70%。

2. 样地外种类还有柽柳（*Tamarix chinensis*）、金色狗尾草（*Setaria pumila*）、碱蓬（*Suaeda glauca*）。

3. 调查时仅记录建群种和优势种最高数据。

表 8-3-5　盐地碱蓬 + 獐毛草甸群落综合分析表 2

种名	德氏多度	高度 /cm		盖度 /%
		均高	最高	
盐地碱蓬（*Suaeda salsa*）	Cop³	37.00	50.00	8—85
獐毛（*Aeluropus sinensis*）	Cop²	1.12	5.00	15—60
假苇拂子茅（*Calamagrostis pseudophragmites*）	Sp	7.00	12.00	7—20
白茅（*Imperata cylindrica*）	Sp	49.00	55.00	15
小香蒲（*Typha minima*）	Sp	63.00	95.00	3—20
芦苇（*Phragmites australis*）	Sp	72.00	130.00	1—20
碱蓬（*Suaeda glauca*）	Sp	38.00	60.00	2—20
蒙古鸦葱（*Takhtajaniantha mongolica*）	Sp	10.00	12.00	2—5
其他种类：鳢肠（*Eclipta prostrata*）、碱菀（*Tripolium pannonicum*）、藨草（*Schoenoplectus triqueter*）、狗尾草（*Setaria viridis*）、蓬蒿（*Chrysanthemum coronarium*）、猪毛蒿（*Artemisia scoparia*）	Sol	36.00	80.00	1—10

注：调查地点东营市垦利区黄河三角洲。样方面积 100m² × 5。样地编号 SHD228301-1、SHD230301-2、SHD245301-3、SHD267301-4、SHD268301-5。

在农田或建筑用地撂荒后，会出现盐地碱蓬和狗尾草、芦苇、灰绿藜（*Oxybasis glauca*）等形成的次生性退化群丛。盐地碱蓬 + 狗尾草群丛基本特征见表 8-3-6。

表 8-3-6　盐地碱蓬 + 狗尾草草甸群落综合分析表

种名	频度 /%	德氏多度	高度 /cm		盖度 /%	物候期
			均高	最高		
盐地碱蓬（*Suaeda salsa*）	100	Cop[1]	34	38	1—45	花果期
狗尾草（*Setaria viridis*）	80	Cop[1]	48	68	4—25	结实期
碱蓬（*Suaeda glauca*）	80	Sp	32	40	3—10	花果期
芦苇（*Phragmites australis*）	80	Sp	27	35	4—15	开花期
灰绿藜（*Oxybasis glauca*）	40	Sol	24	25	3—5	花果期
鹅绒藤（*Cynanchum chinense*）	40	Sol	16	20	2	果期
西来稗（*Echinochloa crus-galli* var. *zelayensis*）	20	Sp	28		10	花果期

注：1. 调查日期 2011 年 9 月。调查地点东营市垦利区。样方面积 100m² × 1。群落总盖度 65%。样地编号 SHD270301：纬度 38.01953°，经度 118.69433°。
2. 样地外种类还有龙葵（*Solanum nigrum*）、长裂苦苣菜（*Sonchus brachyotus*）、车前（*Plantago asiatica*）、虎尾草（*Chloris virgata*）。
3. 调查时仅记录建群种和优势种最高数据。

　　除了上述盐地碱蓬草甸外，在黄河三角洲，碱蓬（*Suaeda glauca*）有时也可单独形成群落，但分布不如盐地碱蓬广，且有时混生。其群落种类组成与次生盐地碱蓬群落相似。在所调查的 6 个样方中出现了 10 种植物，平均每个样方 4 种，各样方物种数 2—7 不等，其中一年生草本植物常见，这说明其次生特征。群落总盖度 50%—90%。其群丛基本特征见表 8-3-7。

表 8-3-7　碱蓬草甸群落综合分析表

种名	频度 /%	德氏多度	高度 /cm		盖度 /%	重要值
			均高	最高		
碱蓬（*Suaeda glauca*）	100	Cop[3]	88.5	105.8	61.0	0.48
刺沙蓬（*Salsola ruthenica*）	17	Sp	9.0	10.0	≤ 1.0	0.01
荻（*Miscanthus sacchariflorus*）	33	Sp	25.0	30.0	≤ 1.0	0.02
鹅绒藤（*Cynanchum chinense*）	17	Sp	30.0	80.0	≤ 1.0	0.02
狗尾草（*Setaria viridis*）	17	Sp	17.0	20.2	≤ 1.0	0.01
狗牙根（*Cynodon dactylon*）	17	Sol	15.0	20.0	≤ 1.0	0.01
虎尾草（*Chloris virgata*）	17	Sol	15.0	27.0	3.0	0.01
芦苇（*Phragmites australis*）	67	Cop[1]	67.5	105.0	3.2	0.19
罗布麻（*Apocynum venetum*）	17	Sp	20.0		≤ 1.0	0.01
砂引草（*Tournefortia sibirica*）	17	Sp	25.0		≤ 1.0	0.01
西来稗（*Echinochloa crus-galli* var. *zelayensis*）	33	Sp	45.0	57.5	≤ 1.0	0.06
盐地碱蓬（*Suaeda salsa*）	50	Cop[1]	39.3	46.7	9.0	0.17

注：1. 调查日期 2010 年 9 月。调查地点东营市河口区。样方面积 1m² × 6。
2. 调查时仅记录建群种和优势种最高数据。

4. 价值及保护发展

　　盐地碱蓬草甸具有重要的生态价值、经济价值和社会文化价值。

　　（1）盐地碱蓬草甸生态价值高

　　以盐地碱蓬为建群种的盐生草甸分布在沿海滩涂和内陆盐碱化严重的土壤上，是重度盐碱地的指示群落，也是从海岸生境原生演替的先锋群落，是海岸到内陆生态序列的第一个群落（图 8-3-10）。

图 8-3-10　盐地碱蓬（*Suaeda salsa*）、柽柳（*Tamarix chinensis*）、旱柳（*Salix matsudana*）呈带状循序分布（黄河三角洲）

　　在开垦地撂荒后，或人为干扰过度的地段，也可以形成盐地碱蓬占优势的次生群落，成为生态退化的标志（图 8-3-11）。从这个角度讲，盐地碱蓬草甸对植被生态学和群落学有很重要的意义。

图 8-3-11　土壤次生盐渍化后出现盐地碱蓬（*Suaeda salsa*）（黄河三角洲）

（2）盐地碱蓬草甸在生物多样性保护方面具有重要意义

在黄河三角洲，有盐地碱蓬分布的滩涂地段，土壤中时常有各种贝类和蟹类，如天津蟹（*Helice tridens tientsinensis*）等是丹顶鹤喜食的种类；同样，黑嘴鸥等水禽也常在盐地碱蓬草甸中栖息和觅食。从这一意义上讲，在滩涂地带，保留一定面积的盐地碱蓬草甸对于增加和维持水禽类多样性也是非常重要的。需要注意的是，由于互花米草的入侵，对盐地碱蓬草甸造成了潜在威胁，继而影响到底栖动物和鸟类的多样性，以及生态系统的结构与功能。对于互花米草的入侵机制、程度、趋势等必须加以研究，并采取必要措施监控和治理。

（3）盐地碱蓬的经济价值较高

盐地碱蓬的幼苗可以食用，在东营市、滨州市、青岛市等地，黄须菜幼苗是夏季餐桌上常见的凉拌菜。盐地碱蓬的种子可以榨油。根据我们的早期研究，种子出油率为 10%—20%，并且富含不饱和脂肪酸及多种维生素等。近二三十年来，碱蓬类植物幼叶、种子油的开发在一些地方已经形成产业。

（4）盐地碱蓬草甸具有特色鲜明的社会文化价值

在景观方面，秋季大片红色的盐地碱蓬草甸是黄河三角洲独具特色的植被景观，"红地毯"也成为黄河三角洲的一张靓丽名片。

盐地碱蓬及其群落的生态、经济和社会文化价值很高，是黄河三角洲最有代表性的湿地植物和植被类型。一方面，在滩涂地带，盐地碱蓬群落是先锋群落，也是多种水禽的栖息和觅食场所，可见其生态重要性。另一方面，在远离海岸的地带，盐地碱蓬既是重度盐碱土的原生指示植物，也是生态退化后的次生指示植物，其生态重要性显而易见。在黄河三角洲的一些地段，由于防潮坝被毁，海水漫灌，不仅盐地碱蓬随之死亡，群落消失，而且与其相关联的黑嘴鸥等鸟类也明显减少。盐地碱蓬文化、经济等价值高，保护好滩涂地带的盐地碱蓬草甸及其生境非常必要。实际上，盐地碱蓬就是一种适宜盐碱地生长的有利用潜力和前景的植物，未来需要在种子选育、育苗、栽培、收获、深加工等方面开展更多的基础和应用研究，使盐地碱蓬成为真正的生态产品，实现其价值。

（二）獐毛草甸

以獐毛为建群种的草甸植被多分布在盐地碱蓬群落的外围和离海更远的地段。群落下土壤含盐量 0.5%—1.5%，表明土壤盐分条件有所改善。獐毛群落为轻度、中度土壤盐渍化的指示植物群落。

1. 地理分布和生态特征

獐毛草甸主要见于黄河三角洲及其他滨海地区。群落中獐毛在数量上占优势，其盖度、多度和频度都很高。獐毛还是盐地碱蓬、芦苇、蒿等群落的常见伴生种类。本群落在 20 世纪 60—90 年代是重要的放牧地。本群落在该区域内主要分布于海拔 2.0m 左右的低平地，比较集中，连片分布。

獐毛俗称马绊草，是多年生根茎型匍匐性盐中生矮禾草，分布在海拔 1.9—2.1m 的滨海低平地。土壤含盐量 0.5%—1.5%。獐毛通常呈丛生匍匐生长（图 8-3-12、图 8-3-13），匍匐茎长达 80—200cm。在轻度盐碱土上长势良好，花序高度可达 10—15cm。

在一千二管理站及周边区域，獐毛草甸较为常见，在其他区域零星分布，或是生长在柽柳、芦苇等群落下（图 8-3-14、图 8-3-15）。

图 8-3-12　獐毛草甸（黄河三角洲）（1）

图 8-3-13　獐毛草甸（黄河三角洲）（2）

图 8-3-14　獐毛群落与柽柳群落交错或在林下（黄河三角洲）（1）

图 8-3-15　獐毛群落与柽柳群落交错或在林下（黄河三角洲）（2）

2. 群落组成和外貌结构

獐毛草甸的种类组成相对较丰富。在中度盐碱土上，除了獐毛，伴生种类有盐地碱蓬、补血草、猪毛蒿（*Artemisia scoparia*）等，还可见到柽柳。在海拔 2.2m 左右的地段，土壤含盐量下降到 1.0% 以下，獐毛生长较好，花序长达 15—20cm，伴生植物还有芦苇、白茅、盐地碱蓬、罗布麻等。在更适宜獐毛生长的地段，獐毛也可以形成单优群落，成为放牧场。

除了獐毛形成的单优群落外，其他地段的群落总盖度一般为 50%—85%，很少达到 100%。群落高度 10—20cm。纯的群落通常是单层结构，有芦苇、白茅、盐地碱蓬等出现时可以形成 2—3 个亚层。

由于群落低矮、总盖度低，獐毛草甸的季相变化不太明显。初春，由于上一年枯立物的存在，群落呈灰色；生长旺季，群落呈草绿色；晚秋则又转为灰色。

3. 群落类型

獐毛草甸可以分为 2—3 个群丛组和 4—5 个群丛。一是单优的獐毛群丛，分布在盐分含量相对低的平缓地段；二是獐毛＋盐地碱蓬群丛，分布的地段盐分含量最高，在 1% 以上；还有獐毛＋白茅群丛、獐毛＋芦苇群丛等，这两类群丛下的土壤含盐量较低，多在 1% 以下。

本群丛基本特征见表 8-3-8 至表 8-3-12。

表 8-3-8　獐毛 + 盐地碱蓬草甸群落综合分析表

种名	频度 /%	德氏多度	高度 /cm 均高	高度 /cm 最高	盖度 /%	物候期
獐毛（*Aeluropus sinensis*）	100	Cop³	14	23	8—90	营养期
芦苇（*Phragmites australis*）	67	Sp	53	95	1—30	开花期
盐地碱蓬（*Suaeda salsa*）	33	Cop¹	26	35	1—10	花果期
朝天委陵菜（*Potentilla supina*）	33	Sol	10		2	花果期
鹅绒藤（*Cynanchum chinense*）	33	Sp	16	30	2—15	果期
狗尾草（*Setaria viridis*）	33	Un	28	40	1—2	结实期
白茅（*Imperata cylindrica*）	33	Cop²	36	49	1—60	营养期
猪毛蒿（*Artemisia scoparia*）	33	Sp	29	46	5—25	花果期
补血草（*Limonium sinense*）	33	Sp	6	8	3—10	开花期
蓬蒿（*Chrysanthemum coronarium*）	33	Sp	9	10	1—2	果后期
碱蓬（*Suaeda glauca*）	33	Sol	37	40	3—5	花果期
野大豆（*Glycine soja*）	33	Sol	35	35	5	果期
茵陈蒿（*Artemisia capillaris*）	33	Cop¹	25		7	花果期
假苇拂子茅（*Calamagrostis pseudophragmites*）	33	Cop²	10		20	花果期
草木樨（*Melilotus officinalis*）	33	Un	30		3	花果期

注：1. 调查日期 2011 年 9 月。调查地点东营市垦利区。样方面积 1m² × 3。群落总盖度 90%—100%。

　　2. 样地外种类还有长裂苦苣菜（*Sonchus brachyotus*）、柽柳（*Tamarix chinensis*）、青蒿（*Artemisia caruifolia*）、蒙古鸦葱（*Takhtajaniantha mongolica*）、狗娃花（*Aster hispidus*）。

　　3. 调查时仅记录建群种和优势种最高数据。

表 8-3-9　獐毛 + 芦苇草甸群落综合分析表 1

种名	频度 /%	德氏多度	高度 /cm 均高	高度 /cm 最高	盖度 /%	物候期
獐毛（*Aeluropus sinensis*）	100	Soc—Cop³	15	25	25—55	花期
芦苇（*Phragmites australis*）	82	Cop¹	48	60	5—10	营养期
盐地碱蓬（*Suaeda salsa*）	100	Sol	18	30	5—10	营养期
蒙古鸦葱（*Takhtajaniantha mongolica*）	31	Sol	17		<1	营养期
滨蒿（*Artemisia scoparia*）	31	Sol	16		<1	营养期
白刺（*Nitraria tangutorum*）	6	Un	11		<1	营养期
柽柳（*Tamarix chinensis*）	6	Un	46		<1	营养期
碱蓬（*Suaeda glauca*）	12	Sp	18		<1	营养期

注：1. 调查日期 1990 年 8 月。调查地点东营市河口区。样方面积 1m² × 16。群落总盖度 80%。

　　2. 样地外物种还有柽柳（*Tamarix chinensis*）。

　　3. 调查时仅记录建群种和优势种最高数据。

表 8-3-10　獐毛 + 芦苇草甸群落综合分析表 2

种名	频度 /%	德氏多度	高度 /cm		盖度 /%	重要值
			均高	最高		
獐毛（Aeluropus sinensis）	100.0	Soc	28.4	35.6	85.0	0.712
芦苇（Phragmites australis）	83.3	Cop¹	92.0	110.2	10.0	0.224
鹅绒藤（Cynanchum chinense）	66.7	Sp	35.3	50.2	2.0	0.075
盐地碱蓬（Suaeda salsa）	16.7	Un	30.0	30.0	<1.0	0.044
蒙古鸦葱（Takhtajaniantha mongolica）	16.7	Sol	18.0	18.6	5.0	0.113
苣荬菜（Sonchus wightianus）	16.7	Sp	21.0	21.7	1.0	0.042

注：1. 调查日期 2010 年 6 月。调查地点东营市河口区。样方面积 1m² × 6。群落总盖度 70%—100%。
　　2. 样地外种类还有柽柳（Tamarix chinensis）等。

表 8-3-11　獐毛 + 白茅草甸群落综合分析表 1

种名	频度 /%	德氏多度	高度 /cm		盖度 /%	重要值
			均高	最高		
獐毛（Aeluropus sinensis）	100	Soc	18.2	25.0	44.2	0.576
白茅（Imperata cylindrica）	83	Cop³	25.2	25.8	13.0	0.085
芦苇（Phragmites australis）	50	Sp	20.4	42.0	6.8	0.073
盐地碱蓬（Suaeda salsa）	33	Cop¹		3.5	4.8	0.071
长裂苦苣菜（Sonchus brachyotus）	17	Sol	2.0	2.8	3.0	0.063
海州蒿（Artemisia fauriei）	33	Sp		10.0	0.8	0.026
蒙古鸦葱（Takhtajaniantha mongolica）	17	Sol	4.8	5.6	2.0	0.021
萝藦（Metaplexis japonica）	17	Sp	15.4	15.8	10.0	0.015
藜（Chenopodium album）	17	Un	11.0	11.0	0.5	0.012

注：1. 调查日期 2010 年 6 月。调查地点东营市河口区。样方面积 1m² × 6。群落总盖度 20%—80%。
　　2. 样地外种类还有柽柳（Tamarix chinensis）等。

表 8-3-12　獐毛 + 白茅草甸群落综合分析表 2

种名	德氏多度	高度 /m		盖度 /%
		均高	最高	
獐毛（Aeluropus sinensis）	Soc	0.17	0.23	20—90
白茅（Imperata cylindrica）	Soc	0.32	0.40	30—60
其他种类：鹅绒藤（Cynanchum chinense）、补血草（Limonium sinense）、芦苇（Phragmites australis）、狗尾草（Setaria viridis）、茵陈蒿（Artemisia capillaris）、杏（Prunus armeniaca）、猪毛蒿（Artemisia scoparia）、草木樨（Melilotus officinalis）、盐地碱蓬（Suaeda salsa）、碱蓬（Suaeda glauca）、蓬蒿（Chrysanthemum coronarium）	Cop²	0.31	0.84	1—10

注：调查地点东营市垦利区黄河三角洲。样方面积 100m² × 2。样地编号 SHD236301-1，SHD266301-2。

4. 价值及保护发展

獐毛草甸作为黄河三角洲最有代表性的盐生草甸植被类型，具有多方面的价值。

（1）生态和学术价值

獐毛是泌盐植物，它吸收的盐分通过茎叶的表面腺体分泌出去，不储存在机体内，免遭盐害。同时，獐毛对土壤溶液的 Cl^- 和 SO_4^{2-} 的适应范围很大（每 100g 干土重分别为 49.70—630.84mg 和 33.60—1708.80mg）。獐毛的灰分含量较低（6%—10%），除 Na^+ 的含量低以外，Ca^{2+}、K^+ 等含量相差不大，反映出獐毛对中性可溶盐有很好的适应力，能够在中度和轻度盐土上生长，是中度和轻度盐碱土的指示植物。同时，獐毛草甸也是原生演替中第二个阶段的类型，反映植被演替可以使土壤盐分降低。因此，从生态和学术价值上讲都很有意义。

（2）经济价值

獐毛在具有很好的适口性，尤其是开花前的嫩叶蛋白质含量高，可供牛、马、羊等采食；抽穗开花后，草质明显下降，而其他植物如蒙古鸦葱、中华苦荬菜等的增加可以提供更好的牧草；冬季，獐毛仍保留部分干枯茎叶，也可作为家畜冬季的饲料。獐毛草甸在 20 世纪 90 年代前曾是东营市、滨州市等地的天然牧场，后来由于人为活动的增加和土壤的次生盐渍化，大片的獐毛草甸已不多见，现只是在一千二管理站及周边区域还有小片分布，但已不形成牧场。

无论是从生态还是经济价值方面看，适当恢复一定面积的獐毛草甸是今后植被保护和生态恢复的任务之一。

（三）罗布麻草甸

罗布麻草甸在山东省分布不广泛，主要见于黄河沿岸平原平缓地带和黄河三角洲地区，但却是具有重要生态意义和经济价值的植被类型。它既是原生演替中反映土壤盐分降低的重要群落类型，也是撂荒地次生演替中的一个类型。

1. 地理分布和生态特征

罗布麻草甸是一个较为特殊的草甸类型，虽然分布面积不大，但构成该草甸的建群种或标志种具有较高的经济意义，所以本书把它作为一个群落类型进行论述。其最大特征就是以罗布麻为标志种，但在数量上并不一定占优势，常伴生白茅、芦苇、獐毛等。群落中常见的一年生植物种类有狗尾草、虎尾草（*Chloris virgata*）等。

罗布麻也称茶棵子，为直立半灌木，高 0.50—1.0m，花冠呈圆筒状的钟形，紫红色或粉红色（图 8-3-16 至图 8-3-18）。有一定的抗盐性，生长在轻度盐渍化、含盐量一般低于 1% 的潮湿盐土上，在一千二管理站及周边区域较常见（图 8-3-19）。

2. 群落组成和外貌结构

罗布麻群落中的物种是黄河三角洲盐生草甸中植物种类最丰富的，7 个 1m² 样方中共统计了 21 种植物，伴生种类有白茅、补血草、芦苇、獐毛、盐地碱蓬、狗尾草、虎尾草、蒙古鸦葱、大蓟、野大豆、茵陈蒿、南牡蒿（*Artemisia eriopoda*）等。

图 8-3-16　罗布麻（*Apocynum venetum*）（1）

图 8-3-17　罗布麻（*Apocynum venetum*）（2）

图 8-3-18　罗布麻（*Apocynum venetum*）（3）

图 8-3-19 罗布麻草甸（黄河三角洲一千二管理站）

其群落结构也较为复杂，可以分为 2—3 个亚层次，罗布麻、芦苇、补血草等是第一亚层，高度可达 1m 以上；蒿类等为第二亚层，高度为 50—60cm；第三亚层由獐毛、狗尾草等组成，高度在 20cm 左右。

本群落的外貌也很有特色。初春，由于上一年枯立物的存在，群落呈褐色；5 月开始群落很快转为绿色；7—8 月，罗布麻进入草期，花序呈紫红色和粉红色，外貌艳丽多彩，是典型的夏季季相；9 月之后进入秋季季相，以芦苇的暗棕色花序及褐色的罗布麻叶片为主要色调。

3. 群落类型

通常罗布麻不形成单优群落，多与其他种类混生形成群落，可以分为 2—3 个群丛组和 3—4 个群丛，主要是罗布麻 + 芦苇群丛、罗布麻 + 白茅群丛。

2 个主要群丛的群落基本特征见表 8-3-13 和表 8-3-14。

表 8-3-13 罗布麻 + 芦苇草甸群落综合分析表

种名	频度 /%	德氏多度	高度 /cm		盖度 /%	物候期
			均高	最高		
罗布麻（*Apocynum venetum*）	100	Cop^3	34	69	35—95	花果期
芦苇（*Phragmites australis*）	83	Cop^2	124	162	15—30	开花期
白茅（*Imperata cylindrica*）	83	Sol	68	90	3—10	营养期
獐毛（*Aeluropus sinensis*）	67	Sp	35	45	8—65	营养期
鹅绒藤（*Cynanchum chinense*）	33	Sp	41	50	1—7	果期
长裂苦苣菜（*Sonchus brachyotus*）	50	Sol	18	20	1—3	花果期

注：1. 调查日期 2011 年 9 月。调查地点东营市垦利区。样方面积 100m^2（选择 1m^2×6 个小样方）。群落总盖度 90%。

2. 样地外种类还有补血草（*Limonium sinense*）、碱蓬（*Suaeda glauca*）、盐地碱蓬（*Suaeda salsa*）、蒙古鸦葱（*Takhtajaniantha mongolica*）。

表 8-3-14　罗布麻 + 白茅草甸群落综合分析表

种名	频度 /%	德氏多度	高度 /cm		盖度 /%	物候期
			均高	最高		
罗布麻（*Apocynum venetum*）	100	Cop^1	40	60	25—35	营养期
白茅（*Imperata cylindrica*）	100	Cop^2	30	50	5—10	营养期
獐毛（*Aeluropuslittoralis* var. *sinensis*）	67	Cop^1	15	20	10—15	花期
芦苇（*Phragmites australis*）	40	Cop^1	58	70	5—10	营养期
盐地碱蓬（*Suaeda salsa*）	20	Cop^1	18		10—20	营养期
蒙古鸦葱（*Takhtajaniantha mongolica*）	10	Sol	15		<5	营养期
紫菀（*Aster fastigiatus*）	4	Sp	16		<1	花期
水蓼（*Persicaria hydropiper*）	2	Sp	24		<1	营养期
茵陈蒿（*Artemisia capillaris*）	5	Sp	18		<1	营养期
碱蓬（*Suaeda glauca*）	8	Sp	20		<1	营养期
狗尾草（*Setaria viridis*）	40	Col	15		5	营养期
虎尾草（*Chlorisvi rgata*）	23	Col	14		5	营养期

注：1. 调查日期 1990 年 8 月。调查地点东营市河口区。样方面积 1m^2×12。群落总盖度 60%—70%。

2. 样地外种类还有补血草（*Limonium sinense*）、碱蓬（*Suaeda glauca*）。

3. 调查时仅记录建群种和优势种最高、盖度数据。

4. 价值及保护发展

罗布麻草甸在山东各地并不广泛，在黄河三角洲也并不常见，主要在河口区一千二管理站区域分布。本群落是植被演替中具有一定意义的类型。一是在原生进展演替中，本群落能显示出土壤盐分的降低，是植被演替中期阶段的类型。二是在退化演替中，本群落是反映土壤盐渍化加剧的指示类型。之前的植被类型是农业植被，退化演替前期，土壤盐分含量低，有机质含量相对丰富，所以种类多、密度大，群落总盖度也高；随着退化的加剧，盐地碱蓬、碱蓬等种类逐步占优势，最终可能出现光板地。因此，其生态意义是重大的。

罗布麻也是重要的经济植物。首先，罗布麻是多成分、多效能的药用植物，叶片制片是治疗高血压的常用中药。其次，罗布麻是野生、优良的纤维植物，故称其为"麻"，有"野生纤维之王"的称号。在保护区外，可以通过人工种植的方式扩大产量，既可以充分利用盐碱地，又能产生经济效益，促进植被保护高质量发展。

（四）补血草草甸

1. 地理分布和生态特征

补血草草甸分布于中国沿海各省（自治区、直辖市），生长在滨海潮盐土或滨海砂土上，土壤一般为盐化草甸土，地下水埋深一般为 0—1.5m。在山东的胶东半岛砂质海滩、黄河三角洲地区有零星斑块状分布。偶尔可见到同属的二色补血草（*Limonium bicolor*）。

补血草是白花丹科（Plumbaginaceae）多年生草本植物，为莲座状植物（图 8-3-20）。茎直立，有分枝，高度为 15—50cm。它是典型的泌盐植物，茎叶表面有多细胞盐腺；根为直根系，利于盐分吸收。花萼呈淡黄色，花冠呈蓝紫色（图 8-3-21）。

图 8-3-20　补血草（*Limonium sinense*）（1）

图 8-3-21　补血草（*Limonium sinense*）（2）

2. 群落组成和外貌结构

本群落的种类较为丰富，除补血草外，还有盐地碱蓬、芦苇、蒙古鸦葱、獐毛、猪毛蒿、狗尾草等10 余种伴生植物，偶尔与柽柳等混生（图 8-3-22、图 8-3-23）。

图 8-3-22　补血草草甸（黄河三角洲）（1）

图 8-3-23　补血草草甸（黄河三角洲）（2）

　　本群落高度 30—40cm，层次不明显，可以分为 1—2 个亚层。芦苇、补血草等为第一亚层，盐地碱蓬、鸦葱（*Takhtajaniantha austriaca*）等组成第二亚层。群落总盖度 40%—60%。

　　群落外貌变化较明显。生长初期，群落的外貌以莲座状生长的中华补血草为标志，其中分布着蒿类、芦苇、白茅、狗尾草等，群落呈浅绿色；夏季，补血草为盛草期，花序呈紫色，色彩艳丽，整个群落由绿色的叶层和紫色的花序形成夏季季相；秋季，随着植株的枯萎，群落外貌渐呈褐色，形成了秋、冬季相。

3. 群落类型

补血草草甸可以分为 2—3 个群丛组和 3—4 个群丛，很少见到纯的补血草群落，只是偶尔见到小片的集中生长。最常见的是补血草 + 盐地碱蓬群丛、补血草 + 獐毛群丛。

本群丛基本特征见表 8-3-15 至表 8-3-17。

表 8-3-15 补血草 + 盐地碱蓬草甸群落综合分析表 1

种名	频度 /%	德氏多度	高度 /cm		盖度 /%	物候期
			均高	最高		
补血草（*Limonium sinense*）	100	Cop¹	27	31	20—40	花果期
盐地碱蓬（*Suaeda salsa*）	100	Soc	31	48	2—15	花果期
蒙古鸦葱（*Takhtajaniantha mongolica*）	80	Sp	11	14	2—10	果后期
鹅绒藤（*Cynanchum chinense*）	80	Cop¹	22	32	1—25	果期
芦苇（*Phragmites australis*）	60	Cop²	64	80	2—8	开花期
碱蓬（*Suaeda glauca*）	60	Sol	40	52	3—5	花果期
獐毛（*Aeluropus sinensis*）	60	Cop¹	15	25	10—35	营养期
长裂苦苣菜（*Sonchus brachyotus*）	20	Sol	12	12	2	花果期
白茅（*Imperata cylindrica*）	20	Sol	46	46	5	营养期
猪毛蒿（*Artemisia scoparia*）	20	Cop²	20	20	10	花果期

注：1. 调查日期 2011 年 9 月。调查地点东营市垦利区。样方面积 100m²。群落总盖度 60%。
　　2. 样地外种类还有狗尾草（*Setaria viridis*）。

表 8-3-16 补血草 + 盐地碱蓬草甸群落综合分析表 2

种名	频度 /%	德氏多度	高度 /cm		盖度 /%	物候期
			均高	最高		
补血草（*Limonium sinense*）	87	Cop¹	35	48	25—55	花期
盐地碱蓬（*Suaeda salsa*）	75	Cop¹	14	22	10—20	营养期
白茅（*Imperata cylindrica*）	25	Cop¹	22	40	5—10	营养期
蒙古鸦葱（*Scorzonera mongolica*）	25	Sol	12	16	<5	营养期
芦苇（*Phragmites australis*）	12	Sol	36	98	<5	营养期
猪毛蒿（*Artemisia scoparia*）	12	Sol	12	22	<5	营养期
白刺（*Nitraria tangutorum*）	12	Un	12	21	<1	营养期
碱蓬（*Suaeda glauca*）	12	Sp	18	24	<1	营养期
狗尾草（*Setaria viridis*）	62	Sp	12	18	<1	营养期
虎尾草（*Chloris virgata*）	25	Sp	11	16	<1	营养期

注：1. 调查日期 1990 年 8 月。调查地点东营市河口区。样方面积 1m²×8。群落总盖度 50%—70%。
　　2. 样地外种类还有獐毛（*Aeluropus sinensis*）。

表 8-3-17 补血草 + 獐毛草甸群落综合分析表

种名	频度 /%	德氏多度	高度 /cm			盖度 /%	重要值
			一般	最高	最低		
补血草（Limonium sinense）	100	Cop³	45.3	68.6	12.5	63	0.371
獐毛（Aeluropus sinensis）	50	Soc	26.4	40.3	20.5	38	0.430
猪毛蒿（Artemisia scoparia）	50	Sol	60.3	60.9	15.0	9	0.112
盐地碱蓬（Suaeda salsa）	33	Cop¹	40.5	41.0	40.0	9	0.177
苣荬菜（Sonchus wightianus）	17	Un	55.4	55.8	55.2	5	0.078
芦苇（Phragmites australis）	67	Sp	70.3	80.0	50.5	3	0.162
鹅绒藤（Cynanchum chinense）	67	Un	30.2	45.3	21.4	2	0.070
阿尔泰狗娃花（Aster altaicus）	17	Sp	20.4	20.7	19.8	3	0.045
碱蓬（Suaeda glauca）	67	Sp	34.2	58.6	28.8	<1	0.088
狗尾草（Setaria viridis）	17	Cop¹	38.6	38.9	38.0	<1	0.152
蒙古鸦葱（Takhtajaniantha mongolica）	17	Sp	9.4	9.9	9.0	<1	0.020
海州蒿（Artemisia fauriei）	17	Sp	15.4	15.9	14.8	<1	0.026
虎尾草（Chloris virgata）	17	Un	60.0	60.0	60.0	0.5	0.063
白茅（Imperata cylindrica）	17	Un	42.4	43.0	42.0	0.5	0.127

注：1. 调查日期 2010 年 9 月。调查地点东营市河口区。样方面积 1m²×6。群落总盖度 70%—100%。
  2. 样地外种类还有草木樨（Melilotus officinalis）；物候期为补血草（Limonium sinense）盛花期。

4. 价值及保护发展

自然状态下，补血草草甸和罗布麻草甸、獐毛草甸等性质相近，是自然演替中的中期阶段的类型，反映土壤盐分的逐渐降低。如今，补血草草甸主要分布在弃耕地及人类活动较频繁的地带，为斑块分布的次生植被类型，是植被退化的标志。在自然植被中常零星分布于柽柳 - 獐毛群落中。20 世纪 80—90 年代，山东半岛沿海的沙滩上也可以见到成丛的罗布麻分布，现也很少见。

补血草是药用植物，根或全草作为药材，有收敛、止血等作用。其花朵细小，干膜质，色彩淡雅，观赏时期长，是重要的配花材料。除作鲜切花外，还可制成干花观赏。同属的二色补血草俗称"干枝梅"，用途同补血草。

补血草草甸具有很高的生态价值、社会价值和经济价值，在一定区域内保留和发展很有必要。同时，补血草的药用、观赏等价值较高，在一定范围内可适度开发利用。

四、其他草甸

除了上述主要草甸类型外，山东还有一些其他类型的草甸，但面积都不大，不太重要，有些类型只是在局部或者某些时间段出现，稳定性不高。以下主要介绍狗尾草草甸、茵陈蒿草甸。

1. 狗尾草草甸

狗尾草草甸是山东常见的杂草类群落，多见于 1—2 年的撂荒地和路边、沟边等，分布很普遍（图 8-4-1），但面积都不大。

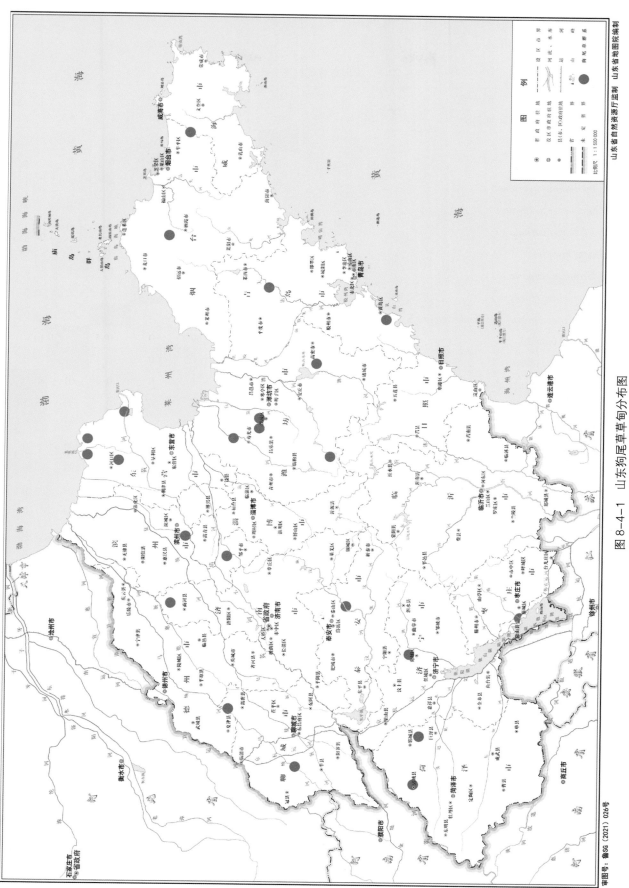

图 8-4-1　山东狗尾草草甸分布图

由于分布广泛，调查的样方也多，本群落记录的种类有 50 多种。基于 19 个标准样方的数量分类，狗尾草群落可分为 7 个群丛（表 8-4-1）。

表 8-4-1　狗尾草草甸群丛分类简表

群丛号	1	2	3	4	5	6	7
样地数	2	3	2	2	4	4	2
稗（Echinochloa crus-galli）	100	0	0	0	0	0	0
牛筋草（Eleusine indica）	0	100	0	0	0	0	0
绿穗苋（Amaranthus hybridus）	0	100	0	0	0	0	0
鸡眼草（Kummerowia striata）	0	0	78.2	0	0	0	0
金盏银盘（Bidens biternata）	0	0	78.2	0	0	0	0
狗娃花（Aster hispidus）	0	0	0	100	0	0	0
猪毛蒿（Artemisia scoparia）	0	0	0	78.2	0	0	0
鹅绒藤（Cynanchum chinense）	0	0	0	78.2	0	0	0
假苇拂子茅（Calamagrostis pseudophragmites）	0	0	0	0	67.9	0	0
翅果菊（Lactuca indica）	0	0	0	0	0	67.9	0
小蓬草（Erigeron canadensis）	0	0	0	0	0	50.8	0
五叶地锦（Parthenocissus quinquefolia）	0	0	0	0	0	0	100
狗牙根（Cynodon dactylon）	0	0	0	0	0	0	100
刺儿菜（Cirsium arvense var. integrifolium）	0	0	0	0	0	0	87.6
牡蒿（Artemisia japonica）	0	0	0	0	0	0	0
柯孟披碱草（Elymus kamoji）	0	0	0	0	0	0	0
鸡腿堇菜（Viola acuminata）	0	0	0	0	0	0	0
益母草（Leonurus japonicus）	0	0	0	0	0	0	0
月见草（Oenothera biennis）	0	0	0	0	0	0	0
鸭跖草（Commelina communis）	0	0	0	0	0	0	0
野燕麦（Avena fatua）	0	0	0	0	0	0	0
金色狗尾草（Setaria pumila）	0	0	0	0	0	0	0
具芒碎米莎草（Cyperus microiria）	0	0	0	0	0	0	0
酸模叶蓼（Persicaria lapathifolia）	0	0	0	0	0	0	0
长裂苦苣菜（Sonchus brachyotus）	0	0	0	0	0	0	0
紫马唐（Digitaria violascens）	0	0	0	0	0	0	0
荻（Miscanthus sacchariflorus）	0	0	0	0	0	0	0
碱蓬（Suaeda glauca）	0	0	0	0	0	0	0
獐毛（Aeluropus sinensis）	0	0	0	0	0	0	0
猪毛菜（Kali collina）	0	0	0	0	0	0	0
草木樨（Melilotus officinalis）	0	0	0	0	0	0	0
罗布麻（Apocynum venetum）	0	0	0	0	0	0	0
青蒿（Artemisia caruifolia）	0	0	0	0	0	0	0
盐地碱蓬（Suaeda salsa）	0	0	0	0	0	0	0

续表

群丛号	1	2	3	4	5	6	7
样地数	2	3	2	2	4	4	2
鳢肠（*Eclipta prostrata*）	0	0	0	0	0	0	0
曼陀罗（*Datura stramonium*）	0	0	0	0	0	0	0
白羊草（*Bothriochloa ischaemum*）	0	0	0	0	0	0	0
马齿苋（*Portulaca oleracea*）	0	0	0	0	0	0	0
委陵菜（*Potentilla chinensis*）	0	0	0	0	0	0	0
羊草（*Leymus chinensis*）	0	0	0	0	0	0	0
蒲公英（*Taraxacum mongolicum*）	0	0	0	0	0	0	0
小花山桃草（*Gaura parviflora*）	0	0	0	0	0	0	0
长芒稗（*Echinochloa caudata*）	0	0	0	0	0	0	0
斑地锦（*Euphorbia maculata*）	0	0	0	0	0	0	0
蒙古蒿（*Artemisia mongolica*）	0	0	0	0	0	0	0
牛鞭草（*Hemarthria sibirica*）	0	0	0	0	0	0	0
泥胡菜（*Hemisteptia lyrata*）	0	0	0	0	0	0	0
茜草（*Rubia cordifolia*）	0	0	0	0	0	0	0
硬质早熟禾（*Poa sphondylodes*）	0	0	0	0	0	0	0
大麻（*Cannabis sativa*）	0	0	0	0	0	0	0
独行菜（*Lepidium apetalum*）	0	0	0	0	0	0	0
少花米口袋（*Gueldenstaedtia verna*）	0	0	0	0	0	0	0
田旋花（*Convolvulus arvensis*）	0	0	0	0	0	0	0
地肤（*Bassia scoparia*）	0	0	0	0	0	0	0
荔枝草（*Salvia plebeia*）	0	0	0	0	0	0	0
缘毛披碱草（*Elymus pendulinus*）	0	0	0	0	0	0	0
杂配藜（*Chenopodium hybridum*）	0	0	0	0	0	0	0
芒（*Miscanthus sinensis*）	0	0	0	0	0	0	0
虎尾草（*Chloris virgata*）	0	0	0	0	0	0	0
黄花蒿（*Artemisia annua*）	0	0	0	0	0	0	0
地锦（*Parthenocissus tricuspidata*）	0	0	0	0	0	0	0
尖裂假还阳参（*Crepidiastrum sonchifolium*）	0	0	0	0	0	0	0
蔓黄芪（*Phyllolobium chinense*）	0	0	0	0	0	0	0
苦苣菜（*Sonchus oleraceus*）	0	0	0	0	0	0	0
香青（*Anaphalis sinica*）	0	0	0	0	0	0	0
旋覆花（*Inula japonica*）	0	0	0	0	0	0	0
蜜甘草（*Phyllanthus ussuriensis*）	0	0	0	0	0	0	0
萝藦（*Metaplexis japonica*）	0	0	0	0	0	0	0
马唐（*Digitaria sanguinalis*）	0	0	0	0	0	0	0
白茅（*Imperata cylindrica*）	0	0	0	0	0	0	0
葎草（*Humulus scandens*）	0	0	0	0	0	0	0

群丛号	1	2	3	4	5	6	7
样地数	2	3	2	2	4	4	2
通奶草（*Euphorbia hypericifolia*）	0	0	0	0	0	0	0
藜（*Chenopodium album*）	0	0	0	0	0	0	0
豆茶决明（*Senna nomame*）	0	0	0	0	0	0	0
狗尾草（*Setaria viridis*）	0	0	0	0	0	0	0
西来稗（*Echinochloa crus-galli* var. *zelayensis*）	0	0	0	0	0	0	0
芦苇（*Phragmites australis*）	0	0	0	0	0	0	0
雀麦（*Bromus japonicus*）	0	0	0	0	0	0	0
扁秆荆三棱（*Bolboschoenus planiculmis*）	0	0	0	0	0	0	0
野艾蒿（*Artemisia lavandulifolia*）	0	0	0	0	0	0	0
茵陈蒿（*Artemisia capillaris*）	0	0	0	0	0	0	0
早开堇菜（*Viola prionantha*）	0	0	0	0	0	0	0
丹参（*Salvia miltiorrhiza*）	0	0	0	0	0	0	0
地梢瓜（*Cynanchum thesioides*）	0	0	0	0	0	0	0
白莲蒿（*Artemisia stechmanniana*）	0	0	0	0	0	0	0
野大豆（*Glycine soja*）	0	0	0	0	0	0	0
一年蓬（*Erigeron annuus*）	0	0	0	0	0	0	0
合欢草（*Desmanthus pernambucanus*）	0	0	0	0	0	0	0
小花鬼针草（*Bidens parviflora*）	0	0	0	0	0	0	0
中华苦荬菜（*Ixeris chinensis*）	0	0	0	0	0	0	0
水棘针（*Amethystea caerulea*）	0	0	0	0	0	0	0
黄背草（*Themeda triandra*）	0	0	0	0	0	0	0
女娄菜（*Silene aprica*）	0	0	0	0	0	0	0
喜旱莲子草（*Alternanthera philoxeroides*）	0	0	0	0	0	0	0
香附子（*Cyperus rotundus*）	0	0	0	0	0	0	0
苜蓿（*Medicago sativa*）	0	0	0	0	0	0	0
小藜（*Chenopodium ficifolium*）	0	0	0	0	0	0	0
苘麻（*Abutilon theophrasti*）	0	0	0	0	0	0	0
铁苋菜（*Acalypha australis*）	0	0	0	0	0	0	0
苍耳（*Xanthium strumarium*）	0	0	0	0	0	0	0
婆婆针（*Bidens bipinnata*）	0	0	0	0	0	0	0
双穗雀稗（*Paspalum distichum*）	0	0	0	0	0	0	0
牵牛（*Ipomoea nil*）	0	0	0	0	0	0	0
鬼针草（*Bidens pilosa*）	0	0	0	0	0	0	0
毛马唐（*Digitaria ciliaris* var. *chrysoblephara*）	0	0	0	0	0	0	0

注：表中数据为物种特征值（Φ，%），按递减的顺序排列。$\Phi \geq 0.25$ 或 $\Phi \geq 0.5$（$p < 0.05$）的物种为特征种，其特征值分别标记浅灰色和深灰色。

狗尾草草甸可以粗略分为 3 个群丛组，即狗尾草组、狗尾草禾草组、狗尾草其他种类组。各群丛组的种类组成和主要分布地点见表 8-4-2。

表 8-4-2　狗尾草草甸群丛统计表

群丛	主要种类	主要分布地点	样方号
狗尾草（群丛组1）	狗尾草（*Setaria viridis*）	黄河三角洲	SHD251301，SHD260301，SHD263301，SHD265301
狗尾草+芦苇（群丛组2）	狗尾草（*Setaria viridis*）、芦苇（*Phragmites australis*）、葎草（*Humulus scandens*）	莱西市大沽河、小沽河交汇处，黄河三角洲	SHD237301，SHD238301，SHD275301
狗尾草+狗牙根（群丛组2）	狗尾草（*Setaria viridis*）、狗牙根（*Cynodon dactylon*）	新薛河人工湿地	SHD099301，SHD189301
狗尾草+藜（群丛组3）	狗尾草（*Setaria viridis*）、藜（*Chenopodium album*）	潍城区、兖州市	SHD86830
狗尾草+绿穗苋（群丛组3）	狗尾草（*Setaria viridis*）、绿穗苋（*Amaranthus hybridus*）	邹平市、鄄城县	SHD096301，SHD190301，SHD193301
狗尾草+金盏银盘（群丛组3）	狗尾草（*Setaria viridis*）、金盏银盘（*Bidens biternata*）、鸡眼草（*Kummerowia striata*）	沂山、昆嵛山岳姑殿	SHD192301，SHD40130
狗尾草+葎草（群丛组3）	狗尾草（*Setaria viridis*）、葎草（*Humulus scandens*）	高青县、高密市、郓城县、祖徕山林场	SHD77830

由于本群落不太重要，故不做描述。

2.茵陈蒿草甸

茵陈蒿草甸分布于黄河三角洲等地的撂荒地上，除形成以茵陈蒿为优势种的次生群落外，伴生的有白茅、獐毛、补血草及一年生的植物，面积不大。同类型的还有白蒿草甸等。

本群落在该区内主要分布于海拔 3m 左右的低平地，土壤含盐量 0.3%—0.5%，群落常集中连片分布。

群落高度 25—30cm，群落总盖度 60%—90%。组成群落的植物比较丰富，5 个 1m² 样地中记录到 12 种植物，各样地种数 6—10 种不等。本群丛基本特征见表 8-4-3。

表 8-4-3　茵陈蒿草甸群落综合分析表

种名	频度 /%	德氏多度	高度 /cm 均高	高度 /cm 最高	盖度 /%	物候期
茵陈蒿（*Artemisia capillaris*）	100	Soc	25	32	55—85	营养期
芦苇（*Phragmites communis*）	76	Cop³	8	10	5—10	果期
补血草（*Limenium sinense*）	44	Sp	15	30	2	营养期
盐地碱蓬（*Suaeda salsa*）	11	Sp	28	40	1	果期
狗尾草（*Setaria viridis*）	50	Cop²	15	18		营养期
虎尾草（*Chloris virgata*）	11	Sp	10	12		营养期
蒙古鸦葱（*Takhtajaniantha mongolica*）	11	Sp	10			营养期
中华苦荬菜（*Lxeris chinensis*）	33	Sp	10			花期
白茅（*Imperata cylindrica*）	76	Cop³	40	50		果期
稗（*Echinochloa crus-galli*）	5	Sp	40	70		果期

注：1. 调查日期1988年9月，2011年9月。调查地点东营市河口区。样方面积18m²×1。群落总盖度60%—90%。
　　2. 调查时仅记录建群种和优势种盖度、最高数据。

3. 假苇拂子茅草甸等

据有关调查和相关文献记载，山东还有其他多类草甸，如假苇拂子茅草甸（分布于低洼的轻盐碱地上，常呈斑块状出现）、野古草草甸（分布于山地丘陵土壤湿润处）、京芒草草甸（见于山地丘陵土壤干旱处）。此外，另有蒙古鸦葱、隐子草、猪毛蒿、芨草等组成的杂草类草甸。这些类型大多不稳定，分布范围也很局限。本书不予详述。

第九章 山东现状植被：沼泽和水生植被

一、沼泽和水生植被概况

沼泽植被和水生植被都是分布在多水环境中的非地带性植被类型。但是在种类组成上这两类植被又都有明显的地带性烙印。按现代生态学的观点，沼泽和水生植被也都属于湿地植被。在《中国植被》（1980）分类系统中，沼泽和水生植被作为一个植被型组，分别划为沼泽植被和水生植被两个植被型。本书也沿用这种分类方法。

沼泽植被是在土壤多水和过湿条件下形成的、沼生植物占优势的一种隐域植被类型。在四川盆地、东北三江平原、三江源区域等，都有发育良好的沼泽植被。中国工农红军"爬雪山过草地"中的"草地"，实际上就是若尔盖地区的沼泽地。而温带森林带范围内的沼泽最为典型和多样，既有草本沼泽，也有木本沼泽和苔藓沼泽。

水生植被是以水生植物为建群种的植被类型，包括分布于湖泊、池塘、河流沟渠及季节性积水地域的植被类型。水生植被在我国分布也非常广泛，凡是有淡水的生境，如河流、湖泊、池塘、水库、短暂积水的洼地等都可见到。

组成这两类植被的植物具有共同的生态学、生物学和生理学特征：适合多水环境，如根系或者茎具有特别发达的通气组织，适应水环境的生殖特性等。由于水环境的相对一致性，分布在水体和沼泽中的植物多为广布种，分别被称作水生植物和沼生植物，前者如各种眼子菜，后者如香蒲等。只是在各气候带，由于气候条件等的差异，植物区系成分也带有地带性的特色，如王莲（*Victoria amazonica*）仅分布在热带的南美洲亚马孙河流域（图9-1-1）。

构成山东省的沼泽和水生植被的植物种类约有110种，初步统计分属于33科，其中莎草科22种、禾本科15种、眼子菜科11种，其次还有睡莲科、紫葳科、香蒲科、蓼科、雨久花科、水鳖科（Hydrocharitaceae）、泽泻科、葫芦科（Cucurbitaceae）、龙胆科、小二仙草科、茨藻科等的1至数种植物。

沼泽植被和水生植被有着密切的关系，有时很难分开，如湖泊的生态系列中，必不可少的类型之一是沼生植物组成的挺水植物群落或者植物带，生态学上称为生态系列（图9-1-2至图9-1-5）。而沼泽中也分布有多种水生植物，如各类沉水和漂浮植物。

山东省的水系比较发达。发达的水系有利于沼泽植被和水生植被的形成和发育。

图9-1-1 王莲（*Victoria amazonica*）

图 9-1-2 微山湖湿地植被带 [由远而近为加杨 (*populus × canadensis*)、菰 (*Zizania latifolia*)、喜旱莲子草 (*Alternanthera philoxeroides*)、水鳖 (*Hydrocharis dubia*)]

图 9-1-3 微山湖湿地植被带 [由远而近为旱柳 (*Salix matsudana*)、菰 (*Zizania latifolia*)、水鳖 (*Hydrocharis dubia*)]

图 9-1-4　微山湖湿地植被带［由远而近为加杨（*populus × canadensis*）、芦苇（*Phragmites australis*）和菰（*Zizania latifolia*）、喜旱莲子草（*Alternanthera philoxeroides*）、莼菜（*Brasenia schreberi*）、水鳖 (*Hydrocharis dubia*)］

图 9-1-5　微山湖湿地植被带［由远而近为旱柳（*Salix matsudana*）、香蒲（*Typha orientalis*）、莲（*Nelumbo nucifera*）、眼子菜（*Potamogeton distinctus*）］

二、沼泽植被

沼泽植被是在多水和土壤水过饱和状态下形成的以沼生植物为优势的植被类型。山东省尽管具备了发育沼泽植被的良好自然条件，但由于气候变化和人为经济活动频繁且强烈等因素，沼泽的植被发育和分布受到一定限制，因此沼泽植被总面积小，分布也零散。其主要有3个集中分布区：鲁西南沿南四湖和东平湖的湖滨低洼地、平原低洼地和河流地带、黄河三角洲滨海湿地。

影响沼泽植被发育的主导因素是由地形引起的水分变化。几乎所有的沼泽植被均发育在地形低洼处，即坑塘、洼、淀、河漫滩等。植被的动态变化受水分条件制约十分明显，随水分发生周期性变化：沼泽植被的种类组成、建群种生长状况、群落特征均呈现出年内和年际的变化。

山东沼泽植被区系组成较为简单，多为世界性的种类。在科属组成上，以芦苇、菰、泽泻、香蒲、水莎草、蓼等属的种类为主。

与水生植被相比，山东的沼泽植被更为简单。山东的沼泽植被多局部分布，与水生植被、草甸植被的一些类型有相似之处。山东缺少木本沼泽和苔藓沼泽类型，均为草本沼泽植被亚型，可分为莎草沼泽（图9-2-1、图9-2-2）、禾草沼泽、杂类草沼泽（图9-2-3、图9-2-4）3个群系组，主要群系有芦苇沼泽、香蒲沼泽、菰沼泽等。而由入侵植物互花米草形成的沼泽实际上分布在沿海滩涂地带，属于盐沼类型。

以下介绍山东较常见和重要的沼泽类型。

图 9-2-1　灯心草沼泽（南四湖）

图 9-2-2　水莎草沼泽（南四湖）

图 9-2-3　香蒲沼泽（南四湖）

图 9-2-4　香蒲沼泽（东平湖）

（一）芦苇沼泽

芦苇沼泽是山东最为常见的沼泽类型，属于禾草沼泽，在常年积水的地段经常形成大面积的单优势种群落。在短期积水或者无积水的地段则是芦苇草甸。南四湖、东平湖、马踏湖等湖泊和黄河三角洲都有发育较好的芦苇沼泽（图 9-2-5 至图 9-2-8）。

图 9-2-5　芦苇沼泽（黄河三角洲）

图 9-2-6　芦苇沼泽（南四湖）

图 9-2-7　芦苇沼泽（马踏湖）

图 9-2-8　芦苇沼泽（济西湿地）

　　芦苇是建群种和优势种，伴生种类有香蒲、菰、莎草、泽泻、慈姑等广布沼生种类，在水深处则有多种常见的水生植物，如眼子菜等；在微山湖等地还可见到草质蔓生植物盒子草（*Actinostemma tenerum*），常缠绕在芦苇上（图9-2-9）。芦苇沼泽在夏季和秋季表现出明显的季相变化（图9-2-10、图9-2-11）。

图9-2-9　芦苇沼泽中的盒子草（*Actinostemma tenerum*）（微山湖）

图9-2-10　夏季芦苇沼泽（黄河三角洲）

图 9-2-11　秋季芦苇沼泽（黄河三角洲）

　　在黄河三角洲地区，近 20 年的湿地恢复和生态补水，使得黄河三角洲特别是保护区内的水域明显增加，芦苇沼泽也随之增加（图 9-2-12），鸟类的种类和数量也大大增加（图 9-2-13）。

　　由于芦苇沼泽和芦苇草甸有些相似性，此处不再详细描述。

图 9-2-12　芦苇沼泽（黄河三角洲）

图 9-2-13　芦苇沼泽上空的飞鸟（黄河三角洲）

（二）菰沼泽

　　菰沼泽较为广泛地分布于山东省的淡水水域中，主要分布于水深 50—80cm 的范围内。在水生植被中处于挺水植被带。在南四湖、东平湖、黄河三角洲及鲁中南、胶东各大水体中都很常见，以南四湖和东平湖的最典型和普遍（图 9-2-14 至图 9-2-16）。

图 9-2-14　菰沼泽（东平湖）

图 9-2-15 菰沼泽（南四湖）（1）

图 9-2-16　菰沼泽（南四湖）（2）

这一群落是南四湖中面积最大的植物群落之一，在独山湖、昭阳湖和微山湖的北部都普遍分布。现以南四湖的菰泽为例，说明其基本特征。

本群落分布于湖水 50—80cm 深的地方，湖水的 pH 7.1，湖水清澈透明，可以见到湖底。由于植物的阻碍，水流极缓。湖底土壤为沼泽土，质地为黏土，呈灰黑色。群落外貌黄绿色，群落高 1.5—2.5m，叶层挺出水面 1.0—1.5m，花序高出水面 1.5—2.0m，总盖度为 30%。

群落中还夹杂有少量的莲、荇菜等，这些植物的点缀使群落更壮观。其他种类还有黑三棱（*Sparganium stoloniterum*）、水烛，以及漂浮植物和沉水植物。

菰是湖区沼泽地重要的经济植物，除了用于编织外，还可作饲料。更重要的是其茎秆受黑粉菌感染后形成的茭白，是优质蔬菜。近年来，随着人们食物结构的改变，对茭白的需求量增大，大力发展茭白产业对当地的经济发展具有重要的作用。

菰因有强大的地下茎进行繁殖，在湖水较浅的地方发展极为迅速，促进湖泊沼泽化的作用很大。在湖底不断抬高的过程中，菰群落就会被芦苇群落取代，因而在一定的过渡地带会形成芦苇－菰复合群落。

（三）香蒲沼泽

香蒲也称东方香蒲，常在水边形成群落，在山东各地的湖泊边沿、池塘、沟渠、浅水地段都很普遍，有淡水的地方几乎都能见到（图 9-2-17）。

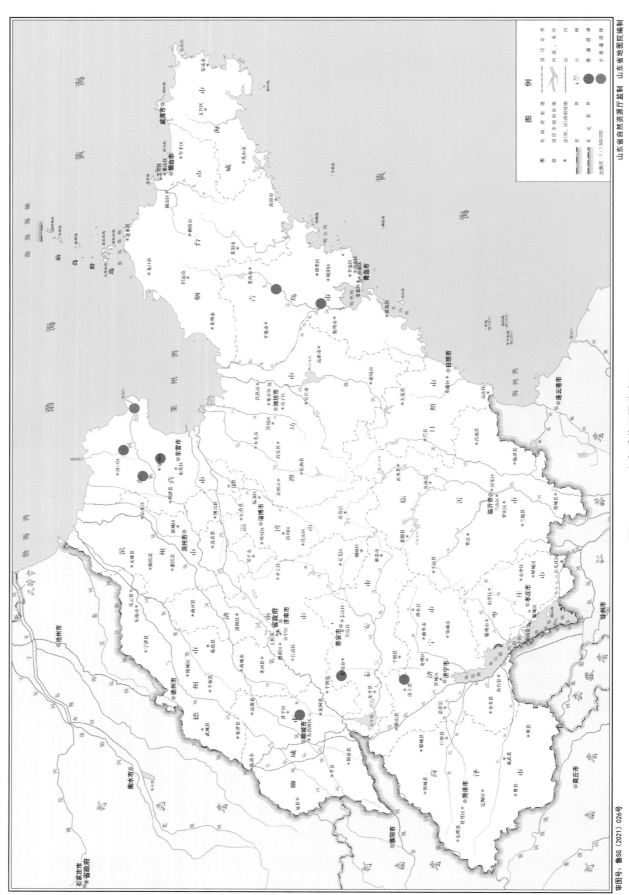

图 9-2-17　山东香蒲沼泽分布图

香蒲沼泽属于杂类草沼泽，除香蒲外，还有长苞香蒲（*Typha domingensis*）等种类。南四湖（图 9-2-18、图 9-2-19）、东平湖、马踏湖、白云湖等湖泊的香蒲沼泽最为典型，黄河三角洲的河流（图 9-2-20、图 9-2-21）、池塘（图 9-2-22），以及大沽河（图 9-2-23）等河流也常见。

图 9-2-18　香蒲沼泽（南四湖）（1）

图 9-2-19　香蒲沼泽（南四湖）（2）

图 9-2-20　香蒲沼泽（黄河三角洲大汶流）（1）

图 9-2-21 香蒲沼泽（黄河三角洲大汶流）（2）

图 9-2-22 香蒲沼泽（黄河三角洲池塘）

图 9-2-23　香蒲沼泽（大沽河）

现以黄河三角洲的香蒲沼泽为例，说明其群落基本特征。黄河三角洲大汶流管理站的旱柳观光点附近和黄河故道的香蒲沼泽较为常见和典型，可形成单优群落。其有时与芦苇混生，或与莎草科或禾本科植物如拂子茅等伴生。

在黄河三角洲调查的 6 个 1m×1m 的香蒲群落样方中，记录了 9 种植物，平均每个样方出现 2.5 种植物，各样方种数 1—5 种不等。群落总盖度 50%—100%。本群丛基本特征见表 9-2-1。

表 9-2-1　香蒲沼泽群落综合分析表

种名	频度 /%	德氏多度	高度 /cm			盖度 /%	重要值
			均高	最高	最低		
香蒲（*Typha orientalis*）	100.0	Soc	115.7	195.7	98.5	77.0	0.856
拂子茅（*Calamagrostis epigeios*）	16.7	Sol	110.0	120.0	80.0	0.8	0.020
假苇拂子茅（*Calamagrostis pseudophragmites*）	16.7	Sp				45.0	0.010
鳢肠（*Eclipta prostrata*）	16.7	Sp	30.0			0.2	0.030
芦苇（*Phragmites australis*）	16.7	Sp	118.0	210.0	79.0	1.0	0.060
烟台飘拂草（*Fimbristylis stauntonii*）	16.7	Sp	110.0			0.8	0.010
水莎草（*Gyperus serotinus*）	33.3	Sp	82.0			0.5	0.010
头状穗莎草（*Cyperus glomeratus*）	16.7	Sp	70.0			0.1	0..010

注：1. 调查日期 2010 年 9 月。调查地点东营市河口区。样方面积 1m²×6。

　　2. 调查时仅记录建群种和优势种高度数据。

（四）小香蒲沼泽

小香蒲沼泽属于杂类草沼泽，分布于山东各地的湿地，面积都不大。较典型的群落见于南四湖（图9-2-24）、黄河三角洲（图9-2-25）等地。本群落以小香蒲为优势种，伴生种有芦苇等。

图 9-2-24　小香蒲沼泽（南四湖）

图 9-2-25　小香蒲沼泽（黄河三角洲）

（五）互花米草沼泽

　　互花米草为禾本科米草属多年生草本植物，俗称大米草，原产北美洲海滩。20 世纪 70 年代从北美引入我国，目的是用于泥质海滩防护等。互花米草群落在黄河三角洲滩涂和潮间带、在胶州湾的河口和浅滩，已形成了单优的盐沼群落（图 9-2-26 至 9-2-28），在黄河三角洲神仙沟附近海边和新黄河口附近已成景观（图 9-2-29）。在胶州湾、大沽河口、小清河口等也有大面积分布（图 9-2-30）。

　　互花米草是典型的盐生植物，在盐分 0—3% 的土壤都可生长。互花米草发达的通气组织，使其在盐水环境下也能生长。在引入之前和引入之初对其生物学、生态学和生理学等特性缺少全面详细的科学论证，也缺乏区域试验，忽略了互花米草的危害性。互花米草适应性极强、繁殖力强，有性和无性生殖并发，其快速扩散，2010 年之后在多地暴发，成为危害极大的入侵植物。互花米草沼泽主要分布在滩涂地带，实际上属于盐沼类型。

图 9-2-26　互花米草沼泽（黄河三角洲）（1）

图 9-2-27 互花米草沼泽（黄河三角洲）（2）

图 9-2-28 互花米草沼泽（远处为黄河三角洲）

图 9-2-29　互花米草沼泽（治理前的黄河三角洲）

图 9-2-30　互花米草沼泽（大沽河口）

互花米草的生长和繁殖力极强，排挤了其他种类的生存空间。群落的种类很贫乏，5 个样方中全是互花米草一种植物，形成了密度极高、长势旺盛的单优势群落。在滩涂上常呈圆团块状分布，在潮间带往往成片分布。群落高度 80—120cm，群落总盖度 40%—100%。互花米草群落的地上生产力并不低，实测的平均鲜重为 418.7g/m²。本群丛基本特征见表 9-2-2。

表 9-2-2　互花米草群落综合分析表

种名	频度 /%	德氏多度	高度 /cm			盖度 /%	重要值
			均高	最高	最低		
互花米草（Spartina alterniflora）	100	Soc	100.0	120.0	80.0	40%—100%	1.000

注：1. 调查日期 2010 年 9 月。调查地点东营市河口区海滩。样方面积 1m²×5。
　　2. 样地外种类还有偶见芦苇（Phragmites australis）、盐地碱蓬（Suaeda salsa）、盐角草（Salicornia europaea）等。

互花米草有有性和无性两种繁殖方式，所以繁殖力和适应力极强。其种子可随水漂流而达到传播目的；其地下茎也非常发达，无性繁殖力强，固泥促淤效果显著，有利于有机质积累，增加土壤养分，改变土壤的物理状态，但不利于其他植物生长。

互花米草已经对黄河三角洲和胶州湾等地的生物多样性造成了多方面的危害：一是危害了当地的植被和湿地生态系统，如对盐地碱蓬群落、芦苇群落的入侵，造成这些植被类型减少，以及相伴的植物种类减少；二是对底栖动物如贝壳类、蟹类等造成严重影响，大大减少了蟹类的数量，降低了物种多样性，特别是互花米草群落形成后，在黄河三角洲原有的天津蟹大大减少，影响了丹顶鹤等的觅食，不利于丹顶鹤等水禽的栖息；三是对景观造成严重影响，降低了景观多样性；此外，还降低了生态服务功能等。这些危害是明显的、巨大的，而且往往是连锁性的，甚至是不可逆的。

治理互花米草既是当务之急，也是未来黄河口国家公园建设必须面对的重要任务。应对互花米草的生态危害，应做好几点：一是加强对互花米草在新扩散地的生物学、生态学和生理学机制研究；二是长期监测和治理，密切关注其生长和扩散动态；三是采取科学、可行、经济的办法治理互花米草，如淹水、人工清除、机械清除（图 9-2-31）等。这些办法在短期内是可行的，长期是否可行，还要跟踪观测。

图 9-2-31　机械已清除互花米草（黄河三角洲）

（六）其他沼泽

除了上述沼泽类型外，在常年积水的地方还形成了一些以灯心草、雨久花（*Monochoria korsakowii*）、慈姑、水莎草、莎草、泽泻、水蓼、稗（*Echinochloa crus-galli*）等为建群种或优势种的沼泽植被（图 9-2-32 至图 9-2-37），但面积都不太大，也不典型，不予详述。

图 9-2-32　灯心草沼泽（济西湿地）

图 9-2-33　雨久花沼泽（南四湖）

图 9-2-34　慈姑沼泽（东平湖）

图 9-2-35　水莎草沼泽（微山湖）（1）

图 9-2-36 水莎草沼泽（微山湖）（2）

图 9-2-37 水蓼沼泽（微山湖）

三、水生植被

　　水生植被是分布在水域中，由水生植物组成的植被类型。水生植被遍布于山东各地湖泊、大小河流、水库、池塘及常年积水地（图 9-3-1）。地表只要有淡水存在一段时间，就会有水生植物出现，甚至形成群落。

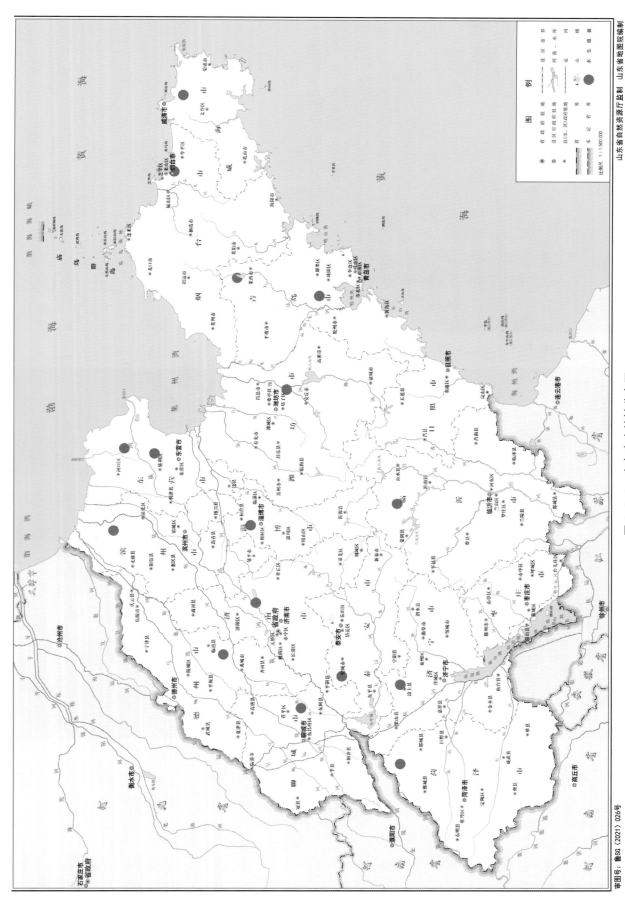

图 9-3-1 山东水生植被分布图

　　水生植物的生活型可分为挺水植物、漂浮植物和沉水植物3大类，或者分为挺水植物、漂浮植物、浮叶扎根植物和沉水植物4大类。

　　挺水植物是根系扎在水底淤泥中、植物体上部或叶子挺出水面的植物，兼有水生植物和陆生植物的特征，可以看作是一种过渡类型。典型的种类如禾本科的芦苇、菰、稗，莎草科的莎草（*Carex* spp.）、飘拂草（*Fimbristylis* spp.），睡莲科的莲（图9-3-2至图9-3-4），香蒲科的香蒲，泽泻科的泽泻等。这类植物也是沼泽植被的优势种类。

　　漂浮植物的植物体漂浮在水面上，根沉于水中，因而可随着水的流动而漂浮。常见的种类有槐叶蘋科的槐叶蘋（*Salvinia natans*）（图9-3-5），浮萍科的浮萍（*Lemna minor*）、紫萍（*Spirodela polyrhiza*），天南星科（Araceae）的大薸，凤眼莲科的凤眼莲，满江红科的满江红（*Azolla imbricata*）等。

图9-3-2　莲（*Nelumbo nucifera*）

图9-3-3　莲群落（南四湖）（1）

图 9-3-4　莲群落（南四湖）（2）

图 9-3-5　槐叶苹（*Salvinia natans*）

　　浮叶扎根植物指叶子漂浮于水面而根扎于水底的植物，如睡莲科的睡莲（*Nymphaea tetragona*）（图9-3-6至图9-3-8）、芡（图9-3-9），菱科的菱（*Trapa natans*）（图9-3-10），苋科（Amaranthaceae）的喜旱莲子草（图9-3-11），龙胆科的荇菜（图9-3-12）等。

图 9-3-6　睡莲群落（南四湖）（1）

图 9-3-7　睡莲群落（南四湖）（2）

图 9-3-8　睡莲群落（南四湖）（3）

图 9-3-9　芡群落（南四湖）

图 9-3-10　菱（*Trapa natans*）

图 9-3-11　喜旱莲子草群落（东平湖）

图 9-3-12　荇菜（*Nymphoides peltata*）

沉水植物指植物体全部沉没于水中，其根系一般扎于水底，这是典型的水生植物。常见的种类是眼子菜科、金鱼藻科、水鳖科、茨藻科、小二仙草科、水蕨科的植物，如金鱼藻（*Ceratophyllum demersum*）（图9-3-13）、黑藻（*Hydrilla vertillata*）（图9-3-14）、狐尾藻（*Myriophyllum spicatum*）、轮叶狐尾藻（*M. verticillatum*）、苦草（*Vallisneria gigantea*）（图9-3-15）、菹草（*Potamogeton crispus*）、竹叶眼子菜（*P. wrightii*）（图9-3-16）、篦齿眼子菜（*P. pectinatus*）、狸藻等。

以上4类水生植物以不同的形式和种类相结合，形成各种各样的水生植被，通常以某一类生活型或2—3类生活型的植物为主形成群落。由漂浮植被、沉水植被、浮叶扎根水生植被、挺水植被组成的生态系列，形象地表明水深的梯度变化（图9-1-2至图9-1-5）。

沉水植被常见的有黑藻+苦草群落等，漂浮植被常见的有浮萍群落等，浮叶扎根水生植被常见的有睡莲群落等，挺水植被常见的有莲群落等。以下介绍一些重点类型。

图9-3-13　金鱼藻（*Ceratophyllum demersum*）

图9-3-14　黑藻群落（南四湖）

图 9-3-15　苦草群落（南四湖）

图 9-3-16　竹叶眼子菜群落（东平湖）

（一）沉水植被

沉水植被是典型的水生植被，在山东各地分布的有近10个类型，主要有以下5个类型。

1. 黑藻 + 苦草群落

本群落分布于湖泊、水库、池塘、河沟、常年积水地都可见到，典型群落见于南四湖（图9-3-17）、东平湖。群落生境多为淤泥底质，水深0.5—1.5m。优势种为黑藻、苦草、竹叶眼子菜等。苦草为典型的沉水植物，叶丛生，呈狭带状，长40—50cm，可随水深而伸长，呈鲜嫩的绿色；果实呈细长棒状，由卷曲的花柄、果梗送达水体上层，以利于传粉，这是适应水深环境的繁殖特征，具有典型性。黑藻在湖泊长势旺盛，水体清澈时，可以明显地看到密密麻麻的黑藻丛生。

2. 金鱼藻群落

金鱼藻群落分布于湖泊、水库、池塘、河沟、常年积水地也都可见到，典型群落见于南四湖（图9-3-18）、东平湖。群落生境多为淤泥底质，水深0.5—1.5m。优势种为金鱼藻，其他种类有黑藻、苦草等。

3. 狐尾藻群落

狐尾藻为小二仙草科多年生沉水草本植物，在山东有狐尾藻和轮叶狐尾藻两种。前者分布在湖泊、坑塘中，尤以南四湖最为集中（图9-3-19、图9-3-20）。狐尾藻群落发育的环境为水体深1.0—1.7m，透明度90—110cm。群落发育良好时，建群种生长繁茂，总盖度常在90%以上。群落结构简单，种类稀少，常为单优植物群落。本群落建群种繁殖快，经常拥塞水体，加速湖泊的淤积。

狐尾藻可作为饲料，提供水生生物栖息的环境，可以有计划地打捞，疏浚水体。

图9-3-17　黑藻 + 苦草群落（南四湖）

图 9-3-18　金鱼藻群落（南四湖）

图 9-3-19　狐尾藻群落（南四湖）（1）

图 9-3-20　狐尾藻群落（南四湖）（2）

4. 菹草群落

　　菹草又称虾藻、虾草、麦黄草，是典型的多年生沉水草本植物，可形成沉水植被。菹草生于浅水池塘、水库、小溪及常年积水的地势低洼地，在静水池塘或沟渠较多（图 9-3-21、图 9-3-22）。菹草层高 90—120cm，群落总盖度 30%—90%。菹草耐污染，不耐高温，秋季发芽，冬春生长，4—5 月开花结果；夏季 6 月后逐渐衰退腐烂，同时形成鳞枝（冬芽）以度过不适环境，所以被称为麦黄草。在南四湖、东平湖等地，由于湖水富营养化，菹草疯长，对湖泊生态系统组成、结构、功能等都造成一定危害，每年打捞耗费大量人力物力。

图 9-3-21　菹草群落（南四湖）（1）

图 9-3-22 菹草群落（南四湖）（2）

5. 眼子菜群落

眼子菜（*Potamogeton* spp.）大多是多年生沉水植物，常形成大面积的沉水植被。建群种有眼子菜、浮叶眼子菜（*P. natans*）、光叶眼子菜（*P. lucens*）、竹叶眼子菜（*P. malainus*）、篦齿眼子菜（*P. pectinatus*）等，有时混生狸藻等。

本群落生长在水库、池塘和小溪中，群落总盖度多在 50% 以上，甚至到 100%。有的眼子菜可以做饲料或者堆肥。

（二）漂浮植被

漂浮植被也是典型的水生植被，常见的有以下 5 个类型。

1. 浮萍群落

浮萍群落是最典型和常见的漂浮植被，分布在水库、池塘、沟渠和常年积水的地段，在水面平静的池塘较常见。建群种为浮萍，是典型的漂浮植物，易随风或水流扩散，混入其他植物群落内；在沼泽地的水深处也常见，有时可以与品藻（*Lemna trisulca*）混生。浮萍在温暖的春夏季节繁殖迅速，常可很快覆盖全水面，总盖度达 100%，形成单优群落。

2. 槐叶蘋群落

槐叶蘋也是典型的漂浮植物，分布在湖泊、水库、沟塘，以南四湖常见，有时与水鳖、荇菜等混生，其下面有黑藻、眼子菜等，很少形成单优群落。

3. 紫萍群落

紫萍也是典型的漂浮植物，分布在水面较静止的水库、池塘和常年积水地段。紫萍为浮水细小草本植物，密布于水面，经常与浮萍混生。紫萍繁殖迅速，生长很快。

4. 凤眼莲群落

凤眼莲又称水葫芦，也是典型的漂浮植物，分布在水面较静止的水库、池塘和常年积水地段，形成大面积群落。南四湖等地多见（图9-3-23）。凤眼莲原产南美洲，19世纪初引入中国，作为观赏和净化水质的植物广泛引种。凤眼莲对环境的适应性强，其无性繁殖速度极快，已广泛分布于华北、华东、华中、华南、西南等地区，成为入侵植物。凤眼莲、大藻和喜旱莲子草俗称"三水"，曾经作为饲料植物，现在都被认作危险入侵植物。

5. 大藻群落

大藻，又称水浮莲，也是典型的漂浮植物。原产巴西，现在广泛分布在热带、亚热带地区。中国华南、华东、华北地区的多数湖泊也有引进，现已成为入侵植物。在南四湖等地有少量分布（图9-3-24）。

图9-3-23　凤眼莲群落（南四湖）

图 9-3-24　大薸群落（南四湖）

（三）浮叶扎根水生植被

浮叶扎根水生植被是以睡莲、荇菜、水鳖、芡、莼菜等为建群种或优势种形成的群落。

1. 睡莲群落

睡莲群落属于浮叶扎根水生植被，在湖泊、河流、池塘、水库和常年积水的湿地边缘都有生长，多为栽培或自然生长，面积一般不大（图9-3-6至图9-3-8）。

2. 荇菜群落

荇菜群落属典型的浮叶扎根水生植被，各大湖泊都有分布，南四湖和东平湖最常见，在水深处常成大片分布，几乎是单优群落。群落开花季节一片杏黄，蔚为壮观（图9-3-25至图9-3-27）。

图 9-3-25　荇菜群落（南四湖）（1）

图 9-3-26 荇菜群落（南四湖）（2）

图 9-3-27 荇菜群落（南四湖）（3）

3.水鳖群落

水鳖群落在各大湖泊也常见, 但不如荇菜群落分布广泛, 多在近岸潜水地段 (图 9-3-28 至图 9-3-30)。

图 9-3-28 水鳖群落 (南四湖) (1)

图 9-3-29 水鳖群落 (南四湖) (2)

图9-3-30　水鳖群落（南四湖）（3）

4. 菱群落

菱群落在各地淡水水域都有分布,南四湖和东平湖最常见(图9-3-31至图9-3-34)。因为菱角可以食用,所以被广泛栽培。菱有本地种（小）和欧菱（大）之分。

图9-3-31　菱群落（南四湖）（1）

图 9-3-32　菱群落（南四湖）（2）

图 9-3-33　菱群落（南四湖）（3）

图 9-3-34　菱群落（南四湖）（4）

5. 芡群落

芡又名鸡头米，在南四湖和东平湖等湖泊分布较多（图 9-3-35、图 9-3-36），一般在近岸潜水地段。芡可食用，因而也被广泛种植。

图 9-3-35　芡群落（南四湖）（1）

图 9-3-36　芡群落（南四湖）（2）

6. 莼菜群落

莼菜在山东各地常见，尤以南四湖最多（图 9-3-37），也是分布在水线静水地段。莼菜的叶片可食用。

图 9-3-37　莼菜群落（南四湖）

7. 喜旱莲子草群落

喜旱莲子草是苋科多年生沼生草本植物，茎中空，基部匍匐，所以也称空心莲子草或水花生。生长在湖泊、池塘、水沟边缘。原产巴西，现在是中国亚热带及温带地区一种严重的外来多年生杂草。在山东南四湖、东平湖、小清河等水域逸生，呈自然状态（图 9-3-38），非常难治理。

图 9-3-38　喜旱莲子草群落（南四湖）

（四）挺水植被

挺水植被类型较多，如莲群落、菰群落、芦苇群落、水莎草群落、水蓼群落等，多已在沼泽植被中介绍，这里仅介绍莲群落、菰群落、芦竹群落。

1. 莲群落

莲群落为最典型的挺水植被，在山东各地的淡水水域中都有分布（图 9-3-39）。

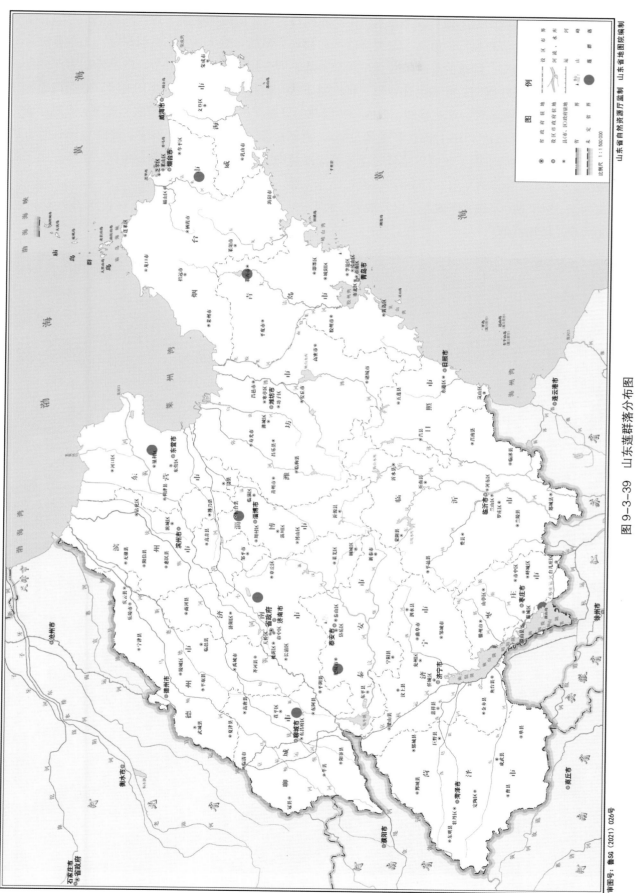

图 9-3-39　山东莲群落分布图

　　莲群落多分布在水域的近岸地带，常是水生生态系列最后一个阶段的类型，再向陆地就是草甸、灌丛或森林了。由于经济价值和观赏价值高，这类群落常为栽培类型或自然生长，在淤泥深厚、土壤有机质丰富的地段可形成单优群落。群落的外貌随着莲生长季节的不同变化很大：初夏时节，群落外貌为深绿色；入夏之后，莲进入生长旺盛期，叶柄迅速伸长，将大型盾状叶托起，叶片重叠，交互掩映，继而绽出粉红色或白色的大型莲花；到8月，莲花盛开，形成一片繁花的夏季季相；9—10月，果实（莲蓬）大量形成，成为另一景观。莲植株高达1.0—1.5m，甚至超过2m，群落总盖度60%—100%不等。群落边缘有时有芦苇生长。在群落有空隙的水面上还会零星分布浮萍等漂浮植物。莲密度低的地方有金鱼藻、菹草、眼子菜等沉水植物。

　　在南四湖、东平湖、马踏湖等湖泊，以及池塘、水库、河沟等边缘都很常见（图9-3-40至图9-3-44），成为重要的观光植物群落。

图 9-3-40　莲群落（南四湖）

图 9-3-41　莲群落（东平湖）

图 9-3-42　莲群落（独山湖）

图 9-3-43　莲群落（马踏湖）

图 9-3-44　莲群落（微山湖）

2. 菰群落

菰是典型的挺水植物，在南四湖一带称"苦江草"。菰群落在湖泊、池塘等水生植被中是重要的类型，常呈带状分布。菰群落在山东的淡水水域分布普遍，但以南四湖、东平湖最典型。其茎秆受黑粉感染后形成的茭白，是很受欢迎的蔬菜，在南四湖一带是重要的水产品。

3. 芦竹群落

芦竹（*Arundo donax*）是禾本科芦竹属（*Arundo*）植物，为多年生，具发达根状茎，秆粗大直立、坚韧、多节。原产热带亚热带地区，20世纪末山东省从江苏等地引进，在南四湖等地栽培（图9-3-45）。

图9-3-45　芦竹群落（南四湖）

四、沼泽和水生植被价值及保护利用

沼泽植被和水生植被是特殊的植被类型，既是非地带性的植被类型，又具有一些地带的烙印。它们都是具有生态价值和社会、经济、文化等价值的植被类型和自然资源。

1. 重要的生态价值

沼泽植被和水生植被是湿地的主体部分，本身就是生物多样性的组成部分，同时也是其他生物多样性的基础、来源和支撑。湿地被认为是生物多样性最为丰富多样的生态系统，如芦苇沼泽和盐地碱蓬沼泽是各种水禽栖息、觅食、繁殖、迁徙的场所。保护水禽，首先要保护其栖息地的植被。沼泽植被和水生植被中又有各种浮游植物和浮游动物，可为各种鱼提供了食物资源（图9-4-1至图9-4-4）。水生植被也经常是鱼类的产卵场所。

图9-4-1　沼泽植被与鸟类和谐共处（黄河三角洲）（1）

图 9-4-2　沼泽植被与鸟类和谐共处（黄河三角洲）（2）

图 9-4-3　沼泽植被与鸟类和谐共处（黄河三角洲）（3）

图 9-4-4　水生植被与鸟类和谐共处（微山湖）

2. 重要的学术价值

沼泽植被和水生植被有着密切的关系。沼泽植被是在水域，特别是湖泊、池塘的沼泽化过程中形成的，或者是因土壤水分过饱和形成的。沼泽植被和水生植被在演替上也有着密切的关系：水生植被是沼泽植被演替的前期阶段，所以沼泽植被的植物组成中有各种漂浮植物、沉水植物和挺水植物，形成一个生态系列；而挺水植物群落的建群种实际上也是水生植被的建群种，在一个小的地理区域内种类基本相同。从水生植被演替看，生态系列实际上可以看作是纵向的演替系列。从完全漂浮植物群落、沉水植物群落，到浮叶扎根植物群落，再到挺水植物群落，类似于水生植被的演替，这也是一个湖泊自然填平的过程。可以通过横向变化的水生生态系列，研究纵向变化的水生植被演替，所以水生生态系列是一个天然的实验场所和模型（图 9-1-2 至图 9-1-5），在植被演替和植物地理方面有着重要的学术价值。

3. 重要的社会、经济和文化价值

沼泽植被和水生植被本身就拥有丰富的自然资源，是重要经济活动的对象和场所，比如渔业就离不开这两类湿地；水生植物中还有多种可供食用的粮食和蔬菜，如芡、菱角、茭白、藕等；沼泽植被和水生植被作为一种景观类型，具有多样的社会、文化价值，是休闲和旅游的胜地；在碳循环、碳中和、水污染防治、生态产品价值实现等方面，沼泽植被和水生植被也具有重大的生态、经济和战略意义。

第十章　山东现状植被：海岸砂生植被

一、海岸砂生植被概况

　　山东省海岸类型主要有岩质海岸、泥质海岸和砂质海岸 3 种，其中砂质海岸分布在日照市绣针河口至莱州市虎头崖之间，与岩质海岸相间分布。砂质海岸多分布在岩岸的两个岬角之间、湾口敞开的海湾内，是激浪和激浪流所形成的砂砾、砾石的堆积物，经风力、海浪和潮汐等的搬运而形成的沉积带，通常称海滩或沙滩、沙丘。在砂质海岸上分布着一种具有固沙、护岸、防风等功能的特殊植被类型，即砂生植被。

　　作为一种非地带性植被类型，砂生植被分布在沿海砂质海岸上，主要由耐贫瘠、干旱和轻度盐碱的砂生植物组成。砂生植被的主要特征是种类组成和结构较简单，群落总盖度低，生产力不高。这种植被类型在我国沿海的砂质海岸上都有分布，虽然面积和分布区小，但由于其具有原生性，对砂质海岸起着防护作用，又生长各种各样的珍稀濒危植物，因而具有重要的生态价值和区域意义。此外，在内陆的河岸沙滩和沙丘上也有类似的砂生植被分布。

　　砂生植被通常分布区域狭小，多限于海岸带的沙滩，在国内外的砂质海滩上也能见到。我国台湾、福建、浙江、江苏、河北、辽宁和山东沿海的砂质海滩上都有砂生植被分布。如台湾省的海滩分布着保护很好的砂生植被，其中花莲县东部沿海海滩的砂生植被较为典型（图 10-1-1）。

图 10-1-1　台湾花莲海滩砂生植被景观

　　由于地处亚热带，台湾省的砂生植被与山东省的砂生植被有着很大的差别，其优势的灌木种类有常绿的海桐（图 10-1-2、图 10-1-3）、海榄雌（*Avicennia marina*）（图 10-1-4）、露兜树（*Pandanus tectorius*）（图 10-1-5）等，落叶的有木麻黄（*Casuarina equisetifolia*）（图 10-1-6）等，草本植物大多是多年生的。但从生境和组成种类讲，两地也有相同之处，比如都有麻黄科、莎草科、旋花科（Convolvulaceae）、马鞭草科（Verbenaceae）、紫草科（Boraginaceae）的种类；不同的是种类的差异大，台湾的种类多为热带、亚热带成分，山东的种类多为温带成分，如山东没有木麻黄，只有麻黄科的草麻黄（*Ephedra sinica*）。但耐贫瘠、干旱和轻度盐碱，是两地砂生植被共同的特征。

图 10-1-2　台湾花莲海滩上由海桐灌丛及薹草属数种（*Carex* spp.）等组成的砂生植被

图 10-1-3　台湾花莲海滩上的海桐灌丛

图 10-1-4　台湾花莲海滩上的海榄雌（*Avicennia marina*）

图 10-1-5　台湾花莲海滩上的露兜树（*Pandanus tectorius*）

山东海岸砂生植被分布于东部及北部环黄海、渤海砂质海岸上（图 10-1-7）。20 世纪 80 年代以前，在山东的砂质海岸分布有较为典型多样的砂生植被（图 10-1-8 至图 10-1-11），形成一种砂质海岸的特殊景观。后来由于城市化（房地产、沿海道路）、经济活动（采砂、养殖等）、旅游等人为活动的干扰，砂生植被受到了不同程度的破坏，退化严重；有些地段尽管还存在砂生植被，但种类组成和结构等发生了明显的逆向演替，而且这种变化还在持续。因此，砂生植被在山东沿海的一些区域和地段面临着消失的威胁，如原来分布很广泛的野生玫瑰群落现在只能在局部可见到了。类似的现象在我国浙江、广西和国外的黑山共和国地中海沿岸也存在。

图 10-1-6　台湾花莲海滩上的木麻黄（*Casuarina equisetifolia*）

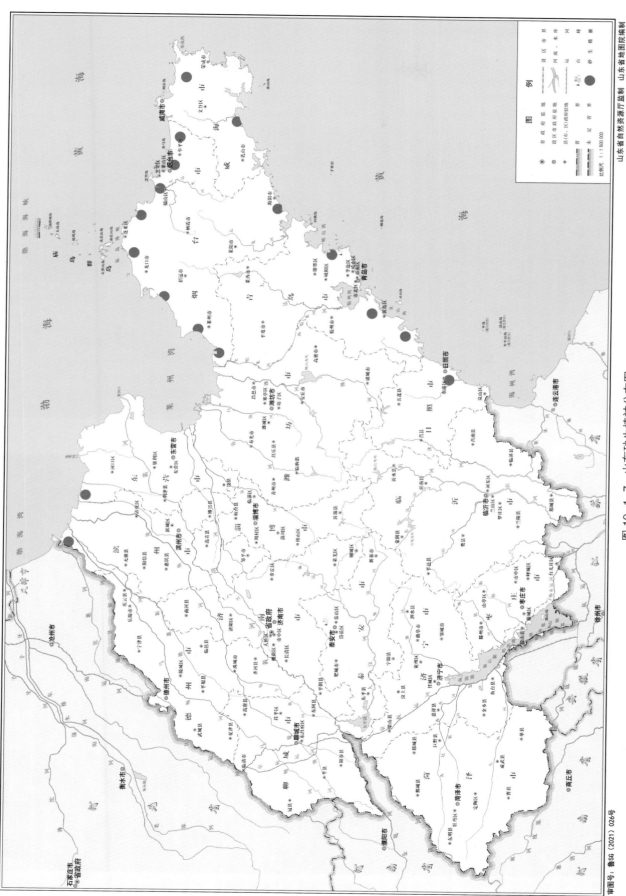

图 10-1-7　山东砂生植被分布图

图 10-1-8　单叶蔓荆群落（牟平海滩）

图 10-1-9　野生玫瑰群落（牟平海滩）

图 10-1-10　筛草群落（牟平海滩）

图 10-1-11　肾叶打碗花群落（牟平海滩）

我国学者对砂生植被的研究较少，主要集中在植物生理、植被类型、植被保护和利用等方面。国外学者相关研究较多，视角多样。Šilc U 等人，Garcia-Lozano 等人分别对过去几十年来地中海沿岸的东亚得里亚海和加泰罗尼亚沿岸沙丘的植被变化进行了历时分析；Laporte-Fauret 等人利用无人机、高光谱地面和机载数据等进行多尺度综合调查，以绘制海岸沙丘植被图，描述沿海沙丘植被的空间分布特征；Ciccarelli 对托斯卡纳沿海沙丘系统的保护状况进行了评估，研究了自然和人为因素对沙丘植被的干扰，以及如何进行海滩管理，以提高海岸沙丘的生态价值。从多角度对海岸砂生植被开展研究是很有必要的。

从 1985 年至 2020 年 10 月，我们对山东砂质海岸的砂生植被进行了系统全面的调查。调查方法包括踏查和样方法（图 10-1-12）。由海边向外设置垂直于海岸的样线，沿样线设置 1m×1m 草本植物样方，1985 年设置草本植物样方 150 个，2020 年设置草本植物样方 207 个。灌木长势良好的地段设置 2m×2m 灌木样方，1985 年设置灌木样方 50 个，2020 年设置灌木样方 9 个。

图 10-1-12 样地调查

二、砂生植被生境条件

山东省濒临黄海和渤海，陆地海岸线长 3290km，居全国第三位。海岸类型多样，其中砂质海岸线 516km，占全省海岸线总长度的 15.6%；山东海域内共有海岛 589 个，海岛面积 101.8km²，海岛岸线长 572.8km，也有众多砂质海岸。山东省属于暖温带季风气候，降水集中，雨热同季，春秋短暂，冬夏较长；年平均气温 11—14℃，年平均降水量 550—950mm。调查范围涵盖了山东陆域砂质海岸，包括日照市、青岛市、烟台市和威海市，滨州市和东营市的贝壳堤实际上也具沙滩的性质，也分布有砂生植被。

（一）砂质海岸地质地形

砂质海岸一般位于潮间带和潮上带，是由激浪和激浪流冲刷形成砂砾、砾石堆积物，再经风力搬运而成的沉积带。由于作用于砂质海岸的动力不同，砂质海岸的质地、形态也不同。在高潮面能影响到的沙滩，质地均一，常含有贝壳，属潮积滨海砂土。在高潮线以上，由于风力搬运为主要因素，滩面常出现沙丘、沙垅和风蚀洼地，属风积滨海砂土。这类沙滩的宽度在数十米到数千米之间，一般在1000m左右，海岸砂生植被主要分布在这种沙滩上（图10-2-1、图10-2-2）。在滨州市的无棣县等地，则有由贝壳砂形成的贝壳堤，其特征同砂质海滩相似（图10-2-3、图10-2-4）。

图 10-2-1　砂质海岸上的筛草群落（荣成）

图 10-2-2　砂质海岸上的单叶蔓荆群落（荣成）

图 10-2-3 无棣古贝壳堤上的砂引草（*Tournefortia sibirica*）（1）　　图 10-2-4 无棣古贝壳堤上的砂引草（*Tournefortia sibirica*）（2）

（二）土壤特征

砂质海滩的土壤是海积冲积的砂质堆积物，土壤类型为滨海砂土。它的机械组成以砂粒为主（98.4%），透水性极强，在 1.0—1.5m 深处由于淋溶作用常形成一层不透水层，俗称"铁板沙"。由于滨海砂土透水性强，加之蒸发强烈，表层土壤含水量很低，仅为 8.55%。土壤有机质含量很低，通常为 0.05%—0.17%，一般不超过 0.20%。土壤 pH 6.85，中性或略偏酸性，电导率为 38.49 μS/cm。砂质海岸土壤理化性质详见表 10-2-1。

表 10-2-1　山东砂质海岸土壤基本理化性质

含水率 /%	pH	有机质 /%	粒径分析			电导率 / μS·cm⁻¹
			黏粒 /%	砂粒 /%	粉粒 /%	
8.55 ± 2.43	6.85 ± 0.29	0.12 ± 0.05	0.69 ± 0.50	98.42 ± 0.71	0.89 ± 0.67	38.49 ± 13.71

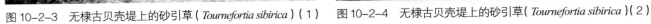

（三）综合特征

山东沿海地区降水较充沛，但由于砂土的透水力强，保水力差，降水很快成为地表或地下径流；同时，因受海风影响，沙滩上的风多且大，呈现干旱特征。因此，砂质海滩的生境特点是：砂粒粗糙松散，透气透水，保水保肥力差，养分极低，含一定盐分，日照强烈，土温日差较大，风多且大，类似于荒漠。这些生境特征是影响砂生植被形成和发展的主导因素。

三、砂生植被基本特征

（一）砂生植被的植物种类组成

砂生植被组成群落的植物种类通常简单，常形成单优种群落，如筛草（*Carex kobomugi*），甚至为单种群落，如单叶蔓荆群落。根据文献统计，组成山东砂生植被的植物共计64种，分属30科48属，其中以禾本科、豆科、莎草科、菊科和藜科最多。根据2020年调查结果，组成山东砂生植被的物种仅有18科38属42种（包括变种）。各科、种在砂生植被组成中的作用详见表10-3-1。

表 10-3-1　山东砂生植被植物组成种数及建群种的分布

科名	种数	建群种种数	占总建群种的比例 /%
禾本科（Poaceae）	9	4	40
菊科（Asteraceae）	9	0	0
莎草科（Cyperaceae）	1	1	10
豆科（Fabaceae）	5	0	0
藜科（Chenopodiaceae）	4	0	0
旋花科（Convolvulaceae）	1	1	10
紫草科（Boraginaceae）	1	1	10
马鞭草科（Verbenaceae）	1	1	10
百合科（Liliaceae）	1	0	0
柽柳科（Tamaricaceae）	1	1	10
蔷薇科（Rosaceae）	1	1	10
唇形科（Lamiaceae）	1	0	0
萝藦科（Asclepiadaceae）	2	0	0
松科（Pinaceae）	1	0	0
大戟科（Euphorbiaceae）	1	0	0
茄科（Solanaceae）	1	0	0
茜草科（Rubiaceae）	1	0	0
蓼科（Polygonaceae）	1	0	0
合计	42	10	100

山东砂生植被的组成种类以禾本科和菊科居最多，各有9种，其中禾本科有4种为建群种；豆科和藜科居次之，分别有5种和4种；再次为萝藦科2种；其他如紫草科等13科仅各1种。莎草科、马鞭草科、蔷薇科种类虽少，但多为建群种，如筛草、单叶蔓荆和玫瑰。在滨州市的贝壳堤上，还有麻黄科的草麻黄分布。

2020年野外调查数据显示，山东省砂质海岸草本群落中肾叶打碗花、筛草、滨麦（*Leymus mollis*）、砂引草（*Tournefortia sibirica*）、单叶蔓荆、日本山黧豆（*Lathyrus japonicus*）等最为典型（表10-3-2）；灌木群落中单叶蔓荆、玫瑰、筛草、肾叶打碗花等最为典型（表10-3-3）；在滨州市贝壳堤，还可见到酸枣、草麻黄等种类。辽宁、江苏、山东海岸砂生植被的植物区系组成较相近，但山东的种类相对丰富些，而南方沿海各地的种类则更丰富。

表 10-3-2　山东砂质海岸草本群落种类组成及重要值

种名	科	属	重要值
肾叶打碗花（*Calystegia soldanella*）	旋花科（Convolvulaceae）	打碗花属（*Calystegia*）	20.25
筛草（*Carex kobomugi*）	莎草科（Cyperaceae）	薹草属（*Carex*）	18.83
滨麦（*Leymus mollis*）	禾本科（Poaceae）	赖草属（*Leymus*）	14.51
狗牙根（*Cynodon dactylon*）	禾本科（Poaceae）	狗牙根属（*Cynodon*）	10.73
刺沙蓬（*Salsola ruthenica*）	藜科（Chenopodiaceae）	猪毛菜属（*Kali*）	8.49
马唐（*Digitaria sanguinalis*）	禾本科（Poaceae）	马唐属（*Digitaria*）	7.71
砂引草（*Tournefortia sibirica*）	紫草科（Boraginaceae）	砂引草属（*Messerschmidia*）	3.91
单叶蔓荆（*Vitex rotundifolia*）	马鞭草科（Verbenaceae）	牡荆属（*Vitex*）	2.43
日本山黧豆（*Lathyrus japonicus*）	豆科（Fabaceae）	山黧豆属（*Lathyrus*）	1.72
紫马唐（*Digitaria violascens*）	禾本科（Poaceae）	马唐属（*Digitaria*）	1.36
狗尾草（*Setaria viridis*）	禾本科（Poaceae）	狗尾草属（*Setaria*）	1.33
芦苇（*Phragmites australis*）	禾本科（Poaceae）	芦苇属（*Phragmites*）	1.22
野艾蒿（*Artemisia lavandulaefolia*）	菊科（Asteraceae）	蒿属（*Artemisia*）	1.16
灰绿藜（*Oxybasis glauca*）	藜科（Chenopodiaceae）	藜属（*Chenopodium*）	1.05
山东丰花草（*Borreria shandongensis*）	茜草科（Rubiaceae）	号扣草属（*Hexasepalum*）	0.65
苍耳（*Xanthium sibiricum*）	菊科（Asteraceae）	苍耳属（*Xanthium*）	0.50
地梢瓜（*Cynanchum thesioides*）	萝藦科（Asclepiadaceae）	鹅绒藤属（*Cynanchum*）	0.47
碱蓬（*Suaeda glauca*）	藜科（Chenopodiaceae）	碱蓬属（*Suaeda*）	0.44
乳苣（*Mulgedium tataricum*）	菊科（Asteraceae）	乳苣属（*Mulgedium*）	0.43
鸡眼草（*Kummerowia striata*）	豆科（Fabaceae）	鸡眼草属（*Kummerowia*）	0.43
猪毛蒿（*Artemisia scoparia*）	菊科（Asteraceae）	蒿属（*Artemisia*）	0.38
沙苦荬菜（*Chorisis repens*）	菊科（Asteraceae）	沙苦荬菜属（*Chorisis*）	0.35
虎尾草（*Chloris virgata*）	禾本科（Poaceae）	虎尾草属（*Chloris*）	0.32
苦苣菜（*Sonchus oleraceus*）	菊科（Asteraceae）	苦苣菜属（*Sonchus*）	0.25
猪毛菜（*Kali collina*）	藜科（Chenopodiaceae）	猪毛菜属（*Kali*）	0.21
粗毛鸭嘴草（*Ischaemum barbatum*）	禾本科（Poaceae）	鸭嘴草属（*Ischaemum*）	0.15
野莴苣（*Lactuca seriola*）	菊科（Asteraceae）	莴苣属（*Lactuca*）	0.15
兴安胡枝子（*Lespedeza daurica*）	豆科（Fabaceae）	胡枝子属（*Lespedeza*）	0.13
天门冬（*Asparagus cochinchinensis*）	百合科（Liliaceae）	天门冬属（*Asparagus*）	0.12
白茅（*Imperata cylindrica*）	禾本科（Poaceae）	白茅属（*Imperata*）	0.09
中华苦荬菜（*Ixeris chinensis*）	菊科（Asteraceae）	小苦荬属（*Ixeridium*）	0.05
鹅绒藤（*Cynanchum chinensis*）	萝藦科（Asclepiadaceae）	鹅绒藤属（*Cynanchum*）	0.05
萹蓄（*Polygonum aviculare*）	蓼科（Polygonaceae）	蓼属（*Persicaria*）	0.04
曼陀罗（*Datura stramonium*）	茄科（Solanaceae）	曼陀罗属（*Datura*）	0.04
乳浆大戟（*Euphorbia esula*）	大戟科（Euphorbiaceae）	大戟属（*Euphorbia*）	0.04

表 10-3-3　山东砂质海岸灌木群落种类组成及重要值

种名	科	属	重要值
单叶蔓荆（*Vitex rotundifolia*）	马鞭草科（Verbenaceae）	牡荆属（*Vitex*）	15.96
玫瑰（*Rosa rugosa*）	蔷薇科（Rosaceae）	蔷薇属（*Rosa*）	12.30
白茅（*Imperata cylindrica*）	禾本科（Poaceae）	白茅属（*Imperata*）	10.19
柽柳（*Tamarix chinensis*）	柽柳科（Tamaricaceae）	柽柳属（*Tamarix*）	7.08
灰绿藜（*Oxybasis glauca*）	藜科（Chenopodiaceae）	藜属（*Chenopodium*）	5.13
筛草（*Carex kobomugi*）	莎草科（Cyperaceae）	薹草属（*Carex*）	5.06
芦苇（*Phragmites australis*）	禾本科（Poaceae）	芦苇属（*Phragmites*）	4.87
刺槐（*Robinia pseudoacacia*）	豆科（Fabaceae）	刺槐属（*Robinia*）	4.58
紫穗槐（*Amorpha fruticosa*）	豆科（Fabaceae）	紫穗槐属（*Amorpha*）	4.51
黑松（*Pinus thunbergii*）	松科（Pinaceae）	松属（*Pinus*）	4.46
肾叶打碗花（*Calystegia soldanella*）	旋花科（Convolvulaceae）	打碗花属（*Calystegia*）	4.26
刺沙蓬（*Salsola ruthenica*）	藜科（Chenopodiaceae）	猪毛菜属（*Kali*）	3.46
小飞蓬（*Conyza canadensis*）	菊科（Asteraceae）	白酒草属（*Conyza*）	2.98
野艾蒿（*Artemisia lavandulaefolia*）	菊科（Asteraceae）	蒿属（*Artemisia*）	2.92
粗毛鸭嘴草（*Ischaemum barbatum*）	禾本科（Poaceae）	鸭嘴草属（*Ischaemum*）	2.88
滨麦（*Leymus mollis*）	禾本科（Poaceae）	赖草属（*Leymus*）	2.75
马唐（*Digitaria sanguinalis*）	禾本科（Poaceae）	马唐属（*Digitaria*）	2.19
猪毛蒿（*Artemisia scoparia*）	菊科（Asteraceae）	蒿属（*Artemisia*）	1.85
滇黄芩（*Scutellaria amoena*）	唇形科（Lamiaceae）	黄芩属（*Scutellaria*）	1.55
日本山黧豆（*Lathyrus japonicus*）	豆科（Fabaceae）	山黧豆属（*Lathyrus*）	1.03

（二）砂生植物的形态和生态特征

组成砂生植被的植物多是耐干旱、耐贫瘠、耐轻度盐碱的砂生植物，多具旱生性质。其主要生态特征如下：第一，砂生植物的地上部分体积较小，地下部分则体积较大，如单叶蔓荆地上部分和地下部分生物量比例为 1 :（2—5 或更大）。第二，植物的叶片多为旱生类型，有的叶子肥厚，利于保水和减少蒸发，如单叶蔓荆、珊瑚菜；有的叶片或整个植物体具浓厚的茸毛，如鸭嘴草（*Ischaemum ciliare*）、砂引草等。第三，根系特别发达，如筛草。第四，具有迅速形成不定芽、不定根的能力，一旦枝条或全株被沙埋没，可迅速发芽、生根，如单叶蔓荆、芦苇、肾叶打碗花等。

砂生植物的根系发达，表现在以下 4 方面：一般为深根系，根深可达 0.5—1.0m，最深者如珊瑚菜的根可达 1.5—2.0m；根幅比植冠大几倍到几十倍，有些植物如单叶蔓荆的侧根或根状茎的水平分布可达几米到几十米；具须根系的植物，须根特别发达，每株可有数十条，如粗毛鸭嘴草（*Ischaemum barbatum*）；有些植物的根毛能分泌黏性物质，可黏结沙粒，起到固沙作用，如筛草等。根据根系的起源与形态的不同，可将砂生植物的根系分为 3 类：一是直根系，如二色补血草、玫瑰、兴安天门冬 (*Asparagus dauricus*)、珊瑚菜等；二是须根系类，如粗毛鸭嘴草等；三是具根状茎的根系类，如筛草、滨麦、单叶蔓荆、芦苇等。其中一、三类居多。

（三）砂生植被的外貌和结构特征

砂生植被由于所处生境相对恶劣，不仅植被的种类组成简单（图 10-3-1、图 10-3-2），结构上也很简单，灌木群落通常只有 1—2 个层次，草本群落多为 1 个层次。在水平分布上，砂生植被大多是稀疏分布（图 10-3-3、图 10-3-4），局部地段为密集分布。群落的外貌变化在各个季节比较明显，春季末期到夏季是砂生植被生长最茂盛的季节，凡有植被处，都是郁郁葱葱，其中野生玫瑰群落在盛花期很是壮观；秋末至早春，群落呈现干枯的景象。

根据 Raunkiaer 的生活型系统分类，山东海岸砂生植物的生活型谱见表 10-3-4。在山东砂生植被中，多年生地下芽植物和地面芽植物为优势生活型，这与其生境特征是相适应的。

砂生植物可分为两大类：第一类地下部器官特别发达，储存水分和养分能力强。如筛草、矮生薹草（*Carex pumila*）、肾叶打碗花、匍匐苦荬菜、白茅等均具有十分发达、匍匐生长的地下根茎；天门冬（*Asparagus cochinchinensis*）有簇生的肉质块根；砂引草、猪毛菜、软毛虫实（*Corispermum puberulum*）的根系特别发达，为地上部的 5—6 倍长，特别是珊瑚菜，其直根细长，达 1.5m 以上。第二类缩短生长发育期，完成生活史，如砂引草、软毛虫实、猪毛菜、乌拉尔虫实（*Corispermum squarrosum*）等利用种子越冬。其目的是适应沙土水分、养分贫乏的条件。

图 10-3-1　单叶蔓荆群落（单优势种）

图 10-3-2　野生玫瑰群落（单优势种）

图 10-3-3　砂生植被多单层结构和稀疏分布（筛草群落）

图 10-3-4　砂生植被多单层结构和稀疏分布（肾叶打碗花群落）

表 10-3-4　山东海岸砂生植物的生活型谱

生活型	种数	生活型谱
地面芽植物	13	30.9
地下芽植物	17	40.5
一年生植物	8	19.1
地上芽植物	4	9.5

四、砂生植被群落类型及分布

在山东半岛，砂生植被的植物种类组成和植被类型差异不大。根据 1985—2020 年样方资料归纳，按照《中国植被》（1980）确定的植物群落 – 生态学原则进行植被分类，依据种类组成、外貌和结构、生境及动态等特征，可将山东海岸砂生植被初步分为 17 个主要的群落类型（群系），其中多数为具有原生性质的天然植被，而黑松林、刺槐林、银白杨灌丛、紫穗槐灌丛等是在砂生植被的基础上经人工造林而成。

（一）草本群落

草本群落是海岸带砂质海滩最主要的植被类型，主要群系在 10 个以上，其中筛草群落和滨麦群落是最常见的。

1. 筛草群落

筛草群落是滨海沙滩裸地上的先锋植物群落，主要分布在高潮线上缘沙地上，建群种筛草常呈均匀分布，有些地段几乎全是筛草群落（图10-4-1至图10-4-3）。最初与之伴生的种类有肾叶打碗花、日本山黧豆等。随着群落的发展，逐渐进入群落的有单叶蔓荆、兴安天门冬、匍匐苦荬菜、珊瑚菜、粗毛鸭嘴草等。典型样地设在龙口市黄水河河口湿地省级自然保护区、烟台市牟平区大窑街道蛤堆后村海滩、荣成市国营成山林场海滩。群落结构简单，外貌比较均一；大多只有一个草本层，植物的高度相近，为15—20cm，群落总盖度60%—90%；土壤pH 6.8，有机质含量为0.17%，电导率为33.88μS/cm。

本群落固沙能力强，可使流动沙丘变为半固定或固定沙丘。但由于最近10—20年兴建海水浴场和采挖海沙等人为干扰，许多地段的筛草群落高度和总盖度都明显下降。2020年，在威海市环翠区双岛林场北边海滩和山东大学威海校区西边沙滩调查发现，大部分地段的筛草群落已经被破坏，或者已被海水浴场等取代。烟台市牟平区大窑街道蛤堆后村的这一群落尚保存较好（图10-4-4至图10-4-6）。

图 10-4-1　筛草群落中筛草 (*Carex kobomugi*) 占优，偶有肾叶打碗花 (*Calystegia soldanella*)

图 10-4-2　筛草单优群落（1）

图 10-4-3　筛草单优群落（2）

图 10-4-4　筛草（*Carex kobomugi*）和日本山黧豆（*Lathyrus Japonicus*）、肾叶打碗花（*Calystegia soldanella*）组成的筛草群落（牟平）

图 10-4-5　筛草群落（牟平）

图 10-4-6 筛草（*Carex kobomugi*）与肾叶打碗花（*Calystegia soldanella*）等组成的筛草群落（牟平）

2. 滨麦群落

滨麦群落分布区的地势较平坦。常为单优群落，多出现在比筛草靠后的地段，或是地势稍高的地段，偶见有筛草、日本山黧豆、单叶蔓荆等（图 10-4-7 至图 10-4-12）。典型样地设在烟台市牟平区大窑街道蛤堆后村海滩、荣成市国营成山林场海滩。群落结构简单，外貌比较均一；大多只有一个草本层，植物的高度相近，为 40—60cm，群落总盖度 40%—70%；土壤 pH 6.7，有机质含量为 0.15%，电导率为 35.13 μS/cm。

本群落固沙力也较强。目前本群落也受到威胁，大片群落已不多见。

图 10-4-7 滨麦群落（牟平）

图 10-4-8 滨麦群落（荣成）（1）

图 10-4-9 滨麦群落（荣成）（2）

图 10-4-10 滨麦群落（荣成）（3）

图 10-4-11 滨麦群落（荣成）（4）

图 10-4-12 滨麦群落（荣成）（5）

3. 粗毛鸭嘴草群落

粗毛鸭嘴草群落分布在距潮间带较远的地势缓升处，一般在筛草群落和滨麦群落之外，或分布在单叶蔓荆等群落之间，在烟台市牟平区、龙口市，威海市等海滩上都可见到，常成簇分布（图 10-4-13 至图 10-4-17）。典型样地设在龙口市黄水河河口湿地省级自然保护区。群落高度 40—60cm，总盖度约 30%，粗毛鸭嘴草簇生或呈团块状分布。伴生种类主要有日本山黧豆、肾叶打碗花、兴安天门冬、兴安胡枝子、单叶蔓荆等。土壤 pH 6.8，有机质含量为 0.17%，电导率为 29.62 μ S/cm。

由于粗毛鸭嘴草的须根发达，根毛能分泌黏性物质，易使沙粒固定，且地上茎叶茂密，可以挡沙，所以群落固沙力较强。目前本群落已经零星分布，几乎见不到大面积的群落。

图 10-4-13　粗毛鸭嘴草 (*Ischaemum barbatum*)

图 10-4-14　粗毛鸭嘴草群落（牟平）

图 10-4-15 粗毛鸭嘴草群落（牟平）（1）

图 10-4-16 粗毛鸭嘴草群落（牟平）（2）

图 10-4-17　粗毛鸭嘴草群落（荣成）

4. 细枝补血草群落

20世纪80—90年代，细枝补血草群落在沙滩上常见，现在很少单独形成群落。群落分布在距潮间带较远的地势缓升处（图 10-4-18 至图 10-4-21）。伴生种类主要有鸭嘴草、日本山黧豆、肾叶打碗花和单叶蔓荆等。

图 10-4-18　细枝补血草群落（牟平）（1）

图 10-4-19　细枝补血草群落（牟平）（2）

图 10-4-20　细枝补血草群落（牟平）（3）

图 10-4-21　细枝补血草群落（牟平）（4）

5. 砂引草群落

砂引草群落见于砂海岸的内缘，在威海市、烟台市、日照市等海滩都有分布（图10-4-22至图10-4-24），滨州市无棣县贝壳堤上也能见到（图10-4-25）。典型样地设在莱州市三山岛和烟台市牟平区大窑街道蛤堆后村海滩。砂引草较常见，常与矮生薹草、肾叶打碗花、筛草等混生。群落高度10—15cm，总盖度40%—60%；土壤pH 6.9，有机质含量为0.11%，电导率为38.56μS/cm。本群落面积一般较小。

图10-4-22　砂引草群落（荣成）（1）

图10-4-23　砂引草群落（荣成）（2）

图10-4-24　砂引草群落（荣成）（3）

图 10-4-25　砂引草群落（无棣）

6. 珊瑚菜群落

珊瑚菜群落分布于砂质海岸地势较平坦的地段，常生于筛草群落的内侧向陆地一面，伴生种有筛草、肾叶打碗花、日本山黧豆、匍匐苦荬菜、砂引草等。根据资料，20 世纪 50—60 年代，山东沿海还可见到较大面积以珊瑚菜为主的群落。珊瑚菜根为传统中药材莱阳沙参，由于过去采挖过度和生境变化，现在大面积的珊瑚菜群落已不多见。根据 2020 年的调查，在威海市、烟台市、青岛市和日照市的海滩上，可以见到零星分布的珊瑚菜及其小范围的群落（图 10-4-26、图 10-4-27）。

图 10-4-26　零星分布的珊瑚菜（*Glehnia littoralis*）（牟平）

图 10-4-27　珊瑚菜（*Glehnia littoralis*）（牟平）

7. 肾叶打碗花群落

肾叶打碗花群落还比较常见（图 10-4-28 至图 10-4-31），分布于砂质海岸地势较平坦的地段，伴生种类有筛草、砂引草、匍匐苦荬菜、珊瑚菜等。群落高度 5—15cm，总盖度 20%—40%。典型样地设在烟台市牟平区酒馆立交桥北侧、大窑街道蛤堆后村海滩，威海市荣成市国营成山林场海滩。

图 10-4-28　肾叶打碗花群落（牟平）（1）

图 10-4-29　肾叶打碗花群落（牟平）（2）

图 10-4-30　肾叶打碗花群落（荣成）（1）

图 10-4-31　肾叶打碗花群落（荣成）（2）

8. 白茅群落

白茅群落是草本群落中距潮间带最远的一个群落，在威海市和烟台市的砂质海岸带都有分布。典型样地设在烟台市牟平区大窑街道蛤堆后村海滩、龙口市黄水河湿地公园和威海市荣成市国营成山林场海滩。群落高度 50—70cm，总盖度多在 80% 以上，种类组成单一，有明显的单优群落的特点。群落外围有人工黑松林，群落下偶尔可见筛草、芦苇、日本山黧豆和兴安胡枝子等。土壤 pH 6.9，有机质含量为 0.16%，电导率为 36.01 μS/cm。在自然状态下，本群落面积较大。由于群落下的土壤已明显得到改善，且含盐量低，在有些地段已开垦为农田或人工营造了海防林。目前山东半岛海滩的沿海防护林，多是在这一类型基础上营造的，所以可以看到白茅的外围就是黑松林。由于人工开垦、海防林营造、干旱等因素影响，本群落分布并不广，多是零星的带状或团块状分布，这也反映了土壤的特征。

9. 月见草群落

月见草群落见于威海市等海滩较湿润的沙地上。由于采沙和城市建设等，本群落已经不多见。

10. 芦苇群落

芦苇群落多出现在一些低洼或水分好的地段。典型样地设在龙口市黄水河河口湿地省级自然保护区、威海市环翠区国有双岛林场西北边海滩，常为单优群落。2020 年在威海市、烟台市等地调查发现，在沙滩外缘、水分条件较差的地方，也有矮小的芦苇分布在筛草群落、单叶蔓荆群落中。

（二）灌木群落

灌木群落也是海岸带砂质海滩常见的植被类型，其中单叶蔓荆群落、野生玫瑰群落和柽柳群落等是天然的类型。在滨州市无棣县的贝壳堤上，还能见到酸枣群落。

1. 单叶蔓荆群落

单叶蔓荆群落是海岸带沙地上分布广、面积最大的天然灌木群落，分布于砂质海岸的外缘和地势较高处，在威海市、烟台市、日照市等海滩上都有分布（图 10-4-32 至图 10-4-39），历史上可见到长 100—200m、宽 10—30m 的单叶蔓荆群落呈带状分布在海滩上，现在这种景观已经不存在了。典型样地设在烟台市牟平区酒馆立交桥北海滩、牟平区大窑街道蛤堆后村海滩和威海市荣成市国营成山林场海滩。群落高度 30—100cm，总盖度 70%—100%，也有呈匍匐生长状。单叶蔓荆占绝对优势，通常为单优群落，偶有筛草、日本山黧豆、肾叶打碗花、芦苇等分布于群落的边沿稀疏地段。外围有时候也有人工种植的黑松林。土壤 pH 6.5，有机质含量为 0.16%，电导率为 32.21 μS/cm。由于单叶蔓

图 10-4-32　单叶蔓荆（*Vitex rotundifolia*）（1）

荆具发达的匍匐茎，并能在沙埋之后迅速形成不定根和不定芽，所以群落的固沙能力极强，可形成小型固定沙丘或带状固定沙垅。2020年调查发现，在威海市原有的调查地点，本群落大部分受到破坏，退化严重，生长稀疏低矮；在烟台市牟平区、威海市荣成市等地的单叶蔓荆则状况尚好，但也有被开垦的潜在威胁。

图 10-4-33　单叶蔓荆（*Vitex rotundifolia*）（2）

图 10-4-34　单叶蔓荆（*Vitex rotundifolia*）（3）

图 10-4-35　单叶蔓荆（*Vitex rotundifolia*）（4）

图 10-4-36 单叶蔓荆群落（荣成）（1）

图 10-4-37 单叶蔓荆群落（荣成）（2）

图 10-4-38 单叶蔓荆群落（荣成）（3）

图 10-4-39 单叶蔓荆群落（荣成）（4）

2. 野生玫瑰群落

野生玫瑰群落距潮间带较远，呈斑块状分布，花果期有一定观赏价值（图 10-4-40 至图 10-4-42）。夏季，野生玫瑰群落中点缀红色花朵（图 10-4-43、图 10-4-44），其外貌明显异于周围群落。在野外也可以看到野生玫瑰群落和黑松林等形成带状分布（图 10-4-45、图 10-4-46）。典型样地设在烟台市牟平区大窑街道蛤堆后村海滩和威海市朝阳港大桥东部。群落高度 40—60cm，个别 80—100cm，可分为灌木和草本 2 个层次，总盖度 70%—90%。灌木层主要是玫瑰，草本层有筛草、兴安胡枝子、滨麦、珊瑚菜等。土壤 pH 6.5，有机质含量为 0.25%，电导率为 20.50 μS/cm。由于玫瑰是名贵花卉，人们经常采挖，目前数量已很少，总体呈濒危状态。山东大学威海校区西边海滩原有的大片野生玫瑰群落已经被游泳场、道路、房屋等取代。根据 2020 年的调查，烟台市牟平区大窑街道蛤堆后村和威海市朝阳港大桥东部等地的沙滩上尚有零星的小片分布。本群落退化最为严重，应当引起特别重视。

在欧洲和北美沿海的沙滩上引入了玫瑰作为海岸防护植物，在引入的地段长势特别好，玫瑰高度 100—250cm，总盖度 80%—100%。欧美把玫瑰看作外来入侵植物，几乎没有办法控制其蔓延（图 10-4-47 至图 10-4-50）。

图 10-4-40　玫瑰（*Rosa rugosa*）（1）

图 10-4-41　玫瑰（*Rosa rugosa*）（2）

图 10-4-42　玫瑰（*Rosa rugosa*）

图 10-4-43　野生玫瑰群落（牟平）（1）

图 10-4-44　野生玫瑰群落（牟平）（2）

图 10-4-45　野生玫瑰群落与黑松林带状分布（牟平）（1）

图 10-4-46　野生玫瑰群落与黑松林带状分布（牟平）（2）

图 10-4-47　瑞典隆德附近海滩的玫瑰（*Rosa rugosa*），引自中国，花大色艳

图 10-4-48　瑞典隆德附近海滩的玫瑰（*Rosa rugosa*），引自中国，花大色素

图 10-4-49　瑞典隆德附近海滩的玫瑰（*Rosa rugosa*），引自中国，已成入侵植物

图 10-4-50　瑞典斯德哥尔摩附近海滩的高大玫瑰（*Rosa rugosa*），引自中国，已成入侵植物

3. 柽柳群落

柽柳群落见于沙滩外缘距海较远、地势低洼处，大潮时海水可进入，所以土壤盐分高，利于柽柳的生长。在荣成市朝阳港等地的海滩上，由于离海较近，周边有低洼地，柽柳生长繁茂（图 10-4-51 至图 10-4-54）。在滨州市无棣县的贝壳堤上也有柽柳生长，同时还可见到小片的酸枣（图 10-4-55）。

图 10-4-51　柽柳（*Tamarix chinensis*）

图 10-4-52　柽柳群落（荣成）（1）

图 10-4-53　柽柳群落（荣成）（2）

图 10-4-54　柽柳群落（荣成）（3）

图 10-4-55　酸枣群落（无棣）

4. 银白杨群落

银白杨群落为人工栽培而成的群落，见于沙滩外缘距海较远处。山东大学威海校区西边海滩原有的银白杨群落，现已被道路和楼房等取代，只是偶尔有小片分布。

5. 紫穗槐群落

紫穗槐群落为人工栽培而成的群落，见于沙滩外缘距海较远处。群落中，除紫穗槐外，还有单叶蔓荆、筛草等 10 多种植物。本群落见于沿海防护林外缘的沙地上，由于每年刈割而呈灌丛状。

（三）木本群落

1. 黑松群落

黑松群落是山东砂质海岸上最常见的人工林，它既是沙滩的天然卫士，又是农田的防护林，多系 20 世纪 50—60 年代人工造海防林，是砂质海岸上面积最大的植物群落。从日照市到烟台市莱州市，在整个山东沿海砂质海岸均可见到黑松林。有些地段土壤条件好，盐分低，黑松生长旺盛，林下还有灌木层（图 10-4-56）；大多数地段林下灌木、草本植物稀疏，形不成灌木层和草本层（图 10-4-57）。黑松林下除紫穗槐为人工种植的种类外，其他种类都是沙地上常见的，如玫瑰、细枝补血草、白茅、兴安胡枝子等。50—60 年生的黑松已高达 15m 以上，群落基本达到郁闭状态。因为是纯林，2018 年以来受松材线

图 10-4-56　黑松林（荣成）（1）

图 10-4-57 黑松林（荣成）（2）

虫病危害严重，有些地段的黑松成片死亡。刈伐受害树木的费用非常高，每年的花费超过 1 亿元。因此改造纯黑松林，增加麻栎、刺槐等阔叶树种，提升海防林的质量和功能，是今后需要进一步研究的。

2. 刺槐群落

刺槐群落也是砂质海岸上的人工林，也是 20 世纪 50—60 年代人工造海防林，分布不如黑松林普遍。50—60 年生的刺槐林已高达 15—20m。本群落基本是纯林。

五、砂生植被演替规律

海岸砂生植被普遍分布于砂质海岸的沙滩上。根据调查，一般在近海地下水位较高的沙滩内缘，随着地势倾斜缓升到沙堤或沙丘，砂生植被组成植物排列顺序从草本植物到灌木，最后到森林。通常是耐沙压、沙埋的筛草群落出现在最前列，局部地方有时还出现珊瑚菜群落、矮生薹草群落和砂引草群落。筛草群落进一步发展，就出现白茅群落。在同一地段，有时还可见到滨麦群落、粗毛鸭嘴草群落、芦苇群落和月见草群落。最后进入灌木阶段，出现玫瑰和单叶蔓荆群落等（图 10-5-1 至图 10-5-3）。这些地段的外围大多已经人工造林。

图 10-5-1 砂生植被演替（由远而近为黑松林、白茅群落、筛草群落）

图 10-5-2　砂生植被演替（由远而近为黑松林、芦苇群落）

图 10-5-3　砂生植被演替（由远而近为黑松林、野生玫瑰群落）

　　海岸砂生植被的演替，外因是基质条件的变化，主要是土壤理化性质的变化，如土壤湿度、温度、质地、含盐量等。内因是植物，尤其是优势植物的生物学和生态学特性。外因通过内因起作用。由于植物种类的特征不同，其适应性也就不同。筛草是典型的砂生植物，是裸地的先锋种类，因而最先出现在近海的沙地上，形成沙滩上的先锋群落。随着土壤有机质的增加和盐分的降低，砂引草、肾叶打碗花、匍匐苦荬菜、珊瑚菜等相继进入，进而使土壤脱盐，有机质增多。随着土壤条件的变化，以及地势的抬高和沙滩的延伸，滨麦、鸭嘴草、白茅等取代了先锋植物，形成了以白茅为建群种的中生性植物群落。同时，一些灌木种类如兴安胡枝子、玫瑰、单叶蔓荆等也先后进入沙地，形成了沙地上的灌木群落。特别是单叶蔓荆具有匍匐茎，向四周伸展很快，并使沙丘固定。由于它生命力强，枝叶繁茂，其他植物难以与它竞争，因而能形成大面积的群落。一般情况下砂生群落的演替到灌木阶段即达到顶极状态，除人工种植形成的黑松林等乔木群落外，目前在山东海岸沙滩地带尚未发现天然的乔木林。

　　2020年在调查烟台市牟平区金城镇北边海滩防护林时发现，黑松群落中已有麻栎幼树和幼苗，还有扁担杆、木半夏（*Elaeagnus multiflora*）等乡土类灌木出现（图10-5-4），刺槐林也有类似现象（图10-5-5）。这表明该群落已进入正向演替阶段，离海岸远、土壤条件好的地段，有可能被落叶阔叶林代替。在日照市国有大沙洼林场，人工栽培的麻栎已经长成高大乔木。

图 10-5-4　黑松林下的麻栎（*Quercus acutissima*）幼苗、扁担杆（*Grewia biloba*）等灌木

图 10-5-5　刺槐林下的乡土灌木木半夏（*Elaeagnus multiflora*）

六、砂生植被价值及保护利用

（一）砂生植被退化状况

砂生植被具有防风固沙等重要生态服务功能。1985—2020 年，山东海岸砂生植被发生了明显的退化，分布范围缩小，质量下降，主要表现在以下 4 个方面。

①分布范围和面积减少。20 世纪 80 年代，根据调查结果，从山东莱州市虎头崖至日照市绣针河河口之间，凡是有砂质海岸的地方，一般都有砂生植被分布。随着开发利用强度的增加，砂生植被的分布范围和面积急剧缩小。现在有些地段甚至见不到砂生植被，例如威海市小石岛至金海湾国际饭店之间。荣成市以往分布有前述的 15 个砂生植被类型，但目前砂生植被分布的地段已被酒店、海水浴场、道路等所代替，砂生植被呈片段化出现。原来较常见的野生玫瑰群落、珊瑚菜群落也基本没有了。

②植被类型变化。砂生植被有 10 个以上的类型，但目前多数地段常见的只有 3—5 个类型，且分布范围都很小。野生玫瑰群落、白茅群落、粗毛鸭嘴草群落等，以往长势良好，群落总盖度大，护岸固沙能力强，但现在这几个类型都已严重退化，有些地段基本消失（表 10-6-1）。

表 10-6-1　山东砂生植被类型的变化

序号	群落名称	20 世纪 80 年代	2020 年
1	筛草群落	+++	++
2	滨麦群落	++	+
3	粗毛鸭嘴草	++	+
4	砂引草群落	++	+
5	珊瑚菜群落	+++	+
6	肾叶打碗花群落	+++	+
7	细枝补血草群落	++	+
8	白茅群落	++	+
9	月见草群落	++	—
10	芦苇群落	+++	+
11	单叶蔓荆群落	+++	++
12	野生玫瑰群落	+++	+
13	柽柳群落	+	+
14	银白杨群落	+	—
15	紫穗槐群落	+++	—
16	黑松群落	+++	++
17	刺槐群落	+++	+

注："+++"表示普遍；"++"表示一般；"+"表示不常见；"—"表示调查未见到。

③植物种类变化。20 世纪 80 年代，玫瑰、砂引草、珊瑚菜、粗毛鸭嘴草、细枝补血草等植物都很常见，但 2020 年调查时发现这些种类在一些地段已不常见，且长势一般。

④植被生态服务功能变化。砂生植被具有防风固沙等重要生态服务功能，由于植被的破坏，这些功能也已经大大降低，有的地段固定的沙丘已完全被破坏。

（二）砂生植被退化原因分析

造成海岸砂生植被退化的原因有多方面，一方面是全球变化带来的干旱和海浪侵袭等自然因素；另一方面是城市化、房地产开发、沿海道路建设、采砂、旅游等人类活动对海岸砂生植被造成影响和破坏。后者是主要原因。

①城市化。城市化是当今社会发展的趋势。作为沿海省份，山东的城市化发展迅速，楼房、道路建设破坏了砂生植被（图 10-6-1 至图 10-6-3）。以威海市和烟台市为例，最近 30 年沿海区域的城市化使城区的范围成倍增加。威海市环翠区国有双岛林场周边，20 世纪 80 年代之前大多被人工黑松林和其他砂生植被占据，而现在靠近海岸的区域大多被楼房、道路、餐饮场所、海水浴场等代替，烟台市莱州市、龙口市、牟平区等地也有类似现象。这些区域已经不可能恢复海岸砂生植被。

②旅游开发。最近二三十年，以海滨旅游和游泳、高尔夫球等为主要娱乐项目的开发，对植被造成很大的破坏（图 10-6-4）。以威海市为例，金海湾周边和荣成市北部海滩大多开发为娱乐场所和旅游场地，玫瑰、单叶蔓荆、筛草、珊瑚菜等植物受到严重破坏。玫瑰和单叶蔓荆甚至已经消失。

③房地产开发。最近几年海岸带附近的房地产开发越来越热，而房地产开发往往对植被造成毁灭性的破坏，烟台市海阳市、龙口市等地较为突出。

图 10-6-1　建筑开发造成植被退化

图 10-6-2　修路造成植被退化（1）

图 10-6-3　修路造成植被退化（2）

图 10-6-4　游泳场建设造成植被退化

④建筑用沙开采。建筑大量使用海沙，而开采海沙使砂质海岸也遭到不同程度的破坏，继而影响了砂生植被（图 10-6-5）。

⑤其他人为干扰。包括养殖、码头设施等生产和建设也对砂生植被造成或大或小的影响（图 10-6-6、图 10-6-7）。

图 10-6-5　采砂等造成植被退化

图 10-6-6　养殖造成植被退化

图 10-6-7　风电设施铺设造成植被退化

上述问题的产生，其根本原因是人们生态保护意识低，保护和开发的矛盾突出时保护给开发让路。

在国外，类似问题也不同程度存在。在欧洲，自然和人为因素破坏了海岸砂生植被，前者如海岸侵袭，后者如城市化、道路建设、采矿、户外活动和外来物种入侵等。

（三）砂生植被保护和利用

1. 加强科学研究

作为一种特殊的植被类型，海岸砂生植被具有重要的生态价值和学术意义，特别是在砂质海岸的固沙、护岸、防风等方面具有重要生态意义和社会价值（图 10-6-8 至图 10-6-11）。但由于这种类型的分布范围受局限，对其的重视程度远远不够，尤其最近 10 多年来有关海岸砂生植被的研究很少，而且多限于植被类型和应用等方面。相比之下国外的相关研究则很多，且聚焦于植被的动态、退化原因、保护和恢复、生态服务功能等方面，与国际植被研究热点和趋势吻合。因此建议我国应加强海岸砂生植被的研究，并尽快与国际接轨，将研究重点转向植被的动态、退化原因、保护和恢复策略、提升生态服务功能等方面。

图 10-6-8 起着护滩固沙作用的滨麦群落（荣成朝阳港海滩）

图 10-6-9 起着护滩固沙作用的单叶蔓荆群落等（荣成朝阳港海滩）

图 10-6-10 起着护滩固沙作用的筛草群落（牟平）

图 10-6-11　起着护滩固沙作用的单叶蔓荆群落（荣成）

2. 砂生植被分类地位

砂生植被在我国沿海各地或多或少都有分布，包括北方的辽宁、河北、天津、山东和南方的江苏、浙江、福建、广东、海南、广西和台湾等省（自治区、直辖市）。它是海岸带独特的植被类型，在内陆河滩也有分布，但种类有差异（以中生和湿中生植物为主）。沿海岸线从我国北部向南，砂生植被的种类越来越复杂，差异也越来越大。如广东海岸的砂生植被多由热带、亚热带植物区系组成，绝大多数种类是北方所没有的，而且还有高大的常绿灌木林，如台湾的砂质海岸上有高大的木麻黄生长（在山东等地生长的是草麻黄）；北方海岸的砂生植被则以温带植物区系为主，且多为草本群落。

砂生植被是一种比较特殊的植被类型，从性质上看，它是一种非地带性植被类型；从植物组成上看，主要由耐贫瘠、干旱和轻度盐碱的砂生植物组成；从生境上看，与沙漠、盐碱土有某些相似之处，但又不同于沙漠和盐碱土；从演替特征上看，筛草、珊瑚菜、单叶蔓荆、玫瑰等形成的群落自然生长于砂质海岸上，具有原生性。

在《中国植被》（1980）中，将海岸砂生植被作为盐生草甸中的一种类型来处理；在《中国植被及其地理格局》（2007）中，该类型作为灌草丛植被中的亚热带、热带草丛的一个类型描述。这显然都是不妥的。按照群落学－生态学原则分析，无论从群落的种类组成、分布，还是从土壤等生境特征来看，砂生植被与草甸和草丛都有着本质的不同。草甸是隐域植被，主要由中生或旱中生的植物组成，土壤水分条件较好；草丛多分布在暖温带至热带山地，属于次生类型。而砂生植被多是原生的，具有干旱植被类型的许多特征，建群种类多是旱生或旱中生类型，土壤为沙土，水分常不足，并且土壤中还含有一定的盐分。

鉴于海岸砂生植被的重要生态作用、学术意义及其明显退化的现状，应将砂生植被（包含海岸砂生植被和内陆河岸砂生殖被）单独作为一种植被类型来看待，在植被分类中给予应有的地位。这一类型可参照竹林处理方式，作为特殊的植被型处理。

3. 砂生植被保护和恢复策略

海岸带是国土中最有战略意义的地段，植被又是海岸带的重要自然资源之一，保护好海岸带植被，特别是海岸带砂生植被，对改善沿海地区生态环境极为重要。

2006 年，滨州市建立了滨州贝壳堤岛与湿地国家级自然保护区，主要保护对象是古贝壳堤及湿地生态系统，也包括砂生植被。2006 年，烟台市建立了烟台沿海防护林省级自然保护区，主要保护对象是海防林，保护区的建立对黑松林和刺槐林起到了很好的保护作用。从生物多样性保护角度来说，砂生植被也应纳入保护对象和管理范围，特别是野生玫瑰群落、单叶蔓荆群落等为森林演替奠定了前期基础，更应加强保护，列入植物群落红色名录。

在欧洲，管理者通过安装人行天桥来缩小或改变行人在海岸沙丘地带的交通路线，使用适当的围栏保证风沙的流动和漂移，减少可能导致沙丘生态系统严重退化的旅游活动，防止侵蚀沙丘，促进有损自然过程的沙丘稳定。管理策略还有增加土壤养分、人工种植植被、加强年际监测评估等。这些方法和策略值得我们借鉴，其中控制游客数量、改变旅游方式、增加土壤养分、人工栽植合适的砂生植物、加强监管等可以做到。对固沙防风效果特别显著、经济价值高的药用植物单叶蔓荆、玫瑰、珊瑚菜、筛草、沙滩黄芩 (*Scutellaria strigillosa*)、沙苦荬菜、日本山黧豆、兴安天冬、白茅等，应采取严格保护措施。通过专家论证把适合的种类纳入国家或地区保护植物名录。一些保存较好的砂质海岸，如烟台市牟平区的蛤堆后村海滩、威海市荣成市国营成山林场海滩等，也划入生态红线或栖息地红色名录。在欧洲，30 个沿海栖息地由于范围的缩小和质量的下降已被列入欧洲栖息地红色名录。

4. 砂生植被可持续利用

海岸带是我国国土中最有战略意义的地段，植被又是海岸带的重要自然资源之一，保护好海岸带植被，特别是海岸带砂生植被，对改善沿海地区生态环境极为重要，应十分重视对砂生植被的研究、保护和管理。但目前旅游、养殖、建筑采沙和采挖药用与花卉植物，造成砂生植被退化严重，许多重要的珍稀植物已濒临灭绝，合理利用和保护、恢复砂生植被刻不容缓。

砂质海岸带的野生植物多数是珍稀濒危和资源植物，可分以下 3 种类型。

（1）珍稀濒危植物

海岸砂生植被中的植物已有多种被列入国家保护植物，如玫瑰、珊瑚菜等，还有的植物被列入受保护的药用植物，如单叶蔓荆、沙滩黄芩、兴安天门冬、日本山黧豆等。对这些珍稀濒危植物种类，要特别加以保护和栽培，以避免绝迹，可在烟台市海防林保护区的保护对象中将典型砂生植物列为保护对象，在威海市选定一些地段作为砂生植被的自然保护地。

（2）中草药资源保护

如珊瑚菜的根（北沙参）可入药，能清肺化痰、生津止渴，治气管炎、咳嗽等症；单叶蔓荆的果实入药可治感冒头痛、偏头痛、清神明目等。应保护好这类中药的种质资源。在外部建立人工种植基地，禁止采挖野生资源。

（3）花卉植物

砂生植被中的观赏类花卉很多，如玫瑰、补血草、月见草（*Oenothera biennis*）等，可用作观赏和绿化种质。

5. 砂生植被恢复

根据海岸砂生植被分布规律，在已有的沿海综合防护林体系基础上，提高防护林的生态质量和功能是未来的重要任务。在尚未开发、尚有沙滩和砂生植被的地段，建议实施封滩育草，保护天然砂生植被。乔木和灌木林带下天然生长的草本砂生植物均应保留，对固沙防风效果特别显著、经济价值高的药用植物单叶蔓荆、珊瑚菜、筛草、滨麦、沙滩黄芩、日本山黧豆、兴安天冬等，应采取严格保护措施。现有的黑松林和刺槐林，由于多为单种、单层次群落，稳定性差，容易发生病虫害和火灾等，应通过补植栎类植物、扁担杆、木半夏等乔木和灌木来改造林分结构，改善群落质量，提高其生态功能和防护能力。

第十一章 山东植被动态变化和恢复

由于全球变化和人类活动的影响及植被本身的演替，山东植被也处在或大或小、或快或慢的进展或退化的动态变化中。但毫无疑问，人类活动对植被所造成的影响仍然是主要的生态因素。

一、潜在植被

由于缺乏研究资料，山东植被在人类出现以前的面貌很难描述，只能从现在的自然条件和历史气象资料及化石等方面进行分析判断。在没有人为干扰的情况下，植被有可能恢复到原来应有的类型和状态，这就是潜在植被。

研究潜在植被，要从历史植物地理学的角度去探索。虽然地质工作者提供了一些古植物和孢粉分析的证据，但古植物化石往往是第三纪以前形成的，经过冰期以后，植被发生了很大变化。山东省是否出现过冰川，现在还有不同的意见，但冰期前后温度明显降低是无疑的，植被也因此发生变化，而潜在植被是指第四纪冰期后的植被。至于孢粉，资料虽然有一定的价值，但花粉容易受风力散布和水流冲积，可以水平迁移到平原。从现在情况分析，华北平原的土壤多呈石灰反应，这种土壤是不利于松、栎类生长的。因此，华北平原的松、栎类孢粉，很可能是从山地上迁移而来的。

基于以上的分析，我们可以设想在山东省内，当人类出现以前，在以棕壤为主的山地上，分布着松、栎林。从现在情况来看，栎属中当以麻栎为主（图11-1-1），尚有栓皮栎、槲树等，其中槲树、麻栎等要求水分条件较高，以山东半岛为主。而栓皮栎较耐旱，多见于鲁中南山地。在土层较为瘠薄的地方，则分布着松林（图11-1-2），山东半岛赤松林多见，而鲁中南山地上油松林更多。在条件较差的地段，可能分布各种落叶灌丛。但在山东地区，现在分布和化石中均没有见到温带典型的落叶阔叶树——水青冈属（*Fagus*）植物的分布，这可能与山东气候较为干燥有关。因为同纬度的日本、韩国、欧洲等都有水青冈属植物的分布。在褐土山地上，以榆科植物为主的杂木林和侧柏林（图11-1-3）是主要植被类型。一般土层深厚处分布以榆属、朴属、臭椿属及槭属等的植物为建群种的杂木林，在土层较为瘠薄的地方则为侧柏林，落叶灌丛分布于土壤条件更差的地方。平原地区的森林，针叶林只有侧柏林。古籍上记载的"黑松林"，其实是侧柏林，因为山东平原上不可能自然生长松树。白皮松、桧（*Juniperus chinensis*）等针叶树虽然可以在平原上生长，但它们很少成林。落叶阔叶林则由杨属的毛白杨、柳属的旱柳（图11-1-4）、榆属的榆和槐属的槐等现存的常见树种组成。

山东半岛特别是胶州湾沿岸及近海的一些海岛，由于受海洋调节，冬季较不严寒，因此第三纪残留的喜暖植物较多，往往有一些常绿阔叶树混生在落叶阔叶林中，如红楠、大叶胡颓子等，亚热带的落叶阔叶树种如化香树、黄檀、黄连木等比较普遍。在潍坊市临朐县山旺镇的化石中还可见到樟树（*Cinnamomum camphora*）的化石，表明100万年前山旺镇一带应属于亚热带气候。从现存于海岛的天然山茶群落来看，在人类出现以前，这一带的常绿树木还是很多的。此外，竹林特别是淡竹林也是常见的植物群落。

图 11-1-1　麻栎林（泰山）

图 11-1-2　赤松林（泰山）

图 11-1-3 侧柏林（青檀山）

图 11-1-4 旱柳林（黄河三角洲）

在滨海的盐土地区，由于土壤含盐量过高而限制了森林的发育，所以在这里的顶极群落是盐生灌丛柽柳群落和盐生草甸。柽柳灌丛广泛分布在土壤结构和水、盐条件较好的地方，面积大，在海岸带上起着防护作用。而在广大的盐土上，按土壤含盐量的高低，依次为光板地、盐地碱蓬群落、獐毛群落和杂类草群落等。

鲁西的湖区分布着各种水生植被。沿湖的广大沼泽地，则以芦苇为建群种的沼泽植物群落占优势。从一些古籍中可以推想到，在人类活动出现以前，南四湖、东平湖等地区的水生植被和沼泽植被的面积要比现在大得多。

因此，可以推断，山东的潜在植被应该是以落叶栎类为建群种的落叶阔叶林，以及以温性针叶树为建群种的针叶林。在山东大多数地区目前没有落叶栎林的分布，其原因并非生境不适合，而是由于人为破坏和干扰的结果。以曲阜市的孔林为例，孔林的所在地为汶泗平原，现周围全部为农田和人工杨树林等，但孔林中就有生长良好的麻栎林（图11-1-5）、黄连木林（图11-1-6）。这充分证明，经过长期的保护，山东平原区可以恢复典型的落叶栎林。

图 11-1-5　麻栎林（曲阜孔林）

图 11-1-6　黄连木林（曲阜孔林）

二、植被分布规律

从《中华人民共和国植被图》（1：100万）中，我们可以清楚地看出从东南向西北，由于水热条件的组合变化而引起植被有规律地变化。在我国温带区域，从东向西依次分布着森林、草原和荒漠的植被类型。在我国东部，由北而南依次分布着寒温性针叶林、红松阔叶混交林、暖温带落叶林、亚热带常绿阔叶林和热带雨林、季雨林等植被类型。而在高海拔的山地，也由于水热组合的不同，山上山下的植被也呈带状变化。

在山东省，植被的分布规律并不像全国那样复杂多变，但也呈现出一定的分布特征。山东东部临海，湿度由东向西逐渐降低，气温由于纬度的差异而出现南部高于北部的情况。山东夏季受太平洋气流的影响，气候高温多雨；而冬季受蒙古高气压控制，气候寒冷干燥。综合各种气象要素可知，水热条件在山东东南部最优越，在植物区系和植被类型上东南部最复杂，越是向西北，水热条件就越差。无论是天然植被还是栽培植被，西北部都比不上东南部丰富。联合国环境署 20 世纪 80—90 年代曾将山东西北部划为受荒漠化威胁地区，虽然有些危言耸听，但也说明这一地区气候干燥的严重性。

山东植被总的分布规律是：在山东半岛和鲁中南山地丘陵区，年降水量 600—700mm，靠近海洋的地区可达 950mm；在土壤为棕壤的山地，分布着各种落叶栎类林，麻栎林多分布在较暖和的低山处阳坡或滨海丘陵上，栓皮栎林多分布在稍干燥的生境中，而槲树林和槲栎林则在气温稍低的山地分布最广。栎林被破坏后多形成次生的松林，鲁中南地区形成油松林，山东半岛区形成赤松林。在石炭性或中性褐土上，分布着灌木层含有黄栌、鼠李和榆科树种的黄连木林。阔叶林被破坏后，阳坡上则形成次生侧柏林或栽培侧柏疏林。上述森林进一步被破坏后，即形成次生的荆条、酸枣及黄背草、白羊草组成的灌草丛，阴坡还有黄栌灌丛。

山东省南北纬度相差约4°，热量上无显著的差别，由于夏季高温，全省年平均气温比较接近。但是冬季气温受海洋影响而各地明显不同，这是热量影响植物生长和分布的主要原因。山东各地纬度和经度的不同，明显地影响热量和水分条件的变化。东部与西部由于距离海洋远近的差异，温度的变幅也不一样。东部临海，半岛部分受海洋调节特别明显，夏季气温比同纬度的西部地区低，而冬季则相对较高，温度的年较差也比较小。东部雨量较多。山东省缺乏高山，海拔最高的泰山也仅1545m，水热条件的垂直差异虽不是很大，但也有所不同。

（一）植被的纬向变化特点

纬向变化表现在山东南部特别是东南部具有较多的亚热带成分，而且有的还可以成为群落的建群种：散生的乔木树种有常绿的红楠，灌木有山茶、大叶胡颓子、竹叶椒、淡竹等常绿种类，半常绿灌木有山胡椒、红果山胡椒等，常绿藤本植物有胶州卫矛、扶芳藤（*Euonymus fortunei*）、爬行卫矛、络石等，还有典型的亚热带附生常绿草本植物蜈蚣兰（*Sarcanthus scolopendrifolius*）。山茶和淡竹均可形成群落。

一些属南方成分的落叶树种或草本植物只存在于山东省的南部，向北就逐渐减少，以至不再出现。例如曲阜市孔林有小片的黄连木林，而在鲁北则散生的黄连木也难见到。化香树在南部也可以是群落的建群种，黄檀常伴生在落叶杂木林中或形成群落。野生的苦木、盐麸木、椰榆、白木乌桕(*Neoshirakia japonica*)、野茉莉，以及多种灌木如白檀、算盘子（*Glochidion puberum*）、叶底珠、紫珠等也常见。亚热带的草本植物，如狗牙根等种类，在黄河以北就很少见。

在人为活动频繁的情况下，山东天然植被遭受严重破坏，了解植物的分布显得尤为困难，但是从人工引种栽培植物上，也可以看出它们的地域差异。这种差异受热量条件的影响很大：一些常绿种类如黄杨（*Buxus microphylla*）、女贞（*Ligustrum lucidum*）、枳（*Poncirus rifoliata*）等，在山东半岛和鲁中南山地区都普遍栽培（图11-2-1、图11-2-2），但在黄河以北却少见，或者冬季需加以防护措施。引种的竹类如毛竹，在山东半岛南部和鲁南局部也可正常生长。

所有这些情况都说明了山东省植被的纬向变化，即由于南部气温特别是东南部冬季的气温比北部高，许多要求热量较高的植物只见于南部。

图11-2-1　山东半岛南部栽培的枳（*Poncirus rifoliata*）

图 11-2-2　山东半岛南部栽培的枳绿篱

（二）植被的径向变化特点

山东由于水分条件不同而引起的植被径向地带性变化，最明显的是赤松林和油松林的更替。赤松分布区属于温暖、湿润的海洋性气候，它在山东的自然分布更多见于东部水分条件较好的山东半岛地区。而油松是我国华北地区的特有种，适应比较干旱的环境条件，它分布于离海洋较远、水分条件较差的鲁中南地区。在造林树种的引种上，山东半岛的黑松和日本落叶松对水分条件要求较高，在高海拔处生长良好，鲁中南就不宜采用这些树种。水杉在青岛市、烟台市经20多年生长植株高达20m，而在同纬度的济南市则达不到这个高度。引种的杉木在胶东南沿海都比在鲁中南的山地生长好，主要原因不是热量的差异而是水分条件的不同。阔叶林也有这种差别，例如栓皮栎比较耐干旱，在鲁中南的分布就比在胶东普遍。在山东半岛地区，栎树、槭树、银杏等在秋季叶片更为鲜艳，这也是水分的差异所致。

荒山分布的灌草丛植物群落，在山东东部及西部的种类组成上也有所不同。山东半岛水分条件较好，灌木中荆条比酸枣占优势，而草本植物则以黄背草最为常见，白羊草分布不普遍。鲁中南水分条件较鲁东地区稍差，酸枣和白羊草的比例比较大。当然，这种差异主要是土壤水分不同造成的，但也不排除降水和空气湿度的影响。

水分及冬季热量条件由东南向西北逐渐变差，以致于山东省的群落植物种类组成和结构都是从东南到西北有所不同。在东南部不仅森林植被发育茂密，而且种类组成也比较复杂。上述各种常绿树种和亚热带树木为建群种的群落也以东南部地区为主，能够引种栽培的亚热带植物也以这一地区最多。在这一地区的村落中，普遍有淡竹林和构橘绿篱环绕，有如江南农村的景观。

（三）植被的海拔变化特点

海拔对植被分布有一定的影响，因此植被具有垂直地带性。虽然山东省海拔最高的泰山仍然在森林带的范围以内，但是随着海拔的升高限制了许多要求热量较高的植物生长，因此这对许多植物群落的分布上限就有一定的限制，这些植物都是亚热带成分或者起源于热带和亚热带的种类。相反，一些要求热量较低的植物，则只分布在海拔较高处，或者在高处生长更好。此外，水分条件随着海拔升高而增加，也影响其他植物的垂直分布。

在针叶林中，赤松林的天然分布受海拔的限制，一般在900m以上就生长不良。油松林虽可以分布在海拔1000m以上的山地，但由于高处气温低，昼夜温差大，再加上风大，蒸腾强烈而不利于油松生长，其树干弯曲且低矮。侧柏林能适应干冷和炎热气候，但在寒冷处则生长不良。黑松林则适合生长于海拔600m以下地区，再高则针叶受冻而发黄。

阔叶林的分布同样受海拔的影响。麻栎林可垂直分布到海拔1000m，栓皮栎林分布更高。枫杨林分布可达海拔850m，但以海拔600m以下较多。刺槐林是山东省分布面积最大的阔叶林，由于刺槐不耐严寒，多见于海拔900m以下的地方。还有许多要求热量较高的植物，在山上的生长受到一定的限制，从海拔低处向上分布的情况和自南到北的规律性相一致。

有些群落的分布和上述情况相反，它们要求较低的温度，因此在低海拔地区生长不良，甚至不能成活。日本落叶松引种的垂直分布一般在海拔400—850m，最高可达1000m，在胶东沿海丘陵的引种下限多为海拔200m。引自东北的其他树种，如红松、樟子松、黄檗（*Phellodendron amurense*）等，也只限于栽种在海拔600m以上。

三、植被动态变化及原因

（一）植被变化概况

山东省的天然植被，由于历史原因被严重破坏，20 世纪 50 年代初期全省的森林覆盖率不到 2%。据 20 世纪 50 年代初期统计，全省有 200 多万 hm² 宜林山地，天然林面积不到 1 万 hm²，其余都为灌木、草本群落，以及低山、丘陵上的农田。即使在风景名胜地，森林也很稀少，泰山前部近 1.3 万 hm² 的宜林山地，仅余残林 200 多 hm²。不仅山区森林破坏严重，而且丘陵区及广大平原缺乏森林覆盖，加剧了旱、涝、盐、碱及风沙等自然灾害，严重危及了人民的生活。这与泰山、鲁山、沂山、蒙山等山地的森林破坏，涵养水源功能大大降低有着密切关系。

1949 年以来，山东省开展了大规模的封山育林和造林工作，取得了很大成绩。到 20 世纪末，全省天然林面积是 1949 年前的 10 倍多，森林覆盖率达到 15% 左右。根据 2018 年公布的第九次全国森林资源清查结果，现在山东森林面积约 266.51 万 hm²，森林覆盖率 17.51%，比 20 年前提高了 2.51%。其中，天然林面积 10.40 万 hm²，占 3.90%，也明显增加；人工林面积 256.11 万 hm²，占 96.10%。全省森林面积中人工林占绝大多数，其中特殊灌木林全部为人工林，仅乔木林中有少量天然林。

在沿海地区，由于砍伐和湿地退化等，原有大面积的柽柳灌丛面积大大减小。而黄河三角洲地区的盐生草甸、沼泽植被，由于湿地保护力度的加大，面积大大增加。

2000 年以来，各地高度重视湿地保护和建设，湿地植被类型和面积都不同程度地增加了。鲁西沼泽面积扩大，以芦苇为主的植物群落发展很快。部分湖面因筑坝而扩大和加深了湖体，水生植被因而增加。

山东的农业生产非常发达，在全国占有重要地位。在农业技术和栽培制度上各地差别不大，小麦（图 11-3-1）、玉米（图 11-3-2）、水稻、甘薯等各地都有种植。但也有不同的情况，南部以一年两熟为主，

图 11-3-1　小麦

图 11-3-2　玉米

在东南部还有稻—麦两熟的方式和相应的水牛耕地，而北部则两年三熟较多。在鲁西南地区，桐粮间作很普遍，在鲁北地区多以枣粮间作为主，棉花（*Gossypium hirsutum*）种植也普遍。农业技术的发达，不仅扩大了栽培植被的面积，而且在植物种类组成上也不断地丰富起来。熟制也由原来的二年三熟为主，改为现在的一年两熟为主。

（二）植被动态变化及原因分析

全球变化和人类活动的加剧，对植被造成了不利影响，特别是森林植被的组成、结构、功能等都受到不同程度的影响。

1. 全球变化带来的自然灾害对山东植被的影响

自然灾害包括火灾、虫灾、水灾、雪灾、冻害等。最近二三十年火灾和虫灾对植被，特别是森林植被的影响最为严重。

（1）火灾的影响

由于干旱等因素引起的火灾，最近十几年比较频繁。山东几个大的山系和低山丘陵有森林覆盖的山区都曾有不同程度的火灾发生。火灾的直接结果是烧毁了林地，使原有森林成为火烧迹地和新的裸地，导致森林覆盖减少和功能下降（图 11-3-3 至图 11-3-6）。

除了干旱等自然因素，人为不良行为引起的火灾也是森林火灾不断发生的重要因素。另一重要因素是针叶林面积太大，而且多是单种单层林，容易发生火灾。提高森林质量，减少森林火灾的策略之一是增加针阔混交林的比例。

图 11-3-3　火灾过后 1 个月的森林（1）

图 11-3-4　火灾过后 1 个月的森林（2）

图 11-3-5　火灾过后 1 个月的混交林（受害较轻）

图 11-3-6　火灾过后 2 年的森林

（2）病虫害的影响

森林病虫害长期以来一直是影响森林植被发展和质量的主要不利因素。从 20 世纪 60—70 年代的松毛虫、松干蚧，到 21 世纪 20 年代肆虐的松材线虫病，都对各类针叶林造成了不同程度，甚至是灭绝性的破坏，明显导致森林覆盖减少和功能下降（图 11-3-7 至图 11-3-11）。如同火灾的原因一样，针叶林面积太大，而且多是单种单层林，容易发生病虫害。同样，提高森林质量，减少森林病虫害的重要策略是增加针阔混交林的比例（图 11-3-12）。

图 11-3-7　松材线虫病发生前的黑松林

图 11-3-8　黑松林受松材线虫病危害后干枯

图 11-3-9　松材线虫病发生后砍伐的黑松

图 11-3-10　黑松林砍伐迹地

图 11-3-11　黑松林砍伐后半年

图 11-3-12　赤松混交林受松材线虫病危害轻

（3）冻害的影响

冻害包括低温、雪灾等，尽管冻害不如森林病虫害和火灾等的影响大，但严重的低温和雪灾等也常常对针叶林造成破坏，造成局部树木死亡。

（4）长期的荒山荒滩等对植被的影响

除了前述影响植被动态变化的 3 个因素外，荒山荒滩也是一个影响因素。荒山荒地等在山东较多，而且持续时间很长，短则几年，长则数百年，甚至更长时间。在山地丘陵区，荒山荒地造林非常困难，常称其为"贫瘠山地""困难山地""瘠薄山地"等。这些山地分为两大类：一是花岗岩山地（砂石山）。在山东半岛和鲁中南山地常见到裸露的花岗岩荒山（图 11-3-13、图 11-3-14）。二是石灰岩山地（青石山）。这类贫瘠山地分布在鲁中南（图 11-3-15、图 11-3-16），植被恢复极其困难。无论是退化的砂石山还是青石山，由于植被都很稀疏（图 11-3-17 至图 11-3-22），水土流失非常严重（图 11-3-23 至图 11-3-30）。此外，在黄河三角洲和近海滩涂，也经常出现植被退化后形成的荒滩荒地，靠自然恢复植被也相当困难（图 11-3-31、图 11-3-32）。

图 11-3-13　裸露的花岗岩山地（1）

图 11-3-14 裸露的花岗岩山地（2）

图 11-3-15 裸露的石灰岩山地（1）

图 11-3-16　裸露的石灰岩山地（2）

图 11-3-17　荒山稀疏植被（1）

图 11-3-18 荒山稀疏植被（2）

图 11-3-19 荒山稀疏植被（3）

图 11-3-20　荒山稀疏植被（4）

图 11-3-21　荒山稀疏植被（5）

图 11-3-22 荒山稀疏植被（6）

图 11-3-23 水土流失（1）

图 11-3-24　水土流失（2）

图 11-3-25　水土流失（3）

图 11-3-26　水土流失（4）

图 11-3-27 水土流失（5）

图 11-3-28 水土流失（6）

图 11-3-29 水土流失（7）

图 11-3-30 水土流失（8）

图 11-3-31 黄河三角洲退化盐碱地海水入侵

图 11-3-32　黄河三角洲退化盐碱地开采石油

2.人类活动对山东植被的影响

人类活动对植被变化起着更为重要的影响，既有破坏性的一面，也有积极的一面。人类活动破坏性的一面，如为发展农业而砍伐大面积的森林，以致在山东省内已无原始的森林群落，即使是天然次生林的面积也很少。除了农业生产对天然植被的破坏，城市化、交通等建设，以及环境污染带来的破坏通常是不可逆的。开矿、旅游、道路等建设大大破坏了原有的砂生植被，这些被破坏的植被几乎不可能再恢复（图 11-3-33、图 11-3-34）。

人类活动也有对植被影响积极的一面，包括增加植被类型和面积，提高森林植被的质量等，如"四旁"植树、人工造林、封山育林、森林城市建设、农村的绿化，以及建立保护区等积极措施（图 11-3-35 至图 11-3-38）。

图 11-3-33　开矿直接破坏了植被，几乎不可逆

图 11-3-34 旅游开发破坏了砂生植被

图 11-3-35 城市和道路森林建设（1）

图 11-3-36　城市和道路森林建设（2）

图 11-3-37　城市和道路森林建设（3）

图 11-3-38　城市和道路森林建设（4）

　　人类活动毁坏了大面积的天然植被，但也为栽培植被的形成和发展起了重大作用，从而使山东省的植被更趋于多样化。在推行绿色发展和生态优先的当代，尽可能减少人类活动对植被造成的负面影响，大大增强正面影响，是我们必须重视的。

3. 有意和无意引进外来物种对山东植被的影响

　　外来物种是人类社会发展过程不可少的，人类所需的粮食、蔬菜、果品、油料、畜产品、药材等很多都是外来物种。外来物种大多数是对人类有利的，但也有些种类可能会成为有害种。从植被角度上看，也是这种情况。

　　（1）外来种为建群种的植被类型

　　山东历史上曾经先后被德国、日本等占领，他们分别将刺槐和黑松引入青岛。刺槐和黑松现已遍布山东各地，而且以刺槐和黑松为建群种的森林植被是目前山东分布最广和面积最大的落叶林和针叶林。对于刺槐和黑松的看法一直存在争议，尽管目前尚未发现大的生态问题，但还是应当加强研究、调查和监测。

　　外来种为建群种的植被类型主要有黑松林（图 11-3-39）、刺槐林（图 11-3-40）、欧美杨林、火炬树灌丛（图 11-3-41）、互花米草沼泽、喜旱莲子草群落。

图 11-3-39　黑松林（荣城）

图 11-3-40　刺槐林、黑松林（四舍山）

图 11-3-41　火炬树灌丛（四舍山）

（2）外来入侵种及其生态危害

由于山东农业、经济、外贸、航运等较发达，因此外来物种也较多。外来入侵种带来的生态入侵和危害，已经引起了各方面的高度重视。加强外来物种生态入侵的研究、监测、评估、治理等非常重要。

①互花米草的生态入侵。有关互花米草（图11-3-42）的危害现状详见第九章。

图 11-3-42 互花米草（黄河三角洲）

②喜旱莲子草的生态入侵。喜旱莲子草（图11-3-43）是中国亚热带及温带地区一种危害严重的外来多年生杂草，可入侵多种生境。2003年被列入《中国第一批外来入侵物种名单》。由于其生长快、蔓延迅速且难以控制，对入侵地的生物多样性、生态系统和社会经济等造成很大的负面影响。

此外，外来的凤眼莲（*Eichhornia crassipes*）等种类，在山东各地湖泊、池塘、河道等常见，甚至形成单优群落，生态入侵问题已经很明显，但对其关注程度还不够，应当尽可能避免其分布范围扩展和造成危害更大的生态入侵。

③火炬树的生态入侵。火炬树（图11-3-44）是否成为生态入侵种，还有待观察。

图 11-3-43 喜旱莲子草（*Alternanthera philoxeroides*）（东平湖）

图 11-3-44　火炬树（*Rhus typhina*）（四舍山）

四、植被恢复

由于人为原因（城市建设、开矿、农牧渔业等）和自然原因（气候变化、自然灾害等），自20世纪初开始，生态系统和景观遭到空前的破坏，或受损、退化（之前也有生态退化）。其中，人为原因导致的森林、草地、湿地、荒漠、农田等主要景观和生态系统的退化、消失等状况十分严重。近几十年来，受损植被的生态恢复与重建已引起广泛的重视。退化生态环境的恢复与重建不仅是当前生态学研究的热点之一，也是世界各国关注的重大生态环境问题。我国是世界上生态系统退化类型、植被退化比较严重的国家之一，也是较早开始生态恢复和重建实践与研究的国家之一，为国际生物多样性保护、生态恢复等提供了中国经验和中国方案，为世界的绿色发展做出了贡献。

近些年，党和政府非常重视生态建设和保护，将生态文明建设纳入中国特色社会主义"五位一体"总体布局。党的十九大报告中再次强调生态文明建设的重要性，提出坚持节约优先、保护优先、自然恢复为主的方针，形成节约资源和保护环境的空间格局、产业结构、生产方式、生活方式，还自然以宁静、和谐、美丽。报告就生态文明建设的具体问题提出明确要求，包括实施重要生态系统保护和修复重大工程，优化生态安全屏障体系，构建生态廊道和生物多样性保护网络，提升生态系统质量和稳定性；开展国土绿化行动，推进荒漠化、石漠化、水土流失综合治理，强化湿地保护和恢复，加强地质灾害防治；等。党的二十大报告中再次强调"推动绿色发展，促进人与自然和谐共生"，"提升生态系统多样性、稳定性、持续性"。

山东的荒山荒滩比较多，而且恢复难度相当大，生态恢复是当代乃至未来几十年，甚至更长时间，必须努力完成的重大任务。

（一）植被恢复任务和目标

生态恢复，特别是森林、湿地、草地等的恢复，其基本是植被恢复。植被恢复的目标是恢复组成（生物多样性）、结构（垂直和水平，生态结构等）、功能，也包括生境，特别是土壤的恢复。

（二）植被恢复问题和困难

山东的森林覆盖率只有近18%，加上农田林网和"四旁"植树，森林覆盖率也只有20%左右，这在我国森林地区是比较低的。恢复森林植被和湿地植被，特别是落叶阔叶林植被是非常艰巨的任务。主要困难是需要恢复的地段基本全是困难山地，岩石裸露、土层贫瘠、干燥，造林成活率很低；经济发展和生态保护、恢复之间仍有较大的矛盾；缺少适用的生态恢复技术；缺少资金保障，投入和实际所需相差太大。

（三）植被恢复途径和方法

1.基本途径

生态恢复是指重建其植被系统及其食物链，即人工植物群落及其植被建设。这里的人工植物群落包括农业群落、混农林业群落、森林、草地、灌丛等，形成复合的人工植被体系。生物措施有3类，一类靠自然恢复，另一类是人工生物恢复，第三类是二者的结合。我国的封山育林主要靠自然恢复，辅以人工管理。人工辅助恢复包括工程措施、耕作措施和管理措施。对严重退化的系统必须先辅以工程措施，改善环境。

2.生态造林法

（1）方法简介

日本横滨国立大学教授、日本国际生态学研究中心原所长、国际生态学会前会长宫胁昭提出的造林方法，称生态造林法（图11-4-1）。宫胁昭在调查研究中发现，日本传统的庙宇林大多保持着自然状态，植被由当地物种组成，结构复杂，种类丰富。这种小片森林就是当地气候和其他生态条件的反映，是潜在植被的代表。

生态造林法的理论基础是潜在植被和演替理论，并从日本传统庙宇林的观念得到的启发，强调和提倡用乡土树种建造乡土森林。该方法从20世纪70年代创立以来，在日本已经有600多个成功的例子，在中国、蒙古国及南亚国家也得到成功应用。

（2）生态造林法要点

①用该方法营造的森林是生态环境保护林（生态林），而不是用材林和风景林。

②造林用的树木种类是乡土种类，主要是建群种类和优势种类，并且强调多种类、多层次、密植、混合。

③成林时间短。根据演替理论和自然条件，一般的森林演替从荒山或没有树木的土地开始，到最终森林形成，至少要200—500年，甚至上千年。而生态造林法通常只要20—50年，时间大大缩短了。

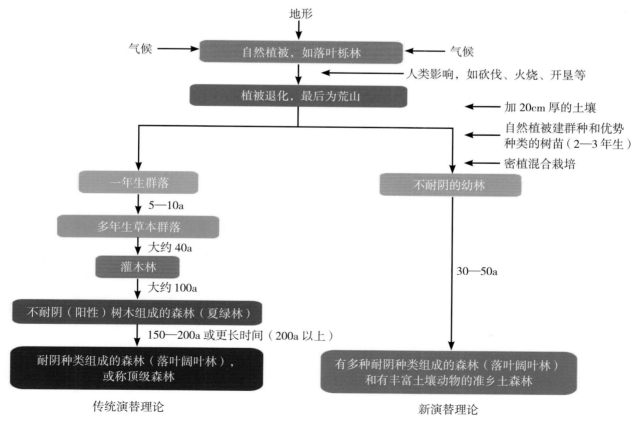

图 11-4-1　生态造林理论示意图

④管理简单。用生态造林法造林，一般在开始的1—3年进行除草、浇水等管理，以后就任其自然生长，优胜劣汰，适者生存。

3. 主要步骤

生态造林法主要步骤如下（图11-4-2）。

（1）植被调查和植被制图

植被调查是造林（森林重建和恢复）的基础。通过调查，查明当地的现存植被，推断潜在植被，并绘制现存和潜在植被图。同时，调查气候、地质、地貌、土壤、人类干扰历史和程度等生境特征。

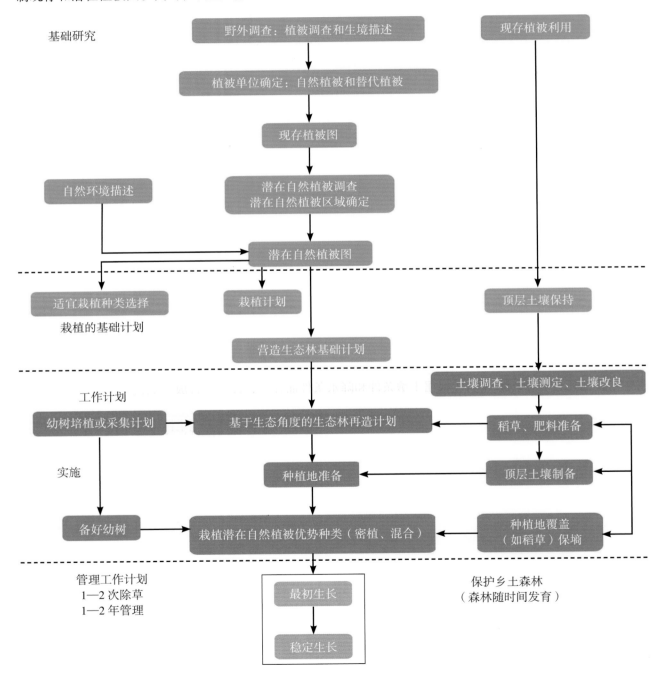

图 11-4-2　生态造林流程图

植被生态学理论告诉我们，一个地区的森林植被是气候、地质地貌、土壤等综合生态因子作用的结果。因此，植被调查是造林和种类选择的基础。

（2）确定建群种和优势种

根据确定的天然和潜在植被类型，确定造林选用的种类，主要是建群种和优势种（包括灌木）。通常至少10—20种。

造林种类包括乔木、灌木、草本植物、藤本植物，尽量接近自然森林的种类（乡土种类）。

（3）采集种子和育苗

确定栽培的种类后，在秋季果实成熟时采集种子。种子落地后马上收集，或直接从母树上采集。对采集的种子进行挑拣，去除未成熟和受虫害者（可放在水中过夜，以闷死幼虫，同时让种子吸水发芽），在苗床上播种；种子萌发至2—6片叶片后，将小苗从苗床移栽到薄质塑料花盆中（直径10—12cm、高15cm）。此外，也可直接从母树林中采集幼苗移栽到盆中。盆内盛有接近原生地的土壤，保证其有机质丰富，通气良好。2—3年后，幼苗高30—50cm，根系发育良好时，即可用于野外栽植。

（4）栽植技术

①传统的坑式植树。挖掘各种形态、大小不同的树坑，用已经育好的苗木植树。

②种子球技术。将种子和肥料、保水剂、基质等混合，制成大小不同的球体（视种子大小和土壤条件而定，直径1—10cm不等），在春季和雨季种植。

③营养杯、营养钵、营养袋技术。将种子播种于塑料花盆或袋子中，待树苗1—3年生时，连同盆或袋一同栽植（或去掉盆或袋）。

④草袋（或废旧化肥袋等）技术。利用草编袋，装入土壤、肥料、保水剂等，混入种子，在造林地按一定距离放置，并用枝条、竹板等编成的栅栏阻挡，以防止雨水冲刷。如条件许可，用稻草等覆盖。

⑤工程技术。在岩石裸露、土层极其浅薄的地段，开凿"V"形沟，搬运客土，将育好苗的营养杯栽植于沟内，或放置草袋。

（5）管理措施

栽植后1—3年内，进行除草、浇水、施肥等简单管理，然后任其自然选择。通常1/3—1/2苗木到不了乔木层即已死亡。15—50年后（根据土壤条件和降水条件而异），即可发育成类似天然林的生态林。

（四）森林植被恢复与重建

由于全球变化的影响和长期、频繁、剧烈的人类活动影响，原始的森林植被在山东早已荡然无存，目前占优势的森林植被是各种人工林。山东的实际森林覆盖率低于全国平均水平，且荒山植被面积很大，土壤浅薄贫瘠，很多地段裸岩露出，森林恢复难度极大，靠自然恢复森林植被几乎不可能，必须采取必要的人工措施进行植被恢复和重建。

1. 营造生态林

目前的造林主要有3种类型，即经济造林、景观造林和绿化造林。经济造林的主要目的是经济收益，选用经济树种；景观造林主要是为了观赏，选用观花、观果、观叶的种类；绿化造林是为了荒山荒地的尽快覆盖，选用容易栽植成活的种类。但真正意义上的造林是营造生态林，即符合当地实际的多种类、多层次、恢复生态功能的生态林，也就是用乡土树种建造乡土森林，这是今后造林的方向。

2.植物种类选择和配置注重多种类、多层次

植物种类选择和配置是森林植被恢复和重建的第一步，也是成功与否的关键。以往的造林存在的问题是种类单一，多是单一的针叶树或阔叶树，很少混交；外来种占优，如黑松、刺槐、火炬树等；结构单一，单个种类、单个层次。今后的造林，应当尽量避免这些问题，采取多种类、多层次地造林方法。根据我们几十年对山东植被的研究，提出以下用于山地造林的建议植物种类。

（1）乔木种类

麻栎、栓皮栎、槲树、槲栎、蒙古栎、楸树、小叶朴、青檀、臭椿、五角枫、栾、榆、旱柳、刺楸、辽椴、紫椴、水榆花楸、千金榆、坚桦（*Betula chinensis*）、枫杨、黄檀、黄连木、野茉莉、红果山胡椒、红楠、化香树、槭树等阔叶树种，以及赤松、油松、侧柏等针叶树种。

（2）灌木种类

二色胡枝子、三裂绣线菊、荆条、酸枣、花木蓝、照山白、白檀、扁担杆、小叶鼠李、华北绣线菊、山槐、茅莓、青花椒、锦鸡儿、郁李、兴安胡枝子、截叶铁扫帚、野珠兰、卫矛、牛奶子、连翘、多花野蔷薇、大花溲疏、锦带花、荚蒾、天目琼花、柘树、三桠乌药、山胡椒、盐麸木、大叶胡颓子、紫珠、山茶、柽柳、单叶蔓荆、玫瑰等。藤本植物有南蛇藤、葛、菝葜、木防己、木通、猕猴桃、金银花、山葡萄、扶芳藤等。

（3）草本植物种类

土壤瘠薄干旱的地段可选用白羊草、黄背草、白茅、瞿麦（*Dianthus superbus*）、石竹等；立地条件更差的地段选用结缕草、翻白草、长蕊石头花、鸦葱、苦荬菜、瓦松等；在土壤湿润肥沃的地段选用野古草、矮丛薹草、大油芒、荻、山丹、蕨、小唐松草、地榆、桔梗、杏叶沙参等。

3.造林步骤

目前山东地区的荒山荒地实际大多为贫瘠山地或困难山地。这些山地的明显特征之一是土层浅薄和干旱，有些地点甚至是裸岩。如果依赖自然恢复，几十年内几乎是不可能的，因此要人工造林。造林步骤如下：

第一步，造林地点的立地条件确定。例如母岩类型、土壤厚度、坡度、坡向等。

第二步，根据立地条件育苗，不同的立地条件选用不同的种类及配置。例如石灰岩山地和花岗岩山地就应选用不同的种类，前者以槲栎、侧柏、鹅耳枥、青檀、黄栌、荆条、白羊草、大披针薹草等为组合，后者以麻栎、栓皮栎、赤松、油松、胡枝子、荆条、黄背草、大披针薹草等为组合。对于木本植物应当培育3—7年生、高度50cm左右的大苗。

第三步，对于裸岩多、土层薄的地段，还应采用挖坑、挖沟、运客土、草袋覆盖等工程技术辅助。

第四步，种植。选用乔木、灌本植物、草本植物混合的方式，密植栽培。

4.加强前期管理，制定相关政策

在造林初期的1—3年应进行除草、浇水等管理，之后就任其自然生长，优胜劣汰，适者生存。不管理就是最好的管理。同时，造林和补偿经费、造林政策、基础研究、技术研究等必须同步进行。

山东和华北地区的荒山秃岭，一般的森林演替从荒山或没有树木的土地开始，到最终森林形成，至少要100—500年，或上千年。但是如果采用生态造林法，施以工程措施，30—50年可能就会初步恢复森林植被。

第十二章　山东植被保护与可持续发展

一、植被资源及重要性

　　植被是地球上最重要的自然资源，是人类赖以生存、不可替代的物质和生活资源，也是其他生物多样性形成和发展的基础，无论怎么讲其重要性都不过分。保护植被资源既是保护生物多样性，也是保护人类赖以生存的物质基础。

（一）植被在生物多样性保护方面具有举足轻重的意义

　　植被是生物多样性的组成部分和主要保护对象，是其他所有生物多样性的基础和载体，是湿地鸟类栖息、觅食、迁徙和繁殖的主要场所（图 12-1-1、图 12-1-2），是第一性生产力和最重要的生态产品。

图 12-1-1　植被是鸟类生活的主要场所（黄河三角洲）（1）

图 12-1-2　植被是鸟类生活的主要场所（黄河三角洲）（2）

（二）植被是生态保护成效的标志和体现

①植被是第一性生产力，是其他生物多样性的基础。作为生态系统的生产者，植被也是生态系统健康与否的主要标志，是生态产品的具体体现；植被也是地表最明显的景观，生态保护是否有成效首先表现在植被上。

②植被的多样性丰富且繁茂是良好生态最明显的象征。例如，山东黄河三角洲国家级自然保护区建立以来的 30 年中，实施了生态恢复工程，无论是植被类型还是植被覆盖面积和比例都有明显增加，标志着生态环境的持续改善（图 12-1-3）。

③植被退化是生态遭到破坏和变坏的标志，生态恢复首先就是植被的恢复。山东绝大多数自然保护区建立以后，保护效果良好，植被状况发生了明显的改善，比较明显的有枣庄抱犊崮省级自然保护区（图 12-1-4）、仰天山省级自然保护区（图 12-1-5）、鲁山省级自然保护区（图 12-1-6）等。

图 12-1-3　山东黄河三角洲国家级自然保护区芦苇等湿地植被增多，吸引了鸟类

图 12-1-4　枣庄抱犊崮省级自然保护区杂木林

图 12-1-5　仰天山省级自然保护区森林植被

图 12-1-6　秋季鲁山省级自然保护区落叶阔叶林和针叶林

（三）植被是绿色生态廊道建设的主体和基础

　　黄河下游生态廊道的建设，实际上就是植被的建设。《黄河流域生态保护和高质量发展规划纲要》指出，要建设黄河下游绿色生态走廊，要以稳定下游河势、规范黄河流路、保证滩区行洪能力为前提，统筹河道水域、岸线和滩区生态建设，保护河道自然岸线，完善河道两岸湿地生态系统，建设集防洪护岸、水源涵养、生物栖息等功能为一体的黄河下游绿色生态走廊（图 12-1-7、图 12-1-8）。很明显，防洪护岸、水源涵养、生物栖息等功能也就是植被的功能，而这一廊道就是林地、灌丛、草地、沼泽、水生植被的集合。黄河口国家公园实际上是黄河下游绿色生态廊道的终点，也是黄河下游绿色生态廊道的重点。

图 12-1-7　黄河下游绿色生态廊道（1）

图 12-1-8　黄河下游绿色生态廊道（2）

（四）植被在自然保护地体系建设中具有举足轻重的意义

建设国家公园和各类自然保护地，植被是基础，没有繁茂、健康、覆盖率高的植被，国家公园和自然保护地将缺少载体和支撑。大面积的湿地植被既是国家公园的特色，也是良好生态的标志。保护植被、恢复植被应当与保护鸟类同等重要，甚至比鸟类保护还重要。因为缺少植被或茂密多样的植被，鸟类的栖息、觅食、繁殖、迁徙、越冬就难以实现。开展植被保护、进行植被基础调查、开展长期植被及相关生态系统定位观测研究，是国家公园建设的科学基础。黄河三角洲拥有繁多的植被类型和植物资源，但也面临着开发和自然条件变化带来的双重压力，植被破坏和退化的严峻问题不容忽视。加强植被基础研究，以及保护与恢复，将是国家公园建设的重要任务。自然植被得到有效保护，受损植被得到有效恢复，初级生产力提高，将是国家公园建设效果的最明显指标。

因此，科学合理保护好植被资源，是植被利用的基础。目前，植被保护最佳途径是建立各种自然保护区。根据现有统计数据，山东有国家级保护区 7 个，省级保护区 38 个，这些是自然保护区的主体。此外，还有市县级保护区 33 个。7 个国家级保护区中，有 2 个是地质和自然遗迹类保护区，其他 5 个如山东昆嵛山国家级自然保护区、山东黄河三角洲国家级自然保护区等，都与植被的保护密切相关，在保护生物多样性方面发挥了重要作用。但是从国家生态文明建设的高度，从保护好绿水青山的角度看，山东的自然保护区还存在着很多问题，诸如布局不合理、管理不到位、违规问题时有出现、基础研究缺乏等问题。市县级保护区大多没有发挥应有的作用，即使是省级保护区也有多个是有名无实。因此，通过国家环保督察和绿盾行动，加强自然保护区的建设迫在眉睫：一是完善机构，确保有人管理，有名有实，发挥作用；二是加强基础研究，摸清家底，首先是摸清植被的家底，这是自然保护区建立的基底；三是建立相关规章制度，使植被和生物多样性保护有法律法规依据；四是建立重要物种的种质资源保护地和物种库等。

二、植被资源保护和持续利用

山东地处我国暖温带南部，自然条件比较复杂，植物种类繁多，植被类型多样（图 12-2-1 至图 12-2-12）。根据《山东植物志》（1990）初步统计，山东省各类资源植物有 2300 余种；山东的植被类型包括针叶林、阔叶林等 7 大类型和 300 多个群系，其中有些是重要和特色资源，如落叶栎林、杂木林、亚热带植物群落类型、砂生植被等，但植物资源保护和利用还缺少相应机制和措施。

图 12-2-1　黄河三角洲湿地植被（1）

图 12-2-2　黄河三角洲湿地植被（2）

图 12-2-3　黄河三角洲湿地植被（3）

图 12-2-4　牟平砂生植被（1）

图 12-2-5　牟平砂生植被（2）

图 12-2-6　马踏湖湿地植被

图 12-2-7 崂山黑松林、刺槐林

图 12-2-8　崂山山脉栎林

图 12-2-9　崂山栎林

图 12-2-10　鲁中山区侧柏林

图 12-2-11　笔架山杂木林

图 12-2-12　围子山麻栎 + 黑松混交林

从生态服务功能的意义上讲，植被资源的最大利用就是发挥其生态服务价值。

（一）珍稀濒危植物及保护

山东省是我国人类活动历史悠久的地区之一，长期的开垦、放牧等人类经济活动，加之全球变化的影响，使植被和植物资源受到严重破坏。有些植物如红楠、山茶、竹叶椒、蜈蚣兰等，在全国范围内并不稀有，而在山东省则是稀有种类，已经处于濒危状态，必须采取有效措施加以保护。根据山东省珍稀濒危植物调查和专家论证，山东省珍稀濒危植物有 120 多种。山东没有自然生长的国家一级保护植物；二级保护植物约有 30 种，较重要的有青岛百合、绶草、黄檀、中华结缕草（*Zoysia sinica*）、野大豆，以及兰科的种类如蜈蚣兰、火烧兰、紫点杓兰、羊耳蒜等；建议列为省级保护植物的约 90 种，如单叶蔓荆、山茶、红楠、竹叶椒、玫瑰等。

（二）资源植物及可持续利用

实际上，所有的植物都可以看作是资源植物，只是其用途、用量等不同而已。比如各类杂草，可以做绿肥、饲草，也可以做燃料等。按照资源植物经常划分的类型，山东省资源植物主要有以下 8 个类型。

1. 药用植物

山东省药用植物丰富，是资源植物中种类数量和蕴藏量较多的省份。同时，山东省也是我国药用植物生产重要基地之一。常见的野生药用植物有 1000 多种，重要的也有数百种，如草麻黄、丹参、地榆、延胡索（*Corydalis yanhusuo*）、北沙参（*Giehnia littoralis*）、桔梗、连翘、半夏（*Pinellia ternata*）、北苍术（*Atractylodes chinensis*）、土茯苓（*Smilax glabra*）、益母草、黄芩（*Scutellaria baicalensis*）、北柴胡等都是常用的中药材。其中，许多为国内珍贵药材，以泰山产的泰山首乌［自首乌（*Cynanchum scoporia*）］、泰山紫草［紫草（*Lithospermum erythrorhizon*）］、泰山参［羊乳（*Codonopsis lanceolata*）］和泰山黄精［黄精（*Polygonatum sibiricum*）］4 种野生药材最负盛名，被称为泰山四大药材。野生的资源难以满足市场需求，可通过人工栽培解决这一问题。

2. 淀粉植物

野生淀粉植物可以代替粮食淀粉植物，广泛应用于各种工业中，如纺织、医药、石油等行业，做黏结剂、选矿剂、石油开采和地质勘探的冲洗液等。山东省野生淀粉植物有近百种，但能大量开发的不多。

3. 油脂植物

油脂植物既是人们日常生活的必需品，也是重要的工业原料，广泛用于医药、造纸、化工、橡胶、塑料等行业。如有的植物油脂可以用作各种润滑剂，有的则含有大量的不饱和脂肪酸，是理想的保健用油。山东油脂植物以木本植物为主，且油脂多集中于植物的果实或种子。山东野生油脂植物种类能大量利用的也不多。

4. 芳香油植物

芳香油是一种以萜类为主的复杂化合物，通常含有 50 种以上的成分，是植物在代谢过程中形成的次生物质，具有挥发性强和香味浓郁的特点，广泛应用于饮料、食品、日用化工、医药等行业。芳香油还是重要的出口物资，我国每年有较大的出口量供应国际市场。山东省芳香油植物资源较为丰富，但能够形成较大生产力并已实际利用的很少。

5. 纤维植物

纤维植物是人类重要的资源植物，是造纸、纺织、编织等的重要原料。山东省纤维植物种类较多，分布较广，其中以禾本科、桑科（Moraceae）、荨麻科（Urticaceae）等较重要，利用的也比较多。特别是禾本科的芦苇，在山东各大湖区及黄河三角洲一带产量很大，是造纸的优良原料。但目前多用于编织，而且未能很好地利用起来。罗布麻是著名的纤维植物，其纤维质量很高，可纺织高级衣料，制造高级纸张和高级化学纤维，也可做水龙带、渔网线、机器传动带等。它主要分布于滨海荒地、河滩沙质土上，耐轻度盐碱，可以在低洼盐碱地区人工栽培，是很有发展前途的经济植物。

6. 单宁植物

单宁植物又称鞣料植物，是提取栲胶的原料。栲胶是制革、印染、软化用水等的化工用品，目前利用也不多。

7. 野生花卉植物

野生花卉往往具有较强的抗逆性和适应能力。野生花卉资源的开发利用应受到重视。山东省野生花卉资源非常丰富，利用也多，据初步统计，观赏价值较高的就有 400 多种，其中木本植物 100 余种、草本植物 300 多种。如青岛百合（*Lilium tsingtauense*）、腺毛翠雀（*Delphinium grandiflorum* var. *gilgianum*）、山茶、杜鹃等，都具有非常高的观赏价值。在胶东山地大量分布的映山红，每年开花季节，满山皆红，景色十分壮观。微山湖还有约 0.67hm²（10 亩）野生莲（*Nelumbo nucifera*），这在全国亦属少见。另外，全省分布较广的黄栌，既可做绿化树种又可做观叶植物，秋季的红叶吸引了众多游人观赏。

8. 蜜源植物

蜜源植物中含有大量人体必需的营养物质。产品蜂蜜、蜂蜡、蜂乳等，还是食品、医药、电信、纺织等行业，以及国防和出口的重要物质。蜜源植物是养蜂业不可缺少的基础，蜜蜂依赖蜜源生存和发展，而蜜源植物则是提供蜜源的物质基础。蜜蜂之所以能生产对人类有益的蜂蜜、蜂王浆和蜂蜡等，全依赖于蜜源植物的花蜜。山东省蜜源植物种类丰富、花期长，为养蜂业提供了优良的资源。来自安徽省、浙江省、河南省、江苏省的蜂农在每年的蜜源植物盛花期都来到山东。

根据性质的不同，蜜源植物可分为蜜源植物和辅助蜜源植物两类。蜜源植物是指能生产商品蜜的植物。山东省主要有刺槐、黄荆（*Vitex negundo*）及变种荆条、油菜（*Brassica campestris*）、乌桕（*Sapium sebiferun*）、胡枝子、枣（*Zizyphus jujuba* var. *inermis*）、香薷等。辅助蜜源植物是指只能提供蜜蜂生活及繁殖用的植物，山东省主要有酸枣、板栗（*Castanea mollissima*）、水蓼、紫花地丁等。蜜源植物目前开发利用得较多。

（三）特殊的植被类型及保护

山东位于暖温带气候区，与之相适应的是暖温带落叶阔叶林。但在山东的鲁东南和鲁南地区，特别是在崂山等地，分布有自然或半自然的亚热带植被类型，在半岛北部和山东其他海拔较高的山地还有一些东北分布的类型。这些植被类型分布范围不大，多在局部小环境中生存。这些类型的出现，对于研究植被地理分布规律、潜在植被，以及山东植被和周边地区生态上的关系，有一定的意义，所以也具有保护价值。较重要的类型有山茶灌丛、乌桕群落、黄檀群落、椴群落。此外，山东南部还有黄连木群落、半自然的枫香树群落、化香树群落等。人工栽培的茶园、竹园等就更普遍了，这些都需要加以保护。自然的类型无需采取特殊的防寒措施。

1. 山茶灌丛

山茶常见于浙江以南地区，是典型的亚热带常绿树种。但在崂山东南的长门岩岛上有天然分布。此外在周边的岛屿如千里岩、大管岛等岛屿上曾经也有分布。长门岩岛的山茶灌丛保护较好，其他岛屿则未得到有效的保护。从山茶的生长、繁殖等特征看，山茶应该是自然分布的类型。曾经有专家认为崂山一带是常绿阔叶林地带，主要依据就是山茶群落及红楠等种类的存在。

2. 乌桕群落

乌桕是亚热带落叶乔木。本群落见于青岛即墨区的西风山、王家山一带，面积不大，但树木高达

15—20m，胸径 40—50cm，大的树已有上百年，目前生长良好，且能够自然繁殖。林下小乔木和幼苗很多，在山东南部的一些村落也能见到散生的大树。本群落作为特殊种质资源，已经被青岛市确定为重点保护种质资源。

3. 黄檀群落

黄檀也是亚热带树种，在山东零星分布，但也有成林。典型的黄檀群落见于青岛大珠山，面积也不大，成片出现的是灌丛状的群落，其中散生着大的乔木，高度 5—10m，胸径 25—30cm。本群落目前也作为重要种质资源被保护。

4. 椴群落

椴属（*Tilia*）植物在山东各山地多呈零星分布，成片的椴林见于烟台市蓬莱区艾山，面积不大，但具有一定生态意义。

三、自然保护地建设

（一）自然保护地建设概况

自然保护区建设是生物多样性保护的最主要途径。自然保护区的建立，有助于有效地保存植物资源和自然景观，使保护区成为基因库和研究场所。山东省自然条件复杂，植物资源丰富，有许多珍贵的动植物资源需要保护。但以往多注重动物资源的保护，忽视了对生态系统起决定作用的植物和植被资源的保护。因此，根据山东省的具体条件和优势，在不同的地区如崂山、泰山、沂山、五莲山、抱犊崮、沿海岛屿、黄河三角洲等地建立不同类型、以植被为保护对象的自然保护区是非常必要的。

山东省自然保护区建设始于 20 世纪 80 年代。1980 年山东省建立了第一个自然保护区——山旺古生物化石国家级自然保护区。山东省自然保护区建设经历了从无到有、从少到多、从管理不规范到开始走向规范建设管理的发展阶段。

截至 2018 年，山东省共建成 78 个各级各类自然保护区，其中国家级 7 个、省级 38 个、市级 18 个、县级 15 个，总面积 101.08 万 hm²，占全省面积的 6.49%；涉及森林、海洋、湿地、野生生物、地质、古生物等 6 个类别，形成了自然保护区建设的基本框架，为今后的自然保护地体系建设奠定了良好基础，也为生态文明建设、生物多样性保护、绿水青山守护、区域生态安全和可持续发展起到了支撑和保障作用。国家级和省级保护区中，森林、海洋和湿地类保护区的作用更为突出。山东省自然保护区建设只有 40 多年历史，其中 80% 以上集中在 1999—2013 年，2018 年后再无新的保护区建立。当时或者基于抢救性保护，或者出于生态市县、环保模范市县建设需要等不同目的而建，几乎将可以保护的重要保护对象都划到了保护区内，使全省的自然生态环境和自然资源等主要保护对象，包括森林、湿地、海洋等典型自然生态系统、重要野生动植物多样性和特殊地质地貌类等自然遗产，总体得到了较为有效的保护，"十三五"以来，山东森林、湿地和海洋生态系统总体向好。自然保护地建设是一项功在当代、利在千秋的业绩。保护区的建设，除了在保护自然环境和自然资源、保护生物多样性方面发挥重大作用外，山东长岛国家级自然保护区、山东昆嵛山国家级自然保护区、山东黄河三角洲国家级自然保护区等，建立了博物馆、生态馆、鸟展馆等，在生态知识普及、生态意识教育、国际合作、人才培养等方面也发挥了重要作用。

按照国家级和省级自然保护区有关条例与规定，多数国家级和省级自然保护区明确了管理机构与管理职责，充实了专业管理人员；省级以上保护区修编或补编了总体规划，补充了科考报告等基础资料和数据；部分保护区开展了勘界立标等工作；有些保护区如山东昆嵛山国家级自然保护区、山东黄河三角洲国家级自然保护区、山东长岛国家级保护区等配备了专用巡护车、红外相机、卫星监控等设备设施，设立了定位监测站点等，保护能力和成效大大提升，在保护管理方面发挥了很好的示范带头作用，国际影响力也大大提升。

除了自然保护区，山东省还建有其他类型的保护地，包括森林公园、湿地公园、地质公园、风景名胜区、海洋公园等。目前山东省自然保护地类型主要有自然保护区、风景名胜区、地质公园、湿地公园、森林公园、海洋特别保护区、水产种质资源保护区、水利风景区、城市湿地公园、饮用水源地保护区等，已经构成了类型多样、内容丰富的自然保护地体系，对生物物种、自然景观和生态系统保护发挥了重要作用。山东省各类国家级、省级自然保护地有498处，其中国家级省级自然保护区45处、森林公园118处、湿地公园200处、风景名胜区40处、地质公园64处、海洋公园11处、海洋特别保护区20处。

山东省各类自然保护地总面积219.23万 hm^2（含重叠面积），其中国家级自然保护地面积117.1万 hm^2，占保护地总面积的53.41%；省级自然保护地面积102.13万 hm^2，占保护地面积的46.59%。在类型方面，国家级省级自然保护区面积76.99万 hm^2，占保护地总面积的35.12%；风景名胜区面积28.66万 hm^2，占保护地总面积的13.07%；地质公园面积29.76万 hm^2，占保护地总面积的13.57%；森林公园面积31.78万 hm^2，占保护地总面积的14.50%；湿地公园面积20.46万 hm^2，占保护地总面积的9.33%；海洋公园面积11.66万 hm^2，占保护地总面积的5.32%；海洋特别保护区面积20.03万 hm^2，占保护地总面积的9.14%。

2019年6月，中共中央办公厅、国务院办公厅印发了《关于建立以国家公园为主体的自然保护地体系的指导意见》（中办〔2019〕42号），并要求各地区各部门结合实际认真贯彻落实，这是一项具有历史意义的重大战略决策。为了贯彻习近平生态文明思想，落实中办〔2019〕42号文件要求，山东省已经启动自然保护地体系建立新工作，山东省人民政府办公厅发布了《山东省人民政府办公厅关于建立以国家公园为主体的自然保护地体系有关事项的通知》（鲁政办字〔2020〕8号），要求全面建成分类科学、布局合理、保护有力、管理有效、功能完善的自然保护地体系。截至2021年，山东省自然保护地调整和自然保护地体系建设已经基本完成。

在自然保护地中，最重要的是国家公园和各类自然保护区。山东拟建的国家公园有黄河口国家公园和长岛国家公园2处，正在建设中。山东省有国家级省级自然保护区45个，自然保护区面积76.99万 hm^2。自然保护区在全省13个地级市有分布，聊城市、德州市和菏泽市无国家级省级自然保护区。13个地级市中，烟台市自然保护区数量20处、面积30.73万 hm^2，占全省国家级省级自然保护区总数量的44.44%、总面积的39.91%，面积和数量都居全省之首（表12-3-1）。

表12-3-1 山东省国家级省级自然保护区名录

序号	名称	保护级别	所在市	划定时间	面积/km^2	备注
1	马山国家级自然保护区	国家级	青岛市	1994-04	7.74	
2	山东黄河三角洲国家级自然保护区	国家级	东营市	1992-10	1530.00	拟建国家公园
3	山东长岛国家级自然保护区	国家级	烟台市	1988-05	50.15	拟建国家公园

续表

序号	名称	保护级别	所在市	划定时间	面积/km²	备注
4	山东昆嵛山国家级自然保护区	国家级	烟台市	2008-01	154.17	
5	山旺古生物化石国家级自然保护区	国家级	潍坊市	1980-01	1.20	
6	荣成大天鹅国家级自然保护区	国家级	威海市	2007-04	16.75	
7	滨州贝壳堤岛与湿地国家级自然保护区	国家级	滨州市	2006-02	435.42	
8	济南张夏—崮山华北寒武系标准剖面省级地质遗迹自然保护区	省级	济南市	2001-04	2.62	
9	平阴大寨山省级自然保护区	省级	济南市	2010-09	12.00	
10	青岛崂山省级自然保护区	省级	青岛市	2000-11	448.55	植物丰富,在国内有特色
11	胶州艾山地质遗迹省级自然保护区	省级	青岛市	2001-10	8.60	
12	青岛大公岛岛屿生态系统省级自然保护区	省级	青岛市	2001-12	16.03	
13	胶南灵山岛省级自然保护区	省级	青岛市	2002-12	32.83	
14	大泽山省级自然保护区	省级	青岛市	2006-11	97.83	
15	淄博原山省级自然保护区	省级	淄博市	2005-06	139.14	
16	鲁山省级自然保护区	省级	淄博市	2006-06	130.70	
17	峄城石榴园省级自然保护区	省级	枣庄市	2002-01	46.42	
18	枣庄抱犊崮省级自然保护区	省级	枣庄市	2003-03	35.00	亚热带植物和植被多
19	蓬莱艾山省级自然保护区	省级	烟台市	2002-05	98.25	
20	海阳招虎山省级自然保护区	省级	烟台市	2006-12	70.61	
21	龙口之莱山省级自然保护区	省级	烟台市	2002-12	102.27	
22	栖霞牙山省级自然保护区	省级	烟台市	2003-05	179.00	
23	烟台沿海防护林省级自然保护区	省级	烟台市	2006-06	227.77	有效保护了海防林
24	山东莱州大基山省级自然保护区	省级	烟台市	2007-11	87.53	
25	招远罗山省级自然保护区	省级	烟台市	2007-11	94.80	
26	庙岛群岛海豹省级自然保护区	省级	烟台市	2001-06	1731.00	
27	海阳千里岩岛海洋生态系统省级自然保护区	省级	烟台市	2002-01	18.23	
28	烟台崆峒列岛省级自然保护区	省级	烟台市	2003-03	76.90	
29	福山银湖省级湿地自然保护区	省级	烟台市	2008-11	60.43	
30	莱山围子山省级自然保护区	省级	烟台市	2009-12	25.09	
31	大瓢山省级自然保护区	省级	烟台市	2010-09	23.26	
32	黄水河河口湿地省级自然保护区	省级	烟台市	2009-08	10.28	
33	老寨山省级自然保护区	省级	烟台市	2007-11	29.09	
34	依岛省级自然保护区	省级	烟台市	2008-09	0.85	
35	牟平嵛山省级自然保护区	省级	烟台市	2012-11	14.85	
36	莱阳五龙河湿地省级自然保护区	省级	烟台市	2013-03	18.25	
37	仰天山省级自然保护区	省级	潍坊市	1999-01	20.00	
38	山东南四湖省级自然保护区	省级	济宁市	2003-06	1275.47	具备建设国家级保护区的条件
39	泰山省级自然保护区	省级	泰安市	2006-02	118.92	植物资源丰富
40	新泰太平山省级自然保护区	省级	泰安市	2009-12	37.33	
41	山东徂徕山省级自然保护区	省级	泰安市	2006-11	109.15	
42	荣成成山头省级自然保护区	省级	威海市	2002-11	60.15	
43	莒县浮来山省级地质遗迹自然保护区	省级	日照市	2001-11	4.90	

序号	名称	保护级别	所在市	划定时间	面积／km²	备注
44	无棣马谷山省级地质遗迹自然保护区	省级	滨州市	1999-03	0.13	
45	临沂大青山省级自然保护区	省级	临沂市	2000-12	40.00	

注：保护区面积数据截至 2018 年。

（二）典型保护区

除了地质和海洋类保护区，其他保护区大多以森林和湿地植被为基础。以下重点介绍 6 个典型保护区的概况、植物和植被特点、未来发展趋势。这些保护区代表了以植被为主体，以森林、湿地、鸟类等为重点保护对象的自然保护区。

1. 山东黄河三角洲国家级自然保护区

（1）概况

山东黄河三角洲国家级自然保护区于 1992 年经国务院批准建立，位于山东省东营市的黄河入海口处，北临渤海，东靠莱州湾，介于东北亚内陆和江淮平原之间，地理坐标为东经 118°33′—119°207′，北纬 37°35′—38°12′。它是以保护河口新生湿地生态系统和珍稀濒危鸟类为主的湿地类型自然保护区，是世界少有的河口湿地生态系统，也是具有重要国际意义的湿地，在国内外具有重要地位。本自然保护区设一千二、黄河口、大汶流 3 个管理站，总面积 15.3 万 hm²，其中核心区 5.8 万 hm²、缓冲区 1.3 万 hm²、实验区 8.2 万 hm²。其分为南北两个区域，南部区域位于现行黄河入海口，面积 10.45 万 hm²；北部区域位于 1976 年改道后的黄河故道入海口，面积 4.85 万 hm²。自然保护区是黄河近百年来携带大量泥沙填充渤海凹陷成陆的海相沉积平原，地势平坦宽广，东西比降 1 : 10000 左右，潜水位小于 2m，矿化度 10—20ml/L，土壤为隐域性潮土和盐土。

本保护区内水源充足，又因处于黄河流入渤海的交汇处，水文条件独特，海淡水交汇，形成了宽阔的湿地。土壤含氮量高，有机质含量丰富，浮游生物繁盛，极适宜鸟类居集。由于保护区内植被类型多样，海陆交错，吸引了大量过境和栖息繁殖的鸟类，其保护价值非常高，所以引起国内外关注。国家已经确定建立黄河口国家公园。

（2）植物和植被

本保护区内共有各类植物 393 种（含变种）。其中，浮游植物 4 门 116 种（变种）；蕨类植物 3 科 3 属 4 种；裸子植物 2 科 2 属 2 种；被子植物 54 科 178 属 271 种，其中单子叶植物 11 科 57 属 87 种，双子叶植物 43 科 121 属 184 种。

保护区的植被类型以各种草甸和沼泽植被为主（图 12-3-1 至图 12-3-11），也有旱柳林（图 12-3-12 至图 12-3-15）、柽柳灌丛（图 12-3-16 至图 12-3-24）。多种多样的植被为鸟类栖息、迁徙提供了庇护地和觅食场所。

（3）未来发展趋势

随着黄河国家战略的实施，山东黄河三角洲国家级自然保护区所在的黄河口地区的生态地位及其重要性越来越得到认可。国家已经确定建立黄河口国家公园。随着国家公园的创建实施，这一区域的生态保护建设力度将越来越大，黄河口地区的生态、植被和生物多样性保护将上升到新的阶段和水平。

图 12-3-1　芦苇群落（黄河三角洲）（1）

图 12-3-2　芦苇群落（黄河三角洲）（2）

图 12-3-3　荻群落（黄河三角洲）（1）

图 12-3-4　荻群落（黄河三角洲）（2）

图 12-3-5　白茅群落（黄河三角洲）

图 12-3-6　罗布麻群落（黄河三角洲）

图 12-3-7　鸦葱群落（黄河三角洲）

图 12-3-8　盐地碱蓬群落（黄河三角洲）

图 12-3-9　野大豆（*Glycine soja*）（黄河三角洲）（1）

图 12-3-10　野大豆（*Glycine soja*）（黄河三角洲）（2）

图 12-3-11　野大豆群落（黄河三角洲）

图 12-3-12　旱柳林（黄河三角洲）

图 12-3-13　旱柳林和荻群落（黄河三角洲）（1）

图 12-3-14　旱柳林和荻群落（黄河三角洲）（2）

图 12-3-15　旱柳林和芦苇群落（黄河三角洲）

图 12-3-16　柽柳灌丛（黄河三角洲）（1）

图 12-3-17　柽柳灌丛（黄河三角洲）（2）

图 12-3-18　柽柳灌丛（黄河三角洲）（3）

图 12-3-19　罗布麻草甸、柽柳灌丛（黄河三角洲）

图 12-3-20 补血草草甸、柽柳灌丛（黄河三角洲）（1）

图 12-3-21 补血草草甸、柽柳灌丛（黄河三角洲）（2）

图 12-3-22　盐地碱蓬草甸、柽柳灌丛（黄河三角洲）（1）

图 12-3-23　盐地碱蓬草甸、柽柳灌丛（黄河三角洲）（2）

图 12-3-24 盐地碱蓬草甸、芦苇草甸、柽柳灌丛（黄河三角洲）

2. 山东昆嵛山国家级自然保护区

（1）概况

山东昆嵛山国家级自然保护区于 2008 年经国务院批准成立，以烟台市昆嵛山林场为主体，总面积 15417hm²。其中，核心区 6486.0hm²，约占总面积的 42.1%；缓冲区 4481.0hm²，约占总面积的 29.1%；实验区 4449.5hm²，约占总面积的 28.9%。地理坐标为东经 121°37′0″—121°51′0″，北纬 37°12′20″—37°18′50″。保护区的主要保护对象是暖温带森林生态系统，重点保护目标是赤松林、落叶栎林。它是山东省第一个森林生态类型的国家级自然保护区。

本保护区山脉属长白山系，主峰泰礴顶，海拔 923m，主山脉呈东西走向，形成南北支脉和山谷。纵横交织的沟谷把保护区切割成若干个小地貌类型，为生物多样性分布提供了优良的自然环境。岩石以花岗岩分布最广，片麻岩、石英斑岩有少量分布。气候属暖温带季风型大陆性气候，年均气温 11.9℃，年平均降水量 984.4mm，全年无霜期 200d 左右。自然保护区有 4 条较大河流发源于此，汉河、沁水河流向北，沐渚河、黄垒河流向南，注入黄海。

本保护区建设成效显著，赤松林和赤松栎类林都得到了很好的保护，生态系统的完整性、原真性已经显现。

（2）植物和植被

本保护区有野生高等植物 161 科 536 属 1073 种（含变种、变型），维管植物 115 科 427 属 884 种。维管束植物科、属、种分别占山东省维管束植物总数的 62.8%、47.7%、38.1%，野生种子植物科、属、种分别占山东种子植物总数的 80.1%、67.6%、56.5%，为山东省植物种类最丰富的地区之一。在记录的野生植物种类中，中华结缕草、野大豆、紫椴是国家级保护植物。列入《濒危野生动植物种国际贸易公

约》的植物有兰科植物 8 属 10 种。山东省稀有濒危植物
46 种。山东特有植物 22 种，其中昆嵛山特有植物 13 种。
植物模式标本 8 种，分别是胶东桦、胶东椴、长梗红果
山胡椒、胶东景天、山东剪股颖、昆嵛山剪股颖、扁果
麻栎、高壳槲栎。本保护区是山东省特有种和昆嵛山特
有植物模式标本的集中分布地，其群落学重要性、生态
学重要性和物种多样性很丰富。

本保护区拥有中国保存最完好的赤松林，是中国赤
松的原生地和天然分布中心，被誉为"胶东植物王国"。
本保护区是以中国赤松为主要保护对象的森林生态类型
自然保护区（图 12-3-25 至图 12-3-36）。本保护区典型
的赤松天然林和赤松针阔混交林，对于研究动植物地带
性分布和自然演替过程具有重要意义。

（3）未来发展趋势

昆嵛山国家级保护区无论在保护管理力度方面，还
是在保护成效方面都处于国内先进行列，随着自然保护
地体系建设的推进，昆嵛山保护区将迎来新的发展机遇，
在生物多样性保护、赤松麻栎混交林保护发展方面实现
新的突破。

图 12-3-25　赤松（*Pinus densiflora*）大树（昆嵛山）

图 12-3-26　赤松林（昆嵛山）（1）

图 12-3-27　赤松林（昆嵛山）（2）

图 12-3-28 赤松林（昆嵛山）（3）

图 12-3-29 赤松林（昆嵛山）（4）

图 12-3-30 赤松林（昆嵛山）（5）

图 12-3-31　赤松＋栎类混交林（昆嵛山）（1）

图 12-3-32　赤松＋栎类混交林（昆嵛山）（2）

图 12-3-33　杂木林（昆嵛山）

图 12-3-34　沟谷杂木林（昆嵛山）

图 12-3-35　春季三桠乌药（*Lindera obtusiloba*）（昆嵛山）

图 12-3-36　冬季昆嵛山

3.青岛崂山省级自然保护区

（1）概况

青岛崂山省级自然保护区成立于 2000 年。地处山东半岛东南沿海，濒临黄海，地理坐标为东经 120°24′—120°42′，北纬 36°05′—36°19′。原先总面积 44855hm²，后调整为 31526hm²。其中，核心区面积 7542hm²、缓冲区面积 8924hm²、实验区面积 15060hm²。本保护区是以保护森林生态系统类型为主的自然生态系统类保护区，主要保护对象是暖温带落叶阔叶林植被和花岗岩峰丛地貌。

崂山是中国大陆海岸上海拔最高的山地，花岗岩地质地貌景观典型、独特，特殊的大地构造位置和花岗岩类型、丰富的地质资源、典型而独特的花岗岩地貌景观，具有很高的科研、科普等价值。

本保护区属暖温带大陆性季风气候，四季变化和季风进退都较明显，具有雨水丰富、年温适中、冬无严寒、夏无酷暑、气候温和的海洋性气候特点。同时，复杂的地形造就了复杂多变的气候，东南部山区降水较多，太清宫附近被誉为"小江南"，为海洋性气候；中部低山丘陵区降水适中，形成半湿润温和区；巨峰北侧北九水一带，冬季平均气温至 0℃以下，空气相对湿度高，被誉为"小关东"。

本保护区的植物多样性在山东最为丰富（图 12-3-37），在华北地区也有代表性。以栎类为代表的落叶阔叶林和以赤松林为代表的温性针叶林在国内外均有特色，有着重要的科研价值（图 12-3-38 至图 12-3-40）。

图 12-3-37 崂山植被

图 12-3-38　植被调查（崂山）（1）

图 12-3-39　植被调查（崂山）（2）

图 12-3-40　植被调查（崂山）（3）

（2）植物和植被

本保护区植物种类繁多（图 12-3-41 至图 12-3-55），成分复杂，特有种类多，古树名木多，既是山东植物资源最丰富的区域，也是中国同纬度地区植物种类最多、植物区系成分最复杂的地域，具有很高的自然生态保护和科研价值。本保护区物种多样性是山东最丰富的，维管束植物有 1422 种、8 亚种、114 变种、5 变型、13 栽培变种，属于 160 科 734 属。山区林木覆盖率达 63.4%。有国家一级重点保护植物 2 种，二级保护植物 10 种；崂山及周边区域有国家一级保护鸟类 13 种，二级保护鸟类 63 种，山东省重点保护动物 44 种。丰富的动植物多样性及其生境，构成了保护区完整的森林生态系统。

图 12-3-41 青岛百合（*Lilium tsingtauense*）（崂山）（1）

图 12-3-42 青岛百合（*Lilium tsingtauense*）（崂山）（2）

图 12-3-43　楸树（*Catalpa bungei*）（崂山）

图 12-3-44　山茶（*Camellia japonica*）（崂山）（1）

图 12-3-45　山茶（*Camellia japonica*）（崂山）（2）

图 12-3-46　红楠（*Machilus thunbergii*）（崂山）（1）

图 12-3-47 红楠（*Machilus thunbergii*）（崂山）（2）

图 12-3-48 三桠乌药（*Lindera obtusiloba*）（崂山）

图 12-3-49 迎红杜鹃（*Rhododendron mucronulatum*）（崂山）

图 12-3-50　宜昌荚蒾（*Viburnum erosum*）（崂山）

图 12-3-51　东方堇菜（*Viola prionantha*）（崂山）

图 12-3-52　樱桃（*Prunus pseudocerasus*）（崂山）（1）

图 12-3-53 樱桃（*Prunus pseudocerasus*）（崂山）（2）

图 12-3-54 樱桃（*Prunus pseudocerasus*）（崂山）（3）

图 12-3-55 柿（*Diospyros kaki*）（崂山）

　　本保护区植被类型可分为针叶林（图 12-3-56 至图 12-3-63）、阔叶林（图 12-3-64、图 12-3-65）、竹林、灌丛、灌草丛、草甸、水生植被和栽培植被（图 12-3-66）等 8 个主要类型。以栎类为主的落叶阔叶林和以赤松为主的温性针叶林在山东和华北地区具有代表性与典型性。

图 12-3-56　赤松林（崂山）（1）

图 12-3-57　赤松林（崂山）（2）

图 12-3-58　春季落叶松林（崂山）

图 12-3-59　夏季落叶松林（崂山）

图 12-3-60 秋季落叶松林（崂山）

图 12-3-61 黑松林（崂山）

图 12-3-62　秋季针阔混交林（崂山）（1）

图 12-3-63　秋季针阔混交林（崂山）（2）

图 12-3-64　麻栎林（崂山）

图 12-3-65　麻栎林（崂山）

图 12-3-66　崂山茶园

（3）未来发展趋势

青岛崂山省级自然保护区具有丰富的生物多样性和奇特的地质地貌，在国内外享有盛誉。由于自然保护调整和整合，本保护区的未来尚不清楚。但不管如何，保护好崂山的生物多样性，特别是丰富多样的植物和植被资源，为后代留下宝贵的自然遗产，是自然保护地建设的首要任务。

4.泰山省级自然保护区

（1）概况

泰山省级自然保护区于 2006 年经山东省政府批准建立，总面积 11892hm²。本保护区以泰山林场为主创建，属于森林生态系统保护区，森林覆盖率 94.8%，植被覆盖率 95.6%。

（2）植物和植被

本保护区森林是暖温带针阔混交林的典型代表，是山东省 4 个植物特有现象中心之一，现有高等植物 1614 种（图 12-4-67 至图 12-4-77），哺乳类动物 25 种、爬行类 12 种、两栖类 6 种、鸟类 324 种、鱼类 22 种，是天然的生物多样性展览馆。本保护区受国家级、省级保护的动植物种类较多，其中国家级保护植物 10 种，列入《濒危野生动植物种国际贸易公约》的植物 7 种，列入《中国植物红皮书——稀有濒危植物》的植物 5 种，山东省稀有濒危植物 32 种，泰山特有植物 28 种，中国特有植物 11 种。泰山现有古树名木 18100 余株，"秦松""汉柏""望人松""姊妹松""唐槐""宋银杏"等 23 株列入世界遗产名录，有"活化石""活文物"之誉。

图 12-3-67　泰山迎客松——油松（*Pinus tabuliformis*）

图 12-3-68 桧(*Juniperus chinensis*)（泰山）

图 12-3-69 侧柏（*Platycladus orientalis*）（泰山）

图 12-3-70 构（*Brousonetia papyrifera*）（泰山）（1）

图 12-3-71 构（*Brousonetia papyrifera*）（泰山）（2）

图 12-3-72 荆条（*Vitex negundo* var. *heterophylla*）（泰山）

图 12-3-73　宜昌荚蒾（*Viburnum erosum*）（泰山）

图 12-3-74　扁担杆（*Grewia biloba*）（泰山）

图 12-3-75　达乌里黄芪（*Astragalus dahuricus*）（泰山）

图 12-3-76　毛葡萄（*Vitis heyneana*）（泰山）

图 12-3-77 秋海棠（*Begonia grandis*）（泰山）

本保护区植被类型可分为针叶林、阔叶林、灌丛、灌草丛、草甸等主要类型。以麻栎林、栓皮栎林、刺槐林为主的落叶阔叶林（图 12-3-78 至图 12-3-86）和以油松为主的温性针叶林（图 12-3-87 至 12-3-92），以及荆条灌丛（图 12-3-93）等具有代表性。本保护区植被的景观特色和季相变化也很有特色（图 12-3-94 至图 12-3-99）。

图 12-3-78 麻栎林（泰山）（1）

图 12-3-79 麻栎林（泰山）（2）

图 12-3-80 麻栎林（泰山）（3）

图 12-3-81 栓皮栎林（泰山）（1）

图 12-3-82　栓皮栎林（泰山）（2）

图 12-3-83 栎林（泰山）

图 12-3-84 刺槐林（泰山）（1）

图 12-3-85　刺槐林（泰山）（2）

图 12-3-86　刺槐林（泰山）（3）

图 12-3-87　油松林（泰山）（1）

图 12-3-88　油松林（泰山）（2）

图 12-3-89　油松林（泰山）（3）

图 12-3-90　黑松林（泰山）

图 12-3-91　侧柏林（泰山）（1）

图 12-3-92　侧柏林（泰山）（2）

图 12-3-93　荆条灌丛（泰山）

图 12-4-94　秋季泰山（1）

图 12-3-95　秋季泰山（2）

图 12-3-96　秋季泰山（3）

图 12-3-97　秋季泰山（4）

图 12-3-98　秋季泰山（5）

图 12-3-99　秋季泰山（6）

（3）未来发展趋势

泰山省级自然保护区具有丰富的生物多样性、古老的地质与险峰峻岭，其生态重要性在国内外享有盛誉。由于自然保护区调整和整合，本保护区的未来尚不清楚。但保护好泰山的生物多样性和自然历史遗产，为后代造福，是自然保护地建设的首要任务。

5. 山东南四湖省级自然保护区

（1）概况

山东南四湖省级自然保护区位于山东省西南部济宁市，成立于 2003 年。地理坐标为东经 116°34′09″—117°21′53″，北纬 34°23′56″—35°17′39″，属于自然生态系统类别、内陆湿地和水域生态系统类型的自然保护区。

2019 年 11 月 4 日，山东省人民政府同意对山东南四湖省级自然保护区范围和功能区进行调整，调整后保护区总面积 111651.07hm²。其中，核心区 45114.80hm²，占保护区总面积的 40.41%；缓冲区 12696.70hm²，占保护区总面积的 11.37%；实验区 53839.57hm²，占保护区总面积的 48.22%。保护区主要保护对象为鸟类及鸟类赖以生存的栖息地。南四湖湿地生态系统典型，生物多样性丰富，具有很高的保护价值和科研价值。南四湖是重要的水资源调蓄地，是鸟类重要的栖息地和迁徙驿站，同时也是国家南水北调东线工程的重要调水区。

本保护区属暖温带季风大陆性气候，四季分明。年均降水量为 773.6mm，年平均日照 2515.5h，陆地年平均气温为 13.8℃，湖内年平均气温为 14.3℃。

南四湖平均水深 1.46m，历史最高水位 36.48m，最大蓄水面积 1266hm²，最大蓄水量为 53 亿 m³，流域总面积 317 万 hm²，入湖河道共有 53 条，出湖水道主要有 3 条。南四湖属中国淮河以北地区面积最大、结构完整、保存较好的内陆大型淡水草型湖泊，占山东省淡水面积的 47%，是中国十大淡水湖泊之一。

（2）植物和植被

山东南四湖省级自然保护区有各种植物 195 种，其中杨、柳、泡桐等 48 种，芦苇、篦草等水生植物 147 种，国家级保护植物 5 种，列入《濒危野生动植物种国际贸易公约》的植物 30 种。

本保护区的植被类型以水生植被和沼泽植被为主，北方常见的水生植物群落在南四湖大都能够见到（图 12-3-100 至图 12-3-117）。其中，芦苇、菰、莲、眼子菜等形成的植被类型最为普遍和广泛。

图 12-3-100　杨树林、芦苇群落（南四湖）（1）

图 12-3-101　杨树林、芦苇群落（南四湖）（2）

图 12-3-102　旱柳群落、芦苇群落、莲群落（南四湖）

图 12-3-103　莲群落（南四湖）

图 12-3-104　睡莲群落（南四湖）

图 12-3-105　香蒲群落（南四湖）（1）

图 12-3-106　香蒲群落（南四湖）（2）

图 12-3-107　香蒲群落（南四湖）（3）

图 12-3-108 旱柳林、芦苇群落（南四湖）（1）

图 12-3-109 旱柳林、芦苇群落（南四湖）（2）

图 12-3-110　杨树林、芦竹群落（南四湖）

图 12-3-111　灯心草群落（南四湖）

图 12-3-112　雨久花群落（南四湖）

图 12-3-113　菹草群落（南四湖）

图 12-3-114 黑藻群落（南四湖）

图 12-3-115 眼子菜群落（南四湖）

图 12-3-116　喜旱莲子草群落（入侵香蒲群落）（南四湖）

图 12-3-117　野大豆群落（南四湖）

（3）未来发展趋势

　　山东南四湖省级自然保护区拥有丰富的生物多样性，在国内外有较大的影响力。随着黄河国家战略的实施和生物多样性保护力度的加大，提升为国家级保护区是完全可能的。

6.烟台沿海防护林省级自然保护区

（1）概况

2006 年，山东省人民政府批准成立烟台沿海防护林省级自然保护区。保护区位于山东省烟台市，原先总面积 22777hm²，后调整为 14046.3hm²。其中，核心区面积 2329.6hm²、缓冲区面积 1160.2hm²、实验面积 10556.5hm²。保护区地处烟台市境内的渤海和黄海沿岸，是以沿海防护林森林植被及其生境所形成的自然生态系统为主要保护对象的森林生态系统类型自然保护区，涉及莱州、牟平等 11 个市（区）。本保护区自成立后，核心区和缓冲区森林植被和生物多样性的保护取得很大成效，基本保住了现有的海防林。海防林的形成基质是砂质海岸，土壤为沙土，干旱、多盐、有机质低，不利于植物生长。但一些砂生植物如筛草、单叶蔓荆、玫瑰、肾叶打碗花等适应这种生境，形成了砂生植被。海防林的建设或多或少与砂生植被相关。海防林的建设为沿海地区营造了良好的生态条件和植被景观。

（2）植物和植被

据不完全统计，组成海防林植被的植物约 70 种，建群种类是黑松（图 12-3-118 至图 12-3-124）、刺槐（图 12-3-125、图 12-3-126），还有筛草（图 12-3-127）、玫瑰（图 12-3-128）、滨麦、珊瑚菜、肾叶打碗花（图 12-3-129）、白茅、单叶蔓荆（图 12-3-130）等。

图 12-3-118　黑松林（烟台沿海防护林）（1）

图 12-3-119　黑松林（烟台沿海防护林）（2）

图 12-3-120　黑松林（烟台沿海防护林）（3）

图 12-3-121 黑松林（烟台沿海防护林）（4）

图 12-3-122　黑松林（烟台沿海防护林）（5）

图 12-3-123　黑松林（烟台沿海防护林）（6）

图 12-3-124　黑松＋麻栎混交林（烟台沿海防护林）

图 12-3-125　刺槐林（烟台沿海防护林）

图 12-3-126　刺槐林下牛奶子灌木（烟台沿海防护林）

图 12-3-127　筛草群落（烟台沿海防护林）

图 12-3-128　野生玫瑰群落（烟台沿海防护林）

图 12-3-129　肾叶打碗花群落（烟台沿海防护林）

图 12-3-130　单叶蔓荆群落（烟台沿海防护林）

本保护区的植被类型主要是黑松林、刺槐林、黑松＋刺槐混交林，个别地段可以见到麻栎、扁担杆子、大叶胡颓子等种类的进入，表明这些地段已经进入进展演替阶段。但由于旅游和房地产开发，许多地段的海防林已经被破坏，必须引起高度关注。

（3）未来发展趋势

烟台沿海防护林省级自然保护区具有独特的地位和作用，保护好海防林植被，使其发挥防风固沙生态作用，是长期而艰巨的任务。

四、植被可持续发展

植被的可持续发展，事关生态文明建设大局，事关"绿水青山就是金山银山"理念的落实，事关绿色发展大局和中国梦的实现，保护好山东植被，对促进山东植被的健康发展具有重大的意义。

（一）适度提高森林覆盖率

山东的森林覆盖率只有 17% 左右，远低于全国平均水平，在森林区域是比较低的，而且山东森林的质量总体较差。

山东是农业大省，城市化率在全国也比较高，提高森林覆盖率面临着极大的困难。可能的途径有以下4条：一是提高现有森林的郁闭度，目前森林的概念要求郁闭度 0.2 以上，山东森林中郁闭度 0.5 以下的林分占比较高，在许多林分中通过补植乔木提高郁闭度是可行的；二是加大困难山地和荒滩造林的力度，提高质量；三是增加"四旁"植树和城市、乡镇的绿化。

（二）加速改善林类组成和结构

根据第九次全国森林资源清查数据，山东的森林面积按起源分，天然林面积 10.40 万 hm^2，占 3.90%；人工林面积 256.11 万 hm^2，占 96.10%，人工林占绝对多数。天然林中，赤松林占 60% 左右。在人工林中，针叶林约占 20%，阔叶林和针阔混交林约占 80%。阔叶林中杨树林占比 64% 左右。在天然林和人工林中，中幼龄林面积分别占 90% 和 50% 左右。很明显，山东的天然林占比很低，各类森林中幼龄林占比过高。

这种不合理的组成种类比例和结构，显然难以发挥强大的生态功能和提供更多更好的生态产品。尽快改善林类组成，提高天然林比例至关重要。

（三）强化森林质量提升工程

在山东省，针叶林是分布最广泛的植被类型之一，主要分布在山东半岛和鲁中南的山地丘陵地区，为天然、半天然的次生林。此外，在沿海的沙滩作为海岸的防护林栽培。针叶林在山东省多分布在山地丘陵地区坡度大、土层较瘠薄的地段，它们对于涵养水源、防止水土流失等起着重要作用。但是由于树种单一和结构简单，近几十年病虫害和火灾等发生频繁且严重，严重影响了森林质量、生态健康与生态功能。

针叶林目前多幼中龄林，结构简单，种类不丰富，不仅木材的蓄积量不高，生产力低下，而且容易发生病虫害和火灾。因此，对针叶林应加强管理，尽量避免营造针叶纯林。营造混交林，特别是营造针阔混交林，增加阔叶树种的比例，对于减弱和防止病虫害的大范围发生，促进森林的正常生长，提高针叶林的生产力及维持针叶林生态系统的稳定发展都有着重要的意义。

（四）加强森林火灾和病虫害防治

山东的森林面积小、覆盖率不高、森林质量差，除了自然因素和过度利用之外，火灾和病虫害的破坏也是重要因素。火灾目前是最棘手的问题之一。而病虫害，特别是虫害，长期影响山东森林植被的发展，至今尚无良策，每年损失巨大。增加针阔混交林和阔叶林比例，加强长期定位监测监控，加强病虫害检疫等是必要的措施。

（五）加大生态恢复和荒山绿化力度

恢复山东森林目前的主要困难是：需要恢复的地段基本全是困难山地，岩石裸露、土层贫瘠、干燥，造林成活率很低。这类荒山几十年来基本是面貌依旧，变化不大。生态恢复有自然恢复、人工恢复、自然和人工结合恢复 3 种途径。在现有条件下，应加强人工辅助修复，尽可能快地实现荒山绿化。

（六）加强基础理论和恢复技术研究

山东森林恢复的主要困难除了难度大之外，基础理论的支撑不足和恢复技术的不足也是制约因素。对此，应加强以下 3 方面的研究。

第一，加强基础理论研究。植被调查是森林重建和恢复的理论基础。通过调查，明确恢复地的现存植被，推断潜在植被，以便确定植被恢复的类型。同时，一个地区的森林植被是气候、地质地貌、土壤等综合生态因子作用的结果，所以调查气候、地质、地貌、土壤及人类干扰历史和程度等生境特征也是必要的。

根据确定的天然和潜在的植被类型，确定造林选用的种类，主要是建群种和优势种（包括灌木种类）。通常至少 10—20 种，尽量用接近自然森林的种类（乡土种类）。

第二，加强恢复技术研究。恢复技术包括种子采集、育苗、土壤准备、栽培技术和管理技术多个方面。

第三，加强病虫害和火灾的防治研究。如何科学、精准、可行地防虫防火，既是管理问题，更是重大科学问题，需要加大支持力度，开展相关基础和应用研究。其中建立全天候、天空地立体化监测体系也是当务之急。

（七）相关保障

森林恢复除了前面提到的 6 个方面外，政策、法规、资金等也很重要。政府和自然资源部门都有相关规定、办法和经费预算等。这是植被恢复必需的保障。

参考文献 *

安永会，张福存，姚秀菊. 2006. 黄河三角洲水土盐形成演化与分布特征[J]. 地球与环境，34(3)：65–70.

白世红，马凤云，侯栋，等. 2010. 黄河三角洲植被演替过程种群生态位变化研究[J]. 中国生态农业学报，18(3)：581–587.

白壮壮，崔建新. 2019. 近2000a毛乌素沙地沙漠化及成因[J]. 中国沙漠，39：177–185.

崔保山，赵欣胜，杨志峰，等. 2006. 黄河三角洲芦苇种群特征对水深环境梯度的响应[J]. 生态学报，26(5)：1533–1541.

常雄凯，曾辉，刘森. 2018. 黄渤海滨海湿地植被类型、生物量及其与土壤环境因子的关系[J]. 生态学杂志，37(11)：3298–3304.

陈玮，刘玉虹，陆滢，等. 2017. 防潮堤坝对山东昌邑滨海湿地植物及土壤性质的影响分析[J]. 海洋科学，41：50–58.

陈琳，张俪文，刘子亭，等. 2020. 黄河三角洲河滩与潮滩芦苇对盐胁迫的生理生态响应[J]. 生态学报，40(6)：2090–2098.

段义忠，李娟，杜忠毓，等. 2018. 毛乌素沙地天然植物多样性组成及区系特征分析[J]. 西北植物学报，38：770–779.

董聿森，夏江宝，陆兆华，等. 2019. 莱州湾南岸高、中和低密度柽柳林地土壤理化特征[J]. 湿地科学，17(4)：96–103.

党消消，张蕾，王伟，等. 2020. 黄河三角洲原生演替中土壤微生物群落结构分析(英文)[J]. 微生物学报，60(6)：1272–1283.

邓琳. 2007. 黄河三角洲优势饲用植物及其利用——盐地碱蓬·地肤[J]. 安徽农业科学，35(24)：7469–7470.

丁秋祎，白军红，高海峰，等. 2009. 黄河三角洲湿地不同植被群落下土壤养分含量特征[J]. 农业环境科学学报，28(10)：2092–2097.

范德江，陈彰榕，栾光忠. 2001. 黄河三角洲河道沉积规律研究Ⅱ.建林边滩沉积作用机理[J]. 青岛海洋大学学报，31(2):237–242.

方精云，王襄平，沈泽昊，等. 2009. 植物群落清查的主要内容、方法和技术规范[J]. 生物多样性，17(6)：533–548.

方精云，王国宏. 2020a.《中国植被志》：为中国植被登记造册[J]. 植物生态学报，44(2)：93–95.

方精云，郭柯，王国宏，等. 2020b.《中国植被志》的植被分类系统、编研体系和规范[J]. 植物生态学报，44(2)：96–110.

房用，王淑军，刘月良，等. 2008. 现代黄河三角洲的植被群落演替阶段[J]. 东北林业大学学报，36(9):89–93.

---

* 本书着重列出2000年以来新的文献，2000年之前的文献参见《山东植被》（2000，王仁卿、周光裕）。

房用，王淑军，刘磊，等. 2009a. 黄河三角洲不同人工干扰下的湿地群落种类组成及其成因[J]. 东北林业大学学报，37(7):67–70.

房用，梁玉，刘月良，等. 2009b. 黄河三角洲湿地植被群落数量分类与排序[J]. 林业科学，45(10)：152–154.

房用，刘月良. 2010. 黄河三角洲湿地植被恢复研究[M]. 北京：中国环境科学出版社.

高德民，樊守金. 2002. 山东崂山植被研究[J]. 山东科学，15(1):23–27.

高霞，田家怡. 2000. 黄河三角洲淡水浮游植物名录[J]. 海洋湖沼通报，3:65–77.

高远，慈海鑫，邱振鲁，等. 2009. 山东蒙山植物多样性及其海拔梯度格局[J]. 生态学报，29(12)：6377–6384.

管博，栗云召，夏江宝，等. 2014. 黄河三角洲不同水位梯度下芦苇植被生态特征及其与环境因子相关关系[J]. 生态学杂志，33(10)：2633–2639.

葛秀丽，刘建，张依然，等. 2018. 南四湖湿地植被及生态恢复研究[M]. 北京：中国环境出版集团.

何庆成，张波，李采. 2006. 基于RS、GIS集成技术的黄河三角洲海岸线变迁研究[J]. 中国地质，33(5)：1118–1123.

呼格吉勒图，杨劼，张磊，等. 2011. 毛乌素沙地低湿地维管植物区系特征[J]. 中国沙漠，31：1189–1194.

贺强，崔保山，赵欣胜，等. 2007. 水盐梯度下黄河三角洲湿地植被空间分异规律的定量研究[J]. 湿地科学，5(3)：208–214.

贺强，崔保山，赵欣胜，等. 2008. 水、盐梯度下黄河三角洲湿地植物种的生态位[J]. 应用生态学报，19(5)：969–975.

贺强，崔保山，赵欣胜，等. 2009. 黄河河口盐沼植被分布、多样性与土壤化学因子的相关关系[J]. 生态学报，29(2)：676–687.

(荷)艾迪·范德马雷尔，(美)珍妮特·富兰克林，杨明玉，等. 2017. 植被生态学 [M]. 2版. 北京：科学出版社.

侯本栋，马风云，邢尚军，等. 2007. 黄河三角洲不同演替阶段湿地群落的土壤和植被特征[J]. 浙江林学院学报，24(3)：313–318.

韩广轩，王光美，张志东，等. 2008. 烟台海岸黑松防护林种群结构及其随离岸距离的变化[J]. 林业科学，44(10)：8–13.

韩继荣，张海霞，韩小军，等. 2010. 黄河三角洲典型灌区盐碱土的分布及其对生态环境的影响评价[J]. 水利科技与经济，16(2)：171–172.

胡乔木，杨舒茜，李韦，等. 2009. 土壤养分梯度下黄河三角洲湿地植物的生态位[J]. 北京师范大学学报(自然科学版)，35(1)：75–79.

胡春胜，林勇，王志平. 2000. 渤海湾淤泥质海岸带典型地区景观空间格局分析[J]. 农村生态环境，16(1)：13–16.

贾文泽，田家怡，潘怀剑. 2002. 黄河三角洲生物多样性保护与可持续利用的研究[J]. 环境科学研究，15(4)：35–53.

梁玉，房用，刘月良，等. 2008a. 黄河三角洲湿地群落种群生态位研究[J]. 山东林业科技，2：10–13.

梁玉，房用，王月海，等. 2008b. 黄河三角洲湿地不同植被恢复类型对植被多样性的影响[J]. 东北林业大学学报，36(9)：48–50.

梁玉，刘磊，刘月良，等. 2008c. 黄河三角洲湿地护坡植物的选择[J]. 山东林业科技，3：4–6.

梁玉，刘月良，于海龄，等. 2009. 黄河三角洲湿地两岸植被特征分析[J]. 东北林业大学学报，37(10)：16–25.

栾天. 2011. 山东半岛北岸砂质海岸现状及演化分析[D]. 青岛：中国海洋大学.

凌敏，刘汝海，王艳，等. 2010. 黄河三角洲柽柳林场湿地土壤养分的空间异质性及其与植物群落分布的耦合关系[J]. 湿地科学，8(1)：92–97.

卢晓宁，张静怡，洪佳，等. 2016. 基于遥感影像的黄河三角洲湿地景观演变及驱动因素分析[J]. 农业工程学报，32(1)：214–224.

李峰，谢永宏，陈心胜，等. 2009. 黄河三角洲湿地水生植物组成及生态位[J]. 生态学报，29(11)：6257–6265.

李法曾. 1992. 山东植物区系[J]. 山东师范大学学报（自然科学版），7(2):68–75.

李任伟，李禾，李原，等. 2001. 黄河三角洲沉积物重金属、氮和磷污染研究[J]. 沉积学报，19(4):622–629.

李政海，王海梅，刘书润，等. 2006. 黄河三角洲生物多样性分析[J]. 生态环境，15(3)：577–582.

李振基，丁鑫，江凤英，等. 2021. 福建植被志[M]. 福州：福建科学技术出版社.

李信贤. 2005. 广西海岸沙生植被的类型及其分布和演潜[J]. 广西科学院学报，21：27–36.

刘富强，王延平，杨阳，等. 2009. 黄河三角洲柽柳种群空间分布格局研究[J]. 西北林学院学报，24(3)：7–11.

刘晋秀，江崇波，范学炜. 2002. 黄河三角洲近40年来气候变化趋势及异常特征[J]. 海洋预报，19(2)：31–35.

刘艳莉，侯玉平，卜庆梅. 2018. 山东半岛海岸前沿4种草本植物光合性能及资源利用效率比较[J]. 安徽农业大学学报，45：710–714.

刘庆年，刘俊展，刘京涛，等. 2006. 黄河三角洲外来入侵有害生物的初步研究[J]. 山东农业大学学报（自然科学版），37(4)：581–585.

刘建. 2022. 黄河三角洲生物多样性及其生态服务功能[M]. 济南:山东科学技术出版社.

罗涛，杨小波，黄云峰，等. 2008. 中国海岸沙生植被研究进展（综述）[J]. 亚热带植物科学，1：70–75.

穆从如，杨林生，王景华，等. 2000. 黄河三角洲湿地生态系统的形成及其保护[J]. 应用生态学报，11(1)：123–126.

潘怀剑，田家怡，谷奉天. 2001. 黄河三角洲贝壳海岛与植物多样性保护[J]. 海洋环境科学，20(3)：54–59.

孙万龙，孙志高，田莉萍，等. 2017. 黄河三角洲潮间带不同类型湿地景观格局变化与趋势预测[J]. 生态学报，37(1)：215–225.

邵秋玲，解小丁，李法曾. 2002. 黄河三角洲国家级自然保护区植物区系研究[J].西北植物学报，22(4):731–735.

宋创业，刘高焕.2007.黄河三角洲自然保护区植被格局时空动态分析[C]//骆向新，尚宏琦. 第三届黄河国际论坛论文集. 郑州：黄河水利出版社，157–168.

宋创业，刘高焕，刘庆生，等. 2008. 黄河三角洲植物群落分布格局及其影响因素[J].生态学杂志，27(12):2042–2048.

宋创业，黄翀，刘庆生，等. 2010. 黄河三角洲典型植被潜在分布区模拟——以翅碱蓬群落为例[J].自然资源学报，25(4):677-685.

宋永昌.2017.植被生态学[M].2版.北京：高等教育出版社.

宋玉民，张建锋，邢尚军，等.2003.黄河三角洲重盐碱地植被特征与植被恢复技术[J].东北林业大学学报，31(6)：88-90.

谭向峰，杜宁，葛秀丽，等.2012.黄河三角洲滨海草甸与土壤因子的关系[J].生态学报，32(19)：5998-6005.

谭学界，赵欣胜.2006.水深梯度下湿地植被空间分布与生态适应[J].生态学杂志，25(12)：1460-1464.

唐娜，崔保山，赵欣胜.2006.黄河三角洲芦苇湿地的恢复[J].生态学报，26(08)：2616-2624.

田家怡.2000.黄河三角洲附近海域浮游植物多样性[J].海洋环境科学，19(2)：38-42.

田家怡.2005.黄河三角洲湿地生物多样性与可持续利用[J].滨州学院学报，21(3)：38-44.

田家怡，王秀凤，蔡学军.2005.黄河三角洲湿地生态系统保护与恢复技术[M].青岛：中国海洋大学出版社.

田家怡，闫永利，韩荣钧，等.2016.黄河三角洲生态环境史[M].济南：齐鲁书社.

田岳梨.2021.秦岭山脊油松针叶功能性状特征及其对土壤和海拔的响应[D].咸阳：西北农林科技大学.

翁森红.2008.黄河三角洲的绿化植物资源调查——以东营地区为例[J].内蒙古科技与经济，22：251-258.

翁永玲，宫鹏.2006.黄河三角洲盐渍土盐分特征研究[J].南京大学学报（自然科学），42(6)：602-610.

吴大千，刘建，王炜，等.2009.黄河三角洲植被指数与地形要素的多尺度分析[J].植物生态学报，33(2)：237-245.

吴立新.2005.黄河三角洲草地资源的调查与研究[J].四川草原，3：12-15.

吴巍，谷奉天.2005.黄河三角洲湿地牧草类型及生产潜力研究[J].滨州学院学报，21(3)：45-52.

吴珊珊，张祖陆，陈敏，等.2009.莱州湾南岸滨海湿地变化及其原因分析[J].湿地科学，18(2)：184-193.

吴莹莹，郑永允，张天文，等.2017.山东省砂质海岸保护与合理利用研究[J].齐鲁渔业，7：33-37.

吴征镒.1980.中国植被[M].北京：科学出版社.

武亚楠，王宇，张振明.2020.黄河三角洲潮沟形态特征对湿地植物群落演替的影响[J].生态科学，39(1)：33-41.

王雪宏，栗云召，孟焕，等.2015.黄河三角洲新生湿地植物群落分布格局[J].地理科学，35：1021-1026.

王海梅，李政海，宋国宝，等.2006.黄河三角洲植被分布、土地利用类型与土壤理化性状关系的初步研究[J].内蒙古大学学报（自然科学版），37(01)：69-75.

王海洋，黄涛，宋莎莎.2007.黄河三角洲滨海盐碱地绿化植物资源普查及选择研究[J].山东林业科技，1:12-15.

王红，宫鹏，刘高焕.2006.黄河三角洲多尺度土壤盐分的空间分异[J].地理研究，25(4):649-658.

王瑞玲，Michiel van Eupen，王新功，等.2007.基于LEDESS模型的黄河三角洲湿地植被演替的研究[C]//第三届黄河国际论坛论文集.郑州：黄河水利出版社，275-288.

王三，侯杰娟.2002.基于遥感技术的黄河三角洲河口土地变迁研究[J].西南农业大学学报，24(1):86-88.

王彦功.2001.黄河三角洲盐生植物及其开发利用[J].特种经济动植物，4(5):33-34.

王玉芳.2006.黄河三角洲蜜源植物资源开发与利用[J].滨州学院学报，22(3):68-70.

王玉江，段代祥. 2008a. 黄河三角洲地区盐生植物资源的开发与利用[J]. 安徽农业科学，36(11):4606-4607.

王玉江，许卉. 2008b. 黄河三角洲盐渍土园林绿化植物种类及抗盐能力调查[J]. 安徽农业科学，36(20):8575-8657.

王玉祥，夏阳，盖广玲，等. 2005. 植树造林在黄河三角洲生态与环境建设中的作用[J]. 水土保持研究，12(5):256-258.

王玉珍，刘永信，张新锋. 2004. 黄河三角洲盐生野菜种类及其经济价值[J]. 特种经济动植物，7(4):33-34.

王玉珍，刘永信，魏春兰. 2006. 黄河三角洲地区濒危植物种类及其保护措施[J]. 山东农业科学，4:84-86.

王玉珍. 2007. 黄河三角洲湿地资源及生物多样性研究[J]. 安徽农业科学，35(6):1745-1746，1787.

王蕙，张淑萍，张春雨，等. 2021. 山大草木图志（青岛校区）[M]. 济南：山东科学技术出版社.

王仁卿，周光裕. 2000. 山东植被[M]. 济南：山东科学技术出版社.

王仁卿. 2013. 中国植被研究的回顾与展望[C] // 生态文明建设中的植物学：现在与未来——中国植物学会第十五届会员代表大会暨八十周年学术年会论文集——第2分会场：植物生态与环境保护. 中国植物学会:179.

王仁卿. 2022. 黄河三角洲湿地植被及其生物多样性[M]. 济南:山东科学技术出版社.

郗金标，宋玉民，邢尚军，等. 2002a. 黄河三角洲生态系统特征与演替规律[J]. 东北林业大学学报，30(6):111-114.

郗金标，宋玉民，邢尚军，等. 2002b. 黄河三角洲生物多样性现状与可持续利用[J]. 东北林业大学学报，30(6):120-123.

夏江宝，陆兆华，高鹏，等. 2009. 黄河三角洲滩地不同植被类型的土壤贮水功能[J]. 水土保持学报，23(5):72-75，95.

夏江宝，许景伟，陆兆华，等. 2009. 黄河三角洲滩地不同植被类型改良土壤效应研究[J]. 水土保持学报，23(2):148-151.

谢小丁，邵秋玲，崔宏伟，等. 2008. 黄河三角洲地区耐盐野生药用植物资源调查初报[J]. 湖北农业科学，47(4):415-417.

谢小丁，徐化凌，邵秋玲. 2010. 小叶野决明在黄河三角洲的发现和利用[J]. 北方园艺，(1):207-208.

信志红. 2009. 黄河三角洲湿地资源及其生态特征分析[J]. 安徽农业科学，37(1):301-302，348.

邢尚军，郗金标，张建锋，等. 2003. 黄河三角洲植被基本特征及其主要类型[J]. 东北林业大学学报，31(6)：85-86.

邢尚军，郗金标，张建锋，等. 2003. 黄河三角洲常见树种耐盐能力及其配套造林技术[J]. 东北林业大学学报，31(6):94-95.

徐宗军，张绪良，张朝晖. 2010. 山东半岛和黄河三角洲的海岸侵蚀与防治对策[J]. 科技导报，28：90-95.

颜世强，范继璋，石玉臣，等. 2005. 黄河三角洲生态地质环境综合研究[C] // 海岸带地质环境与城市发展论文集. 中国地质灾害与防治学报:232-237.

杨光，张锡义，宋志文. 2005. 黄河三角洲地区大米草入侵与防治对策[J]. 青岛建筑工程学院学报，26(2):57-59.

杨胜天，刘昌明，孙睿. 2002. 近二十年来黄河流域植被覆盖变化分析[J]. 地理学报，57(6):679-684.

姚吉成. 2000. 黄河三角洲野菜优势资源及其营养成分[J]. 滨州教育学院学报，6(2):44-45.

姚志刚，申保忠. 2003. 黄河三角洲野生抗盐花卉资源的开发与利用[J]. 生物学通报，38(1):57-58.

叶庆华，田国良，刘高焕，等. 2004. 黄河三角洲新生湿地土地覆被演替图谱[J]. 地理研究，23(2):257-264.

尹德洁，张洁，荆瑞，等. 2018. 山东滨海盐渍区植物群落与土壤化学因子的关系[J]. 应用生态学报，29（11）：3521-3529.

于文胜，王远飞，梁玉，等. 2011. 黄河三角洲湿地植被演替规律及生态修复效果研究[J]. 山东林业科技，41（2）：31-34.

郑凤英，杜伟，苟学文. 2008. 威海市区黑松林群落的物种多样性特征[J]. 生态环境，17(5):1965-1969.

宗美娟，王仁卿. 2002. 黄河三角洲新生湿地植物群落与数字植被研究[C] //中国科学院生物多样性委员会. 第五届全国生物多样性保护与持续利用研讨会论文摘要集. 北京：气象出版社：74-75.

张治国，王仁卿，陆健健. 2002. 胶东沿海砂生植被基本特征及主要建群种空间分布格局的研究[J]. 山东大学学报，37（4）：364-368.

张淑萍，纪红，郭卫华，等. 2020. 山大草木图志（中心校区和洪家楼校区）[M]. 济南：山东大学出版社.

张立华，陈沛海，李健，等. 2016. 黄河三角洲柽柳植株周围土壤盐分离子的分布[J]. 生态学报，36(18)：5741-5749.

张高生，王博，贾洪玉. 2010. 基于RS和GIS的现代黄河三角洲植被覆盖动态变化研究[J]. 山东师范大学学报（自然科学版），25(1)：117-120.

张高生，王立成，刘大胜. 1998. 黄河三角洲自然保护区生物多样性及其保护[J]. 农村环境，14(4)：16-18.

张高生，王仁卿. 2008. 现代黄河三角洲植物群落数量分类研究[J]. 北京林业大学学报，30(3)：31-36.

张建锋，邢尚军，孙启祥，等. 2006. 黄河三角洲植被资源及其特征分析[J]. 水土保持研究，13(1)：100-102.

张晓龙，李培英，刘月良，等. 2007. 黄河三角洲湿地研究进展[J]. 海洋科学，31(7)：81-85.

张晓龙，李萍，刘乐军，等. 2009. 黄河三角洲湿地生物多样性及其保护[J]. 海岸工程，28(3)：33-39.

张绪良，谷东起，丰爱平，等. 2006. 黄河三角洲和莱州湾南岸湿地植被特征及演化的对比研究[J]. 水土保持通报，26(3)：127-140.

张绪良，叶思源，印萍，等. 2009. 黄河三角洲自然湿地植被的特征及演化[J]. 生态环境学报，18(1)：292-298.

张绪良，叶思源，印萍，等. 2009. 黄河三角洲滨海湿地的维管束植物区系特征[J]. 生态环境学报，18(2)：600-607.

张长英，张治昊，刘宝玉，等. 2010. 水沙变异对黄河三角洲湿地生态环境的影响分析[J]. 水利科技与经济，16(1)：58-59.

中国科学院中国植被图编辑委员会. 2007. 中国植被及其地理格局[M]. 北京：地质出版社.

中国科学院中国植被图编辑委员会. 2007. 中华人民共和国植被图（1：100万）[M]. 北京：地质出版社.

张永利，张宪强，王仁卿. 2005. 鲁中山区植物区系初步研究[J]. 山东林业科技，(1)：1-5.

张宪强，张治国，张淑萍，等. 2003. 山东昆嵛山植物区系初步研究[J]. 植物研究，23(4)：492-499.

张敦伦. 2000. 胶南市沙质海岸灌草带植物群落分布及特性的研究[J]. 山东林业科技，3：5-8.

赵可夫，冯立田，张圣强，等. 2000. 黄河三角洲不同生态型芦苇对盐度适应生理的研究Ⅱ.不同生态型芦苇的光合气体交换特点[J]. 生态学报，20(5):795-799.

赵丽萍，段代祥. 2009. 黄河三角洲贝壳堤岛自然保护区维管植物区系研究[J]. 武汉植物学研究，

27(5):552–556.

赵丽萍，谷奉天. 2009. 黄河三角洲贝沙岛及其野生药用植物资源开发利用[J].福建林业科技，36(3):186–189.

赵鸣，王卫斌. 2008. 耐盐地被植物在黄河三角洲园林绿化中的应用[J].山东林业科技，2:52–54.

赵欣胜，崔保山，杨志峰，等. 2007.黄河三角洲湿地植被退化关键环境因子确定[C] // 第三届黄河国际论坛论文集.郑州：黄河水利出版社：137–147.

赵欣胜，吕卷章，孙涛. 2009. 黄河三角洲植被分布环境解释及柽柳空间分布点格局分析[J]. 北京林业大学学报，31(3):29–36.

赵艳云，胡相明，田家怡. 2009. 黄河三角洲湿地植被研究现状及存在的问题[J]. 河北农业科学，13(11):57–58，72.

赵遵田，孙立彦，刘华杰，等. 2000. 黄河三角洲野生观赏植物研究[J]. 山东科学，13(3):25–29.

赵清贺，马丽娇，刘倩，等. 2015. 黄河中下游典型河岸带植物物种多样性及其对环境的响应[J]. 生态学杂志，34（5）：1325–1331.

赵善伦，吴志芬，张伟. 1997. 山东植物区系地理[M]. 济南：山东省地图出版社.

臧德奎. 2017. 山东珍稀濒危植物[M]. 北京：中国林业出版社.

邹欣庆，朱大奎. 2000. 海岸带综合管理框架体系研究[J]. 海洋通报，5：55–61.

郑培明. 2022. 黄河三角洲植被分布格局及其动态变化[M]. 济南:山东科学技术出版社.

ARENS S M，BAAS A C W，BOXEL J H V，et al. 2010. Influence of reed stem density on foredune development[J]. Earth Surface Processes & Landforms，26：1161–1176.

BI X L，WEN X H，Y I H P，et al. 2014. Succession in soil and vegetation caused by coastal embankment in southern Laizhou Bay，China—Flourish or degradation[J]. Ocean & Coastal Management，88：1–7.

BAKKER M A J，VAN HETEREN S，VONHOGEN L M，et al. 2012. Recent coastal dune development：Effect of sand nourishments[J]. Journal of Coastal Research，28：587–601.

CICCARELLI D. 2014. Mediterranean coastal sand dune vegetation：influence of natural and anthropogenic factors[J]. Environmental Management，54：194–204.

CUI B S，ZHAO X S，ZHANG Z F，et al. 2008. Response of reed community to the environment gradient water depth in the Yellow River Delta，China[J]. Frontiers of Biology in China，3(2)：194–202.

CHI Y，SUN J K，SUN Y J，et al. 2020. Multi–temporal characterization of land surface temperature and its relationships with normalized difference vegetation index and soil moisture content in the Yellow River Delta，China[J]. Global Ecology and Conservation，23：e01092.

CHEN W，WANG W M. 2012. Middle–Late Holocene vegetation history and environment changes revealed by pollen analysis of a core at Qingdao of Shandong Province，East China[J]. Quaternary International，254：68–72.

CHEN Y P，XIA J B，ZHAO X M, et al. 2019. Soil moisture ecological characteristics of typical shrub and grass vegetation on Shell Island in the Yellow River Delta，China[J]. Geoderma，348：45–53.

CASTELLE B，LAPORTE–FAURET Q，MARIEU V，et al. 2019. Nature–Based Solution along High–Energy Eroding Sandy Coasts：Preliminary Tests on the Reinstatement of Natural Dynamics in Reprofiled Coastal Dunes[J]. Water，11：2518.

FENG Y, SUN T, ZHU M S, et al. 2018. Salt marsh vegetation distribution patterns along groundwater table and salinity gradients in yellow river estuary under the influence of land reclamation[J]. Ecological Indicators, 92: 89-90.

GAO Y, LIU L, ZHU P, et al. 2021. Patterns and dynamics of the soil microbial community with gradual vegetation succession in the Yellow River Delta, China[J]. Wetlands, 41(1).

GENG G P, YANG R, LIU L Z, 2022. Downscaled solar-induced chlorophyll fluorescence has great potential for monitoring the response of vegetation to drought in the Yellow River Basin, China: Insights from an extreme event[J]. Ecological Indicators, 138: 108801.

GUAN B, ZHANG H X, WANG X, et al. 2020. Salt is a main factor shaping community composition of arbuscular mycorrhizal fungi along a vegetation successional series in the Yellow River Delta[J]. CATENA, 185: 104318.

GUAN B, CHEN M, ELSEY-QUIRK T, et al. 2019. Soil seed bank and vegetation differences following channel diversion in the Yellow River Delta[J]. Science of The Total Environment, 693: 133600.

GUAN B, XIE B H, HOU S S, et al. 2019. Effects of five years' nitrogen deposition on soil properties and plant growth in a salinized reed wetland of the Yellow River Delta[J]. Ecological Engineering, 136: 160-166.

GARCIA-LOZANO, CARLA, PINTO, et al. 2018. Changes in coastal dune systems on the Catalan shoreline (Spain, NW Mediterranean Sea). Comparing dune landscapes between 1890 and 1960 with their current status[J]. Estuarine Coastal & Shelf Science, 208: 23-35.

JANSSEN J A M, RODWELL J S, CRIADO M G, et al. 2016. European Red List of Habitats. 2. Terrestrial and Freshwater Habitats[M]. Publications Office of the European Union.

JIANG D, FU X, WANG K. 2013. Vegetation dynamics and their response to freshwater inflow and climate variables in the Yellow River Delta, China[J]. Quaternary International, 304: 75-84.

JIANG W G, YUAN L H, WANG W et al. 2015. Spatio-temporal analysis of vegetation variation in the Yellow River Basin[J]. Ecological Indicators, 51: 117-126.

JIAO S Y, ZHANG M, WANG Y, et al. 2014. Variation of soil nutrients and particle size under different vegetation types in the Yellow River Delta[J]. Acta Ecologica Sinica, 34(3): 148-153.

KELLY, JAY F. 2014. Effects of human activities (raking, scraping, off-road vehicles) and natural resource protections on the spatial distribution of beach vegetation and related shoreline features in New Jersey[J]. Journal of Coastal Conservation, 18: 383-398.

LAPORTE-FAURET Q, LUBAC B, CASTELLE B, et al. 2020. Classification of Atlantic Coastal Sand Dune Vegetation Using In Situ, UAV, and Airborne Hyperspectral Data[J]. Remote Sensing, 12: 2222.

LIU Q, LIU G, HUANG C, et al. 2019. Soil physicochemical properties associated with quasi-circular vegetation patches in the Yellow River Delta, China[J]. Geoderma, 337: 202-214.

LIU S, HOU X, YANG M, et al. 2018. Factors driving the relationships between vegetation and soil properties in the Yellow River Delta, China[J]. Catena, 165: 279-285.

LIU S, WANG P P, LEE H S, et al. 2021. Landscape evaluation and plant allocation research of petroleum polluted coastal plant communities in Jiaozhou Bay of China[J]. Environmental Research, 193: 110530.

LIU S, JIANG W C. 2021. Research on the effects of soil petroleum pollution concentration on the diversity of natural plant communities along the coastline of Jiaozhou bay[J]. Environmental Research, 197: 111127.

LIU X, ZHANG G C, HEATHMANG C, et al. 2009. Fractal features of soil particle-size distribution as affected by plant communities in the forested region of Mountain Yimeng, China[J]. Geoderma, 154(1-2): 123-130.

LIU C X, ZHANG X D. 2022. Detection of vegetation coverage changes in the Yellow River Basin from 2003 to 2020[J]. Ecological Indicators, 138: 108818.

LIU J K, ENGEL B A, WANG Y, et al. 2020. Multi-scale analysis of hydrological connectivity and plant response in the Yellow River Delta[J]. Science of The Total Environment, 702: 134889.

LIANG C L, ZHANG Z L. 2011. Vegetation Dynamic Changes of Lake Nansi Wetland in Shandong of China[J]. Procedia Environmental Sciences, 11: 983-988.

LI J. 2021. A simulation approach to optimizing the vegetation covers under the water constraint in the Yellow River Basin[J]. Forest Policy and Economics, 123: 102377.

LI J Y, CHEN Q F, ZHAO C, et al. 2021. Influence of plants and environmental variables on the diversity of soil microbial communities in the Yellow River Delta Wetland, China[J]. Chemosphere, 274: 129967.

LI X Q, XIA J B, ZHAO X, et al. 2019. Effects of planting Tamarix chinensis on shallow soil water and salt content under different groundwater depths in the Yellow River Delta[J]. Geoderma, 335: 104-111.

LIN Y, WANG S P, ZHANG J Y, et al. 2021. Ethnobotanical survey of medicinal plants in Gaomi, China[J]. Journal of Ethnopharmacology, 265: 113228.

NORDSTROM K F, LAMPE R, VANDEMARK L M. 2000. Reestablishing Naturally Functioning Dunes on Developed Coasts[J]. Environmental Management, 25: 37-51.

QU F Z, MENG L, XIA J B, et al. 2021. Soil phosphorus fractions and distributions in estuarine wetlands with different climax vegetation covers in the Yellow River Delta[J]. Ecological Indicators, 125: 107497.

QIN Y, YANG Z F, YANG W. 2014. Valuation of the loss of plant-related ecosystem services caused by water stress in the wetland of China's Yellow River Delta[J]. Acta Ecologica Sinica, 34(2): 98-105.

ŠILC U, STEŠEVIĆ D, LUKOVIĆ M, et al. 2020. Changes of a sand dune system and vegetation between 1950 and 2015 on Velikaplaža (Montenegro, E editerranean) [J]. Regional Studies in Marine Science, 35: 101-139.

STEŠEVIĆ D, KÜZMIČ F, MILANOVIĆ D, et al. 2019. Coastal sand dune vegetation of Velikaplaža (Montenegro) [J]. Acta Botanica Croatica, 79: 43-54.

SONG C Y, LIU G H, LIU Q S. 2009. Spatial and environmental effects on plant communities in the Yellow River Delta, Eastern China[J]. Journal of Forestry Research, 20(2): 117-122.

SONG C, LIU L. 2009. Spatial and environmental effects on plant communities in the Yellow River Delta, Eastern China[J]. Journal of Forestry Research, 20(2): 117-122.

SHI L, LIU Q S, CHONG H A, et al. 2021. Mapping quasi-circular vegetation patch dynamics in the Yellow River Delta, China, between 1994 and 2016[J]. Ecological Indicators, 126: 107656.

SUN J, ZHAO X M, FANG Y, et al. 2022. Root growth and architecture of Tamarix chinensis in response to the groundwater level in the Yellow River Delta[J]. Marine Pollution Bulletin, 179: 113717.

TAN X, ZHAO X. 2006. Spatial distribution and ecological adaptability of wetland vegetation in Yellow River

Delta along a water table depth gradient[J]. Chinese Journal of Ecology, 25(12): 1460–1464.

WANG J N, WANG J J, ZHANG Z, et al. 2020. Shifts in the bacterial population and ecosystem functions in response to vegetation in the Yellow River Delta wetlands[J]. mSystems, 5(3): 00412–00420.

WANG X, YU J, ZHOU D, et al. 2012. Vegetative ecological characteristics of restored reed (Phragmites australis) wetlands in the Yellow River Delta, China[J]. Environmental Management, 49(2): 325–333.

WANG C, ZHU P, WANG P F. et al. 2006. Effects of aquatic vegetation on flow in the Nansi Lake and its flow velocity modeling[J]. Journal of Hydrodynamics, Ser. B, 18(6): 640–648.

XI M, ZHANG X L, KONG F, et al. 2019. CO_2 exchange under different vegetation covers in a coastal wetland of Jiaozhou Bay, China[J]. Ecological Engineering, 137: 26–33.

XIA J, REN J, ZHANG S, et al. 2019. Forest and grass composite patterns improve the soil quality in the coastal saline–alkali land of the Yellow River Delta, China[J]. Geoderma, 349: 25–35.

XIA J, REN R, CHEN Y, et al. 2020. Multifractal characteristics of soil particle distribution under different vegetation types in the Yellow River Delta chenier of China[J]. Geoderma, 368(5): 114311.

XIANG J, WANG Q F, GENG W, et al. 2010. Formation of Plant Communities of the Newly Created Wetland in Modern Yellow River Delta[J]. Procedia Environmental Sciences, 2: 333–339.

YANG J M, LI X L, LI H M, et al. 2021. The woody plant diversity and landscape pattern of fine–resolution urban forest along a distance gradient from points of interest in Qingdao[J]. Ecological Indicators, 122: 107326.

YANG H J, XIA J B, CUI Q, et al. 2021. Effects of different Tamarix chinensis–grass patterns on the soil quality of coastal saline soil in the Yellow River Delta, China[J]. Science of The Total Environment, 772: 145501.

ZHANG G S, WANG R Q, SONG B M. 2007. Plant community succession in modern Yellow River Delta, China[J]. Journal of Zhejiang University SCIENCE B, 8(8): 540–548.

ZHANG X L, ZHANG Z H, WANG W, et al. 2021. Vegetation successions of coastal wetlands in southern Laizhou Bay, Bohai Sea, northern China, influenced by the changes in relative surface elevation and soil salinity[J]. Journal of Environmental Management, 293: 112964.

ZHANG Y H, WANG L, JIANG J, et al. 2022. Application of soil quality index to determine the effects of different vegetation types on soil quality in the Yellow River Delta wetland[J]. Ecological Indicators, 141: 109116.

ZHANG L H, SONG L P, ZHANG L M, et al. 2013. Seasonal dynamics in nitrous oxide emissions under different types of vegetation in saline–alkaline soils of the Yellow River Delta, China and implications for eco–restoring coastal wetland[J]. Ecological Engineering, 61: 82–89.

ZHANG Y H, LI C, ZHAO J S, et al. 2020. Seagrass resilience: Where and how to collect donor plants for the ecological restoration of eelgrass Zostera marina in Rongcheng Bay, Shandong Peninsula, China[J]. Ecological Engineering, 158: 106029.

附　录

2000 年以来山东大学植被生态学研究团队部分研究成果

一、学位论文

黄河三角洲柽柳群落土壤微生物多样性及其生态系统功能的研究 . 2000. 张明才 . 硕士论文 .

黄河三角洲及其附近湿地芦苇种群的遗传多样性及克隆结构研究 . 2001. 郭卫华 . 硕士论文 .

黄河三角洲盐地碱蓬种群生态学研究 . 2002. 宋百敏 . 硕士论文 .

黄河三角洲新生湿地植物群落与数字植被研究 . 2002. 宗美娟 . 硕士论文 .

黄河三角洲植被覆被分布特征及其动态变化研究 . 2007. 吴大千 . 硕士论文 .

基于 RS、GIS 技术的现代黄河三角洲植物群落演替数量分析及近 30 年植被动态研究 . 2008. 张高生 . 博士论文 .

山东湿地生态系统生态功能评估及其生态补偿研究 . 2008. 王瑶 . 硕士论文 .

山东省城市化发展进程的战略生态影响评价研究 . 2009. 王淑军 . 博士论文 .

黄河三角洲植被的空间格局、动态监测与模拟 . 2010. 吴大千 . 博士论文 .

黄河南四湖流域退耕还湿工程生态补偿机制研究 . 2011. 刘磊 . 博士论文 .

基于多期遥感影像的黄河三角洲湿地动态与湿地补偿标准研究 . 2012. 韩美 . 博士论文 .

黄河三角洲原生演替中土壤微生物多样性及其与土壤理化性质关系 . 2012. 余悦 . 博士论文 .

黄河三角洲芦苇群落和叶性状对典型人为干扰的响应 . 2013. 谭向峰 . 硕士论文 .

崂山森林植物群落物种多样性的垂直分布格局及影响因素分析 . 2013. 卢鹏林 . 硕士论文 .

南四湖流域典型人工湿地植物资源化研究 . 2015. 杜远达 . 博士论文 .

黄河三角洲植物群落及功能性状对盐分和刈割的响应 . 2015. 倪悦涵 . 硕士论文 .

山东植物群落及其物种多样性分布格局与形成机制 . 2016. 张文馨 . 博士论文 .

基于能值分析的东营生态系统服务评估研究 . 2017. 王成栋 . 博士论文 .

黄河三角洲主要土壤类型重金属环境容量研究 . 2017. 吴帆 . 硕士论文 .

山东省自然保护区植物多样性及其影响因素研究 . 2018. 张秀华 . 博士论文 .

黄河三角洲不同土地利用类型土壤细菌和氮循环功能菌群研究 . 2019. 苗永君 . 硕士论文 .

黄河三角洲典型湿地大型底栖动物与土壤微生物的群落结构及其相互影响 . 2020. 徐恺 . 硕士论文 .

二、学术论文

陈小翠，王仁卿，刘建 *. 2013. 山东省生物多样性的研究现状与发展趋势 [J]. 安徽农业科学，41(7)：3099–3102.

杜宁，郭卫华，吴大千，王琦，王仁卿 *. 2007. 昆嵛山典型林下灌草层植物种间关系研究 [J]. 山东大学学报，42(3)：71–83.

杜宁，王琦，郭卫华，王仁卿 *. 2007. 昆嵛山典型植物群落生态学特性 [J]. 生态学杂志，26(2)：151–158.

范小莉，刘伯燕，梁玉 *，刘建，房用，孟振农. 2016. 南四湖湿地植被构成及分布分析 [J]. 山东大学学报 (理学版)，51(7)：131–136.

葛秀丽，刘建，王镨权，李卫东，王仁卿 *. 2010. 南四湖区域乡土植物生态特性研究 [C] // 第十三届世界湖泊大会论文集. 北京：中国农业大学出版社，2725–2728.

谭向峰，杜宁，葛秀丽，王炜，王仁卿，蔡云飞，王越，王成栋，卢鹏林，刘月良，等. 2012. 黄河三角洲滨海草甸与土壤因子的关系 [J]. 生态学报，(19)：5998–6005.

吴彤，李俊祥，戴洁，王仁卿 *. 2007. 山东省外来植物的区系特征及空间分布 [J]. 生态学杂志，26(4):489–494.

吴大千，杜宁，王炜，翟雯，王玉芳，王仁卿，张治国 *. 2007. 昆嵛山森林群落下灌草层结构与多样性研究 [J]. 山东大学学报 (理学版)，42(1)：83–88.

吴大千，刘建，王炜，丁文娟，王仁卿 *. 2009. 黄河三角洲植被指数与地形要素的多尺度分析 [J]. 植物生态学报，33(2)：237–245.

吴大千，刘建，贺同利，王淑军，王仁卿 *. 2009. 基于土地利用变化的黄河三角洲生态服务价值损益分析 [J]. 农业工程学报，5：256–261.

吴大千，王仁卿 *，高甡，丁文娟，王炜，葛秀丽. 2010. 黄河三角洲农业用地动态变化模拟与情景分析 [J]. 农业工程学报，26：285–290.

吴盼，彭希强，杨树仁，高亚男，白丰桦，衣世杰，杜宁 *，郭卫华 *. 2019. 山东省滨海湿地柽柳种群的空间分布格局及其关联性 [J]. 植物生态学报，43(9)：817–824.

王玉涛，郭卫华，刘建，王淑军，王琦，王仁卿 *. 2009. 昆嵛山自然保护区生态系统服务功能价值评估 [J]. 生态学报，9(1):523–531.

王仁卿 *，史会剑，张琨，胡欣欣. 2016. 省级生态红线划定与管理的重点和难点分析——以山东省为例 [J]. 环境保护，44(8)：31–34.

王仁卿 *，张煜涵，孙淑霞，等. 2021. 黄河三角洲植被研究回顾与展望 [J]. 山东大学学报 (理学版)，56(10)：135–148.

王炜，郭卫华，庞绪贵，王仁卿 *，战金成，代杰瑞. 2010. 黄河下游流域土壤种子库生物多样性研究 [J]. 山东农业科学，2：59–63.

王蕙，张沁媛，崔可宁，郑培明 *，王仁卿，等. 2021. 山东省海岸砂生植被基本特征及现状分析 [J]. 中国科学：生命科学，51(3)：300–313.

徐飞，郭卫华，王炜，徐伟红，王玉芳，王仁卿 *. 2007. 黄河三角洲柽柳与芦苇光合特性比较 [J]. 山东林业科技，6：29-33.

徐飞，郭卫华，王玉芳，王炜，杜宁，王仁卿 *. 2007. 济南市校园 6 个绿化树种光合荧光特征比较初探 [J]. 山东大学学报，42(5)：86-94.

张高生，王仁卿 *. 2008. 现代黄河三角洲植物群落数量分类研究 [J]. 北京林业大学学报，30(3)：31-36.

张高生，王仁卿 *. 2008. 现代黄河三角洲生态环境的动态监测 [J]. 中国环境科学，28(4)：380-384.

周晓彤，王强，范小莉，梁玉，孟振农 *，房用，王卫东 . 2016. 南四湖、东平湖与马踏湖湿地植被构成分析 [J]. 山东林业科技，225：1-6.

GUO W H, LIU H, DU N, ZHANG X S, WANG R Q*. 2007. Structure design and establishment of database application system for alien species in Shandong Province, China[J]. Journal of Forestry Research, 18(1)：11-16.

GE XIULI, LIU JIAN, WANG RENQING*. 2012. The comparison between the historical and current vegetation in Nansi Lake area[J]. Advanced Materials Research, 518-523：5180-5184.

GE XIULI, LIU JIAN, WANG RENQING*. 2012. Effects of Flooding on the Germination of Seed Banks in the Nansi Lake Wetlands, China[J]. Journal of Freshwater Ecology, DOI：10.1080/02705060.2012.729494.

GE XIULI, WANG RENQING*, LIU JIAN. 2012. The comparison of the community features between the constructed wetland and the natural wetland in Nansi Lake[J]. Advanced Materials Research, 518-523:5238-5243.

GE XIULI, LIU JIAN, WANG RENQING*. 2013. Effects of flooding on the germination of seed banks in the Nansi Lake wetlands, China[J]. Journal of Freshwater Ecology, 28(2)：225-237.

GE XIULI, WANG RENQING, ZHANG YIRAN, SONG BAIMIN, LIU JIAN*. 2013. The soil seed banks of typical communities in wetlands converted from farmlands by different restoration methods in Nansi Lake, China[J]. Ecological Engineering, 60：108-115.

LIANG YU, LIU JIAN, ZHANG SHUPING, WANG SHUJUN, GUO WEIHUA, WANG RENQING*. 2008. Genetic diversity of the invasive plant Coreopsis grandiffora at different altitudes in Laoshan Mountain, China[J]. Canadian Journal of Plant Science, 88(4)：831-837.

ZHANG G S, WANG R Q*, SONG B M. 2007. Plant community succession in modern Yellow River Delta, China[J]. Journal of Zhejiang University SCIENCE B, 8(8)：540-548.

KAI XU, RENQING WANG*, WEIHUA GUO, ZHENGDA YU, RUILIAN SUN, JIAN LIU. 2020. Factors affecting the community structure of macrobenthos and microorganisms in Yellow River Delta wetlands：season, habitat, and interactions of organisms[J]. Ecohydrology& Hydrobiology, 20(4)：570-583.

HUAN HE, YONGJUN MIAO, LVQING ZHANG, YU CHEN, YANDONG GAN, NA LIU, LIANGFENG DONG, JIULAN DAI*, WEIFENG CHEN*. 2020. The Structure and Diversity of Nitrogen Functional Groups from Different Cropping Systems in Yellow River Delta[J]. Microorganisms, 8(3).

HUAN HE, YONGJUN MIAO, YANDONG GAN, SHAODONG WEI, SHANGJIN TAN, KLARAANDRÉS RASK, LIHONG WANG, JIULAN DAI*, WEIFENG CHEN, FLEMMING EKELUND. 2020. Soil bacterial community response to long-term land use conversion in Yellow River Delta[J]. Applied Soil Ecology, 156.

HAN MEI, CUI JINLONG, HAO ZHEN, WANG YI, WANG RENQING*. 2012. Eco-compensation of Wetlands in Yellow River Delta of Shandong Province, China[J]. Chinese Geographical Science, DOI：10.1007/

s11769-011-0501-1.

CHENGDONG WANG, YUTAO WANG, RENQING WANG*, PEIMING ZHENG. 2018. Modeling and evaluating land-use/land-cover change for urban planning and sustainability: a case study of Dongying city, China[J]. Journal of Cleaner Production, 172: 1529-1534.

CHENGDONG WANG, YUTAO WANG, YONG GENG, RENQING WANG*, JUNYING ZHANG. 2016. Measuring regional sustainability with an integrated social-economic-natural approach: a case study of the Yellow River Delta region of China[J]. Journal of Cleaner Production, 114: 189-198.

YUE YU, HUI WANG, JIAN LIU, QIANG WANG, TIANLIN SHEN, WEIHUA GUO, RENQING WANG*. 2012. Shifts in microbial community function and structure along the successional gradient of coastal wetlands in Yellow River Estuary[J]. European Journal of Soil Biology, 49: 12-21.

WENJUAN DING, JIAN LIU, DAQIAN WU, YUE WANG, CHENINCHI CHANG, RENQING WANG*. 2011. Salinity stress modulates habitat selection in the clonal plant Aeluropus sinensis subjected to crude oil deposition[J]. The Journal of the Torrey Botanical Society, 183: 262-271.

WEIHUA GUO, RENQING WANG*, SHILIANG ZHOU, SHUPING ZHANG, ZHIGUO ZHANG. 2003. Genetic diversity and clonal structure of phragmites australis in the yellow river delta of China[J]. Biochemical Systematics and Ecology, 31(10): 1093-1109.

DAQIAN WU, JIAN LIU, SHUJUN WANG, RENQING WANG*. 2010. Simulating urban expansion by coupling a stochastic cellular automata model and socioeconomic indicators[J]. Stochastic Environmental Research and Risk Assessment, 24(2): 235-245.

DAQIAN WU, JIAN LIU, GAOSHENG ZHANG, WENJUAN DING, WEI WANG, RENQING WANG*. 2009. Incorporating spatial autocorrelation into cellular automata model: an application to the dynamics of Chinese tamarisk (Tamarix chinensis lour.) [J]. Ecological Modelling, 220(24): 3490-3498.

三、著作

王仁卿，周光裕. 2000. 山东植被 [M]. 济南：山东科学技术出版社.

葛秀丽，刘建，张依然，王仁卿. 2018. 南四湖湿地植被及生态恢复研究 [M]. 北京：中国环境出版集团.

张淑萍，纪红，郭卫华，槐茂杰，王蕙. 2020. 山大草木图志（中心校区和洪家楼校区）[M]. 济南：山东科学技术出版社.

王蕙，张淑萍，张春雨，贺同利，郑培明. 2021. 山大草木图志（青岛校区）[M]. 济南：山东科学技术出版社.

王仁卿，郑培明，刘建，等. 2022. 黄河三角洲湿地植被及其生物多样性 [M]. 济南：山东科学技术出版社.

刘建，张淑萍，王玉志，王安东，等. 2022. 黄河三角洲生物多样性及其生态服务功能 [M]. 济南：山东科学技术出版社.

郑培明，王蕙，王玉志，王安东，等. 2022. 黄河三角洲植被分布格局及其动态变化 [M]. 济南：山东科学技术出版社.

山东重要植被群系索引

（按首字拼音顺序排列）

后 记

历经 2 年多的编写，《中国东南沿海植被书系·山东植被志》就要和大家见面了。在新书出版之际，我的心情是激动和高兴的，因为这是山东大学生态学科植被和生物多样性课题组从恩师周光裕教授到我，再到我的弟子三代人，近 70 年辛勤付出取得的研究成果的结晶。本书不仅可为国家和山东的生态文明建设，特别是自然保护地体系建设提供不可缺少的基础资料，也回答了山东自然植被特征、主要植被类型、植被动态、植被保护和恢复利用等诸多科学和应用问题。

本书得到了国家级和省部级多个课题经费及多个研究平台的支持。在历年调研期间，原山东省林业厅有关处室和山东省自然资源厅自然保护地处，以及青岛、烟台、泰安、东营、济宁等市的林业部门，山东省林业科学研究院等单位，都给予了诸多的支持和帮助，在此一并表示衷心感谢。

编写图书，离不开各方面的指导和帮助，需要大量的野外调查数据和长期的积累。参加山东植被调查的人员绝大多数是我的博士和硕士研究生，还有众多的本科生，以及其他硕士研究生。在此，我代表作者向给予我们指导帮助、参加过调查和提供资料的所有人员表示衷心的感谢！

特别感谢我的硕士导师周光裕教授和博士导师张新时院士。周光裕教授是山东大学生态学科的创始人，也是山东植被研究的开拓者和奠基者，是他带领我进入植被生态研究领域。周教授的执着精神、创新意识、脚踏实地的调研作风，都给了我很大的影响。《山东植被》（2000）的出版，也是在他的指导下完成的。张新时院士是我的博士生导师，他对山东植被的研究也一直十分关心和重视，特别是他有关植被分类、植被分区、植被资源可持续利用、植被恢复与重建、数字植被图绘制等方面的观点和理论，也给山东植被研究指明了重点和方向。他提出的自然恢复和人为协助修复（即生态重建）的前瞻性意见和建议，一直为我们所推崇。本书的出版，也是对两位恩师最好的报答和纪念。

还要特别感谢北京大学教授、云南大学校长方精云院士长期以来给予我的指导、支持与帮助。方精云院士比我年轻，但他学识渊博，他的创新意识、拼搏精神和敬业学风是我学习的榜样。他作为中国植被生态的带头人，一直在默默奉献，使得中国植被生态研究在国际生态学界有一席之地，同时他为"双碳"目标实现、生态文明建设和"绿水青山就是金山银山"观念的实践做出了巨大贡献。从"长江流域生物多样性"重大课题，到国家科技基础性工作专项"华北地区自然植物群落资源综合考察"课题、"中国大百科全书（第三版）—生态学卷—植被生态学分支"、《中国植被志》编研等国家重大项目实施，我本人和我的团队都有幸参与，这都离不开方院士的厚爱、指导和提携！本书的出版也得益于方院士的支持和关心。

感谢我的高中和大学同学、朋友、学生等对本书编写的支持，感谢他们为本书编写所做的贡献和提供的帮助：吴辉建、黄令佳、葛保山、陈孝温、吕国钦、高淑娥、朱作文、王希香等高中同学，50 多年来关心、支持我的工作；王寿希、孙莉华、庄文选、王培忠、左桂芬等几位大学同学，在炎热的夏天专门到泰山和烟台牟平海岸带拍摄了大量的植被照片；山东昆嵛山国家级自然保护区管理局司继跃原副局长、张英军局长和车吉明主任提供了植被照片；烟台市自然资源和规划局李洪涛主任和迟宗钦站长、孙玖世科长等为我们野外调查提供了帮助；云南大学欧晓昆教授、耿宇鹏教授，中国科学院西双版纳热带植物园郑玉龙研究员提供了热带雨林方面的照片；枣庄学院闫志佩教授专门拍摄了枣庄抱犊崮、青檀山的植被照片；菏泽学院周长路教授专程拍摄了菏泽湿地的照片；山东省淡水渔业研究院李秀启研究员提供了东平湖水生植被照片；青岛市园林和林业局科技处庄戈处长提供了长门岩岛山茶照片；山东黄河三角洲国家级自然保护区杨斌先生、赵亚杰女士提供了部分鸟类和湿地植被照片；山东长岛国家级自然保护区管理中心于国祥副主任提供了长岛的景观照片；山东省自然资源厅自然保护地管理处栾义峰先生提供了部分保护区的照片；我的博士后蔡云飞，博士研究生袁义福（2011 级）、刘磊（2008 级）、申天琳（2009 级）等拍摄和收集了济南南部山地、泰山景观和油松等照片；我的博士研究生李明（2001 级）为莱州和招远的考察提供了便利条件。

还要感谢山东大学生命科学学院党政领导的长期支持；感谢福建科学技术出版社刘宜学、谢娟梅编辑；感谢所有参与本书相关工作的在读和毕业的博士研究生、硕士研究生；感谢所有关心、支持我们工作的有关部门和人员。因时间太久，很抱歉不能列出所有参与者的名单。《中国东南沿海植被书系·山东植被志》的出版，是对他们辛勤劳动最好的回报！

最后，我要深深感谢家人们长期的关怀和支持，这是我从事教学、科研、社会服务的源泉和动力，也是我完成本书的精神力量。枯燥的数字和拉丁名、繁杂的表格和大量的图片，反复地修改，一次次地校对，让人倦怠和松懈，但家人们的鼓励和信任总能让我信心倍增。值得一提的是，91 岁高龄的老母亲依然精神矍铄，步态轻松，对生活充满信心，这是我永远的精神动力。

党的二十大报告明确指出，要"推动绿色发展，促进人与自然和谐共生""提升生态系统多样性、稳定性、持续性"，而植被既是生物多样性的重要组成部分，也是绿水青山的载体和具体体现。在自然保护地整合优化、自然保护地体系建立，以及美丽山东建设的关键历史时刻，编写《中国东南沿海植被书系·山东植被志》具有重要的现实意义和历史意义。本书的出版也标志着山东植被研究新一阶段的开始。我和我的同事、弟子们，将抢抓历史机遇，以更多更高水平的成果，为国家及山东生态文明建设、山东大学"双一流"建设做出新的贡献。

王仁卿

2022 年 12 月于青岛